2nd EDITION

CONSTRUCTION MANAGEMENT A to Z

CM 프로젝트! 이렇게 관리하면 성공한다

2nd EDITION

Construction Management A to Z

CM 프로젝트! 이렇게 관리하면 성공한다

1판1쇄 발행 2006년 6월 20일
2판1쇄 발행 2011년 6월 18일
2판2쇄 인쇄 2013년 4월 1일
2판2쇄 발행 2013년 4월 5일

지은이 | 한미글로벌
발행인 | 김병계
발행처 | 도서출판 보문당
등록 | 1990년 6월 15일(제1-1066호)
주소 | 서울시 마포구 신수동 448-6 우) 121-110
전화 | 704-7025 / 704-0635
팩스 | 704-2324
홈페이지 | http://www.bomoondang.co.kr
전자우편 | bmdpub@naver.com

값 22,000원

ISBN 978-89-8413-181-1 93530

CONSTRUCTION MANAGEMENT A to Z

2nd EDITION

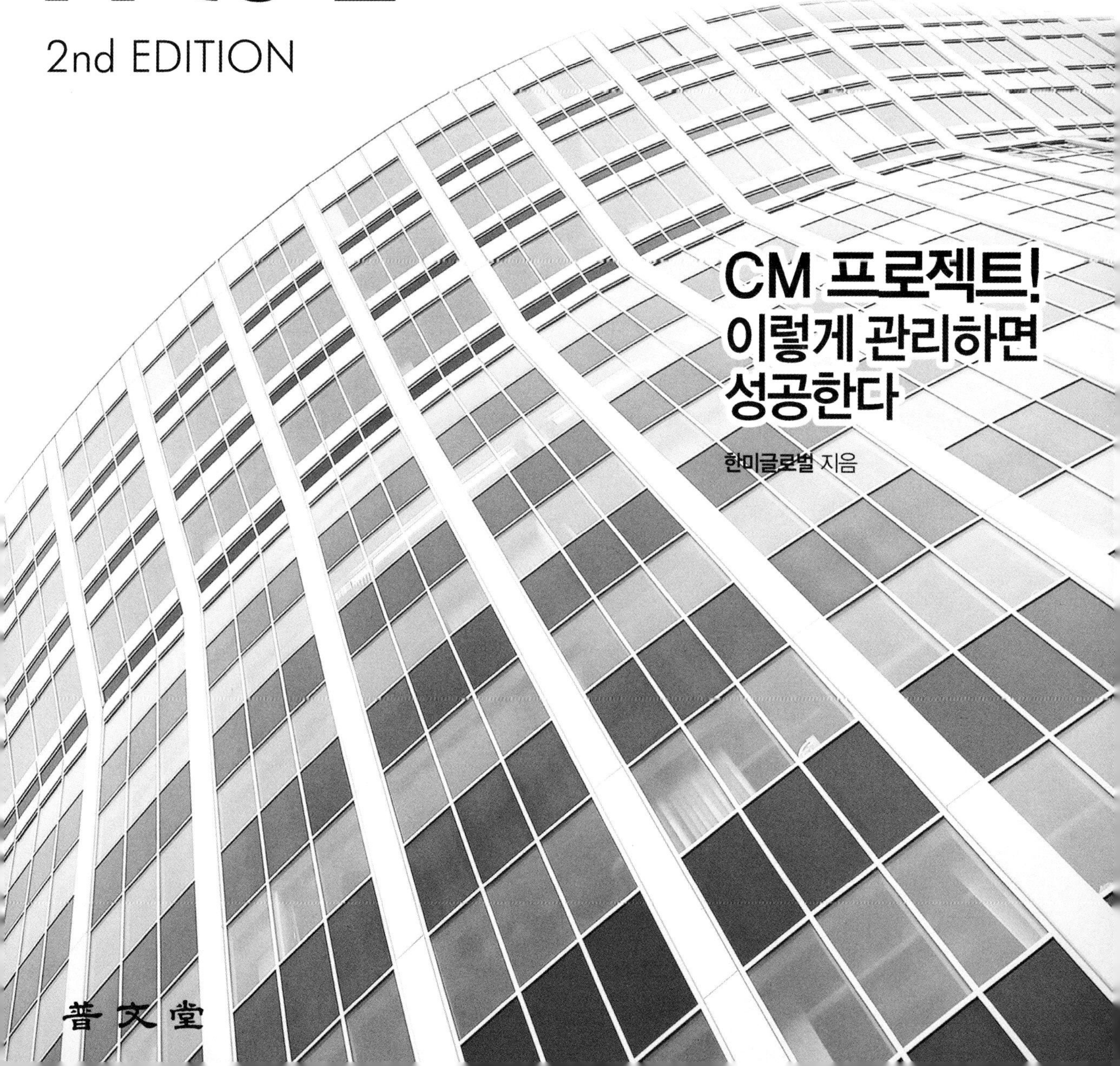

CM 프로젝트!
이렇게 관리하면
성공한다

한미글로벌 지음

普文堂

권두언

PREFACE

지난 2006년에 한미글로벌은 국내 건설사업관리(CM) 제도의 도입 10주년을 기념하여 건설사업관리 개론서인 「Construction Management A to Z」를 발간하였습니다. 본 서적은 지난 10년간 한미글로벌이 축적해온 지식과 경험을 총정리한 건설사업관리 업무의 지침서로서 설계, 공정, 원가, 품질 관리 등 국제적으로 통용되는 표준 CM 서비스 전체에 대한 포괄적인 내용을 수록하고 있습니다. 실제 적용 불가능한 이론보다는 현장에 적용 가능한 실무 위주로 기술되어 CM 현장에 근무하는 건설사업관리자는 물론, 사업관리 능력 향상을 원하는 모든 건설 분야 종사자들에게도 도움이 될 수 있도록 내용을 구성하였습니다. 「Construction Management A to Z」는 관련 업계 종사자뿐만 아니라 일반인에게도 CM에 대한 이해를 증진하는 데에 매우 도움이 되는 것으로 인식되어왔고 국내 CM 시장의 영역을 확대하는 것에 일조하였습니다. 또한 처음 발간에서 기대했던 것처럼 국내 여러 대학에서는 건설전공자를 위한 CM 개론 강의 자료로서 활용하고 있습니다.

CM은 건설사업 과정 전반에 대한 체계적인 관리를 통하여 사업기간과 사업비를 절감하고 최고의 품질확보가 가능하도록 하는 선진기법입니다. 특히, 건설사업의 성패가 결정되는 시공 전(前)단계(pre-construction phase)에 대한 집중적인 관리는 적정 품질 및 안전관리 기준을 설정함과 동시에, 공사기간의 장기화, 예산 초과, 불필요한 설계변경 및 부실공사를 방지하기 위한 관리기술의 정수(精髓)라 할 수 있을 것 입니다.

CM은 글로벌 스탠더드(global standard)이기도 합니다. 국제사회에서는 CM 방식을 원가절감 효과가 가장 큰 계약방식으로 추천하고 있기도 합니다. 우리나라 건설산업이 CM을 적극 도입하고 정착시켜야 하는 이유도 바로 여기에 있습니다. 글로벌 스탠더드인

CM이야말로 우리 건설산업의 경쟁력을 확보하고 세계시장 진출에 필요한 발판을 제공해 줄 수 있는 유력한 대안이기 때문입니다.

「Construction Management A to Z」가 발간되고 5년이 지난 지금, 국내외 건설산업은 다양하게 변화하고 있습니다. CM 분야도 예외는 아닙니다. 법 · 제도와 같은 외부 환경 요인뿐만 아니라, CM 업무가 건설 전반에 자리를 잡아감에 따라 신기술과 신공법이 다수 개발되어 적용되었으며 이에 따라 고객들의 니즈(needs)도 다양화되었습니다. 또한 건설산업에 대한 이미지는 단순히 구조물을 축조하는 수준에서 벗어나 타 산업과의 융합 및 통합 등을 통하여 유비쿼터스(ubiquitous)를 기반으로 한 스마트 라이프 구축과 친환경 기술을 통한 지속가능성 추구와 같은 고차원적인 첨단기술도 반영되는 복합산업으로 자리매김 하였습니다. 한미글로벌은 이러한 환경의 변화를 고려하여 책의 내용에 최신 경향이 반영되어야 한다는 필요성을 인식하여 기존 「Construction Management A to Z」를 개정하게 되었습니다.

본 개정판에서는 초판발행 이후에 개정된 법 · 제도 그리고 용어들을 최신화 하였고, 기존의 전통적인 CM 서비스에 대한 포괄적인 내용뿐만 아니라 최근 건설 분야에서 새로운 이슈로 주목되고 있는 친환경 건설과 건설정보기술(IT)에 대한 CM 업무프로세스 적용내용을 수록하여 최근의 건설 환경변화를 수용한 최신 내용을 포함하기 위해 노력하였습니다. 특히 서울대역 마에스트로 사업 내용을 중심으로 한 개발사업관리 내용은 CM 업무를 개발사업으로 확장하고 있어 독자가 다양한 정보를 습득할 수 있는 유익한 기회를 제공할 것입니다. 서적의 구성에 있어서도 각 장(chapter)별로 개별저자가 집필함에 따라 발생가능한 표현의 차이나 중복여부도 방지하기 위해 서적 전반의 용어와 내용적 맥락을 통일화함으로써 독자들의 올바른 이해를 증진할 수 있도록 하였습니다.

「Construction Management A to Z」 개정판 발간은 건설사업의 발주자를 비롯한 각 프로젝트 참여자, 전문가 그리고 일반인에게 CM에 대한 최신정보를 통해 시대적 감각이 반영된 바람직한 인식을 심어줄 것 입니다. 본 서적을 통해 얻어진 정보가 프로젝트 성공을 확보할 수 있는 단초가 될 수 있다면, 한미글로벌은 향후에도 이러한 역할을 기꺼이 자임하고자 합니다. 또한 국내 CM 선두주자로서 CM 기술의 개발과 공유는 물론이거니와, 시장의 확대와 활성화를 위해 필요한 책무 또한 성실히 이행할 것입니다.

본 서적에 수록된 내용들은 현업을 수행하고 있는 한미글로벌의 각 분야별 전문가들에 의해 작성되었기 때문에 실무위주의 집필에 집중되었고 이로 인한 이론적 부족함과 특히 타산업 분야에 대한 내용이나 표현이 미흡한 면도 있음을 독자 여러분의 넓은 아량으로 헤아려 주시기 바랍니다. 아울러, 부족하고 미흡한 부분에 대해서는 향후 이와 같은 개정판을 통해서 지속적으로 보완해 나갈 것임을 약속드립니다.

2011년 6월

한미글로벌 회장 김 종 훈

차 례

CONTENTS

CHAPTER 1

건설사업관리의 이해 (Understanding Construction Management)

1 개 요

우리나라에 CM(construction management)이 도입된 지 15년이 흘렀다. 1997년 건설사업관리 제도도입 이후, 실로 많은 발전이 있었다. 관련법과 제도가 개선되었으며, CM 시장의 규모가 확대되면서 수많은 기업들의 시장진입이 이루어졌다. 월드컵 주경기장 건설공사를 포함한 성공적인 CM 프로젝트에 힘입어 민간부문의 경우 프로젝트가 급격히 증가하였으며, 그 효과 또한 입증되고 있다. 2004년에 들어서는 공공부분의 CM적용이 확대되기 시작하였으며 과천 국립과학관, 누리 꿈 스퀘어, 알펜시아 등 대형 공공프로젝트에 CM이 적용되고 있다.

그러나 국내 건설시장의 CM 활성화를 위해서는 아직도 해결해야 할 문제가 많다. CM에 대한 이해부족, 후진적이고 경직된 법과 제도, 가격위주의 선정제도, 턱없이 낮은 용역비, 전문인력의 양성 시스템 부재, 전문기업의 능력부족, CM의 감리화에 대한 우려 등은 시급히 해결해야 할 숙제라고 판단된다.

본 장에서는 CM의 발생지인 미국과 1960년대 후반부터 MC(management contract) 또는 CM을 적용하고 있는 영국을 중심으로 CM의 발생배경, 다양하고 창의적인 계약제도, 기업 선정방식, 시장현황 및 용역대가 수준 등을 기술하여 CM에 대한 이해를 높일 수 있도록 하였다. 마지막에는 CM제도의 활성화와 적용효과를 높이기 위하여 개선해야 할 문제점들을 제시하였다.

2 CM의 정의 및 발생 배경

2.1 CM의 정의

CM의 개념과 정의, 형태는 문헌에 따라 매우 다양하다. 다만 분명한 것은 CM이 발주자의 이익을 대변하기 위해서 만들어진 제도라는 것이다. CM은 사업주를 위하여 프로젝트의 기획단계에서 유지관리단계까지의 전 과정을 전문적으로 관리하여, 주어진 예산 및 사업 기간 내에 양질의 프로젝트를 인도하는 서비스라고 할 수 있다. 또한 CM은 발주자와의 계약을 통하여 발주자의 전반적인 또는 부분적인 권한을 위임 받아 대리인(agent) 및 조정자(coordinator)로서 프로젝트의 통합관리 역할을 수행하여 프로젝트를 성공적으로 완료하는 서비스이다. 이러한 목표를 달성하기 위해서 CM은 프로젝트 모든 분야에 전문적인 관리기법을 적용하며 특히, 원가(cost)와 공기(schedule)를 핵심 대상으로 삼으며 건설사업에 관련된 거의 모든 활동(activity)을 관리하게 된다. 이 밖에도 건설사업의 원가, 공기, 품질 등에 영향을 미치는 핵심요인의 70~90% 이상이 시공 전 단계에 이루어진다는 이론에 근거하여 설계관리(design management)를 축으로 시공 전단계 활동(preconstruction activities)의 관리에 노력하고 있다. 즉, CM이란 발주자의 대리인 역할을 하면서 공사기간, 공사비, 품질 등의 향상을 통하여 발주자의 권익이 최대가 되도록 하는 서비스라고 할 수 있다.

이러한 개념에 근거하여 미국CM협회(Construction Management Association of America, CMAA)는 CM을 "The process for professional management applied to a construction project from project inception to completion for the purpose of controlling time, cost, scope, and quality." 즉, 건설 프로젝트의 시작부터 완료까지 시간, 비용, 범위, 품질을 관리할 목적으로 적용되는 전문적인 관리 기법이라고 정의하고 있다. 미국 건축가 협회(American Institute of Architects, AIA)는 "Managing the design and construction of a stated project to achieve an architectural and construction program at the lowest beneficial cost to the owner within a reasonable profit framework for the participants." 즉, 건설공사 참여자들에게 합리적 수준의 이익보장과 최소의 비용으로 발주자의 건설목적을 달성할 수 있도록 설계·시공과정을 관리하는 방법이라고 정의하고 있다.

이러한 개념 및 정의에 근거하여 우리나라의 경우도 건설산업기본법 제2조 건설사업관리의 정의에서 "건설사업관리란, 건설공사에 관한 기획·타당성조사·분석·설계·조달·계약·시공관리·감리·평가·사후관리 등에 관한 관리업무의 전부 또는 일부를 수행하는 것을 말한다."라고 규정하고 있다.

그러나 CM에 대해 40년 이상의 역사를 가지고 있는 미국에서도 아직까지 그 정의와 범위에 대해 하나로 규정된 것은 없으며, 1960년대 초반 미국 내 전역에서 각기 다른 모습과 목적으로 발생하였고, 현재까지도 업무범위나 계약방식에 지속적인 진화를 거듭하고 있기 때문에 CM을 한가지로 정의한다는 것 자체가 모순일 수 있다.

2.2 CM의 발전 배경

미국은 CM의 발상지로서 다양한 건설 주체들이 존재하고 있어, CM이 자연스럽게 정착되어 왔다. CM의 태동은 1960년대부터 몇몇 공공기관들이 만성적인 공기지연과 예산초과 문제를 해결하기 위하여, CM방식을 시범적으로 도입한 것이 CM의 효시라고 일컬어지고 있으며 이후 민간 부분으로 확대되었다. CMAA에 의하면 CM이 발주자의 대리인(agent) 역할을 수행한, 최초의 사업관리형 CM사업은 1963년 뉴욕의 New York City Madison Square Garden이며, 이 밖에 시카고의 John Hancock Center, 뉴욕의 세계무역센터(World Trade Center), 덴버의 John Manville World Headquarter Project 및 몇몇 주립대학교의 학교건물에 CM이 적용된 것으로 조사되고 있다. 특히, 미국 내에는 1972년과 1973년에 완공된 뉴욕의 세계무역센터(World Trade Center-Twin Building)가 CM이 최초로 적용된 공사라고 알려지고 있으나 세계무역센터는 CM에 의한 최초의 공사라기보다는 대형 프로젝트에 최초로 CM이 적용된 프로젝트라고 할 수 있다. 이후 미국 CM기업들은 중동지역의 대형 개발 프로젝트와 미국 본토에서 정부 발주 프로젝트가 충분했던 레이건 정부 시절인 1970~80년대에 CM기술을 더욱 발전시킬 수 있었다.

CM의 발전은 산업 발전과 궤를 같이하고 있다. 산업의 발전으로 건설 프로젝트의 성격이 점차 전문화, 대형화 되었고, 건설공사의 운영에 있어 공기 단축과 원가 절감의 필요성이 심화되었다. 뿐만 아니라 전래적인 공사수행방식이 빚어내는 전문 관리기능의 부족과 공사 참여자들간의 적대적인 관계도 심각한 문제로 부각되기 시작하였다. 이러한 문제점들을 해결하기 위한 새로운 공사수행방식으로 CM이 등장하게 되었고 마침 경영학, 산업공학, 전기 · 전자공학, 기계공학 등 타 분야에서 파생된 이론과 기법들이 건설공사의 계획, 관리, 시공과정에 활용되면서 과학적이고 체계적인 관리활동을 가능하게 하였다.

미국 건설산업에서의 건설 프로젝트 조달유형은 공사형태의 요구에 따라 전통적인 조달방식뿐만 아니라 다양한 조달유형이 장기간에 걸쳐 발전하여 왔다. 특히 건설 프로젝트의 대형화, 복잡화 경향에 따라 예산증가, 관리직 인원의 팽창, 그리고 품질과 안전에 대한 부담이 가중되고 있는 상황이기 때문에 CM은 발주자와 변화하는 건설산업의 요구에 따라 다양한 형태로 발전되어 왔다.

CM의 발생배경의 또 다른 중요한 요인은 프로젝트 참여자의 역할의 변화에서 기인되었다. 수천년 동안 건설프로젝트의 설계와 시공은 한 사람의 책임자인 도편수(master builder)에 의해서 이루어졌다. 따라서 도편수는 모든 책임이 자신에게 전가되기 때문에 완벽한 건축물을 만들기 위하여 전력을 다하였다.

그러나 19세기 중반에 들어 변화가 생기기 시작하였다. 설계를 담당하는 건축가와 시공을 담당하는 시공업자가 분리되기 시작하였고 건축물 또한 철, 돌, 유리와 같은 간단한 구조에서 철골, 철근콘크리트, 설비, 전기 등의 복합구조로 발전되어 갔으며, 기술력도 점점 발전되어 갔다. 시공의 경우도 건축물의 특정분야에 전문적인 기술력을 보유한 건설업자가 출현하게 되어 과거 도편수 한 사람이 행하던 업무는 각각의 전문분야로 나누어져 수행되는 시대가 되었다.

건축물이 복잡해지면서 시공의 모든 업무를 수행하던 일반건설업자(general contractor, GC)들은 업무 중 일부를 특정분야의 기술력을 보유한 전문건설업자(trade contractor, TC)에게 하도급을 시행하고, 공사의 입찰도 전문건설기업의 견적서를 취합하여 제출하는 청부업자(construction broker)로 변해 갔으며, 점차 공사의 최소한만 자신이 시공하고 대부분을 하도급으로 수행하게 되었다.

이러한 변화와 함께 1960~70년대의 설계사(design professional)들은 시공단계 업무에 대한 책임을 꺼리게 되었으며, 날로 증가하는 건설공사의 위험으로 인하여 설계사의 보험료가 증가되고, 보험으로 보상되지 않는 업무도 발생하게 되었다. 따라서 1950년대에는 시공단계의 업무에 직접 관여하여 발주자의 대리인 역할을 해주던 전문 설계사들이 1970년대에 들어서는 자신들의 위험을 회피하기 위하여 시공단계 업무에서 손을 떼게 되었다. 이런 변화로 1970~80년대 미국 건설산업에서는 건설감리(construction supervision), 건설관리(construction administration), 건설조사(construction observation), 건설관련 서비스(construction-related services)라는 용어가 혼용되었다.

거의 동일한 시기에 발주자들은 프로젝트 수행과 관련된 예산초과, 공기의 장기화와 같은 만성적인 문제에 시달리게 됨과 동시에, 심각한 인플레이션으로 인해 그 영향은 심각하였다. 최저가낙찰제가 일반화되어 건설공사의 입찰경쟁은 더욱 심화되었고 이윤은 점차 줄어들었으며, 일반건설업자들은 공사를 낙찰 받은 날부터 발주자의 귀책사유로 클레임을 청구할 수 있는 누락공사항목(missing items)을 찾는데 주력하였다. 당연히 건설에 전문성이 부족한 발주자들은 이로 인한 클레임에 시달리게 되었다. 즉, 전통적으로 발주자의 대리인(agent)이었던 건축가(architect)들이 시공단계의 업무에서 손을 떼게 됨으로써 공사의 모든 위험을 부담해야 하는 일반건설업자들과 발주자의 관계는 점점 적대적인 관계로 악화되었으며, 최저가낙찰제에 의한 공사계약과 날로 높아지는 공사의 위험은 일반건설업자와 발주자의 분쟁을 증가시켰다.

이러한 시장상황 때문에 CM은 미국의 각기 다른 지역에서 자연적, 독립적으로 발생하기 시작하였다. 더욱이 인플레이션으로 인해서 발주자들은 공기단축의 필요성을 절감하였으며, 이를 위하여 각기 다른 시공기업에 프로젝트를 분리 발주할 필요성을 느끼고 있었다. 따라서 분리 발주된 공사의 여러 시공기업을 성공적으로 관리하고 발주자를 대신해 줄 수 있는 독립된 개인 또는 기업(entity)의 필요성을 느끼게 되었던 것이다. 이러한 시장의 요구에 의해서 발생된 개인 또는 기업이 CM이며, CM은 발주자를 대신하여 프로젝트를 전문적으로 관리하게 되었다.

발주자의 대리인으로서 발주자의 이익을 위하여 여러 전문건설업자(trade contractor)를 관리할 책임을 보유한 CM의 등장은 경쟁입찰을 통하여 건설청부업자(construction broker)가 되어버린 일반건설업자를 전문건설업자로 교체하는 효과를 낳았다. 즉, CM의 전문적인 관리로 과거에 원도급자(prime contractor)의 하도자로 참여해야 했던 하도급자(sub-contractor)들이 발주자와 직접 계약관계를 가진 원도급자(prime contractor)로 참여하는 기회가 확대된 것이다.

이것이 우리가 통상적으로 알고 있는 순수형 CM(pure agent multi prime construction management)의 전형이 되었으며, 발전을 거듭하여 현재에는 CM이 프로젝트에 대한 위험을 부담하는 책임형 CM의 표준이라 할 수 있는 최고한도비용보증액(guaranteed maximum price/construction management, GMP/CM)이 적용되게 되었다.

2.3 CM의 발전을 위한 미국 공공기관의 역할

공공부문에서 CM을 선도적으로 도입한 대표적인 기관은 미연방조달청(General Service Administration, GSA)이다. GSA는 1970년에 공공 부문에 있어서는 처음으로 법적 근거를 마련하였다. 당시 GSA/PBS(public building service)에서는 설계 · 시공간의 기간 단축, 고품질의 시공 실현, 건설공사 비용절감을 목표로 하여 민간 분야에서 적용하고 있던 새로운 건설 공사 수행방식을 연구하였다. 그 결과 기존의 전통적인 계약방식에서 발생하는 불합리함을 인지하고, 개선책으로써 단계별 시공(phased construction) 수행, 다수의 원도급자(multiple prime contractor)와의 계약 체결 방안, 고층 건물이나 복합 건물, 기타 500만불 이상의 프로젝트에 대해 민간 전문기업에 의한 CM 방식 도입을 권고하는 것 등이 포함된 연구결과를 발표하였다. 이후, 1970년대부터 CM 방식에 의한 계약이 꾸준히 증가하였으며, 1977년에는 CM 방식을 적극 옹호하는 핸드북을 발간하기도 하였다.

그러나 정부공사의 CM계약제도는 초기에 몇 가지 문제점을 노출하였다. 즉 경험과 조직력을 갖춘 CM기업의 부족, 책임과 권한 이양의 불명확, CM제도에 대한 이해부족 등의 문제점으로 인해 GSA는 1979년에 CM계약을 중지하였다. 이러한 GSA의 조치에도 불구하고 CM계약제도가 쇠퇴하기는커녕 오히려 민간 및 공공 부문의 건설프로젝트에서 급격하게 도입되었다. 이에 GSA에서도 1983년에 품질관리(quality management, QM)에 가까운 CM계약제도를 다시 채택하게 되었으며, 이러한 CM제도의 활성화는 CM교육의 발전에도 커다란 영향을 주게 되었다.

그러나 공공분야의 사업의 경우 민간 CM기업이 질 수 있는 책임이 충분할 수 없었다. 이에 따라 1980년부터는 GSA/PBS 위원회의 사전 승인 없이는 CM용역을 발주할 수 없도록 하는 정책 변화가 있게 되었다. GSA/PBS에서 발간한 Construction Management Guide를 살펴보면 CM의 책임 사항과 형평이 맞도록 그 권한을 대폭 축소시켜 사실상 순수한 컨설턴트나 업무조정자의 역할만 수행하도록 그 책임과 권한을 규정하고 있는 것을 알 수 있다. 이는 융통성을 가지고 다양한 CM 방식을 접목시키는 민간 부문과 달리 기관의 제도나 법규의 제약을 받는 공공공사의 특성에서 기인한 것이다.

그러나 현재 미국의 경우 사업관리형 CM 방식은 물론 책임형 CM 방식도 널리 적용되고 있다. 현재 미국의 50개 주정부 가운데 7개 주정부에서만 공공프로젝트에 책임형 CM의 적용을 제한하고 있으며 그 밖의 연방정부공사는 물론 주정부공사에서도 CM이 활발하게 적용되고 있다.[1)]

1) AGC(The Associated General Contractors of America), "CM At-Risk State-by-State Map", http://www.agc.org/cs/industry_topics/project_delivery/cmatrisk

2.4 미국의 CM 계약 형태

2.4.1 기본적인 CM 계약의 형태

미국에서 적용되고 있는 CM의 계약 형태는 매우 다양하다. 이는 CM이 국내에서처럼 건설관련 법과 제도에 기반을 두고 행해지는 것이 아니라 발주자와 CM기업의 계약에 근거를 두고 업무범위, 용역비, 권한 및 책임사항 등이 정해지기 때문이라고 할 수 있다. 미국에서 수행되고 있는 기본적인 CM의 형태는 사업관리형 CM, 책임형 CM, A-E-CM으로 구분된다.

(1) 건설사업관리자가 발주자의 대리인으로서 공사에 참여하는 계약 형태(사업관리형 CM, CM for fee)

사업관리형 CM은 서비스를 제공하고 그에 상응하는 용역비(fee)를 지급 받는 자문 또는 대행인(agent)으로서 역할을 수행하는 방식이다. 이때, 사업관리자는 시공자(보통의 경우, 전문시공업자 또는 하도업자)나 설계자와는 직접적인 계약관계가 없으며 따라서 공사비용, 기간, 품질 등과 같은 공사결과에 대한 책임을 지지 않고 궁극적인 의사결정과 그에 따른 최종 책임은 발주자의 몫이 된다. 이러한 방식의 계약체계를 일반적으로 '사업관리형 CM' 또는 'CM for fee' 방식이라고 한다. 사업관리형 CM과 동의어로 'Agency CM' 이라는 용어도 많이 사용된다.

(2) 건설사업관리자가 시공에 책임을 지는 계약 형태(책임형 CM, CM at risk)

이것은 위의 '사업관리형 CM' 방식과는 대조적으로 건설사업관리자가 기존의 업무는 물론 시공자가 공사를 수행하는 것과 같이 하도급자 또는 전문시공업자를 고용하거나 일부 시공을 직접 담당하면서 공사를 수행하는 방식이다. 이러한 계약체계를 '책임형 CM' 또는 'CM at risk' 방식이라 한다. 이때 건설사업관리자는 시공자의 입장과 같은 공사에 대한 공사비와 공기에 관한 책임과 위험을 부담하게 된다.

(3) 설계자가 건설사업관리자를 겸하는 계약 형태(A-E-CM)

건설사업관리 계약체계의 또 다른 형태로 설계자가 본연의 설계업무 외에 시공자 선정

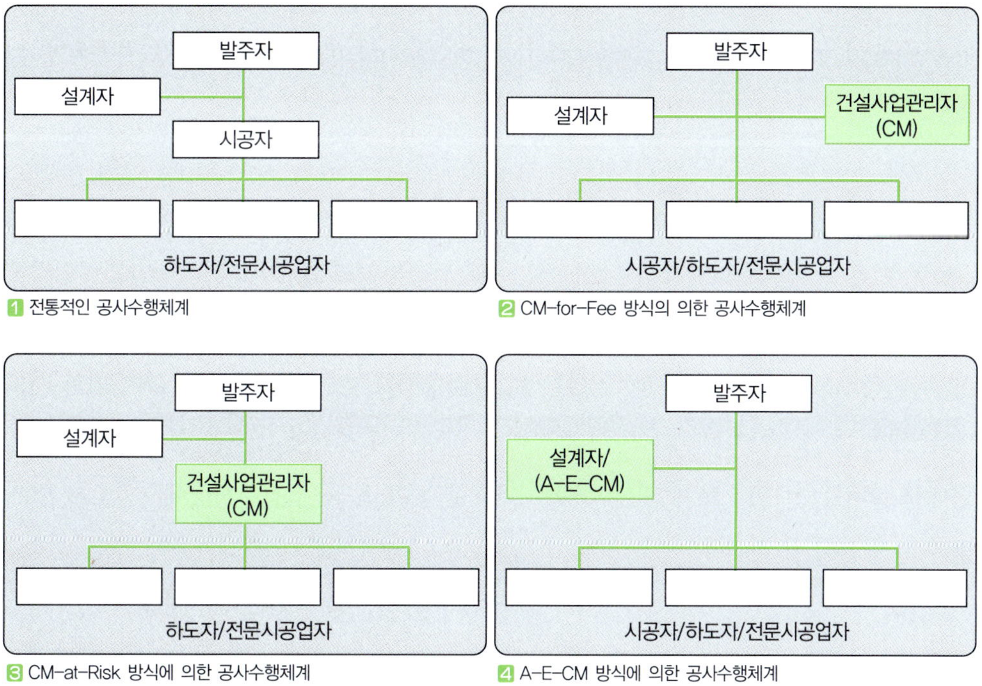

그림 1-1 건설사업관리(CM)의 기본적인 계약 형태

이나 전반적인 공사관리의 업무를 수행하는 방식이 있다. 이 방식은 이상의 계약방식과 구분하기 위해 'A-E-CM(architecture-engineering construction management)' 이라고 한다. A-E-CM 방식의 책임범위는 설계자의 책임범위에 사업관리형 CM의 책임을 부과한 것으로 보면 된다.

현재 미국에서 CM은 민간공사뿐만 아니라 공공공사에도 널리 적용되고 있으며, CM의 적용은 대부분 성공적인 결과를 가져왔다. 즉, 발주자의 이익증대를 목적으로 발주자의 대리인의 역할을 하는 CM의 전문적인 관리로 발주자의 이익은 공사비의 10~12% 정도 증가하게 되었다.[2] 이러한 순수형 CM은 발주자와 CM간의 마찰을 최소화하고 CM이 발주자의 입장에서 발주자 이익을 대변하는 가장 표준적인 형태의 CM이라 하겠다.

CM이 발전되면서 프로젝트의 효율성을 증대시키고 최고의 결과를 목적으로 발주자는 CM에 일정한 재정적인 위험을 부담시키기 시작하였으며, 결국에는 CM이 프로젝트에

2) 김인호, "CM의 개념과 건설산업의 의의" 강의 지료

대한 위험을 부담하는 책임형 CM의 표준이라 할 수 있는 최고한도비용보증액(guaranteed maximum price/construction management, GMP/CM)이 적용되게 되었다.

2.4.2 사업관리형 CM의 다양한 적용 방식

미국의 경우 일반건설업자의 참여여부, 전문건설기업의 수, 발주자 · 일반건설업자 · CM의 계약관계, CM의 보증범위 등에 따라 다양한 형태의 CM 계약방식이 적용되고 있다. 다음은 CMAA에서 제시한 다양한 사업관리형 CM의 형태로 국내와 같이 법과 제도에 근거를 둔 경직한 CM 형태만이 적용되는 환경에서 계약에 근거를 둔 다양한 CM의 형태를 살펴봄으로써 CM에 대한 올바로 이해를 높이고, 국내 건설시장에서의 CM 발전을 위한 방안이 될 것이다.

(1) Pure Agency CM with General Contracting and Hourly CM Fee

CM이 발주자의 대리인 역할을 수행하며, 발주자와 계약관계에 있는 1개 또는 다수의 일반건설업자를 관리하는 형태로 CM은 투입된 시간을 기준으로 보수를 받게 되어 원칙적으로 공사비와 CM 용역비와는 상관관계가 없는 계약 형태이다.

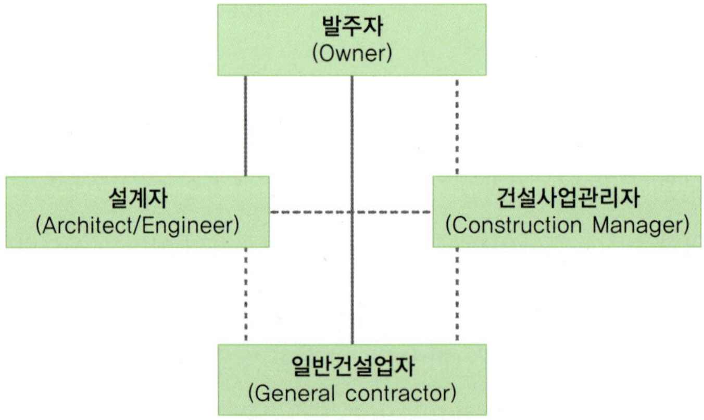

그림 1-2 Pure Agency CM with General Contracting and Hourly CM Fee[3)]

3) 그림 1-2 에서 실선은 계약관계, 점선은 Communication 관계를 나타냄.

CM은 CMAA가 규정한 CM 표준업무기준에 의거 발주자를 위하여 조언(advice), 지도(guidance), 자문(counsel) 등 전문적인 서비스를 제공할 책임을 가지게 된다. CM은 투입된 시간에 비례하여 보수를 받게 되므로 CM 용역비에 대한 리스크는 원칙적으로 없다고 볼 수 있다. CM의 보수에는 직접비(direct cost), 간접비(overhead cost) 및 사전에 합의된 이윤(agreed-to profit)이 포함된다.

본 계약에서 공사의 궁극적인 책임은 발주자에게 있으며, CM의 책임범위는 단지 부주의(negligence)로 인한 손실로 제한되고, 손실보상은 CM사가 가입한 전문가 보험(professional liability insurance, PLI)과 CM사가 보유한 자산 내에서 행해진다. CM 용역비는 일반적으로 프로젝트의 기획, 설계 및 시공단계에 이르는 CM의 원가관리, 공정관리, 가치공학(VE) 및 발주자를 위한 관리 서비스로 인한 사업비 절감으로 상쇄된다. 본 계약의 징점과 딘점은 표 1-1과 같다.

표 1-1 Pure Agency CM with General Contracting and Hourly CM Fee의 장 · 단점

장 점	단 점
• CM은 예산 내에서 투입된 시간에 따라 보수를 받기 때문에 CM이 자신의 이윤을 높이기 위하여 용역의 질을 떨어뜨릴 우려가 없음	• CM이 이익을 증대시키기 위하여 불필요한 일에 시간을 할애할 수 있음 • CM과 발주자는 CM의 노력과 산출결과에 대하여 상호 주의 깊은 관찰 필요 • CM의 무성의한 업무수행에 대한 보상을 받기 위해서 발주자는 법적 소송 필요

(2) Pure Agency CM with General Contracting and Lump Sum CM Fee

CM에게 투입된 시간을 기준으로 용역비를 지급하는 것이 아니라 프로젝트의 기간 동안 규정된 서비스를 제공 받으며 고정된 총액을 용역비로 지급하는 것을 제외하면 Pure Agency CM with General Contracting and Hourly CM Fee와 원칙적으로 동일하다. 이러한 형태는 CM사의 투입비가 용역비를 초과할 수 있다는 정도의 리스크는 수반되지만 그 이상의 리스크는 없다. 발주자는 규정된 용역을 제공 받으면서 CM 용역비에 대하여는 상한선을 설정함으로써 이득을 볼 수 있지만 CM의 입장에서는 자신의 이익증대를 위하여 계약규정에 못 미치는 서비스를 제공하려고 할 수 있다. 따라서 발주자에게는 CM을 관리하기 위한 추가적인 노력이 필요하다. 본 계약의 장 · 단점은 표 1-2와 같다.

표 1-2 Pure Agency CM with GC and Lump Sum CM Fee의 장 · 단점

장 점	단 점
• CM에게 고정된 용역비를 지급하면서 규정된 서비스를 제공 받고 그에 맞는 결과를 도출할 의무를 부과할 수 있음	• CM의 무성의한 업무수행에 대한 보상을 받기 위해서 발주자는 법적 소송 필요 • 발주자의 기대를 충족시키지 못하더라도 CM이 자신의 이익증대를 위하여 서비스의 질을 낮출 가능성이 있음(예: 기준 이하의 기술자 배치) • CM과 발주자는 CM의 노력과 산출결과에 대하여 상호 주의 깊은 관찰 필요

(3) Pure Agency CM with Phased Construction

본 방식은 발주자가 여유가 없는 공정에 맞추기 위하여 여러 시공사에 단계별 입찰을 실시하는 방법이다. 즉, 골조공사의 설계 전에 부지정지공사를 발주하고, 내부마감공사의 설계 완료 전에 기초공사를 발주하는 방안으로 하나의 프로젝트를 부지정지공사, 부지설비공사, 기초공사, 골조공사, 마감공사 등 5개 또는 그 이상으로 분리 발주하여 패스트 트랙(fast track)을 적용하는 것이다.

본 계약방식은 CM에 보다 많은 위험과 책임이 부과된다. 즉, CM은 시공사간의 인터페이스를 명확히 규정, 관리하고, 계약자의 공사비, 공정, 품질조건 등이 발주자의 요구에 부합하는가를 관리해야 한다. 이러한 추가적인 업무는 동일 빌딩에서 일하는 여러 시공사를 코디네이션 하는 업무로 인하여 CM에 추가적인 위험이 발생되며, CM의 능력이 부족할 경우 코디네이션의 실패로 공기연장이나 클레임의 원인이 될 수 있다. 그러나 이것은 전문적인 관리 용역에 대한 프로젝트의 이행위험(performance risk)에 불과하며, 각각의

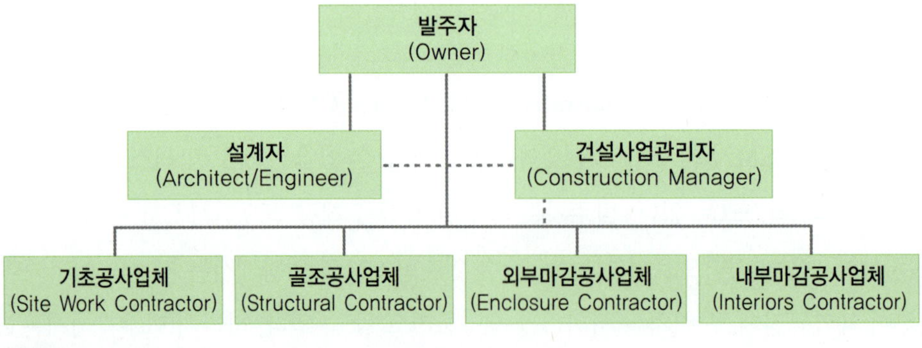

그림 1-3 Pure Agency CM with Phased Construction

시공사들이 공사에 대한 이행책임을 지고 있어 발주자와 CM간의 분쟁의 소지로 발전하지는 않는다. 따라서 CM의 발주자에 대한 계약적 책임은 대리인의 범주의 책임을 벗어나지 않으며, CM은 여전히 발주자의 대리인으로서 발주자의 입장에서 일하게 된다. 다만, CM의 태만한 서비스로 시공사들의 코디네이션에 실패하여 공기가 지연되었다면 시공사들이 발주자에 클레임을 청구할 가능성이 높아지기 때문에 그만큼 CM의 책임이 증가하며, 이 경우 CM에 대한 손해 보상은 CM사가 가입한 전문가 보험과 보유한 자산 내에서 행해진다.

표 1-3 Pure Agency CM with Phased Construction의 장 · 단점

장 점	단 점
• 분할발주 및 패스트 트랙(fast track)의 적용으로 공기단축 가능 • 일반건설업자의 이윤(mark-up)이 배제되어 원가 절감 가능 • 발주자와 CM간의 분쟁의 소지는 불변	• CM의 태만한 서비스로 인한 클레임 발생의 가능성 증대

(4) Pure Agency CM Multi-Prime

본 방식은 단계별 시공방식(phased construction)을 적용한 방법보다 한 단계 더 진보한 형태이다. 즉, 프로젝트를 콘크리트, 페인팅, 철근조립, 목공사, Dry-wall, Carpet 등으로 보다 세분하여 발주하고, 각각의 전문건설기업(trade contractor)과 발주자가 직접계약을 맺게 된다. CM은 발주자의 공사비, 공정 및 품질 요구조건에 맞게 발주자와 계약한 전문건설기업들을 관리하고 코디네이션으로서의 책임을 가진다. 이것은 1960~1970년에 나타난 전형적인 CM 계약 형태로 CM이 여러 전문건설기업을 성공적으로 관리해야 하는 책임을 지고 있어 위험이 크게 증대되지만 발주자의 대리인으로서 발주자의 이익을 대변하는 기본적인 입장에는 변화가 없다.

세분된 공사발주로 인하여 보통 30개 기업 또는 그 이상의 전문건설기업을 코디네이션 하는데, 간섭부문을 관리하기 위해서는 높은 수준의 기술력, 관리능력 및 리더십이 필요하다. 그만큼 CM이 부담해야 하는 계약적인 의무와 위험도 높아지는 것이다. 이 경우에도 CM에 대한 손해 보상은 전문가 보험과 기업이 보유한 자산 내에서 행해지게 되므로 발주자는 높은 수준의 기술력과 관리능력을 보유한 CM 기업을 선정하기 위한 노력을 게

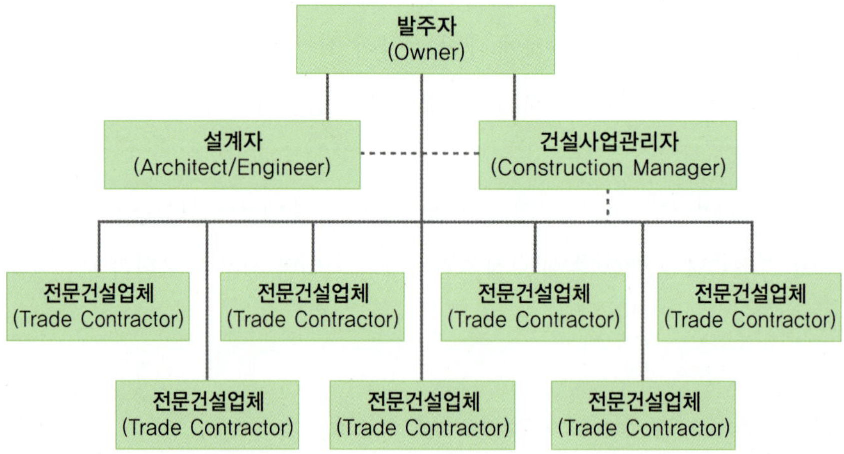

그림 1-4 Pure Agency CM Multi-Prime

을리 해서는 안 된다.

발주자는 프로젝트를 보다 세분하여 직접 발주하고 계약을 맺음으로써 일반건설기업에 지급해야 했던 관리비와 이윤을 제거하고 원가절감을 달성할 수 있으며, 경쟁력 있는 CM 사를 선정할 경우 공기지연, 클레임 발생 등의 위험도 최소화할 수 있다. 본 형태는 CM for fee의 전형이며, 미국에서 가장 널리 적용되는 CM 계약 형태이다.

표 1-4 Pure Agency CM Multi-Prime의 장 · 단점

장 점	단 점
• Fast Track을 통해 공기단축 가능 • 전문건설기업에 직접발주 함으로써 일반건설기업의 관리비(overhead)와 이윤(profit)을 배제할 수 있어 원가절감 가능 • 클레임 발생 가능성 저하 • 발주자와 CM간의 잠재적인 분쟁 매우 적음	• CM의 태만한 서비스로 인한 클레임 발생의 가능성 증대로 능력 있는 CM 선정 필요

(5) Pure Agency CM Multi-Prime with a 'Soft' Cost Guarantee

본 방식은 Pure Agency CM Multi-Prime과 매우 유사하나 계약에 의거 CM이 공사비의 상한선을 보증해야 하는 부담이 추가된다. 즉, 전문건설기업의 입찰금액이 발주자의

예산을 초과할 경우 CM은 추가 용역비를 받지 않고 프로젝트의 패키징(packaging)을 새로 하고(re-packaging) 재입찰(re-bidding)을 실시하여야 하는 책임이 있으며, 재설계가 필요할 경우 CM이 재설계(re-design) 비용을 지급하거나, 설계사와 CM이 재설계 및 재입찰 비용을 공동으로 부담해야 한다.

본 형태의 계약에서 CM은 순수한 발주자의 대리인으로 전문적인 서비스를 제공하나 전문건설기업들의 입찰금액이 발주자의 예산 내에서 이루어지도록 보증을 하게 되어 부담이 증가하게 된다. 따라서 발주자와 CM사간의 분쟁요소도 그만큼 증가하게 된다. 본 계약의 추가적인 장 · 단점은 표 1-5와 같다.

표 1-5 Pure Agency CM Multi-Prime with a "Soft" Cost Guarantee의 장 · 단점

장 점	단 점
• 발주자는 입찰금액에 대한 계약적인 보증을 받으므로 보상을 보다 쉽게 받을 수 있다.	• 발주자는 설계기간 동안 CM이 너무 보수적인 견적을 수행하는지에 대하여 주의해야 한다.

(6) Pure Agency CM Multi-Prime, CM guarantee the Price at Bid Time, and Hold the Trade Contracts

본 방식은 Pure Agency CM Multi-Prime with a Soft Cost Guarantee와 같이 발주자

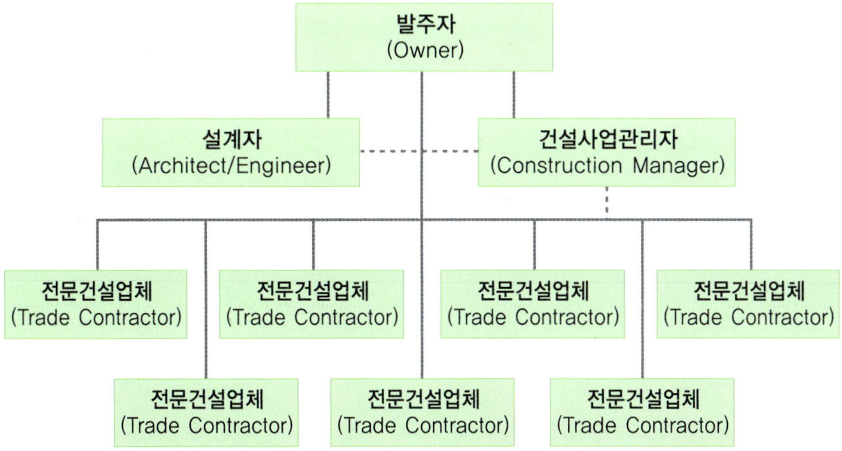

그림 1-5 Pure Agency CM Multi-Prime, CM guarantee the Price at Bid Time, and Hold the Trade Contracts (그림 1-4와 동일)

의 예산 범위 내에서 전문건설기업을 선정할 것을 보증함과 동시에 전문건설기업과 CM이 직접계약을 맺는 형태로 전문건설기업은 CM사의 하도급자가 되는 형태이다.

본 계약방식은 발주자가 여러 전문기업과의 계약이나 직접 기성지급을 꺼리는 경우에 적합한 형태이다. 그러나 CM이 발주자의 이익을 위해 일하도록 하기 위해서 발주자는 다음과 같은 사항을 주의해야 한다.

- 발주자는 CM과 전문건설업체의 계약에 깊이 관여하여 계약서의 상세한 내용까지 파악해야 하며, 기성지급 업무에도 참여해야 함.
- 전문건설업체의 모든 입찰금액은 발주자에게 보고되어야 하며, 발주자는 하도급자의 사전자격심사에 CM과 같이 참여할 수 있으며, CM은 발주자의 동의가 없는 한 최저 낙찰자와 계약하여야 함.
- CM은 입찰 후에 입찰가를 낮추기 위한 목적으로 입찰서 개봉 후 추가적인 입찰을 요구해서는 안 되며, 발주자가 CM에 지급하는 공사대금과 CM이 하도급자에 지급하는 금액은 일치하여야 하며, 본 계약 하에서 발생하는 모든 거래는 반드시 투명하게 발주자에 보고되어야 함.
- 본 계약에서 CM은 발주자로부터 고정적인 용역비 또는 시간기준 용역비를 받으며, 설계변경 및 하도급의 차인을 통해서 이익을 취해서는 안 되며, 이러한 행위를 인정할 경우 발주자와 CM간의 마찰이 커질 수 있음.
- 본 계약에서 전문건설업체는 공사이행과 기성지급보증(performance and payment bond)을 해야 하며, CM은 이러한 의무에서 면제됨.

본 계약은 앞서 설명한 계약형태와는 달리 CM이 전문기업과 직접 계약을 수행하고, 그에 대한 책임을 부담해야 하기 때문에 표 1-6과 같은 추가적인 장 · 단점이 있다.

표 1-6 Pure Agency CM Multi-Prime의 장 · 단점

장 점	단 점
• CM의 능력부족에서 오는 코디네이션 및 공기지연 등의 클레임은 CM과 전문건설업체간의 문제이며, 발주자는 이러한 클레임에 관여할 필요가 없다.	• CM이 자신의 위험을 면하기 위하여 코디네이션 및 공사지연의 책임을 발주자에게 돌리고 클레임을 청구할 수 있다. 따라서 발주자는 프로젝트의 진행사항이나 관련 문서를 지속적으로 감독할 필요가 있다.

본 계약의 형태는 각 단계별로 CM이 부담해야 하는 위험은 증대하지만 발주자와 CM 사간의 중대한 분쟁의 요인이 될 정도는 아니며, CM이 발주자 측에서 업무를 수행하는 순수형 CM이라 할 수 있다.

2.4.3 책임형 CM의 계약 형태

책임형 CM 방식은 CM이 종합건설기업 역할을 담당하면서 해당 공사의 행정과 관리 서비스를 제공하는 것을 의미한다. 즉, 이 방식에서 CM은 설계단계에서 자문을 제공할 뿐만 아니라 시공에 대한 책임도 져야 한다.

책임형 CM 방식에서 건설사업관리자는 발주자에게 '최고한도비용보증액(guaranteed maximum price, GMP)'을 제안하거나, '실비정산 + 보수가산(cost plus fee)' 방식을 계약방식으로 채택하는 것이 보통이다. 또한 설계 · 시공 일괄방식과 마찬가지로, 이 방식에서도 설계가 진행되는 동안 공사에 착수함으로써 공사기간을 단축시키는 이른바 '실시설계 · 시공 병행(fast track)' 방식의 도입이 가능하다.

책임형 CM 방식의 입 · 낙찰 절차는 1단계 혹은 2단계 방식으로 진행될 수 있다. 2단계 방식의 경우, 1단계는 발주기관이 대상자들의 자격을 검토하기 위해 입찰참가자격 심사요청서(request for qualification, RFQ)를 제시하는 단계다. 2단계는 입찰안내서(request for proposal, RFP)를 제시하는 단계다. 발주기관에 따라서는 제안서를 평가한 후에 선택된 몇몇 회사를 대상으로 역량을 보다 잘 파악하기 위한 인터뷰를 실시할 수도 있다. 낙찰자 선정기준(selection criteria)은 과거실적, 발주기관의 요구를 충족시킬 수 있는 역량, 입찰비용, 조직, 면허, 재무정보, 인력 등에 관한 내용의 검증 자료 등이다.

책임형 CM의 계약금액을 확정할 때 일반적으로 활용되는 '최고한도비용보증액(guaranteed maximum price, GMP)'은 CM이 초과하지 않겠다고 보증하는 최고한도액(공사비용과 CM Fee의 합)을 의미한다. 최고한도비용보증액은 업무범위의 변화에 따라 조정되며, 최고한도비용보증액을 초과하거나 설계변경으로 인정되지 않는 초과비용은 CM이 부담해야 한다. '최고한도비용보증액(GMP)'은 일반적으로 기본설계가 완성되는 시점에서 시공도서가 완성되는 시점 사이에 확정된다.

최종 공사비가 설계변경에 의하여 조정된 최고한도비용보증액(GMP)보다 낮을 경우, 그 차액을 원가절감액이라고 부른다. 민간부문에서는 이러한 원가절감액이 발생하였을 경우 CM의 원가절감 노력의 대가로 인정하고, 일종의 인센티브로 그 차액을 발주기관과 공유하는 것이 보통이다. 공공부문의 발주기관도 이 같은 인센티브 제도에 대해 평가하고, 원가절감액 전부를 발주기관에 귀속시킬 것인지 여부를 결정해야 한다. 이를 위해서는 발주자와 CM이 회계장부를 투명하게 관리하는 회계장부공개방식(open book policy)

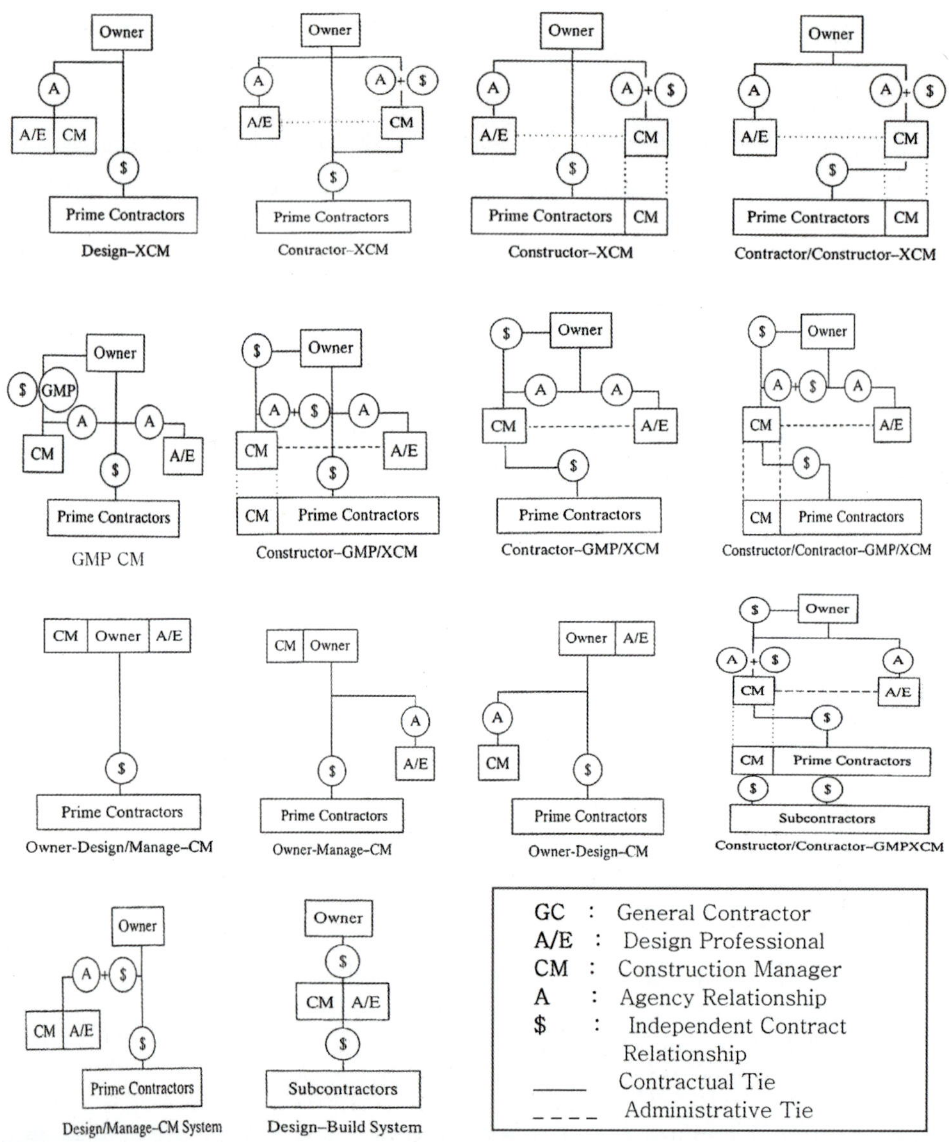

그림 1-6 미국의 다양한 CM 계약 형태

과 절감된 금액을 사전에 정한 비율로 공유하는 이익배분(profit sharing)을 적용하고 있다.

책임형 CM 방식이 적합한 공사는 단일 시설물로서 대규모인 신규 건물공사 또는 리모델링 공사로서, 공기에 민감하고 업무 정의가 어려우며, 설계변경이 잦을 것으로 예상되는 시설물이다. 부적합한 공사는 소규모 공사이거나, 학교 시설과 같이 거의 표준화된 유형의 시설물로서 공기가 넉넉한 시설물들이다.

책임형 CM 방식의 장점으로서는 발주기관에 최고 가치를 제공해 줄 수 있는 CM 선택의 유연성, 시공에 대한 단독 책임 부여, CM과 설계 · 엔지니어링기업간의 역할의 명확한 정의, 설계가 완료되기 전에 특정한 작업을 착수할 수 있어 사업기간의 단축이 가능하다는 것에 있다. 반면에 CM이 제시한 최고한도비용보증액(GMP)의 적정성 여부를 판단하기 어렵고, 발주기관과 CM간의 적대적 관계를 형성하게 되어 CM은 발주사를 위한 세도라는 본래의 취지를 손상시킬 수 있다는 등의 단점이 지적되고 있다.

지금까지 설명한 바와 같이 사업관리형 CM의 경우도 CM에 부과되는 책임에 따라서 여러 형태의 계약이 가능하며, 어떠한 형태의 계약을 선택할 것인가는 발주자 고유의 권한이라고 할 수 있다. 그러나 CM의 책임이 증대되면 될수록 발주자와 CM간의 분쟁요인도 증가된다는 사실과 발주자의 이익확보를 위한 CM의 노력 또한 경감된다는 사실을 인지하고 프로젝트의 특성과 발주자의 능력에 적합한 계약으로 효과를 극대화하여야 할 것이다. 이밖에도 프로젝트의 특성에 따라 그림 1-6과 같이 실로 다양한 형태의 CM이 적용되고 있다. 따라서 CM은 매우 창의적이고, 혁신적인 계약제도로 평가되고 있다.[4)]

2.5 영국의 CM 현황

영국 건설산업에서 1960년대 후반부터 활용되기 시작한 매니지먼트 방식에는 크게 MC(management contract) 방식과 CM(construction management) 방식이 있다. 이외에도 엄격하게 구분하면 계약방식이라고 간주하기는 어렵지만 MC 방식과 CM 방식의 출현 이전부터 활용되어 온 PM(project management) 방식도 광의적인 의미에서 매니지먼트 방식의 한 유형이라고 할 수 있다.

MC 방식은 우리나라의 책임형 CM 방식과 유사하며 MC 사업자는 사업초기단계에서

4) C. Edwin Heltenhoff, The CM Contracting System, Fundamental and Practices Prentice Hall, 1999.

부터 해당 사업에 참여하여 건설사업관리자 및 시공자(원도급자)의 기능과 역할을 담당하게 된다. 이때 실제로 시공을 담당하는 공종별 전문기업은 MC 사업자의 하도급기업으로 해당 사업에 참여하게 된다.

반면 영국 건설산업에서 일반적으로 이해되고 있는 CM 방식은 전형적인 사업관리형 CM 방식으로 CM 사업자는 시공자의 역할은 수행하지 않고 건설사업관리자의 역할만을 담당하게 된다. 즉 실제로 시공을 담당하는 공종별 전문기업은 CM 사업자의 하도기업이 아닌 발주자와 직계약을 맺은 관계로 해당 사업에 참여하게 된다.

MC 방식과 CM 방식 중 MC 방식이 영국 건설산업에서 먼저 활용되기 시작하였으며, CM 방식은 MC 방식이 지니고 있는 취약점을 극복하기 위한 대안으로 등장하였다고 알려져 있다. MC 방식의 취약점으로 지적되었던 것은 MC 사업자가 발주자의 이익 보호와 극대화라는 목표를 달성하기 위해서는 객관적인 입장에서 건설사업에 대한 조언을 제공하고 업무를 수행해야 하지만 시공자(원도급자)라는 성격을 함께 지니고 있기 때문에 객관적으로 업무를 수행하기 어려운 위치에 놓이게 된다는 점이다. 이로 인해 발주자와 MC 사업자간에 계약적 책임이나 업무의 객관성 유무에 대한 논란이 발생하게 되었고 이를 극복하기 위한 대안으로 CM 방식이 대두되기 시작한 것이다.

그러나 이러한 배경이 반드시 CM 방식이 MC 방식보다 우수한 방식이라는 것을 의미하는 것은 아니다. 어떠한 발주방식이 보다 우수한지에 대한 판단은 선택하고자 하는 발주방식이 발주자가 의도하는 계약적 리스크를 효과적으로 분배하기에 적합한지 또는 발주자의 사업목표(예: 공사비, 공기, 품질 등)를 달성하기에 적합한지의 관점에서 평가되어야 하며 발주방식 그 자체만으로는 어느 방식이 우수하다고 판단할 수 있는 것은 아니다.

마지막으로 PM 방식은 한국 건설산업에서 사업관리형 CM이라고 이해되고 있는 방식으로 기본적으로 원도급자가 발주자와 시공 또는 설계 · 시공 계약을 체결하고 PM사업자는 발주자와 건설사업관리 용역계약을 체결하여 발주자의 컨설턴트로서 기능과 역할을 담당하는 방식이다. 이 방식은 CM 방식이나 MC 방식이 영국 건설산업에서 발주방식으로 정형화되어 활용되기 이전부터 발주자에게 건설사업관리라는 기능과 서비스를 제공하는 형태로 활용되어 왔다.

3 CM의 유사 개념

3.1 감리(Construction Supervision 또는 Construction Inspection)

감리는 광의로는 CM의 일부분으로서 시공 중, 공사가 도면과 시방서대로 수행되고 있는가를 감독하는 행위이다. 일반적으로 CM은 시공 전(前)단계의 활동이 더 중요하며 시공 중이라도 사전 관리 활동(proactive)의 성격이 더 강한데 반해 감리는 사후 관리 활동(reactive)의 성격이 강하다. 또한 우리나라의 감리제도는 매우 독특하여 세계적으로 유래를 찾아보기 힘든 제도이며, 건설기술관리법 시행령 제50조 제1항 제1호에 의거 총공사비가 200억원 이상(08.12.09 이후 100억에서 200억 이상으로 책임감리 대상공사의 난계적 축소)으로서 교량, 댐, 공항 등 22개 공종에 해당하는 건설공사에 의무적으로 적용되고 있다. 감리종류도 건설기술관리법에 의한 전면책임감리, 부분책임감리, 시공감리, 검측감리 등 적용대상과 범위, 권한과 책임이 다양하다. 또한 건축법에 의한 공사감리, 주택법에 의한 주택감리, 전기공사업법, 정보통신공사업법, 소방법에 의한 감리 등으로 복잡하게 나뉘어져 있다.

표 1-7 CM과 감리의 업무 비교

프로젝트 각 단계의 구분	CM	감리
1. 설계사전단계(Pre-Design Phase)		
1) 설계용역 입찰참가요청서(RFP) 작성	○	
2) 사업수행능력평가 수행	○	
3) 설계용역계약 체결업무 협조	○	
4) 설계용역 성과품 처리, 유지, 관리절차 개발	○	
5) 사업총괄일정 수립, 관리, 개정	○	
6) 총사업비 산정	○	
2. 설계단계(Design Phase)		
1) 설계일정 및 진척상황 관리	○	
2) 설계도서 검토	○	
3) Value Engineering 기법 도입을 통한 Cost Down 활동	○	
4) Constructability Review(시공성 검토)	○	
5) 공사비 산정	○	
6) 시공단계의 공사일정, 기자재 구매일정 작성	○	
7) 사업비용보고서 작성	○	
3. 입찰 및 계약단계(Procurement Phase)		
1) 입찰공고 및 입찰서류 배포	○	
2) 입찰참가자 안내 및 설명회 실시	○	
3) 사전자격심사 수행	○	
4) 낙찰자 선정 협조	○	
5) 사업총괄일정, 사업비용보고서 갱신	○	
4. 시공단계(Construction Phase)		
1) 시공단계의 각종 문서기록 유지절차서 마련 및 수행	○	
2) Value Engineering 기법 도입을 통한 Cost Down 활동	○	
3) Constructability Review(시공성 검토)	○	
4) 낙찰자 선정 협조	○	
5) 시공단계의 공사일정, 기자재 구매일정 작성	○	
6) 공정관리 검토, 공정회의 실시, 공정진행 보고	○	○
7) 기성 심사	○	○
8) 시공자가 작성한 종합품질관리시스템 검토 및 확인	○	○
9) 안전관리 계획 검토 및 시행 확인	○	○
10) 각종 시험 입회		○
11) 공사계약변경 업무 협조	○	
12) 하도급 관련 법적 규정 항목 감독	○	○
13) Claim 방지 또는 처리	○	
14) 준공도면 관리	○	○
15) 시운전 협조	○	○
5. 시공 후 단계(Post Construction Phase)		
1) O & M 관련 Manual 작성	○	
2) 사업관련 각종 문서정리, 전달 및 교육	○	
3) 사업에 대한 전반적 사후 평가	○	
4) 총사업비용 요약보고서 작성	○	
5) 기타 마무리 보고서 작성	○	

3.2 PM(Project or Program Management)

CM과 유사한 개념으로 PM이 있으며 PM의 경우도 프로젝트 매니지먼트(project management)와 프로그램 매니지먼트(program management)의 두 가지로 나누어진다. CM의 발상지인 미국을 위시하여 서구에서는 CM과 PM을 구분하여 사용하고 있으며 일반적으로 PM을 CM보다는 광의의 개념으로 사용되고 있다. 프로그램 매니지먼트[5]는 공항과 같이 수많은 공사(bid package)로 구성되어 있는 복합 프로젝트의 경우로 다수의 프로젝트(multiple project)를 총괄관리하며, 프로젝트 관리의 범위도 계획단계부터 유지관리단계에 이르기까지 건설사업 전(全)단계를 다루고 있다.

이러한 PM은 광의로는 CM으로 호칭될 수는 있으나 전술한 바와 같이 미국 및 서구에서는 CM과 구분하여 사용하고 있다. 국내에서는 일반적으로 구분 없이 CM이라고 호칭하고 있으며 건설산업기본법에서 정의한 건설사업관리의 정의는 PM에 가까운 정의라 할 수 있다. 국내에서는 CM, PM을 건설사업관리로 호칭하고 있다. 그림 1-7은 미국 Parsons에서 CM과 PM의 차이[6]를 도표로 나타낸 것이다.

	Notes	Planning	Concept	Design	construction	Commissioning	
Program Management	1	Very Large or Multiple Projects					New Airports, Transit System
Project Management	1,2	Single Project					Sub-project of above or Separate
Construction Management	1,2						CM For Fee or Agency CM
General Contracting	3						
Construction Supervision	1,2						

그림 1-7 CM과 PM의 구분

프로그램 매니지먼트(program management, PgM)는 최근에 생겨난 개념이며, 대단

5) 이복남, 정영수 "건설사업관리의 업무 기능과 역할 분담" 한국건설산업연구원, 1999.8., pp.4에 Program Management를 '종합사업관리', Project Management를 '사업관리', Construction Management를 '건설사업관리'로 번역하고 있다.

6) Project Management는 개별 프로젝트에 적용하는 사업관리 기법들을 통칭하며, 본 책자에서 언급하는 단계별 CM 업무를 언급하므로 CM과 유사한 개념이라 할 수 있다. 개발사업 등의 일부에서는 기술적인 건설관리 요소 이외에 기획, 마케팅, 금융조달 방안, 분양, 판매 등을 포함한 것을 PM이라 부르기도 한다.

위 프로젝트에서 많이 사용되는 방식이다. PM의 서비스는 대부분 설계서비스나 직접적인 시공서비스를 제공하지는 않으며, 단지 전체 프로그램에 관련된 수많은 개별 프로젝트에 대한 전체적인 관리서비스만을 하는 것이다. PM은 몇몇의 대형 프로젝트에서 적용되었으며, 미국에서는 보편화되어 있다. 이런 경우에 발주자는 통합프로그램 관리팀에 일원으로서 프로그램 관리에 깊숙이 개입하게 된다. 이 관리팀은 발주자 최고경영진의 직원과 PM회사의 관리직 직원 및 전문직 직원, 그리고 설계자, 엔지니어, 또는 기타 컨설턴트 등으로 구성된다. '사업관리형 CM' 에서는 "프로그램 매니지먼트(program management) 주로 매우 큰 규모의 공사에서 부각되고 있는 개념이다. PM 업무에 설계와 직접 시공은 포함되지 않을 수 있으나, 프로그램 매니저는 전체 프로그램과 관련된 개별 프로젝트를 관리할 수 있다."[7]라고 정의하고 있다.

Stephen D. Bechtel, Jr.는 1988년 샌프란시스코에서 열린 PMI(Project Management Institute) 세미나의 기조연설에서 "1951년의 Trans-Mountain 수송관 프로젝트는 우리 조직이 프로그램 매니지먼트의 역할을 한 최초의 프로젝트였다. 우리는 기술자였으며 엔지니어링 관리조직이었고, 엔지니어링을 수행했으며, 구매조달업무를 수행하였고, 건설을 관리하였다. 실질적인 공사는 다른 수급자들에 의해서 이루어졌다. 비록 우리가 그것을 PM이라고 부르지는 않았지만, 방식과 조직은 이런 방식(PM)의 선구자였다." 라고 발표하였다. 비록 Bechtel은 상기 프로젝트에서 설계서비스를 수행하기는 했지만, Bechtel 씨의 발언은 상당부분 프로그램 관리방식의 핵심을 집어낸 것이다.

PM은 최근에 생겨난 개념이기 때문에, 어떤 부분에서는 디자인빌드(design-build) 기업에서 선호하는 프로젝트 관리 개념과 유사하다. 프로그램 관리자는 발주자로 하여금 계획, 설계, 구매 · 조달, 시공 등에 관련된 다양한 당사자들을 관리하고 조정하기 위해서 단 한 사람만 만나면 되도록 한다. 이것이 CM 방식과 가장 큰 차이점이다. CM 방식에서 건설사업관리자는 두 당사자 혹은 세 당사자 중 한 사람으로서 단지 발주자에게 직접 보고를 할 뿐이며, 발주자는 종종 팀의 일원이 되기도 한다. 그러나 PM이란 조직을 이용해서 다수의 설계사, 시공사, 자재 및 장비 공급기업, 기타 참가자 등을 전체적으로 관리한다는 개념이다.

프로그램 관리조직은 기능조직을 이용해서 구성할 수도, 전담반이나 매트릭스 조직을

7) 서울시립대학교 산업기술연구소, 한미파슨스, "미국 건설산업의 CM 벤치마킹 연구" 2004.

이용해서 구성할 수도 있다. 각 조직 유형들은 프로젝트 적용방식에 따라 나름대로의 장 · 단점을 가지고 있다. 현재 PM은 이 개념을 보급한 디자인빌드(design-build) 기업은 물론, 공공 및 민간 발주자, 수급업자, 설계회사, 개발업자, 기타 조직 등에서도 받아들여지고 있다. PM은 몇몇 고속철도시스템이나, 수십억 달러의 지자체 하수처리 프로젝트, 발전소 프로젝트, 거대 민간사업 등과 같은 곳에서 적용되었으며, ENR(Engineering News Records)에서도 CM과 분리하여 별도의 실적을 발표할 만큼 미국에서는 일반화된 제도라고 할 수 있다. PM의 장 · 단점은 설계와 시공을 단일 계약자가 수행하는 설계시공 일괄(design-build) 방식과 CM 방식의 장점과 단점을 통합한 것이라고 할 수 있다.

4 CM기업 선정 방식

4.1 개요

능력과 자격을 보유한 CM사의 선정은 프로젝트의 성공적인 수행을 위하여 매우 중요한 사항이므로 발주자는 체계적인 선정 절차와 심도 있는 검토를 통하여 프로젝트의 특성에 적합한 CM사가 선정될 수 있도록 하여야 한다. CM사의 선정 방법에는 여러 가지 고려조건이 있으며 그 방법 또한 매우 다양하다고 할 수 있다. 본 절에서는 CMAA, 영국 레딩대학교(University of Reading)의 'CM Report and Guidance'를 기준으로 CM사의 선정 절차를 살펴보고자 한다.

미국의 경우 CM사의 선정 절차는 사업관리형 CM 또는 책임형 CM 등의 CM 계약방식, CM 업무범위, 발주기관에 따라 달라진다. 사업관리형 CM의 경우는 대부분이 자격심사제도(qualification based system, QBS)를 기준으로 행해지고 있기에 가격은 CM사의 선정을 위한 많은 고려 요소들 중에 하나에 지나지 않는다. 책임형 CM 형태의 경우는 일반적으로 건설기업을 선정하는 방식과 동일하게 적용되고 있다.

CM사의 선정 절차에 영향을 미치는 또 다른 요소는 CM의 선정 시기라고 할 수 있다. 즉, CM사와 설계사 중 누구를 먼저 선정하는가에 따라 CM의 업무범위, CM이 부담해야 하는 위험과 책임, 보고체계 등이 달라진다. 따라서 CM의 발생지인 미국의 경우도

CMAA는 CM을 우선 선정하고, CM이 프로젝트를 주도하는 리더의 역할을 해야 한다고 주장하고 있는 반면 AIA는 건축사를 프로젝트의 초기에 선정하고, 건축사가 프로젝트의 리더가 되어야 한다고 주장하고 있는 실정이다.

발주자의 성격은 CM사 선정 절차에 가장 큰 영향을 미치는 요인이라 할 수 있다. 즉, 정부 및 공공기관의 경우는 법적 제약상 관련 법 및 제도에 따라 선정할 수밖에 없으며, 민간발주자의 경우는 어떠한 방법도 적용 가능하나 일반적으로 발주자의 내부 능력과 프로젝트의 특성을 고려하여 선정하게 된다. 그러나 CM사 선정의 객관성을 높이기 위하여 정부의 선정 절차를 채택하는 경우도 있다.

이 밖에 능력 있는 CM사의 선정을 위하여 프로젝트의 특성 외에도 여러 가지 기준을 적용할 수 있다. 즉, CM사 선정을 위한 우선 고려사항을 기술능력, 용역비, 공기단축 능력 등 어디에 둘 것인가는 발주 프로젝트의 특성과 발주자의 선택에 따라 변경이 가능하다고 하겠다. 미국과 영국의 일반적인 CM사 선정 절차는 그림 1-8과 같다.

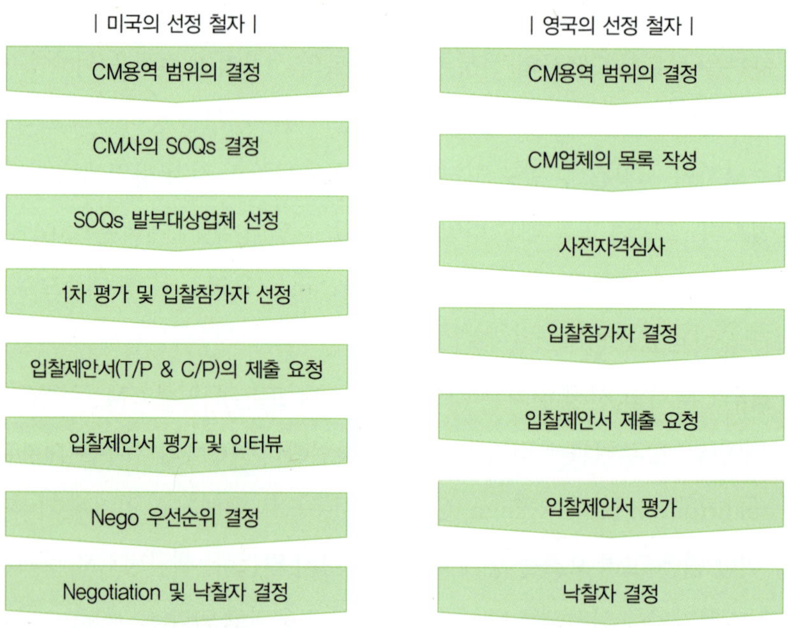

그림 1-8 미국과 영국의 CM사 선정 절차

4.2 미국의 CM사 선정 절차

4.2.1 CM 용역 범위의 결정

발주자의 요구조건에 따라 CM 용역의 범위는 얼마든지 변경이 가능하며 그에 따른 책임과 권한도 크게 변경될 수 있다. 따라서 RFP(request for proposal) 작성시 발주자가 자신이 원하는 CM 용역의 범위를 개괄적으로 요구하는 것은 추후 분규 발생시 매우 불리하게 작용할 수 있다. 더욱이 용역비가 CM사 직원의 투입시간에 따른 보수가 아니라 총액(lump sum)기준 계약일 경우에는 보다 많은 문제가 발생하게 되므로 상세한 CM의 업무범위가 RFP에 규정될 수 있도록 노력해야 한다. 특히, CM 선정시에는 시공단계에 비하여 설계단계(design process) 및 유지보수단계(operation and maintenance)의 업무가 매우 중요하다는 것을 인식하여야 한다. 따라서 설계 및 유지보수단계를 포함한 시공 외 단계의 용역 범위는 RFP상에 그 요구조건이 보다 명확히 제시되어야 하며, CM사의 사전자격조건(pre-qualification, PQ)을 정하는 중요한 기준이 될 수 있다. 필요할 경우에는 시공 외 단계에 능력을 보유한 기업으로 입찰참가를 제한하는 방안도 대안이 될 수 있다. 또한 CM사가 자신의 용역범위를 제안하고, CM사와 프로젝트 참여자간의 관계를 명확히 정립하게 하기 위하여 RFP상에 발주자와 CM사, 발주자와 전문건설기업(trade contractor)간의 표준계약서 제출을 요구하는 것도 추천할 만한 방안이라고 하겠다.

4.2.2 자격증명서(Statement of Qualifications, SOQs)의 작성

발주자가 의도하는 프로젝트에 대한 전문적인 능력을 보유한 CM기업의 명단을 확보하는 것은 CM사 선정의 가장 중요한 업무 중의 하나일 것이다. 이를 확보하기 위해서 발주예정인 프로젝트에 관심을 가지고 있는 CM사를 대상으로 기업의 전반적인 능력을 평가할 수 있는 자격증명서(statement of qualifications)를 요구하여 1차적으로 기업평가를 하는 것도 대안이 될 수 있다. SOQs의 일반적인 요구사항은 아래와 같다.

- 전반적인 경험(overall experience): 전반적인 프로젝트의 경험 및 직원들의 능력
- 특정분야의 경험(specific experience): 프로젝트의 기획관리, 설계, 공정관리, 견적, 원가관리, 검사, VE 및 안전관리에 대한 경험 및 능력
- 유사 프로젝트의 경험(references): 종류, 규모, 복잡성 등이 유사한 프로젝트 수행경

험을 제시하며, 특히 프로젝트의 발주자, 당해 프로젝트의 설계사, 시공사 및 용역기업 등에 대하여 명기 필요

- 재무상태(financial capacity): 기업의 안전성을 증명할 수 있는 근거자료로 현재 수행 중인 프로젝트 운영 현황, 운영자금 및 은행거래실적 등
- 보험(insurance coverage): 전문가보험 등 발주자가 요구하는 보험에 대한 사항
- 분규현황(liability): 과거 5~10년 동안의 소송 및 중재 발생 현황
- 소수민족 및 여성운영기업 참여 실적(minority participation): CM사가 수행한 프로젝트에서 소수민족 및 여성운영기업의 참여 실적
- 지역 프로젝트 참여 경험(local expertise): 해당 프로젝트 발주지역의 실적

이 밖에도 프로젝트 특성에 맞게 여러 가지 사항의 제출을 추가적으로 요구할 수 있다. 특히, 발주 프로젝트와 가장 유사한 프로젝트에 대한 수행실적 기술서, 주요 자재의 구입 및 관리방안, MIS(management information system)의 운영 방안, 시공성 검토방안 등을 추가할 수 있으며, 평가시 적용될 가중치를 제시하는 것도 좋은 방안이 되고 있다.

4.2.3 SOQs 발부 대상기업 선정

SOQs가 확정되면, SOQs를 발부할 대상 CM기업을 선정하여야 한다. 미국의 경우 대부분의 CM사 명단은 건설관련 기술지, CMAA를 통하여 확보가 가능하며, 필요한 경우 설계사 또는 유사 프로젝트의 발주 경험이 있는 발주자의 추천을 받는 것도 좋은 방안이라고 한다. 또한 법적인 제약으로 인하여 주요 정부공사에 적용하고 있는 방법으로 건설관련지를 이용하여 공모하는 방법도 고려할 수 있다.

공식적인 SOQs 요청 전에 발주자는 몇 개 기업의 SOQs가 접수될 것인가에 대한 사전검토를 하는 것이 바람직하다. 즉, 너무 많은 기업이 SOQs를 제출할 경우 평가에 많은 시간을 낭비하게 되며, 프로젝트의 특수성으로 너무 적은 수의 기업이 응할 경우 경쟁이 제한될 수 있다는 것을 인식하고 프로젝트의 특성을 반영한 적절한 SOQs 발부가 될 수 있도록 노력하여야 한다.

4.2.4 입찰참가자 목록(Shortlist)의 작성

CM사로부터 SOQs를 접수하게 되면 발주자는 평가를 통하여 입찰참가자 목록

(shortlist)을 작성하여야 한다. 입찰참가자 선정업무의 목적은 발주자의 판단으로 기술 또는 가격제안서를 접수하더라도 기업의 순위가 변경될 수 없는 경쟁력이 떨어지는 기업을 제외시키는 작업이며, 프로젝트 수주 가능성이 없는 기업들이 불필요한 마케팅 비용이나 제안서 작성에 시간을 투자하지 않도록 배려하는 것이다. 또한 공식적인 제안서(formal proposals)를 제출할 기업의 수를 제한함으로써 능력 있는 기업들이 제안서 작성에 최선을 다할 수 있는 기회를 부여하기 위한 작업이라고 할 수 있다.

프로젝트의 특성과 발주자의 요구조건은 입찰참가자의 선정을 위한 가장 중요한 요소라 할 수 있다. 즉, 프로젝트의 특성에 따라서 공정관리(scheduling) 능력이 가장 주요한 평가요소가 될 수 있으며, 현지기업과의 계약이 프로젝트의 성공요인이 될 수도 있다. 또는 VE에 대한 능력이 입찰참가자의 선정에 주요 요소가 될 수도 있다. 따라서 발주자는 어떤 요소에 주안점을 두고 입찰참가자를 선택하는 것이 프로젝트의 성공적인 수행을 위하여 가장 필요할 것인가를 심도 있게 검토한 이후에 입찰참가자를 선정하여야 할 것이다.

4.2.5 입찰제안서(Formal Proposals)의 제출

입찰참가자가 결정되면 발주자는 해당 기업을 대상으로 입찰제안서의 제출을 요청하게 된다. 최종낙찰자의 선정이 단지 가격에 의해서 좌우되지 않도록 하기 위하여 발주자는 기술제안서(technical proposal)와 가격제안서(cost proposal)를 분리하여 제출하는 기술 · 가격분리입찰방식(two-part process)을 요구할 수도 있다. 물론 입찰에 초청된 기업들이 기본적인 능력을 보유하고 있어 가격 위주로 선정하여도 프로젝트의 성공적인 수행에 이상이 없다고 판단하는 발주자의 경우는 분리입찰방식의 적용을 채택하지 않을 수도 있다. 그러나 프로젝트의 성공적인 수행을 위하여 기술력 위주의 평가를 선호하는 발주자는 우선 기술제안서를 평가하여 순위를 확정하고 우선순위가 높은 기업부터 용역비 및 계약조건에 대한 협상을 통하여 기업을 선정하게 된다. 어느 방안을 적용하든 발주자는 입찰제안서의 평가방법에 대한 상세한 조건을 사전에 제시하여야 하며, 이를 위하여 입찰서 양식을 제공하고, 기술 및 가격제안서에 포함될 내용을 명시함으로써 평가의 일관성을 유지할 수 있다. 또한 발주자와 CM사간의 계약서를 제출하게 함으로써 CM 용역에 대한 보다 상세한 검토가 가능하며, CM사가 의도적으로 배제시키는 예외조항에 대하여도 파악이 가능하다.

기술 · 가격분리입찰방식을 채택한 발주자의 경우는 2가지 제안서를 동시에 제출하되 서로 다른 봉투에 넣어 제출하게 함으로써 가격에 구애 받지 않고 최고의 기술제안서를 제출한 기업을 선정할 수 있다. 기술제안서는 SOQs와 같이 CM사의 전반적인 기술능력이 평가되도록 작성되어서는 안 되며 입찰 프로젝트 및 현지조건에 대한 이해도, 관리방안, 프로젝트의 투입인력, 핵심인력의 이력, 기대조건 등 프로젝트의 수행능력을 명확히 평가할 수 있는 요구조건이 명시되도록 하여야 한다.

CM사 또한 프로젝트의 성공적인 수행을 위한 자사의 업무수행방안과 보유 능력을 명확하고 상세하게 보여줄 수 있도록 기술제안서를 작성하여야 한다. 가격제안서는 CM이 수행할 용역의 범위에 의해서 달라질 수 있으며, 용역비의 지급방법에 따라서도 그 기술방법이 달라질 수 있으나 가능한 상세히 구분(breakdown)하여 제출하여야 한다. 용역비의 지급방식이 투입인력을 기준으로 할 경우 가격제안서에는 인원투입계획(staffing plan), 투입인력의 등급, 인건비, 간접비, 이윤 및 기타 지급비용 등이 명시되어야 한다. 총액(lump sum)기준일 경우는 용역비에 포함된 세목과 포함되지 않은 세목을 명시하여야 한다. 만약 추가 지급비용을 제시할 경우에는 당해 비용의 산출근거를 제시하여야 하며, 용역범위가 변경될 경우의 대처방안 및 용역비 지급조건에 대하여도 기술하여야 한다. 또한 간접비의 적정성을 증명하기 위하여 최근의 회계감사서류도 첨부하여야 한다.

CM at risk 방식의 경우에는 보다 많은 가격에 대한 사항이 포함되며 특히, 설계가 GMP를 산출할 정도로 진행되었을 경우 GMP를 제시하여야 하며, GMP를 제외한 투입비에 대한 산출자료, 용역비에 대한 자료와 이익발생시 배분방법 등도 제시하여야 한다.

4.2.6 입찰제안서의 평가 및 인터뷰

입찰제안서의 평가는 RFP에 규정된 평가방식에 의거 수행되어야 하며, 최소한 다음 사항을 평가에 반영하여야 한다.

- 발주자의 프로젝트 수행목표에 대한 이해 및 반영도
- 프로젝트 투입 기술자의 전문성
- 지역적 특성 및 프로젝트에 대한 이해도
- CM사의 프로젝트 수행 방안의 유효성

일반적으로 CM사의 선정은 특별히 구성된 선정위원회에 의해서 수행된다. 선정위원회의 참여인사는 CM 선정방식에 대한 지식과 제시된 제안서를 기준으로 판단을 내릴 수 있는 능력을 보유한 인사를 선정하여야 하며, 최종결정권을 가진 인사가 반드시 참여하여 위원회의 결정이 번복되는 일이 발생하지 않도록 하여야 한다. 만약 CM사 선정 전에 설계사 또는 특정 분야의 엔지니어를 고용하였다면 이들이 선정위원회에 참여하는 것도 바람직하다고 판단되며, 원가관리 및 VE와 같이 주요한 부문의 평가에는 이에 대한 전문성을 보유한 인사를 선정하여 심도 있는 평가가 이루어지도록 고려해야 한다.

제안서에 대한 평가가 완료되면 평가위원회는 인터뷰에 들어가게 된다. 미국 일반건설업협회(The Associated General Contractors of America, AGC)에 의하면 "효과적인 인터뷰가 되기 위해서는 기업당 최소 1시간의 인터뷰 시간이 주어져야 하며, 인터뷰 결과에 대하여 선정위원회가 단독으로 의견을 나눌 수 있도록 30분 정도의 여유시간을 반영하여 총 1시간 30분의 시간이 주어져야 한다. 기업에게는 발표시간과 최소한 30분의 질의응답 시간을 할애해야 하며, 기업을 배제한 선정위원회의 단독 협의 결과 질의사항이나 불분명한 사항이 발생할 경우에는 즉시 해당 기업을 불러 해결할 수 있도록 해야 한다."고 제안하고 있다. 기업의 인터뷰와 함께 발주자는 프로젝트에 투입될 건설사업관리자를 비롯한 주요 보직자에 대한 인터뷰도 실시하여, 발주자의 목표를 달성하기 위한 프로젝트 수행방안을 확인할 필요가 있다. 인터뷰 결과에 따라 발주자는 기술 및 가격제안서의 검토결과가 배치될 경우 재검토를 통하여 우선순위를 변경할 수 있다.

4.2.7 협상 및 낙찰자 결정

제안서의 평가 및 인터뷰를 통해 CM사의 순위가 정해지면 발주자는 낙찰자를 결정할 것인가 아니면 1대 1 협상을 추진할 것인가를 결정하게 된다. 기술 및 가격제안서의 평가결과에 만족할 경우는 낙찰자를 정하면 되나 가격에 대한 최종결정이 이루어지지 않은 경우 또는 업무범위 및 가격에 대한 조정이 필요한 경우는 1대 1 협상을 통하여 최종낙찰사를 선정하게 된다. 미국의 경우 대부분의 CM사 선정절차에는 관례적으로 용역비에 대한 협상이 이루어지고 있다.

CMAA의 경우 사업관리형 CM 형태의 CM 계약시 협상은 선정절차를 통하여 1등인 기업과 우선적으로 행하고 상호 이견으로 인하여 협상이 불가할 경우 2위 기업과 협상할 것을 권고하고 있다.

협상의 본질 및 중요도 또한 CM의 종류에 따라 변경된다. 즉, 사업관리형 CM의 형태에서 보다는 책임형 CM 형태의 경우에 협상의 안건, 복잡성, 중요도 면에서 더욱 높게 평가되고 많은 노력을 기울여야 한다.

4.3 영국의 CM기업 선정방식

영국의 경우도 CM을 선정하기 전에 반드시 고려할 사항으로 건설 프로세스 및 CM의 역할을 분명히 이해하고 있는 능력 있는 기업을 선정할 것을 제안하고 있다. 특히 발주자의 프로젝트 발주의도를 명확히 파악하고 이를 실현시킬 수 있는 CM사의 자세와 설계사, 용역사 및 시공사와의 화합을 통하여 효율적으로 프로젝트를 관리할 수 있는 능력을 높이 평가하고 있다. CM사 선정시 가능하면 설계자와 동시에 선정되는 것이 바람직하며, 이를 통하여 초기단계의 설계기획, 프로젝트 예산의 유효성을 높일 것은 권고하고 있다. CM 선정방식은 설계자와 동시에 선정할 경우는 이용 가능한 정보가 매우 제한적이므로 경쟁입찰보다는 인터뷰를 통하여 선정하는 방안을 권고하고 있으며, 설계가 어느 정도 진행된 이후에 CM을 선정할 경우에는 경쟁입찰 또는 인터뷰 방식 중 어느 것을 적용하여도 무방한 것으로 제안하고 있다. 그러나 CM 적용의 역사가 짧은 영국의 경우 실제 경험이 매우 적은 CM기업들이 프로젝트의 수주를 위하여 자신들의 능력을 과대포장하고 있어 이에 대한 정확한 평가를 요구하고 있으며, 평가항목도 미국과는 상이한 부분이 있다.[8] 또한 HM Treasury는 낙찰자[9] 선정시 저가(lowest price) 보다는 가치극대화(value for money) 측면에서 낙찰자를 선정하라고 권고하고 있으며,[10] 특히 입찰자를 평가할 때 표 1-8과 같이 품질 관련 항목과 가격 관련 항목의 배점 비율을 의미하는 품질[11]/가격 비율(quality/price ratio)의 개념을 활용토록 권고하고 있다. 영국의 CM 선정방식의 상세는 표 1-8과 같다.

8) Colin Gray,「A Best Practice Guide to Construction Management」, The Reading Production Engineering Group, 1996. 8. pp. 5.

9) CM사업자만 해당되는 내용은 아니며 설계회사, 컨설턴트, 시공회사 등도 해당됨.

10) 「Procurement Guidance No. 3 Appointment of Consultants and Contractors」, HM Treasury.

11) 입찰자의 수행능력 및 입찰내용의 적정성, 혁신성 등을 의미함.

표 1-8 기업선정시 품질/가격 평가 비율(Quality/Price Ratio)

구 분 / 사업유형	Quality Price Ratio	
	용역업체 선정시	건설업체 선정시
타당성 분석	80/20 – 90/10	해당사항 없음
혁신적 프로젝트 (Innovative Projects)	70/30 – 85/15	20/80 – 40/60
복합 프로젝트 (Complex Project)	60/40 – 80/20	15/85 – 35/65
단순 프로젝트 (Straight Forward Project)	30/70 – 60/40	10/90 – 25/75
반복성 프로젝트 (Repeat Project)	10/90 – 30/70	5/95 – 10/90

4.3.1 CM 용역범위의 결정

본 단계는 입찰에 참여할 기업들의 사전자격심사 단계로 가능하면 발주자의 상위 관리자들이 적극적으로 참여하여 CM의 업무범위, 책임사항을 확정하고 해당 프로젝트를 수행하기 위한 CM기업의 필수 능력을 확정하여야 한다.

4.3.2 CM기업의 목록 작성

이러한 사전 요구사항이 결정되면 CM기업 목록을 이용하거나 추천에 의하여 프로젝트에 참여 희망기업의 목록을 작성한다.

4.3.3 사전자격심사 및 입찰참여기업의 선정

입찰참가 대상자는 CM기업 목록을 기준으로 각각의 기업에 대한 상세 정보를 수집하여 결정된다. 입찰참가자의 선정시에는 기업과 인터뷰를 실시하고 필요하다면 기업 사무실이나 수행 중인 현장을 직접 방문하는 것도 유효한 방안이다. 본 단계에서 고려해야 할 시항은 아래의 같다.

- 전반적인 프로젝트 수행 현황
- 수행 프로젝트의 규모 및 업무범위를 포함한 실적, 특히 동일 프로젝트의 실적은 상세히 평가하여 반영
- 동일 프로젝트에서 업무를 수행한 발주자, 설계사 및 기타 프로젝트 참여자의 의견

- 원가관리 능력
- 이용 가능한 자원
- 관련 보험의 가입 실적(professional indemnity insurance 등)
- 현재 건설산업에서 인정되는 CM의 법적 책임에 대한 인지 여부 및 부담의무의 인식 정도, 만약 발주자가 추가적인 의무를 부담시킬 경우는 반드시 사전확인 필요

4.3.4 제안서 제출 요청

발주자는 사전자격심사를 통하여 선정된 입찰참여 대상기업에 제안서 제출을 요청한다. 제안서 요청시에는 프로젝트의 상세 현황, 예상 공정표, 보험관련 사항 등을 제시하여야 한다. 만약 계약서가 작성되었을 경우는 계약서를 입찰 참가자에게 제시하여야 하며, 계약서에는 용역비의 계산 방식, 지급시기, 프로젝트 참여자의 책임사항 등이 포함되어야 한다. 발주자가 입찰참가기업에 요청해야 하는 상세사항은 아래와 같다.

- 프로젝트에 배치될 주요 보직자 명단, 경력사항, 자격요건 등
- 프로젝트 관리계획
- 가격제안서(투입자원별 상세 금액 포함)
- 용역수행시 CM사가 고용 예정인 전문 용역기업 등

4.3.5 제안서 평가

제안서의 평가는 발주자의 특성에 따라 실시한다. 영국의 경우는 경쟁입찰보다는 인터뷰를 통한 기업선정을 권고하고 있어 명확한 언급은 없으나 경쟁입찰시에도 기업별 인터뷰는 일반적인 절차로 판단된다.

4.3.6 최종기업 선정

제안서 평가결과에 따라 최종낙찰자를 선정한다.

5 CM 대가 지급 방식 및 수준

CM 계약 체결 및 대가 수준은 기업들이 가장 큰 관심을 갖는 부분이다. 하지만 CM특성으로 인하여 계약 체결방식이 매우 다양하다. 또한 프로젝트의 특성, CM의 업무 및 책임범위, 계약방식, 분할발주 여부 등에 따라 용역비의 수준도 다양하여 일정한 기준을 제시하기에는 어려움이 있다. 따라서 정확한 용역비는 계약조건에 따라 얼마든지 달라진다.

5.1 미국의 CM 대가 지급 방식

미국의 경우 CMAA가 1993년과 2000년에 조사한 'A Survey of Construction Management Cost' 에 의하면 CM 계약 방식은 표 1-9와 같다.

표 1-9 미국의 CM 계약 및 대가 지급 방식

결정 방식	비 율(%)	
	1993	2000
Negotiated fixed fee	33	15
Lump sum bid	11	21
Cost plus fixed fee	14	5
Time spent(with maximum or time and materials)	30	6
Percentage of construction contract	15	28
Others	19	1

5.1.1 Negotiated Fixed Fee

본 입찰방식에서는 발주처에 의해서 제공된 과업지시서(terms of reference, TOR)에 근거하여 입찰자는 고정금액(fixed price)으로 입찰하게 된다. 그러나 경쟁입찰에 의한 기업선정이 아니라 협상에 의하여 기업의 현황, 기술능력 및 가격 등을 종합적으로 평가하여 계약하는 방식이다.

5.1.2 Lump Sum Bid

본 입찰방식에서는 발주자에 의해서 제공된 과업지시서에 근거하여 고정금액(fixed

price)으로 입찰하는 것은 Negotiated Fixed Fee 방식과 동일하나 협상이 아닌 경쟁입찰을 통해서 기업을 선정하는 방식이다. 따라서 계약은 당연히 CM 수행능력이 있는 기업 중 최저금액입찰자(lowest bidder)와 체결하게 된다. 본 계약은 전체 용역에 대하여 하나의 단위금액(lump sum)으로 계약이 이루어지며, 개별항목에 대한 금액은 계약사항이 아니다. 일반적으로 입찰유의서에 "입찰서는 소정의 서식에 의하여 작성하여야 하며 입찰금액은 총액을 표기하여야 한다."고 규정되어 있다. 이 규정상의 총액이 바로 lump sum을 뜻하며, 이 계약유형을 '총액계약(lump sum contract)' 이라 부른다.

5.1.3 Cost plus Fixed Fee(CPFF)

본 계약유형은 실비정산계약(cost reimbursable contract)으로 더 잘 알려져 있으며, 일반적으로 Cost Plus Fixed Fee, Cost Plus Percentage of Cost, Cost Plus Sliding Fee 등 3가지 방식이 있으나 AIA는 Lump Sum 계약과 Cost Plus Fixed Fee 계약을 추천하고 있다. CPFF는 CM기업의 용역비가 정액으로 고정되어 있어 직접비가 증가하더라도 CM기업의 용역비는 증가하지 않는다. 따라서 이 계약의 최대 장점은 CM기업이 공기단축을 위하여 노력하는 유인책이 있다는 것이다. 즉, 공기의 지체는 결과적으로 CM기업의 경상비 증가를 초래하게 되고, 이 추가부담은 CM기업 자신의 부담이 된다. 그러나 본 계약의 경우 CM사의 Fee가 사전에 정액으로 고정되기 때문에 공사의 규모가 계약 체결 전에 파악되어야 한다.

5.1.4 Time Spent

본 계약은 일정기간(주로 월간, 月刊) 발생한 비용을 계약자에게 지급하는 방식이며, 인월계약(人月契約, man-month contract)이라고도 부른다. 계약금액은 인건비, 경비, 예비비의 합산으로 결정되는 것이 일반적이다.

5.1.5 Percentage of Construction Contract

본 계약유형은 CM 계약에서 계약금액을 시공계약금액의 일정비율로 결정하는 방식이다. 예를 들면 CM Fee를 시공 계약금액의 4%라 할 때, CM 계약에서의 비용항목이 전혀 고려의 대상이 되지 않으며, 용역대가의 지불도 시공자에게 지불되는 기성대금의 4%로 지급하는 방식이다.

5.2 미국의 CM 용역 대가

CMAA는 1993년과 2000년 2회에 걸쳐서 미국에 CM이 적용된 프로젝트를 대상으로 CM 대가 수준을 조사하였으며, 이를 'A Survey of Construction Management Cost in 2000'으로 발표하였다. 본 자료에 의하면 미국의 시공금액 대비 CM fee의 수준은 표 1-10과 같다.

표 1-10 미국의 시공금액 기준 대비 CM Fee 비율[12)]

구 분	CM Fee(%)	조사 프로젝트 수	비 고
1993년 평균	5.0	187	
2000년 평균	4.6	91	
〈업체 종류별〉			
CM Firm	4.1	43	
GC/CM Firm	3.6	13	
A-E/CM	7.2	29	
Others	2.8	6	
〈발주자별〉			
공공 공사	4.3	28	
민간 공사	4.8	25	
공공 + 민간	4.8	38	

6 CM 적용현황

건설 선진국의 경우 매우 다양한 발주제도를 적용하고 있다. 미국의 건설협회(AGC), 건축가협회(AIA) 및 컨설팅전문가협회(CEC)가 공동으로 텍사스주의 공공발주자를 위해 개발한 「건설공사 발주방식(project delivery methods, 2001)」 자료집에서는 공공발주자들이 활용하고 있는 다양한 발주방식을 보여주고 있다. 이 자료집에서는 발주자가 취급해

12) A-E-CM의 Fee가 높은 이유는 설계자가 CM을 겸하는 형태로 인하여 설계 전단계 및 설계단계에서 서비스 범위가 크기 때문임.

야 하는 공사계약 건수, 설계단계에서 시공자의 협조 필요성 여부, 발주자의 하도급자 선정 개입 여부 등 3가지 요소와 연관하여 건설공사 발주방식을 최저가 입찰방식(competitive bidding), 기술 · 가격 분리 입찰방식(competitive sealed bidding), 일반형건설사업관리 방식(agency CM), 책임형건설사업관리 방식(CM at risk), 설계 · 시공 일괄방식(design-build), 가교방식(bridging)의 설계 · 시공 일괄방식, 주문 계약 방식(job order) 등 7가지로 정리하여 제시하고 있다(한국건설산업연구원 역, 2004).

영국에서는 발주방식을 설계 · 시공분리방식, 일괄방식, 매니지먼트 방식 등으로 구분하기도 한다. 설계 · 시공 분리방식에서는 설계와 시공의 수행주체를 별도로 선정하여 사업을 수행하는데, 시공자의 사업 참여시점에 따라 1단계(single-stage: 시공자는 설계도서 완료 후 입찰계약과정에 참여)와 2단계(two-stage: 시공자는 설계도서 완료 전에 해당사업에 참여) 방식이 있다. 일괄방식은 기획, 설계, 시공 등을 가능한 한 단일 주체가 담당하도록 하는 방식인데, 디자인빌드(design-build), 패키지계약(package deals), 턴키(turnkey) 등이 전통적으로 활용되어 왔고, 최근에는 시설물 운영 및 자금조달까지 담당 및 확장된 일괄방식으로 BOT(build-operate-transfer)와 DBFO(design-build-finance-operate)까지도 일괄방식의 범주에 포함시키고 있다. 매니지먼트 방식에는 앞서 언급한 '책임형건설사업관리 방식'과 유사한 MC(management contract) 방식 및 '사업관리형건설사업관리 방식'과 유사한 CM 방식 및 '순수 사업관리형 CM(pure CM for fee)'이라 할 수 있는 PM(project management) 방식이 있다(김한수, 한미글로벌, 2003).

미국이나 영국의 발주방식은 이외에도 여러 기준에 따라 다양한 구분이 이루어져 있으며, 하나의 발주방식 속에도 여러 가지 다양한 유형의 세분화된 발주방식이 존재한다. 발주기관은 공사특성이나 규모 및 기술적 난이도 등을 종합적으로 감안하여 다양한 발주방식 가운데 투자효율성이나 최고 가치를 획득하는데 가장 적합한 발주방식을 선택하고 있다.

우리나라의 경우 도입한지 15년이 되었지만 아직도 활성화에 대한 논란이 되고 있다. 하지만 CM 또는 MC 방식이 건설 선진국인 미국, 영국에서는 널리 적용되고 있는 매우 유효한 발주방식이라는 사실이다. 따라서 우리나라의 경우도 건설산업의 경쟁력 및 효율성 향상을 위하여 반드시 활성화 시켜야 할 제도라는 것이다.

6.1 미국의 CM 적용현황

6.1.1 사업관리형 CM 현황

미국의 경우 한국의 조달청에 해당하는 GSA(General Service Administration)를 포함한 연방정부뿐만 아니라 주정부의 경우에도 일정규모 이상의 프로젝트에는 CM이 적용되고 있으며, 특히 공항, 항만, 댐, 하수처리시설 등 대규모 프로젝트뿐만 아니라 학교, 교도소 프로젝트 등 단순하고 반복성이 높은 프로젝트에 일반적으로 CM이 적용된다.

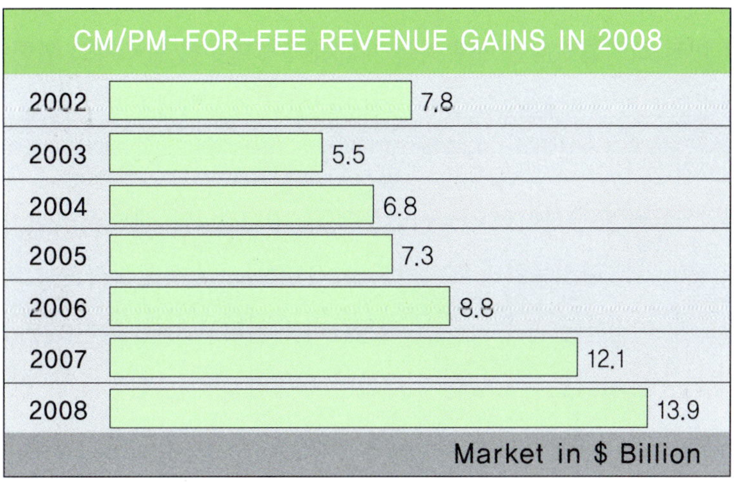

그림 1-9 2008년 세계 100대 사업관리형 CM 기업의 수주현황[13)]

특이한 사실은 2004년 메사추세츠에서 제정한 법률 제193조를 제정한 것이다. 이 법안은 공공기관들이 공공건물을 짓기 위해 책임형 CM을 사용할 수 있도록 하고, 공공사업과 도로프로젝트에 디자인빌드(design-build)를 사용할 수 있도록 허락하였으며, 150만 달러 이상의 모든 사업들에 대해 전문적인 발주자의 대리인이나 프로그램 관리자의 참여를 요구하고 있다.

미국의 경우 지난 15년간의 평균성장률을 보면 건설시장보다 높은 성장률을 기록하고 있다. 특히 1990년대 이후 2004년까지는 성장과 위축을 거듭하였으나 2006년 이후에는

13) ENR, CM/PM-for-fee revenue gains in 2008, 2009. 06.

급격한 성장을 하고 있으며, 2008년 미국 100대 기업의 CM 매출액은 139억 달러에 이르고 있다.

미국의 사업관리형 CM 시장은 지속적인 성장이 예견되고 있다. 2010년 출간된 '미국 Construction Management A to Z'에 따르면 미국의 CH2MHILL, Black & Veatch의 인터뷰 결과와 미국 CM협회 19개 주요 회원사의 설문조사 결과 대부분의 기업들이 향후 3년간 매출이 2배 이내 수준에서 지속적으로 성장할 것으로 예상하고 있다.[14)]

6.1.2 책임형 CM 현황

책임형 CM은 대체조달방식(alternative project delivery method)에서도 소외되었던 방식이였다. 이는 책임형 CM을 전통적인 계약방식에 단순히 발주자의 위험을 계약자에 전가시킨 형태로 보았기 때문이다. 일부는 전통적인 계약방식에 넥타이를 맨 것에 지나지 않는다고 비판하였다.

그러나 책임형 CM에 종사하던 시공사들은 지난 10년간 프로젝트의 복잡화, 공기의 중요성을 극복하기 위한 관리능력의 향상, IT기술의 접목으로 블루칼라에서 화이트칼라로 발전하고 있으며, 이러한 결과 능력 있는 직원들이 유입되고 있다. 특히 인터넷 관련 기업(dot-com)의 거품이 빠지면서 유능한 인력들이 유입되고 있는 현상이 발생하였다. 또한 미국 내의 규제 철폐가 책임형 CM 시장의 확대에 기여하고 있다. 대표적인 사례로 2005년 5월 미네소타주 주지사 Tim Pawlenty는 주 정부기관과 주립대학이 대형 건설 프로젝트에 디자인빌드(design-build), 책임형 CM 또는 주문계약방식(job-order contracting)을 사용할 수 있도록 허용하는 법안에 서명하였다. 현재 미국의 공공 프로젝트에 디자인빌드(design-build)와 책임형 CM의 사용을 제한하고 있는 곳은 7개 주 정도밖에 없다. 이러한 시장 환경의 변화로 현재의 경기침체에도 불구하고 책임형 CM 시장은 성공적인 팽창을 구가하고 있다.

ENR 100대 책임형 CM 기업의 매출은 지속적으로 증가하고 있다. 2004년 이후 매년 15% 이상의 성장을 거듭하고 있으며, 자국 내는 물론 세계시장에서의 매출도 지속적인 증가를 거듭하고 있다. 특히, 세계시장의 경우 2007년과 2008년에는 평균 50%가 넘는 성장률을 기록하고 있어 책임형 CM 시장의 발전은 계속될 것으로 예상된다.

14) CMAA, 김한수, 한미파슨스, 「미국 Construction Management A to Z」, 보문당, 2010.

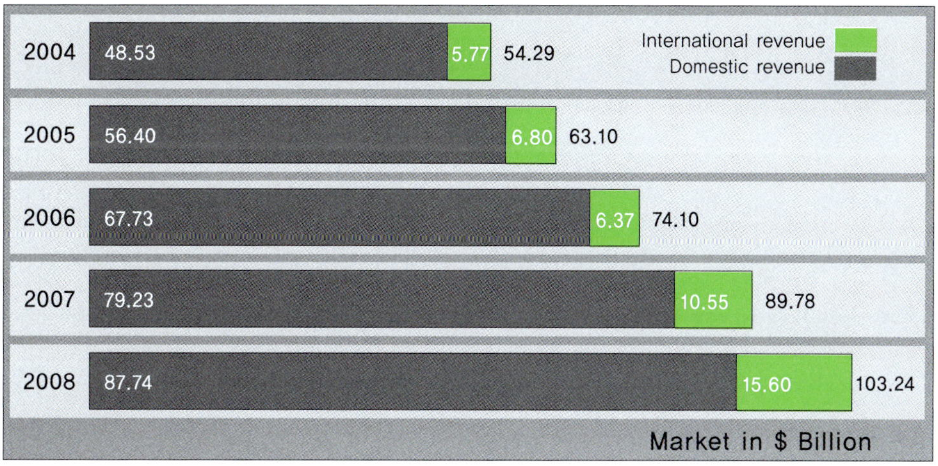

그림 1-10 2008년 100대 책임형 CM 기업의 수주현황[15)]

6.2 영국의 CM 적용현황

영국의 공공 건설사업에서 CM 방식(미국식 사업관리형 CM)이 정형화되어 본격적으로 활용된 역사는 그다지 길지 않다. 비록 1990년도 중반에 보급된 공공 건설사업 발주지침(Government Construction Procurement Guidance)[16)]에서 CM 방식을 하나의 조달방식으로 인정하고 있지만 공공 건설사업을 위한 CM 표준계약서가 개발된 시기는 1999년[17)]이다. 물론 이 시기 이전에도 CM 방식을 활용할 수 있는 법적 근거[18)]는 마련되어 있었기 때문에 공공 발주기관별로 자체적인 CM 계약서를 작성, 활용하거나 CM회사가 개발한 계약서를 수정, 보완하여 활용하였다.[19)] 그러나 공공 건설사업을 위한 CM 표준계약서가 1999년에 와서야 개발되었다는 것은 CM 방식의 적용이 이전에는 통일화·정형화되어 활용되지 않았다는 것을 보여준다. CM 방식이 공공 건설사업에서 본격적으로 활용되지 않았다는 것을 파악할 수 있는 사례로 영국의 주요 공공 발주처의 하나인 Highway Agency의 경우를 들 수 있다. Highway Agency에서는 최근 2003년부터 CM

15) ENR, The Top 100 Construction Management-at-Risk Firms, 2009.06.
16) Procurement group, 「Government Construction Procurement Guidance」, HM Treasury.
17) GC/Works/1 with Quantities Construction Management Trade Contract, GC/Works/1 without Quantities Construction Management Trade Contract.
18) The Housing Grants, Construction and Regeneration Act.
19) CUP Guidance No. 36 Contract Strategy Selection for Major Projects, HM Treasury.

시범사업을 실시하고 있으며, CM 시범사업인 경우에는 이를 입찰공고에 명시하고 있다.

영국의 Davis Lanagdon & Everest의 2000년 1월 조사자료에 따르면 미국의 책임형 CM 방식에 해당하는 MC 방식은 1984년부터 발주에 대한 조사가 되어 있으나 사업관리형 CM 방식에 해당하는 CM 방식은 1989년부터 발주에 대한 조사 자료가 나타나고 있다.

영국 건설발주물량의 20%를 대상으로 한 본 조사 자료에 따르면 계약금액 기준을 기준으로 할 경우 CM 방식은 1989년 6.9%를 기록하고 1991년에는 19.4%로 급격히 증가하였으나 1998년에는 7.7%를 기록하여 많은 변화를 보이고 있다. MC 방식의 경우도 1984년 12%를 기록하였으며, 1989년 15%까지 증대하기도 하였으나 1998년에는 10.4%가 MC 방식으로 발주되고 있는 것으로 조사되고 있으며 발주량의 변화도 매우 큰 것으로 나타나고 있다. 그러나 공공 건설사업을 위한 CM 표준계약서가 개발된 1999년 이후의 발주량의 변화는 현재로서는 정확히 파악하기 어려운 실정이다. 영국의 경우 미국의 CM 협회와 같이 CM의 현황을 관리하는 기관이 부재하여 명확한 CM의 활용실태 파악은 어려운 실정이다.

7 외국 CM제도의 시사점

미국, 영국 등 건설선진국의 경우 건설관련 제도의 유연성으로 실로 다양한 발주제도가 적용되고 있으며, 그 중에서도 CM은 제도에 대한 유용성이 인정되면서 발주량이 지속적으로 증대되고 있다. 우리나라의 경우도 지속적인 발전을 하고 있지만 법과 제도의 보완과 CM 대가의 현실화, 기업선정방식의 개선 등 많은 숙제를 안고 있다. 또한 현재 적용되고 있는 CM도 미국, 영국에서 적용되는 글로벌 스탠다드가 아니라 왜곡된 한국식 CM이 적용되고 있어 제도가 가진 장점을 충분히 발휘하지 못하고 있는 실정이다. 가장 큰 문제점은 제도의 왜곡이다. 이렇게 된 원인은 한편에서는 외국의 발주제도를 잘 모른다는 '전문성 부족' 탓도 있겠지만, 파편화된 국내 건설업역 구조 등과 같은 국내 건설제도의 기반 자체가 새로운 발주제도의 정상적인 도입을 가로막는 장애요인으로 작용해 왔기 때문이다. 한마디로 국내에 제도화된 사업관리형 CM은 외국에서 찾아볼 수 없는 한국적인 왜곡된 제도의 대표적인 사례라고 할 수 있다. 본 장에서는 국내 CM제도의 문제점과 나아갈 방향을 살펴보고자 한다.

7.1 감리업무에 기반을 둔 사업관리형 CM 시장과 제도

사업관리형 CM은 매년 급속한 증가추세를 보이고 있으며, 민간의 경우 이미 그 유효성이 입증되어 적용범위도 증대되고 있다. 그러나 시장의 증가 추세에 비하여 단위 프로젝트당 CM 용역비는 매우 낮은 수준이며 그로 인하여 CM 시장의 규모도 타 용역(예: 감리시장의 경우 연간 약 1조원 규모)에 비하여 매우 낮은 실정이다.

그 이유는 현행 「건설기술관리법」에서 규정하고 있는 사업관리형 CM이 설계감리와 책임감리라는 기본업무에 추가업무의 형태를 가지고 있으며, 대가기준 역시 이를 기반으로 마련된 것이기 때문이다(이복남, 최석인, 장현승, 2005). 이러한 원인으로 미국의 CM 용역비는 시공금액 대비 4~5%인 반면 국내의 경우는 아직도 2~3% 선에서 이루어지고 있는 실정이다. 특히 CM제도의 적용으로 월드컵의 성공적인 개최에 기여한 서울월드컵주경기장을 포함한 4개 월드컵경기장의 평균 CM 용역비는 시공금액 대비 1.98%였으며, 아직도 그 수준을 크게 벗어나지 못하고 있다.

그렇다면 현재 우리나라에 도입되어 있는 사업관리형 CM(CM for fee)은 글로벌 스탠다드인가? 전혀 그렇지 않다. 사실 따지고 보면, Engineering News Record(ENR)에서도 수시로 발표되고 있듯이, 미국에서도 사업관리형 CM(CM for fee)은 제도적으로 명확하게 규정되어 있는 것이 아니다. 하지만 미국이건, 유럽이건, 중동이나 동남아건 간에 우리나라에서처럼 「감리업무 + α」를 용역형 CM의 업무범위로 정하고, 대가기준도 「감리비 + α」로 운영하는 나라는 없다. CM의 발전을 위해서는 CM이 「감리업무 + α」라는 제도 도입 시기의 개념을 뛰어넘고 별도의 CM 용역비 기준을 마련하여 고객에 대한 서비스 수준과 만족도를 높이고 능력 있는 인력을 투입할 수 있는 시장으로 거듭나야 할 것이다.

7.2 분할발주를 금지하는 국가계약법의 영향

왜곡된 글로벌 스탠다드의 또 하나의 예는 분할발주를 금지하는 국가계약법에서 그 원인을 찾을 수 있다. 미국에서 가장 널리 적용되고 있는 전형적인 사업관리형 CM 방식의 경우 프로젝트를 30개 또는 그 이상으로 분할발주하여 발주자와 각각의 전문건설기업(trade contractor)가 직접 계약을 맺고, CM은 발주자의 권한을 위임받아 전문적인 관리능력을 활용, 발주자가 요구한 공사비, 공사기간 및 품질수준을 만족시킬 수 있도록 전문건설기업들을 관리하는 형태로 이루어진다. 그러나 한국의 경우 분할발주가 금지되고 있어 관리의 효율성이 저하되고 과도한 비용을 발생시키고 있다.

분할발주가 가능한 미국식 사업관리형 CM 방식의 장점은 첫째, 관리업무의 중복으로 인한 비효율성을 배제할 수 있다는 것이다. 본 제도의 장점은 전문적인 관리능력을 보유한 건설사업관리자가 일반건설기업의 역할을 대체하고 발주자의 대리인으로 프로젝트를 보다 효율적으로 관리하는데 있다. 그러나 한국의 사업관리형 CM의 경우 건설사업관리자와 일반건설기업의 업무 중복으로 프로젝트 관리의 효율성이 저해되고 있으며, 제도의 장점을 활용하지 못하고 있다.

둘째, 전문건설기업에 분할발주함으로써 일반건설기업의 관리비 및 이윤을 배제할 수 있어 원가절감이 가능하다. 미국의 경우 사업관리형 CM 방식을 프로젝트의 최저 비용 가능성(least project cost), 즉 원가절감 효과가 가장 큰 방식으로 추천하고 있다. 이러한 평가는 분할발주를 통하여 일반건설기업의 과도한 관리비 및 이윤을 배제하고 관리의 효율성을 높인 결과라고 할 수 있다.

셋째, 건설사업의 투명성이 확보된다. 설계 · 시공분할 발주방식과 디자인빌드 방식의 경우 일단 계약이 체결되면 발주자와 계약자는 적대적인 관계(arm-length relationship)를 형성하게 되며, 발주자는 공사비에 대한 정보를 공유하기가 매우 어려운 구조로 되어 있다. 특히, 국내의 경우 다양한 발주방식의 부재로 이러한 특징이 더욱 강하여 건설사업을 'Black Box'로 규정하기도 한다. 그러나 상호 신뢰관계(fiduciary relationship)에 있는 CM의 경우 전문건설기업의 선정시 기업의 재정, 기술, 경험 등의 일반적인 정보는 물론 공사비에 대한 정보를 상세히 분석, 평가 및 보고를 함으로써 프로젝트의 투명성을 높일 수 있다는 장점을 가지고 있다.

넷째, 패스트트랙(fast track)의 적용으로 공기단축이 가능하다. 국내의 경우 건설관련 제도에 의한 제약도 있지만 분할발주의 금지로 실시설계 · 시공 병행방식의 적용이 불가한 실정이거나 극히 제한된 프로젝트에서 제한된 공종에 한하여 실행되고 있다. 즉, 분할

발주가 가능할 경우 설계의 진행에 따라 공종별 전문건설기업을 선정, 공사에 착수함으로써 설계와 시공이 동시에 이루어지는 실시설계 · 시공 병행방식의 적용이 가능하며 이를 통한 공기단축이 CM의 중요한 목표 중 하나이다. 그러나 국내와 같이 설계완료 후 일반건설기업을 선정, 시공계약을 체결, 일반건설기업이 하도급자 선정을 통해 공사를 추진하는 체계로 운영되고 있어 사업기간이 장기화되고, 전문건설기업을 하도급자로 고착시키고 있으며, CM제도의 효율성을 저해하고 있다. 이 밖에도 CM의 활성화를 위해서는 건설사업관리자의 선정방식, 대가지급방식, 면허조건 등 왜곡된 제도의 글로벌 스탠다드화가 필요하다고 하겠다.

7.3 감리제도의 의무 적용

우리나라의 감리제도는 1962년 건축법을 제정하면서부터 시작되었으며, 1964년에 건축사법의 제정으로 현재 시행되고 있는 감리업무가 본격적으로 적용되었다. 이 후 건설공사의 대형화, 고도화, 복잡화로 인하여 1984년 시공감리가 도입되었으며, 1986년 독립기념관 화재사건을 계기로 건설공사 제도개선 및 부실대책이 마련되었고 1987년 건설기술관리법의 제정으로 현재의 책임감리제도로 강화되었다. 그러나 1994년의 성수대교 붕괴사고, 1995년 삼풍백화점 붕괴사고로 인해 구성된 '건설제도 개혁 기획단' 의 제안으로 CM 제도가 도입되게 되었다.

CM과 감리제도의 차이점은 감리는 법의 규정에 의해 일정규모 이상의 프로젝트에는 반드시 적용해야 하는 제도이며, CM은 발주자의 판단에 의해 적용되는 자의적인 제도라는 것이다. 하지만 이러한 규정이 CM의 활성화를 저해하는 중요한 요인이 되고 있다. 건설기술관리법 시행령 제50조의 규정에 의해 총공사비가 200억원 이상으로서 22개 공종에 해당하는 건설공사의 경우, 전면책임감리를 시행하는 것으로 규정하고 있으며, 민간에서 수행하는 공동주택의 경우도 주택법 제24조에 의해 감리제도를 의무적으로 적용하도록 하고 있다.

문제가 되는 것은 CM이 프로젝트의 초기단계부터 적용되고 있으나 감리기업의 선정은 착공단계에서 이루어지고 있으며, 선정권한도 발주자가 아닌 승인관청이 보유하고 있다는 점이다. 따라서 발주자는 초기단계에 CM을 적용하고 싶어도 의무적으로 적용해야 하는 감리제도로 인하여 CM적용을 기피하고 있는 실정이다. 또한 발주자의 필요에 의해

CM을 적용하더라도 착공단계에는 감리가 투입되어 업무의 중복이 발생하고 발주자의 비용을 낭비하는 결과를 초래하고 있다. 더욱이 2003년 주택건설촉진법이 주택법으로 개정되면서 300세대 이상 복합건축물의 경우에도 승인기관인 시 · 도지사가 감리자를 선정토록 규정하여 CM이 적용될 수 있는 여지가 없어졌다. 따라서 기획, 설계, 시공 등에 대한 체계적인 관리의 필요성으로 법 개정 전 40~50층 이상의 초고층 건축물에 성공적으로 적용되던 CM도 적용이 어렵게 되었으며, 이는 CM의 활성화를 역행하는 정책이라고 하겠다. 따라서 국토해양부가 지속적으로 추진하고 있는 CM의 활성화를 위해서는 주택법과 건축법에 CM 관련 조항을 삽입하여 승인기관 또는 발주자가 감리와 CM 중 선택할 수 있도록 해야 할 것이다. 이 밖에도 건축공사의 승인 및 준공제도, 장기계속계약제도 등도 CM의 활성화를 위하여 반드시 건설적인 방향으로 개선되어야 할 것이다.

7.4 책임형 CM 제도 부재

2001년에 「건설산업기본법」을 개정할 때, 건설사업관리의 정의규정에서 책임형 CM도 가능하도록 추진을 한 적이 있다. 그 결과는 실패로 끝났다. 일부 대형 건설기업을 제외한 모든 건설기업들이 반대하고 나섰기 때문이다. 전기나 정보통신공사업자는 현재 「전기공사업법」과 「정보통신공사업법」에 따라 분리발주가 의무화되어 있어 사실상 원도급자의 지위가 보장되어 있는데, 책임형 CM 방식이 도입될 경우는 하도급자로 전락할 것이라는 이유로 반대했다. 전문건설기업들도 지금은 전문공사의 원도급자나 하도급자로서의 지위를 유지하고 있지만, 책임형 CM 방식 도입으로 일반건설기업간 하도급이 허용된다면, 재하도급자가 될 가능성이 높기 때문에 반대하고 나섰다. 일반건설업계 내부에서도 중견건설기업들이 특히 책임형 CM 방식의 도입을 강력하게 반대하고 나섰다.

책임형 CM 방식에서는 초대형 건설기업들 외에는 수주가 어렵고, 이 방식에서는 중견 및 중소건설기업들이 하도급자로 전락하게 될 것이라는 이유였다. 전문건설기업나 전기 및 정보통신기업들은 책임형 CM 대신 사업관리형 CM의 활성화를 요구하기도 했다. 발주자가 사업관리형 CM 방식으로 건설사업관리자를 고용하여 공종별 분리발주 내지 분할발주를 활성화해 달라는 것이다. 그렇게 되면, 전문건설기업나 전기 및 정보통신건설기업들은 원도급자의 지위를 확보할 수 있기 때문이다. 이러한 이유로 책임형 CM 제도의 도입은 한동안 논의하기 조차 어려운 실정이었다.

하지만 선도적인 CM 전문기업이 민간에서 책임형 CM을 성공적으로 적용하고, 국토해양부에서도 발주방식의 다양화에 대한 필요성을 인식하면서 변화가 일기 시작하였다. 특히, 2008년 민간전문가 중심으로 구성된 "건설산업선진화위원회"는 2009년 2월 "건설산업선진화 비전 2020"을 발표하면서 시공책임형 사업관리방식(CM at risk)의 도입을 제안하였다. 이로 인해 주관부처인 국토해양부는 건설산업기본법에 "시공책임형 건설사업관리제도"라는 명칭으로 책임형 CM의 도입을 추진하고 있다. 본 제도는 2009년 5월 입법이 예고되어, 12월 규제심사, 법제처 심의 및 차관회의를 통과하여 2010년 4월 국무회의 통과 및 대통령 재가를 받았다. 이 후 관련 협회와의 이견으로 어려움을 겪기도 하였으나 현재 국회에 상정, 아직 계류 중에 있다. CM의 발전을 위해서는 시공책임형 건설사업관리제도의 입법도 시급히 추진되어야 할 것이다.

8 결

건설사업관리(CM)제도의 활성화는 국내 건설산업의 국제경쟁력과 효율성 향상을 위한 방안이다. 따라서 어느 일방의 이기주의에 의해 왜곡된 제도가 아닌, 글로벌 스탠다드를 도입, 적용하여야 한다. 하지만 위에서 살펴 본 바와 같이 한국식 건설제도의 틀에 맞추기 위한 왜곡으로 인해 제도가 가진 장점을 살리지 못하는 것이 한국 CM 시장의 현실이자, 한국 건설산업의 현주소라고 할 수 있다.

CM의 경우 학회와 협회를 중심으로 CM의 발전을 위한 다양한 노력이 이루어지고 있으며 다양한 기관에서 교육도 수행하고 있다. 하지만, 아직도 CM과 감리와의 관계, CM 대가문제 및 선정방식 등에 있어서 글로벌 스탠다드에 못 미치고 있으며 활성화를 위한 근본적인 조치도 이루어지지 않고 있다. 이제 발주제도 중 가장 혁신적인 제도로 평가되는 CM을 폐쇄적인 한국의 제도에 맞추려는 무리한 시도가 계속되어서는 안 된다. 또한 발주자인 정부 또한 기득권 집단의 포로가 되어 건설산업을 쇠퇴산업 내지 기피산업으로 만들 것이 아니라, 건설제도의 선진화와 글로벌 스탠다드로의 전환을 통해 건설사업의 효율성을 제고하고, 건설산업을 발전시키는데 기여해야 한다.

CM 도입 15년이 지나는 지금, 국가 건설산업의 발전과 CM의 고객인 국민을 위해 공헌할 수 있는 글로벌 스탠다드의 CM 제도 도입을 위해 더욱 노력해야 할 것이다.

CHAPTER 2

건설사업관리 체계 (CM & PM Body of Knowledge)

1 개 요

사업관리의 체계는 일반적으로 PMI(Project Management Institute)에서 발간한 PMBOK(Project Management Body of Knowledge)의 지식체계를 많이 활용한다. 이를 근간으로 건설분야의 경우에는 미국 건설사업관리협회(The Construction Management Association of America, CMAA)가 제정한 표준 CM서비스 및 Capstone Course를 비롯하여 다양한 건설분야 기관에서 정의한 체계를 사업에 적합하게 변형하여 활용하고 있는 실정이다.

앞 장에서 언급한 바와 같이 프로그램 매니지먼트(PgM), 프로젝트 매니지먼트(PM), 건설사업관리(CM)는 업무의 범위나 Level의 차이가 있기에 관리의 범위에 따라 프로그램 매니지먼트(program management), 프로젝트 매니지먼트(project management), 건설사업관리(construction management)의 순으로 체계가 구성되나 큰 맥락에서는 모두 사업관리(management)의 기본적인 사항을 공통분모로 가지고 있다.

2장에서는 건설사업관리에 대한 각 사업관리 영역을 개괄적으로 설명하고, 사업관리의 다양한 관리분야 및 관리프로세스에 대해 기술하여 3장부터 상세히 설명할 각 사업관리의 업무범위에 대한 이해를 돕고자 한다.

2 프로젝트 관리 지식 영역의 이해

2.1 프로젝트 관리 지식 영역 체계

PMI(Project Management Institute)의 PMBOK[1]에 따르면, 프로젝트 관리를 위한 지식 영역(체계)을 다음과 같이 9가지로 구분하고 있다. 이러한 구분은 공통점이 있는 관리 프로세스를 함께 모아놓은 것이다. 예를 들어 프로젝트 원가관리는 자원기획, 원가산정,

1) PMBOK(A Guide to the Project Management Body of Knowledge) Fourth Edition 기준.

원가예산편성, 원가통제 등 예산 편성 프로세스의 모든 측면을 포함한다.

- 통합관리(integration management)
  - 프로젝트 통합관리(project integration management)
  - 프로젝트 범위관리(project scope management)
- 기본관리(basic management)
  - 프로젝트 시간관리(project time management)
  - 프로젝트 원가관리(project cost management)
  - 프로젝트 품질관리(project quality management)
  - 프로젝트 위험관리(project risk management)
- 추가관리(additional management)
  - 프로젝트 조달관리(project procurement management)
  - 프로젝트 의사소통관리(project communication management)
  - 프로젝트 인적자원관리(project human resource management)

각 분야(지식관리 영역)는 어느 것이 중요하고 덜 중요하다고 말할 수 없이 모두 중요하지만 특히 그림 2-1과 같이 통합관리(project integration management)와 범위관리(project scope management)는 초기에 관리되어야 할 사항이며, 프로젝트의 전체에 영향을 미치는 핵심 분야이다.

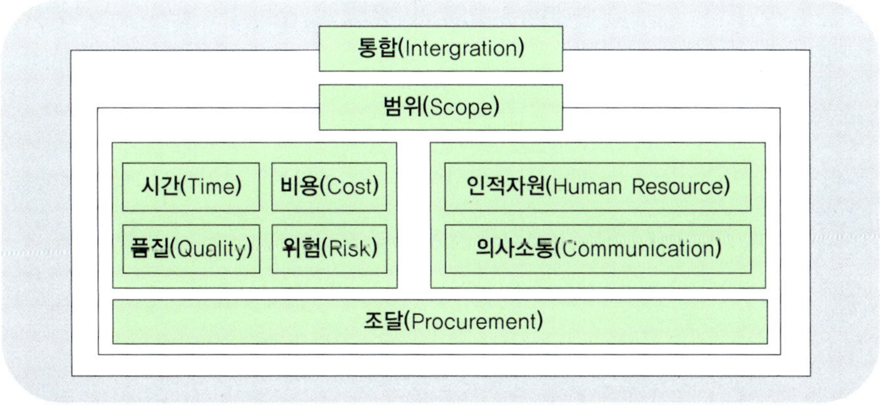

그림 2-1 프로젝트 관리 분야별 구성

(1) 통합관리(integration management)

프로젝트 통합관리(integration management)와 범위관리(scope management)를 의미한다. 사업 초기단계에서 전체 프로젝트의 틀을 구성하고 목표를 설정하는 등의 거시적 관점의 통합 관리과정이 필요하고, 이를 구현하기 위해 '해야 할 일'과 '하지 말아야 할 일'을 구분하는 업무인 범위관리가 필수적이다. 이 단계에서의 결정이 향후 프로젝트 관리의 성패를 좌우한다.

(2) 기본관리(basic management)

프로젝트 관리의 4대 기본관리인 시간(time), 비용(cost), 품질(quality), 위험(risk)을 의미한다. 모든 프로젝트는 기본적으로 시간(공정), 비용(원가), 품질, 위험이 공통적으로 수행되어야 하고, 이는 좋은 결과물을 생성해 내기 위해서 기본적으로 수행되어야 하는 관리 요소이다. 우리나라 역시 이러한 기본관리 부분은 각 분야별 전문가를 많이 보유하고 있으며, 비교적 잘 관리되고 있는 상황이다.

(3) 추가관리(additional management)

구성원들이 업무를 효율적으로 잘 수행할 수 있도록 도와주는 인적자원관리(human resource management), 프로젝트와 관련된 집단간의 혹은 조직 내부의 정보 흐름을 관리하는 의사소통관리(communication management), 우수한 기업과 자재를 선정하고 향후 발생 가능한 클레임을 관리하는 조달관리(procurement management)를 의미한다. 추가관리 부문은 사업관리 업무를 수행함에 있어 일반적으로 별로 중요하지 않게 여기거나 간과하는 경향이 있는 분야이지만, 경우에 따라 프로젝트의 성패에 심각한 영향을 줄 수 있는 관리 대상이다.

각 분야별 관리방식은 그 단계에서 수행하여야 하는 업무를 정의하고, 업무수행을 위한 상세업무(activity)로 구분한다. 상세업무는 업무로 혹은 결과물로 정의될 수도 있다. 이러한 상세업무는 업무수행을 위한 투입물(inputs)을 가지며, 산출물(outputs)을 만들어내기 위해 다양한 도구 및 기법(tools & techniques)을 결합하여 사용된다.

그림 2-2는 9가지 사업관리 지식영역 모두에게 해당하는 공통적 관리업무 수행절차로서, 업무(task)-1이 끝나면 업무(task)-2를 시행하고 마지막으로 업무(task)-3을 시행하게

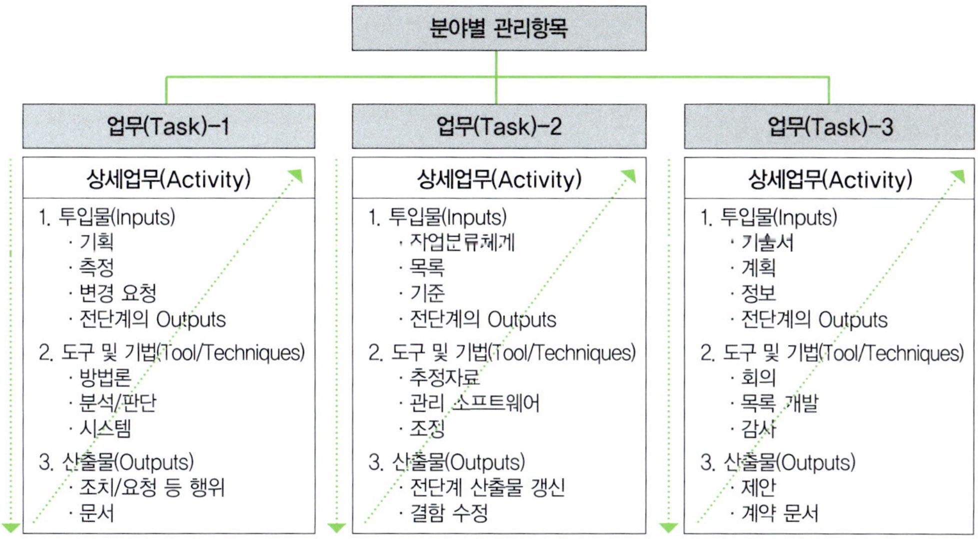

그림 2-2 Inputs-Tool, Techniques-Outputs 구조의 이해

되는 순차적 업무 흐름을 보여준다. 각각의 업무에서의 투입물은 예시한 바와 같이 각종 정보와 기준 또는 전(前) 단계에서의 결과물 등을 투입하고, 이를 위한 다양한 도구 및 기법을 활용하여 결과물을 도출한 후, 그 다음의 상세업무로 진행하는 방식이다.

2.2 프로젝트 관리 지식 분야별 이해

앞서 살펴본 바와 같이 PMI(Project Management Institute)에서 구분하는 9개 분야(integration, scope, time, cost, quality, human resource, communication, risk, procurement)의 관리대상과 주요 상세업무는 그림 2-3과 같다.

그림 2-3 프로젝트 관리 지식영역 및 프로젝트관리 프로세스 개요

9개 프로젝트 사업관리 지식 영역은 그림 2-4와 같이 공통적으로 착수(initiation) → 계획(planning) → 실행(exccution) → 모니터링 및 통제(controlling) → 종료(closing)의 5단계를 거쳐 업무가 진행되며, 각 지식 영역 분야의 핵심 업무는 표 2-1과 같다.

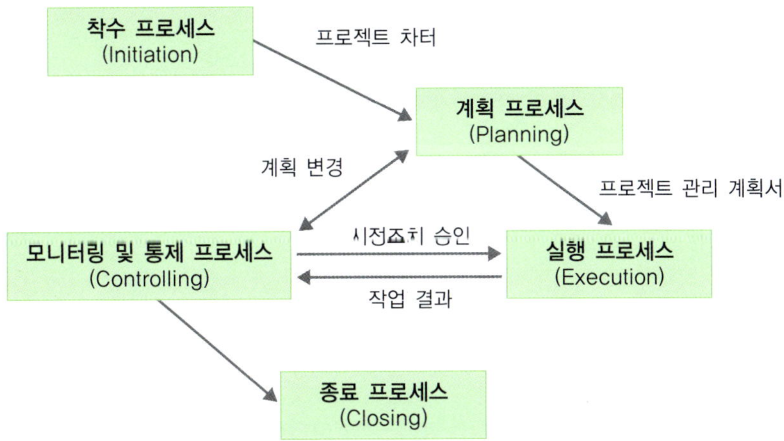

그림 2-4 프로젝트관리 프로세스

표 2-1 각 지식 영역별 핵심 업무

관리 분야	주요 업무
• 통합관리	• 프로젝트 계획
• 범위관리	• 업무분류체계(Work Breakdown Structure, WBS), 범위진술서(Scope Statement)
• 시간관리	• PDM(Precedence Diagramming Method), ADM(Arrow Diagram Method), Schedule
• 비용관리	• Cost Base Line, EVM(Earned Value Method)
• 품질관리	• 품질계획, 품질보증, 품질관리
• 인력관리	• 조직, 스텝, 팀
• 의사소통관리	• 의사소통, 정보
• 위험관리	• 분석, 계획, 우연성
• 조달관리	• 계약

프로젝트의 성공을 위해서는 지금까지 살펴본 각 프로젝트의 지식영역이 그림 2-5와 같이 상호 유기적으로 연관되어야 한다.

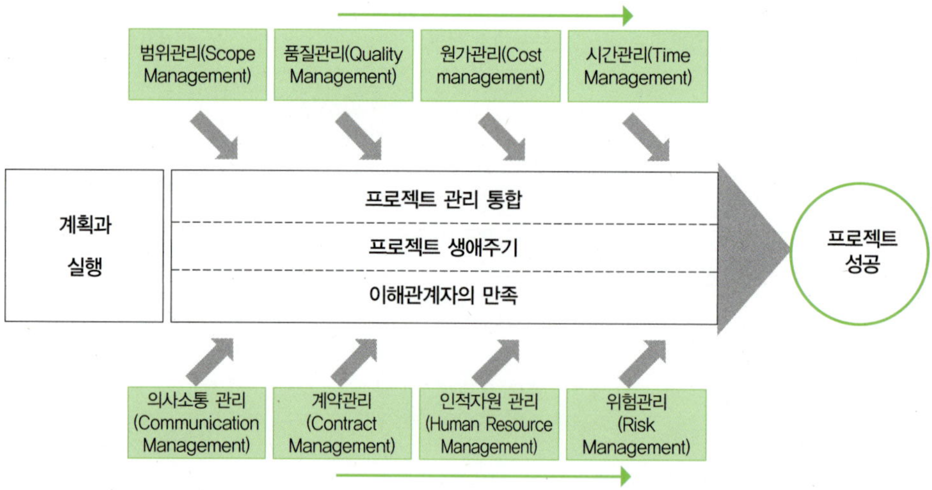

그림 2-5 프로젝트 관리 지식영역의 통합

2.2.1 프로젝트 통합관리(Project Integration Management)

프로젝트 통합관리는 프로젝트 초기에 계약서나 프로젝트 업무기술서(statement of work, SOW)를 근거로 프로젝트의 시작부터 종결까지 전 사업과정 동안 대내외 요인을 고려하여 프로젝트의 헌장[2)]을 개발하고, 나머지 8개의 프로젝트 지식영역의 관리계획 수립과 더불어 프로젝트 수행과정에서 이를 통합하고 조정하여 프로젝트가 성공적으로 완료되도록 관리하는 지식영역이다. 즉, 전체 프로젝트 사업관리를 계획하고 설계하는 분야임에도 불구하고 본 프로젝트 통합관리 영역은 우리가 일반적으로 간과하고 넘어가는 관리 분야이기도 하다. 이러한 프로젝트 통합관리 영역은 우리가 일반적으로 간과하고 넘어가는 관리분야라고 할 수 있다. 일반적으로 프로젝트가 시작되면 우선 조직을 갖추는 데 중점을 두고, 조직이 갖추어지면 주어진 업무를 무계획적으로 수행해 나가는 경우가 대부분이기 때문이다. 그러나 초기에 본 프로젝트 통합관리 지식 영역의 각 업무를 통한 통합 및 조정의 관리가 없이 업무를 시작하면 진행과정에서 많은 혼선과 재작업을 피할 수 없기에 체계적 관리가 필수적으로 이루어져야 한다.

즉, 본 프로젝트 통합관리(project integration management) 지식영역은 프로젝트를

2) 프로젝트 헌장(project charter): 프로젝트의 개략적인 개요와 업무 범위, 목적 및 목표를 명시하며, 주요 산출물 및 마일스톤을 제시하여 당해 프로젝트 계획서를 작성하는 기초자료로 활용한다.

어떻게 관리할 것인가에 대해 사업 전반적인 시각에서 계획을 수립하는 관리 분야이다.

2.2.2 프로젝트 범위관리(Project Scope Management)

프로젝트 범위관리(project scope management)는 프로젝트를 성공적으로 완료하기 위하여 반드시 필요한 업무의 범위를 정의하는 지식영역이다. 즉, 본 영역은 해야 할 업무를 빠짐없이 모두 기술하여 누가, 언제까지, 어떤 업무를 수행하여 어떤 결과물을 도출할 것인지 정리하고 이에 따라 업무의 진도를 관리하는 분야이다. 이에 프로젝트 범위관리단계에서는 작성한 프로젝트 헌장과 초기단계의 업무범위를 구체화하여 업무분류체계(work breakdown structure, WBS)를 수립하고, 프로젝트의 전 과정동안 이를 검증하며, 통제하는 관리업무를 수행하는 분야이다.

프로젝드 빔위관리 지식영역 역시 우리가 일빈적으로 소홀히 하는 분야이지만 프로젝트 관련자들 간 분쟁의 가장 큰 원인이 업무범위에 대한 시각 차에 따른 갈등에서 발생된다고 해도 과언이 아니므로 매우 중요한 관리영역이라 할 수 있다.

그림 2-6은 건설사업관리자가 개개인의 업무를 누가 언제까지 수행하여 어떠한 결과물을 도출해내는 가를 도식화하여 관리하는 업무범위 관리의 사례이다.

2.2.3 프로젝트 시간(공정) 관리(Project Time Management)

프로젝트 시간관리(project time management)는 프로젝트를 적기에 완료하는 것과 관련된 지식 영역으로서 CPM(critical path method) 및 패스트트랙(fast track method)방식 등의 건설사업관리 분야가 발전이 기반이 되어 CM이 태동하게 된 동기라고 할 정도로 PM/CM에서는 기본적이고도 중요한 분야이다. 본 지식영역은 활동 정의, 활동 순서 배열, 활동별 자원 산정, 활동기간 산정, 일정 개발, 일정 통제 등의 업무로 구성되어 있다. 즉, 프로젝트 시간관리 분야는 프로젝트 활동이 제대로 진행되고, 계획된 기간내에 완료될 수 있도록 보장하기 위하여 프로젝드 활동이 계획에 부합하는지를 감시하는 프로세스이다.

건설사업의 경우 중요공정(critical path)을 관리함에 있어 기존 상용 공정관리 소프트웨어인 Sure Trek이나 Primavera P3, MS Project를 통해 작성한 공정표 등은 건설사업에 익숙하지 않은 발주자 및 관리자가 이해하기에 어려움이 있으며, 건설사업에 대한 기

건설사업관리(CM) 업무 추진 일정표 (Rev.23 0902)

* 굵은 글씨 및 진한 막대그래프 : 완료

단계	업무 Code	업무 구분 – 업무내용 – 구분	업무 구분 – 업무내용 – 세부 업무 내용	제출/성과물	진행현황 – 진행현황 내용	진행현황 – 진행율	역할 분담 – 발주자	역할 분담 – CM사	CM담당자 – 정	CM담당자 – 부	제출 시기	수량	실시설계전단계(3~4) / 실시설계단계(5~10) / 시공 단계(11~12) – 2005년	비고
													입찰도서 접수 ▲ ▲ 실시설계 적격자 선정 ▲ 착공 ▲ 설계 완료 ▲ 건축 공사	
공통	GE01	o CM 착수 신고	인원투입계획, 사무실 운영계획 등	CM업무 착수신고서	신고 완료(3.2)	100%	검토	주관	김정호	권순갑	3/2~3/8	5 부		
	GE02	o 건설사업관리 종합수행계획	종합수행계획서	종합수행계획서	3.8일 제출, 3.23일 보완서 제출/ 3.24일 승인	100%	승인	주관	권순갑	김정호	3/2~3/23	5 부		
	GE0300	o 품질보증계획	품질보증계획서 작성	품질보증계획서	3.08일 제출, 3.23일 보완서 제출/ 3.24일 승인	100%	승인	주관	권순갑	김정호	3/2~3/23	5 부		
	GE04	o CM절차계획수립	설계단계 절차서 취합 정리	설계단계 건설사업관리 절차서	제출 완료(4.12)/보완/ 적격자 검토 완료(8.05)	100%	승인	주관	권순갑	정연길	완료	3 부		
	GE05		시공단계 절차서 취합 정리	시공단계 건설사업관리 절차서	보완/협의 확정 예정	90%	승인	주관	김성영	정연길	7/7~9/15	3 부		
	GE0600	o 작업분류체계/ 사업번호체계 관리	WBS, 사업번호체계 등 구축	WBS/PNS 구축 및 관리 계획서	제출 완료(5.31)	100%	승인	주관	고영일	김성영	완료	5 부		
	GE0700	o 문서 및 자료관리 업무	문서 및 자료관리 계획서 작성	문서 및 자료관리 계획서	종합수행계획서에 포함(부록4) - 3.30일 수정 보완(Rev.1)	100%	승인	주관	권순갑	김정호	3/21~3/24	5 부		
	GE0701		문서 및 자료 관리	문서 및 자료관리 업무 수행		-			권순갑	김정호	지속	-		
	GE0801	o 사업정보의 축적·관리 및 운영	절차서 작성 및 운영	절차서에 포함	제출 완료(4.12)/보완 예정	100%	승인	주관	권순갑	김범호	완료	5 부		
	GE0802		전용 Web Hard 개설 및 운영계획 수립 - Data관리 원칙 수립	웹하드 관리 계획서	제출 완료(3.30)	100%	검토	주관	김범호	김정호	완료	5 부		
	GE0901	o PMIS 구축 및 운영	PMIS 구축 및 운영계획 수립	PMIS 구축 및 운영계획서	3.8일 제출, 3.24일 승인/보완 작성	90%	승인	주관	김범호	김정호	완료	5 부		
	GE0902		PMIS구축 업체선정	PMIS 구축 검토서	3.9일 승인요청, 3.14일 승인	100%	승인	주관	김범호	김정호	완료	3 부		
	GE0903		PMIS 운영 지침서(Manual) 작성	PMIS 운영 지침서(Manual)	PMIS 구축 중	10%	승인	주관	김범호	김정호	4/1~9/30	5 부		
	GE1000	o VE/LCC 운영계획	VE 관리 및 운영방안 수립 - 양사 전문가 공동 참여 방안 포함	VE/LCC 업무 계획서	초안 완료(4.12)/협의 확정 필요	90%	승인	주관	권순갑	정연길	초안 제출 완료	5 부		
	GE1100		LCC 관리 및 운영방안 수립 - 양사 전문가 공동 참여 방안 포함	VE/LCC 업무 계획서	완료(4.12)/협의 확정 필요	90%	승인	주관	권순갑	정연길	초안 제출 완료	5 부		
	GE1010		VE/LCC 업무 지침서 작성	VE/LCC 업무 지침서	완료(4.29)/협의 확정 필요	90%	승인	주관	정연길	권순갑	초안 제출 완료	5 부		
	GE12	o 계약 및 클레임 관리	분쟁예방 및 클레임 처리 계획 수립 - 법률자문 등 지원체계 포함	클레임/분쟁 관리 계획서			검토	주관	김성영	김정호	7/20~9/10	5 부		
	GE1201		사례조사 및 대책 수립	사례조사 보고서 및 대책안	사례조사 중		검토	주관	김성영	김정호	8/01~9/30	3 부		
	GE1202		분쟁조정위원회 운영계획 수립 - 조직, 인원구성, 기능, 운영방안 등	분쟁조정위원회 운영 계획서			승인	주관	김성영	김정호	8/10~9/30	5 부		
	GE1203		물가변동 관련 사항 검토	계약 및 물가변동 검토서	제출 완료(5.16)		검토	주관	김성영	권순갑	완료	3 부		
	GE1301	o 건설공사 참여자 업무협의 주관	건설사업관리 Kick Off Meeting	Kick Off Meeting Agenda 및 자료	완료(3.10)	100%	검토	주관	김정호	권순갑	3/2~3/10	10 부		
	GE1302		사업자 Kick Off Meeting 준비	Kick Off Meeting Agenda 및 자료	준비 중	30%	검토	주관	김정호	권순갑	완료	10 부		
	GE1303		설계자 Kick Off Meeting 준비	Kick Off Meeting Agenda 및 자료	준비 중	30%	검토	주관	권순갑	최의석	완료	10 부		
	GE1304		공사착공 Kick Off Meeting 준비				검토	주관	김정호	권순갑	7/1~9/10	10 부		
	GE1305		사업자 과업수행 발표회 일정계획 및 발표	사업자 과업수행 발표회 운영 계획서			검토	주관	권순갑	김정호	9/7,10/6	10 부		
	GE1401	o 업무분장기준(RAM)	업무분장 기준표 작성	업무분장 기준표	작성 완료(3.29) 협의 후 보완 제출(3.30)	100%	검토	주관	권순갑	김정호	3/24~3/30	5 부		
	GE1402		CM 업무 일정표 작성 - CM 업무별 담당자 선임 포함	CM업무 일정표, 업무별 담당자 현황표	작성 완료(3.29) 매주 금요일 Update 중	100%	검토	주관	권순갑	김정호	완료	3 부		
	GE1403		비상연락망 구축 및 관리 - 비상주원 포함, 연락망 구축 체계 포함	비상연락망 - 본사지원조직 포함(ENG실, 지원조직 등)	제출 완료(3.30)	100%	검토	주관	김정호	김범호	3/28~3/30	3 부		
	GE1501	o CM단 운영계획	공동수급 협약서 보완 작성	공동수급 협약서	작성 중	80%	-	주관	김정호	김동재	진행 중	-		
	GE1502		건설사업관리 구성 및 운영 - CM원의 교체 및 조정	사유서, 경력확인서	교체원 경력확인서 등 제출(3.30)	80%	승인	주관	김정호	김동재	해당 사안 발생시	1부		
	GE1503		CM단 조직도 보완 - 비상주 조직,ISS조직, 설계관리담당,건축미술 등	단계별 조직도, 업무별 담당자 선임 - 비상주 기술지원 담당자 포함	작성완료(3.20) 제출(3.30) - 인원 확정이 필요	80%	검토	주관	김정호	김범호	수시	3 부		
	GE1504		설계자문단운영계획 보완 및 자문위원 선임	설계자문단운영계획서(보완)/자문위원 선임 - 선임된 자문위원 경력증명서	자문단운영계획서 완료(3.23)/보완 중	50%	승인	주관	김정호	권순갑	5/16~9/10	5 부		
	GE1505		운영위원회 세부계획 수립	운영위원회 세부 운영 계획서	자문위원 4명 1차 선임(8.05)	50%	검토	주관	김정호	김동재	4/15~9/15	5 부		

그림 2-6 업무범위 관리의 결과물로 도출된 업무 계획서 예시

존 수행경험이 많은 발주자라 할지라도 공정관리 현황 판단을 쉽게 하기위해 범용 소프트웨어인 MS-Office를 이용하여 작성한 LOB(line of balance) 공정표 또한 많이 사용되고 있다. LOB 공정표는 시간의 진행에 따라서 수직적으로 건립되는 구조물의 완성도를 쉽게 파악할 수 있도록 작성되어 진도관리에 유용하게 사용되기 때문이다. 또한 최근에는 공정이 얼마만큼 진행이 되는지 현실감 있게 볼 수 있는 빌딩정보모델링(building information modeling, BIM)을 활용한 시뮬레이션 기법도 사업의 특성에 따라 다양하게 활용되고 있다.

그림 2-7 BIM을 활용한 시뮬레이션 사례(서울대역 마에스트로)

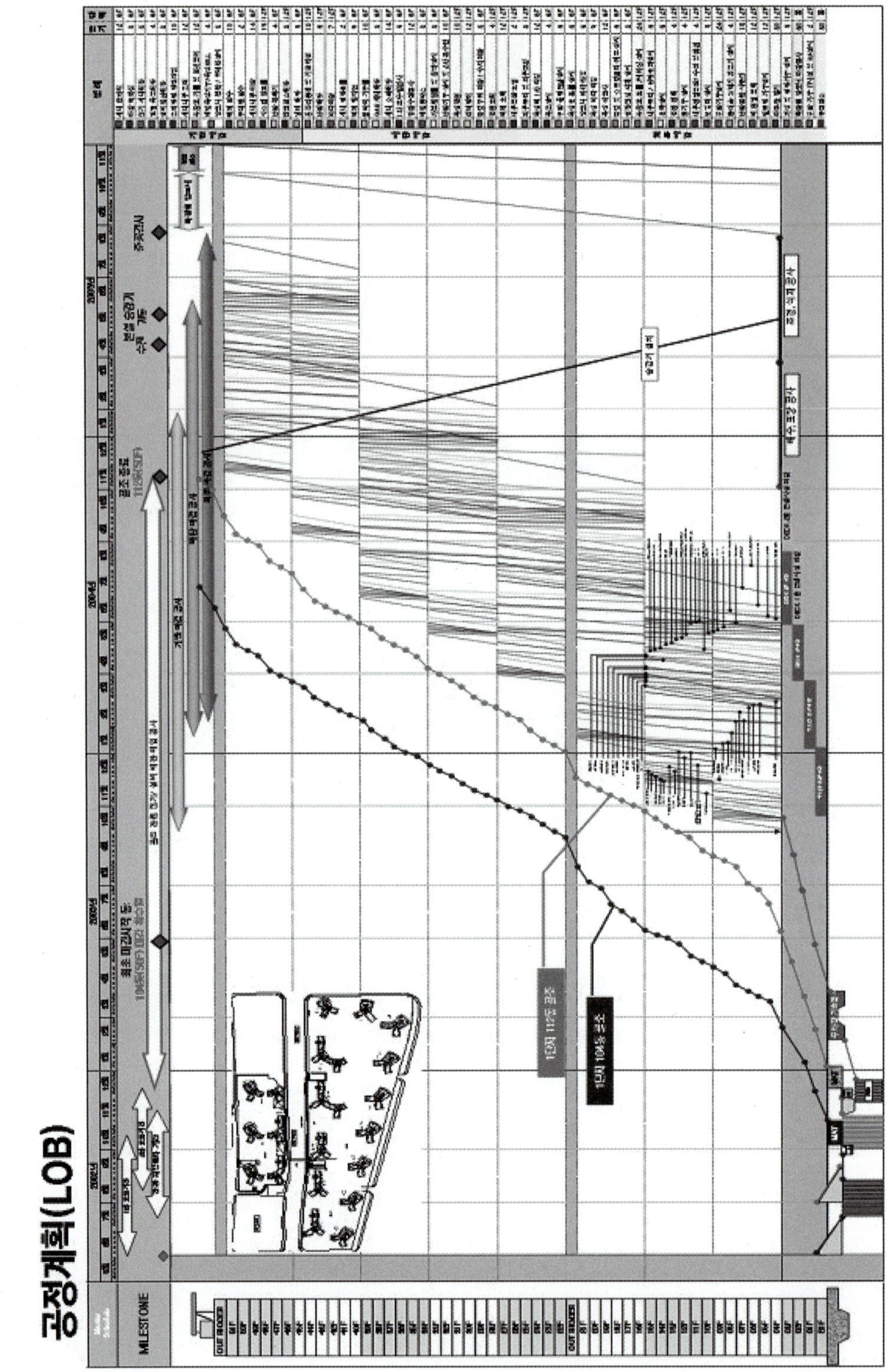

그림 2-8 LOB공정표 사례

2.2.4 프로젝트 원가관리(Project Cost Management)

프로젝트 원가관리 지식 영역은 원가 및 자원의 예상치를 결정하고, 사업이 프로젝트가 인가된 예산 내에서 수행될 수 있도록 사업비를 관리하는 지식영역으로 설계단계의 과정별로 원가산정(cost estimating), 원가예산책정(cost budgeting), 원가통제(cost control) 등 다양한 활동으로 구성되며 단계별로 원가를 더욱 정제하여 실시설계단계에서는 예산을 확정하고 이를 유지하도록 끊임없이 확인하고 피드백하는 전 과정을 포함한다. 특히 가치공학(value engineering, VE) 기법과 생애주기비용(life cycle cost, LCC) 고려 및 시공성 검토(constructability review) 등을 통하여 원가절감은 공기와도 밀접한 관련이 있는 지식영역이다.

그림 2-9는 프로젝트 원가관리의 중요성을 나타내는 자료로서, 프로젝트의 초기단계일수록 원가절감에 기여할 수 있는 기회가 많은 반면, 프로젝트가 시작되면 원가절감의 기회가 줄어들고 원가상승의 요인이 더욱 많이 발생한다는 것을 보여주고 있다.

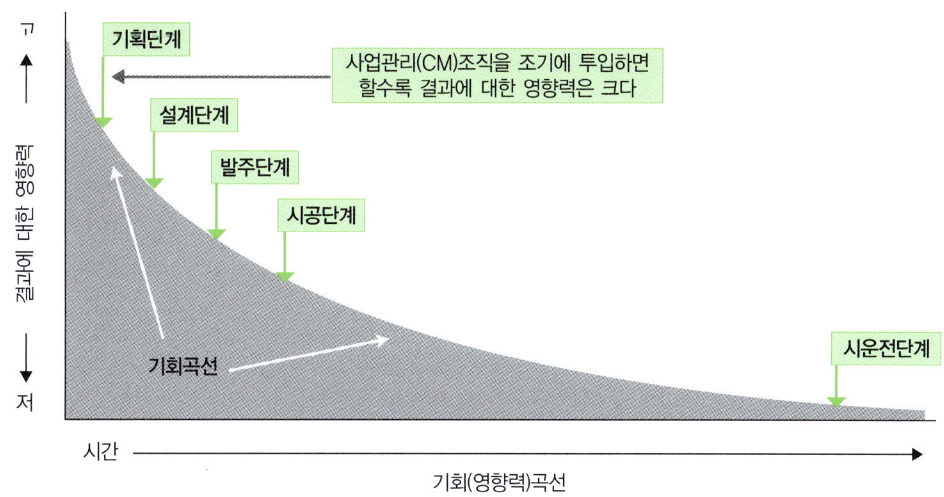

그림 2-9 사업관리 조직의 투입시기에 따른 결과 분석

2.2.5 프로젝트 품질관리(Project Quality Management)

프로젝트 품질관리(project quality management) 지식영역은 프로젝트의 성과물이 사전 계획하였던 요구사항을 충족하며, 수행 목표를 확실히 달성하는데 필요한 프로세스로

품질기획(quality planning), 품질보증(quality assurance) 및 품질통제(quality control)의 업무 수행을 통해 프로젝트의 최종 결과물(건설의 경우 건축물)이 사업 전 단계에 걸쳐 계획한 품질 이상을 유지하도록 관리하는 체계를 의미한다. 즉, 품질관리 체계와 이를 수행하기 위한 각종 도구 및 기법을 통하여 품질관리를 구현하는 일련의 활동을 의미한다.

특히 품질은 시간 및 비용관리와 같이 프로젝트 관련자 일부의 이익을 대변하는 것이 아니라 모든 관련자의 이익을 대변하는 것이고 이 결과가 발현되는 시간적 요소가 장기적이라는 특성을 갖고 있다. 또한 건설 프로젝트의 경우 결과물을 사용하는 대상이 불특정 다수의 안전을 담보로 하는 것이기 때문에 가장 공공의 성격이 강한 관리영역이라고 할 수 있다.

건설 프로젝트의 경우 품질보증 및 관리에 대하여 다양한 관리기법이 시공단계를 중심으로 개발되어 활용되고 있다. 그러나, 여기서 중요한 것은 품질은 시공단계에서만 관리하는 것이 아니라 설계단계에서부터 품질을 확보할 수 있도록 각 세부 단계마다 도면을 검토하고, 이를 설계에 반영하도록 해야 한다는 것이다. 즉, 설계단계에서의 체계적 품질관리가 원하는 시공품질을 확보하는 최선의 방법이라는 것을 의미한다. 따라서 시공단계에서의 품질의 결함 발생에 대한 사후처리나 관리보다는 사전(pre-activity) 예방이 되도록 하여야 하며, 이를 위해서는 철저한 품질보증계획(quality plan)의 수립 및 품질 통제(quality control), 건설사업인 경우 현장검측(inspection) 등의 활동이 필요하다.

다음은 건설 프로젝트의 품질통제(quality control) 활동시, 사용되는 품질관리양식 사례이다. 검측을 통하여 발견된 결함의 정도에 따라서 결함통지서(deficiency notice, DN)부터 공사중지명령(stop-work order, SWO)까지 다양한 시정조치 요구를 통하여 품질통제 활동을 수행한다.

- 검사요청서(inspection request)
- 결함통지서(deficiency notice)
- 부적합보고서(non-conformance report, NCR)
- 시정조치요구서(corrective action report, CAR)
- 공사중지명령(stop-work order)

HanmiGlobal	결함통지서 (DEFICIENCY NOTICE)	○○○○○

PROJECT NO.	○○○○	DN NO.	○○○○
PROJECT NAME	○○○○ 군산공장 증축	DATE	2008. 10. 17
CONTRACTOR	○○○○	DN ISSUED BY	○○○
SUB-CONTRACTOR	○○○○		

DEFICIENCY

Subject / Category	신설 우수배관 마감페인트
Ref. Dwgs. / Spec's. (if applicable)	
Material ID (if applicable)	N/A
Location	공장동 천정배관

Description

1. 신설되어진 우수배관은 아연도 강관이기에 프라이머 도장을 실시한후 마감 페인트를 칠해야 하나, 프라이머를 실시하지 않고 마감 페인트 작업중임..
   (#첨부 사진 참조)

Suggested Solution

1. 신설 우수배관에는 프라이머 도장을 실시후 확인검사를 받고 후속작업을 할 것.
2. 프라이머 도장을 실시하지 않고 마감 페인트 시공을 한 부분은 전량 페인트 제거후 상기 1항의 순서를 따를 것..
3. 상기 재작업에 대한 과정을 사진을 첨부하여 제출할 것.

CM 설비담당 : ○○○ CM/감리단장 ○○○

CONTRACTOR'S RESPONSE

조치 완료
(조치사진 참조)

설비 과장 ○○○ 현장대리인 ○○○

CLOSE OUT METHOD

CM 설비담당 : ○○○ CM/감리단장 ○○○

DISTRIBUTION :
○○○

그림 2-10 결함통지서(deficiency notice) 예시

2.2.6 프로젝트 위험관리(Project Risk Management)

프로젝트 위험관리(project risk management)는 지식 영역은 프로젝트에 영향을 줄 수 있는 잠재적 위험을 식별하고 대처하는 지식영역으로서 리스크관리 기획, 리스크 식별, 정성적 리스크 분석, 정량적 리스크 분석, 리스크대응 기획, 리스크 감시 및 통제 등의 업무를 수행한다.

즉, 본 지식영역은 프로젝트 실행과 관련하여 각종 부정적 영향을 줄 수 있는 잠재적 위험을 항목별로 정의하고, 각 위험이 철저히 관리될 수 있도록 일련의 업무를 수행하며, 이러한 위험을 조기에 인지하여 프로젝트 수행조직이 사전에 적절히 대응할 수 있는 계획수립과 이에 따른 관리 체계를 구축하여 발생 가능한 위험요인을 효율적으로 관리하는 지식영역이다.

이에 따라 각종 위험관리 업무 수행을 위한 리스크 식별, 정성적 · 정량적 리스크 분석, 리스크대응 기획, 리스크 감시 및 통제 업무는 전문적 지식을 보유한 위험관리 전문가가 각 사업의 특성에 적합한 도구 및 기법을 활용하여 수행하는 것이 일반적이다.

표 2-2는 건설 프로젝트에서 사업의 성공적 수행을 위해 중점 관리하여야 하는 위험관리대상 선정 사례 예시이다.

표 2-2 중점관리 대상 선정 사례

항 목	세 부 항 목	배 점	리스크 등급
발생 가능성(A)	H: 발생 가능성이 70% 이상일 경우	8.5	• A B C 값에 따라 다음과 같이 등급 선정 • 1등급 : 512점 이상 • 2등급 : 216~512점 • 3등급 : 64~216점 • 4등급 : 8~64점 • 5등급 : 8점 미만
	M: 발생 가능성이 30~70%일 경우	5.0	
	L: 발생 가능성이 30% 미만일 경우	1.5	
일정지연(B)	발생시 20% 이상의 일정지연이 예상되는 경우	10.0	
	발생시 10~20% 정도의 일정지연이 예상되는 경우	7.5	
	발생시 5~10% 정도의 일정지연이 예상되는 경우	3.8	
	발생시 5% 이하의 일정지연이 예상되는 경우	2.5	
	발생시 대수롭지 않은 일정지연이 예상되는 경우	1.0	
예상비용(C)	발생시 20% 이상의 비용증가가 예상되는 경우	10.0	
	발생시 10~20% 정도의 비용증가가 예상되는 경우	7.5	
	발생시 5~10% 정도의 비용증가가 예상되는 경우	3.8	
	발생시 5% 이하의 비용증가가 예상되는 경우	2.5	
	발생시 대수롭지 않은 비용증가가 예상되는 경우	1.0	

2.2.7 프로젝트 조달관리(Project Procurement Management)

조달이라는 용어는 발주, 계약, 구매, 조달 등 다양한 의미를 가지고 있다. 이에 프로젝트 조달관리(project procurement management)는 제품이나 서비스 또는 결과물을 구매 및 조달하는 업무와 계약관리 절차를 통해 구매 및 획득계획, 계약체결계획, 판매자응답 요청, 판매자 선정, 계약행정, 계약종료 등의 업무로 구분가능하다.

특히, 건설사업에 있어 조달관리는 클레임을 방지하고 공기 및 원가의 효율적 관리를 위해 다음과 같은 일련의 과정을 통하여 체계적으로 관리하게 된다.

- 작업의 정의를 가능한 명확히 설정
- 시공자에게 위험관리의 여유를 제공
  - 견적 이전 충분한 사전검토 기간 제공
  - 하도급업체(sub-contractor)간 책임소지를 분명히 세시
  - 작업소음으로 인한 공사중단이 발생치 않도록 계약시 명기
- 시공자에게 작업계획서(method statement) 요청
- 예상 가능한 불확실한 작업에 대한 금액을 인정

건설프로젝트의 조달업무를 수행하기 위해서는 수많은 계약이 체결되야 한다. 따라서 발주자 또는 건설사업관리자(CM)는 이러한 다수의 복합적 계약이 사전 계획된 바대로 진행될 수 있도록 점검하여야 할 항목을 구분하여 확인하는 체크리스트(checklist)를 작성 · 활용하고, 계약조건을 검토하는 과정을 반드시 거쳐야 한다.

조달관리에서 주요하게 고려하여야 할 사항은 다음과 같다.

- 계약전략 수립
  - 전 사업단계에서의 계약전략 수립
  - 설계와 건축주의 양측 요구사항을 동시에 파악하여 조정
- 발주시 전략적 고려사항
  - 참여 조직간 원활한 의사소통 체계 구축
  - 정보통신 체계의 일관성 유지
  - 구성원 조직 구성(crew organization) 수행을 위한 제도적 장치 마련
- 사전입찰 자격심사(PQ) 과정
  - 발주자가 요구하는 작업의 수준 파악

– 요구되는 기업의 기술능력 평가
– 기업의 프로젝트 수행에 필요한 자금능력 평가
• 조기발주
– 설계 진행시 전문적인 기술사항의 반영이 필요한 경우
– 설계 완성도 확보
– 적용대상 공종
• 클레임 대비
– 건설사업관리자(CM)는 타 프로젝트에서 경험한 분쟁해결 과정을 본 프로젝트에 피드백을 하여 클레임 발생을 사전에 예방하고 기술적, 계약적 검토와 내부 분쟁조정위원회(dispute resolution board, DRB)를 구성하여 분쟁이 발주자에게까지 영향을 미치지 않도록 운영
– 건설사업관리자(CM)는 당해 프로젝트 관련 분쟁 발생시 내부 분쟁조정위원회(DRB)의 업무처리 절차에 따른 내부 조정을 통하여 현장 내에서 분쟁을 종결하도록 유도

표 2-3은 프로젝트 조달관리 중 클레임 방지를 위하여 고려해야 할 단계별 주요 내용이다.

표 2-3 조달관리의 단계별 주요 내용(건설사업 기준)

구분	주요 내용
계약서 검토	• 위험(risk) 극복 가능 조항 검토/클레임 사항 명기
설계도서 검토	• 설계단계의 시공성 검토를 통한 시공시 공법 변경 억제
시방서 검토	• 시방서의 적용자재, 시공기준 및 적용공법 등을 상세히 검토하여 오류, 기준미달, 미비사항 및 부적합사항의 조정을 통한 계약 기준과의 불균형 시정
현장관리	• 일정관리, 타당성검토, 주요공사 작업주기 검토
클레임 분석	• 정확한 목적/양자의 과실 정도 • 지출 경비에 대한 증빙요구/상세한 산출 근거 요구 • 각종 문서 검토/원가(cost) 검토/공정 검토
협상전략	• 3F(Firm:확고함, Fair:공정함, Friendly:친절함) 원칙 적용 • 발언창구 통일/메모 활용/해결의 대안 모색 • 감정억제/신속처리/쉬운 것부터/주요사항 별도협상
역 클레임	• 필요에 따라, 역 클레임(anti–claim)을 검토하여 클레임을 상쇄하거나 저감

2.2.8 프로젝트 인적자원관리(Project Human Resource Management)

프로젝트 인적자원관리(project human resource management) 지식 영역은 우리가 일반적으로 생각하는 인력관리의 측면과 더불어 지도, 분쟁 조정 등의 개인 간 상호작용을 포함하는 다소 인문적인 관리 분야이다. 그러나 우리가 일반적으로 혹은 관행적으로 프로젝트 팀을 구성하고 관리하는 업무가 아니라 인적자원기획, 팀 확보, 팀 개발, 팀 관리 등 다양한 기법을 통하여 체계적으로 조직과 인력을 관리하는 광범위한 분야이다.

이에 따라 본 분야는 프로젝트에서 요구하는 인력과 조직에 대하여 이를 충족하도록 인적자원을 수급하고, 각자의 책임과 역할(role & responsibility)을 규정하며, 이를 시행하기 위한 조직계획 수립과 더불어 인력 채용에 따른 팀 구축(team building) 관리업무를 수행한다.

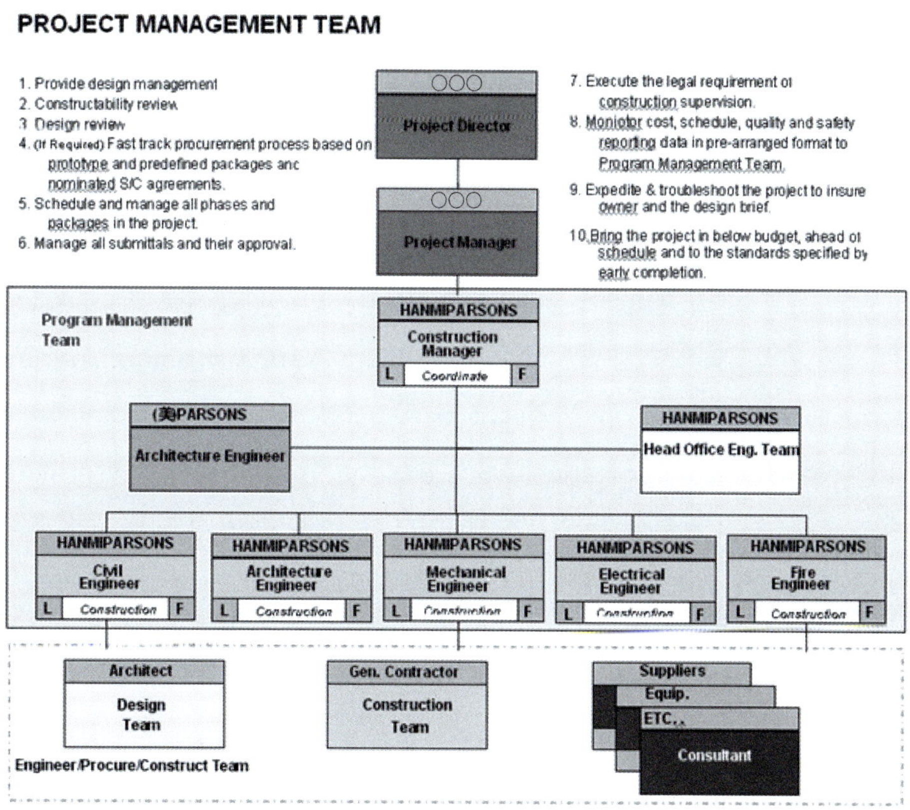

그림 2-11 프로젝트 관리 조직 구성 사례

프로젝트 인적자원관리 업무는 해당 사업에서 각 단계별 계획 및 요구사항 등의 입력요소를 정의하고 분석하여, 시스템 활용, 교육 등의 수단을 통해, RAM(responsibility assignment matrix), Project Team Directory 등의 결과물을 얻게 된다. 건설사업의 경우 합리적인 의사결정과 업무를 수행하기 위한 건설조직을 구성하여 적합한 인력이 프로젝트를 관리할 수 있도록 하기 위하여 다음과 같은 방안 수립이 필요하다.

- 의사결정 조직의 결성: 운영위원회와 관리위원회(steering committee & management committee)
- 조직 개발 조속 결정: 시공분야의 경우 시공에만 전념할 수 있는 조직 구성
- 공구의 분할: 관리가 가능한 규모로 분할
- M&E 조직의 활용: 시공 공구로의 분리 또는 통합관리 방안 수립

2.2.9 프로젝트 의사소통관리(Project Communication Management)

프로젝트 의사소통관리(project communication management) 지식영역 역시 프로젝트 인적자원관리 영역과 마찬가지로 매우 인문학적인 관리기술이다. 특히 국내의 경우 프로젝트 의사소통관리 지식영역에 대하여 건설관련 대학이나 단체에서의 교육 프로그램이 전무한 실정이다.

본 지식영역의 업무들은 일반적 의사소통 기량과 관련이 있지만, 동일하지는 않다. 의사소통 기량은 프로젝트 관리자가 상황에 따라 이용하는 일반 경영 기량으로 간주되기 때문이다. 본 지식영역은 의사소통 계획수립(communication planning), 정보배포(information distribution), 성과보고(performance reporting), 행정종료(administrative closure)의 4단계로 진행되는데 전문적으로 적합한 사업의 정보를 시기적절하게 생성, 수집, 배포 및 저장하고 최종 폐기하는 프로세스로서 의사소통 기획, 정보, 배포, 성과 보고 및 이해관계자 관리 등의 세부관리업무로 구성되어 있다. 여기서 의사소통의 기술은 의사소통의 수단으로 다음과 같은 기법을 포함한다.

- 문서 혹은 구두인지, 듣기와 말하기인지 구분
- 프로젝트 내부간의 대화인지, 일반대중이나 언론 등 외부와의 대화인지 구분
- 리포트나 브리핑과 같은 공식적인 회의인지, 메모 등의 비공식적 의사교환인지 구분
- 상사와 부하간의 수직적 의사소통인지, 동료들간의 수평적 대화인지 구분

의사소통관리는 언뜻 PM/CM의 관리 영역이 아닌 것처럼 보이나 프로젝트의 효율적 관리 및 성공을 위해 꼭 필요한 지식영역이다. 특히 의사소통관리 중 사업정보관리는 프로젝트 관련자들간의 신속하고 명확한 의사소통 및 보고시스템, 정보공유로 의사결정을 지원하고, 각종 문서, 도면, 기술자료 등의 체계적인 축적 및 관리를 통한 성공적인 프로젝트의 완수를 위한 일련의 활동을 의미한다.

건설분야의 경우 최근 IT기술을 활용한 사업정보관리 PMIS(project management information system)의 활용과 더불어 각종 IT기기 및 기술(스마트 폰, 태블릿 PC, RFID, 기타 각종 멀티미디어기기)의 활용이 급속도로 확산되고 있는데 이는 각종 IT기기 및 기술들을 웹 기반 PMIS를 통해 구축함으로써 건설산업의 가장 취약점인 분산된 작업장을 하나로 연계하여 효율적인 업무체계를 구축, 동일한 웹 브라우저(web browser)의 사용만으로 발주자 및 사업관리자는 물론 설계자, 시공자 및 협력기업까지 동일한 작업환경에서 협업이 가능하게 한다.

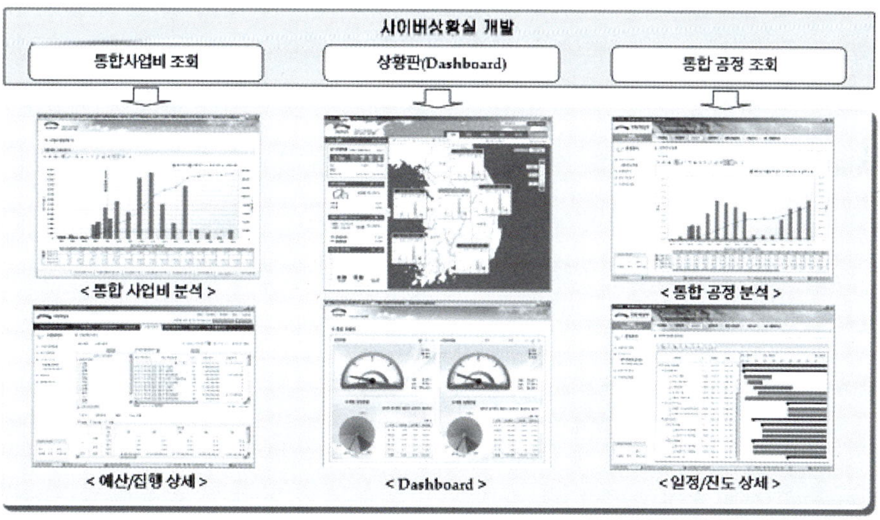

그림 2-12 웹 기반의 의사소통 사례(PMIS 사례)

3 건설사업관리(CM) 관리 체계

CMAA에서 발간한 캡스톤 코스(capstone course)에서는 CM을 계약형태로서 의미를 두고 있다.[3)] 즉 계약 방식의 구분을 다음의 4가지 형태로 구분한다.

- 전통적 방식(traditional approach)
- 설계 · 시공 일괄방식(design-build)
- 건설사업관리 방식(construction management)
- 수의계약방식(negotiated contracts)

또한, 캡스톤 코스(capstone course)에서는 각각의 계약형태의 장 · 단점을 설명하면서 전통적 방식과 설계 · 시공일괄 방식의 대안으로서 CM 방식이 발생하였음을 설명하고 있다. 아울러 CM 방식은 발주자의 대리인으로서 CM을 수행하는 사업관리형 CM 방식과 독립적 계약자로서 CM을 수행하는 책임형 CM 방식으로 나누어 설명하고 있다.

이 두 방식은 사업관리의 업무와 책임을 어떻게 지느냐의 차이가 있지만 궁극적으로는 발주자의 이익을 보장하고 가치를 높여 주도록 관리를 제공하는 것이다. 이에 CMAA에서는 CM의 관리 분야를 6개의 분야로 설명하고 있으며 프로젝트의 단계별(5단계)로 어떤 관리 분야가 적용되는지 설명하고 있다.

좀 더 구체적으로 살펴보면, CMAA에서는 아래와 같이 건설 프로젝트의 생애주기(life cycle)를 5단계로 구분하여 설명하고 있다.

- 공사계획단계(pre-design phase)
- 설계단계(design phase)
- 구매조달단계(procurement phase)
- 시공단계(construction phase)
- 시공 후 단계(post construction phase)

또한, 관리분야의 경우 아래와 같이 6개의 관리대상으로 구분하여 각 단계별로 6개의

3) 건설사업관리(CM)는 적용 형태 및 범위에 따라 발주방식(계약 형태)인 경우도 있고(예: 책임형 CM), 별도의 발주방식이 아닌 컨설팅 분야(예: 일반 CM 방식 등)인 경우도 있으나, 본 절에서는 계약형태로서의 의미로만 고려하였다.

관리분야별 어떠한 업무가 수행되어야 하는지 설명하고 있다.

- 프로젝트 관리(project management)
- 원가관리(cost management)
- 공정관리(time management)
- 품질관리(quality management)
- 안전관리(project safety programs)
- 프로젝트 행정 및 계약관리 업무(project/contract administration)

즉, 프로젝트 관리 외 원가 및 공정관리의 경우 5개 단계에서 관리되어야 할 대상이고 품질 및 안전, 계약관리는 설계단계에서부터 발주단계, 시공 및 시공 후 단계에서 선별적으로 관리되어야 할 대상이다.

표 2-4 CM의 단계별 Management 구성(CMAA)

단계 관리	설계이전단계	설계단계	입찰 및 계약단계	시공단계	시공후 관리 단계
프로젝트	✓	✓	✓	✓	✓
비용	✓	✓	✓	✓	✓
기간	✓	✓	✓	✓	✓
품질	✓	✓			
안전	✓	✓		✓	
계약행정		✓	✓	✓	✓

이에 따른 각 단계별 주요 수행업무는 다음과 같다.

표 2-5 단계별 주요 수행업무(CMAA)

단 계	주요 업무
설계이전단계	Planning, Research, Feasibility Study, Project Finance, Designer
설계단계	DM(Design management), DR(Design Review), Value Engineering, System
입찰 및 계약단계	Bidding, Contract, Cost, Claim
시공단계	Method, Q>S>C>T
시공후 관리단계	Reports, Feedback

이와 유사하게 CM 연구자 및 건설사업관리 전문기업, 학 · 협회 등에서는 계약방식 및 계약주체, 기타 사업의 성격 및 각 국가별 특성 등에 따라 사업의 단계 및 관리 영역에 대

한 정의 차이로 인해 약간씩 상이한 CM의 업무범위를 제시하고 있다.

한국의 경우 한국기술사회, CM협회를 비롯한 각 연구자가 일부 상이한 건설사업관리 업무를 정의하고 있으나, 일반적으로 표 2-6과 같이 2003년 건설교통부(現 국토해양부) 연구과제를 통해 발표된 '건설사업관리 업무절차서'의 체계 및 건설사업관리협회의 '건설사업관리표준과업내용서'를 기준으로 각 사업의 특성에 따라 변형하여 사용하는 상황이다.[4)]

표 2-6 국내 건설사업관리(CM) 업무 범위

한국건설사업관리협회 건설사업관리표준과업내용서	한국기술사회 건설사업관리 지식체계	국토해양부 건설사업관리 업무절차서
• 사업관리 기본 • 원가관리 • 공정관리 • 품질관리 • 계약관리 • 안전관리	• 사업관리 • 사업비관리 • 일정관리 • 품질관리 • 계약행정관리 • 안전관리 • 환경관리	• 사업관리 일반 • 계약관리 • 사업비관리 • 공정관리 • 설계관리 • 품질관리 • 안전관리 • 환경관리

실제 건설사업관리 용역을 살펴보았을 때 CM의 업무와 범위는 발주자와 건설사업관리자간 합의한 계약서상에 의해 결정된다. 즉, 앞서 언급한 바와 같이 정형적인 업무범위는 정해져 있지 않는 것이다.

이에 본 절에서는 다양한 사업관리형태 및 실제 현업의 건설사업관리 업무를 9가지 관리영역으로 구분하였다. 이 외에도 최근 건설사업관리 분야는 자금조달(financing)이나 부동산 개발업무, 친환경 컨설팅 업무까지 새로운 영역을 개척하고 있는 실정을 고려하여 다음과 같은 관리 영역을 구분, 앞으로 상세히 살펴보고자 한다.

• 프로젝트 관리(project management)

• 설계관리(design management)

• 원가관리(cost management)

4) '건설사업관리업무절차서'와 '건설사업관리표준과업내용서' 모두 공공공사 건설사업관리 용역 중 설계시공분리발주방식을 대상으로 작성되었으며, 건설산업기본법에 따라 제정된 자료이기에 다양한 건설사업관리 용역 형태에 따른 업무를 대부분 담고 있지 못한 실정이다. 이에 따라 건설사업관리 전문기업의 경우 건설사업관리 용역 수행 시 별도의 표준업무절차서를 작성하여 활용하고 있는 실정이다.

- 공정관리(schedule management)
- 품질관리(quality management)
- 안전관리(safety management)
- 계약관리(contract management)
- 정보관리(information management)
- 위험관리(risk management)
- 신규 사업관리 분야(개발 사업, 친환경, facility management 등)

4 결

지금까지 살펴본 바와 같이 프로젝트의 각 사업관리 분야에서 성공적으로 프로젝트를 관리하려면 건설사업관리자는 공정 및 원가 등의 전문적 지식체계 외에 능숙한 대화술, 문제해결 능력, 높은 윤리적 행동 등 건설사업관리에 필요한 무형의 지식이 꼭 필요하다. 즉 다음과 같은 능력이 고루 필요하다고 할 수 있다.

- 프로젝트 관리 지식체계
- 응용분야 지식, 표준 및 법규
- 프로젝트 환경 이해
- 일반적인 관리지식 및 기량
- 대인 기술 등의 분야

최근 선진기업의 사업관리 사례를 살펴보더라도 기술적인 측면에서의 관리(품질, 안전, 공기, 원가)만이 프로젝트 관리인 것으로 인식하는 것이 아닌 프로젝트의 통합과 업무의 범위를 정하는 관리 분야가 프로젝트의 초기에 수행되어야 할 가장 기본적이고도 중요한 관리 항목으로 인식하고 있으며, 기술자의 업무라고 생각지 않았던 인력관리, 의사소통관리와 구매관리를 프로젝트의 관리영역에 포함하여 관리하고 있다. 즉, 프로젝트의 관리는 기술적인 측면과 인문학적인 측면의 관리기술이 모두 어우러져야 성공적으로 이루어질 수 있는 것이다.

따라서 프로젝트를 기술적인 시각에서만 접근할 것이 아니라 관리적인 차원에서 접근하여야 하고, 분야별 요소관리 기술의 개발 및 적용이 프로젝트를 성공적으로 수행할 수 있도록 하는 핵심이라는 것을 인식하여야 한다.

Construction Management A to Z

CHAPTER 3

프로젝트 관리 (Project Management)

1 개 요

프로젝트 관리(project management)의 정의나 개념은 아직까지 우리나라에서 명확히 정의된 바가 없다. CM과의 개념차이 또한 명쾌하게 정리되지 않은 상태이다. 이런 이유로 현재 건설산업 분야에 있어서의 PM은 CM과 동일 혹은 유사한 개념으로 쓰이기도 하고, 때로는 CM 보다 업무 혹은 단계가 더 확대, 연장된 개념으로 이해되고 있기도 하다.

프로젝트 매니지먼트와 관련된 이론서 중 가장 대표적인 것이 미국의 PMI(Project Management Institute)에서 발간한 PMBOK(project management body of knowledge)이다. 프로젝트 관리에 대한 정의와 함께 각 분야별로 수행할 업무, 업무수행 방법 및 수단, 성과물 등에 대한 내용이 체계적으로 정리되어 있어 프로젝트 관리를 공부하고자 하는 사람이면 누구나가 한 번씩은 읽게 되는 책이기도 하다. 하지만, 우리나라의 건설산업은 다른 나라에 비해 정부의 규제나 간섭이 심해 관련 법규나 제도에 대한 의존성이나 이들에 의해 구속되는 정도가 너무 높아 책 속에 담겨 있는 내용을 현업에 적용하기에는 다소 어려운 면이 많은 것이 현실적 한계로 여겨져 왔다.

이러한 개념의 혼란이나 모호함, 그리고 이론과 현업 간의 괴리 등을 최대한 극복하고, 프로젝트 관리 실무에 종사하는 사람들에게 실질적인 도움이 될 수 있도록 하기 위해 본 장에서는 현실적인 측면을 최대한 반영하고자 노력했다. 다시 말해, 우리나라에서 설계 이전의 프로젝트 초기단계에서부터 시작하여 유지관리단계에 이르기까지 발주자를 대신하여 프로젝트 관리 업무를 수행하는 주체가 실질적으로 고민하고 처리해야 하는 업무들을 중심으로 내용을 구성하고자 한다.

따라서 본 장에 기술된 내용에는 국내의 관련 법규나 현행 제도 등도 상당 부분 인급이 되어 있으며, 실제 프로젝트 수행 과정에서 경험한 내용이나 성과품, 사례 등을 인용하는 과정에서 주관적인 견해나 판단이 기술된 경우도 있음을 미리 밝혀 두고자 한다.

2 설계 전 단계

2.1 프로젝트 추진조직의 구성

2.1.1 개요

개별 프로젝트 관리조직을 구성하는 것은 프로젝트 관리에 있어서 가장 중요한 업무 중의 하나이다. 조직 구성은 해당 프로젝트를 수행하는데 있어 당연히 행해져야 할 일이나 프로젝트 성패와 직접적인 관련이 있을 뿐만 아니라, 프로젝트 수행 전략과도 직접적인 연관성이 있기 때문이다.

2.1.2 조직 구성 방법

프로젝트 추진 조직을 구성하는 일반적인 절차와 방법은 다음과 같다.

- 프로젝트의 목표(project goal) 및 사업기본계획(conceptual planning)의 검토
- 프로젝트 목표 달성을 위해 수행되어져야 할 주요 업무 확정
- 주요 업무의 세분화
- 세분화 된 업무별 소요 기능의 결정
- 소요 기능을 감안한 투입인원의 결정: 직종, 인원 수 등
- 프로젝트 관리 조직의 구성 및 조직도 작성
- 책임과 권한 한계 설정 및 보고체계의 수립

2.1.3 법적인 요건의 검토

프로젝트 관리업무 범위에 현행법으로 규정하고 있는 각종 용역업무가 포함되어 있을 경우에는 해당 규정을 충족시키는지 여부에 대한 검토과정이 반드시 필요하다. 우리나라의 경우, 건설기술관리법에 의한 책임감리나 설계감리, 주택건설촉진법에 의한 공동주택 감리, 건축법에 의한 공사감리 등에 대해서는 최소 투입인원과 수행해야 할 업무, 그리고 업무수행에 필요한 자격조건 등을 법으로 정하고 있으므로, 주요 수행업무의 확정이나 투입 인원의 결정단계에서 반드시 법적인 요구조건과 비교, 검토하는 과정을 필요로 한다.

2.2 발주자 요구사항(Owner's Requirements)의 확정

2.2.1 개요

발주자의 요구사항을 정확히 파악하고 명료화하는 과정은 프로젝트 관리업무를 원활히 수행하는데 있어 매우 중요한 의미를 갖는다. 발주자 입장이나 프로젝트 특성에 따라 각각 다른 사업추진 전략을 가질 수 있기 때문이다. 예를 들면, 어떤 발주자는 원가가 다소 초과하더라도 프로젝트를 일정 시한 내에 완수해야 하는 경우도 있을 수 있고, 그 반대의 경우로서 준공 시한은 다소 여유가 있는 반면 사업예산의 제약으로 인해 철저한 원가관리를 필요한 경우도 있을 수 있기 때문이다. 프로젝트 관리자는 이러한 발주자의 입장이나 전략을 잘 이해하여 그에 부합되는 프로젝트 관리계획을 수립하고 이행해야 한다.

2.2.2. 4요소 비교분석법(The Tetrad Trade-Off)의 활용

발주자의 요구사항을 개괄적으로 파악할 수 있는 방법으로서 품질(quality), 시간(time), 프로젝트 수행범위(scope), 원가(cost) 등 프로젝트의 가장 중요한 4가지 요소를 비교, 분석하는 기법이 유용하다.

그림 3-1에서 프로젝트 1은 프로젝트의 범위를 중시하므로 연구개발 프로젝트에, 프로

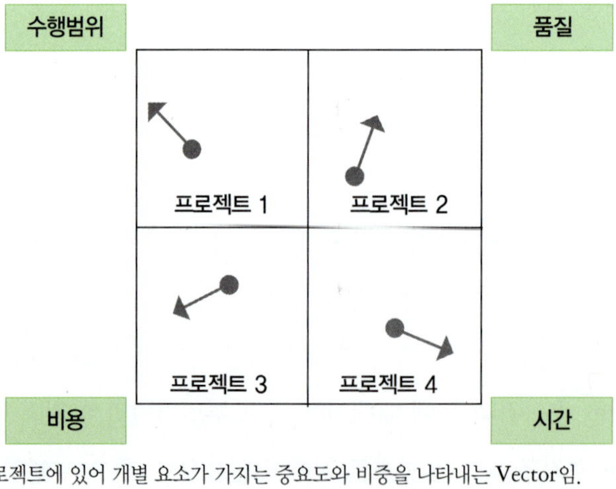

※ 화살표는 각 프로젝트에 있어 개별 요소가 가지는 중요도와 비중을 나타내는 Vector임.

그림 3-1 비교분석법의 활용

젝트 2는 품질을 가장 우선순위에 두고 있으므로 일반 건설 프로젝트나 고품질의 새로운 상품개발에, 프로젝트 3은 원가와 수행범위 관리에 역점을 두어야 하므로 공공 발주 공사나 용역 등에, 그리고 프로젝트 4는 준공시점이 중요한 판매시설이나 공장 프로젝트 등에 해당될 수 있다.

2.2.3 세부 발주자 요구사항의 확정

4요소 비교분석법(the Tetrad Trade-Off)을 활용하여 발주자의 대략적인 요구사항이 정해지면, 4가지 요소별로 발주자의 요구사항을 명확히 정리하여 그 가능성 여부를 먼저 검증하고, 세부전략을 수립한 다음, 각각의 전략이 프로젝트 추진 조직을 구성하거나 세부 수행계획을 수립할 때 충분히 반영되도록 관리하여야 한다.

2.3 사업기본계획의 수립

2.3.1 개요

사업기본계획은 대개의 경우 발주자가 수립하나, 프로젝트 기획단계에서부터 프로젝트 관리 업무를 수행할 경우 프로젝트 관리자가 기본계획을 작성하여야 하는 경우도 있다. 사업기본계획은 여러 가지 요소를 감안하여야 하지만, 가장 중요한 것은 사업 일정과 사업예산계획을 수립하는 일이다.

2.3.2 사업기본계획의 수립

(1) 사업예산

대략적인 프로젝트 원가를 추정하는 것으로 프로젝트 관리 업무 중 가장 핵심적인 기능 중 하나이다. 사업비를 추정하는 방법에는 단위 면적당 단가에 의한 개산, 부위별 단가 비교법, 수량 계산법, 실적 통계결과에 의한 추정법 등 다양한 기법 들을 활용할 수 있다. 사업예산을 추정하는데 있어 특정 단일기법에 의존하기보다는 여러 가지 기법을 적용하여 사업비를 추정한 다음 비교, 분석을 통하여 정확도를 향상시킬 수 있다. 사업예산이 확정되면 사업비 관리계획(cost management plan)을 작성하여 프로젝트 단계별 소요예산,

각 항목별 사업비, 사업비 조달 및 운영 등에 대한 대략적인 가이드라인을 제시하게 된다.

(2) 사업일정

추진하고 있는 프로젝트가 당초 예정된 일정 내에 완수될 수 있는지를 분석, 판단하는 일이다. 여러 가지 데이터를 활용하여 마스터 스케줄을 작성하고, 이를 근거로 주요 마일스톤 일정을 확정하게 된다. 사업기간을 추정함에 있어서는 거쳐야 하는 인·허가의 종류 및 소요일수, 프로젝트의 범위, 유사 프로젝트 추진 사례, 사업 추진상의 제약조건, 사업비 조달계획, 프로젝트의 난이도 등이 종합적으로 감안되어야 실현 가능성이 높은 일정계획을 확정할 수 있다. 특히, 인·허가 업무는 사업일정에 결정적인 영향을 미칠 뿐만 아니라, 프로젝트 참여자가 아닌 다른 주체 또는 외부 요인에 의해 사업일정이 영향을 받는 대표적인 외부종속 요인이라는 점에서 치밀한 일정관리계획이 필요하다.

2.4 업무 Scope의 설정 및 업무분장표(RAM)의 작성

2.4.1 개요

프로젝트를 수행함에 있어 각 참여자간의 책임과 권한이 명확하게 규정된 업무분장표(responsibility assignment matrix, RAM)를 작성, 공유하는 일은 매우 중요하다. RAM 작성은 계약서에 규정된 각 주체별 권한과 책임을 그대로 반영함은 물론, 책임과 권한이 일치하도록 세심한 주의를 기울여야만 업무 수행 과정에서의 분규나 클레임을 최소화 할 수 있다.

2.4.2 업무분장표의 작성

업무분장표는 계약적인 책임과 권한뿐만 아니라 법적으로 규정된 업무를 포함하여야 하므로 작성 전에 신중한 검토를 통하여 각 사업참여자의 책임과 권한을 면밀히 검토하는 것이 필요하다. 또한, 규모가 큰 프로젝트의 경우는 각 사업참여자간, 사업참여자 내 팀별, 팀 내 개인별 등 여러 단계별로 RAM을 작성하여 책임과 권한을 명확히 하는 것이 바람직하다.

조직별, 개인별로 업무를 분장함에 있어서는 특정 조직 또는 개인의 업무가 과다 혹은 과소하게 할당되는 일이 없어야 하며, 프로젝트 수행 방식, 단계별 업무추진 일정, 프로젝트 수행조직 구성 및 운영계획, 리스크 관리계획(risk management plan) 등과도 연계하여 검토되어야 한다.

2.5 프로젝트 수행 방식의 결정

2.5.1 개요

프로젝트 수행 방식은 프로젝트의 특성이나 예정된 공사 기간, 사업예산, 자금조달계획 및 방법, 발주자의 프로젝트 추진 조직 및 업무량 등을 종합적으로 검토한 후 결정하여야 한다. 또한 프로젝트 수행 방법에 따라 사업 참여자간의 책임과 권한, 프로젝트 추진 및 수행조직, 단계별 수행업무 등은 달리진다.

2.5.2 프로젝트 수행 방식

프로젝트 수행 방식을 분류하는 기준은 여러 가지가 있으나, 여기서는 공사수행 방식을 기준으로 분류한 방식들에 대해 기술한다.

(1) 직영방식(Force Account Method)

직영방식은 발주자가 시공자에게 공사를 도급하지 않고, 자신의 조직 내에 공사 관리를 담당할 조직을 구성하여 자재 및 장비구입, 인원투입, 공사 관리 등의 업무를 직접 수행하는 방식을 말한다. 주로 소규모이거나, 기밀유지가 필요한 경우, 공사 중 임기응변이 필요하거나 빈번한 설계변경이 예상되는 프로젝트 등에 사용되는 공사수행 방식이다.

(2) 설계 · 시공 분리발주 방식(Design-Bid-Build Method)

설계 · 시공 분리발주 방식은 우리나라에서 가장 일반화되어 있는 프로젝트 수행 방식으로, 설계자와 시공자는 각각 발주자와 계약을 체결하므로 계약적으로 상호 독립적이며, 업무상 협력관계만 존재한다. 통상적으로 설계자에 의해 설계도서가 완성되면 입찰을 통하여 시공자를 선정하게 되므로, 설계단계에서의 프로젝트 관련 정보가 시공자에게 제대로 전달되지 못하는 경우뿐만 아니라, 설계도서의 적합성 또는 완성도에 대한 별도의 검토 절차가 고려되지 않을 경우 시공단계에서의 설계변경이나 공사 지연, 공사비 증가 등의 부작용을 초래하는 경우가 많다.

(3) 설계 · 시공 일괄발주 방식(Design-Build Method)

설계 · 시공 일괄발주 방식은 단일주체가 설계와 시공 모두를 책임지고 수행하는 프로젝트 수행 방식을 말한다. 설계 · 시공 일괄발주 방식은 주로 대형 프로젝트에 적용되는 경우가 많으나, 우리나라의 경우 관련 법령의 보완을 필요로 하는 부분도 많을 뿐만 아니라, 제도적으로 정착되지 않아 시행과정에서 많은 논란을 빚기도 한다. 설계 · 시공 일괄발주 방식의 일반적인 장 · 단점은 다음과 같다.

1) 장점

- 설계자와 시공자의 통합된 기술력 활용이 가능함.
- 설계와 시공을 단일 사업자가 수행하므로 책임소재가 분명함.
- 설계 · 시공분리방식에 비해 사업일정의 단축이 가능함.
- 설계단계에서부터 시공자가 참여하므로 시공성 향상, 신공법 적용, VE(value engineering) 등을 통하여 사업예산 절감이 가능함.

2) 단점

- 발주자의 요구사항(owner's requirements)을 입찰안내서에 정확히 표현하기 위해서는 고도의 전문지식과 경험이 요구되며, 발주준비단계에서의 발주자 업무량이 가중됨.
- 일괄사업자의 경제적, 기술적, 관리적 위험부담이 큼.
- 높은 기술력과 자금력을 필요로 하므로 중소규모 기업들의 참여가 제한됨.
- 설계단계에서의 발주자 참여가 배제되므로 발주자의 사업목적과 부합되지 않는 설계도서가 작성될 우려가 있음.
- 발주자의 책임 사유나 불가항력적인 경우를 제외하고는 설계변경이 허용되지 않음.

(4) 대안입찰방식(Alternative Bid Method)

대안입찰방식은 설계, 시공 기술능력 개발을 유도하고, 설계경쟁을 통하여 공사의 품질을 향상시키기 위해 도입된 입찰방식으로, 원안과 함께 입찰자의 의사에 따라 대안설계서에 따른 대안입찰서 제출이 허용되는 입찰 방식을 말한다. 대안입찰시에는 원안입찰서와 대안입찰서를 동시에 제출하여야 하며, 원안입찰은 내역입찰방식에 따라야 하고, 대안입찰은 입찰서, 대안설계서, 원안 및 대안부분에 대한 산출내역서, 대안설계 설명서 등을 제출하여야 한다.

입찰자가 원안만으로 입찰에 참가하면 설계에 대한 책임은 발주자에게 있으며, 대안으로 입찰할 경우에는 설계에 대한 책임을 설계자가 지게 된다.

2.6 입찰 참가자격 및 낙찰자 선정기준 수립

2.6.1 개요

입찰 참가자격 및 낙찰자 선정기준은 해당 프로젝트를 수행할 기업으로서 갖추어야 할 최소한의 요건을 정하고, 입찰자 중 프로젝트를 수행할 가장 적절한 기업을 선정하기 위한 기준을 정하는 일이라는 점에서 매우 중요한 의미를 가진다. 입 · 낙찰자 선정기준은 공공분야의 경우 관련 법규에 의해 정해지지만 민간분야는 발주자의 의지에 따라 다양한 형태의 기준 설정이 가능하므로 상호 구분하여 검토하는 것이 바람직하다.

2.6.2. 입찰 참가자격 및 낙찰자 선정기준의 결정

(1) 공공분야 프로젝트

우리나라 공공분야의 입 · 낙찰자 선정기준은 프로젝트의 규모 및 특성 등에 따라 크게 적격심시제도, 최지가 낙찰제도, 일괄 · 대안입찰제도의 3가지로 분류되며, 각각의 특성은 다음과 같다.

1) 적격심사제도

입찰자의 입찰가격, 사업수행능력(pre-qualification, PQ), 시공계획 등을 종합적으로 심사하여 계약이행능력이 있다고 인정되는 기업을 낙찰자로 선정하는 방식이다. 제도가 시행되면서 변별력 한계, 복권당첨식 요행에 의한 낙찰자 선정, 최저낙찰률의 평균 낙찰률에 따른 덤핑낙찰 현상 등 구조적 문제가 노출되고 있다.

2) 최저가 낙찰제도

입찰자 중 최저가격으로 입찰한 자부터 입찰금액의 적정성을 심사하여 낙찰자로 결정하는 방식이나, 단지 최저 입찰가격이라는 이유만으로 낙찰자를 선정하지는 않는다. 입찰가격과 비가격요소(PQ심사항목과 동일한 공사수행능력, 자재 및 인력조달가격의 적정성, 하도급관리계획의 적정성, 시공 여유율 등)를 종합적으로 평가하며, 공사규모에 따라 심사항목과 배점기준이 다르다. 만약 최저가격 입찰자가 통과점수 미만인 경우에는 차순위 최저가격 입찰자 순으로 적격심사를 실시한다. 최저가 낙찰제도는 건설업의 경쟁력 강화와 구조조정 촉진을 위해 2001년부터 시행되고 있으며, 현재 300억 이상 공공공사 적용과 2012년부터 100억원 이상으로 확대적용 예정과 같이 대상공사가 점차적으로 확대되어가고 있는 상황이다.

3) 일괄 · 대안입찰제도

일괄입찰제도는 발주자가 제시하는 입찰기본계획 및 지침에 따라 입찰시 그 공사의 설계서와 기타 시공에 필요한 도면 및 서류를 작성하여 입찰서와 함께 제출하는 입찰방법으로서 설계 · 시공상의 기술능력 개발을 유도하고 설계경쟁을 통한 공사의 품질향상을 도모하며, 설계용역과 공사입찰을 통합하여 실시함으로써 계약상대자 선정에 소요되는 입찰기간을 단축할 수 있는 제도이다. 턴키입찰에 의하는 경우 입찰 참가자는 현장설명시 입찰안내서, 현장설명서 등 입찰에 관한 서류를 교부받아 이를 기준으로 기본설계서와 그에 따른 도서를 작성하여 입찰서와 함께 제출하여야 하며, 입찰 후 설계심의와 적격심사를 통하여 실시설계적격자를 선정한다.

대안입찰방식은 원안입찰과 함께 입찰자의 의사에 따라 대안설계서에 따른 대안입찰서 제출이 허용되는 입찰방법으로서 설계 · 시공상의 기술능력 개발을 유도하고 설계경쟁을 통한 공사의 품질향상을 도모하기 위한 제도이다. 대안입찰시 대안이라 함은 정부가 작성한 설계서상의 공종 중에서 대체가 가능한 공종에 대하여 기본방침의 변경없이 정부가 작성한 설계에 대체될 수 있는 동등 이상의 기능 및 효과를 가진 신공법 · 신기술 · 공기단축 등이 반영된 설계로서 당해 설계서상의 가격이 정부가 작성한 설계서상의 가격보다 낮고 공사기간이 정부가 작성한 설계상의 기간을 초과하지 아니하는 방법으로 시공할 수 있는 설계를 말한다.

(2) 민간분야

민간분야의 경우 공공분야와는 달리 입 · 낙찰자 선정기준을 정함에 있어 관련 법규의 적용을 받지는 않는다. 따라서 발주자가 프로젝트의 특성이나 규모, 사업기간, 사업비 조달계획 등을 종합적으로 감안하여 적절한 방식을 결정, 적용하며, 대개의 경우 공공분야에 적용되는 각종 방식을 혼합하여 적용하는 경우가 많다. 그러나 민간분야라 할지라도, 공정하고 투명한 절차에 의한 낙찰자 선정기준이 전제되지 않을 경우, 불필요한 소송이나 분쟁 등을 야기하여 사업일정이 지연되는 등 프로젝트 추진에 부정적인 영향을 끼치는 사례가 많으므로 신중하게 접근하여야 한다.

2.7 인 · 허가 업무 추진계획

2.7.1 개요

인 · 허가 업무는 관할 관청 또는 관계기관(regulatory agency)과의 접촉을 통해서 수행될 뿐만 아니라, 사업 참여자들이 아닌 다른 주체의 의사나 의지에 의해 프로젝트에 커다란 영향을 끼칠 수 있다는 점에서 매우 중요한 관리 요소가 된다. 인 · 허가 업무의 실패는 프로젝트 자체를 소멸시킬 수도 있으며, 많은 경우에 있어 사업 일정에 커다란 차질을 초래한다는 점에서 각별한 주의를 기울임과 동시에 치밀한 사전계획을 전략을 수립하여 추진하는 것이 필수적이다.

2.7.2 인 · 허가 업무의 종류

인 · 허가 업무는 건축물의 규모, 용도, 특성, 지역, 층수 등에 따라 다를 뿐만 아니라, 각 인 · 허가 업무별 소요 일수도 차이가 있으므로 사전에 면밀한 검토와 대책 수립이 요구된다. 특히, 공청회 등을 통하여 주민들의 의견을 수렴하여야 하는 경우에는 주민들과

표 3-1 인 · 허가 및 인증 업무 예

	구 분	해당관청	추정 소요 일수	관련 규정
인허가	에너지사용계획협의	지식경제부	30일 이내(협의결과통보) 30일 이내(이해계획서 작성 제출)	에너지이용합리화법
	환경영향평가심의	관할 관청	30일	환경영향평가법
	교통영향분석	관할 관청	45일(승인관청에서 관련부서 협의 등에 소요되는 기간은 제외) 서울시의 경우 20~25일 소요	도시교통정비 촉진법
	건축 심의	관할 관청	약 30일	건축법
	건축 허가	관할 관청	특별시, 광역시 40~45일 특별자치도, 시, 군, 구 2~15일 (도지사 사전승인대상 70일)	건축법
인증	친환경건축물인증	인증기관	인증기관에 따라 상이	친환경건축물인증 심사기준
	초고속정보통신 건물인증	초고속정보통신건물 인증 심사센터	신청 후 20일	초고속정보통신건물 인증심사기준
	지능형건물인증	IBS Korea	예비인증 30일 본인증 45일	지능형건축물인증제도 세부시행지침

의 사전 접촉을 통해서 충분한 설명을 하는 방안도 고려되어야 한다. 인 · 허가 업무의 수행 주체는 사업수행방식, 계약서의 내용 등에 따라 다를 수 있으나, 사업 참여자 전체가 업무분담을 통하여 추진하는 것이 바람직하다.

인 · 허가시 제시된 각종 조건들은 이행치 않을 경우 불가피하게 설계변경을 유발하거나 향후 준공시 문제가 되므로 반드시 관리대장을 만들어 프로젝트 단계별로 이행계획을 수립, 관리하여야 한다.

2.8 분야별 입찰안내서 작성

2.8.1 개요

입찰안내서는 수행되어야 할 프로젝트의 범위, 등급, 특성, 계약 일반조건 및 특수조건, 입찰참가자격 및 낙찰자 선정기준, 계약 당사자간 책임과 권한, 비용부담 주체, 입찰 시 유의사항 등과 관련한 전반적인 내용을 구체적으로 기술한 것으로 통상적으로 계약시 계약서의 일부가 된다. 설계와 시공을 분리하여 발주할 경우에는 설계입찰안내서와 공사입찰안내서가 별도로 작성되며, 설계 · 시공 일괄입찰방식에서는 위의 2가지를 합친 입찰안내서를 작성 · 제시하여야 한다.

2.8.2 입찰안내서의 작성

입찰안내서에서 규정하는 내용 중 계약일반조건이나 특수조건, 그리고 입찰 참가자격 및 낙찰자 선정기준 등은 민간공사의 경우 발주자의 의도에 따라 달라질 수 있으나, 공공 발주 프로젝트의 경우 「국가를 당사자로 하는 계약에 관한 법률」, 재경부 「회계예규」 등 관계법령이 정한 바에 따라야 하므로 이에 대한 세심한 검토와 주의가 필요하다.

설계 입찰안내서는 건축물의 소요 기능 및 공간 구성 계획(space program), 각 분야별, 공종별 설계지침과 설계도서 작성지침, 입찰참가자격 및 낙찰자 선정기준, 계약일반조건 및 특수조건, 기타 설계에 필요한 기본 정보 등으로 구성된다. 발주자가 당초 의도했던 건축물을 확보하고, 설계자들의 혼란을 방지하기 위해서는 각 항목에 대해 가급적 세부적인 기준을 제시하여야 한다.

공사 입찰안내서는 공사의 범위, 공사관리지침, 시공지침, 입찰참가자격 및 낙찰자 선정기준, 계약일반조건 및 특수조건, 기타 시공 및 공사비 산정에 필요한 정보 등으로 구성된다. 특히, 공사 수행시 발생되는 각종 부대비용에 대한 부담원칙을 명확히 규정하는 것이 무엇보다도 중요하다.

설계 · 시공 일괄입찰 안내서는 설계와 공사 입찰안내서에 구성되는 내용을 모두 포함한다. 특히, 설계 · 시공 일괄입찰 방식은 입찰안내서 내용에 따라 기본설계도서를 작성하여 입찰을 하게 되므로 설계와 시공을 분리하는 경우보다 훨씬 더 정교한 설계 입찰안내서를 작성하여야 한다.

2.9 단계별 PMIS 구축 및 운영계획 수립

2.9.1 개요

PMIS(project management information system)는 체계적, 효율적인 프로젝트 관리업무 수행을 위하여 프로젝트와 관련된 각종 정보를 효과적으로 수집, 처리, 저장, 전달 및 피드백 하기 위한 종합정보관리시스템이다. 주로 대형 프로젝트 단위로 구축되어 활용되며, 업무 동선의 단축과 프로젝트 관련 정보의 실시간 공유 및 배포가 가능할 뿐만 아니라, 페이퍼리스 업무환경의 조성에도 활용이 가능하다.

2.9.2 PMIS의 종류

현재 프로젝트에 활용되고 있는 PMIS는 크게 3가지로 구분된다. 건설사가 다수의 프로젝트를 관리하기 위해 구축, 운영하는 것과 프로젝트 단위로 특성화시켜 구축하는 PMIS, 그리고 범용적으로 개발되어 공급되는 ASP(application service provider) 방식이 있다.

2.9.3 PMIS 구축시 고려 사항

PMIS를 구축하고자 할 경우에는 매우 신중한 접근을 필요로 한다. 계획단계에서 너무 의욕만 앞세우다 보면 이후 운영단계에서 제대로 활용을 못하는 경우가 빈번히 발생되므로 활용 목적과 범위, 소요 기능 등을 명확히 규정한 이후에 구축을 실행해야 한다. PMIS의 구축시 고려하여야 할 요소는 다음과 같다.

- PMIS를 적용할 프로젝트 단계 및 단계별 업무
- 프로젝트 관리 업무 범위
- 프로젝트 수행 방식 및 프로젝트 참여자
- 시스템 운영 인력
- 시스템으로 처리하여야 할 정보량
- 사업정보 관리계획(project information management plan)
- PMIS 예산
- 별도의 URL 사용 여부
- 기타 PDA, 휴대용 노트북 등과의 연동 여부
- 주메뉴 및 부메뉴의 구성계획
- 사용 메뉴얼 작성 방안
- 접근을 부여할 대상 및 대략적인 인원 수
- 시스템 전체 가용 용량 등

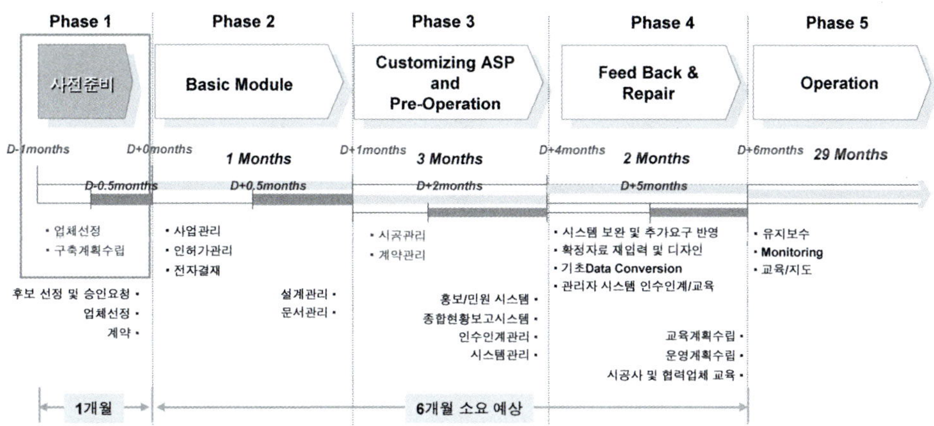

그림 3-2 단계별 PMIS 구축 사례

2.10 프로젝트관리 업무수행계획서

2.10.1 개요

프로젝트 관리자는 일반적으로 업무착수와 동시에 프로젝트관리 업무 전반에 대한 수행 절차와 방법 등을 구체적으로 기술한 업무수행계획서를 작성한 다음 발주자와의 합의를 거쳐 확정지어야 한다. 프로젝트관리 업무수행계획서에는 각 업무별 수행 절차와 방법, 수행 주체 등에 대한 내용 외에도 사업 참여자간의 업무분장기준, 세부 업무 추진 일정표, 프로젝트 성과목표 관리기준 등을 포함하여야 한다.

2.10.2 프로젝트관리 업무수행계획서의 작성 및 활용

(1) 작성 방법

대부분의 용역계약에서는 발주자가 제시한 입찰안내서나 프로젝트 관리자가 입찰시 제출한 기술제안서, 입찰과정에서의 질의응답 내용, 별도 합의사항 등 모두가 계약서의 일부로 구성되므로, 다음과 같은 단계별 절차를 거쳐 작성하는 것이 유리하다.

- 입찰안내서, 기술제안서 등에 대한 검토 및 수행하여야 할 단위업무와 성과물(deliverable)의 추출

- 업무별 수행 주체 및 일정 파악
- 업무별 수행 절차 수립
- 내용 정리

(2) 활용 방법

작성된 업무수행계획서는 사업 참여자들과의 협의를 거쳐 확정, 시행한다. 업무수행계획서는 사업 초기단계에서 작성되는 것이 일반적이므로 작성 당시까지 확정이 되지 않은 사업 참여자와 관련된 부분은 보편적인 방법과 절차를 수록하되 추후 개정을 염두에 두어야 한다.

2.11 문서관리시스템의 구축

2.11.1 개요

문서관리시스템은 각 사업 참여자간의 행정업무 처리 절차와 방식을 결정하는 것이라는 점에서 중요한 의미를 갖는다. 문서관리시스템은 프로젝트 참여자 전체가 수용할 수 있어야 하므로, 특정 주체의 문서관리 방식을 적용하고자 할 경우 업무수행 과정에서 혼선을 야기할 가능성이 커진다. 단계별, 순차적으로 사업 참여자가 결정될 경우에는 범용성이 높은 문서관리시스템을 적용하여 이후에 참여하는 주체들의 적응이 쉽도록 하여야 하며, PMIS를 구축하여 운영할 경우에는 PMIS를 통하여 대부분의 문서를 처리하게 되므로 처리 절차나 서식을 결정함에 있어 이를 고려하여야 하고, 법령 등으로 정해진 서식의 경우 그대로 사용하는 것이 유리하다.

2.11.2 문서관리시스템의 구축 및 이용

문서관리시스템을 구축하기 위해서는 프로젝트 행정에 대한 광범위한 이해가 필요하다. 시스템에서 규정해야 할 주요 내용은 다음과 같다.

(1) 문서의 작성

- 일반적인 문서 작성에 사용할 종이의 크기(예 : A4 size), 쓰기 방향(예 : portrait)

- 문서 작성시 사용언어, 2개 이상의 언어를 사용할 경우 적용 우선순위
- 문서 종류별 대략적인 작성 방법
- 관리본, 비관리본의 구분 기준 및 표기 방법
- 문서번호 부여 방법
- 문서 분류 기준
- 문서 제목 부여 방법
- 각종 첨부물의 처리 규정
- 전자 문서의 작성 방법

(2) 문서의 발송, 접수 및 보관

- 문서 발송 및 접수시 절차
- 수신, 발신 문서의 처리 및 보관 방법
- 별도 법령에 의해 관리되어야 하는 문서의 종류 및 관리 기준
- 위임 전결 규정
- 문서관리대장의 기재 방법 및 비치 장소
- 문서 보관 목록표의 작성 기준
- 전자 문서의 보관 방법
- 문서의 보안관리 기준

(3) 문서의 개정, 회수 및 폐기

- 문서 종류별 보존 연한
- 문서 수정시 표지, 제·개정 이력표 작성 및 개정번호 부여 기준
- 개정된 문서의 원본에 대한 처리 요령
- 문서의 폐기 요령

표 3-2 문서 분류 기준 예

대분류(업무 종류) Code 체계

분류기준	공 통	건 축	구 조	설 비	전 기	소 방
Code	G	A	S	M	E	F
분류기준	정보통신 & IBS	토 목	조 경	인테리어	별도발주	기타
Code	T	C	L	I	O	R

소분류(문서 종류) Code 체계

분류기준	계획서	보고서	승인요청서	지시부	지적보고서	공정표 · 일정표
Code	PL	RE	TR	FI	DI	SC
분류기준	설계변경	시정요청서	안전시정요청서			
Code	CO	CAR	SCAR			

3 설계단계

3.1 설계관리 절차서 작성

3.1.1 목적

설계관리 절차서를 작성하는 목적은 프로젝트 수행에 필요한 설계도서(도면, 시방서, 계산서 등)를 작성, 검토, 승인 및 관리하는데 필요한 업무수행 절차와 방법을 표준화, 체계화함으로써 관련 업무의 생산성과 효율을 높이는 데 있다.

3.1.2 설계관리 절차서 규정 항목

설계관리 절차서에는 다음의 각 항목들에 대해 기술한다.

(1) 설계도서, 도면 번호 체계

- 설계도면 번호 체계: 대분류 기준, 중분류 기준, 소분류 기준, 프로젝트 단계별 분류 기준, 도면일련번호 등
- 설계도서별 분류코드: 도면, 설계설명서, 계산서, 내역서, 시방서 등
- 도면 시트 작성 기준: 프로젝트 참여자 CI위치, 수정 번호 표시 방법, 참여기술자 표

기 및 서명 방법, 도면명 표기 방법 등

- 도면 표현 기준 및 범례: 글자 표기 기준, 치수 표기 기준, 각종 기호 표기 기준 등

(2) 설계도서의 검토 및 승인 절차

- 설계도서의 검토 방법, 주요 검토 항목 및 절차
- 설계도서 검토 결과의 정리 및 제출 방법
- 검토 결과에 대한 각 프로젝트 참여자의 합의 도출 방법 및 절차
- 검토 결과 중 합의된 내용에 대한 설계도서 반영 방법 및 절차
- 설계도서의 등급 부여 방법: 승인, 조건부 승인, 승인불가, 참고용, 시공용 등
- 설계도서의 최종 승인 절차 및 방법
- 설계조정회의의 개최 및 운영 방법
- 시공 상세도의 작성, 제출, 검토 및 승인 절차

(3) 설계도서의 관리 및 보관

- 각 설계도서 종류별 관리번호 부여 방법
- 관리대장의 작성 및 유출시 절차
- 설계도서의 보관 방법
- 준공 후 폐기, 반납시 절차 및 방법

3.2 설계진척도 관리 시스템의 구축

3.2.1 목적

설계진척도를 측정, 관리하는 목적은 사업 초기에 수립한 일정계획에 따라 설계가 진행되는지 여부를 판단하고, 계획과 실적의 대비 및 결과의 피드백을 통하여 전체 일정 내에서 완성도 높은 설계도서를 확보할 수 있도록 체계적으로 관리하는데 있다.

3.2.2 진척도 산정 요소

설계진척도를 관리하기 위해서는 우선 진척도 산정 요소를 확정하여야 한다. 요소는 정

량적인 요소와 정성적인 요소가 적절히 조합되어야 하며, 정성적인 요소는 합리적인 기준을 통하여 정량화 할 수 있도록 하여야 한다. 일반적인 설계진척도 산정 요소는 다음과 같다.

(1) 설계도면의 완성도

각 단계별, 분야별로 작성될 설계도면 목록을 작성, 제시하고, 그 목록 계획 대비 작성 실적을 먼저 판단한 후에, 작성된 각 개별 설계도면의 전반적인 완성도, 분야간 설계도면의 합치 여부, 시공성 등을 종합적으로 판단한다.

(2) 시방서, 계산서, 설계설명서 등의 완성도

시방서의 내용 충실도 및 정확성, 각종 계산서의 정확성 및 각종 환경여건의 반영 여부, 설계설명서의 충실도 등을 판단한다.

(3) 설계검토 결과의 반영 정도

제3의 주체에 의한 설계검토 결과가 얼마나 설계도서에 반영되었는지를 파악한 후, 반영의 충실도나 정확성 등을 판단한다.

(4) 인 · 허가 업무

설계자가 수행하여야 할 인 · 허가 업무에 대하여 그 종류별, 중요도 등에 따라 가중치를 부여하고 각 업무별 진척도를 파악하여 반영한다.

3.2.3 진도관리 시스템의 구축 및 운영

보다 정확한 설계진척도를 측정하기 위해서는 산정 근거가 되는 각종 요소들에 대한 면밀한 검토를 통하여 각 항목별로 적정 가중치를 부여하여 산정하는 방법이 많이 사용된다. 설계의 경우 각 분야(건축, 토목, 기계, 전기, 정보통신 등)에 따라 개별 진척도를 먼저 파악하고, 각각의 결과를 취합하여 전체 진척도를 산정하는 것이 바람직하다.

분야별, 항목별 진척도 산정 요소와 각 항목에 대한 가중치가 확정되면 진척도 관리 주기를 정한 다음, 전체 일정을 감안하여 각 주기별로 계획 진척도를 정하고, 매 주기마다 실적 진척률을 산정하여 계획 진척률과의 비교를 통하여 당초 계획대로 진행되고 있는 지 여부를 판단하며, 피드백을 통하여 필요시 일정을 조정한다.

3.3 단계별 설계관리 업무

3.3.1 개요

프로젝트 관리자는 설계의 단계별 진척도에 따라 설계검토 및 일정관리 업무를 수행하여야 한다. 설계관리 업무를 효과적으로 수행하기 위해서는 단계별 설계검토 체크리스트와 설계진척도 관리 시스템을 구축, 활용하는 것이 바람직하다.

3.3.2 단계별 설계검토

설계도서 작성이 진척됨에 따라 각 단계별로 검토하여야 할 주요 항목은 다음과 같다.

(1) 계획설계단계

- 설계도면 작성 방법의 준수 여부
- 설계 기준 및 요건과의 부합 여부
- 각 분야간 인터페이스(interface): 누락, 오류, 상호 모순 사항 등
- 공사비, 품질, 공정, 안전 및 품질, 환경관리상의 리스크(risk) 인자
- 시공성
- 유지보수의 용이성
- 관련 법규, 기준 등의 준수 여부
- 인 · 허가 업무 추진상 문제점

(2) 기본설계단계

- 기본계획시 제시된 설계기준의 준수 여부
- 관련법규 등에서 정한 각종 기준과의 부합 여부
- 시설 규모, 배치계획의 적정성
- 발주처에서 제시한 공간계획의 준수 여부

- 각 분야별, 공종별 과다, 과소 설계 여부
- 사업예산 대비 설계 수준의 적정성 여부
- 평면, 입면, 단면의 적정성
- 각 동선의 적정성
- 공사비 절감 여지가 있는 항목
- 전체 시설 및 규모의 적정성
- 현장 여건 및 조건의 반영 여부

(3) 실시설계단계

- 기본설계도서에서 제시된 주요 기능 및 등급의 유지 여부
- 각 분야별 인터페이스
- 기본설계도서 검토 결과 중 반영키로 합의된 사항의 반영 여부
- 롱리드 아이템
- 설계도면과 시방서, 계산서의 부합 여부
- 각종 계산서의 정확성
- 세부 평면 및 단면의 부합 여부
- 주요 자재 및 공법의 적정성
- 주요 시스템간의 호환성
- 공사비 내역서의 적정성

3.4 주요 공종별 시공계획서 작성

3.4.1 개요

프로젝트 관리자는 실시설계가 종료단계에 진입하면, 주요 공종에 대해 대략적인 시공계획을 작성함으로써 실시설계도서 전체에 대한 시공성을 확인하고, 동시에 전체 사업일정계획 및 마스터 플랜에 대한 검증을 하여야 한다. 시공계획서를 작성함에 있어서는 프로젝트에 대한 원가, 품질, 공정, 안전 및 환경관리 방안을 염두에 두어야 할 뿐만 아니라, 각 공종별로 다양한 공법이나 대안에 대한 심도있는 검토를 통해서 가장 합리적이면서도

현장 여건에 부합되는 시공계획이 되도록 하여야 한다.

3.4.2 시공계획서 작성 대상 공종

시공계획서를 작성할 주요 공종은 프로젝트의 종류, 특성 등에 따라 다르지만, 일반적인 건축 프로젝트에 있어 시공계획서를 작성하여야 하는 공종은 다음과 같다.

- 공통가설공사: 양중장비설치 및 운영, 가설도로 설치계획, 가설구대 설치계획, 가설건물 및 작업장 설치계획 등
- 토공 및 흙막이 공사: 흙막이 및 흙막이 지지공법, 굴토 및 사토처리계획, 장비 동원 및 조합계획, 계측관리계획 등
- 철골공사: 공장제작계획, 철골운반 및 야적계획, 세우기 공법
- 골조공사: 층당 순환(cycle) 관리계획, 시스템거푸집 적용계획, 콘크리트 타설계획, 콘크리트 양생계획 등
- 커튼월 공사: 조립 및 접합공법, 변위 대응 방안, 목업 시험(mock-up test) 및 풍동시험(wind tunnel test) 실행계획 등
- 마감공사
- 각종 장비류 설치 공사
- 롱리드 아이템(long lead item) 조달 방안

3.5 롱리드 아이템(Long Lead Item) 관리 방안 수립

3.5.1 개요

롱리드 아이템(조달에 장시간이 소요되는 항목)에 대해서는 프로젝트 초기단계에서부터 각별한 고려가 필요하다. 롱리드 아이템의 적절한 관리에 실패할 경우, 사업일정 관리에 직접적인 타격이 오기 때문이다. 롱리드 아이템에는 제작에 장시간이 소요되거나, 외국에서 제작되어 운반되어야 하는 자재, 기기, 부품, 장비, 용역 등이 해당된다.

3.5.2 롱리드 아이템의 관리

(1) 해당 항목의 선정

먼저 설계도서와 시공계획서 등에 대한 면밀한 검토를 통하여 예상되는 해당 항목을 1차로 선별한다. 선별된 항목에 대해서는 개별 시장조사를 통하여 조달 소요기간을 파악하고, 그 결과를 토대로 최종 관리대상 항목을 선정한다.

(2) 관리계획의 작성

최종 관리대상 항목과 각 항목별로 조달에 소요되는 기간, 조달가능 기업의 수 등을 종합적으로 감안하여 관리계획을 작성한다. 관리계획을 수립함에 있어 가장 기준이 되는 것은 마스터 플랜이다. 마스터 플랜상 조달되어야 하는 시점을 먼저 정한 다음 각 항목별 조달 소요 기간을 역으로 산정하여 조달업무에 착수하여야 하는 시점을 정하되, 시장이나 기타 환경, 여건의 변동 등에 대응하기 위해서는 적정 여유일수가 감안되어야 한다.

(3) 관리계획의 업데이트(update)

작성된 관리계획에 대해서는 정기적으로 최신화를 하여, 시장 상황의 변동, 가격 변동, 기타 새로운 제작기업(manufacturer) 및 유통기업(vendor)의 출현 등을 반영하여야 한다. 롱리드 아이템의 관리계획이 변동될 경우에는 반드시 마스터 플랜과의 상관관계를 파악하여야 하며, 그 반대의 경우로서 마스터 플랜이 변경되는 경우에도 역시 롱리드 아이템의 관리계획과의 대조 및 확인이 반드시 필요하다.

3.6 작업분류체계(Work Breakdown Structure) 구축

3.6.1 개요

작업분류체계(work breakdown structure, WBS)는 프로젝트에서 수행되어야 할 모든 단위 작업을 체계적으로 분류, 정리한 것을 말하며, WBS에 나타난 모든 단위 작업을 합치면 곧 프로젝트의 범위가 된다. 즉, WBS에 나타나지 않은 작업은 해당 프로젝트의 범위가 될 수 없다. WBS의 가장 하위레벨을 일반적으로 워크 패키지(work package)라고

하며, 공정표 작성, 공사비 산정 및 작업 할당, 각 작업 단위간 의존성 파악, 자원 배분 등의 가장 기본적인 근거가 된다.

3.6.2 WBS의 구축 및 활용

WBS는 프로젝트 수행에 있어 가장 기본적인 요소이며, 효과적인 프로젝트 관리를 가능하게 하는 근간이다. WBS를 작성하는 방법에는 크게 하향식과 상향식 2가지가 있으며, 일반적으로 하향식이 많이 사용된다.

하향식은 먼저 프로젝트의 가장 큰 작업 단위를 선별하고, 각각의 큰 작업 단위에 대해 레벨에 따라 하부 작업을 구성해 나가는 방법이다. 하향식으로 WBS를 작성하기 위해서는 프로젝트 전체에 대한 광범위한 기술적 통찰력과 전체 업무에 대한 총괄적인 안목을 필요로 할 뿐만 아니라, 모든 작업 단위를 정의할 수 있어야 한다. 상향식은 하향식과는 반대의 개념으로 하부 작업단위를 먼저 추출 정리한 다음 위 레벨로 가면서 연관성이 있는 작업 단위들을 묶어서 분류, 정리하는 방식이다.

공정과 공사비를 통합해서 관리하는 EVMS(earned value management system)의 구축 및 운영을 위해서는 CBS(cost breakdown structure)와 연계된 정교한 WBS의 작성이 필수적이다.

3.7 분야별 전문가 활용계획

3.7.1 개요

프로젝트가 날로 고도화, 복잡화되어 감에 따라 프로젝트 관리업무를 충실히 수행하기 위해서는 보다 전문화된 지식과 경험을 필요로 하는 경우가 증가하고 있다. 프로젝트 관리자의 입장에서는 프로젝트별로 필요로 하는 전문기술을 미리 예측해서 보유하기가 현실적으로 어려우므로 개별 프로젝트의 특성별로 필요한 전문분야 기술을 파악하고 전략적 제휴나 아웃소싱(outsourcing) 등을 통하여 이를 확보하는 전략을 수립, 이행할 필요가 있다.

3.7.2 분야별 전문가의 활용

분야별 전문가를 효과적으로 활용하기 위해서는 먼저 설계도서에 대한 심도있는 분석을 통하여 프로젝트 단계별로 전문가를 활용할 분야와 분야별 세부항목을 결정하여야 한다. 이것이 결정되면 각 분야별로 국내외 전문가들의 리스트를 작성하고, 프로젝트가 요구하는 바와 각각의 연구 실적이나 발표 논문, 주요 프로젝트 수행 실적 등을 종합적으로 비교, 검토하여 가장 적합하다고 판단되는 전문가를 선정한다.

선정된 전문가들과의 개별적인 접촉을 통하여 세부 업무수행 방법과 절차, 대가 지급기준 및 방법, 업무수행 시기, 보고서 작성 및 제출 방법 등을 논의하고, 합의된 사항을 근거로 계약서를 작성, 날인한 다음 활용하도록 한다. 분야별 전문가는 설계 초기단계에서부터 활용하여야 완성도 높은 설계도를 확보할 수 있으며, 시공단계에서의 설계변경을 최소화하는데 유리하다.

4 조달단계

4.1 프로젝트 수행방식에 따른 입찰 및 계약 추진방안 수립

4.1.1 개요

계약방식에는 여러 가지 종류가 있다. 방식별로 여러 가지 특징이 있으나, 특히 어떤 방식의 계약을 선택하느냐에 따라 계약 당사자간의 책임과 권한 관계 및 리스크(risk) 배분 원칙이 결정된다.

4.1.2 계약형태별 특징

(1) 총액 계약(Firm Fixed Price or Lump-Sum Contract)

계약에 의해 합의된 총액으로 대가를 지급하는 방식으로 시공자는 공사 중에 발생되는 각종 문제와 상관없이 계약된 금액으로 공사를 완성하여야 한다. 총액 계약 방식은 시공자가 부담하여야 하는 계약적 리스크가 가장 크며, 장 · 단점은 다음과 같다.

1) 장점

- 명확한 도면이나 시방서가 제시되므로 공사의 범위(scope)가 명확하며, 정확한 공사비 산출이 가능함.
- 발주자의 입장에서는 계약과 동시에 총공사비가 확정되므로 자금조달 및 집행계획을 세우기 용이함.

2) 단점

- 입찰 전에 공사비 견적 및 공사에 필요한 설계도서가 완성되어 있어야 하므로 발주준비에 장시간이 소요됨.
- 발주자가 설계도서를 준비하여야 하므로 시공자의 경험이나 기술력이 프로젝트에 접목되기 어려움.
- 공사범위, 설계도서, 계약조건 등이 불분명할 경우 계약 당사자간 분쟁이 발생할 소지가 높음.

(2) 총액-조건부보수 가산방식(Fixed Price-Plus-Incentive fee)

목표공사원가(target cost), 목표이익(target profit), 목표공사비(target price), 최대한도공사비(ceiling price), 손익분담비율(share ratio) 등을 미리 정해두고, 프로젝트 수행 결과에 따라 손익을 분담하는 방식이다. 목표공사원가(target cost) 이하의 비용으로 공사를 마치면 잉여 이익은 손익분담비율에 의해 나누어 가지게 되며, 공사비 원가가 최대한도공사비(ceiling price)를 초과하더라도 시공자가 발주자로부터 받을 수 있는 최고금액은 한도공사비가 된다.

- 이 계약방식을 적용하기 위해서는 계약 전 프로젝트에 대한 충분한 정보와 각종 리스크에 대한 관리계획이 전제되어야 하며, 주로 장기간에 걸친 프로젝트에 적용된다.
- 공자와 발주자가 프로젝트에 내재된 각종 리스크를 적정한 비율로 분담할 수 있는 계약으로서, 시공자는 기대 이익을 극대화하기 위해 프로젝트 수행에 있어 효율성을 높

이려는 노력을 기울이게 된다. 다만, 시공자가 품질보다는 이익에만 집착할 여지가 있으므로 발주자가 자체 프로젝트 관리조직을 보유하고 있지 못한 경우에는 시공자를 조정, 통제할 수 있는 프로젝트 관리자를 필요로 하게 된다.

(3) 실비정산변동보수 계약(Cost-Plus-Incentive Fee)

시공자에게 지급되는 보수가 실비에 따라 변동되는 계약방식이다. 실제 공사비 원가에 대해 여러 단계의 범위를 설정하고, 그 범위별로 정액 또는 정율을 적용하여 보수금액(fee)을 산정하는 방식이다. 계약 당사자간 추정공사원가(expected price), 보수금액(fee), 손익에 대한 분담비율(share ratio) 등을 미리 정한 상태에서 계약을 하고 공사를 시행하되, 실제 공사원가가 추정공사원가에 미달하거나 초과할 경우 분담비율에 따라 추가이익을 확보하거나 손실을 분담하는 방식을 말한다.

- 주로 장시간이 소요되는 프로젝트에 적용되는 계약방식이며, 시공자는 이익의 극대화를 위해 프로젝트 수행 중 지속적인 노력을 기울이게 된다.
- 손익에 대한 분담비율(sharing ratio)이 계약 당사자간의 리스크(risk) 분담 비율을 의미하는 경우가 많으므로, 프로젝트에 내재된 리스크에 대해서도 상당부분 파악된 경우에 한해 적용이 가능하다.

(4) 실비정산정액보수 계약(Cost-Plus-Fixed Fee)

공사비는 정산하여 지급하되, 보수는 계약에 의해 미리 정해진 금액을 분할하여 기성지급시 마다 지급하는 방식이다. 설계변경 또는 공사범위의 변경 등으로 인한 계약금액 변경시 보수를 산정하는 기준을 명확히 하여야 공사단계에서의 분규나 클레임을 최소화할 수 있다.

- 시공자의 보수(fee)는 프로젝트 범위가 변경되지 않는 한 고정적이므로 공사원가를 절감하고자 하는 동기가 약해질 수밖에 없는 계약방식이다.
- 계약 상대자의 투입인원이나 기타 장비 등에 대한 발주자 또는 프로젝트 관리자의 밀착 관리가 필요하다는 점에서 공사도급계약보다는 용역계약 등에 적당한 계약방식이라 할 수 있다.

(5) 실비정산정율보수 계약(Cost-Plus-Percentage of Cost)

계약서에 정해진 주기에 따라 공사비를 실비로 정산하여 지급하고, 정산된 공사비에 정해진 비율(정율)을 곱한 금액을 지급하는 방식이다. 발주시 설계도서의 완성도가 매우 낮아 총공사비 산정이 어렵거나, 계약 체결 후 복잡하고 많은 설계변경이 예상되는 경우 또는 긴급을 요하는 공사 등에 적용된다.

- 시공자 입장에서는 공사원가가 늘어나도 당초 약정된 비율에 따라 추가 보수(fee)를 확보할 수 있으므로 공사원가를 절감하고자 하는 노력을 기울일 필요가 없으므로 발주자에게 불리한 계약방식이다.
- 발주자가 거의 모든 프로젝트 리스크를 부담하는 방식이므로, 공공분야의 프로젝트에서는 채택이 금지되어 있는 방식이다.

4.1.3 계약방식별 리스크 배분

각 계약방식별 계약 당사자간의 리스크 부담은 다음의 스펙트럼과 같다.

Cost-Plus-Percentage of Cost(CPPC)	Cost-Plus-Fixed Fee(CPFF)	Cost-Plus-Incentive Fee(CPIF)	Fixed Price-Plus-Incentive Fee(FPI)	Firm Fixed Price (FFP)

그림 3-3 계약방식별 계약 당사자간의 리스크 부담

4.2 프로젝트 수행 방식별 계약관리

4.2.1 개요

계약은 당사자간 책임과 권한뿐만 아니라, 각 계약조항을 통하여 프로젝트 수행 중 발생이 예상되는 리스크(risk)를 배분하는 기능을 갖는다는 점에서 신중히 접근해야만 한다. 부적절하게 작성된 계약서는 프로젝트 수행 도중에 불필요한 분규나 불협화음을 유발하거나, 파트너십을 훼손하는 주요 원인으로 작용한다. 또한 프로젝트 수행 방식이나 계약방식에 따라 계약 당사자간의 권한 및 책임, 리스크 배분 원칙 등이 달라지므로 유의하여야 한다.

4.2.2 계약관리시 유의사항

(1) 각 계약간 일관성 확보

프로젝트 수행을 위해서는 시공자, 설계자, 설계 · 시공 일괄사업자, 프로젝트 관리자, 환경영향평가 전문기업, 건설폐기물 처리기업 등 다수의 사업 참여자가 발주자와 계약을 체결하게 되는데, 각 계약서간 책임과 권한, 그리고 리스크 배분원칙을 사전에 검토하여 각 계약서 내용간의 일관성을 유지하는 것이 매우 중요하다. 특정 업무에 대한 책임을 복수의 사업 참여자에게 동시에 부과하거나 혹은 책임주체가 불분명 할 경우에는 업무수행 과정에서 심각한 혼란을 야기하게 된다.

(2) 리스크(risk) 배분원칙의 준수

일반적으로 계약서를 통하여 각 사업자가 부담하여야 할 리스크와 리스크가 현실화 되었을 경우 책임의 한계 등을 규정하게 되므로, 계약서 작성시에는 프로젝트 초기단계에서 작성한 사업 참여자간 업무분장표를 참조하는 작성하는 것이 바람직하다. 또한, 리스크를 배분함에 있어 일반적인 원칙은 '개별 리스크가 현실화 되었을 경우 가장 쉽게 대응과 처리가 가능한 사업 참여자가 해당 리스크를 부담하도록 하는 것' 이라 할 수 있다.

(3) 공정, 평등한 계약서의 작성

계약서를 작성함에 있어서 가장 중요한 과제 중의 하나가 계약 당사자간 불평등 조항을 배제하고, 업무 수행 중 어느 일방이 우월적 지위를 남용할 수 있는 여지를 차단하는 일이다. 계약서 작성시 일방적으로 우월적 지위를 이용하여 불평등, 불공정 조항을 포함시킬 경우, 계약 당시에는 문제제기를 하지 않더라도 업무 수행 중에 분규나 클레임 등을 유발하여 프로젝트 추진에 악영향을 미치는 경우가 빈번하게 발생한다.

(4) 명확한 업무범위의 설정

각 사업 참여자의 계약적 업무범위를 설정함에 있어 가장 유의하여야 할 점은 치밀하면서도 정교한 인터페이스 관리를 통하여 수행되어야 할 업무 혹은 상세업무의 중복이나 누락을 방지하는 일이다. 이를 위해서는 프로젝트 초기단계에서 작성된 업무분류체계

(WBS)와 업무분장기준(RAM) 등을 적극 활용하여야 한다.

4.3 공사비 내역서의 검토 및 확정

4.3.1 개요

공사비 내역서는 공사 도급자가 수행하여야 할 업무범위를 금액으로 표시한 것으로 중요한 계약문서 중 하나이다. 공사비 내역서는 설계변경이나 기성지급의 근거가 되므로 정확도 부족, 항목의 누락, 오류 등이 있을 경우 많은 문제점들을 야기하게 된다.

4.3.2 공사비 내역서의 검토

프로젝드 관리자는 시공자기 제출한 공사비 내역서의 적정성을 검토하여 기성대가 지급이나 각종 설계변경시 문제 발생을 사전에 차단하고 동시에 발주자의 이익 보전을 위해 노력하여야 한다. 공사비 내역서 검토시 확인하여야 하는 주요 내용은 다음과 같다.

- 내역서 항목 구성 및 공종별 분류의 적정성
- 항목별 단가의 적정성
- 항목의 오류, 누락, 중복, 계산 오류 등의 유무
- 항목별 적정 할증의 적용 여부
- 관련 법규, 지침, 회계예규 등의 충족 여부
- 비목별 공종별 단가의 적정성
- 항목별 일위대가의 적정성
- 물량산출 결과의 정확성
- 각종 간접비 항목에 대한 적정 요율의 적용 여부 등

4.4 도급기성 관리계획

4.4.1 개요

도급계약이 체결되면 프로젝트 관리자는 공사도급자로 하여금 기성계획을 제출토록 하고 그 적정성 여부를 검토한 다음, 발주자와의 협의를 거쳐 확정하게 된다. 도급기성 관리

계획은 사업비 조달계획(cash flow)과도 밀접한 관계를 가지고 있으므로 신중한 접근이 필요하다.

4.4.2 도급기성 관리계획의 수립

(1) 시공자의 도급기성계획 검토

프로젝트 관리자는 계약과 동시에 공사도급계약 조건에 제시된 기성관련 조건을 근거로 기성계획을 작성, 제출토록 지시하고 이를 접수하여 검토한 다음 그 결과를 발주자에게 보고하여야 한다. 도급기성계획을 검토함에 있어 비교를 통하여 부합 여부를 확인하여야 할 대상은 다음과 같다.

- 공사도급계약서: 기성 산정 방법, 기성 지급시기 및 빈도, 기성 신청 및 지급 절차
- 사업비 조달계획
- 공사비 관리계획
- 공정관리계획: 관리기준공정표
- 자재 및 장비투입계획
- 인원투입계획
- 임대 및 분양계획
- 리스크 관리계획 등

(2) 도급기성계획의 관리 및 활용

검토를 통하여 공사도급자의 기성계획이 확정되면 이를 사업비 및 공사비 관리계획에 반영하여 관리하도록 한다. 공사 도중 설계변경 등에 의한 공사비 총액이나 기성금액의 변동, 공사기간의 변경, 물가변동에 따른 계약금액의 조정 등이 발생할 경우에는 즉시 변동 내용이 기성계획에 반영될 수 있도록 해야 한다. 특히, 공공발주 공사의 경우 기성 신청이나 지급에 필요한 절차가 복잡할뿐더러 장시간이 소요되는 경우가 많으므로 이를 충분히 감안하여 기성계획이 작성되어야 한다.

5 시공단계

5.1 감리 업무

5.1.1 개요

우리나라에서 수행되는 건설 프로젝트 중 일정 규모 이상인 경우에는 반드시 감리자를 선임하여야 한다. 감리자가 수행하여야 하는 각종 업무는 관련 법규에 의해 정해지며, 각 공사별로 감리 업무의 범위, 절차 및 방법 등에 대해 규정하고 있는 법은 다음과 같다.

- 건설공사
  - 건설기술관리법: 책임감리
  - 주택법: 공동주택감리
  - 건축법: 공사감리
- 전기공사: 전력기술관리법
- 소방공사: 소방공사업법
- 정보통신공사: 정보통신공사업법

5.1.2 감리자의 주요 업무

건설기술관리법에 의한 책임감리의 업무수행범위는 다음과 같다.

- 시공계획의 검토
- 공정표의 검토
- 건설업자 또는 주택건설등록업자가 작성한 시공상세도면의 검토 · 확인
- 시공이 설계도면 및 시방서의 내용에 적합하게 행하여지고 있는지에 대한 확인
- 구조물규격에 관한 검토 · 확인
- 사용자재의 적합성 검토 · 확인
- 건설업자 또는 주택건설등록업자가 수립한 품질보증계획에 대한 확인, 품질보증계획의 지도, 품질시험 및 검사성과에 관한 검토 · 확인

- 재해예방대책 · 안전관리 및 환경관리의 확인
- 설계변경에 관한 사항의 검토 · 확인
- 공사진척부분에 대한 조사 및 검사
- 완공도면의 검토 및 준공검사
- 하도급에 대한 타당성 검토
- 설계내용의 현장조건 부합 및 실제 시공가능 여부 등의 사전 검토
- 기타 공사의 질적향상을 위하여 필요한 사항으로서 건설교통부령이 정하는 사항

5.1.3 책임감리와 건설사업관리(CM)와의 관계

건설기술관리법에 의해 공공분야의 발주자(발주청)가 발주하는 건설공사에 건설사업관리 방식을 적용하고자 할 경우에는 책임감리업무를 포함하여 발주하여야 한다. 따라서, 발주자와 CM간의 용역계약서에 의해 권한과 책임이 정해지는 민간분야와는 달리, 공공분야의 건설사업관리자는 책임감리업무를 동시에 수행하여야 한다.

5.2 업무범위 관리(Scope Management)

5.2.1 개요

업무범위 관리는 프로젝트가 완수되기 위해 수행되어야 할 모든 업무를 규정하는 것을 말하며, 다음의 단계별 업무들을 포함한다.

(1) 프로젝트 범위 설정(Scope Planning)

프로젝트의 추진 목적과 발주자의 요구사항, 각종 제약조건들을 파악한 다음, 프로젝트를 완수하기 위해 필요한 주요 업무 및 작업을 정리하여 문서화(project statement)하는 과정을 말한다.

(2) 범위의 세분화(Scope Definition)

프로젝트 수행에 필요한 주요 작업 및 업무를 세분화, 구체화, 체계화하는 작업을 말한다. 이 과정을 통하여 사업비나 사업기간 등에 대한 대략적인 추정이 가능하며, 각 사업

참여자간 책임과 권한 또한 파악할 수 있다. 유사 프로젝트의 WBS 등을 활용하면 매우 효과적이다.

(3) 업무범위의 검증(Scope Verification)

당초 설정된 업무범위대로 프로젝트가 진행되고 있음을 확인하는 일련의 과정을 말한다. 프로젝트가 진행되는 중에는 기성검사 및 기성금의 지급 등의 형태로 검증이 행해지며, 프로젝트가 종결되어 프로젝트 인수 · 인계 작업이 끝나면 업무범위의 검증 또한 완료된 것으로 간주된다.

(4) 업무범위 변경 관리(Scope Change Control)

업무범위 변경 관리란 변경을 유발한 원인이나 변경의 필요성 및 타당성 등을 분석, 판단하고, 업무범위 변경의 발생 여부를 검토, 확정하며, 변경된 업무범위에 의거하여 프로젝트가 진행되도록 조정, 관리하는 일련의 과정을 의미한다. 업무범위 변경 관리를 함에 있어 가장 효과적인 도구는 WBS이며, 프로젝트의 업무범위가 변경될 경우, WBS도 동시에 변경되어야 한다.

5.2.2 Scope 관리 기법

프로젝트의 업무범위 관리에 일반적으로 사용되는 기법 혹은 데이터들은 다음과 같다.

(1) 발주자 요구사항(Owner's Requirement)

해당 프로젝트의 수행을 통하여 궁극적으로 발주자가 얻고자 하는 것, 즉 프로젝트 추진 목적을 정리한 것을 말한다.

(2) 업무범위 문서(Scope Statement)

프로젝트 추진 목적을 달성하기 위해 수행되어져야 할 주요 업무나 작업을 체계적으로 분류, 정리한 것을 말한다.

(3) 업무범위관리 계획(Scope Management Plan)

프로젝트 수행과정에서의 업무범위 관리계획을 정리한 것으로 다음의 내용들을 포함한다.

- 포괄적인 업무범위 관리 방법 및 절차
- 업무범위 변경에 대한 허용 및 확정 조건
- 업무범위 변경 원인별 비용부담 주체
- 업무범위 변경 가능성이 높은 항목 또는 공종 등

(4) 업무분류체계(Work Breakdown Structure, WBS)

프로젝트를 수행하기 위해 이행되어야 할 업무 혹은 작업단위를 망라한 다음 도표화하여 체계적으로 정리한 것으로, 프로젝트 설명서(project statement)와 함께 프로젝트 업무범위의 설정 및 관리에 가장 유용한 도구이다. WBS에 포함되지 않은 업무나 작업은 프로젝트 업무범위라 할 수 없다.

5.3 품질관리(Quality Management)

5.3.1 개요

품질관리는 고객이 요구하는 프로젝트의 기능, 수명, 경제성, 안전성 등을 확보하기 위하여 수행되는 다음과 같은 제반 활동을 말한다.

(1) 품질관리계획(Quality Control Plan)의 수립

해당 프로젝트의 품질을 확보하기 위해 필요한 품질관리기준을 파악하고, 그 품질관리기준을 충족하기 위한 방법을 설정하는 행위

(2) 품질보증계획(Quality Assurance Plan)의 수립

프로젝트 수행과정에서 행해지는 모든 제반 활동이 프로젝트의 품질확보를 위해 필요하다고 판단된 각종 품질관리기준을 충족시킬 수 있도록 하는 체계적인 관리 행위

(3) 품질관리(Quality Control)

프로젝트 각 단계별, 공종별, 상세업무별 업무수행결과가 각종 품질관리기준을 충족하는지 여부를 모니터링하고, 기준을 충족시키지 못하는 결과가 발생될 경우 그 원인을 분석하여 제거하는 행위

5.3.2 프로젝트 품질관리

(1) 품질관리계획서의 검토 및 승인

공사가 착수되면 시공자는 품질관리계획서를 작성, 제출하고 프로젝트 관리자는 이를 검토한 후 승인한다. 품질관리계획서의 적정성을 판단하기 위해서는 관련법규, 입찰안내서의 내용 등과의 부합 여부와 프로젝트 특성에 맞게 작성되었는지를 면밀하게 검토하여야 한다. 시공자가 작성, 제출하는 품질관리계획서에는 다음의 사항이 포함되어야 한다.

- 품질관리조직 구성 및 운영 방안
- 주요 자재의 시험기준: 허용 오차, 판정 기준 등
- 주요 공종별 시공오차 허용범위
- 품질관리시험계획: 선정시험, 관리시험, 검사시험 등
- 시험실 설치 및 운영계획 등

(2) 품질 검사 및 시험계획(Inspection & Test Plan)의 검토

품질 검사 및 시험계획은 프로젝트의 품질 확보를 위해 각 공종별, 작업단계별로 요구되는 검사, 검측 및 시험계획을 종합적으로 정리한 문서를 말한다. 품질 검사 및 시험계획 작성시에는 관련법규나 설계도서 등에 대한 충분한 검토 작업과 함께 발주자, 시공자, 프로젝트 관리자간의 합의를 필요로 한다. 일반적으로 품질 검사 및 시험계획에 표시되어야 하는 항목들은 다음과 같다.

- 프로젝트 수행 중에 검사나 검측 또는 시험이 필요한 공종, 항목
- 각 항목별 수량과 검사, 검측 또는 시험 횟수
- 각 항목별 검사 및 시험 방법, 품질 기준
- 검사나 시험결과의 처리 절차 및 방법

- 각 작업 단계별 입회점 및 체공점
- 초기 착수 공종 및 주요 공종의 검측 체크리스트
- 검사, 검측, 시험에 필요한 장비 및 기기류 등

(3) 품질 부적합 사항의 처리

1) 개요

프로젝트 수행 중에는 여러 가지 사유로 인해 품질기준을 충족시키지 못하는 사례들이 발생하게 된다. 이 경우에는 개별 내용의 경중과 완급을 고려하여 사안별로 정해진 절차에 따라 적정하게 처리되어야 한다.

2) 품질 부적합 사항의 유형

- 자료 요청서(request for information, RFI): 프로젝트 참여자에 대해 특정 사안과 관련된 자료를 요청할 때 사용된다.
- 작업지시서(field instruction, FI / site instruction, SI): 시공자나 설계자 등에 대해 작업기준이나, 작업진행 여부, 수정 등을 지시할 때 사용된다.
- 결함통지서(deficiency notice, DN): 가장 낮은 정도의 품질 부적합 보고서로서, 작업 전 혹은 도중에 경미한 이상이나 불일치, 모호한 상태 등이 발견되었을 때 주로 발행한다.
- 부적합 보고서(non-conformance report, NCR): 중간 단계의 부적합 보고서로 보수나 재작업, 철거 등이 필요한 경우에 발행한다. 접수 당사자가 조치하여야 할 내용이나 절차, 방법 등을 구체적으로 명시하여야 한다.
- 시정조치 요구서(corrective action request, CAR): 가장 높은 정도의 부적합 보고서이다. DN이나 NCR을 발행하였음에도 불구하고 상대방이 제대로 조치를 취하지 않거나 중대한 시공상 결함 등이 발생하였을 경우에 발행하게 된다.
- 공사중지명령(stop work order, SWO): 공사중지명령은 부분중지명령과 전면중지명령 두 가지로 나누어지며, 다음과 같은 경우에 발행한다.
  - 현재 상태의 문제를 해결하지 않은 채 다음 단계로 진행하였을 경우나 당해 작업에

중대한 결함의 위험이 존재하는 경우

- 인명이나 재산상의 피해가 발생할 우려가 있는 경우
- 동일 공종에 대해 연속 3회 이상의 시정 지시에 불응한 경우
- 심각한 품질 결함이 발견되었음에도 불구하고, 시공자가 고의로 공사를 계속 진행하는 경우
- 천재지변 등으로 인해 공사의 계속 진행이 불가능한 경우

3) 품질 부적합 사항 처리 흐름도

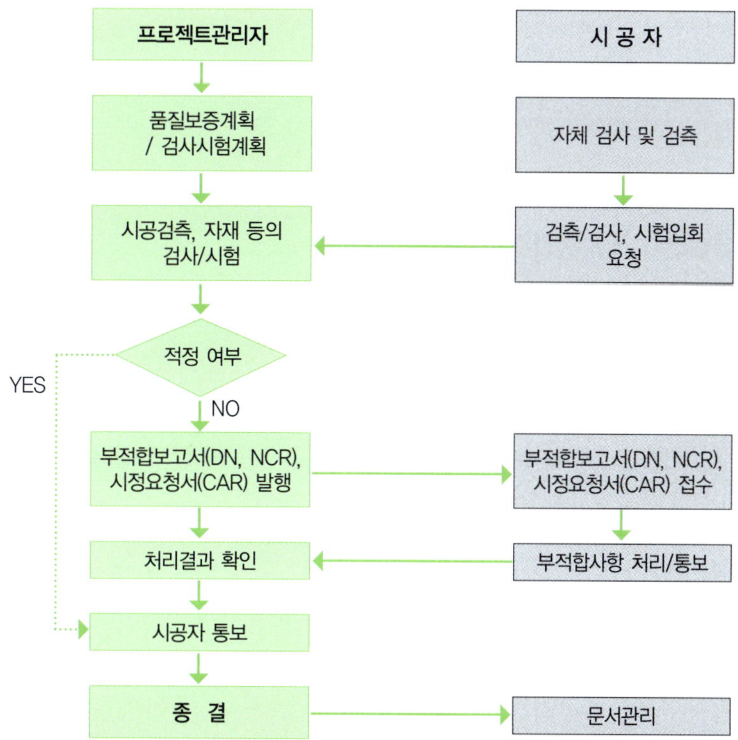

그림 3-4 품질 부적합 사항 처리 프로세스

5.3.3 중점품질관리 대상의 선정 및 관리

(1) 중점품질관리 대상 공종의 선정

발주자와 프로젝트 관리자 및 시공자는 설계도서, 시방서, 공정계획 등에 대한 면밀히 검토를 통하여 품질관리가 소홀해지기 쉽고, 하자 발생빈도가 높으며, 시공 후 시정이 어렵거나 많은 노력과 경비가 소요되는 공종 또는 부위를 중점 품질관리 대상으로 선정하여 타 공종에 비하여 우선적으로 품질관리업무를 수행하여야 한다. 중점품질관리 공종 선정 시 고려해야 할 사항은 다음과 같다.

- 공종별 중요도, 하자발생 빈도, 시공성 및 작업조건, 여타 공종에의 영향도 등
- 공종별 시험 종목 및 횟수
- 시공자의 품질관리조직
- 품질확보 실패 혹은 하자 발생시 시정의 용이도 등

(2) 중점품질관리 대상 공종의 관리

1) 시공계획서의 작성

중점품질관리 대상 공종에 대해서는 해당 공종 착수 전에 시공자로 하여금 시공계획서를 작성토록 하여 공사 진행상의 문제점들을 사전에 파악하고, 대책을 수립함으로써 재작업을 방지함과 동시에 작업과정에서의 비효율을 제거하여야 한다. 시공계획서에 포함되어야 할 내용들은 다음과 같다.

- 해당공종의 개요: 작업수량, 협력기업, 작업기간, 여타 공종과의 상관관계 (dependency) 등
- 사용 자재, 장비 및 인력
- 부위별 적용 공법
- 상세 공정표
- 가설계획
- 시험 및 검사계획, 체크리스트
- 시공 상세도(shop drawing) 및 코디네이션 드로잉(coordination drawing) 등

2) 통계적 품질관리기법의 적용

중점품질관리 대상 공종에 대해서는 건설산업분야에서는 그다지 많이 활용되지 않는 통계에 의한 품질관리기법을 적용해 보는 것도 매우 의미있는 일이 될 수 있을 것이다. 일반적으로 이용되는 기법과 각각의 특징은 다음과 같다.

- 관리도(control chart): 특정 프로세스의 품질관리 목표 평균값(average)과 상 · 하 허용기준(upper control limit, lower control limit)을 정한 후 그 프로세스를 실행함에 있어 도출되는 다양한 결과들을 표시한 것을 말한다. 모든 결과들이 상 · 하 허용기준 내에 있을 경우, 프로세스를 조정할 필요가 없으나, 허용기준을 초과하는 결과가 나타날 때는 프로세스를 개선하여야만 한다.
- 파레토도(pareto diagram): 어떤 특정 원인에 의해 특정 결과가 발생되는 빈도를 막대그래프(histogram)로 표시함으로써 무엇이 가장 문제인지를 보여준다. 따라서 품질기준을 충족치 못하는 결과들이 발생하였을 경우, 가장 빈도가 높은 문제점을 발생시키는 원인을 파악하여 대책을 수립하는데 유용하게 사용할 수 있다.
- 특성요인도(cause-and-Effect diagram): 특정 문제나 결과를 발생시키는 각종 원인을 쉽게 파악하기 위해 원인과 결과 관계를 물고기뼈 모양으로 도시한 것을 말하며, fish bone diagram이라고도 한다.
- 통계적 표본추출(statistical sampling): 모집단이 다수일 경우, 시간이나 비용 등의 문제를 감안할 때 품질기준 충족 여부를 파악하기 위해 전수조사를 하기 어려운 경우가 발생한다. 이 경우에는 모집단 중 일정비율의 개체를 샘플링(sampling)하고, 샘플링(sampling)한 개체들이 품질관리기준을 충족할 경우 전체 모집단도 품질을 확보한 것으로 추정하는 기법을 말한다.

5.4 공정관리(Time Management)

5.4.1 개요

공정관리란 한 프로젝트를 수행함에 있어 최소의 비용으로 최대의 효과를 얻을 수 있도록 하기 위한 목적으로 공사와 관련된 정보들을 분석하고, 수행되어야 할 작업요소를 정의(activity definition)함과 동시에, 각 작업요소 간의 상관관계를 파악(activity sequencing)하고, 소요일수를 추정(activity duration estimating)하여 공정표를 작성(schedule development)한 다음, 계획된 공정표대로 프로젝트가 진행되는지 여부를 지속적으로 모니터링하여 설계변경이나 공사의 지연 등으로 인해 계획대비 차질이 발생할 경우 이에 대한 대비책을 수립, 이행하는 등의 일련의 제반 관리활동을 통칭한다.

5.4.2 공정표의 종류

일반적인 분류 기준에 의한 공정표의 종류는 다음과 같다.

(1) 예비공정표(Preliminary Schedule)

전체 프로젝트 일정을 대략적으로 파악하기 위해 작성되는 공정표

(2) 주공정표(Baseline Schedule)

전체 프로젝트의 진행상황을 모니터링하고, 평가하기 위한 기준이 되는 공정표로서 프로젝트와 관련된 주요 마일스톤이 표시된다.

(3) 관리기준공정표

시공자에 의해 작성되어 프로젝트 관리자에 의해 검토된 다음 발주자의 승인을 득한 공정표를 말한다. 관리기준공정표는 계약서의 일부로 구성되는 중요한 공정표이며, 다음의 내용들을 포함한다.

- WBS와 관리기준공정표의 부합
- 각 공종의 단위 상세업무 및 기간
- 각 상세업무 간의 의존도
- 주요 장비 및 자재의 수급계획
- 공정 · 공사비 통합관리시스템의 구축시에는 각 상세업무별 공사비 내역 등

(4) 상세공정표

주간, 월간 단위의 공정을 파악하기 위해 작성하는 것으로 가장 상세한 수준의 공정표를 말한다.

5.4.3 공정관리

프로젝트 관리자가 일반적으로 수행하는 공정관리 업무는 다음과 같다.

(1) 시공자 공정관리계획의 적정성 검토

- 공정관리 기법과 공사의 규모 및 특성과의 부합 여부
- 공정관리 조직의 적정성 여부
- 공정관리용 소프트웨어의 적정성
- 현장 여건의 반영 여부
- 공정관리 보고체계의 적합성
- 프로젝트 수행 중 예상되는 각종 리스크의 공정계획 반영 여부 등

(2) 관리기준공정표의 검토 및 승인

관리기준공정표는 전술한 바와 같이 계약서류의 일부로 구성되는 경우가 많고, 설계변경 등에 의하지 않고는 변경이 어려울 뿐만 아니라, 물가변동으로 인한 계약금액의 조정 시 공정률 산정의 기준이 되므로 반드시 프로젝트 관리자의 검토와 발주자의 승인을 득하여야 한다.

(3) 공사진도 관리

- 시공자는 관리기준공정표에 의거한 월간, 주간 상세공정표를 사전에 작성하여 제출하고 프로젝트 관리자는 이를 검토 · 확인하여야 한다.
  - 월간상세공정표: 작업착수 1주 전 제출
  - 주간상세공정표: 작업착수 2일 전 제출
- 프로젝트 관리자는 매주 또는 매월 정기적으로 공사진도를 확인하여 예정공정과 실시공정을 비교하여 공사의 부진 여부를 검토한다.
- 프로젝트 관리자는 최근 1주 전의 공정진척현황이 유지될 수 있도록 관리하고 공정지연을 방지하기 위하여 주공정(critical path) 중심의 일정관리가 될 수 있도록 시공자를 관리하여야 한다.

(4) 부진공정 만회대책의 수립 및 이행

- 일반적으로 공사진도율이 계획공정대비 월간 공정실적이 20% 이상 지연되거나 누계 공정 실적이 10% 이상 지연될 때는 시공자로 하여금 부진사유 분석, 만회대책 및 만회공정표 수립을 지시한다.
- 프로젝트 관리자는 시공자가 제출한 부진공정 만회대책을 검토 · 확인하고, 그 이행상태를 주간단위로 점검 · 평가하여야 하며 공사 추진회의 등을 통하여 미조치 내용에 대한 필요대책 등을 수립하여 정상공정을 회복할 수 있도록 조치한다.
- 검토 · 확인한 부진공정 만회대책과 그 이행상태의 점검 · 평가 결과는 월간보고서에 수록, 발주자에게 보고하여야 한다.

(5) 수정 공정계획의 이행 관리

- 프로젝트 관리자는 설계변경 등으로 인한 물량의 증감, 공법변경, 공사중 재해, 천재지변 등 불가항력에 의한 공사중지 등으로 인하여 공사 진척실적이 지속적으로 부진할 경우 공정계획을 재검토하여 수정 공정계획수립의 필요성 여부를 검토, 확정한다.
- 수정 공정계획의 수립이 필요하다고 판단될 경우에는 시공자로 하여금 수정 공정계획을 제출토록 하고, 그 적정성 여부를 검토하여 승인하고 발주자에게 보고한다.
- 수정 공정계획의 검토시 수정목표 종료일이 당초 계약 종료일을 초과하지 않도록 조치하되, 부득이한 사유로 초과할 경우는 그 원인을 분석하여 수정 공정계획과 함께 발주자에게 보고하여야 한다.

(6) 공정현황의 보고

시공자는 착공단계에서 제출한 공정관리계획에 따라, 주간, 월간공정현황 및 계획 대비 실적을 산정, 제출하고, 프로젝트 관리자는 시공자가 작성한 내용을 검토, 확인한 다음 발주자에게 보고한다.

5.5 사업비 관리(Cost Management)

5.5.1 개요

사업비 관리란 발주자가 책정한 예산 범위 내에서 발주자의 요구조건이 충족될 수 있도록 하기 위해 필요한 각종 자원투입계획을 수립(planning)하여, 사업비를 산출(estimating)하고, 사업단위 또는 공종별로 할당하여 예산을 편성(budgeting)한 다음, 편성된 사업비 혹은 예산 내에서 각 사업이나 공종이 완료될 수 있도록 관리하는 일련의 과정을 말하는 것으로 다음의 각 업무들을 포괄한다.

(1) 소요자원계획 수립(Resource Planning)

프로젝트 수행에 필요한 각종 자원, 즉 인력, 장비, 자재 등의 수요량을 산출하는 과정으로 WBS, 범위진술서(scope statement), 유사프로젝트 수행사례 등을 자료로 활용한다.

(2) 사업비 산정(Cost Estimating)

산출된 소요 자원량을 근거로 개략적인 사업비를 추정하는 단계로 다양한 기법들이 적용된다.

(3) 사업예산의 편성(Cost Budgeting)

전체 사업비를 각 분야, 공종, 사업단위별로 할당하여 사업예산을 확정한 다음 사업비 관리계획(cost planning)을 준비하는 단계이다. 프로젝트에 내재된 각종 리스크(risk)를 감안한 적절한 수준의 예비비(contingency allowance)도 책정되어야 한다.

(4) 사업비 관리(Cost Control)

확정된 사업예산 및 사업비 관리계획을 기준으로 계획 대 실적을 비교, 분석하고, 설계변경 등에 따른 사업비 변경시 이를 예산에 반영하여 관리하는 등의 일련의 활동을 의미한다.

5.5.2 사업비 산정(Cost Estimating)의 방법론

(1) 소요 자료 및 데이터

정확한 사업비를 산정하기 위해서는 많은 자료와 정보들이 필요하다. 한 가지 방법에 집착할 경우 다양한 대안들을 적용함으로써 사업비를 절감할 수 있는 기회를 상실할 수 있기 때문이다. 사업비 산정에 일반적으로 필요로 하는 자료나 정보는 WBS, 각 자원별 소요량 및 등급, 유사 프로젝트 수행사례, 프로젝트 리스크 리스트, 비목분류기준, 공정표 등이다.

(2) 사업비 산정 방법

1) 개산 견적(Analogous Estimating)

Top-Down 견적이라 불리기도 하는 것으로, 유사 프로젝트에서 실제로 투입된 사업비를 참고로 하여 총사업비를 추정하는 방법이다. 프로젝트 관련 정보가 부족한 초기단계에서 사업비 추정을 하여야 할 경우 주로 사용되는 방법이며, 다른 방법에 비해 소요 비용은 저렴하나 정확도는 다소 떨어진다.

2) 파라메트릭 모델링(Parametric Modeling)

프로젝트의 특성별로 적용이 가능한 수학적 모델에 각종 계수(parameter)를 적용하여 전체 사업비를 추정하는 방식이다. 소요 비용과 정확도에 차이가 많을 수 있으며, 적용모델을 개발하기 위해 사용된 데이터의 신뢰성이 높고, 적용계수의 정량화가 가능하며, 모델의 범용성이 높을수록 정확도가 높은 결과를 얻을 수 있다.

3) Bottom-Up Estimating

개별 상세업무나 작업단위의 비용을 먼저 산정한 다음 이들을 집계하여 전체사업비를 산정하는 방법을 말한다. 일반적으로 상세업무나 작업단위를 세분화할수록 정확도도 높아지고 소요 비용 또한 증가한다.

5.5.3 사업비 관리(Cost Control) 기법

(1) EVM(Earned Value Management)

프로젝트 수행 중 특정 시점에서 사업비 관련 지표들의 계획 대비 실적을 비교함으로서 프로젝트 진척상황을 파악함과 동시에 사업비 관리상의 문제점 유무를 파악할 수 있는 기법이다.

1) 사용 지표

- EV(earned value): BCWP(budgeted cost of work performed)와 같은 개념으로, 특정기간 동안에 발생한 실제 사업비 기성을 의미한다.
- PV(planned value): BCWS(budgeted cost of work scheduled)와 동일한 개념으로, 특정기간 동안 발생될 것으로 계획했던 사업비 기성을 의미한다.
- AC(actual cost): ACWP(actual cost of work performed)와 동일한 개념으로, 특정기간 중 실제로 투입된 사업비 원가를 말한다.

2) 각종 지수(index)의 산정 및 활용

- CV(cost variance) $= EV - AC$
- SV(schedule variance) $= EV - PV$
- CPI(cost performance index) $= EV/AC$
- SPI(schedule performance index) $= EV/PV$

(2) EAC(Estimate at Completion)

현재까지 발생한 원가와 준공시까지 더 소요될 것으로 판단되는 사업비를 산출하여 최종사업비를 추정, 관리하는 기법이다.

1) 사용 지표

- EAC(estimate at completion): 준공 시점에서의 최종 추정 사업비를 말한다.
- ETC(estimate to completion): 특정 시점에서부터 준공시까지 잔여 추정 사업비를

말한다.

- BAC(budget at completion): 준공 시점에서의 사업예산을 말한다.

2) EAC의 추정 방법

- $EAC = AC + ETC$:

  준공 시 추정 사업비 = 특정 시점까지의 실제 투입 사업비 + 잔여 공사에 대해 산출한 예상 사업비

- $EAC = AC + (BAC - EV)$:

  준공시 추정 사업비 = 특정 시점까지의 실제 투입 사업비 + 잔여 사업비 예산(BAG − EV)

- $EAC = AC + (BAC - EV) / CPI$:

  준공 시 추정 사업비 = 특정 시점까지의 실제 투입 사업비 + 잔여 사업비 예산/CPI

5.6 안전 및 환경관리(Safety & Environment Management)

5.6.1 개요

프로젝트 수행과정에서 이행하여야 할 안전 및 환경관리 기준과 절차, 안전관리 업무를 담당자의 자격과 요건 등은 대부분 관련 법규에 의해 정해져 있을 뿐만 아니라, 점점 강화되는 추세에 있다. 따라서 각 프로젝트 참여자들은 관련 법규에 대한 정확한 이해를 통하여 법에 의해 규정된 업무들을 수행하기 위해 노력을 기울여야 한다.

5.6.2 안전관리(Safety Management)

(1) 안전관리계획서의 검토

프로젝트 관리자는 시공자로 하여금 안전관리계획서를 제출하게 하고 이의 적정성을 검토, 확인한다. 안전관리계획서를 검토함에 있어 착안하여야 할 주요 사항은 다음과 같다.

- 안전관리조직의 적정성: 안전보건관리책임자, 안전관리자, 관리 · 감독자, 안전담당자 등의 자격 요건, 안전보건협의회의 운영계획 등

- 안전관리 예산편성 및 집행계획의 적정성
- 안전점검 및 안전교육계획의 수립 여부
- 유해, 위험방지계획 내용 및 실천 가능성
- 시공계획과 연계된 안전계획의 수립 및 그 내용의 실효성
- 안전점검계획
- 안전교육계획

(2) 안전관리비 사용 관리

프로젝트 관리자는 시공자로 하여금 월별 안전관리비 사용실적 및 관련 증빙을 제출토록 하고, 그 항목별 사용내역을 확인하여야 한다.

1) 안전관리비 구성 항목

- 안전관리자 등의 인건비 및 각종 업무수당 등
- 안전시설비 등
- 개인보호구 및 안전장구 구입비 등
- 사업장의 안전진단비 등
- 안전보건교육비 및 행사비 등
- 근로자의 건강관리비 등
- 건설재해예방 기술지도비
- 본사 사용비

2) 건설공사 안전관리비 산정 기준

표 3-3 건설공사 안전관리비 산정 기준

대 상 액 / 공사종류	5억원 미만	5억원 이상 50억원 미만		50억원 이상
		비율(X)	기초액(C)	
일반건설공사(갑)	2.48(%)	1.81(%)	3,294천원	1.88(%)
일반건설공사(을)	2.66(%)	1.95(%)	3,498천원	2.02(%)
중 건 설 공 사	3.18(%)	2.15(%)	5,148천원	2.26(%)
철도 · 궤도신설공사	2.33(%)	1.49(%)	4,211천원	1.58(%)
특수및기타건설공사	1.24(%)	0.91(%)	1,647천원	0.94(%)

* 재료비(관급자재 포함) 및 직접노무비 기준

(3) 안전관리기록의 유지

프로젝트 관리자는 효율적인 안전관리를 위하여 시공자로 하여금 다음과 같은 기록을 유지하도록 관리, 감독한다.

- 안전업무일지
- 안전점검실시 결과
- 안전교육실시 결과
- 각종 사고보고
- 월간 안전 통계: 무재해시간, 발생사고 등
- 안전관리비 사용실적

5.6.3 환경관리(Environmental Management)

(1) 환경관리계획서의 검토

프로젝트 관리자는 공사의 추진으로 인한 위해를 예방하고 자연환경, 생활환경, 사회 · 경제적 환경이 보전되도록 하기 위해 시공자가 제출한 환경관리계획서를 검토, 승인하여야 한다. 환경관리계획서 검토시 착안할 주요 사항은 다음과 같다.

- 환경관리조직의 적정성: 환경관리책임자, 환경관리자, 환경담당자 등
- 지형 · 지질, 대기, 수질, 소음 · 진동 등에 대한 관리계획의 적정성
- 건설폐기물 처리계획의 적정성
- 환경관리 예산편성 및 집행계획 적정성
- 환경영향평가 협의내용 관리계획의 실효성

(2) 기타 환경관리 업무

프로젝트 관리자는 다음과 같은 제반 환경관리업무를 수행토록 하고, 그 내용이나 이행과정을 관리 감독하여야 한다.

- 환경영향평가서 내용과 현장실정에 부합되는 환경영향 저감대책의 수립 및 이행 여부 확인
- 환경관리기록대장의 유지 여부

- 환경관리 일일점검 및 평가의 시행 여부
- 시공이 완료된 공종에 대한 환경영향평가 협의내용 이행상태 및 기타 환경관리 이행 현황을 사후 환경영향조사 결과보고서에 기록 여부
- 사후 환경영향조사 결과보고서의 적정성

5.7 리스크 관리(Risk Management)

5.7.1 개요

일반적으로 리스크(risk)라는 용어에 대해 부정적인 의미만을 부여하는 경우가 많으나, 여기서 의미하는 리스크의 개념은 '어떤 일이나 조건이 현실화되었을 경우, 프로젝트 수행 목적에 부정적인 영향을 미칠지, 아니면 긍정적인 효과를 가져올지가 불확실한 인자'를 의미한다. 프로젝트 리스크 관리는 프로젝트 수행과정에서 발생될 수 있는 각종 리스크를 파악하고, 분석하며, 대응함에 있어 필요한 일련의 업무를 말하며, 다음의 업무들을 포함한다.

(1) 리스크 관리계획의 수립(Risk Management Planning)

프로젝트 전반에 걸쳐 내재되어 있는 각종 리스크를 어떻게 관리할 것인지에 대한 대략적인 계획과 방향을 설정하는 것을 말한다.

(2) 리스크의 파악(Risk Identification)

프로젝트에 영향을 미칠 수 있는 각종 리스크 인자들을 파악하고, 각각의 인자들이 지니고 있는 특성을 규정하는 과정을 말한다.

(3) 리스크 분석(Risk Analysis)

파악된 각각의 리스크 인자와 프로젝트 목적과의 상관관계, 발생 확률, 발생시의 심각성 등을 정량적, 정성적인 측면에서 정의하는 과정을 말한다.

(4) 리스크 대응 계획 수립(Risk Response Planning)

각 리스크가 현실화 되었을 때, 긍정적인 효과를 극대화하고, 부정적인 영향을 최소화하기 위한 목적으로 각각의 리스크 인자들에 대한 구체적인 대응방안을 수립하는 단계를 말한다.

(5) 리스크의 모니터링 및 관리(Risk Monitoring and Control)

기존 관리계획에 포함되어 있는 각종 리스크가 프로젝트에 어떠한 영향을 미치는지를 모니터링하고, 새로운 리스크를 파악하며, 리스크가 프로젝트에 미치는 부정적인 영향을 최소화하기 위해 구체적인 실행을 행한 뒤 그 결과를 피드백(feedback)하는 등의 일련의 관리행위를 통칭한다.

5.7.2 리스크의 정의

모든 리스크 인자는 다음의 요소들에 의해 정의되고, 평가된다.

- 리스크 인자(Risk Event)

  불확실성을 내포하고 있어 프로젝트에 영향을 끼칠 수 있는 요소, 요인 또는 조건
- 발생 가능성(Risk Possibility)

  어떤 리스크 인자가 발생 또는 현실화 될 수 있는 가능성
- 심각도(Amount at Stake)

  어떤 리스크가 현실화 되었을 때 프로젝트에 미칠 수 있는 영향의 심각한 정도
- 리스크 등급(Risk Event Status)

리스크 등급 = 발생 가능성(Risk Possibility) × 심각도(Amount at Stake)

리스크의 발생 가능성이나 심각도 또는 등급을 정함에 있어 모든 리스크를 독립적인 것으로 간주하고 판단하는 것은 오류를 범하기 쉽다. 많은 리스크 인자들은 여타 리스크와 연관되어 있어, 그 중 어느 하나가 현실화 되면 연쇄적으로 다른 리스크까지도 유발시키는 경우가 빈번하기 때문이다.

5.7.3 리스크 대응 방법

(1) 회피(Avoidance)

특정 리스크를 회피하기 위해 프로젝트 수행계획을 수정하거나 변경하는 것을 말한다. 난이도가 높은 공법을 쉬우면서도 적용성이 높은 공법으로 설계변경하거나, 중요하면서도 위험한 공종에 대해 경험과 실적이 풍부한 기업으로 입찰참가조건을 제한하여 기업을 선정하는 것 등이 좋은 예이다.

(2) 전이(Transference)

어떤 리스크에 대한 관리 및 대응책임과 현실화 되었을 경우의 영향을 제3자에게 넘기는 것을 말한다. 각종 보험이나 보증 등이 대표직인 사례에 해당된나. 일반적으로 리스크의 전이에는 추가 비용이 수반된다.

(3) 경감(Mitigation)

경감은 프로젝트에 대해 부정적인 영향을 끼칠 수 있는 리스크에 대해 발생 가능성을 억제하거나, 또는 발생 시 그 심각성을 저감시키는 일을 말한다. 늦어지고 있는 공기를 만회하기 위해 인력 또는 장비를 더 투입하거나, 가격만이 아닌 실적과 가격을 동시에 평가하여 협력기업을 선택하는 방식 등이 그 예이다.

(4) 수용(Acceptance)

특정 리스크에 대해 회피, 전이, 경감 등의 대응이 불가능하거나 혹은 현실화 되더라도 심각도가 극히 미미한 경우에 적용되는 방법이다. 가장 대표적인 사례가 예비비(contingency allowance)를 책정하여 활용하는 경우이다.

5.8 설계변경 관리

5.8.1 개요

시공단계에서의 설계변경은 단지 범위나 사용자재, 또는 공법 등의 변경만을 의미하는 것이 아니라, 품질, 공정, 원가, 설계, 리스크, 안전 및 환경 등 모든 면에서 불가피하게 변경이 발생함을 의미한다. 따라서 설계변경 관리란 시공단계에서 수행하여야 할 업무 중 중요도 면에서 매우 높은 비중을 차지하게 된다. 또한 발주자가 공공분야인지 민간분야인지에 따라서 설계변경 절차나 방법, 인정 조건 등이 상이하므로 신중한 검토가 필요하다.

5.8.2 설계변경의 유형

(1) 발주자의 지시에 의한 설계변경

발주자는 다음의 경우에 설계변경을 지시할 수 있다.

- 사업 환경의 변동
- 사업기본계획의 조정
- 공법변경
- 시설물 추가 등

설계변경 지시시 첨부서류는 다음과 같다.

- 설계변경 개요서
- 설계변경 도면, 시방서, 계산서 등
- 수량산출조서
- 기타 필요한 서류

발주자로부터 설계변경 지시를 받은 프로젝트 관리자는 설계변경이 프로젝트에 미치는 각종 영향을 충분히 검토한 후 시공자에게 설계변경의 추진을 지시하여야 하며, 시공자가 이견이 있을 경우에는 이를 종합적으로 검토하여 결과를 발주자에게 보고하고, 발주자의 지침을 받아 시공자에게 통보하여야 한다.

(2) 시공자의 제안에 의한 설계변경

시공자는 일반적으로 다음의 경우에 해당될 경우 관련 서류를 작성하여 설계변경을 요청할 수 있다.

- 공사비 절감 및 공기단축의 효과가 있는 경우
- 설계도서와 현장 여건이 부합되지 않는 경우

설계변경 요청시 제출서류 사례는 다음과 같다.

- 설계변경사유서
- 설계변경도면
- 개략적인 수량 증감내역
- 공사비 증감내역
- 설계변경시 품질, 공정, 원가, 리스크 관리 측면에서의 영향 분석 결과 등

시공자로부터 설계변경 요청을 접수한 프로젝트 관리자는 관련된 사항을 종합적으로 검토한 다음 검토의견서를 작성하여 발주자에게 보고하여야 하며, 발주자가 설계변경을 승인할 경우, 시공자에게 지시하여 변경을 추진하도록 한다.

(3) 경미한 설계변경

공사 중 발생되는 각종 경미한 설계변경에 대해서는 프로젝트 사업자가 설계변경의 타당성 여부를 검토한 다음 시공자에게 지시할 수 있다. 경미한 설계변경 여부를 판단하는 기준은 관련법에 의해 규정된다.

경미한 설계변경의 타당성 여부 검토를 위해 프로젝트 관리자는 다음과 같은 근거자료들을 시공자에게 요청할 수 있다.

- 설계변경도면
- 수량 및 공사비 증감 내역 등

5.9 각종 보고서의 작성 및 관리

5.9.1 개요

프로젝트를 수행하는 과정에서는 수많은 형태의 각종 보고서를 작성하게 된다. 보고서에는 관련 법규에 의해 각 사업 참여자별로 작성이 의무화된 보고서와 계약에 의해 작성, 제출되어야 하는 보고서 등이 있다. 관련 법규에 의해 작성해야 하는 보고서의 경우, 보고서 구성 목차나 수록하여야 하는 내용까지도 규정되어 있음에 유의하여야 한다.

5.9.2 보고서의 종류

(1) 일일업무일지(작업일지)

프로젝트 수행 중 가장 기초가 되는 보고서로 시공자, 설계자, 감리자, 건설사업관리자, 협력기업 등 거의 모든 프로젝트 참여자들이 작성한다. 주요 내용은 일일작업량이나 인력 · 장비 · 자재 투입현황, 주요업무 수행내용, 익일 작업계획 또는 업무수행계획 등이다.

(2) 주간업무보고서

주간 단위로 공사추진 또는 업무수행 실적을 정리함과 동시에 차주 업무수행계획을 요약, 정리한 보고서이다. 일반적으로 품질 · 공정 · 원가 · 안전 및 환경 등 주요 분야별 공사추진 실적이나 업무수행성과를 정리하여 작성한다.

(3) 월간 · 분기 보고서

매월 또는 분기별로 작성, 제출하는 보고서로 해당 월 또는 분기에 수행한 공사추진 또는 주요 업무 수행내용을 정리하여 구성한다. 주간업무보고서에 비해 보다 구체적이고 세부적인 내용들이 기술되며, 건설기술관리법에 의한 책임감리용역의 월간 · 분기 보고서는 SPRS(supervisory progress report system) 방식에 따라 보고서를 작성하여야 한다.

(4) 최종 보고서

프로젝트가 종결된 후 제반 업무수행실적을 종합 정리한 보고서를 말하며, 작성주체에 따라 건설지, 건설백서, 최종 보고서 등의 명칭으로 불려진다. 최종 보고서 작성시에는 단순히 수행업무를 나열하기보다는 성공사례나 교훈을 중심으로 작성하여 추후 유사 프로젝트의 추진 혹은 수행시 참고자료로 활용될 수 있도록 하여야 한다.

5.10 코디네이션 드로잉(Coordination Drawing) 및 시공상세도(Shop Drawing)의 작성 및 관리

5.10.1 개요 및 정의

시공상세도는 시공의 착오를 방지하고, 품질 및 안전 향상을 위해 현장에서 작성하는 상세 설계도면으로, 관련 부분을 일반 설계도면보다 더 자세하게, 그리고 공종별로 세분화해서 그린 도면을 말하며, 코디네이션 드로잉은 다수의 공종이 중첩되는 주요 부위에 대해 공종간 간섭 발생 여부나 시공성 등을 확인하기 위해 작성하는 도면을 통칭한다. 발주자는 시공상세도를 작성할 목록이나 부위를 시방서를 통하여 지정하여야 한다.

5.10.2 작성 및 활용

(1) 시공상세도 및 코디네이션 드로잉의 작성

시공상세도나 코디네이션 드로잉은 설계 · 시공 분리입찰방식일 경우에는 시공자가, 설계시공 일괄입찰방식일 경우에는 일괄사업자가 작성할 책임을 진다.

(2) 시공상세도 및 코디네이션 드로잉의 검토 및 승인

작성된 시공상세도나 코디네이션 드로잉은 시공의 근거로 활용되기 위해서는 제3자의 검토 및 승인 과정을 거쳐야 한다. 우리나라 현행 법규는 감리자에게 시공상세도나 코디네이션 드로잉에 대한 검토 및 승인의 책임을 부여하고 있다. 검토 및 승인단계에서 착안하여야 할 사항은 다음과 같다.

- 설계도면, 시방서 및 관계규정과의 일치 여부
- 현장기술자, 기능공이 명확하게 이해할 수 있는지 여부
- 해당 부위에 시공될 전체 공종의 망라 여부
- 시공 가능성, 용이성 및 안전성
- 각종 계산의 정확성
- 도면의 품질 및 선명성, 도면작성 기준과의 부합 여부

5.11 파트너링(Partnering)의 운영

5.11.1 파트너링(Partnering)의 정의

상호 신뢰, 목표의 공유와 성실한 수행, 여타 사업 참여자들의 기대와 가치에 대한 이해를 기반으로 하여, 각 사업 참여자들이 보유하고 있는 자원의 활용도를 극대화함으로써 특정 사업 목적을 달성하고자 하는 2개 이상의 조직에 의해 사용되는 경영적 접근법을 말한다.

5.11.2 파트너링의 특징

- 상호 신뢰를 기반으로 하는 목표의 공유(shared vision & objectives)
- 팀에 의한 접근 방식
- 파트너링 참여자들의 합의 및 추인을 받은 공정한 방법에 의한 문제 해결
- 사업 참여자들의 관계 재설정: 상하관계 협력과 팀워크(teamwork)의 관계
- 프로젝트 참여자들의 화학적 결합을 통한 win-win 자세 견지
- 상호간 원활한 의사소통을 통한 분쟁 방지 및 발생된 분쟁에 대한 원만한 해결책 모색
- 법적인 계약에 의해 보장되지 않는 부분에 대한 자발적인 규준 설정

5.11.3 파트너링 적용 목적

- 시스템 인터페이스(system interface) 관리 능력 향상: 사업 참여자간 이질적인 문화, 업무관행, 업무수행절차 등의 극복
- 변화하는 프로젝트 수행 환경에 대한 대응력 및 적응력 향상
- 상호 적대적인 관계의 해소를 통한 분쟁의 감소
- 각 참여자 보유 자원의 활용도 향상
- 프로젝트 목표의 공유를 통한 개방성 및 신뢰 향상
- 품질 · 안전 향상 및 시행착오의 감소
- 비용 및 공기 절감: 전체 프로젝트 비용 감소, 참여자 수익성 증가, 공기 단축
- 자원의 효율적 활용: 관리 비용 감소, 의사소통 및 팀워크 증진

5.11.4 전통적인 프로젝트 수행방식과 파트너링 방식의 차이점

표 3-4 파트너링과 전통적 프로젝트 수행방식의 차이점

구 분	전통적 프로젝트 수행방식	파트너링의 적용
사업참여자간 관계	여타 참여자를 불신하여 적대적인 관계 형성	상호 신뢰를 바탕으로 하는 협력 관계 구축
목표 달성 방식	각 참여자의 상이한 이해관계에 따른 개별 목적 추구, 공동목표 부재	목표를 공유함으로써 공동의 단일목적 추구
의사소통 채널	제한적, 폐쇄적	개방적이며 다양
프로젝트 수행 절차 및 태도	개별 참여자의 절차 및 업무수행자세 고수	객관적이고 공정하며, 참여자 모두가 공감할 수 있는 절차 수립, 적용 가능
참여 대상	프로젝트 수행 팀만 관여 본사 조직은 무관심	각 사업참여자들의 프로젝트 수행조직뿐만 아니라 본사의 지원조직도 동시 참여
수행 업무의 질	객관성 상실, 자기보호에 치중	목표를 공유하므로 객관성과 정당성 확보 가능

5.12 분규조정위원회(Dispute Resolution Board, DRB)의 운영

5.12.1 개요

분규조정위원회(DRB)는 전문가에 의한 조언이나 심리를 통하여 프로젝트 수행 과정에서 발생될 수 있는 각 사업 참여자간 잠재적인 분쟁 혹은 클레임 요인들을 초기단계에서 제거함으로써, 각종 클레임이나 분쟁으로 야기될 수 있는 불필요한 시간적, 재정적 손실을 최소화하기 위해 고안된 장치이다. 공정성에 기초한 분규조정위원회의 심리 결과물로 도출된 조정안을 공사완료 시점까지 구속력을 부여함으로써, 프로젝트 수행 중 발생되는 분쟁으로 인한 소모적인 요인들을 근본적으로 차단하는 것을 최대의 효과로 한다. 우리나라에서는 DRB를 구성하여 운영한 사례를 찾기 힘든 관계로 국책사업으로 진행되고 있는 한 프로젝트의 DRB 운영 계획을 사례로 들어 DRB의 권한과 운영 등에 대한 전반적인 내용을 설명하고자 한다.

5.12.2 분규조정위원회의 구성 및 운영계획 사례

(1) DRB의 권한

DRB 위원들에게는 다음과 같은 권한을 부여한다.

- DRB 자신의 권한 및 회부된 쟁점의 범위에 대한 결정권
- 계약이나 DRB운영규칙에 포함된 것을 제외한 여타 규칙 또는 절차에 구속됨이 없이 심리를 할 수 있는 권한
- 결정을 위해 필요한 각종 자료의 제출을 요구할 수 있는 권한
- 위원의 전문가적 지식을 활용할 수 있는 권한
- 임시적 구제 조치를 취할 수 있는 권한
- 쟁점과 관련된 각 사업 참여자의 확인, 결정, 지시, 의견 또는 평가를 공개, 검토 및 수정할 수 있는 권한
- 외부 전문가를 초빙하거나 자문 등을 의뢰할 수 있는 권한
- 심리 수행을 위한 위원들의 소요시간 조정 및 결정 권한
- 신문절차를 채택할 수 있는 권한
- 심리방법을 채택할 수 있는 권한(예, 서면, 유무선, 방문, 방문과 서면병행 등)
- 심리에 참석하는 인원에 대한 거부권
- 심리에 참석하고자 하는 인원에 대해 방청권을 부여할 수 있는 권한
- 심리에 대한 통지서를 접수한 분쟁 당사자 중 일방이 결석한 상태에서 심리를 진행시킬 수 있는 권한

(2) DRB의 의무사항

- 특정 사업 참여자에 편중되지 않고 공정하고도 합리적으로 행동하여야 함.
- 분규 당사자 각각이 충분히 입장을 개진하고 상대방의 입장에 대해 답변할 합리적인 기회를 제공하야여 함.
- 불필요한 심리 지연이나 비용 발생을 피하고, 양방간의 원활한 합의를 유도할 수 있는 적절한 절차와 방법을 채택, 적용하여야 함.
- 심리 중에 분규 당사자들이 개진한 내용에 대해 개인적인 의견을 표시하지 않아야 함.

- 분쟁 당사자간 서면으로 달리 합의된 바가 없을 경우, 최종심리일로부터 30일 이내에 조정안을 도출하여 분쟁 당사자들에게 결정내용을 통지하여야 함.

(3) DRB의 운영

- 사업 참여자간 별도의 합의가 없는 한, 60일을 초과하지 않는 범위 내에서 정기적으로 DRB를 소집하여야 함.
- 긴급 또는 중대한 사안 발생 시 분쟁 당사자는 합의에 의해 DRB의 소집 및 심리를 요청할 수 있으며, DRB 위원들은 특별한 사유가 없는 한 이에 응하여야 함.
- DRB의 소집 시기와 안건은 DRB와 분쟁 당사자 공동으로 합의되어야 하나, 합의가 없을 경우에는 DRB에 의하여 결정된 사안을 따라야 함.
- DRB는 공사의 진행상항을 파악하고, 이미 발생되었거나 잠재되어 있는 분쟁이나 클레임 등을 사전에 파악하기 위한 목적으로 현장을 방문하고, 필요하다고 판단되는 제반 자료를 요구할 수 있음.
- DRB의 현장방문에는 발주자, 시공자 및 프로젝트 관리자가 참석하는 것을 원칙으로 하며, 현장은 DRB의 업무수행에 필요한 각종 시설을 제공하여야 함.
- DRB는 현장방문 후 48시간 이내에 현장 방문시 수행한 업무 내용을 정리하여 보고서를 작성, 제출하여야 하며, 사안의 성격상 전문가의 의견수렴이나 도서 및 자료의 열람이 필요한 경우에는 시한을 연장할 수 있음.
- DRB는 심리진행을 위해 필요하다고 판단될 경우, 외부 전문가의 검토, 확인, 자문, 감정 등을 받을 수 있음.
- DRB에 의해 결정된 사항이나 운영규칙은 입찰안내서 및 계약문서에 규정된 모든 분쟁관련 조항에 우선함.

(4) 사업 참여자들의 의무사항

- 각 사업 참여자들은 계약문서, 공정보고서, 설계변경지시서, 각종 확인서 및 증명서, 기타 계약의 이행과 관련된 각종 문서 등 DRB가 요청하는 모든 문서들의 원본 또는 사본을 DRB에 제공하여야 함.
- 각 사업 참여자간 원활한 의사소통을 위해 필요하다고 판단될 경우, DRB는 여타 사

업 참여자에게 특정 문서나 그 내용을 제공할 수 있으며, 사업 참여자는 이에 대해 어떠한 이의도 제기하지 않아야 함.

- 사업 참여자들은 DRB운영에 필요한 비용을 분담하여야 함.
- DRB는 심리를 위한 일자 및 장소를 직접 결정할 수 있고, 각 사업 참여자나 분규 당사자들은 이에 응하여야 함.

(5) DRB 조정안의 강제성

- 입찰안내서 및 계약문서의 분쟁조항과 관련하여 분규 당사자가 쟁점 사안으로 인식하여 중재나 소송을 희망하는 경우라 할지라도, 분규 당사자들은 당해 사안을 최우선적으로 DRB에 회부하여 조정안을 득해야 함.
- DRB에 회부되어 결정된 조정안은 강제 구속력을 가지고, 분규 당사자가 이에 동의하지 않다 하더라도 조정안의 내용을 따라야 하며, 그 결정내용의 효력은 공사 목적물을 인수한 날과 준공검사를 완료한 날 중 먼저 도래한 날까지 유효함.
- 분규 당사자가 DRB 조정안의 내용에 이의가 있을 경우, 전체목적물을 인수한 날과 준공검사를 완료한 날 중 먼저 도래한 날로부터 30일 이내에 소송에 우선하여 중재를 신청하여 해결해야 함.
- 단, 중재에 의하여 처리할 수 없는 사안인 경우, 전체목적물을 인수한 날과 준공검사를 완료한 날 중 먼저 도래한 날로부터 30일 이내에 소송을 제기하여야 함.
- 전체목적물을 인수한 날과 준공검사를 완료한 날 중 먼저 도래한 날로부터 31일 이후에는 분규 당사자 모두가 DRB에서 결정한 조정안의 내용에 대해 이의가 없는 것으로 간주하며, 아울러 계약 당사자가 중재 또는 소송으로 해결할 권한은 자동으로 소멸됨.

6 시공 후 단계

6.1 시설물통합관리시스템(Facility Management System, FMS) 구축 지원

6.1.1 개요

FMS는 시설물의 경제적, 효율적인 관리를 위하여 건물의 각 시설을 중심으로 환경, 운영인력, 운영조직의 활동을 유기적으로 통합 관리함으로써 시설물의 수명을 연장시키고, 각종 장비 및 기기류의 가동상태 파악이나 점검기록, 설계도면 검색 등에 있어 인덱스화된 정보를 신속히 제공함으로써 시설물 통제를 용이하게 할 수 있으며, 궁극적으로 전(全) 생애주기(life cycle cost, LCC) 분석에 의한 유지관리비용의 절감을 목적으로 하는 통합 관리시스템을 말한다.

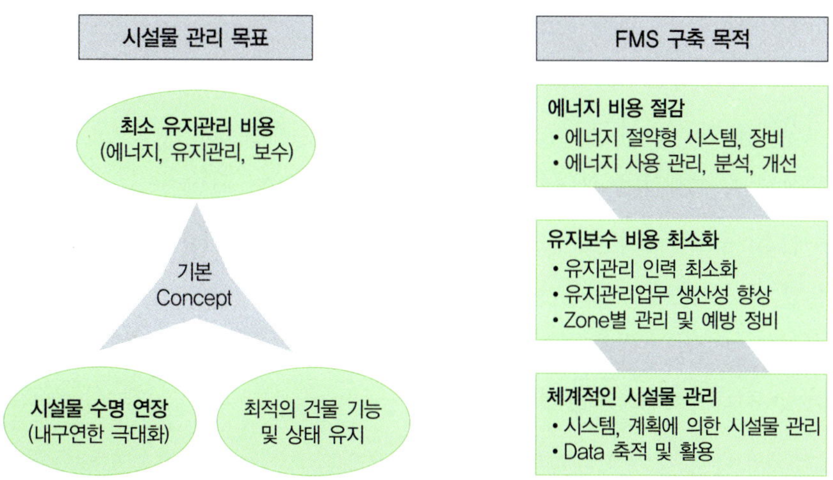

그림 3-5 FMS의 개요

6.1.2 시스템의 구성

FMS는 프로젝트의 특성이나 규모 등에 따라 다양하게 구성될 수 있으나, 일반적인 시스템의 하드웨어와 소프트웨어는 다음과 같다.

표 3-5 FMS 시스템의 구성

구 분	주요 구성 항목
하드웨어	FMS 서버, 칼라 모니터, 바코드스캐너, PDA 단말기 등
소프트웨어	FMS 서버 O/A, DB Engine, FMS 운영 S/W, PDA 운영 S/W 등

6.2 시설물 인수 · 인계

6.2.1 개요

프로젝트 목적물이 완성되면 시설물의 인수 · 인계 작업에 착수한다. 시설물 인수 · 인계를 위해서는 면밀한 사전계획과 검토가 선행되어야 하며, 프로젝트 관리자는 시공자와 발주자간 인수 · 인계 과정에 입회하게 된다.

6.2.2 시설물 인수 · 인계 계획

- 시설물 운영 지침서
  - 시설물의 규격 및 기능점검 항목
  - 기능 점검 절차
  - 테스트 장비 확보 및 보정
  - 기자재 운전 지침서
  - 제작도면, 절차서 등 관련자료
  - 수선 및 유지관리지침
- 시운전 결과보고서
- 예비준공 및 준공검사 결과
- 기타 시설물 인수 · 인계에 관련된 사항

6.2.3 시설물의 인수 · 인계

프로젝트 관리자는 시공자가 제출한 인수 · 인계서를 검토, 확인하여 시설물이 적기에 발주자에게 인계될 수 있도록 하여야 하며, 발주자와 시공자간 인수 · 인계과정에 입회한다. 시설물 인수 · 인계에 대해 발주자가 이의를 제기할 경우에는 그에 대한 현상파악을 통하여 필요한 대책 등의 의견을 제시하여 시공자로 하여금 수행하도록 조치한다.

6.2.4 유지관리 및 보수 교육

시설물에 대한 인수 · 인계 작업이 완료되면 인수 후 시설물 관리업무를 수행할 인력들에 대한 유지관리 및 보수 교육을 진행하게 된다. 교육을 담당할 주체는 계약에 의해 정해지나 프로젝트 관리자가 수행하는 것이 일반적이다. 주요 교육 내용은 다음과 같다.

- 시설물의 안전 및 유지관리체계
- 운영지침서 운용요령
- 시설물의 안전 및 유지관리에 관한 세부 실무 지침
- 시설물의 하자보수관리 및 후속대책

6.3 프로젝트 기록지의 작성

6.3.1 개요

프로젝트의 전체 수행과정을 기록으로 남기는 것은 매우 중요한 의미를 갖는다. 프로젝트 수행과 관련된 각종 사안들을 전체적인 시각에서 재조명할 수 있을 뿐만 아니라, 향후 유사 프로젝트를 추진하는 당사자들에게도 실질적인 도움을 줄 수 있기 때문이다. 우리나라 공공분야 프로젝트의 경우 감리자로 하여금 분기별 혹은 월별로 업무수행실적을 정리하여 CD로 제출토록 의무화하고 있으나, 요구 내용이 수행한 업무의 나열에 불과할 뿐만 아니라 제도 시행의 목적 자체도 하자나 여타 문제점 발생시 책임소재를 규명하는데 초점이 맞추어져 있어 기록지를 작성하는 본연의 목적과는 다소 거리가 있다.

6.3.2 프로젝트 기록지의 작성 방법

(1) 기록지 작성계획의 수립

목적에 부합되는 프로젝트 기록지를 작성하기 위해서는 프로젝트 초기단계에서부터 면밀한 검토와 계획 수립이 전제되어야 한다. 기록지에 어떤 내용을 담을 것이며 내용의 초점을 어디에 맞출 것인지 등에 대한 계획 수립이 필수적이다. 기록지 작성을 책임질 정 · 부 담당자 또한 조기에 선임하여 개인별 업무분장기준에 반영해 두어야 한다.

(2) 상시 자료 정리

기록지 작성을 맡은 담당자는 프로젝트 수행과정에서 생성되는 각종 결과물들을 분류하고, 재가공 과정을 거쳐 데이터화하는 작업을 꾸준하게 수행해 나가야 한다. 재가공된 자료들은 분류된 기준에 의해 폴더를 구성하되 프로젝트 팀원 전체가 자료를 공유할 수 있도록 PMIS 등에 데이터를 구축하는 것이 유리하다.

(3) 각 단계별 기록 정리

프로젝트가 종결된 뒤에 프로젝트 기록지를 일괄 작성하는 것은 바람직하지 못하다. 프로젝트 진행 도중에 담당자가 교체되거나, 철수할 수도 있거니와 데이터가 유실될 수 있는 가능성 등을 감안한다면 더욱 그러하다. 따라서 프로젝트 각 단계로 확보된 데이터들을 취합하여 하나의 단계가 종결될 때마다 간이 기록지를 정리해 두는 것이 유리하다.

(4) 최종 프로젝트 기록지의 작성 및 발간

최종 기록지는 각 단계별 기록지를 취합한 다음, 전체적인 맥락을 조정 또는 수정하여 완성한다. 내용은 수행한 업무나 사실의 나열에 그쳐서는 아니 되며, 프로젝트 수행 중에 발생한 성공사례나 실패사례, 이들을 통해 체득한 교훈 등 향후 유사 프로젝트 수행시 활용될 수 있는 내용 위주로 구성한다. 또한 각 프로젝트 관리 분야(공정, 품질, 원가, 안전, 환경, 리스크 등)별 데이터들의 재가공을 통하여 향후 유사 특성과 규모를 가진 프로젝트를 수행할 때 참고할 만한 자료를 제공할 수 있어야 한다.

6.4 잔여 분규 및 클레임 해소 지원

6.4.1 개요

미해소 분쟁이나 클레임 등은 프로젝트를 완전히 종결하는데 있어 큰 장해 요소가 된다. 프로젝트 수행 중에 파트너링(partnering) 개념을 도입하고, 분규조정위원회(DRB) 등을 운영하였음에도 불구하고, 준공 이후까지도 미해결로 남아있는 분규나 클레임의 경우 대체로 중재나 소송에 의해 해결방안을 찾는 경우가 일반적이다. 프로젝트 관리자 또한, 프로젝트 중재자로서의 소임을 다하기 위해 잔여 분쟁이나 클레임을 해소하기 위한 각종 업무들을 수행하는 사례가 빈번하다.

6.4.2 분쟁, 클레임의 해소 수단

(1) Mini-Trial

- 시간과 비용이 소요되는 중재나 소송 등 공식적인 절차를 거치지 않고 분규를 해소하는 수단으로 분규 당사자들의 최고의사결정권자들이 참석하여 자체 해결 방안을 모색하는 방법이다. 실무 책임자들의 입장에 의해 해결점을 찾지 못하고 있는 분규나 클레임 등을 해소할 수 있는 유용한 방법이다.
- 프로젝트 참여자별 최고 책임자, 분규 및 클레임 당사자들의 최고의사결정권자, 분규조정위원회(DRB) 위원들이 참여하여 사안을 검토하고 해결책을 찾는 방식으로 진행된다. 분규 당사자들의 최종의사결정권자가 직접 참여하므로 시간이 단축되고 비용이 저렴하며, 합의된 내용에 대한 효력 또한 매우 높은 편이다.
- 합의 도출에 실패할 경우 논의된 내용들을 정리하고, 최종 해결을 위해 중재나 소송 중 어떤 수단을 택할 것인지를 논의하게 된다.

(2) 중재(Arbitration)

- 국내 · 외 상거래에서 발생하는 각종 분쟁을 해결 또는 예방함으로써 상거래 질서를 확립하여 국민의 편익을 증진하기 위한 목적으로 1970년에 설립된 대한상사중재원에 중재를 의뢰하는 경우이다. 대한상사중재원은 1973년 「외국중재판정의 승인 및 집행에 관한 UN협약(New York 협약이라고도 한다)」에 가입하여 중재 및 판정 결과에 대해 국제적인 효력을 인정받고 있다.
- 중재 계약의 당사자는 중재 판정을 따라야 하며, 중재계약이 무효이거나 효력을 상실한 경우 및 이행이 불가능 한 경우를 제외하고는 법원에 소송을 제기할 수 없다. 즉, 중재 판정은 계약 당사자간에 있어서는 법원의 확정 판결과 동일한 효력을 지닌다.
- 중재의 특징은 소송에 비해 단시간 내에 분규의 해소가 가능하고, 비용이 저렴하며, 해당 분야의 전문가들을 중심으로 중재단을 구성하기 때문에 분규 내용에 대한 이해

도가 높아 공정한 중재를 기대할 수 있다.

(3) 소송(Litigation)

- 분규나 클레임 해결을 위해 계약서상에 명기된 관할 법원에 소송을 제기하는 경우를 말한다. 분규 또는 클레임을 제기한 당사자의 입장에 따라 중재보다는 소송을 선호하는 경우도 있다.
- 소송의 일반적인 특징은 심도 있는 조사가 가능하고 공개적인 심문절차에 의해 진행된다는 장점이 있는 반면, 까다롭고 정형화된 절차를 거쳐야 하므로 장시간이 소요되고, 비용이 많이 소요되며, 전문성이 부족한 주체에 의해 결과가 결정될 수 있다는 등의 단점도 있다.

7 결

개요에서 언급한 PMBOK(Project Management Body of Knowledge)에서는 project management를 "Application of knowledge, skills, tools and techniques to project activities to meet or exceed stakeholder's needs and expectations"으로 정의하고 있다. 이를 우리말로 옮기면 "발주자 혹은 프로젝트와 관련된 이해관계자들의 요구나 기대수준을 충족시키기 위한 목적으로, 프로젝트를 구성하는 각종 activity를 효율적으로 수행하는 데 필요한 각종 지식, 기법, 기술적인 수단 등을 적용하는 것"으로 정리될 수 있을 것이다.

PMBOK에서는 또한, project management를 scope, time, cost, quality, human resource, communication, risk, procurement management 등 8개 분야로 분류하고, 여기에 8개 분야 각각의 기능을 유기적으로 연결하여 통합 관리하는 integration management를 합하여 총 9개의 분야로 나누어 설명하고 있다.

그러나 우리나라의 건설업계는 위의 9개 분야 중 3개 분야, 즉 time, cost, quality management와 안전/환경관리에는 많은 시간과 노력을 기울이지만, 그 외의 분야에 대해서는 그다지 중요한 의미를 부여하지 않는 것이 일반적인 경향이다.

이와 같은 현상은 우리나라의 건설산업 구조가 시공 중심으로 고착되어, 건설 프로젝트를 '공사'라는 hardware로만 인식하여 '효율'이라는 측면을 도외시해 왔기 때문이라 할 수 있다.

근래 들어 CM제도가 정착, 확산되면서 기존의 그릇된 시각에서 탈피하여 건설 프로젝트를 관리(management)의 대상으로 이해하려는 진지한 노력들이 진행되고 있긴 하지만 아직까지 가시적이면서도 의미 있는 성과를 기대하기는 어 려운 실정에 머물러 있다.

본 장을 기술함에 있어 이론과 현실간의 균형을 유지하려는 노력은 하였으나, 실무 쪽에 무게중심이 두어진 탓으로 PM의 9개 분야 중 일부에 대해서는 깊이 있는 내용을 다루지 못한 것이 사실이다.

하지만, 여기에 기술된 내용들이 현장에서 프로젝트 관리 실무를 수행하는데 도움이 되고, 실무 적용을 통해서 축적되는 데이터나 경험이 피드백(feedback)되어 또 다시 이론에 접목된다면 머지 않아 우리나라에도 보다 체계적이면서도 적용성이 높은 PM지식체계가 정립될 수 있을 것이다.

CHAPTER 4

설계관리 (Design Management)

1 개 요

인류의 진화와 더불어 건축은 끊임없는 발전을 거듭하였다. 인류발생 초기의 원시적인 주거지에서부터 최근의 하늘을 찌를 듯한 위세의 초고층까지 건축은 매우 다양한 형태로서 인간의 주거 및 생활공간을 제공하고 있다. 이토록 건축은 인류문명의 발전과 함께 시작되었지만 건축설계가 산업화되고 건축주에게 예술적 가치뿐만 아니라 구조, 설비, 조명 등 기술적인 서비스를 체계적으로 제공하기 시작한 것은 산업혁명 시작 이후부터이다. 더욱이 건설사업에 있어서 시공 전 단계의 설계관리 분야가 설계 프로세스의 일부로 도입되기 시작한 것은 그리 오래 전의 이야기가 아니다. 설계에 대한 제3자의 개입이 설계자로서는 불편하고 자유로운 창작활동에 방해요소라고 주장하기도 하나, 과거와는 달리 기술개발속도의 가속화와 빠른 정보화 사회로의 변화에 힘입어 신공법 · 신기술 · 신자재가 매일같이 쏟아지는 최근의 현실에 비추어 볼 때 체계적인 설계관리의 도입은 건설산업의 발전에 반드시 필요하다 하겠다.

설계관리가 설계의 잘못을 지적하는 것이 주 업무라고 보는 것은 분명 설계관리의 본질을 왜곡하는 것이며 설계관리의 목적은 최적화된 설계를 추구하는 활동으로 인식되어야 한다. 설계관리는 건축주의 요구를 파악하여 설계의 목표를 명확하게 설정하고, 전체 사업일정을 고려하여 설계일정을 관리하고, 바쁜 일정에 따라 생산된 설계 성과물을 검토하고, 공종간 의사소통 부족에 의하여 발생하는 설계 오류를 최소화 하고, 설계내용을 목표로 하는 사업예산을 초과하지 않도록 사업비를 단계별로 검증하여 필요시 설계를 조정하고, 공사원가절감 노력을 기울여 궁극적으로는 건축주에게 최상의 품질과 서비스를 제공하는 것이다.

본 장에서는 설계단계에서 실제로 발생하였던 여러 가지 사례를 통하여 설계관리 업무를 소개하고 있으며, 특히 설계품질관리와 VE(value engineeing)에 대하여 집중적으로 업무를 분석 · 기술하였으며, 설계단계별 설계관리 업무를 이해하고, 이를 실무에 적용하는 것을 위주로 설명하였다.

2 설계관리 이해

2.1 설계관리의 정의

설계관리란 사업주의 요구사항을 파악하여 사업의 목표를 정확히 이해하고, 이러한 목표를 모든 설계관련자와 공유할 수 있도록 설계기준을 정하고, 설계 전반에 걸쳐 전체 사업일정과 적절한 작업기간을 고려하여 설계 성과물을 작성하고, 설계관련자간 원활한 의사소통을 통하여 설계오류를 최소화, 전반적인 설계 품질 향상, 공사비용 및 유지관리비용의 절감 등의 효과를 극대화하기 위하여 설계 전반에 걸친 관리행위를 의미한다. 이와 같은 업무는 설계자가 직접 수행할 수도 있으나, 이 경우 설계에 대한 경제성, 시공성, 합리성 등을 객관적으로 판단하기 어려울 뿐만 아니라, 설계가 건설사업 전반에 걸쳐 미치는 중요성이 간과될 수 있다는 점에서 제3의 전문가가 관여하여 설계 성과물을 검증함과 동시에, 설계와 관련된 의사결정 과정에 직접 참여함으로써 사업의 목표가 더욱 충실히 달성될 수 있다.

2.2 설계관리 범위의 확대

최근 몇 년 전까지도 설계관리는 주로 설계 성과품에 대한 설계검토 업무를 의미하였다. 또한 건설기술관리법의 설계감리 업무범위를 보면 시공성 · 경제성을 고려한 설계도서의 검토 업무가 주류를 이루고 있다. 즉, 기본설계와 실시설계 도서를 검토하여 설계 전반적인 품질을 향상시키고, 전체 사업일정 및 사업비 범위에서 공사가 이루어질 수 있는지를 검증하며, 적용 공법이나 시스템의 적정성 확인을 통하여 원가절감요소를 찾아내어 공사비를 줄이는 등의 업무 위주였다. 물론 이러한 업무도 건설사업에 있어 매우 중요한 의미를 지니고 있지만 설계자와의 대립적 관계, 제한적인 참여, 피드백 부재 등의 현실적인 제약으로 그 효과가 만족스럽지 못했던 것이 사실이다. 하지만 요즈음 지자체의 토지나 부동산을 이용한 수익사업이 증가하고 프로젝트가 대형화됨에 따라 설계관리가 단순한 설계 성과품의 관리차원에서 벗어나 사업주의 사업 목표를 이해하고, 설계 기준을 정하며, 설계자 및 건물 자문 기업 선정, 설계일정관리, 문서관리, 의사결정 참여, 예산 관리에 이르기까지 그 범위가 점차 확대되고 있다. 이러한 추세는 건설사업 전반에 있어 설계의 역할과 비중이 점증하고 있을 뿐만 아니라, 설계의 품질 또한 더욱 향상시켜 나갈 수 있는 가능성을 보여준다는 점에서 매우 바람직한 현상이라 할 수 있다.

2.3 설계관리의 중요성

건설의 전반적인 프로세스 중 설계가 차지하는 비중은 매우 크고 중요하다 할 수 있다. 하지만 시공위주로 고착된 우리나라 건설산업 구조나 외형적인 판단으로 인하여 설계분야가 시공분야에 비하여 간과되고 있는 것이 현실이다. 기획 및 설계단계 소요비용은 전체사업비 중 10% 정도를 차지하는데 비하여, 전체 프로젝트 비용과 유지관리비용은 설계단계에서 결정된다. 미국 토목협회의 조사연구에 따르면 80%의 전생애주기 비용(life cycle cost, LCC)이 설계단계에 결정되며, 그 중 50% 이상이 초기 설계단계에 결정되는 것으로 알려졌다. 표 4-1은 조달청의 설계관리 업무편람 중 일부이다. 이 표를 살펴보면 조달청에서 발주한 시설공사에서 노정된 각종 부적정 요인 중 설계로 인한 사유가 41%로 가장 큰 비중을 차지하고 있음을 알 수 있다.

표 4-1 시설공사 부적정 요인 분석[1)]

제도 부적정	설계 부적정	계약 부적정	부당시공	시공관리 부적정	기타	계
504 (14%)	1,498 (41%)	286 (8%)	945 (25%)	281 (7%)	147 (5%)	3,657 (100%)

민간 공사에서도 국내 건설기업 현장의 설계변경 발생원인 중 약 47%가 설계상의 오류에 의한 것으로 나타나고 있으며, 이에 따른 재시공 비용이 총 도급금액의 약 2%로 조사된 바 있다.[2)] 시공 중의 설계변경은 대부분의 경우 공사비 증가를 수반하며 그로 인한 계약 상대자간 분쟁을 발생시키기도 한다. 따라서, 설계 초기단계에서부터 전문가에 의하여 설계가 검토되고 관리된다면 상당수의 시공단계 설계변경을 사전에 예방할 수 있으며 결국은 공기 및 공사비 절감에 기여할 수 있을 것으로 보인다.

---

1) 조달청, 설계관리 업무편람.

2) 김창덕, 나경철, "협력설계를 통한 건설 프로세스 개선방안", 건설관리학회논문집, p.147, 2001.

2.4 설계관리 관련 법령

2.4.1 설계관리업무 관련한 건설기술관리법 등의 조항 및 해석

건설기술관리법 시행령에 의하면 공공 발주 일부 시설물에 대해서는 설계감리를 할 수 있도록 규정하고 있으나, 강제 규정은 아니며 설계감리 업무범위는 상당히 제한적인 것으로서 설계검토 위주의 업무들로 구성되어 있다.

건설기술관리법 시행령 제72조(설계감리대상용역)

건설기술관리법 제22조제1항의 규정에 의하여 설계감리를 하여야 하는 설계 등 용역은 다음과 같다. 다만, 제84조 제1호부터 제6호까지의 규정에 따른 기관 또는 「지방공기업법」에 따른 지방공사가 시행하는 설계로서 해당 기관 또는 공사의 소속 직원이 용역감독 업무를 수행하는 설계와 「국가를 당사자로 하는 계약에 관한 법률 시행령」 제87조제1항 및 「지방자치단체를 당사자로 하는 계약에 관한 법률 시행령」 제100조제1항에 따른 일괄입찰의 실시설계적격자가 시행하는 실시설계는 제외한다.

1. 「시설물의 안전관리에 관한 특별법」 제2조제2호 및 제3호에 따른 1종시설물 및 2종시설물 건설공사의 기본설계(발주청이 설계감리가 필요하다고 인정하는 경우만 해당한다) 및 실시설계
2. 「시설물의 안전관리에 관한 특별법」 제2조제2호 및 제3호에 따른 1종시설물 및 2종시설물이 포함되는 건설공사의 기본설계(발주청이 설계감리가 필요하다고 인정하는 경우만 해당한다) 및 실시설계
3. 신공법 또는 특수공법에 따라 시공되는 구조물이 포함되는 건설공사로서 발주청이 설계감리가 필요하다고 인정하는 공사의 기본설계 및 실시설계
4. 그 밖에 발주청이 설계감리가 필요하다고 인정하는 건설공사의 기본설계 및 실시설계

[전문개정 2010.12.13]

[제39조에서 이동 〈2010.12.13〉]

제73조(설계감리의 업무범위) ① 법 제22조제2항에 따른 설계감리의 업무 범위는 다음 각 호와 같다.

1. 건설공사 관련 법령, 법 제34조제1항 각 호에 따른 건설공사 설계기준 및 건설공사 시공기준에의 적합성 검토
2. 구조물의 설치 형태 및 건설공법 선정의 적정성 검토
3. 사용재료 선정의 적정성 검토
4. 설계내용의 시공 가능성에 대한 사전 검토
5. 구조계산의 적정성 검토
6. 제63조에 따른 측량 및 지반조사의 적정성 검토
7. 설계공정의 관리

8. 공사기간 및 공사비의 적정성 검토
9. 제64조에 따른 설계의 경제성 등 검토
10. 설계안의 적정성 검토
11. 설계도면 및 공사시방서 작성의 적정성 검토
12. 설계감리에 대한 결과보고서의 작성

② 제1항 각 호에 규정된 사항의 세부적인 내용과 설계감리의 대가기준에 관한 사항은 국토해양부 장관이 정하여 고시한다.
[전문개정 2010.12.13]
[제39조의2에서 이동 〈2010.12.13〉]

또한, 건설기술관리법 22조 2항에 의하면 발주청이 건설공사의 효율적인 수행을 위하여 필요하다고 판단되면 건설사업관리를 위탁 시행할 수 있도록 하고 있으며 대부분의 건설사업관리는 설계관리업무를 수반한다. 건설사업관리에 의한 설계관리업무는 동법 제22조에서 규정한 설계감리 업무와 비교할 때 업무범위가 확대되어 일정관리, VE(value engineering), 사업비관리 등의 업무까지 수행할 수 있도록 규정하고 있다.

건설기술관리법 제22조2 (건설사업관리의 시행)
① 발주청은 건설공사의 효율적인 수행을 위하여 필요한 경우에는 다음 각 호의 1에 해당하는 건설공사에 대한 건설사업관리를 위탁하여 시행할 수 있다(2001.1.16 본조신설).
1. 공항, 철도, 발전소, 댐 또는 플랜트 등 대규모 복합공종의 건설공사
2. 설계, 시공관리의 난이도가 높아 특별한 관리가 필요한 공사
3. 발주청의 기술인력이 부족하여 원할한 공사관리가 어려운 건설공사
4. 제1호 내지 제3호 외의 건설공사로서 당해 건설공사의 원할한 수행을 위하여 발주청이 필요하다고 인정하는 건설공사
② 건설사업관리의 세부 업무 내용은 대통령령으로 정한다.
[전문개정 2009. 12. 29]

민간공사의 경우 건설사업관리 적용에 대한 강제 규정은 없으나 현행 감리제도의 문제점과 설계의 중요성을 깨달은 발주자들에 의해 그 적용이 꾸준히 확대되고 있는 추세에 있다.

2.4.2 외국 사례 검토

선진 외국의 경우 설계감리를 법으로 강제 적용토록 함으로써 설계오류를 최소화하고, 설계 품질 향상에 따른 건설공사 품질제고를 기하고 있는 경우가 많다. 이에 대한 몇몇 적용 사례를 통하여 그 실상을 살펴보기로 한다.

(1) 중국의 사례

중국 건설사업의 인 · 허가는 방안설계, 초보설계, 시공도 설계단계로 나누어지는데, 시공도면에 대하여 제3의 설계사무소가 설계도서를 검토한 후 설계검토 의견을 제출하면 설계자는 검토의견을 반영하여 설계도서를 수정, 변경한 후 납품한다. 설계검수에 대한 비용은 발주처 부담이며, 설계검토는 건축설계분야를 위주로 실시한다. 설계검토 내용의 질은 검토자에 따라 상당히 편차가 발생할 수 있고, 형식에 치우칠 수도 있다는 문제점을 안고 있지만, 모든 프로젝트의 설계에 대하여 제3의 설계사가 검토하도록 함으로써 설계 품질의 향상과 설계오류를 줄이는데 실질적인 제도장치로서 활용되고 있다고 생각된다.

설계의 품질은 설계사무소에 따라 천차만별인 것으로 알려져 있으며, 이러한 문제점을 극복하기 위해서는 설계자를 선정할 때 외형상의 규모보다 실제 설계참여자의 이력을 확인하는 것이 매우 중요하다. 일부 설계사무소는 계획단계의 개념설계(concept design) 및 계획설계(schematic design)까지도 외주처리하고 있으며 사업주가 계획단계의 설계에 대하여 변경 또는 대안을 요청하더라도 적절히 대응하지 못하는 경우가 많다.

설계비는 관련기관이 정한 요율에 따라 정해지며 설계업무 범위도 표준계약서에 정하여져 있으므로, 표준계약서의 과업범위 이외의 업무에 대하여는 계약특수조건으로 계약서에 명시하여 확인하는 것이 중요하다. 중국의 특성상 구두로 약속한 내용에 대하여는 설령 회의록을 남겨두었다 하더라도 전혀 구속력이 없으며 이로 인하여 클레임의 원인이 되기도 한다.

(2) 독일의 사례

독일은 우리가 갖고 있는 일반적인 이미지처럼 건설사업과 관련된 제도 또한 합리적, 사용적인 것으로 평가받고 있다. 독일의 경우 모든 건축시설 또는 구조물의 구조도면과 계산서에 대하여 설계회사가 아닌 타 구조설계사무소가 검토 후 승인을 하여야 하며 승인이 된 내용에 대하여만 시공사에서 시공을 할 수 있다.

저자의 경우 구 동독지역에서 약 2년 6개월 정도 현장설계 경험을 할 기회가 있었다. 공장을 건설하는 산업시설 프로젝트로서 전체 일정상 설계와 시공을 병행하는 패스트트랙(fast track) 방식이 도입되어 설계를 현장에서 진행하게 되었다. 처음에는 설계도서 작성방식의 차이를 극복하고, 원활한 인 · 허가 업무 수행을 위해 인 · 허가 관련 업무 및 시공도서작성을 현지 건축설계사무소에게 맡겼지만, 발주처의 요구일정을 맞출 수가 없어 중도에서 현지 건설설계 기업과의 계약을 타절한 다음, 국내 인력이 투입되어 현장에서 직접 건축도면을 작성하여 일정을 관리하게 되었다. 당시 해당 관청은 구조설계에 대하여 철저한 검증을 실시하고 있었고, 시공시 구조도면과 계산서를 시공사에 제공하여야 했다. 이와 관련하여 관련 공사 도면 및 계산서에 검증이 이루어졌다는 것을 확인할 수 있는 녹색인지(green stamp)가 날인이 되어 있어야 하며, 발주처는 구조설계용역을 하는 설계사가 아닌 제3의 구조설계사무실에 설계검증을 위한 비용(골조공사비용의 2%)을 부담하여 구조설계 검증을 하도록 용역계약을 하여야 한다. 이때 설계검증을 하는 구조기술자는 설계에 문제가 없을 경우 도서에 녹색인지(green stamp)를 날인하게 된다. 그러나 당해 프로젝트의 경우, 초기에 설계 일정이 늦어져 녹색인지 없이 시공사에 도면 제공하였으며 시공사는 예상대로 당연히 시공거부의사를 표시하였다. 여러 차례의 협상을 통하여 시공사에 공사일정에 대한 중요성을 설득하고 녹색인지를 추후 추인 받겠다는 약속을 하여 겨우 공사는 진행하였지만 이마저 당시 성수대교 붕괴 등 국내에서의 대형 사고로 우리나라의 건설 기술력에 대한 신뢰가 실추되고 난 이후에는 인정되지 않았다.

독일에서는 이처럼 설계도서에 대한 감리는 시공과정 중 일부로서 상당히 중요한 비중을 차지하며, 시공사도 도면에 대하여 약간이라도 의문점이 발생하면 임의로 해석하지 않고 설계자에게 확인 후 시공함으로써 설계오류에 의한 재시공을 최소화함과 동시에 시공품질의 향상을 기하고 있다.

3 설계관리 업무

3.1 발주자 요구사항 관리(Owner's Requirement Management)

설계관리 업무 중 발주자 요구사항을 파악하고 관리하는 업무는 사업의 목표를 설정하고 전략을 세우는 데 있어 매우 중요한 요소이다. 이와 관련된 주요 업무는 사업주의 사업 목표, 방침, 요구사항 등에 대한 내용을 파악하고 설계기준을 정하여 설계계획서를 작성한 다음, 기준과 지침에 따라 설계가 진행되도록 관리하는 것이며, 주요 업무는 다음과 같다.

- 사업주 요구사항(requirements) 파악
- 설계계획서(design brief) 작성
- 프로젝트 관리계획서 작성
- 사업주 요구사항 설계반영여부 중점관리

3.1.1 지침(Brief)

지침은 발주자의 요구와 기대를 문서로 정리한 것이다. 지침이 상세할수록 사업의 요구사항을 이해하고 프로젝트 목적에 대한 이해도가 높아진다. 문서화된 지침의 내용과 업무의 성격에 따라 적절한 자문가가 정해진다. 지침은 자문가의 과업범위를 정의하는데 많이 사용되나, 정의를 서로 다르게 해석하는 경우가 종종 발생하므로 정확히 작성되어야 한다.

3.1.2 과업범위

설계자가 업무를 시작하기 전에 계약서에 업무범위와 용역비에 대하여 상세히 규정해야 한다. 과업범위에 대한 명확한 기준없이 설계자를 미리 선정하는 경우에는 업무범위에 대한 합의가 더욱 중요하다. 업무범위와 사업일정은 초기 사업관리에 있어서 중요한 요소이다. 사업주와 설계자 모두에게 업무범위와 결과물에 대하여 명확하고, 동일한 생각을 갖도록 하여야 한다.

(1) 계약서(조건) 검토

계약서의 목적은 모든 당사자가 과업범위, 일정, 용역비 등과 관련된 제반사항을 합의하고 이를 문서화하여 이행을 담보하는 것이다. 설계 전 단계 설계관리 업무 중 설계 계약조건에 대한 적정성 여부를 검토하여야 하는데 설계용역 계약서의 일반조건 및 특수조건과 함께 때로는 발주처의 요청에 의하여 설계비의 적정성과 기성 지급조건까지 검토할 수 있다. 설계비의 적정성은 여러 가지 방법으로 검토할 수 있는데 그 중 가장 일반적으로 사용되는 것은 건축사용역의 범위와 대가기준에 대한 건교부 고시자료를 참조하거나, 투입인원 및 기간에 따라 직접인건비와 간접비, 기술료 등을 합산하여 계산하는 방법이 있다.

(2) 범위(Scope)

과업범위가 정해지면 각 과업내용에 대하여 분석하고, 업무를 더욱 세분화하고, 각각의 업무에 따라 기대하는 결과에 대하여 미리 예측하고, 체크리스트를 만든다. 설계자 또한 업무 세분화 단계별 성과물 목록을 만들고, 프로젝트 전체 일정을 참조하여 각각의 업무의 초기 개략일정을 추가한다. 이러한 내용은 계약서 조건에 따라 조정하여야 한다.

3.1.3 발주자 요구사항(Owner's Requirement)과 지침(Brief)의 차이

사업주는 건축 또는 건설사업에 대하여 상당한 지식과 이해력을 가진 경우도 있지만 그와 반대인 경우가 많다. 사업주의 요구사항을 파악하고 그에 따라 요구사항과 필요사항 리스트(wants & needs list)를 작성하여 프로젝트 지침을 작성하는 것은 프로젝트 초기단계에서 매우 중요한 사항이다. 설계 초기단계에서 사업의 목적을 이해하고, 설계의 목표를 정하여 프로그래밍 작업을 하기 위해서는 사업주의 요구사항을 정확하게 파악하여야 한다. 이러한 요구사항이 발주자 요구사항으로 요약되고 발주자 요구사항은 설계지침으로 정리되어 사업의 목적으로서 기술되며 설계의 지침이 된다.

3.1.4 요구사항(Wants)과 필요사항(Needs)

요구사항(wants)과 필요사항(needs)을 알기 쉽게 설명하면 요구사항은 사업주가 해당 사업을 통하여 추구하는 내용을 리스트화 한 것이며 필요사항은 반드시 달성하여야 할 목표를 설정하는 것이다. 요구사항과 필요사항은 같을 수도 있으나 대부분의 사업주는 한정된 예산으로 사업을 수행하여야 하고, 관련 법규에 대한 이해가 완전하지 않기 때문에 사업시행 초기에 사업주의 요구사항을 필요사항으로 변경하는 과정이 필요하다.

- 요구사항(wants)과 필요사항(needs) 예시
  - 요구사항: A씨는 현재 살고 있는 2층 규모의 연립주택이 오래되고 낡아 새로 재건축을 하고 싶어 한다. A씨가 살고 있는 연립주택은 99m^2(30평형)으로서 10세대가 살고 있고 부지는 578m^2(175평)이며 도로일부를 연립주택의 화단으로 점용하여 매년 도로점용료를 납부하고 있다. A씨는 다른 연립주택 입주자를 설득하여 재건축 동의를 받아놓은 상태이다. A씨를 포함한 연립주택 입주자들은 최소 132m^2(40평형)의 아파트를 원하며 추가 공사비 부담은 최소화하기를 원한다. 주차장은 세대당 2대 확보를 원하며 주방의 발코니는 보조주방으로의 활용하기위하여 폭 2m 이상을 확보하기를 원한다.
  - 부지조건: 부지는 제2종 일반주거지역(7층 이하)에 위치하여 200%의 용적률의 적용을 받으므로 최대 1,157m^2(350평)의 지상층 면적을 확보할 수 있다.
  - 필요사항(needs): 10세대가 148m^2(45평형)대의 세대를 구성하자면 1,487m^2(450평)의 면적이 요구되어 A씨가 원하는 평형대의 구성이 불가능하여 115m^2(35평형)의 주거를 구성하여야 하나 도로점용부분을 추가 매입할 경우 132m^2(40평형)까지 확대할 수 있다. 다행히 현재 점용하고 있는 지적상 도로는 구청소유로서 확인결과 매입이 가능하며 매입 후 지목을 대지로 변경하여 현재 대지에 포함할 수 있다. 주방의 발코니가 1.5m를 초과할 경우 초과한 부분에 대하여 전용면적에 포함되므로 1.5m까지만 확대를 권유하였으나 사업주는 전용면적 일부를 할애하더라도 폭 2m의 보조주방 공간에 대한 필요성을 강조하였다. 지상층은 7층까지 가능하므로 층당 2세대 배치할 경우 5개 층이 필요하여 층수제한을 만족하며 공사비를 최소화하기 위하여 지하층을 설치하지 않고 지상 1층에 주차장을 설치하기로 하였다. 법정주차대수는 약 16대로서 세대당 2대의 주차요구를 만족하기 위하여 20대의 주차가 가능하여야 하나 1층을 최대한 사용할 경우 약 18대의 주차대수를 확보할 수 있어 결국 주차대수는 세대당 최대 1.8대가 가능한 것으로 협의하였다.

표 4-2 Wants와 Needs의 차이

항목	Wants	Needs	비고
세대 면적	148m²(45평)	132m²(40평)	
주방의 발코니	2m	2m	
주차대수	2대/세대	1.8대/세대	
공사비 부담	최소화	최소화	주차장을 지하층에 설치하지 않고 지상 1층에 설치하여 공사비 최소화

이처럼 사업주의 요구사항과 필요사항의 차이는 발생할 수밖에 없으며 사업주의 요구사항에 대하여 최대한 수용하되 예산, 공기, 현실적인 조건 등을 고려하여 사업주의 과도한 요구사항에 대하여 검토 후 적절하게 수정하는 작업이 필요하다. 그럼에도 불구하고 사업주가 사업의 목적상 꼭 필요하다고 생각하는 특정 항목을 강조할 경우 관련법상 문제가 없다면 사업주의 필요사항으로 설계지침에 포함되어야 한다.

발주자 요구사항을 명확히 파악하기 위한 체크리스트(check list)의 상세내용은 아래와 같다.

개요와 정의	**사업명칭 및 위치** **사업주 정보** **사업개요** – 용도, 부지, 부지특성, 품질표준, 건물기대수명, 공기 및 공정표, 초기예산
사업주 조직 및 팀 구성	**발주처 프로젝트 관리조직** **사업주 모회사** – 사업주 관련사, 의사결정권자 및 계약서 주안점, 사업조직도
컨설턴트/공사조직	**사업관리조직** **지명컨설턴트**
설계목표와 제한요소	**사업주 관련 내용** – 관련문서, 계약서 및 입찰조건, 회사이미지 – 사업성격 및 사업주 역할 • 발주처 입주 • 발주처 사옥 • 임대용 건물

사업목표	프로젝트 경과 공기 및 완공일자 사업관리 – 품질관리제도(QMS), 회계 보고, 현금 유출입
금융문제	금융 구조 자금 조달원 금융 목표 금융 계획
시장성	사업의 시장영역 시장영역 기대 사업수명 및 융통성 내구성 확장 융통성
환경문제와 지역사회	환경에 대한 민감성 환경에 대한 기여 지역사회 인식 지역사회 기여도 비용이익 분석 정치적 영향
부지조건	부지위치 부지 접근성: 도로, 철도, 버스, 보행자, 기타 부지 소유권 현 입주자 사업주 토지 보유기간 부지 명칭 및 부지조사 부지 역사 – 이전 사용용도, 현 용도, 고고학적 또는 문화적 의의, 폐기물 및 위해 잉여물 자연환경 및 특징 – 기후, 대기 성질, 오염도, 소음, 조망 및 채광, 토질, 지형, 지진위험, 지하수위 등, 부지 적합 수종 유틸리티 설비 – 용수, 하수 및 오수, 우수배수, 가스, 동력, 통신, 쓰레기 처리, 지역사회 기반시설
기능적 · 물리적 조건	프로젝트 품질 기능적 상관관계 외부의 기능적 제한요소 필요면적 구조 – 하중조건: 풍, 바닥하중

기능적 · 물리적 조건	– 실배치 고려한 기둥간격, 기존 구조, 기존건물 기초, 자재선정기준 **마감자재** **서비스** – 임차 면적, 관리방식, 운영시간, 확장 가능, 시스템 다양성 및 융통성, 기계설비 방식, 전기 방식, 가스공급, 소방시스템, 용수, 수직 운송 방식, 통신 방식, 보안 시스템, 식음 서비스, 기타 요구사항 **가구, 부품, 장비**
인 · 허가	**광역 인 · 허가 관청** **지역 인 · 허가 관청** **문화재 관리국** **도소매시장 관련법** **보건 관련법** **면허 및 인가** **도시계획 심의** **건축허가**
부지현황	**사업주 제약조건** – 구매 제약조건, 하도업체 제약조건, 미디어 및 통신관계 **부지 제약조건** – 운송조건, 소음, 침수현상, 보행자 접근성
계약조건	**입찰조건** **필요 컨설턴트** **계약 형식 및 조건** **품질관리 제도** **프로젝트 관련 보험 및 보장** **피해보상** **운영상 및 기능적 요구사항** **설비 관리 시스템** **사용자 요구사항**

그림 4-1 Client Brief Check List(설계기준 검토목록)의 예

3.1.5 설계 계획서(Design Brief)

설계 계획서는 design brief 또는 design guideline이라고도 하며 확정된 필요사항 리스트를 체계적으로 설명하여야 한다. 또한 프로젝트 개요와 설계 및 사업일정, 업무범위, 공간 프로그램, 각 실별 요구사항 등을 포함한다.

3.1.6 공공사업에서의 발주자 요구사항 관리

공공사업 분야에서 국가기관 및 지자체의 대형공사를 대상으로 건설사업관리 제도가 적용되어 CM 계약이 이루어지고 있으며 점차 확대되고 있는 추세이다. 시설의 설계지침은 입찰안내서 또는 설계지침서로서 제시되며 입찰안내서에는 공공사업 발주자의 요구사항이 상세히 기술된다. 종종 입찰안내서의 문구 해석상의 이견으로 발주자와 설계자 또는 시공자간의 분쟁이 발생하기도 한다. 설계변경의 원인이 발주자에게 있을 경우는 설계변경에 의한 공사비 증가, 시공자에게 있을 경우에는 재시공으로 인한 재시공비용 발생과 공기지연 등의 손실이 발생할 수 있다.

3.1.7 과업수행계획서(Project Implementation Plan, PIP)

건설사업관리 업무 착수시 사업관리자는 건설사업관리 업무의 수행방인과 절차를 정히기 위하여 과업수행 계획서를 작성, 제출하여 사업주의 승인을 얻어 업무를 수행한다. 과업수행계획서에는 과업수행목표, 과업수행을 위한 주요 전략, 사업관리자의 주요 업무, 용역범위, CM 조직의 구성 및 역할, 설계관리 일정계획, 설계단계의 분야별 업무 추진계획, 단계별 CM 업무, 설계관리 세부업무 추진계획, 각종 회의 및 방법, 문서관리 방안 등을 기술한다.

3.1.8 발주자 요구사항의 설계반영

발주자 요구사항은 설계지침, 설계지침서, 입찰안내서 등으로 발주자의 설계목표 및 요구사항을 정리하여 설계사에 설계지침으로 제시되며 설계 전 단계에 걸쳐 설계지침이 설계에 제대로 반영되었는지 관리하여야 한다. 하지만 설계 시작 전에 발주자의 모든 요구사항을 설계지침으로 정리하여 설계사에 제시하는 것이 불가능하며 발주자의 요구사항도 설계진행에 따라 수정되고 변경될 수 있다. 따라서 이러한 발주자의 요구사항에 대한 관리가 설계관리 단계에 매우 중요한 사업관리 요소이다.

3.2 설계 품질관리

설계업무는 다양한 건축주 및 사용자의 요구와 관련분야에 대한 기술적인 문제들의 증가로 인해 과거에 비해 분야별 전문가간 커뮤니케이션을 통한 지식의 습득과 협의에 의한 의사결정을 많이 필요로 하게 되었다. 즉, 다양한 분야의 설계요소가 복합적으로 구성되어 있는 설계의 특성상 건축, 구조, 전기설비, 공조설비, 급배수 위생설비 등 분야별 설계 협력기업간 직 · 간접적인 협력의 정도가 설계품질에 미치는 영향이 매우 커졌다.

설계상 오류로 인한 설계변경은 대부분 공사비 증가를 수반하며 그로 인해 계약 상대자간에 분쟁을 발생시키기도 한다. 만약 이러한 분쟁이 설계 초기단계부터 전문가에 의해 검토되고 관리된다면 시공단계에서의 많은 설계변경을 사전에 방지할 수 있을 것이다. 설계도면을 위주로 한 기술검토시 주요 검토 항목을 살펴보면 아래와 같다.

- 과잉 설계 여부의 검토
- 경제성 검토
- 시공성 검토
- 구조 · 설비 · 전기 · 토목 시스템 및 공법 검토
- 실시설계도서의 적합성 검토(도면의 오류, 누락, 불충분)
- 실시설계도서의 완성도 검토
- 현장조건 반영여부 검토
- 시방서의 완전성, 명확성, 일관성 검토
- 각 공종의 연관성 고려 여부

이처럼 설계감리 또는 설계검토를 통하여 설계안에 대해 신속하고 정확한 의사결정을 지원함과 동시에, 설계도서의 전반적인 완성도를 향상시켜 나갈 경우, 사업일정의 준수는 물론 시공성 확보, 공사원가 절감, 품질 향상 등의 효과를 극대화할 수 있다.

사례 1 지하 1층 창고 면적 추가 확보 사례

대형 판매시설의 지하 1층 직원용 코아 상부에 중층을 설치하여 창고로 활용하도록 제안한 사례이다. 도심지 대규모 판매시설의 지하 1층 층고는 일반적으로 1층과 비슷한 높이의 층고를 가지도록 계획된다. 첫째 이유는 지하 1층을 주차장이 아닌 매장으로 활용하다 보니 충분한 천장고를 필요로 할 뿐만 아니라, 푸드코트 등 식품관련 매장의 천장 내부는 설비덕트 및 배관을 위한 공간이 여타 실보다 더 많이 필요하기 때문이다.

둘째 이유는 지하층 매장 면적 및 주차장을 최대한 확보하기 위해 지하 외벽을 대지경계선에서 1m 정도만 이격시켜 공간을 최대한으로 확보하지만, 지상 1층 면적은 건폐율의 제한을 받으므로 지하층 바닥면적과 지상 1층 바닥면적간에는 많은 차이가 발생한다. 또한, 그림 4-2와 같이 지상 1층 바닥 레벨과 지하 1층 슬라브 상부 레벨간에는 최소 60cm, 많게는 1m까지 단차를 두어 이 부분을 화단이나 오 · 우수관로 매입 등의 목적으로 활용하는 경우도 많다. 이처럼 Level-Down된 슬라브 하부에 지하 1층 천장 내부에 설비덕트 및 배관 등을 위한 공간을 확보하고, 지하 1층 매장의 천장고를 확보하려다 보니 지하 1층도 높은 층고를 필요로 하게 되는 것이다.

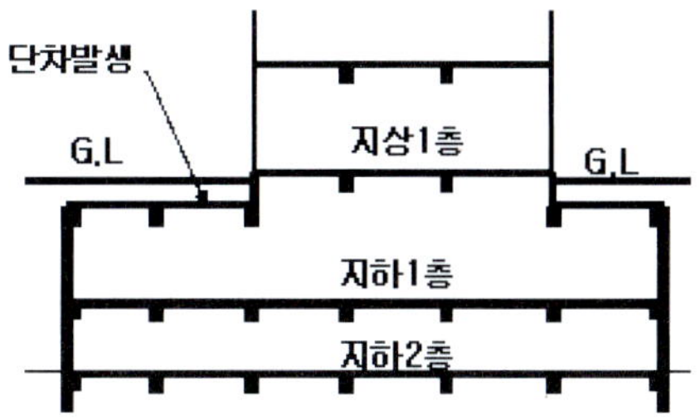

그림 4-2 도심지 판매시설 지하 1층 층고

대형 판매시설의 코어는 일반적으로 고객용과 직원용으로 구분되는데, 고객용 코어부분은 일반적으로 높은 천장고를 필요로 하므로 천장 내부공간에 대한 활용도가 떨어지지만, 직원용 코어의 천장고는 높을 필요가 없으므로 천장 높이를 2.5m정도로 할 경우, 천장 내부에 3.5m 이상의 공간을 확보할 수 있게 된다. 이 점에 착안하여 발주처와 협의를 거쳐 직원용 코어 천장 내부공간에 Mezzanine 슬래브를 설치함으로써 약 200㎡ 이상의 실을 추가로 확보할 수 있었고, 실의 용도는 매장용 상품 보관 창고로 활용하도록 하였다. 이 창고는 지상 1층 매장과 근접해 있어 지하 2층 주차장 층에 위치한 창고에 비해 직원 동선이 짧아 효용가치 면에서 월등하다.

이 정도의 창고 면적 추가는 준공 시에는 그다지 중요하지 않게 생각될 수도 있겠지만 시간이 경과하여 판매실적이 정상궤도에 오르게 되면 상품보관이나 적치에 필요한 공간 부족으로 피난계단 전실, 직원용 복도, 지하주차장 구석진 부분, 최하층 기계실 부근의 자투리 공간 등에 물건을 적치하다가 소방점검시 지적되어 불이익을 당하는 사례가 빈번함을 감안할 때 그 중요성은 점증할 수밖에 없다.

물론, 신설된 중층에는 피난계단이 설치되어야 하고, 비상 엘리베이터와 화물용 엘리베이터가 정지할 수 있도록 적정한 층고계획이 되어야 한다. 창고는 천장을 설치하지 않을 경우 층고는 3.2m 이상만 되어도 충분할 것이다.

이러한 아이디어가 기본계획이나 실시설계, 혹은 시공단계 등 어느 시점에서 제시되느냐에 따라 실효성에 많은 차이가 발생하며, 설계관리자와 설계자 및 발주자간 역학 관계에 따라 결과 또한 달라질 수 있다. 다시 말해 설계관리자는 발주자의 이익을 위해 이러한 아이디어를 제공하더라도, 설계자는 건축도면이 수정되면 기계, 전기, 소방 도면 등 많은 관련도면이 수정되어야 할 뿐만 아니라 층수증가로 인해 설계변경에 따른 인 · 허가 절차를 다시 거쳐야 하므로 반대를 하는 경우가 많으며, 건축주는 재 인 · 허가에 필요한 시간과 면적 추가로 인해 얻게 되는 이득을 비교하며 갈등을 겪게 된다. 시공자 또한 설계변경으로 인한 실익이 그다지 크지 않을 경우에는 이를 꺼려하는 경우가 많아 기본설계와 같이 적절한 시기에 제안이 되지 않을 경우 좋은 아이디어가 무용화되는 결과를 초래할 수도 있다.

사례 2 판매시설의 지하 주차램프 상부 공간 활용 사례

판매시설의 지하 주차장으로 진입하는 램프상부 자투리 공간을 창고로 활용한 사례이다. 도심지 판매시설에서 지하 1층은 보통 매장으로 활용이 된다. 차량은 지상에서 지하 1층을 통과하여 지하 2층 주차장으로 진출입을 하게 되므로 주차장 램프의 길이가 길어지고 원형보다는 직선램프 계획을 하는 경우가 많다.

그림 4-3과 그림 4-4는 주차램프 높이 3.3m를 확보하면서 지하층 바닥면적을 추가 확보하는 방법을 제안한 경우로서, 지하 1층 오픈 슬래브 끝단에서 1m 정도 단차를 높여 램프방향으로 슬래브를 추가 설치하여 오픈 슬래브 면적을 줄임과 동시에 바닥면적을 추가하였다. 이러한 방법으로 추가 확보된 면적은 바닥면의 레벨 차이로 인해 매장공간으로 활용하기는 어렵지만, 후방시설 창고 혹은 후방시설과 관련된 사무실 등의 용도로 충분히 활용할 수 있다.

이러한 제안을 설계단계에 평면계획을 검토하면서 생각하기는 쉽지 않다. 또한, 램프 부위의 시공이 완료된 후에 불필요한 공간이 과다하게 발생되는 것을 눈으로 확인한 다음 슬라브를 추가로 설치하는 것도 인 · 허가 문제, 설계변경, 공사비 증가 등 많은 어려움을 수반한다. VE 효과이론에 따르면 개선에 대한 제안은 빠를수록 개선에 소요되는 비용과 노력이 적어 상대적으로 큰 효과를 기대할 수 있기 때문에 설계단계에 철저하고도 면밀한 설계검토가 필요할 것이다.

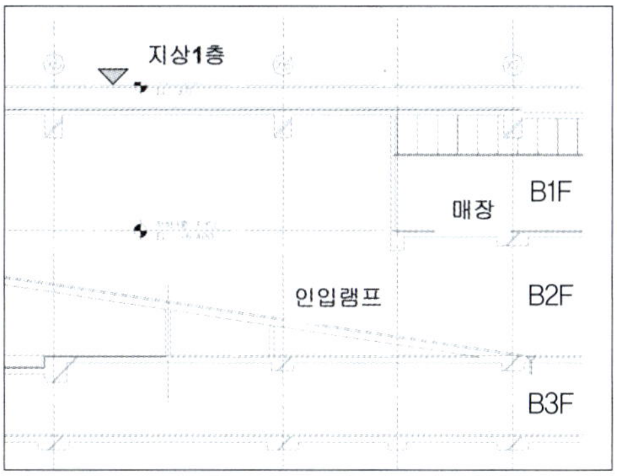

그림 4-3 주차장 인입 램프

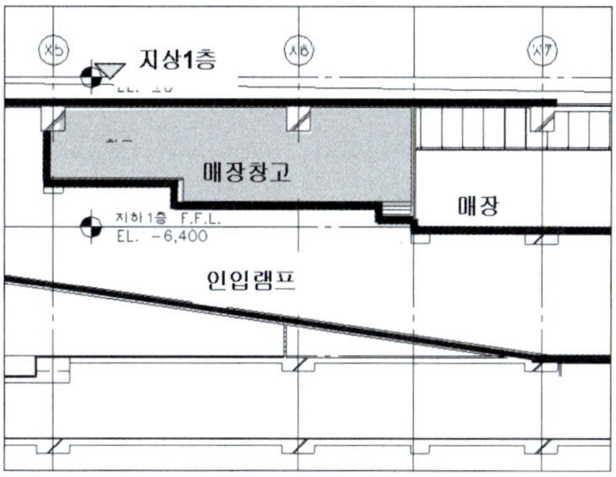

그림 4-4 램프상부 창고 활용

사례 3 검품사무실 상부 창고 활용 사례

지하 주차장 진입램프 하부공간을 창고로 활용할 것을 제안한 사례이다. 설계자는 주어진 프로그램에 따라 평·단면 계획을 하여 도면을 작성하지만 공간의 효율적인 활용 방안에 대한 검토를 여러 가지 이유로 충실하게 못하는 경우도 많다.

그림 4-5~4-8은 램프 하부 공간이면서 검품사무실 상부에 슬라브를 추가 설치하여 창고 공간 13평을 추가 확보할 것을 제안하고 있다.

지금까지 설명한 사례들, 즉 지하 1층에 중층을 설치하여 창고 면적을 추가로 확보하거나, 주차램프와 지하 1층 슬래브가 만나는 지점에서 지하 1층 오픈 면적을 작게 하여 창고 혹은 후방시설 사무실 용도로 활용하는 방안 등은 설계단계에서 흔히 간과되기 쉬운 부분이다. 이러한 제안들은 그 시기가 빠를수록 적은 비용과 노력으로 발주자의 이익을 극대화할 수 있다는 점에서 설계관리의 필요성을 입증하는 사례들이라 할 수 있을 것이다.

그림 4-5 램프하부 창고 입구 공간

그림 4-6 검품사무실 중층 설치

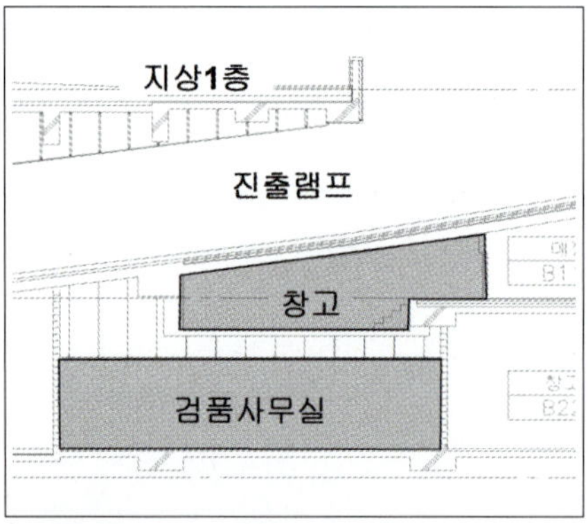

그림 4-7 램프하부 창고 활용

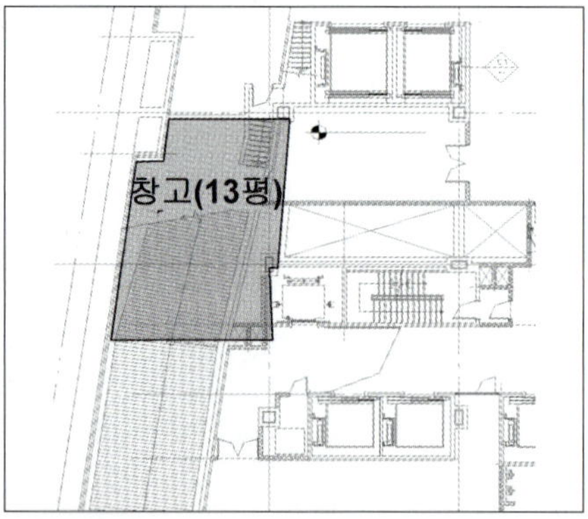

그림 4-8 램프하부 창고 설치

사례 4 영화관 홀 중층 설치사례

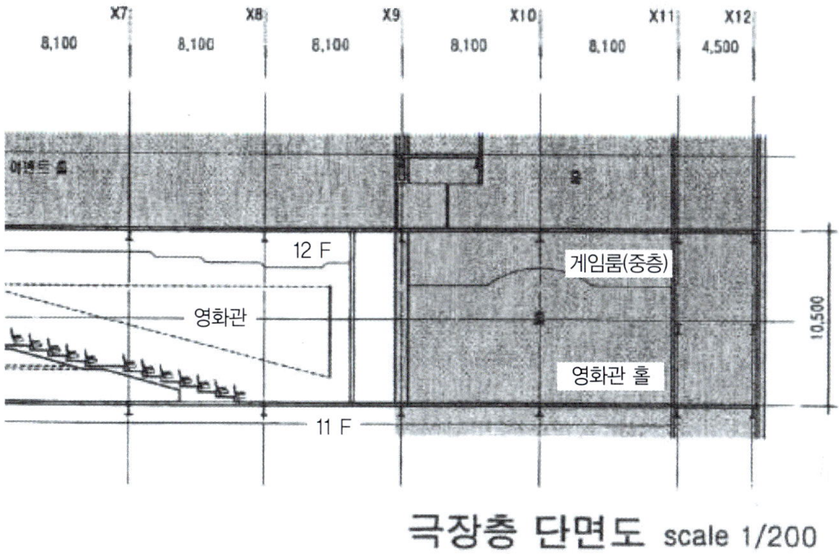

그림 4-9 영화관 홀 상부 게임룸 설치

영화관 홀이 2개 층 높이로 계획되어 있는 점에 착안하여 중층을 설치하여 게임룸으로 활용토록 제안한 사례이다. 이 건물에서는 1개 층에 6개의 영화관을 배치하였는데, 그림과 같이 영화 관람석의 가시선 계획에 의해 층고를 10.5m로 계획하다 보니 영화관 홀의 층고가 필요 이상으로 높은 점을 이용하여 영화관 홀 부위에 중층을 설치하여 게임룸을 1,983m^2(600평) 정도 확보할 수 있도록 하였다. 평당 500만원의 분양금으로 환산하였을 때 발주자는 약 30억원 정도의 추가 분양수익을 기대할 수 있었으며, 게임룸과 영화관 홀은 내부 오픈형(open) 계단을 설치하여 서로 상승효과를 볼 수 있도록 제안하였다.

사례 5 지하 2층 판매시설 추가 확보 사례

지하철역에서 지하 2층 할인매장으로 고객동선을 유도할 수 있는 대안을 제안한 사례이다. 기존 설계에는 지하철 이용객이 할인매장을 이용하기 위해서는 지하철역에서 지상으로 나와서 1층 매장을 통해 다시 지하 2층 할인매장으로 접근하도록 동선이 구성되어 있었다. 만약 지하 2층에 지하광장을 추가로 개발하고(그림 4-10 참조) 지하 2층의 주차장 공간을 판매시설로 전용시켜 할인매장으로 직접 연결시키면, 할인매장의 효율을 더 높일 수 있다는 점에 착안하여 아래 그림과 같이 지하철역 하부를 지하광장으로 변경하여 기존 할인매장과 연결할 것을 제안하였다. 이때 주차장이 판매시설로 변경됨에 따라 줄어드는 주차대수는 전기실 등 층고가 높은 부위에 중층을 설치하여 감소된 만큼의 주차대수를 확보토록 하였다.

또한, 지하 1층 지하철 출입구 부분과 기부체납 대지경계선 사이의 공간은 일반수익시설이 아닌 공용공간의 지하광장으로 개발하도록 제안하고(그림 4-11 참조), 지하철 출입구 전면의 계단 및 에스컬레이터는 지하 2층까지 연장 설치하여 판매시설과 연계되도록 하여 3,305m^2(1,000평) 정도의 매장면적을 추가로 확보함으로써 발주자는 분양가를 감안할 경우 3,305m^2(1,000평)×500만원/평=50억원 가량의 추가 수익을 기대할 수 있는 제안을 하였다.

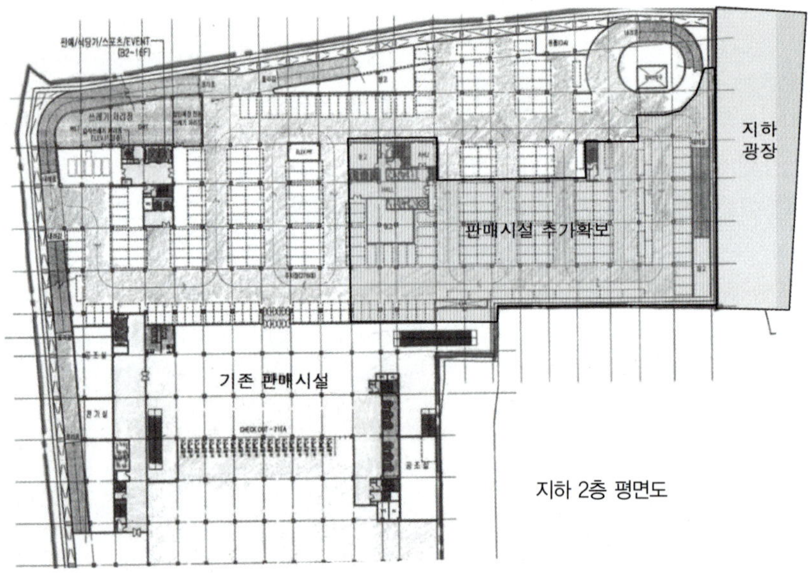

그림 4-10 지하철 할인매장 직접 연결

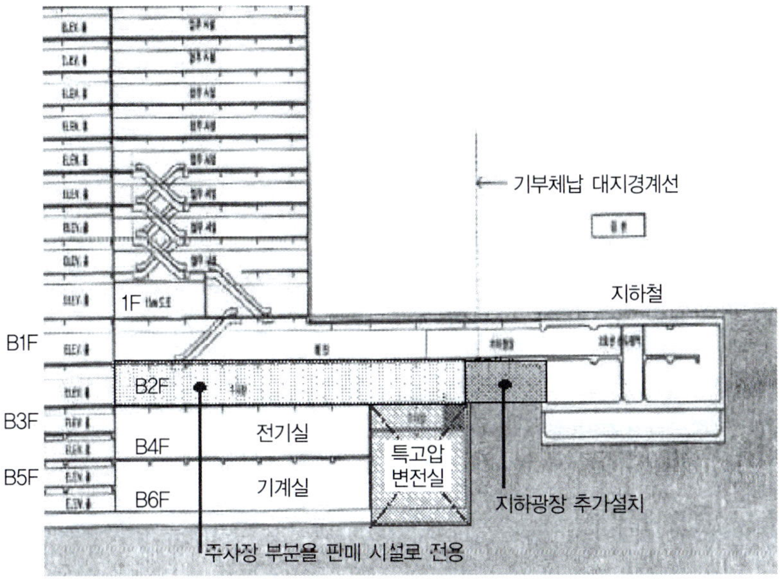

그림 4-11 지하철과 판매시설 연결

사례 6 흙막이 공법 변경 사례

도심지 내 건물 신축은 대부분 좁은 부지에 최대한의 건축 연면적을 확보하기 위하여 부지 경계선에 최대한 근접하여 지하층을 개발한다. 지하에 구조물을 설치하여 건축공간을 마련하려면 터파기를 하여야 하며 터파기시 인접 부지 또는 도로의 붕괴나 유실을 막기 위하여 흙막이 공사를 한다.

본 프로젝트는 지하 4층, 지상 15층의 규모로서 지하층은 주차장 및 기계, 전기실이 계획되어 있으며 가설 흙막이 공법으로 도로방향 3면이 쏘이네일(soil nail) 공법이 계획되었다. 이 중 도로 폭이 크고 인접부지까지의 이격거리가 15m 이상인 2개의 도로변의 지하층 흙막이 공법을 어스앵커(earth anchor) 공법으로 변경하여 공사비 절감을 제안한 사례이다.

■ 흙막이 공법

▶ 설계안

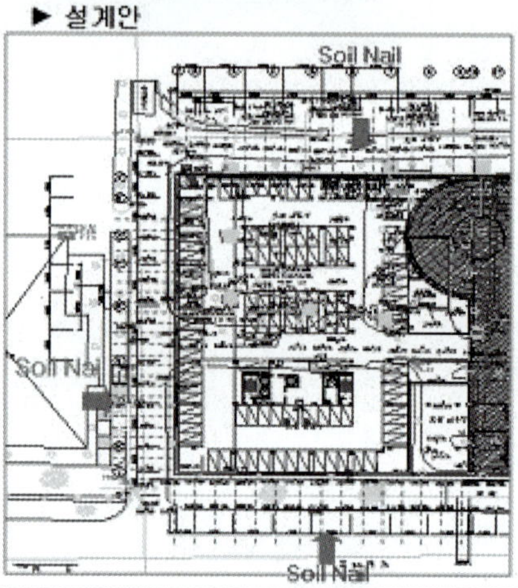

- 3면을 Soil Nail로 지지하면서 굴착
  - Earth Anchor에 비하여 설치 길이가 짧고 별도의 인장 작업 불필요
  - Soil Nail 설치제원(추정) : 길이 = 12.0m
  - 수평, 수직 설치 간격 : 1.5m

▶ 대 안

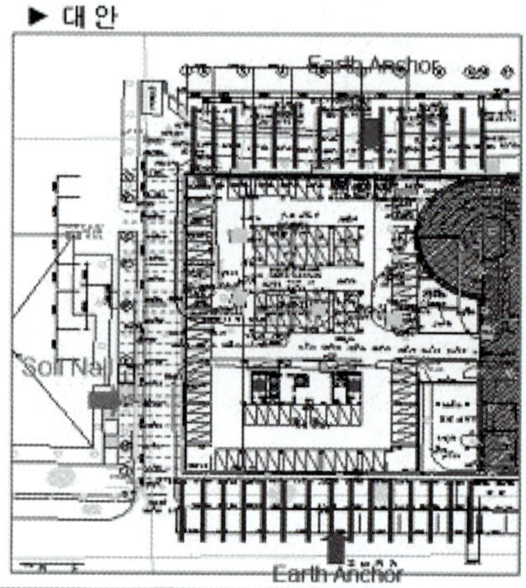

- 1면만 Soil Nail, 2면은 Earth Anchor로 지지함
  - 설치간격이 넓어 공기 유리
  - 설치공수가 적어 공사비 절감 효과 : 약 ₩89,100,000원
  - 서초구민회관 구간은 여유거리가 적어 Soil Nail 적용

그림 4-12 흙막이 공법 변경 사례

사례 7 지하 최하층 방수공법 변경 사례

지하층 구조물은 지하수위에 따라 수압을 받게 되며 지하 구조물 외벽 및 바닥 구조물은 수압을 받게 된다. 수압의 크기에 따라 영구 배수나 앵커 공법을 적용하여 구조물의 안정을 유지하게 된다. 지하층 구조물이 지상 구조물보다 누수 위험이 큰 이유는 이처럼 수압이 작용하기 때문인데 이처럼 수압으로 인한 누수 위험을 예방하기 위하여 바닥에는 배수판을, 벽체는 방습벽(이중벽)을 설치한다. 즉, 침투수에 의한 누수 피해를 미리 예상하여 누수 발생시 이를 처리하기 위한 방법으로 누수를 건물의 집수정 까지 유도하여 배수하는 방법이다.

그림 4-13은 지하 최하층에 액체방수 1종을 설치한 후 그 위에 배수판 설치를 하도록 계획되었다. 액체방수는 방수 신뢰도가 비교적 떨어지는 방수공법으로 넓은 지역의 방수에는 적용을 지양하는 것이 일반적인데 지하 최하층의 수압으로 인한 누수 방지를 위하여 액체방수를 적용하는 것은 그 효과가 거의 없다. 따라서 액체방수 설치계획을 삭제하여 공사비 절감을 제안한 사례이다.

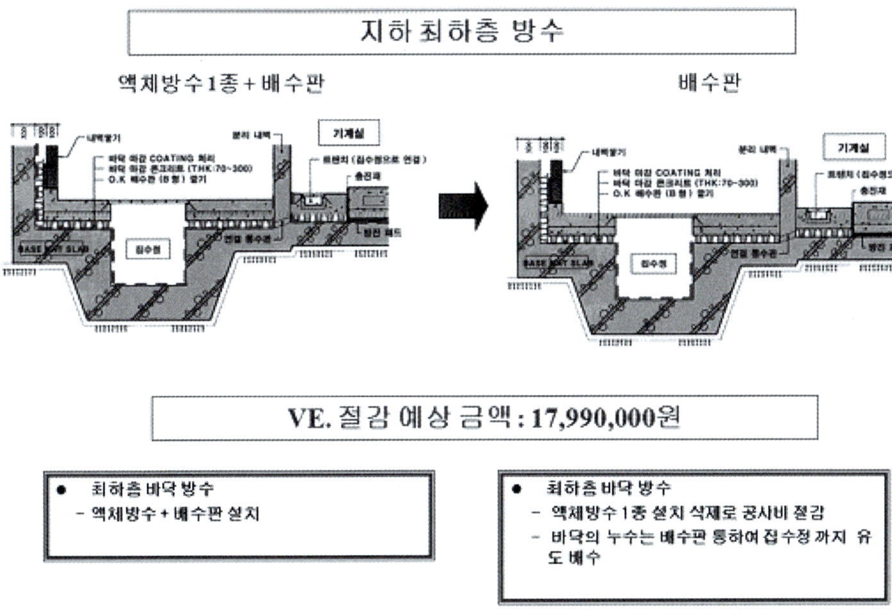

그림 4-13 지하 최하층 방수공법 변경 사례

3.3 일정관리

3.3.1 주공정표(Master Schedule)의 수정 및 유지관리

설계관리자는 설계가 진행됨에 따라 주공정표를 설계 진행과정에 따라 정기적으로 수정하여야 한다. 주공정표에는 발주처의 승인, 하도급입찰 및 계약, 인 · 허가 일정, 실시설계도면의 작성 및 승인, 착공일, 주요기자재 발주일정, 준공 및 시운전 등의 일정이 포함되어야 한다.

설계단계의 일정관리는 시공단계와는 달리 시각적으로 보여지는 설계도면의 작성 수량만으로는 진도율을 판단할 수 없으며, 도면 작성시 수반되는 발주자의 요구사항, 기술 검토를 통해 의사 결정된 내용의 반영 여부 등이 종합적으로 고려되어야 한다. 따라서 정해진 일정 내에 최적의 품질로 설계를 완료하기 위해서는 잘 계획된 주공정표의 작성이 무엇보다도 중요하다고 할 수 있다.

상기와 같은 중요성에 기인하여, 설계관리자는 설계자로 하여금 기본설계 착수시부터 실시설계 종료시까지 인 · 허가 사항을 비롯한 외부자문 일정, 설계검토 일정, 설계분야별 주요시스템 검토 및 확정 일정 등이 반영된 주공정표를 작성하여 제출하도록 하고, 제출된 주공정표에 대해서는 분야별 설계관리 담당자가 주요 상세업무의 누락 여부나 상세업무별 선후행 관계의 적정성 등을 검토한 후 검토의견을 반영하여 설계단계 주공정표를 최종 확정한다.

또한 사업 초기단계에서 설계단계, 시공단계, 시공 후 단계에 이르는 전체 사업에 대한 주공정표를 작성하고, 사업전반에 대한 주공정선(critical path)를 확인하여 사업에 참여하는 모든 관계자가 일정에 대한 공통된 인식을 갖고 사업이 순조롭게 진행될 수 있도록 노력하여야 한다.

3.3.2 설계일정 및 진척관리

설계자가 설계단계의 요구조건을 검토, 확정하고, 전체적인 설계도서 작성 일정이 포함된 실질적인 공정표를 작성할 때 설계관리자도 같이 참여하는 것이 바람직하다. 설계자와 설계관리자의 협업을 통해 작성된 설계공정표가 발주자의 승인을 얻게 되면 이를 근거로 하여 전체 사업일정을 재검토하고 시공, 준공 후 단계의 각종 마일스톤이나 일정 등을 반영하여 주공정표와 관리기준공정표(baseline schedule)를 작성 및 관리한다.

공정표의 종류 및 설계 공정표의 관리 프로세스는 표 4-3과 같다.

표 4-3 공정표의 구분

구 분	내 용
주공정표 (master schedule)	발주처의 승인, 하도급 입찰, 계약, 인·허가 일정, 실시설계도면의 작성 및 승인, 착공일, 주요 기자재 발주일정, 준공, 시운전 등의 전체 일정을 표현한다.
중점관리 공정표 (milestone schedule)	설계, 구매, 시공 및 시운전을 포함한 사업 전단계의 사업계획과 주요일정을 표현한다. 주공정표 혹은 설계공정표의 상단에 같이 표현되기도 한다.
설계공정표	계획설계, 기본설계, 실시설계로 나누어 일정을 표현하고 공정별로 구분하여 설계단계별 수행하여야 할 주요 업무를 기입한다. 또한 인·허가 등 행정업무와 공사발주시기, 착공시기 등 구체적인 설계일정계획을 표현한다.

설계관리자는 설계자의 업무수행 능력이나 업무량, 사업 추진 일정과의 부합 여부 등을 종합적으로 감안하여 설계자가 작성한 설계 추진일정표를 검토한 다음, 최적의 설계일정을 발주자에게 제출하여야 한다. 설계가 진행되는 과정에는 계획 진도율과 실적 진도율을 비교, 검토하여 계획 대비 실적 진도율이 5% 이상 지연될 경우, 설계자에게 만회계획을 제출토록 요구하고, 제출된 만회계획의 적정성을 검토한 다음 계획대로 이행되도록 관리해야 한다. 또한 설계일정에 대한 체계적인 관리를 위해 공정관리 프로그램 등을 적극적으로 활용하되, 과업착수 전 구체적인 운용계획을 발주자에게 제출하여 승인을 받도록 한다.

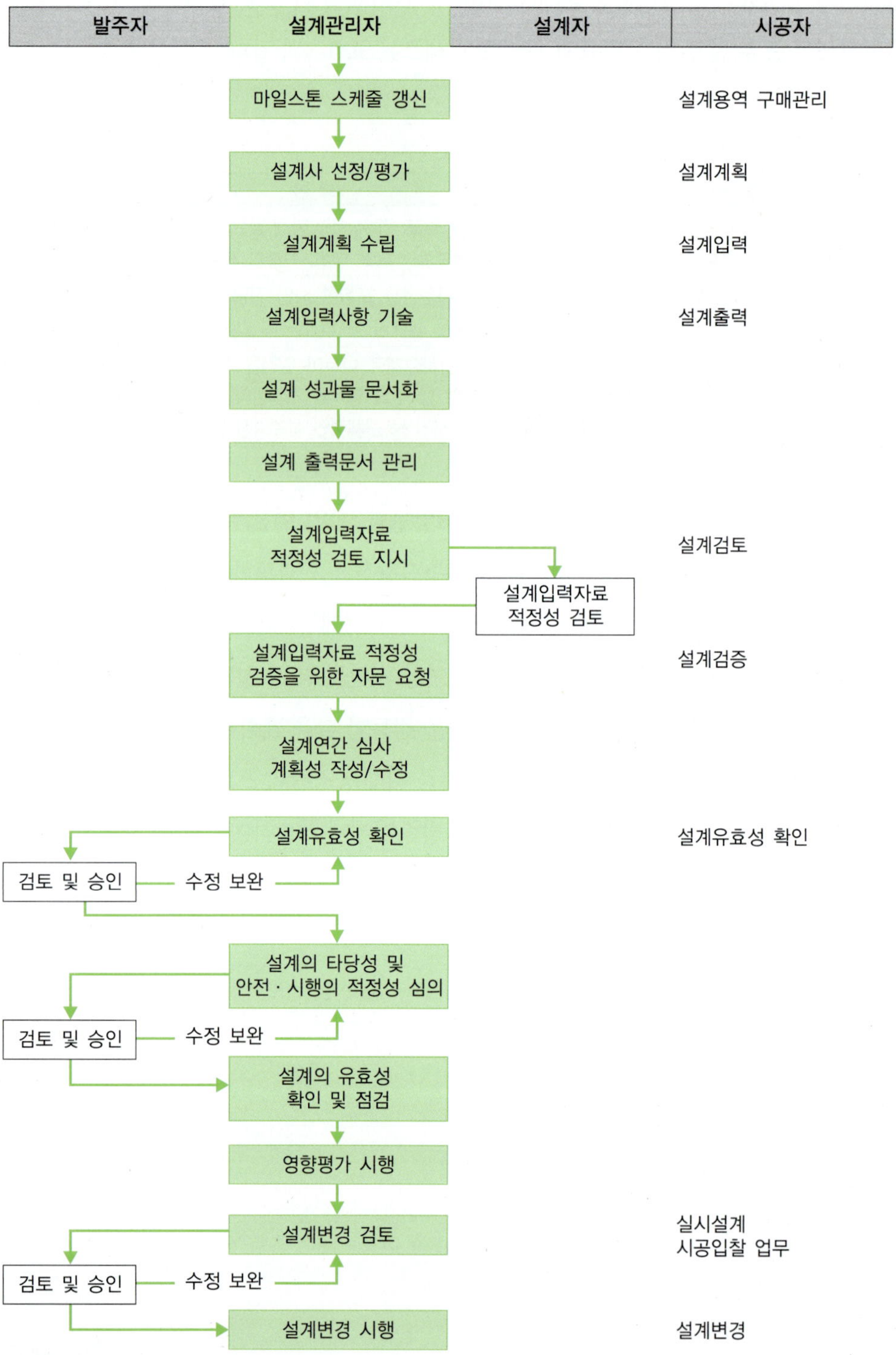

그림 4-14 설계공정표 관리

그림 4-15는 패스트트랙(fast track)방식으로 진행된 도심지 아파트형 공장 프로젝트의 설계일정관리 사례이다. 우선 설계사무소에서 수행하는 설계과정을 크게 계획설계, 기본설계, 실시설계 3단계로 나누어 일정을 표현한 다음, 각 분야별로 일정을 파악하여 설계단계별로 수행할 주요 업무를 기입하여 일정관리가 가능하도록 하였다. 또한, 하단부에는 인 · 허가 등 행정업무와 공사발주시기, 착공시기를 표현하여 설계와의 연관성이나 선 · 후행 관계가 일목요연하게 파악되도록 하였다.

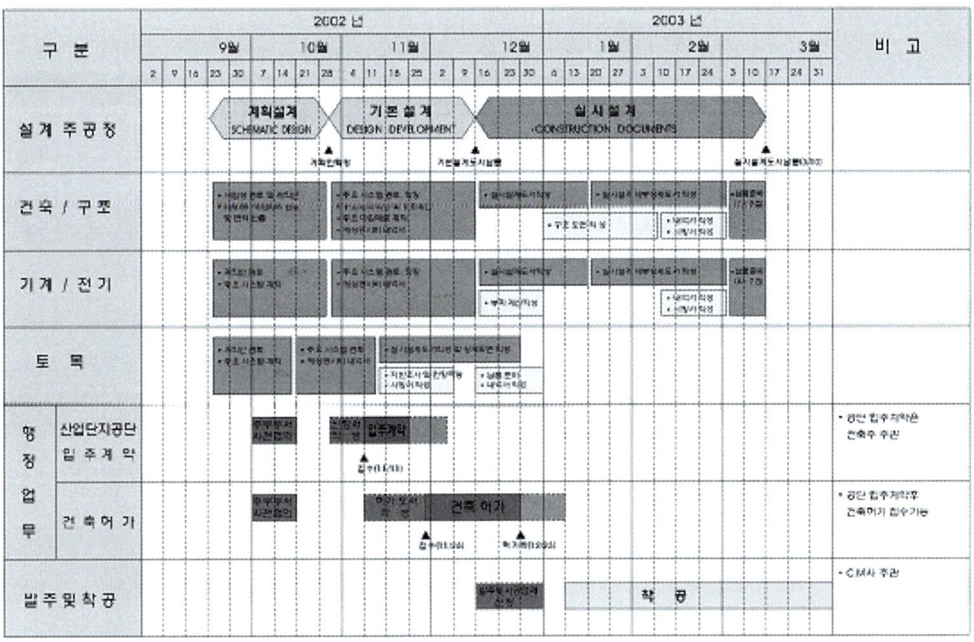

그림 4-15 설계일정관리사례

그림 4-16은 공정관리 프로그램을 이용하여 인 · 허가 및 주요프로젝트 일정과 설계관리 등 CM의 주요업무 일정을 표현한 공정표이다. 공정 다음 칸에는 각 아이템별로 완료날짜를 기입하고 당초 계획했던 목표날짜를 기입하여 매주 혹은 일정기간마다 비교검토 후 수정 · 보완할 수 있게 작성한 세부일정관리 사례이다.

구분	조치완료	목표일정	7월 / 8월
일정관리			
인허가			
1 **실시설계완료(행정처리)**	**8/25**	**7/22**	
2 **건축허가접수**	**7/27**	**7/27**	
3 교평심의 보완접수	7/30	7/30	
4 교평심의 보완 처리완료	8/17	8/5-16	
5 **건축허가취득**	**8/27**	8/6-26	
6 굴토자문(구청)		착공전	
7 착공계 제출		11월	
CM주요업무			
실시설계보완관리			
1 **실시설계90%검수보고**	**7/22**	**7/22**	
2 **실시설계100%접수보고**	**7/23**	**7/23**	
3 **실시설계100%보완검수**	9/초	**8/31**	
-계획측면 개선사항list	7/29	7/29	
-분야별 검수결과취합	7/30	7/30	
-보고 및 설계사에 통보	7/30	7/30	
-관련기관 의견수렴	7/30	7/30	
-설계사방문 사전검수		-	1 2 3 4 6 6 7 8 9 10 11 12
4 설계사 내역제출			
-1차:Spec-up list확정	8/2	8/2	
-Spec-up list반영항목확정	8/3	8/3	
-2차:최종내역제출(720억)	**8/9**	8/9	
-기획예산처예산품의(613억)	**8/10**		
-최종내역취합(720억)	**8/31**	8/27	
-조달청내역제출(문콘485억)	**9/1**	8/31	
5 내역보완도면제출	**원양**		
최종내역서용 도면작업		8/21	
최종내역조정도면취합	**8/31**	8/27	
6 자문 및 미결사안 처리			
-커튼월,SSG/SPG	8/30	8/25	
-음향/무대/조명	8/30	8/25	
-방재시뮬레이션	8/30	8/25	
-풍동시험	8/30	8/25	
-VE보고서(기본,실시50%)	8/25	8/25	
-모형,CG	8/19	8/16	
설계용역종결보고서			
1 설계내용서chk list검토		8/31	
2 목차구성		8/16	
3 설계검수/자문내용/VE	8/25	8/23	
4 **종결보고(행정처리)**	**8/25**		
5 **최종보고**	**8/31**		

그림 4-16 설계관리 일정표

3.3.3 설계보할에 의한 일정관리

체계적인 설계일정관리를 위해서는 설계 분야 및 공종별 가중치를 고려한 설계보할 공정표를 작성하여 진척도를 관리하는 것이 바람직하다. 설계단계에서의 공정보할은 설계도서의 납품뿐만 아니라, 인 · 허가를 비롯한 주공정표상의 분야별 주요업무, 모형제작 등

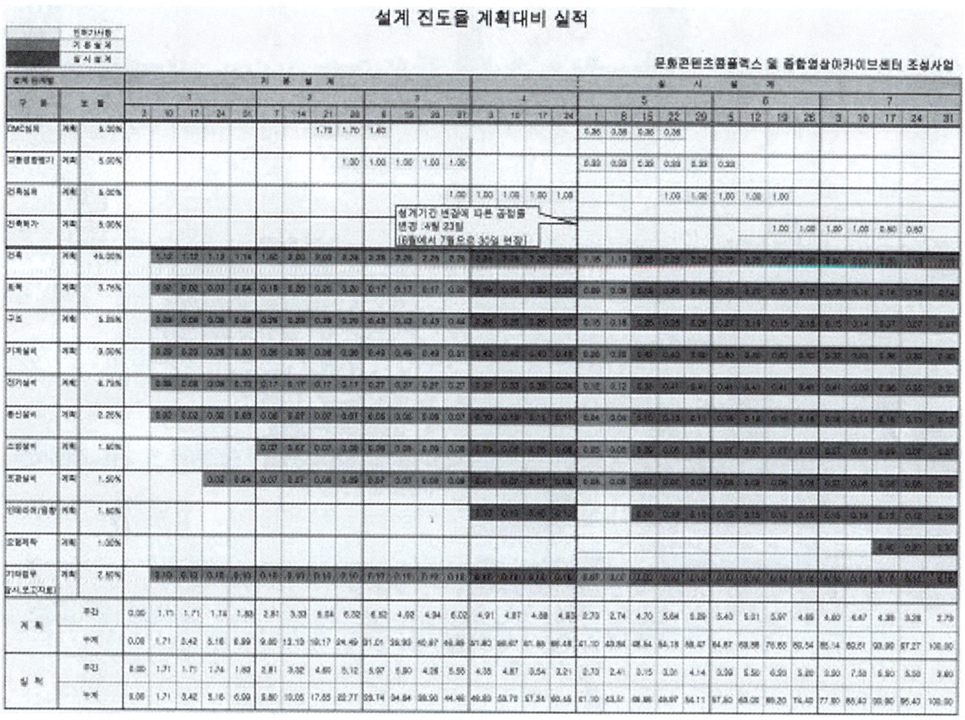

그림 4-17 설계진도율 일정표

설계용역 계약서에 의해 이행하여야 하는 업무 전반을 포함하여 산정한다. 설계단계에서는 의사결정 단계별로 다양한 변수들이 상존할 뿐만 아니라, 정성적인 판단을 필요로 하는 경우도 많아 시공단계에 비해 정확한 진척도 파악이나 관리가 더 어렵다.

진도율 산정을 위한 보할기준을 정하는 방법에는 여러 가지가 있을 수 있지만, 설계계약서상에 나타난 각 항목별 금액 비중에 따라 보할을 적용하는 것도 한 방법이다. 예를 들어 전체 설계계약금액 중 인 · 허가 관련 업무에 할애된 금액이 20%라면 인 · 허가 보할은 20%로 하고, 나머지 설계도서 작성을 포함한 각 분야별 보할은 설계사와 분야별 협력사의 계약금액 비율(예시 : 건축: 45%, 토목: 3.75%, 구조: 5.25%, 기계: 9%, 전기: 6.75%, 통신: 2.25%, 소방: 1.5%, 조경: 1.5%, 인테리어: 1.5%, 모형제작: 1%, 기타업무: 2.5%)을 보할로 정하여 진도율을 산정할 수 있다.

각 항목별 주간 진도율은 주공정표상 해당 작업일수를 기준으로 작성 후 주간단위 진도율 및 주간 누계 진도율을 산정하여 주간업무보고시 발주자에게 보고한다. 또한 '월간 계획대비 실적 진도율' 과 '누계 계획대비 실적 진도율' 을 산정하여 월간보고서에 수록, 발주자에게 보고하고, 실적 진도율의 지연시는 즉각적인 만회대책을 강구하여 설계 일정 지연을 최소화할 수 있도록 관리하여야 한다.

3.3.4 도면 목록에 의한 일정관리

작성되어야 할 전체 도면 목록을 작성한 다음 진척도를 관리하는 방법이다. 예를 들어 작성되어야 할 설계도면이 총 800매라고 가정하면(건축: 240매, 구조: 120매, 기계: 140매, 전기: 80매, 통신: 70매, 소방: 60매, 토목: 40매, 조경: 10매, 인테리어: 40매) 기본설계, 심의, 건축허가, 실시설계 50%, 실시설계 100% 등으로 단계를 구분한 다음, 단계별로 작성되어야 할 도면목록 및 매수를 확정하고, 각 단계마다 작성된 도면의 완성도(25%, 50%, 75%, 100%로 구분)를 확인하여 진도율을 산정한다.

건 축		마포구청 건축허가 (미정)	실시설계 50%공정 (6/18)	실시설계 최종납품 (7/22)	작성자	SCALE	6/5 예정 공정율	6/11 예정 공정율	6/18 예정 공정율	6/25 예정 공정율	7/2 예정 공정율	7/9 예정 공정율
도면번호	도 면 명											
DC-A-0000	표지	○	○	○	김봉진	NONE						
DC-A-0001	도면목록표	○	○	○	김봉진	NONE						
DC-A-0011	일반사항		○	○	김봉진	NONE						
DC-A-0021	설계개요,층별면적개요,투시도, 안내도	○	○	○	박해광	NONE						
DC-A-0022	실별 면적표			○	박해광	NONE						
DC-A-0023	층별면적산출근거표-1			○	박해광	1/400						
DC-A-0024	층별면적산출근거표-2			○	박해광	1/400						
DC-A-0025	층별면적산출근거표-3			○	박해광	1/400						
DC-A-0031	지구단위계획결정도 및 반영표	○	○	○	석진수	NONE						
DC-A-0032	현황측량도	○	○	○	김봉진	1/200						
DC-A-0041	배치도	○	○	○	석진수	1/200						
DC-A-0042	대지종단면도	○	○	○	김봉진	1/400						
DC-A-0043	대지횡단면도	○	○	○	김봉진	1/400						
DC-A-0044	우 · 오수처리계획도	○	○	○	김봉진	1/200						
DC-A-0051	교통종합개선안도			○	김종수	NONE						
DC-A-0052	교통체계도	○	○	○	김종수	1/200						
DC-A-0053	주차구획도	○	○	○	김종수	NONE						
DC-A-0054	주차시설상세도			○	김종수	NONE						

그림 4-18 업무단계별 일정표

3.3.5 실시설계의 일정관리

설계작업의 일정계획 및 진도관리방법은 그 특성상 공사단계의 공정관리와 구분된다. 공사의 성과는 외형적인 성과가 확연히 나타나지만, 설계의 성과품은 도면, 시방서, 계산서 등이다. 다시 말해, 한 장의 도면을 완성하기 위해서는 수많은 의사결정이 수반되는데,

그 내용들이 도면에 완전히 반영되었을 때 비로소 설계도면이 완성되었다고 할 수 있다. 비록, 도면은 작성되었다 하더라도 그 내용 중에 의사결정내용이 잘못 반영되었거나 여타 분야 도면과 합치되지 않는 부분이 포함되어 있다면 이를 파악하여 진도관리에 반영될 수 있도록 하여야 한다.

(1) 도면 목록의 확정

작성되어야 하는 도면의 수량인 설계작업의 양은 설계의 단계별 완성도와 함께 정량적인 기준이 된다. 면밀한 도면 목록의 작성은 설계관리에 있어 중요한 요소이지만 설계 초기단계에 실시설계단계까지의 최종 도면 목록을 확정하는 것은 실제적으로는 불가능할 수 있다. 이러한 관리상의 한계를 인정하고 설계단계 중 도면 목록의 수정을 가능하게 하여 수정된 내용이 진도율 산정에 반영될 수 있도록 하여야 한다. 다음은 실시설계단계에서 반드시 작성되어야 할 도면의 종류이다.

- 기본설계 내용 중 불분명한 항목을 구체화한 도면
- 공사비를 확정하기 위해 반드시 필요한 도면
- 설계 해석상 이견이 발생될 수 있는 부분의 상세도
- 공사의 기준이나 공법을 제시하는 내용의 도면

(2) 성과물의 단계별 완성도 측정

설계 작업의 특성상 도면 매수에 의한 정량적인 성과와 함께, 진행단계별로 완성도 판단 기준에 따라 가중치를 두어 정량적으로 진행률을 산정하는 것이 바람직하다.

표 4-4 설계단계별 완성도 측정[3)]

설계단계	단계별 완성기준
기본도면 확정단계	• 기본설계 심의시 지적된 내용에 대한 보완완료 • 건축기본도면(평면, 입면, 주단면, 배치계획)의 확정 • 각 분야별 기본도면 확정
50%단계	• 각 분야별 중간 진행단계의 검토 및 확인 • 기본설계와 대비하여 변경된 내용의 반영
75%단계	• 수량산출 및 시방서 작성이 가능한 수준의 완성 • 각 분야별 연관 내용의 상호확인 완료
승인단계 100%	• 75% 단계 검토시 지적사항에 대한 수정, 보완완료 • 계약도면으로서의 최종승인완료

3) 한미글로벌, 상암동월드컵경기장 건설사업관리보고서(2), 138쪽.

(3) 분야별, 설계 성과물별 가중치의 산정

설계관리자는 설계성과를 정량적으로 모니터링하고 표현하는 방식을 적용하는 과정에서 종종 현실적인 한계에 부딪치게 된다. 공사의 경우는 공사비를 기준으로 보할(weight)을 산정한 후 항목별 기간으로 나눈 값을 계획보할로 산정하는 것이 일반적인 방식이나, 설계진도 관리에 있어서는 도면 매수만을 기준으로 보할을 산정할 수 없으며, 도면작성과 함께 진행되는 각종 계산서, 설계 설명서, 시방서, 산출내역서 등의 성과물에 대해서도 가중치가 부여되어 진척도 산정시 고려되어야 한다. 공사와 비교할 때 공사수량이 설계도면을 포함한 성과물의 양이라면, 공사금액은 각종 설계도서 작성에 필요한 투입인원이라 할 수 있으며, 이러한 관점에서 각 설계도서 성과물에 대한 가중치 산정시 항목별 투입예상인원을 기준으로 가중치를 부여하는 것도 하나의 방안이 될 수 있다.

표 4-5 설계 성과물의 가중치 산정 예

단위: %

분야구분	도면	계산서	시방서	내역서	설명서	합계
건축구조	10.2	1.8	1.0	0.5	0.8	14.3
건축마감	18.9	1.8	1.0	0.8	0.7	23.2
토목분야	6.3	1.8	0.9	0.9	0.8	10.7
기계,소방	13.8	1.8	1.0	0.5	0.8	17.9
전기분야	12.0	1.8	1.0	0.5	0.8	16.1
통신분야	3.9	1.8	2.0	0.5	1.0	9.2
조경분야	4.8	1.8	1.0	0.4	0.6	8.6
합 계	69.9	12.6	7.9	4.1	5.5	100.0

* 상암동 월드컵경기장 사례

(4) 설계 진도율 산정의 예

표 4-6은 건축구조 분야의 설계 진행율을 산정하기 위한 표이다. 이 표를 분석하면 구조분야의 설계 진도율은 계획 9.48%, 실시 4.17%로 계획 대비 진도율이 43.9%에 불과함을 나타내고 있으며, 특히 구조도면 작성의 경우 계획은 6.6%인데 비해 실적은 2.07%에 불과하여 가장 큰 지연요인이 되고 있음을 알 수 있다. 표 4-6의 내용 중 구조도면의 진도율 산정방법은 아래와 같다.

{(25% × 95매) + (50% × 26매) + (75% 5매)}÷ (200 100)} × 10.2 = 2.065
{(단계 진행율 × 완성수량) ÷ (총 계획수량 × 100)} × 항목가중치 = 진행율

표 4-6 설계 진도율 산정 예(건축구조분야)

분야구분	수량	가중치 (%)	구분	설계도서 진행율				진행현황 진행율			(%)
				25%	50%	75%	100%	완료	진행	미착수	
구조도면	200	10.2	계획		82	118			200		6.60
			실시	95	26	5			126	74	2.07
계산서	6	1.8	계획		3	1	2	2	4		1.28
			실시		3	1	2	2	4		1.28
시방서	1	1.0	계획			1			1		0.75
			실시		1				1		0.50
내역서	1	0.5	계획	1					1		0.25
			실시		1				1		0.13
설명서	1	0.8	계획			1			1		0.60
			실시	1					1		0.20
합 계	209	14.3	계획	0	86	121	2	2	207	0	9.48
			실시	97	30	6	2	2	133	74	4.17

* 상암동 월드컵경기장 사례

(5) 진도율 산정상의 문제점

설계 진도율 산정의 목적인 설계의 정량적 진척 상황 파악을 이용한 예측(forecast)기능을 갖기 위해서는 단계별 완성도 판단기준을 명확히 하고, 검토자가 객관적인 측정방법을 제시하여야 한다. 한 장의 도면이나 한 페이지의 시방서 등 각각에 대한 비중(weight)과 완성도를 평가하는 것은 전적으로 설계관리자의 판단에 의존할 수밖에 없다. 그러나 방대한 양의 설계 성과물의 경중을 사전에 파악하기란 현실적으로 어려우므로, 주요한 기준항목을 정해 진도율을 산정하는 것이 더 바람직할 것이다.

3.3.6 설계일정관리 사례

(1) 기본설계 진행률 평가

기본설계기간은 실시설계기간에 비해 짧지만 집중적인 관리를 필요로 하는 매우 중요한 단계로서, 발주자의 요구사항을 정확히 설계에 반영하여야 할 뿐만 아니라, 각종 심의를 비롯한 인·허가 업무를 수행하여야 한다. 아래 사례에서는 기본설계단계에서 수행되어야 할 전체 설계업무 중 설계도면의 작성에 40%, 설계도면의 완성도에 20%, 설계 설명서나 시방서 등 설계관련도서 작성에 10%, 인·허가 업무에 30%의 비중을 부여하여 '보할' 로 구분하고 있다. 표 4-7을 분석해 보면 인 · 허가 업무는 예정대로 잘 진행되고 있으나 분야별 코디네이션이나 VE 등 설계기술의 적용은 상당히 부진한 상태에 머물러 있음을 알 수 있다.

표 4-7 **기본설계 진행률 평가표**

구분	평가항목	평가기준	보할	평가
설계도면 작성(40)	1. 도면작성 진도율 준수 및 도면매수	출도일정 준수, 주요도면 누락 여부	15	12
	2. 설계 및 계획기준, 법규 적정성	발주자 요구사항, 컨설팅 내용, 허가사항 준수	5	5
	3. 내, 외부 마감계획 적정성	건물특성 및 성능반영	5	3
	4. 그리드 및 치수, 평단면 레벨	구조 Opening 등 공종별 도면 일치 여부	5	3
	5. 각 공종별 간섭사항 Cross Check	공종별 상호 일치 여부	5	2
	6. 자재 및 공법 등 설계기준 자료 검토	재료특성, 장비 및 설비설치 계획 반영	5	3
설계기술 적용(20)	7. 자재의 적합성 및 V.E 반영	성능향상 및 원가절감	10	5
	8. 분야별 협업 및 검토사항 반영	분야별 협의, 설계변경 사항 보완	10	4
설계도서 작성(10)	9. 설계설명서, 시방서 작성	현장기준 및 V.E 반영	5	4
	10. 수량산출서, 각종 계산서 작성	각종 기준 반영 및 비용 균형	5	4
인 · 허가 진행(30)	11. 각종 심의 완료	심의도서 작성 및 협의 완료	15	15
	12. 건축허가 완료	허가도서 작성 및 건축허가 완료	15	15
계			100	75

(2) 주간 설계진척현황: 건축

표 4-8은 1주일 간 건축분야에서 수행한 설계진행 결과를 백분율로 표현한 것이다. 이번 주에 작성한 전체 도면매수는 총 625매이며 공종별 중요도에 따라 구분된 보할 기준을 적용할 때 7.4%의 설계가 진행되어 전체 설계 진도율 누계는 46.3%였고, 각 항목별로는 A동의 경우 이번 주에 8.8%(159매)가 진척되어 A동에 대한 누계 설계 진도율은 47.2%임을 알 수 있다.

표 4-8 주간 설계진척현황 평가표 2005.3.21 ~ 3.27

구 분	금 주 실 적	주간 진행율	진행율 누계	차주계획
주요도면 작성내용 (진행율 / 작성매수)	–공통: 지상1층 부분확대평,단면도 –UNIT: 재료마감, 벽체 LIST –A동: 외벽, 계단, 평, 입, 단면도 D동: 초고층부 외벽 입,단면 상세도 –C동: 기단부 입,단면 상세도 –판매,운동: 운동시설 부분확대 상세도 –지하층: 지하내벽 및 휀룸 평면상세도 소계 :	8.2% (20매) 4.1% (39매) 8.8% (159매) 7.8% (158매) 7.8% (125매) 12.5% (76매) 2.8% (48매) 7.4% (625매)	42.9% 42.1% 47.2% 45.4% 45.3% 45.0% 56.5% 46.3%	–창호외벽 상세도 –부분확대 평,입, 단면 상세도 –창호도(B, C동) –방수, 단열, 우수처리 계획도
타공종 Coordination (협의 / 반영)	–기초치환 공법 현장협의 –운동시설, 커뮤니티 공조실 위치 검토 –주차관제 및 접지피뢰 검토			–옥외공간 시설물 계획 –서비스 동선계획 –중간기계실 방진 방음 시스템 검토
설계적용 기술검토 (요청 / 결정)	–판넬히팅 공법 검토(결정) –냉각탑 위치 및 사양(결정) –곤도라시스템(적용) –비상용ELEV. PIT(결정, 적용)			–단열재 검토(요청) –공용부 건식벽체 검토(요청) –장애인 편의시설 검토(요청) –우편물 수취함
현장요청, D/R반영 (요청 / 반영)				

3.4 가치공학(Value Engineering, VE)

3.4.1 가치공학의 개념 및 정의

(1) 개요

가치공학(value engineering, VE)은 제조업에서 출발한 생산성 향상 기법으로 건설분야에서도 수십 년간 적용되어 신진 외국 뿐만 아니라 국내에서도 그 효과가 이미 입증된 우수한 관리기법이다. 그 동안 국내에서는 일부 건설회사에서 자체적으로 시공 VE를 실시해 왔으며 최근에는 일정규모 이상의 공공부분의 건설공사에서도 설계 VE 검토 제도를 도입하여 확대 적용하고 있다.

건설공사에서의 VE란 설계 및 시공의 운영체계를 종합분석하고 개선함으로써, 공사비를 절감함과 동시에 품질을 향상시키기 위한 기법으로 시설물의 가치향상을 도모하기 위한 유효한 수단이나, 그동안 건설 관련자들의 인식부족과 이론 및 적용면에서의 견해 차이 등으로 인해 활성화되지 못한 점이 있었다. 그럼에도 불구하고 VE가 지금까지 이어져 온 것은 그 결과가 공사비 절감이라는 효과를 가져왔기 때문이라고 할 수 있다. 즉 실무에서는 VE 이론에서 제시하는 각종 절차 및 기법을 따르지 않더라도 VE팀원의 개인적인 경험과 지식에 의해 프로젝트 공사비 절감을 유도할 수 있는 대안이 마련되었기 때문이다.

국내의 경우 건설기술관리법상에 설계단계에 VE를 적용할 수 있는 규정이 마련되어 공공건설 분야에서 VE가 다시 부각되고 있지만, 건설 VE 활동이 보다 효과적으로 활성화되기 위해서는 실무과정에서 발생되는 문제점에 대한 분석과 절차 및 기법 등에 대한 연구가 다각적으로 이루어져 건설부문에 적합한 VE 방식이 정립되어야 할 것이다. 본 항에서는 VE에 대한 올바른 이해를 돕기 위해 VE가 추구하고자 하는 목표, VE 활동 절차 및 운용기법 등에 대해 설명하고, 그 동안 실무에서 수행한 사례 등을 소개하고자 한다.

(2) VE의 의미

일반적으로 VE는 원가절감을 위한 하나의 기술이라고 잘못 인식되고 있다. 사실 VE는 대체안의 창출 및 개발에 있어 물품중심의 유형적 사고를 기능중심의 무형적 사고로의 전환을 꾀한 혁신적인 기법이었으며, 이후 기능의 개념이 가치의 개념으로 확대되어 정립된 것이다. 즉, VE란 제품, 시스템, 시설물에 대한 기능분석을 통하여 최적의 가치를 제공할 수 있는 대체안을 개발하려는 노력이라 할 수 있다. 이 개념을 건설분야에 접목하면, 건설 프로젝트의 가치는 시간, 비용, 품질에 의해 결정되므로, 건설산업의 VE는 이 세 가지 요소의 상관관계를 파악하여 최적화하는 것을 의미한다고 할 수 있을 것이다.

VE의 궁극적인 목표는 가치향상을 통한 건설 프로젝트의 고부가가치화에 있다. VE의 적용시기는 건설 프로젝트 전체 단계에 걸쳐 적용할 수 있지만 일반적으로 다음의 두 단계에서 수행된다. 첫 번째는 사전적(proactive) 의미로서 프로젝트의 설계개념이 완료되는 시점에 적용되어 여러 설계 대안을 제시하고, 프로젝트의 목표를 결정하는 역할을 하게 된다. 두 번째는 사후적(reactive) 특성이 강한 것으로 상세설계가 거의 종료되는 시점에 적용하여 원 설계안의 특정 부문에 대한 구체적인 대안이 제시되고 이를 반영하기 위한 재설계가 진행된다. 건설 프로젝트의 생애주기상 VE기법은 가능한 이른 시기에 적용하는 것이 VE제안의 채택 가능성과 효과를 극대화하는데 유리하다.

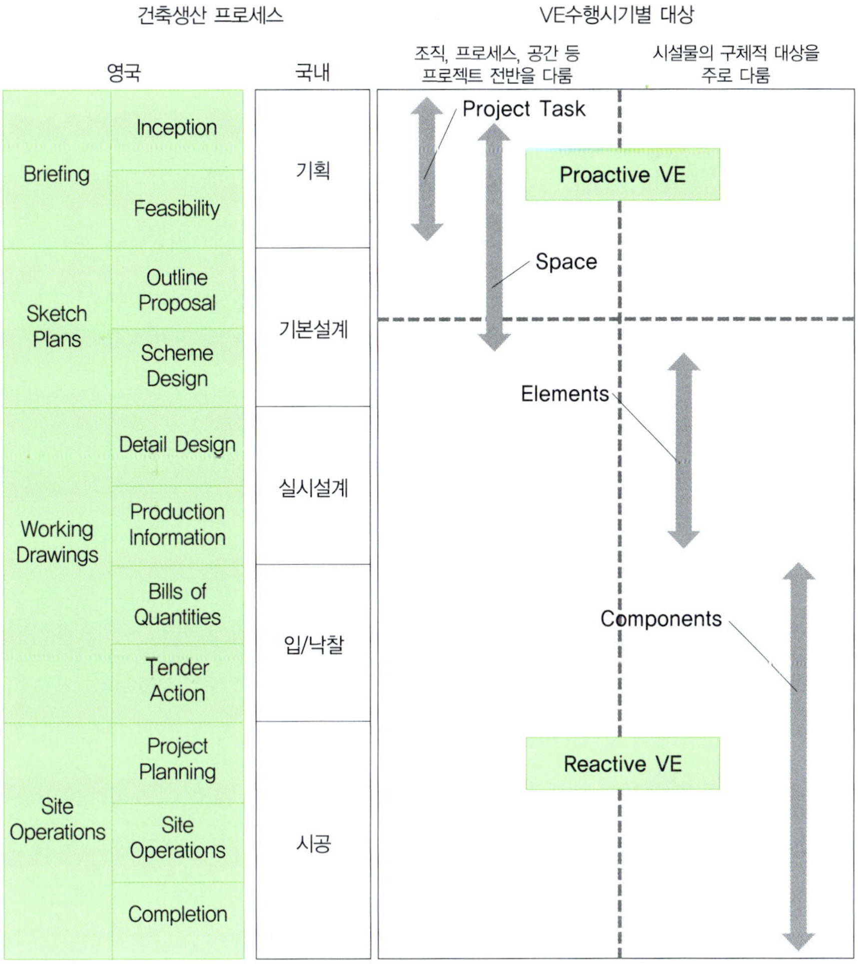

※자료 : Kelly, John, Male, Steve. Value Management in Design and Construction: The Economic Management of Projects, E & FN Spon, 1993. p.95의 그림을 재구성

그림 4-19 V.E. 프로세스 개요

(3) VE의 정의

VE란 "최저의 전생애주기 비용(life cycle cost, LCC)으로 최상의 가치를 얻기 위한 목적으로 수행하는 '프로젝트의 기능분석을 통한 대안 창출 노력' 으로써 여러 전문 분야의 협력을 통하여 수행되는 체계적인 프로세스"라고 정의할 수 있으며, 궁극적인 목적은 발주자의 요구 수준에 부응하면서 불필요한 요소를 제거하거나 더 나은 기능을 부여하여 원

가절감 효과를 얻는데 있다.

생애주기비용(LCC)이란 시설물의 전 사용기간을 통하여 필요한 비용의 합계를 말하며, 이 비용은 시설물의 계획단계부터 설계단계, 시공, 유지관리, 철거에 이르기까지의 전 생애에 관련된 비용을 모두 포함한 것을 말한다.

• 기능과 비용의 관계

일반적으로 건설산업의 발주자는 최소의 투입비용으로 최대의 기능효과를 달성하기를 기대한다. 따라서 가치는 시설물의 기능(function)에 대한 비용(cost)의 적합성 정도, 즉 V = F/C로 정의된다.

$$V(Value\ Index) = \frac{F(Function)}{C(Cost)} \qquad P = C - F$$

V : 사용가치, 귀중가치의 척도
F : 필요한 기능을 위한 최저비용(기능비용)
C : Life Cycle Cost(총 Cost)
P : 개선 가능금액

여기에서 기능이란 사용자가 요구하는 미적 특성, 에너지 효율성 등 포괄적인 품질수준을 말하며, VE에서는 기능과 비용의 상관관계를 적절히 조절하는 기술이 요구된다. 그림 4-20에서 보여주는 바와 같이, 가치공식에 의해 기능을 저하시키지 않고 최저의 비용으로 달성하는 ①부터 ④까지는 VE의 하나의 방법이라 할 수 있으나, 비용절감을 위해 기능이나 품질 등 여타의 가치를 희생하는 ⑤의 경우는 VE에서 다루지 않는다.

① 기능을 일정하게 유지하고 코스트를 낮춘다.

② 기능을 높이고 코스트는 유지한다.

③ 기능을 높이고 코스트를 낮춘다.

④ 코스트는 약간 높아지지만 기능을 그 이상으로 높인다.

구분 / 수식	① 원가절감	② 성능향상	③ 가치혁신	④ 성능강조	⑤ 성능저하
V = F/C	→	↗	↗	↗	↘
	↘	→	↘	↗	↘

그림 4-20 가치의 크기판단 유형

3.4.2 VE 검토의 필요성

대부분의 설계에는 꼭 필요하지 않은 항목이 포함되거나 또는 부분적인 과다설계의 개연성이 상존한다는 점에서 VE 검토는 필요하다고 할 수 있다. 원 설계는 대부분의 경우에 있어 시간도 촉박하고, 세세한 부분에 이르기까지 완벽한 검토가 이루어지기 어려우므로 아무리 설계를 잘 한다고 할지라도 규모가 크고 복잡한 프로젝트의 경우에는 설계상 허점이 있기 마련이다. VE 검토를 해야 하는 이유를 정리하면 다음과 같다.

첫째, '시간 부족' 이다. 설계 성과물 제출 일자 때문에 급하게 시간에 맞추어 설계를 마무리 하게 된다.

둘째, '정보의 부족' 이다. 최근에는 새로운 자재나 공법 등의 개발속도가 빨라 우수 자재나 최신공법을 설계에 반영하지 못할 수도 있다.

셋째, '아이디어 부족' 을 들 수 있다. 아무리 뛰어난 사람도 뒤늦게 아이디어가 떠오를 수 있으므로, 여러 사람에 의한 재검토시 뒤늦게 깨달을 수도 있다.

넷째, '잘못된 개념' 등을 정정할 수 있는 기회를 갖게 된다. 즉 잘못 판단하여 설계에 반영한 것과 잘못 계산한 것 등이 VE 검토시에 나타나게 된다.

다섯째, '습관적인 것' 즉 설계자들은 자기에게 익숙한 것에 대한 고정관념 때문에 전과 똑같은 공법, 재료 등을 사용하는 경우가 많다.

여섯째, '예산 부족' 을 들 수 있다. 예산이 부족할 때는 설계비를 과도하게 줄여서 설계를 하다보면 설계가 허술해져서 공사비가 상승하는 경우가 많다. 따라서 VE 검토를 할 경우 건설비용을 조정할 수도 있으며 여러 가지 문제점들을 사전에 방지할 수 있게 된다.

3.4.3 VE 실시 시기와 효과

VE를 적용하는 시기는 빠르면 빠를수록 개선의 가능성이 커짐에 비해 개선 활동에 소용되는 비용은 적어 개선의 효과를 극대화할 수 있다. 이는 곧 프로젝트의 대략적인 윤곽이나 사업기본계획이 결정되는 시점인 기획단계나 기본설계단계에 적용하는 것이 가장 효과적임을 의미하며, 이를 도식으로 표현하면 그림 4-21과 같다. 이 단계에서는 프로젝트 내용이 아직 구체적으로 정해져 있지 않기 때문에 참신한 대체안이 나올 가능성이 높고, 제안된 대체안을 수용할 수 있는 여지가 많기 때문이다. VE의 효과는 제3자 입장에서 설계도서의 결함이나 누락, 기타 불필요한 항목 등 프로젝트의 가치를 저감시키는 요소를 파악하여 불필요한 비용을 제거하고, 총체적인 품질향상을 도모하며, 최소의 투자비용으로 최대의 이익을 창출할 수 있는 여지를 마련함으로써 건설 프로젝트의 가치를 향상시키는 것이라 할 수 있다. 우리나라의 현행 건설기술관리법에서는 일정 수준의 정보가 확보된 기본설계단계와 실시설계단계에서 설계 VE를 수행하도록 명시하고 있다.

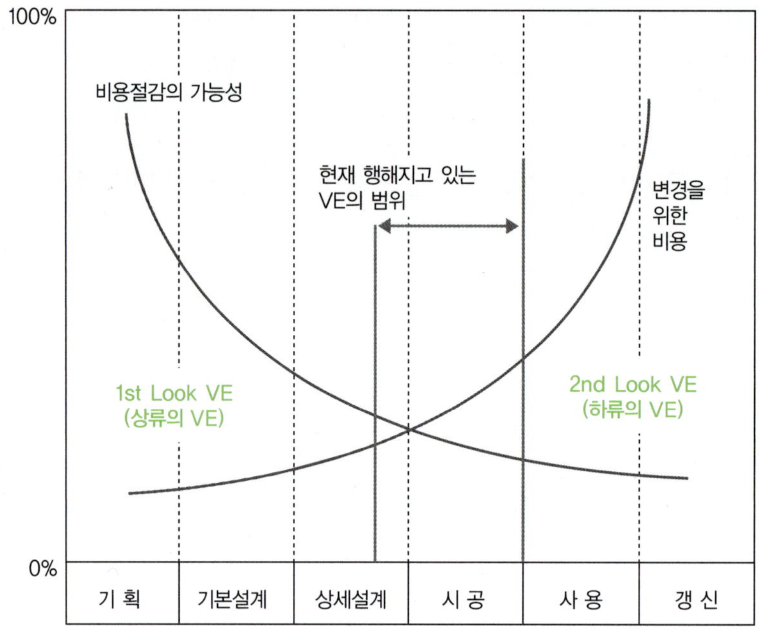

그림 4-21 건설프로젝트의 Life Cycle Cost와 VE효과

3.4.4 VE 추진절차와 기법

미국에서는 그 동안 오랜 연구와 경험을 바탕으로 하여, VE효과를 높이기 위한 목적으로 VE검토 절차를 패턴(pattern)화한 VE 수행절차(VE job plan)라는 체계적인 절차를 확립하여 활용하고 있으며, 매우 좋은 성과를 올리고 있다. VE 수행절차는 프로젝트의 종류, 규모, 복잡성, 수행시기 등에 따라 절차가 약간씩 변형되어 사용되기도 하지만, 기본적인 틀에는 큰 변화가 없으며, 수행절차의 절차에 따라 기능 분석, 아이디어 창출, 평가 등 VE 고유의 기법들을 적용함으로써 대체안을 창출한다.

VE 수행의 결과로서 대체안, 각종 공사비 분석, 기술자료 등이 포함된 VE 제안서가 작성되면, 이에 대하여 최종 의사결정권자(발주자)의 공식적인 검토를 통해 그 채택 여부를 결정하고 채택된 제안을 실행하는 것이 VE의 일반적인 절차이다. 이러한 VE 수행절차는 준비단계(pre-study phase), 분석단계(study phase) 및 실행단계(post-study phase)로 나누어지는데 각 단계마다 VE 고유의 기법들이 적용된다.

그림 4-22, 23에서 보듯이 VE 활동은 준비단계에서부터 고객이 요구하는 품질수준을 측정하고 이를 만족시키면서 최고의 가치를 추구하기 위한 분석단계를 거쳐 제안 및 적용 후, 차후 프로젝트에 적용될 수 있도록 실행단계의 업무를 수행한다. 즉 VE 활동은 고객이 요구하는 품질 수준을 기초로 하고 있음을 알 수 있다.

준비단계 및 분석단계에서 적용되고 있는 VE 고유의 기법 중 품질 확보차원에서 적용

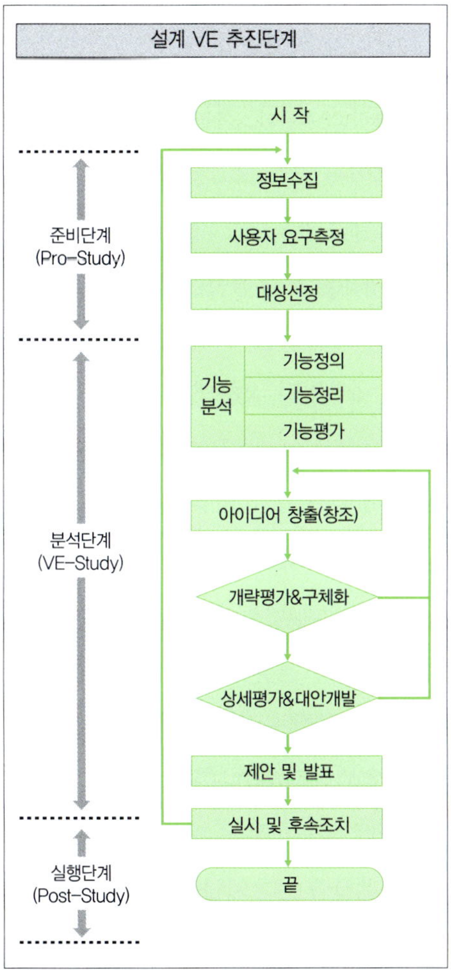

그림 4-22 VE 추진단계

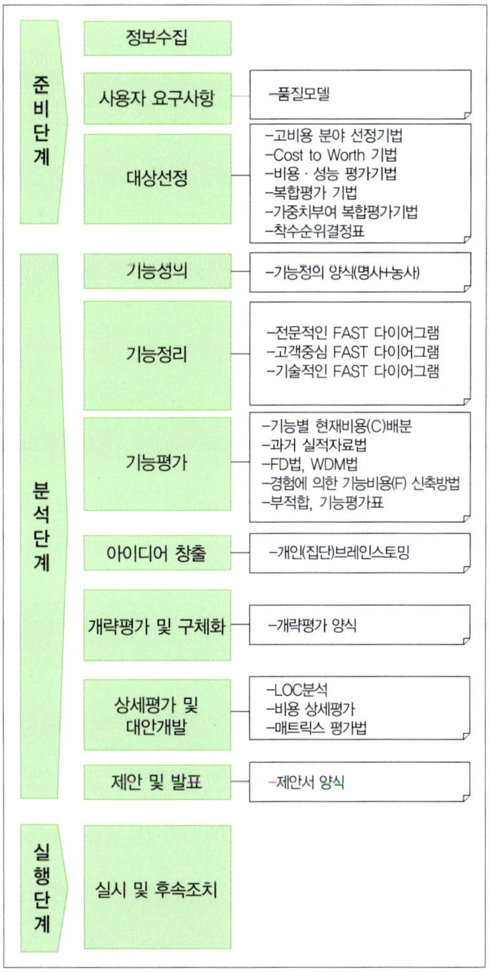

그림 4-23 VE 추진단계별 운영기법

되는 기법들을 살펴보면, 우선 준비단계에서는 품질모델을 통해 발주자 및 고객이 인식하는 프로젝트 성능에 대한 요구와 품질 수준, 그리고 이에 대한 대응 수준을 발주자와 설계팀, VE팀간의 상호 의사소통과 합의를 통해 도식적으로 표현한다. 작성된 품질모델은 이후 작성될 VE 활동에 있어서 기초자료가 되며, 창출된 대안을 평가하는데 사용된다. 분석단계에서는 작성된 품질모델을 바탕으로 고객이 요구하는 성능, 즉 기능에 대한 분석을 통하여 대안을 창출하고, 창출된 대안에 대해서는 매트릭스 평가 기법을 활용하여 비용 및 기능, 품질 등의 요소를 종합적으로 비교, 분석하게 된다. 이와 같이 VE는 단순한 비용절감 기법이 아닌 정해진 공기 내에 품질, 기능 및 비용을 동시에 고려하여 최적의 조합점을 찾아나가는 방법이다.

3.4.5 설계 VE와 시공 VE

설계단계에서의 VE는 우선 건설 프로젝트의 계획(schematic), 기본설계 및 실시설계 단계에서 실행하는 것으로, 발주자는 당초 설계에 참여하지 않은 사람들로 하여금 새로이 VE 검토팀을 구성하게 한다. 새로이 구성된 VE 검토팀은 프로젝트의 생애주기비용(life cycle cost)의 절감 차원에서 당초 설계를 재검토하여 대체안을 작성한다.

건설기술관리법 시행령에서 제시한 설계 VE 프로세스는 미국 VE협회 SAVE International에서 제시한 프로세스와 거의 동일하며, 세부적인 절차 및 운용기법은 국토해양부의 설계 VE업무매뉴얼(2009)을 통해 설명되고 있다. 설계 VE에 적용되는 기법으로는 품질모델(quality model), 코스트모델(cost model), Customer FAST Diagram, LCC분석, 대안평가기법 등이 있다.

시공 VE란 공사계약 후 CM 혹은 시공자가 설계도서나 계약내용 등을 검토하여 공사비를 절감할 수 있는 대체안을 작성하여 발주자에게 계약의 변경을 제안하는 것이다. 발주자는 그 제안을 심사하여 변경에 의하여 당초 계약시 요구한 프로젝트의 기능이 저하되지 않으면서도 공사비를 절감할 수 있는 안을 채택하게 된다. 우리나라 관공사의 경우 기술개발보상제도가 도입되어 있어, 신기술 등을 적용하여 공사비를 절감할 경우 대체안을 제안한 시공자에게 절감액의 70%에 해당하는 금액을 보상금으로 지급하고 있다.

시공단계 VE 활동은 그 대상이 거의 결정된 상태에서 수행되기 때문에 코스트모델 등 비용 효용성을 검토하는 과정은 생략되는 경우가 많다. 국내에서 수행되는 시공 VE 활동의 경우, SAVE International에서 제시하고 있는 정규적인 기능분석 절차나 기법이 거의 활용되지 못하고 있으며 그 기여도 또한 매우 낮은 것으로 판단된다. 특히, LCC 분석은 거의 활용되지 못하고 있으며 국내의 시공 VE 활동의 대부분은 주로 현장차원에서 공사원가를 절감하기 위해 수행되기 때문에 발주자와 사용자의 관점에서 의미있는 LCC 분석은 기대하기가 매우 어려운 실정이다.

(1) 설계 VE 대상

설계 VE는 시공 VE에 비해 보다 광범위한 영역을 분석대상으로 한다. 즉 공법이나 재료와 같은 프로젝트 시스템 중 하위 레벨에서 벗어나, 보다 가치향상의 가능성이 크고 가치개선의 효과가 큰 상위 레벨을 대상으로 하므로 대상선정의 범위가 보다 넓다고 할 수 있다. 설계단계에서 VE를 적용할 경우, 프로젝트의 초기단계인 기획, 계획설계부터 기본설계, 실시설계 등 각 설계단계마다 범위를 설정하여 프로젝트의 가치를 향상시킬 수 있는 대상을 파악하고, 발주자의 요구사항과 프로젝트의 특성을 반영하여 설계단계별로 적정한 VE 대상을 선정하는 것이 바람직하다.

(2) 시공 VE 대상

시공 VE의 분석 대상은 공사를 위해 작성된 각종 설계도서의 내용 중 대체안의 고려가 가능한 모든 공법, 재료, 장비, 현장조직 등이 될 수 있다. 즉 시공자가 공사를 준비하는 과정에서 설계도서를 검토하거나 혹은 공사를 진행하는 과정에서 비용 또는 성능 측면에서 개선의 여지가 있는 사항이 시공 VE의 대상이 된다.

3.4.6 VE 과정에서의 설계자 역할

VE의 특징은 설계에 직접 참여하지 않은 자가 설계를 검토하여 생애주기비용을 절감하는 대체안을 만들어내는 것이다. 하지만 VE 작업 과정에서는 설계자의 협력이 반드시 필요하게 되는데 VE를 위해 설계자가 수행하여야 하는 역할을 정리하면 다음과 같다.

- 설계자는 준비단계에서 오리엔테이션에 참가하여 VE팀의 리더와 멤버로부터 요구되는 정보의 유형을 파악하고, 사전조사 단계에서 VE 수행에 필요한 프로젝트 관련 자료를 정리하여 VE팀에 제공한다.

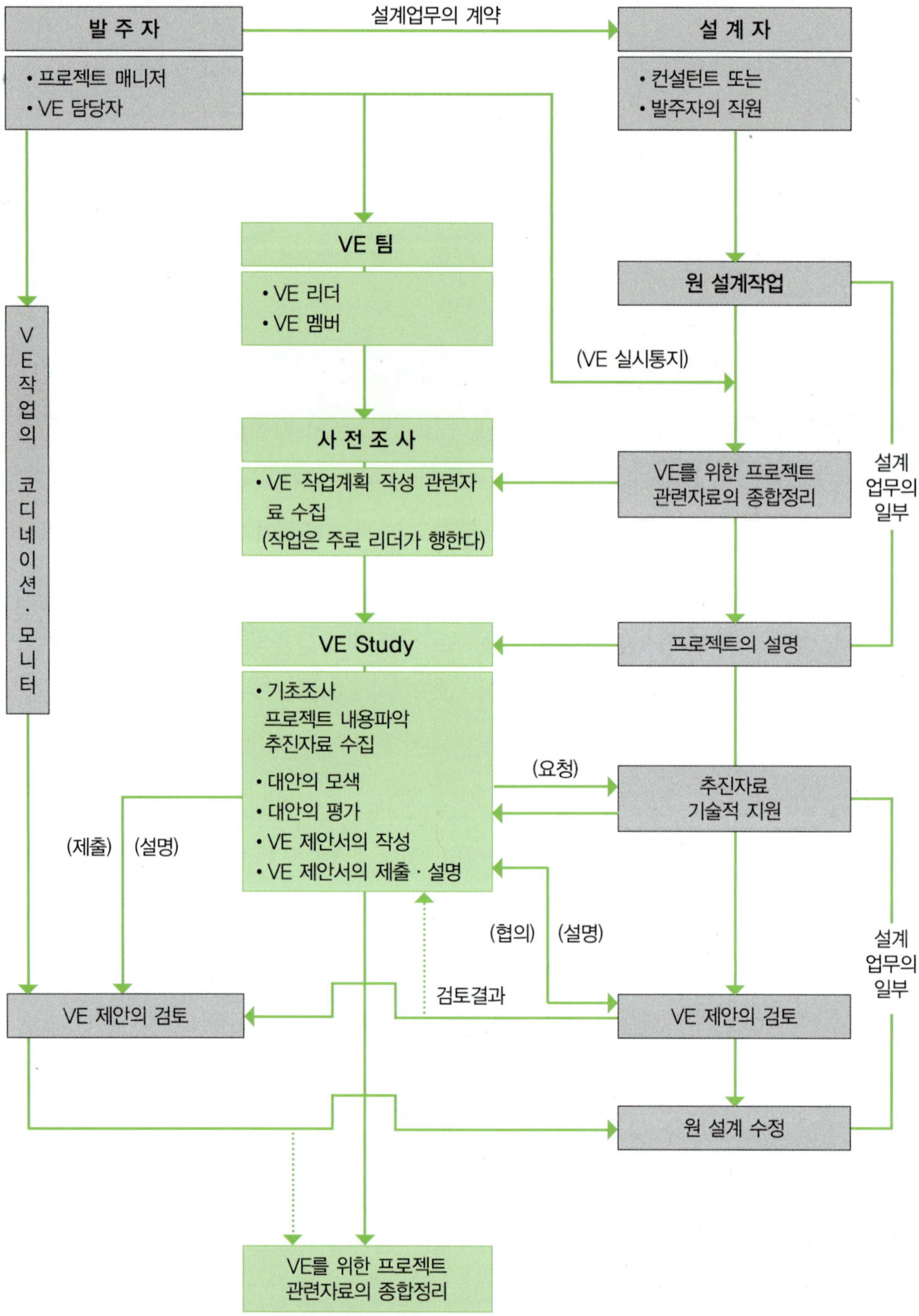

그림 4-24 VE 작업에 있어서 설계자와 VE팀의 관계

- 분석단계(VE study) 중 정보 수집단계에서는 설계개념에 대한 정확한 정보를 전달하기 위해 프로젝트 전반에 대한 설명을 하여야 한다. 특히 기술적 내용이 주요 검토사항이 될 경우에는 설계팀의 각 전문가들도 함께 참석하는 것이 바람직하다.
- 설계자는 VE 실행단계에서 VE 제안서를 VE팀의 리더로부터 받아 이를 검토한 다음 의견을 개진하여야 하며, VE 실행을 위한 최종 적용성 검토시 이의 채택 여부를 발주자의 VE 담당자와 함께 협의한다.
- 설계자는 채택 승인된 VE 제안에 대한 조치계획서를 작성하여 발주자에게 제출하고, 승인된 VE 제안에 대하여는 원 설계를 수정한다.
- 설계자가 만약 VE 제안을 거부할 경우 이에 대한 명확하고 타당한 이유를 밝혀야 하며 이를 뒷받침하는 각종 기술적 증빙자료도 제출하여야 한다.

3.4.7 국내 건설 VE 적용현황 및 문제점

국내의 건설 VE 활동에 있어 가장 큰 문제는 이론과 실무 사이의 격차로 인해 VE의 효율성과 효과성이 의문시 되고 있다는 점이다. 현재 국내에서 중요성이 다시 부각되고 있는 건설 VE가 원래 목표에 부합되게 정착되기 위해서는 업계와 학계를 중심으로 세부 분야별 개선 노력이 이루어져야 하며, VE에 대한 건설 실무자의 근본적인 이해와 함께 단계별 개선과정을 거쳐 합리적이고 실용적인 기법들이 개발되어야 할 것이다.

국내 건설산업에서는 부족한 설계기간과 신뢰할 만한 공사비 자료의 부족 등으로 원활한 VE 활동에 필요한 자료는 실시설계 완성단계에 이르러야만 확보가 가능하다. VE에 대한 인식이나 방법론에 대한 지식이 부족할 뿐만 아니라, 2~3개월의 짧은 설계기간 동안 VE를 수행할만한 시간적 여유가 없기 때문이다. 그러나 앞에서 설명한 바와 같이 실시설계가 완성된 시점에서는 VE 활동을 통한 가치향상의 효과는 줄어들 수밖에 없으므로, 이와 같은 문제점을 해결하기 위해서는 국내 현실에 부합되는 VE 실시시기와 적용 프로세스 등을 개발하려는 노력이 필요하다.

건설분야의 VE 중 시공단계의 VE는 분석대상이 주로 자재나 공법이므로 단위 부품이 주된 대상인 제조 VE와 일면 유사한 점이 있다. 반면에 설계 VE는 프로젝트 전체의 배치나 방향, 접근경로, 규모 등 보다 광범위하고 물리적으로 규정할 수 없는 부분이 분석대상이 되는 경우가 많으므로 기능분석단계에서 명확하게 대상의 기능을 규정하기 어렵다. 혹은 기능정의와 기능정리를 통해 대상의 기능을 명확히 규정한다고 하더라도 기능평가단계에서 기능비용(F)과 현재비용(C)을 산정하기 어려워 실무자들이 기능분석을 꺼려하고 있는 실정이다.

이로 인해 지금까지 많은 건설 VE 활동이 기능분석단계를 생략하거나 혹은 요식적인 행위에 그치는 경우가 많았을 뿐만 아니라 팀원의 경험을 바탕으로 한 아이디어 발상에만 치중해 왔다. 이러한 아이디어 발상 위주의 VE 접근법은 기능중심의 접근이라는 VE의 기본원칙에도 위배될 뿐 아니라 분석대상에 대한 지엽적인 개선안 밖에는 도출할 수 없어 대상의 가치를 보다 근본적으로 향상시킬 수 없다는 한계를 안고 있다.

따라서 발주자의 요구사항을 충족시킴과 동시에 프로젝트의 본질적인 가치를 향상시키기 위해서는 기능분석적인 접근이 필요하며, 이를 위해서는 실무자들이 건설사업 VE적용 과정에서 보다 실용적이면서도 효과적으로 활용할 수 있는 설계추진 단계별 기능분석 프로세스를 최적화 할 필요가 있다.

VE의 최종성과는 비용절감, 공기단축 등의 정량적인 측면뿐만 아니라 품질향상, 발주자의 가치향상, 사용자 만족 등 정성적인 측면도 함께 평가된다. 그리고 이러한 최종성과는 데이터베이스로 구축되어 향후 프로젝트에 활용되어지는 것이다. VE의 궁극적인 달성목표는 건설생산의 효율성 제고이며, 이러한 목적이 달성되기 위해서는 '프로젝트 참여주체들의 참여와 협력' 이 전제되어야 할 것이다.

3.4.8 생애주기비용(Life Cycle Cost, LCC)

모든 시설물은 기획, 설계 및 시공으로 구분되는 초기 투자단계를 거쳐 운용관리단계 및 폐기처분단계로 이어지는 일련의 과정을 거치게 된다. 이를 시설물의 생애주기(life cycle)라고 하며 이 기간 동안에 시설물에 투입되는 비용의 합계를 생애주기비용(life cycle cost, LCC)이라 한다.

시설물의 LCC 중 초기 투자비가 시설물을 유지관리하는 비용의 1/4~1/5 정도 밖에 안 된다는 사실은 LCC의 중요성을 일깨우기에 충분하다. 따라서 시설물을 처음 기획, 설계할 때부터 LCC의 대부분을 차지하는 유지관리비용을 어떻게 하면 최소화하여 가장 경제적인 대안을 선택할 수 있는지를 체계적으로 연구할 필요가 있다.

LCC 분석이란 시설물 또는 설비시스템 등에 대하여 경제적 수명 전반에 걸쳐 발생하는 제비용의 합, 즉 총비용을 비교하기 편리한 일정한 시점으로 등가 환산한 가치로써 경제성을 평가하는 방법으로서 초기 공사비뿐만 아니라 유지관리비까지 고려하여 경제성을 평가하므로 실질적이면서도 경제적인 안을 선택할 수 있다.

VE에 의해 도출된 여러 대체안들을 평가하기 위해서는 제안된 각 대안에 소요되는 비용을 고려하여 상세한 경제성 평가를 하여야 한다. 이때 프로젝트의 초기 공사비만을 고려하기 보다는 장기적인 LCC에 근거하여 대안을 평가하는 것이 중요하다. 낮은 초기 비용은 수명의 단축을 가져오고 미래에 고비용을 발생시킬 수도 있기 때문이다. 이러한 LCC를 고려한 대안의 평가 과정에서는 돈의 시간가치(time value of money), 할인율, 생애주기 등과 같은 요인과 경제성 평가의 절차가 중요하게 고려되어야 한다. VE 대안들에 대한 경제성 분석(LCC 분석)은 다음의 세 단계를 거친다.

- 계획된 대안들에 대한 확인 및 정의
- 대안을 선택하였을 때 발생될 모든 비용과 관계된 구성요소 확인 및 정의
- 돈의 시간 가치를 고려한 할인율을 이용하여 모든 비용을 동일시점으로 변환하여 대안을 비교

하지만 이러한 이론의 징당성에도 불구하고 실제로 LCC 평가시 미래비용 및 상황에 대한 예측의 불확실성, 수집 데이터의 불완전성과 기존 데이터의 부족, 구체적인 절차와 기법의 미비 등을 이유로, 아직까지 국내에서 LCC 평가를 적용하는 데는 상당한 어려움이 있는 실정이다. 따라서 VE와 더불어 LCC에 대한 지속적인 연구와 데이터 축적이 필요하다.

사례 8 **○○○ 단지 3블록 아파트 설계 VE 경진대회**

본 사례는 대한주택공사가 주최하는 ○○○단지 3블록 아파트 건설사업의 기계 및 전기설비 공사에 대한 설계 VE 경진대회에 참가할 목적으로 작성되었다. 당시 본 사업은 사업승인이 완료되어 설계가 진행 중이었는데, 설계 VE를 통한 비용절감 및 성능향상을 목표로 경진대회를 개최하였고, 설계 VE의 추진방향 및 목표는 다음과 같았다.

- 분양성 제고
- 원가절감 또는 설계 질을 높일 수 있는 설계 대안 발굴
- 시공성 개선 또는 실질 공사비를 줄일 수 있는 신공법 발굴

• 공사기간 단축
• 기존 설계에서 해결하지 못하고 있는 취약분야 설계 개선
• 반복 적용 빈도가 높은 단위 세대나 공통 적용 부분에 대한 설계 개선안 도출
• 신기술, 신자재 발굴

설계 VE팀은 리더, 각 분야별 담당자 및 설계 VE의 절차를 수행할 구성원으로 조직되었으며, 먼저 VE 추진 일정계획을 수립하고, VE 절차에 따라 정보수집 및 아이디어 발상, 분야별 그룹미팅을 통한 검토 및 분석 과정을 거쳐서 그 성과를 정리 발전시켰다.

또한, 미국 VE협회가 표준으로 사용하고 있는 VE 수행절차(VE job plan)를 참조하여 전체 VE 과정을 Information Phase, Creative Phase, Evaluation Phase, Development Phase로 세분한 다음, 각 단계별 세부과업수행 절차 및 방법을 참조하였으며, 건설기술 관리법 시행령 제38조 13호 『설계의 경제성 등 검토에 관한 시행지침』에서 제시하고 있는 설계 VE의 운용 절차인 준비단계, 분석단계, 실행단계 등 단계별 운용기법과 관련 문헌이나 참고자료에서 주로 활용되고 있는 기법을 본 대상 사업의 특성에 맞추어 적절히 수정 · 변경 · 보완하여 사용하였다.

■ 사업 개요

• 대상공사 : ○○○단지 3블록 아파트건설 기계, 전기설비 공사
• 위　　치 : 경기도 용인시 용인신갈 택지개발 사업 지구 내
• 건설규모 : 공동 주택 8~15 층 693 세대 및 부대 시설
• 적용시기 : 기본설계 완료단계

1) 준비단계

준비단계는 오리엔테이션 미팅, VE팀 선정 및 구성, 정보수집, 사용자 요구측정, 비용모델, 대상 선정 순으로 진행되었다. 먼저 오리엔테이션 미팅을 개최하여 설계 VE와 관련된 당해 대상 사업의 목표와 제약사항, VE 활동 절차 및 기법, VE팀의 구성, VE 활동에 필요한 각종 정보 및 활용 가능한 정보에 대하여 협의하였다. 또한 협의된 내용을 근거로 각 분야별 전문가와 VE 절차 및 기법 운용을 위한 인원 등을 주축으로 하는 설계 VE팀을 조직하였는데, VE팀은 전담 구성원 외에도 단계별 업무수행에 필요하다고 인정되는 경우에는 비전담 구성원을 참여시킬 수 있도록 하였다.

■자료수집

VE팀이 구성된 후 VE 활동에 앞서 대상 사업의 설계도서 검토 및 VE에 필요한 자료수집 업무를 수행하였다. 자료는 주최측에서 제공한 자료를 기본 자료로 활용하였는데, 구성원 각자가 유용하다고 생각되는 모든 자료를 수집하여 검토한 후 VE팀 구성원 전체에 배부하여 각자의 입장에서 추가로 검토할 수 있도록 하였다. 사용자 요구측정단계에서 VE팀은 대상 사업에서 요구되는 발주자와 사용자의 요구사항을 면밀히 파악하고 평가하였다. 이 과정을 통하여 발주자나 사용자의 요구정도가 각각 어느 부분에 집중되는지와 함께 어느 항목에 대해 서로 상충되는가를 파악할 수 있었으며, 이러한 내용을 근거로 그 이후에 수행되는 대상 선정, 기능 분석, 대체안 평가 등의 단계에서 필요로 하는 지

침을 추출할 수 있었다. 여기서 추출된 지침들은 VE 활동을 전개함에 있어 직접적인 효과를 발휘하였을 뿐만 아니라, 간접적으로는 VE팀 구성원들의 사고를 돕는 것에 지속적으로 활용되었다.

■ 대상선정

수집된 비용자료를 바탕으로 비용모델(cost model)을 작성하였다. 비용모델의 결과는 다른 기관 또는 유사 건설사업 비용자료와의 비교를 통하여 대공종이나 중공종 수준의 VE 대상을 선정하는데 활용할 수 있으나, 본 프로젝트의 경우 비교 결과 의미 있는 비용 차이를 드러내는 공종이 없어 비용모델에 서 추출되는 VE 대상선정 기법을 적용하지 아니하였다.

VE 대상선정에 이용되는 기법들은 대부분 각 대상별 견적비용과 성능을 함께 고려하는 것을 기본으로 하고 있으나, 본 대상 프로젝트의 경우 VE 적용시점이 기본설계 완료단계에 해당되어 VE 활동의 핵심과정이라 할 수 있는 기능분석의 적용 대상은 보다 포괄적인 기능의 정의나 아이디어 발상이 가능한 것이어야 했다.

2) 기능분석단계

기능분석단계는 문제 해결을 위한 VE의 가장 핵심적이면서도 독특한 단계로서 세부 절차는 기능정의, 기능 정리, 기능 평가의 순서로 진행된다. 기능분석단계를 거치면 아이디어 발상의 대상인 중점 개선 기능의 선정이 가능해진다.

표 4-9 전기설비공사의 기능정의

번호	기능정의		비고	
	명사	동사	주기능	부기능
1	공간의 밝기를	조절한다		○
2	피난유도설비를	제공한다		○
3	화재를	감시 예방한다		○
4	사용자 만족도를	높인다	○	
5	피난방송시설을	갖춘다		○
6	이미지를	창출한다	○	
7	자동화재 탐지설비를	갖춘다		○
8	신뢰성을	확보한다	○	
9	CCTV 설비를	갖춘다		○
10	Home Automation 기능을	갖춘다		○
11	엘리베이터를	설치한다		○
12	조명을	제공한다	○	
13	전원을	공급한다	○	
14	비상전원을	설치한다		○
15	방범기능을	갖춘다		○
16	낙뢰로부터 건물을	보호한다		○
17	정보기능을	갖춘다		○

18	운송시설을	갖춘다		○
19	단지 내 알림방송 시설을	설치한다		○
20	차량안내 시설을	한다		○
21	에너지원을	제공한다	○	
22	방송시설 설비를	한다		○
23	전력을	공급한다	○	
24	미적감각을	높인다		○
25	야경을	아름답게 한다		○

■ 기능정의

필요한 기능을 명확히 파악하고, 기능평가를 쉽게 하며, 아이디어 도출을 용이하게 하기 위하여 거치는 단계를 말한다. 각 기능은 「명사 + 동사」의 조합으로 표현될 수 있으며, 본 사례에서는 후속 단계인 기능정리단계에서의 활동이 용이하도록 하기 위해 전체 정의된 기능들을 주기능과 부기능으로 구분하여 정리하였다.

■ 기능정리

기능정리단계에서는 요구되는 기능을 정확히 파악하고, 각 기능들의 상호관계에 대한 명확한 규명을 통하여 기능레벨을 설정함과 동시에 제약조건에 대한 파악이 진행된다.

본 사례에서는 정의된 기능들에 대해 종합적인 검토가 용이한 고객중심의 기능계통도(Customer/Task FAST Diagram)를 이용하여 전체 대상 기능들을 주기능과 부기능으로 분류하였다.

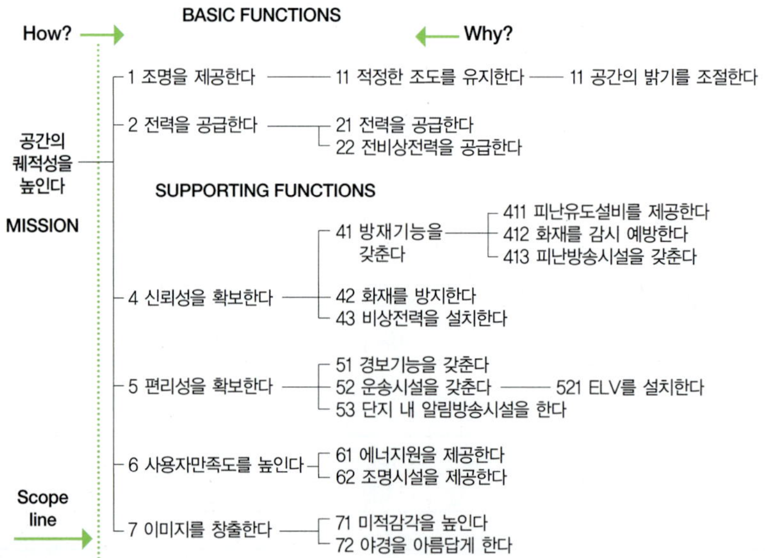

그림 4-25 전기설비공사의 기능 계통도

■ 기능평가

기능평가단계는 정리된 기능들에 대해 가치개선 목표를 인식하고, 가치가 적은 분야를 확인하여, 아이디어 발상을 위한 중점 개선대상 기능을 선정하는 단계이다. 본 사례에서는 대상 프로젝트의 특성을 고려하여 여러 가지 상세하고 복잡한 절차를 거쳐야 하는 기능평가 기법들 대신 부정합(value mismatch)기법을 사용하였다.

표 4-10 전기설비공사 기능평가(1)

기능 비용배분 기능중요도에 의한 평가

전기설비								기능평가(응답자수 반영)									
기능분류		BASIC FUNCTIONS						SUPPORTING FUNCTIONS									
기능항목		1		2		3		4		5		6		7		합계	비용합계
		조명제공		전력공급				신뢰성		편리성		사용자만족		이미지			(백만원)
구분	총비용(백만원)	비율	현재비용	비율	현재비용	비율	현재비용	비율	현재비용	비율	현재비용	비율	현재비용	비율	현재비용		
전기	1,805	28	505	20				15		10		15		3		100	1,805
현재Cost		505		529				271		131		271		54			1,805
기능중요도		2.59		3.22				1.04		2.56		2.89		2.07			
가치지수 (V = F/C)		0.47		0.61				0.71		0.60		1.07		404			
		1		2				4		3		5		6			

표 4-11 전기설비공사 기능평가(2)

응답자수에 의한 기능중요도 선정

척도	비고	1	2	3	4	5	6	7
1	(매우낮음)	6	3		6	5	4	4
2	(낮음)	5	3		7	4	3	5
3	(보통)	2	3		5	5	4	4
4	(높음)	4	5		0	2	2	3
5	(매우높음)	1	4		0	2	2	2
기능중요도		2.39	3.22	0.00	1.94	2.56	2.89	2.67

※ 기능중요도: 척도×응답자수 / 총응답자수

Value Mismatch에 의한 평가

기능	현재Cost	기능중요도	V = F/C	Value Mismatch	판단	
					비용중심	기능중심
1	◆◆◆◆	★★★	0.75	◐	2	
2	◆◆◆◆◆	★★★★	0.80	◐	3	2
3						
4	◆◆◆	★★	0.67	◐	1	
5	◆	★★★	3.00	◑◐		1
6	◆◆◆	★★★	1.00			
7	◆	★★★	3.00	◑◐		2

※비용중심의 중점개선 대상기능: 1. 조명을 제공한다. 2. 전력을 공급한다. 4. 신뢰성을 확보한다.

3) 아이디어 발상단계

아이디어 발상단계의 목표는, 준비단계에서 수집된 정보와 기능분석단계에서 가시화되어 식별된 중점 개선대상 기능들에 대하여 VE팀원들의 창의력을 최대한 활용하여 가급적 많은 대체 방안을 도출하는데 있다. 본 사례에서는 집단 아이디어 발상의 준비단계로서 VE팀원 각자가 중점개선 기능대상에 대해 아이디어 발상을 하는 '개인별 아이디어 발상단계'를 거쳤으며, 이를 통해 도출된 아이디어를 팀 전체 회의에서 취합한 다음 아이디어 발상단계로 진행되도록 하였다. 아울러 이미 제시된 아이디어를 수정 혹은 변형시켜 추가적으로 아이디어를 도출하기도 하였다.

표 4-12 아이디어 발상단계

전기설비공사	개선기능: 조명을 제공한다
RAW IDEAS	
1	센서등을 설치한다(공용부위).
2	조도 조절기를 사용한다.
3	건축화 조명을 사용한다.
4	배선방식을 개선한다.
5	효율이 좋은 조명기구를 사용한다.
6	향후 A/S를 편하게 한다.
7	두 개의 실을 한 개의 조명기구로 조명한다.
8	모든 기기를 야광으로 한다.
9	눈부심이 없는 조명기구를 사용한다.

4) 평가단계

■ 개략평가 및 구체화

개략평가는 아이디어 발상단계에서 도출된 수많은 아이디어에 대한 평가를 통하여 채택 및 시행이 가능한 항목을 선정하는 과정으로, 상세평가를 효과적으로 실행하기 위한 목적으로 행해진다.

본 사례에서는 도출된 아이디어들을 인덱스별로 구분하여 정리한 다음, 정리된 아이디어들을 대상으로 개략평가를 실시하였다. 개략평가 항목으로는 이전에 준비단계에서 조사된 발주자 또는 사용자의 요구사항을 정리하여 경제성, 시공성, 기능성을 선택하였고, 각 아이디어 항목별 평가시에는 VE팀원 전체의 의견을 취합하여 반영하였다.

표 4-13 개략 평가 결과

대상	전기설비	개선기능: 조명을 제공한다	평가항목			평가항목
INDEX	IDEA No	아이디어	경제성	시공성	기능성	◎
공법관련	E1	센서등 설치(공용부위)	△	○	○	○
	E2	조도 조절기를 사용한다.	△	○	△	
	E3	건축화 조명을 사용한다.	△	○	○	◎
	E4	배선방식을 개선한다.	○	○	○	◎
	E5	향후 A/S를 편하게 한다.	○	○	○	◎
	E6	두 개의 실을 한 개의 조명기구로 조명	○	○	×	
재료관련	E7	효율이 좋은 조명기구를 사용한다.	△	○	○	○
	E8	모든 기기를 야광으로한다.	△	△	×	
	E9	눈부심이 없는 조명기구를 사용한다.	△	○	○	○

■ 상세평가 및 제안서 작성

개략평가를 통해 채택된 아이디어들을 제안을 위한 대체안으로 작성하는 단계를 말하는 것으로, 각 아이디어 별로 챔피언(champion)을 선임하여 아이디어를 구체화하고, 아이디어별로 비용검토 및 LCC 분석 작업을 진행하였다. LCC 분석은 필요하다고 판단되는 대안에 한정하여 수행하였다.

표 4-14 EVALUATION PHASE WORKSHEET

순번	Raw Idea	내용분석	예상절감 금액(천원)	Class		
				1	2	3
E26	일정시간 이후 자동 소등되도록 한다.	-옥내세대 내 적용 불가함. (개개인의 사생활 문제) -공용부위 조명제어 SYSTEM 적용은 초기투자비 상승으로 적불가함.				
E27	함 재질을 변경한다.	-TV분배기함 및 배수PUMP 노출판넬 현행: STEEL BOX에서 개선: PVC나 난연 FRP 등으로 변경 -습기많은 장소에서의 부식우려 불식	1,096		×	
E10	기계실 없는 승강기 사용	-현재 Rope식으로 설치된 승강기는 옥탑층에 기계실이 설치되어 건축물의 높이 제한, 일조권 등에 제약이 많아 건축 디자인이나 층고에 영향을 끼침. -기계실 없는 승강기 설치로 건축비의 절감 및 건물높이의 제약 해소		×		
E12	건식벽체에 BOX 보강철물 사용	-건식벽체에 BOX 보강철물을 사용하여 배관방식 개선		×		
E28	전선 재질을 변경한다.	-기적용				
E22	심야전력을 이용한다.	-기계에서 중앙냉방 방식(빙축열) 등이 적용될 경우 적용가능하나, 소형 APT의 경우이므로 적용불가함.				
E30						
E29	정보통신 등급을 높인다. DATA전용선을 사용한다. (1세대당 UTP 4P 2LINE적용)	-현재 정보화 1등급으로 적용됨.				
E40	수명이 긴 조명기구를 선택한다.	-기적용			×	
E41	신형 피뢰침을 사용한다.	-가격상승하며, 법규제정 미비로 적용 곤란				×
E13	주차장 조명배관 변경	-일률적으로 Raceway방식으로 계획되어 있으나 주차장의 층고도 낮고 금액도 저렴한 매입배관과 P/P Type의 등 기구로 변경함.	1,096		×	
E32						
E33						
E34	세대 분전반 개선 거실 콘센트 추가 거실 및 안방 콘센트에 스위치부착 Type으로 설치한다.	-세대분전반의 모양 및 시공을 개선하여 액자 등으로 가릴수 있게 한다. -필요한 곳에 콘센트 추가 설치(특히 거실 양편에 설치) -리모콘으로 조정되는 가전기기는 항상 전기가 소모되므로 스위치를 부착하여 절전 가능함.		×		

5) 실행단계

실행단계는 분석단계에서 제시된 각 VE 제안의 최종 처리단계로서 VE 수행의 성패를 결정하는 아주 중요한 단계이다. 일반적으로 분석단계를 통해 제시되는 대체안들을 실행단계에서 효과적으로 처리하지 못하면 지금까지의 VE 활동 전체가 무의미하게 되는 경우가 많다. 따라서 VE 수행주체와 발주자는 이의 중요성을 충분히 인식하여야 하며, 제안된 대체안이 검토단계를 거쳐 실행되고 난 후, 그 실효성이나 성과를 기록, 검토하여야 함은 물론, 전체적인 VE 수행절차 및 결과를 체계적으로 정리하여 향후에 활용하도록 하는 것이 바람직하다.

사례 9 ○○○ 대형할인점

대형할인점 프로젝트는 그 특성상 지역 상권을 선점하거나 시장 점유율을 빠른 시일 내에 높이기 위하여 신속한 시공과 원가절감을 통하여 평당 단가를 낮추는 작업이 매우 중요한 관건으로 대두된다. 본 프로젝트에서는 이러한 특성에 부합되는 여러 가지 VE 대안을 제시한 바 있으며, 그 중에서도 특히 당초 지하실에 위치하고 있던 기계실을 지상으로 위치를 변경함으로써 지하층 면적과 층고를 줄이고, 공사비를 절감함과 동시에 공기를 단축시킨 것이 가장 두드러지는 VE 사례라 할 수 있을 것이다.

사례 10 ○○○ 프로젝트

당해 프로젝트의 경우, 당초 설계는 SRC 구조로 설계되어 있었으나 CM이 구조검토를 통하여 Flat Plate 구조를 제안하였으며, 발주자가 이를 채택하여 미국의 Grossman사가 RC공법으로 설계를 변경하였다. 여기에 적용된 Flat Plate 구조는 국내에서 처음으로 시도된 공법으로서 현재 대부분의 초고층 주상복합 또는 주거용 건물의 구조 System으로 채택되고 있다. 이로 인하여 공기를 단축함은 물론, 원가를 절감할 수 있었으며, 아울러 이로써 초고층 구조에서 발생할 수 있는 사용진동 및 풍진동 문제를 획기적으로 개선할 수 있었다.

사례 11 ○○○ 백화점

당 현장은 백화점의 특성상 조기 개방을 위한 공기단축이 요구되었으며, 대형 부지임에도 주변이 도로로 제약되어 있어 RC 구조로 설계된 지하층 골조공사는 공기나 공사비 면에서 큰 제약요소로 작용하였다. 이러한 점들을 종합적으로 감안하여 CM은 동 프로젝트에 공기단축과 청결한 현장관리가 가능한 구조 시스템의 변경을 제안하였고, RC 구조로 설계되어 있던 지하층 골조를 철골조를 이용한 슬림 플러어(slim floor)로 변경토록 함으로써 Up-Up(지하층 및 지상 층의 동시시공) 공법의 적용을 통하여 공기단축이 가능하였고, 슬림 플러어(slim floor)의 이점인 층고 절감을 통해 굴토량을 저감시켜 공기단축 및 공사비 절감효과 를 얻을 수 있었다.

사례 12 ○○○ 업무시설

동 건물은 대칭의 두 개 동이 상층부(21~24층)에서 트러스 구조로 서로 연결되어 상부 25~36층의 건물 자중을 지지하도록 계획되었는데, 이 트러스는 Lift-up 공법으로 시공하기 위해서는 보조 프레임의 설치를 필요로 하였다. 그러나 CM은 보조 프레임을 설치하지 않고 본공사 골조인 트러스의 양쪽 단부의 상현재와 사재를 이용하여 Lift-up이 가능하도록 함으로써 공사비를 절감함과 동시에 구소석 안정성 또한 확보할 수 있있다.

사례 13 ○○○ 프로젝트

경기도 오산에 화장품 제조공장을 건설하는 대규모 프로젝트로서 화장품 제조 및 포장실에 CGMP(Cosmetic Good Manufacturing Practice) 규정에 맞는 공조설비(air conditioning system)가 요구됨에 따라 에너지 절감이 가능하며 CGMP 규정을 만족하는 시스템을 선정하는 것이 무엇보다 중요하였다. 이에 따라 당사는 초기투자비 및 에너지 절감이 가능하면서 유지관리비가 용이한 열원설비 시스템을 제안하였다. 기존 열원설비 시스템은 빙축열+터보 냉동기 조합의 일반온도차(냉수의 입 · 출구 온도차: 5°C) 방식이었으나 수축열+터보냉동기 조합의 대온도차(냉수의 입 · 출구 온도차: °C) 시스템으로 변경하여 시스템의 안정성 구축, 초기투자비, 에너지 및 유지관리비 절감이 가능한 시스템을 구축할 수 있었다.

사례 14 ○○○ 사옥

발전기실은 설계 당시 드라이에어리어로 연도를 뽑으려는 시도가 있었고 민원 예방차원에서 매연저감장치를 포함하도록 설계되었다. VE 검토 결과 흡수식 냉온수기와 공용으로 옥상으로 연도를 연결시키게 되면 민원발생의 위험이 해소되어 굳이 고가의 발전기 매연저감장치를 설치할 필요가 없음으로 이를 삭제하여 공사비를 절감하였다.

사례 15 ○○○ 박물관

출입구에 결빙방지용 스노우멜팅 설비를 설치하여 이용객의 안전성 확보를 목적으로 하고 있으나 제주지역의 기후특성상 강설, 결빙의 가능성이 적고 눈이 오는 경우라도 바로 녹으며 인력으로 제설이 가능하므로 불필요한 설비로 판단하여 이를 삭제함으로써 스노우멜팅 공사비를 절감하였다.

사례 16 ○○○ 공사

○○○신축공사 현장은 초고층 대규모 프로젝트로서 단지 외부(인접도로 및 부지경계선) 및 단지 내부가 전체적으로 흙막이가 설치되도록 설계되었으나 단지 외부(인접도로 및 부지경계선)만 흙막이 설계로 하고 단지 내부에서는 전체적인 흙막이 대신 가시설 및 온통파기(open cut)로 계획하여 공사비를 절감하였다.

3.5 사업비 관리 및 예산관리

3.5.1 사업비 관리 개요

CM이나 프로젝트 관리자, 혹은 사업주는 사업을 착수하기 전, 타당성 조사(feasibility study)를 거쳐 초기 사업예산을 책정하고, 프로젝트 초기단계인 기획설계부터 실시설계 완료단계에 이르기까지 각 단계마다 개략 공사비를 추정, 산출하게 된다. 각 단계별로 산출된 공사비는 초기에 책정된 사업예산과의 비교를 통하여 설계내용이나 사양을 조정하는데 이용되는데, CM 혹은 PM은 이 과정에서 사업비관리 기능을 최대한 활용하여 프로젝트가 사업주의 예산 범위 내에서 집행되도록 관리하여야 한다. 설계단계에서 수행되어야 할 사업비 관리 업무의 범위와 목표는 다음과 같다.

- 사업타당성 조사 및 예산수립
  - 설계 각 단계별 공사비 예측, 견적: 초기 설계단계부터 예산 적정성 및 변동요인을 분석하여 예산대비 사업비 초과 방지를 위한 예측관리 수행
  - 설계 조정: 설계 대안별 공사비 차이 비교를 통하여 전체 공사비에 미치는 영향을 분석하고 복수의 대안을 제시하여 발주자의 의사결정 지원
- VE 기법의 도입
- 공사비 추정의 정확도 향상

기획단계의 사업예산 검토 업무는 프로젝트의 경제성을 검토하기 위한 목적으로 수행하며, 프로젝트의 성격이나 규모, 유사 프로젝트의 사업비 등을 감안하여 개략적인 금액을 추정하여 산출한다. 이 단계에서 추정한 사업예산은 정확도는 떨어지지만 개략적인 사업수지를 판단하거나, 각 단계별, 분야별 사업비 관리 목표를 정하는 지표로 이용된다.

계획설계(schematic design)단계의 공사비는 프로젝트 규모, 공간계획에 따른 시설 면적, 지하층 흙막이, 골조 등을 포함한 주요 공종별 공법, 건축물의 형태, 외장재를 포함한 주요자재 수준 등을 고려하여 산정한다. 이 단계에서 산출된 사업비는 보다 정확한 경제성 분석과 사업비 조달계획 수립을 위한 기초 자료로 이용된다.

기본설계(design development)단계에서의 사업비는 사업예산을 확정하기 위한 목적으로 산출한다. 이 단계에서의 사업비 관리와 관련된 가장 중요한 업무는 프로젝트의 전체 예산을 확정하고, 이를 근거로 하여 세부 자금조달 방안을 확정하는 일이다. 이와 함께 콘크리트, 토공, 주요마감재, 외장 등 주요 내역항목에 대한 수량 추정 역시 함께 수행한다.

실시설계(detail design)단계에는 상세한 수준의 사업비가 산출될 수 있어야 한다. 실시설계 도면을 근거로 각 공종별 정확한 수량과 공사비가 산정되어야 하므로 설계도서에 대한 관리 또한 동시에 이루어져야 한다. 이 단계에서 산출된 각 분야별 사업비는 분야별 Scope 확정, 입찰예정가 등에 이용이 되므로 일반적으로 ±5% 이내의 정확도가 확보될 수 있도록 그 수준이 관리되어야 한다.

3.5.2 사업비 관리 사례

프로젝트 사업비는 기획단계에서부터 검토되고, 각 설계단계를 거치면서 적극적으로 관리되어야 한다.

전체 사업비가 책정된 예산을 초과할 경우에는 VE를 통하여 공사비 절감을 시도하거나 혹은 발주자와의 협의를 통하여 사업예산에 대한 조정이 이루어져야 한다.

VE 기법을 적용하고자 할 경우에는 VE의 목표를 수립한 후 목표 수준에 따라 과다설계 삭감, 마감사양 조정, 각종 공법의 변경, 설계 컨셉트 변경 등의 방법을 적용하여 새로운 대안을 제시함으로써 공사비나 유지관리 비용의 절감, 시공성 개선, 공기단축 등의 효과를 얻을 수 있다. 프로젝트의 기획단계부터 사업비 관리를 수행한 대표적인 사례는 아래와 같다.

사례 17 ○○○ 프라자

○○○ 프라자는 저층형 복합 상업시설로서, 사업성 검토 보고서에 의하면 평당 300만원 미만으로 공사비가 관리되어야만 사업성이 있는 것으로 판단되었으므로 프로젝트 초기단계에서부터 공사비가 민감한 주제로 대두되었다. CM은 기본설계단계에서부터 프로젝트에 참여하였는데, 계획단계의 설계도서를 근거로 공사비를 추정해 본 결과, 평당 360만원 정도의 공사비가 소요될 것으로 예상되어 사업예산과 추정 공사비간의 간극 축소를 위한 VE 작업에 착수하였다.

2차례에 걸친 VE 결과로 약 28억원의 공사비를 절감하는 성과를 거두었으나, 여전히 공사비는 평당 330만원 정도라 당초 목표와는 많은 차이가 있었다. 설상가상으로 MD 계획상 전체 규모 축소가 불가능한 상태에서 VE 작업은 한계에 다다랐고, 설계를 일부 수정하지 않는 한 더 이상의 공사비 절감이 어려운 상태로 판단되었다.

문제 해결을 위해 사업주 및 설계자와의 오랜 협의 끝에 더 이상의 무리한 VE는 설계자의 설계 컨셉트에 영향을 미칠 수 있을 뿐만 아니라, 이미 건축심의를 통과한 설계안을 변경할 경우 불가피하게 사업일정의 지연을 초래한다는 사실을 사업주에게 주지시킴으로써 사업주로 하여금 공사비 증가를 기정 사실화 하도록 하고 사업예산을 조정하였다.

이 상태에서 공사입찰단계를 거치게 되었는데 공용부 인테리어를 제외하고 평당 310만원으로 낙찰되어 계약이 체결되었다. 공용부 인테리어를 포함하면 330만원으로, 기본설계단계에서 CM이 추정한 사업비가 상당히 정확하였던 것으로 판명되었다.

본 사례는 CM이 프로젝트 초기단계에서부터 관여하여, 제한적인 자료만으로도 정확한 사업비를 추정함으로써, 발주자의 사업계획 조정을 지원하고 예산확보를 위한 프로젝트 파이낸싱(project financing)과 정확한 현금흐름(cash flow) 계획의 수립이 가능하도록 하였으며, 동시에 적극적인 VE를 통하여 공사비를 절감함으로써 발주자의 이익을 극대화 할 수 있었던 경우라 할 수 있을 것이다.

사례 18 양재동 ○○○ 프로젝트

양재동 ○○ 프로젝트는 저층부의 근린생활시설과 오피스 타워로 이루어진 복합시설로서 사업추진과정에서 MD 계획이 변경되어 잠정 중단된 프로젝트였다. 초기 사업성 검토 결과 직접공사비가 평당 320만원 이하로 유지되어야 사업주가 원하는 정도의 수익성을 기대할 수 있는 것으로 추정되었으나, 기본설계도서를 근거로 하여 산정된 공사비는 평당 약 328.5만원으로 파악되어 본격적인 VE 작업에 착수하였다.

여러 VE 항목 중 논란의 쟁점으로 대두된 항목은 외부 커튼월의 유리사양을 LOW-E 복층유리에서 복층유리로 변경하는 것이었는데, 발주자와 설계자는 단열효과가 감소된다는 이유로 부정적인 의견을 제시하였다.

표 4-15 VE 작업 전 추정 공사비

구분	금액(천원)	천원/평
공통가설/가설	541,157	60
토목공사	2,044,361	227
골조공사	7,171,281	795
내부마감공사	3,424,321	380
외장공사	3,559,256	395
옥외공간 시설공사	1,707,498	189
기존건물철기공시	303,616	34
기존건물마감공사	380,908	42
건축+공통가설+토목 총합계	19,132,398	2,121
기계설비공사	5,540,320	614
전기설비공사	4,956,267	550
직접비계	29,628,985	3,285

표 4-16 VE 작업 후 추정 공사비

구분	금액(천원)	천원/평
공통가설/가설	541,175	60
토목공사	2,044,361	227
골조공사	6,925,820	768
내부마감공사	3,154,844	350
외장공사	2,935,369	325
옥외공간공사	1,664,476	185
기존건물철거공사	303,616	34
기존건물마감공사	380,908	42
건축+공통가설+토목 총합계	17,950,551	1,990
기계설비공사	5,488,320	609
전기설비공사	4,922,267	546
직접비계	28,361,138	3,124

CM의 검토 결과, 복층유리로 변경할 경우 초기 투자비용을 약 4억원을 절감할 수 있는데 비해, 열관류율과 차폐계수를 적용한 LCC 분석 결과 열관류율의 차이로 인한 연간 에너지 손실 비용은 약 924만원으로 추정되었다. 즉, 열관류 차단 성능의 저하로 인한 연간 손실 금액이 전체 절감액의 2.3% 정도에 불과하여, 은행 금리와 비교하더라도 발주자 입장에서는 이익임을 설득하여 결국, 유리 사양을 변경하는 것으로 결정하였다. 본 사례에서는 그 외에도 약 40여개에 이르는 VE 항목을 채택하여 약 14억원의 공사비를 절감함으로써 평당 공사비를 312만원으로 조정할 수 있었다.

사례 19 ○○ 사옥

분당의 ○○ 사옥의 경우는 초기 현상설계안에 대한 사업주의 불만으로 해외설계를 진행하게 되었다. 해외설계 발주시 요구사항은 국내의 현상설계지침과 동일하게 주어졌고 해외 설계기업은 1차로 3개의 대안을 작성, 제시하였다. 제시된 대안에 대한 공사비 검토 결과 3개 대안 모두 건물의 형태 및 모양에 따른 구조시스템의 변경과 커튼월 공사비 증가가 예상되었으며, 해외기업의 설계 컨셉트를 유지할 경우 예비비 포함 총 약 250~300억의 사업비 증가가 불가피한 것으로 판단되었다. 이러한 CM의 판단을 근거로 사업주는 경영진 회의를 거쳐 예산의 증액을 결정하고, 추가 예산을 확보할 수 있었다.

3.6 기본설계, 실시설계 조정 및 연계성 검토

발주자의 요구사항과 설계자의 의견이 대립될 경우나, 또는 설계시 기술적인 문제로 인하여 관련자간 이견이 발생하였을 경우에는 설계도서에 대한 조정을 필요로 한다. 또한, 대부분의 설계도서는 단일 주체에 의해 작성되는 것이 아니라, 각 분야별 설계전문기업에 대한 아웃소싱(outsourcing)을 통하여 작성되는 것이 일반적인 관행이므로, 설계관리 업무를 수행함에 있어 연계성 검토나 각 분야별 크로스체크(cross-check) 기능을 이용하여 설계도서간 합치 여부를 확인하는 것이 중요한 의미를 갖게 된다.

3.6.1 의사소통과 문서관리

프로젝트 성공의 열쇠는 프로젝트 참여자의 효율적인 의사소통에 달려있다고 해도 과언이 아니다. 모든 프로젝트 참여자들이 프로젝트 수행과정에서 생성되는 정보를 공유하고, 프로젝트와 관련된 주요 요소들을 파악하고 있어야만 사업의 목적을 올바르게 이해할 수 있고 프로젝트에 대한 주인의식을 확고히 할 수 있기 때문이다.

프로젝트 수행과정에서의 커뮤니케이션은 말, 문서, 전자문서, 설계도서 등 여러 가지 형태로 이루어진다. 하지만, 어떤 형태의 매개체를 이용한 커뮤니케이션일지라도 전달하고자 하는 내용이 명확하게 표시되고 또 상대방에 의해 이해될 수 있어야 한다.

회의에 참석한 팀원이 자기와 똑같은 생각을 하고 있을 것이라는 기대는 종종 불필요한 오해나 논쟁을 불러일으킨다. 커뮤니케이션 본래의 목적을 달성하기 위하여 기록은 매우 중요하며, 회의록을 포함한 모든 기록은 객관적이고 정확하게 작성되어야 한다.

산업이 발전함에 따라 의사소통 수단도 매우 다양해지고 있을 뿐만 아니라 속도 또한 빨라지고 있다. 그러나 아직까지는 전통적인 문서관리 방식이 가장 보편적이면서도 일반적인 의사소통 수단으로 자리 잡고 있다. 이런 관점에서 프로젝트 수행 과정에서 발생되는 각종 문서를 관리하기 위한 시스템을 구축하는 일은 사업의 일정을 기록하고, 프로젝트 목적의 일관성을 유지할 수 있는 가장 효과적인 수단 중의 하나로 이해되어야 할 것이다.

3.6.2 설계 인터페이스(Interface)의 조정

설계가 진행되는 과정에서 각 분야별 인터페이스(interface)는 흔히 발생한다. 우리나라의 경우, 설계사무소 중 종합 엔지니어링 서비스(total engineering service)를 제공하는 곳은 거의 없으며 건축을 제외한 타 분야는 대부분 협력기업에 아웃소싱하고 있기 때문이다. 이러한 분업 시스템으로 인해 설계자는 자기분야의 설계도서 생산에 치중하게 되고, 결과적으로 건축을 제외한 타 분야 설계자는 주요 의사결정 과정에서 제외되거나, 설계에 필요한 정보를 제대로 공급받지 못하는 경우가 많다. 또한, 건축분야 설계자를 중심으로 모든 커뮤니케이션이 일어나고, 협력기업 간의 정보 전달이나 의사소통도 건축 설계자를 경유하여 이루어지는 경우가 많다 보니 왜곡된 정보를 설계 정보로 사용하는 경우도 빈번하게 발생된다.

이러한 문제들을 해소하기 위한 가장 효과적인 방법은 회의를 정례화하는 것이다. 정기회의는 최소한 1주일에 한번 이상 개최하는 것이 바람직하며, 전체 설계자가 참석하여 설계진척 현황을 확인하고, 상호간 필요한 각종 정보나 데이터를 교환할 수 있도록 하여야 한다.

3.6.3 설계 단계별 크로스체크(cross-check)

기본설계, 실시설계 등 각 단계별로 설계가 진행되면, 각 분야간 크로스체크(cross check)나 협업을 통하여 불합치 내용을 파악하고 조정하는 일이 중요한 과제로 대두된다. 분야별 크로스체크는 설계도서의 완성도를 향상시킬 수 있는 가장 바람직한 수단 중 하나이며, 단계별, 공종별 체크리스트를 작성하여 활용하는 것이 바람직하다.

표 4-17은 실시설계단계에서의 건축분야와 구조분야간의 크로스체크를 위한 체크 리스트 예이다.

표 4-17 실시설계단계의 건축과 구조도면 Cross Check List 사례

건축 도면	구조 도면	비 고
1. 기둥중심선, 축열번호 및 치수 표기(바닥높이는 골조바닥선 상부에 표기).	1. 기둥중심선, 축열번호 및 치수를 일치시킨다(바닥높이는 골조바닥선 상부에 표기).	
2. 단면도, 단면상세도에서 구조 기초의 외형만을 그린다.	2. 기초도면에 기초하부의 입면 및 모든 치수를 표기한다.	
3. 건축과 연관되는 구조부분의 외형만을 표기한다. 구조옹벽 및 구조부재의 치수는 구조도에 표기되므로 불필요한 중복을 피한다.	3. 모든 구조부재의 위치 및 크기를 표기한다.	
4. 구조개구부, 슬래브 단차진 곳의 위치 및 치수를 표기한다.	4. 구조도면에 모든 개구부 및 중요관통 부위를 도해적으로 표시하며, 중요한 부분은 위치를 확인하고 관련 컨설턴트와 합의한다.	
5. 건축도면에서 구조도를 명기할 필요가 있을 경우 "구조도면 참조"라 표기한다.	5. 건축도면 참조사항은 일반 주기사항에서만 언급한다.	
6. 보도, 테라스, 지반 위에 설치되는 계단, 트렌치 등 건물외부 구조물의 위치 및 치수를 표시한다.	6. 건물 외부 구조물에 대한 일반적인 상세만을 보여준다. 구조적으로 연결되는 부분만 윤곽선을 표시하여 보여준다.	
7. 금속계단을 포함하여 잡철물의 상세를 표시한다(컨설턴트로부터 구조적 치수 및 접합에 대한 자료를 얻을것).	7. 구조부재로 연결되는 모든 잡철물의 접합을 보여주어야 한다. 이것에 대하여 건축가에게 제출하며 그 부재의 크기 및 접합에 대한 책임을 진다.	
8. 단면도상에 지반 바로 밑에 설치되는 구조 부재(슬래브 밑 및 벽 위에 설치되는)를 보여주어야 한다.	8. 구조물과 연결되는 부분만 구조도면에 표시한다.	

3.6.4 각종 회의

전술한 바와 같이 각종 회의는 의사소통의 주요 수단으로서 활용되어진다. 설계단계의

회의는 성격에 따라 정기설계회의 및 비정기회의로 구분되며, 정기회의는 개최 주기에 따라 주간회의, 격주간회의, 월간회의 등으로 나누어지고, 비정기적인 회의는 KOM(kick off meeting), COM(close out meeting), 각종 기술회의 등이 있다.

모든 회의는 사전에 의제를 작성하여 참석자, 회의일시 및 장소, 주요 안건 등을 인지함과 동시에 참석자들로 하여금 사전 준비를 할 수 있도록 하여야 하며, 회의 종료 후에는 회의록을 작성하여 토의 또는 합의된 내용을 기록으로 남기는 것이 중요하다. 일반적으로 프로젝트와 관련하여 작성된 회의록은 공식문서로서의 효력을 갖는 경우가 많으므로 작성된 회의록은 참석자들의 확인을 받아야 한다.

3.6.5 PMIS(Project Management Information System)

PMIS는 특정 프로젝트에서 요구하는 정보 전달의 수준에 따라 웹(web)을 기반으로 하여 구축, 운영되는 프로젝트 단위의 사업정보관리시스템으로, 최근 인터넷의 확산에 힘입어 건설현장에 도입, 활용되는 경우가 급증하고 있다. PMIS는 프로젝트의 특성이나 전달하고자 하는 정보의 종류 및 양, 각 단계별 업무, 접근권한부여 범위, 구축비용 등을 종합적으로 감안하여 구축하되, 프로젝트 초기단계에서부터 구축계획을 수립하여 단계별로 필요로 하는 모듈(module)을 순차적으로 구축하여 활용할 수 있도록 하는 것이 바람직하다.

최근 들어 PMIS는 프로젝트 관련 정보를 대외에 홍보하여 사업에 대한 이해를 높이는 수단으로도 활용되고 있는데 주요 기능 및 효과를 정리하면 다음과 같다.

- 종합관리능력 제고 및 의사결정 소요시간 단축
- 프로젝트 관련 정보의 실시간 공유 가능
- 업무동선의 단축 및 생산성 향상
- 서류 업무 저감
- 사업관련 정보의 대외 홍보 기능
- 사업 참여자간 커뮤니케이션 활성화

3.6.6 통합설계관리

대규모 공사의 경우, 각 분야별로 다수의 설계자가 협기업계를 구축하여 설계에 참여하게 되고, 수시로 주요한 의사결정을 위한 협의나 회의 또는 기술적인 토론 과정이 필요하게 된다. 이런 상황에서 각 분야별 설계담당자들이 각자의 사무실에서 근무를 하게 될 경우 업무생산성이 크게 저하될 수밖에 없으므로 설계 초기단계에서부터 통합설계실을 구성하여 운영하는 것이 매우 효율적일 수 있다. 특히, 사업기간 단축을 위해 패스트 트랙(fast track)을 적용하는 프로젝트에서는 설계자와 시공자간 실시간 협업과 피드백을 필요로 하는 경우가 많으므로 발주자, CM사, 시공사, 설계사 등 프로젝트 참여자 모두가 모여 업무를 수행할 수 있는 사무실을 확보하고, 통합설계관리 체계를 구축, 운영함으로써 즉각적인 의사결정이 가능하도록 하여야 한다.

통합설계실 운영 효과를 극대화하기 위해서는 명확한 업무분장기준과 함께 각 개별 업무에 대한 수행절차나 기준이 제시될 수 있어야 한다. 또한, 통합설계실을 운영할 경우 일반적으로 추가비용이 소요되고, 각 기업의 이해관계에 따라 부정적인 입장을 취하는 경우도 많으므로 설계입찰이나 계약단계에서부터 이와 관련된 요구 조건을 명시하는 것이 필요하다.

표 4-18 관련사별 예상 설계 참여인원 및 소요사무실 면적

<table>
<tr><th colspan="2" rowspan="3">구 분</th><th colspan="6">인원(명)</th><th rowspan="3">비 고</th></tr>
<tr><th colspan="2">1단계</th><th colspan="2">2단계</th><th colspan="2">3단계</th></tr>
<tr><th>인원</th><th>면적(㎡)</th><th>인원</th><th>면적(㎡)</th><th>인원</th><th>면적(㎡)</th></tr>
<tr><td colspan="2">발주처</td><td>6</td><td>192.0</td><td>6</td><td>192.0</td><td>6</td><td>216.0</td><td></td></tr>
<tr><td colspan="2">CM사</td><td>20</td><td>192.0</td><td>20</td><td>192.0</td><td>21</td><td>192.0</td><td></td></tr>
<tr><td colspan="2">계</td><td>26</td><td>408.0</td><td>26</td><td>408.0</td><td>27</td><td>408.0</td><td></td></tr>
<tr><td colspan="2">건설사</td><td>5</td><td>50.0</td><td>7</td><td>70.0</td><td>40</td><td>400.0</td><td>통합 설계실</td></tr>
<tr><td rowspan="10">설계사</td><td>건 축</td><td>10</td><td rowspan="10">300.0</td><td>10</td><td rowspan="10">704.0</td><td>3</td><td rowspan="10">176.0</td><td rowspan="10">통합 설계실</td></tr>
<tr><td>구 조</td><td>4</td><td>7</td><td>2</td></tr>
<tr><td>기 계</td><td>1</td><td>6</td><td>1</td></tr>
<tr><td>전 기</td><td>1</td><td>4</td><td>1</td></tr>
<tr><td>통 신</td><td>1</td><td>4</td><td>1</td></tr>
<tr><td>소 방</td><td>1</td><td>6</td><td>1</td></tr>
<tr><td>인테리어</td><td>1</td><td>7</td><td>1</td></tr>
<tr><td>흙막이</td><td>1</td><td>4</td><td>1</td></tr>
<tr><td>조 경</td><td>1</td><td>2</td><td>1</td></tr>
<tr><td>부대토목</td><td>1</td><td>2</td><td>1</td></tr>
<tr><td colspan="2">설계전문분야</td><td>5</td><td>36.0</td><td>5</td><td>36.0</td><td>5</td><td>36.0</td><td>통합 설계실</td></tr>
<tr><td colspan="2">설계관련자문단</td><td>7</td><td>36.0</td><td>7</td><td>36.0</td><td>7</td><td>36.0</td><td></td></tr>
<tr><td colspan="2">계</td><td>39</td><td>422.0</td><td>71</td><td>846.0</td><td>65</td><td>648.0</td><td></td></tr>
<tr><td colspan="2">총 계</td><td>65</td><td>830.0</td><td>97</td><td>1,254.0</td><td>92</td><td>1,056.0</td><td></td></tr>
</table>

표 4-19 별 통합설계회의 운영 사례

구분	일 정	참 여 자	내 용
일일회의	매일 수시	담당자, 실무자	분야별, 담당자별 업무협의
주간회의	주 1회 (매주 수요일)	CM단: 단장, 분야담당자 각분야설계사 : 소장, 팀장	설계진행시 문제점 협의 (기술검토내용, V.E Coordination) 주요협의내용 반영사항 확인 주간 설계진행율 확인
월간회의	월 1회 (매월 4주차 수요일)	CM단: 단장, 분야담당자 각분야설계사: 임원, 소장, 팀장	월간공정확인 및 익월추진계획 목표일정에 따른 월간 진도율 확인 평가기준 계수화에 따른 완성도 확인
특별회의	필요시	관련분야 담당자 해당 관련자	분야 합동회의 필요시 긴급을 요하는 안건 발생시
비 고	주간 및 월간회의 주관: CM단 각사 분야별 담당자는 회의 전일까지 공정 진행 및 주요 반영사항 List 제출. 모든 회의는 회의 개최 전일까지 참여 대상자에게 유선 또는 구두로 통보.		

4 단계별 설계관리 업무

4.1 설계이전단계

설계관리업무를 수행하기 위해서는 가장 먼저 프로젝트의 목적이나 성격, 특성을 파악하고, 사업일정, 사업예산, 주요 쟁점 사항, 발주자 요구사항의 수준, 부지 여건 등을 빠른 시간 내에 확인하여야 한다.

이러한 기본 정보를 바탕으로 발주자의 요구사항과 필요사항 리스트(wants and needs list) 작성, 요구사항 및 필요사항의 우선순위 결정, 설계제약조건의 파악 등의 과정을 거치면서 보다 구체적인 내용의 발주자 요구사항을 확정하고, 설계관리 계획과 프로젝트 수행을 위한 기본 전략을 수립하게 된다. 업무 착수단계에서 프로젝트의 개요파악과 주요 전략수립을 위해 확인이 필요한 주요 항목을 살펴보면 나음과 같다.

(1) 업주 요구사항과 계약문서

- 일정, 예산, 목표수준
- 주요 문제점, 우선순위

- 최종 목표까지 도달하기 위한 일련의 각종 절차
- 현재까지의 프로젝트 관련 진행현황 파악 및 그 효용성
- 각종 정보의 정확성 및 필요 정보의 누락사항 파악
- 사업성 검토 보고서
- 부지 조사, 유사사례 조사 자료, 지질조사 보고서
- 사업주 요구 실, 공간에 대한 기능적 분석
- 관리 운영에 대한 요구사항
- 계약관련 문서, 계약 일반 및 특수조건
- 각 용역 및 공사에 대한 과업범위, 설계기준

(2) 사업주, 부지, 프로젝트 상세정보

- 사업주 특성(관 또는 민간), 기업의 성격
- 사업주의 경험과 기대감의 현실성
- 사업주 조직, 프로젝트 관련 인원 및 조직
- 부지 위치, 경계, 소유권 및 지목
- 부지 면적, 지형학(topography), 도로, 기타 물리적 특성
- 지역 · 지구 지정, 지구단위계획 지침
- 사업비 한도, 사업기간
- 각종 환경 제약 조건

(3) 주요 쟁점, 사업예산과 프로그래밍 목표

- 사업주와 같이 모든 계약문서 및 조항과 설계일정, 최종 성과물, 프로젝트 리스크(risk) 관련된 모든 요소
- 배치, 양, 규모와 같은 초기 계획요소

(4) 프로젝트 개요와 전략

- 프로젝트와 관련 가능한 모든 정보를 수집 후, 이를 10여 페이지 정도로 요약 정리하여 프로젝트 지침을 작성

4.2 계획설계단계

계획설계단계는 개념설계(conceptual design)단계와 계획설계(schematic design)단계로 구분되어지기도 한다. 2개의 단계를 구분하는 기준이 명확하지는 않지만 통상적으로 개념설계단계에는 건축설계 위주의 작업이 이루어지고 계획설계단계에는 주로 구조, 전기, 설비, 소방, 조경 분야의 엔지니어링 작업이 병행된다. 프로젝트 개요와 목표, 프로젝트 지침, 부지관련 자료 등을 분석하는 것으로부터 계획설계가 시작된다. 계획설계단계에서 확인이나 검토가 필요한 항목은 다음과 같다.

(1) 배치계획

- 부지 분석 자료 및 프로젝트 요구사항 검토
- 부지경계, 레벨, 기타 물리적 환경 요소 확인
- 셋백(set back), 부지 접근위치 및 동선, 교통영향 검토
- 초기 배치계획, 토공 및 토목공법, 우수계획, 절성토 검토
- 옥외 공간, 조경계획

(2) 건축 · 구조계획

- 프로젝트 지침을 분석하여 각 공간의 수평, 수직 배치, 조닝(zoning), 내부 동선 검토, 각 실별 기능 및 면적 검토
- 매스, 입면, 의장계획 검토
- 구조계획, 기둥배치, 스팬(span) 등 검토
- 구조안정성, 적재하중, 풍하중, 지진하중의 적용 적정성 검토
- 적정 층고계획 검토
- 각종 건축 관련 법규 만족 검토
- 내 · 외장 마감 개념 및 마감 자재 적용 검토

(3) 사업비

- 사업비 예측(1차) 후 사업주의 예산, 사업성 검토 자료 등과 비교 검토
- 사업비가 예산 초과시 규모 축소, 주요 공법, 자재 변경, 예산 추가 확보방안, 프로그

램 조정 등 초기 계획에 대한 재점검 필요

• 프로그램 확정, 대안에 대한 검토 및 사업예산 확정

(4) 기타

• 기계, 전기, 통신설비 시스템, 지능형빌딩시스템(intelligent building system, IBS) 수준 및 시스템 검토

• 기계, 전기실 위치, 적정면적 검토

4.3 기본설계단계

기본설계단계는 사업기본계획을 설계도서로 구체화하는 과정으로, 각 종종별 공법이나 부위별 마감재를 결정하고, 인 · 허가 업무에도 착수하게 된다. 각 분야간 협업과 원활한 협업이 요구되며, 실시설계팀과의 업무협의를 통하여 실시설계 완성도 향상을 위한 방안 또한 수립하여야 한다. 기본설계단계에서 수행되어야 할 주요 업무는 다음과 같다.

(1) 주요 설계검토 내용

• 프로젝트 지침, 대지와 공간 프로그램 해석에 대한 검토 및 확정

• 토목, 구조방식에 대한 결정

• 각종 설비방식에 대한 결정

• 시공순서 및 방법에 대한 검토, 주요 자재의 상세정보 검토

• 구조부재의 크기 확정

• 방수, 단열 방식 및 자재 선정

• 주요 시스템, 자재사양 검토

• long lead item 자재선정 및 운반 일정

• 모든 도면은 치수를 확인할 수 있도록 작업을 하며 특히 평면도 등은 가능한 1/100 이상의 축척으로 작업한다.

(2) 원가 관리

사업비 산출 및 분석 결과와 공간 프로그램을 비교, 검토하여 필요시 설계를 변경한 후

기본설계를 확정한다. 사업주의 요구사항과 사업예산의 균형을 맞추기 위하여 설계자와 원가 관리자와의 협업에 큰 비중을 두어야 한다.

- 상세 공사비 견적 및 사업비 분석
- VE 항목 및 수준 결정
- VE를 통한 공사비 절감 노력

(3) 리스크(Risk) 관리

프로젝트에 내재되어 있는 각종 리스크(risk)를 사전에 파악하고, 대안 및 설계 우선 조건에 대한 재검토를 통하여 후속 단계에서의 설계변경이나 공사비 증감 요인을 최소화한다.

- 각 리스크별 대응방안 검토
- 설계변경 가능성 예측
- 사업비 예측의 정확도 향상을 위한 원가계획(cost plan) 방법 검토

4.4 실시설계단계

실시설계단계는 확정된 기본설계를 보다 구체화시키는 단계로 공사에 필요한 상세도면, 시방서 및 계산서 등이 작성된다. 실시설계의 완성도는 입찰이나 시공단계에 직접적인 영향을 미치므로 면밀한 설계검토를 통하여 각 분야별 설계도서간 불합치 사항을 파악, 제거하고 시공성을 확보함으로써 추후 시공단계에서의 설계변경이나 공사비 변동, 공기지연 요인 등을 최소화하여야 한다.

(1) 주요 설계검토 내용

- 건축과 구조 부재, 구조 부재와 설비 시스템의 간섭 검토
- 2차 부제 및 자재의 세부정보 작업 검토
- 시공성 검토
- 공급자(vendor) 또는 제조사(manufacturer)의 설계 정보 반영
- 공종간 실시설계도면에 대한 검토 및 검토의견 반영여부 확인 : 모든 검토 내용에 대하여는 문서화 작업 병행

• 시방서의 내용이 공사비에 미치는 영향 검토
• 도면과 시방서의 일치 여부 검토

(2) 원가 관리

작성된 실시설계도면과 시방서 등을 근거로 산출된 공사비와 공사비 예산과의 비교를 통하여 조정 여부를 결정하고 최종 예산을 확정한다.

• 시공도면과 시방서를 기준으로 물량 및 공사비 산출
• 산출된 공사비가 사업예산에 비해 과다할 경우 대책 및 대안 검토: VE, 사업예산 추가 확보, 단가의 적정성 검토, 입찰방법 및 조건 검토 등 Detail 개선 등에 의하여 공사비 절감이 가능한 항목 검토 및 반영

4.5 시공사 선정단계

일반적으로는 실시설계도서가 완성된 이후에 시공자를 선정하는 것이 바람직하나 전체 사업일정이나 여타 여건으로 인해 그렇지 못한 경우도 종종 발생한다. 이러한 경우에는 설계와 시공을 동시에 진행하는 패스트 트랙(fast track) 방식을 적용하게 되는데, 설계도서가 완성되지 않은 상태에서 시공을 하게 되므로 리스크가 커질 뿐만 아니라, 시공과 설계간의 실시간 협업이 필요하게 된다.

패스트 트랙 단계에서는 본래의 실시설계도서 작성 작업 외에도 시공에 필요한 시공상세도(shop drawing)나 코디네이션 드로잉(coordination drawing) 작성이 동시에 이루어져야 하므로 설계조직 구성이나 운영계획 수립시 유의하여야 한다.

4.6 시공단계

우리나라에서는 설계 · 시공 분리발주 방식이 보편화되어 있어 시공단계의 설계관리업무를 소홀히 하는 경우가 많다. 하지만 시공단계에서도 설계오류의 수정, 발주자의 요청 또는 시공자의 제안에 의한 설계변경 등으로 인해 설계관리 기능을 필요로 하는 경우가 빈번하다.

특히, 실시설계도서가 가장 중요한 계약문서로 구성되는 설계 · 시공 일괄입찰(design-build) 방식에서는 시공단계에서도 설계관리 기능을 유지토록 하는 것이 필수적이라 할

수 있다. 시공단계에서 수행되는 설계관리 업무를 요약하면 다음과 같다.

- 시공상세도 및 코디네이션 드로잉의 검토
- 설계변경에 따른 설계도서 검토
- 설계의 현장 시공성 검토 및 관리
- 공사의 품질, 하자, 사용자재 등에 대한 기술검토
- 자재의 제원, 견본의 검사
- 기타 기술적인 조언 및 지원 등

5 설계관리 비용 및 업무 대가

5.1 설계관리 업무 대가 산정

발주청이 건설사업관리자에게 건설사업관리를 위탁 시행하는 경우 건설사업관리비용을 산정하는 방법을 정하기 위하여, 2008년 국토해양부 고시 2008-870호 건설사업관리 대가산정 기준이 고시되었다. 이 기준에 의하면 대가의 산출은 발주청이 사업의 특성을 고려하여 공사비 비율에 의한 방식 또는 실비정액가산방식을 적용하도록 하고 있다. 설계관리 업무대가 산정에 대한 방법은 특별히 정하여 지지는 않았으나 상기 국토해양부 고시 중 기본설계 및 실시설계단계의 용역비 산출 기준을 설계관리용역 대가 기준으로 준용할 수 있을 것이다.

5.1.1 공사비 비율에 의한 방식

공사비에 대해 일정 요율을 적용하는 방법으로서 요율은 표 4-20과 같다. 요율의 적용은 공사의 특성에 따라 기준표 대비 ±10% 이내에서 가감할 수 있다.

01 CM의 이해
02 사업관리체계
03 프로젝트관리
04 설계관리
05 원가관리
06 공정관리
07 품질관리
08 안전관리
09 계약관리
10 정보문서관리
11 개발사업관리
12 친환경사업관리
13 정보기술관리

표 4-20 건설사업관리대가 요율(국토부고시 2008-870호)

공사비 (억원)	설계 전 단계	기본설계 단계	실시설계 단계	시공 단계	시공 후 단계	계
100	0.206%	0.275%	0.549%	9.217%	0.138%	10.385%
200	0.170%	0.227%	0.453%	7.259%	0.109%	8.218%
300	0.156%	0.208%	0.416%	6.280%	0.094%	7.154%
400	0.147%	0.196%	0.391%	5.673%	0.085%	6.492%
500	0.140%	0.186%	0.373%	5.229%	0.078%	6.006%
700	0.134%	0.179%	0.358%	4.701%	0.071%	5.443%
1000	0.130%	0.167%	0.345%	4.351%	0.065%	5.064%
1500	0.125%	0.162%	0.333%	3.756%	0.056%	4.437%
2000	0.122%	0.154%	0.323%	2.961%	0.051%	3.575%

표 4-20의 건설사업관리대가 요율에 의하면, 시공단계의 설계관리 업무를 제외한 시공 전단계(설계단계)의 건설사업관리대가는 공사비 대비 약 0.7%~1.0% 정도인 것으로 나타난다. 이는 전체 CM 용역비의 약 10%~20% 정도의 비중을 차지하며, 공사규모가 작을수록 설계단계의 CM 업무 비중이 커짐을 알 수 있다. 다만, 위의 고시에서는 설계관리 업무의 범위를 명확히 규정하지는 않고 있으므로, 업무 범위는 건설기술관리법 시행령 제73조(설계감리의 업무범위)의 설계감리업무 수행지침을 적용하되, 국토해양부 고시에 의하여 다음과 같은 업무는 추가 업무로서 별도로 실비 계상하여야 한다.

- 기본설계 이전단계에 수행되는 기획, 예비타당성 조사, 타당성 조사 및 준공 이후 시설물 운영 및 유지관리 등에 관한 사업관리업무
- 사업정보관리시스템(PMIS) 개발
- 특허, 노하우 등의 사용료
- 모형제작비, 현장 계측비 등
- 해외 및 원격지 출장여비 및 경비
- 국내외 외부 전문기술자에 의한 자문비 또는 위탁비용
- 당해 사업의 특성상 발주청이 요구하는 기타업무

국토해양부 고시에 의한 설계관리 업무대가를 적용할 경우 설계관리 업무대가는 전체 설계용역비 대비 약 10%~15% 정도를 차지한다.

5.1.2 엔지니어링 대가 기준에 의한 방법

설계관리 용역대가를 산정하는 또 다른 방법은 실비정액가산방식으로서 엔지니어링 기술진흥법 제10조에 의한 엔지니어링 대가 기준의 실비정산가액방식에 의한 방법을 들 수 있다. 즉 항목별, 공정별 투입인력을 산정하고 투입인력에 대한 직접인건비를 계산하고 여기에 제경비(간접비), 기술료, 직접경비를 추가하는 방식으로 대부분의 민간사업의 경우 이 방법으로 건설사업관리용역 대가를 산정하고 있다.

이 방법의 특징은 업무범위를 비교적 상세히 기술하고 각 고유 업무에 따른 투입 인원수를 산정하므로 업무범위에 대한 발주처와 건설사업 관리자의 이견차를 줄일 수 있다는 장점을 가지고 있는 반면, 건설사업관리자 선정시 경쟁의 심화로 저가낙찰이 될 경우, 충분한 인원을 투입하기가 곤란하여 설계관리 업무의 질적 저하를 야기할 수 있다는 문제점을 안고 있다.

6 결

국내에 건설사업관리가 소개되어 본격적으로 도입된 지 15년이 지났지만 건설사업관리의 중요한 축을 담당하고 있는 설계관리분야에 대하여는 아직도 걸음마 수준에 머물고 있는 것이 현실이다. 대부분의 건설사업관리 서비스를 제공하는 CM사도 충분한 설계관리 인력을 보유하고 있지 않으며, 전문적인 설계관리 인력을 양성하는 교육단체나 프로그램도 찾기 어렵다.

건설 선진국에서는 설계나 엔지니어링 분야가 건설산업을 선도하고 있고, CM을 대학 학과과정에 도입하여 전문인력을 양성하고 있는 반면, 우리나라는 설계기술도 선진 외국에 비교하였을 때 많이 뒤쳐져 있을 뿐만 아니라, 설계관리 업무 또한 그 필요성에 대한 인식 부족으로 자리를 잡지 못하고 있다. 더욱이, 아직도 많은 설계도서가 하청을 통하여 생산되고 있고, 통합설계관리 능력이 결여된 탓으로 각 분야간 충분한 코디네이션을 거치지 않은 도면들이 현장으로 출도되는 경우가 빈번할 뿐만 아니라, 발주자 또한 설계를 시공을 위한 종속업무 정도로 치부하여 정당한 대가의 지급마저 꺼리는 경향이 강해 만족할 만한 설계 서비스의 제공이 어려운 것이 현실이다.

이처럼 열악한 상황을 극복하고, 설계관리 업무의 중요성을 재인식시킬 수 있는 방안으로서 가장 우선적으로 해야 할 일은 설계관리 업무의 범위를 명확하게 정의하는 일이다. 계약 당사자들이 업무범위에 대해 동일한 생각을 갖게 되면 사업주의 기대도 명확해질뿐더러 설계관리 서비스의 질 또한 향상될 수 있다. 두 번째는 설계관리 전문인력을 양성하는 일이다. 외부에서 제공하는 인력 양성 또는 교육 프로그램이 매우 한정적이기는 하지만, 이러한 기회를 잘 활용하고, 유사 업무 종사자간 실무적인 교류나 정보교환을 활성화해 나간다면 점차적으로 전문인력을 육성해 나갈 수 있을 것이다.

마지막으로 설계관리 업무를 표준화하는 일이다. 표준화된 절차와 방법에 의해 설계 관리 업무를 수행하게 되면 개개인의 역량 차이로 인한 서비스의 질의 편차를 줄일 수 있을 뿐만 아니라, 시스템화 된 방식에 의한 일정 수준 이상의 서비스를 제공할 수 있기 때문이다.

참조 4-1 건설공사 단계별 역할분담 예시

(1) 공통업무

구분	세부사항	업 무 분 장			
		발주처	CM	설계자	시공자
일반행정업무	주간업무 실적보고		주관	협조	협조
	월간업무 실적보고협조		주관	협조	협조
	기성신청업무	승인	주관		
	건설공사 참여자간 (정기/비정기) 업무협의체 운영	협조	주관	협조	협조
	기타 업무관련 보고	협조	주관		
기술행정업무	업무수행계획서 작성/운영	승인	주관		
	사업번호 체계 관리	승인	주관	협조	협조
	사업정보(PMIS) 관리	승인	주관	협조	협조
기타수명업무	발주처 요구 수명업무	승인	주관	협조	협조

(2) 기본설계

구분	세부사항	업 무 분 장			
		발주처	CM	설계자	시공자
공통사항	과업수행계획서(설계자)의 검토 및 승인	승인	검토	작성	
	각종 인 · 허가 및 심의업무 지원		협조	작성	
	발주자의 의사결정 관리	승인	작성	협조	
	설계용역 진행사항 및 기성관리	승인	검토	작성	
	공종별, 단계별 도면 List 작성/검토		검토	작성	
공정관리	설계예정 공정표 작성 및 검토	승인	검토	작성	
	설계 Milestone 관리		검토/작성	협조	
	설계일정 진도관리		검토	작성	
	PMIS 구축 지원	승인	검토	협조	
원가관리	공사비 분석 및 개략공사비 산정	확인	검토/작성	작성	
	공법, 건축마감 및 주요장비와 관련된 대안의 개략 공사비 산정	확인	검토/작성	작성	
	주요자재, 시스템, 인테리어에 대한 건물수준 결정	승인	검토	작성	
	내역체계 수립지원 및 견적서 검토		검토/작성	협조	
	VE 활동을 통한 원가절감	승인	작성	협조	
품질관리	각종설계도서의 기록유지 및 관리		검토	작성	
	기본계획 대안 분석 및 평가	검토	검토	작성	

(3) 실시설계

구분	세부사항	업 무 분 장			
		발주처	CM	설계자	시공자
공정관리	설계 Master Schedule의 수정 및 보완	승인	검토	작성	
	설계 Milestone 수정 및 보완	승인	검토	작성	
	Long Lead Item 관리방안 (Elev. Curtain Wall, 주차설비 등)		검토/작성	협조	
	토목 및 골조 공정표 작성		작성	협조	
	PMIS 보완 및 운영	승인	작성	협조	
원가관리	내역 분류체계 및 타당성 검토		작성		
	설계자 내역의 적정성 검토	확인	검토	작성	
	단가의 적정성 및 주요 Item의 물량 검토	확인	검토/작성	작성	
	최종 공사예정가격 관리	승인	작성	협조	
	VE 활동을 통한 원가 절감	승인	검토/작성	협조	
품질관리	설계도서의 누락, 불일치, 오류여부 검토		검토	작성	
	공종별 계획 및 계산기준 적용의 적정성 검토		검토	작성	
	시공성 검토		검토	작성	
	각종 법규 및 규정에 적합여부 검토		검토	작성	
	실시설계 조정 및 연계성 검토		검토	작성	
	각 공종별 설계도서 검토 : 실시설계 50%, 90%	승인	검토	작성	
발주관리	발주일정계획 및 발주방안 검토 및 수립	검토/승인	작성		
	입찰지침서의 작성 및 현장설명회 실시	검토/승인	작성	협조	
	입찰유의서 및 입찰계약 조건 작성	검토/승인	작성	협조	
	입찰질의에 대한 회신답변 작성	검토/승인	작성	협조	
	입찰결과 비교검토 및 낙찰자 선정	검토/승인	작성		
	직발주업체 발주관리	검토/승인	작성		
	계약조건 및 계약서 작성	검토/승인	작성		

CHAPTER 5

원가관리 (Cost Management)

1 개 요

건설사업에서의 원가관리라는 용어는 우리나라에서는 아직까지 익숙하지 않은 것이 사실이다. 원가관리는 요즈음 업계 전반에 인식되기 시작한 CM에서 가장 중요한 요소의 하나로 대두되고 있지만 아직까지 그 개념이나 방법론조차도 제대로 정립되어 있지 않다고 볼 수 있다. 이유는 다양하게 설명될 수 있겠지만 근본적으로 국내 건설제도에서 기인한 설계와 시공의 분리에 따른 일관된 프로젝트 관리의 부재에서 발생한다 할 수 있겠다.

여기서 일관된 프로젝트 관리 부재가 원가관리와 무슨 관계가 있는지 많은 이들이 의아해 할 수도 있을 것이다. 지금까지 건설사업에서의 원가관리가 설계사가 아닌 건설사 입장에서 공사단계에서만 주로 이루어졌고 그 이전 단계인 기획 및 설계단계에서는 원가관리라는 개념이 제대로 적용되지 않음으로 인해 발생될 수 있는 많은 문제점에 대해서 깊이 있는 생각을 하지 않았다는 것을 의미한다. 즉, 지금까지 우리나라 건설사업에서의 원가관리가 기획이나 설계단계와 같이 초기단계부터 공사 완료단계까지 일관된 주체에 의해서 이루어지지 않았고 이로 인하여 많은 문제가 노출되었으며 더 나아가 우리나라 건설산업의 생산성 발전을 저해해 왔다고 볼 수 있다.

주지하다시피 과거에 설계사를 포함하여 많은 건설 관련 기업이 중동이나 동남아에 진출하여 사업을 수행하였다. 그 때 우리는 우리나라와 다른 선진 건설사업 체계를 많이 경험하였다. 미국이나 유럽에서 온 다양한 전문가뿐만 아니라 흔히 원가관리자(quantity surveyor, QS)로 알려진 원가관리자의 중요성과 그 역할을 기억할 것이다. 프로젝트 진행과정에서 발주자 측 엔지니어와 계약자 측 엔지니어가 공존하듯이 원가관리자(QS) 또한 양측에서 첨예하게 대립된 관계에서 계약적으로 서로의 이해득실을 따지는 것을 접했을 것이다. 우리에게 생소했던 클레임을 실질적으로 주도하던 그들에게서 도급자(contractor) 입장에서의 공무와는 다소 다른 경력과 수행 업무를 보았을 것이다. 원가관리자가 클레임의 전문가라는 것을 의미하는 것은 아니다. 다만 그들이 우리에게 부분적인 원가관리 업무를 보여주었지만 그 이상의 많은 원가관리 업무를 수행할 전문가나 담당자가 우리나라에서는 간과되는 바람에 지금 우리가 건설사업의 생산성 향상의 기회를 놓쳐 왔다는 것이다.

본 장에서 건설사업에서의 원가관리를 모두 언급하기란 어려운 일이다. 다만, 건설사업관리에서 원가관리 실무 업무를 수행하면서 경험하였던 실무, 그리고 함께 근무하였던 외국인 원가관리자(QS)의 지도와 관련 서적을 통해 나름대로 습득한 원가관리의 개념을 개괄적으로 정리해 봄으로써 관심 있는 독자의 원가관리에 대한 이해를 높이고자 한다.

2 원가관리의 개념 및 정의

2.1 건설사업에서의 원가관리란 무엇인가?

미국의 Project Management Body of Knowledge(PMBOK)에 의하면 원가관리를 다음과 같이 정의하고 있다.

> "Project Cost Management includes the process required to ensure that the project is completed within the approved budget."

즉, 프로젝트에서의 원가관리란 승인된 예산 내에 프로젝트를 확실히 완료하기 위해 필요로 하는 제반 절차를 의미한다는 것이다.

원가는 곧 돈이다. 따라서 원가관리는 돈을 관리하는 것이라 할 수 있다. 요즘 건설 프로젝트에서 최대의 관심사는 돈이라 하는 것에 부정하는 이는 없을 것이다. 당초 계획되었던 예산을 초과하는 프로젝트 사업은 상식적으로는 존재할 수 없다. 분양이나 임대 사업에서도 사업비 예산 초과라 함은 프로젝트 수익성과 직결되며 이는 프로젝트의 존폐를 좌우한다. 이와 같이 대부분의 프로젝트 관련자의 최대의 관심사인 돈을 효율적으로 관리하여 프로젝트의 존치성(存置性)을 지속시키는 것이 원가관리의 원론적인 의미라 할 수 있다.

그러면 돈에 관심이 있는 프로젝트 관련자들은 누구인가? 우선은 발주자이다. 물론 발주자도 다양하게 나누어 볼 수 있다. 자기가 살거나 이용할 건물을 지으려는 건축주도 있고, 임대나 분양을 목적으로 건설사업을 수행하는 사업자도 있고, 또한 공공의 목적으로 건설사업을 수행하는 공공기관도 있다. 이들에게 돈이라 함은 생명과도 같은 것이다. 열심히 일해서 번 돈일 수도 있고, 어렵게 융통한 돈일 수도 있고, 또한 국민의 세금일 수도 있다. 이러한 돈을 지출해야 하는 발주자 입장에서 돈이 얼마나 소중하겠는가? 이들에게 원가관리는 당연히 총 사업비적인 측면에서의 비용절감에 목적이 있을 것이다.

다음은 발주자로부터 다양한 용역을 수행하는 용역사나 도급자들이다. 설계사일 수도 있고, 시공자일 수도 있고 또한 감리자나 건설사업관리자일 수도 있다. 이들은 대부분 발주자가 지불한 돈에서 자기 이윤을 추구하는 자들이다. 또한 건설사업에서 수행하는 업무 성격이 다르다 보니 돈을 관리하는 목적이 다소 다를 수 있다. 시공사 및 협력사는 도급공사비를 절약하여 이윤의 폭을 크게 하는 원가관리를 할 것이고, 설계사의 입장에서는 제한된 용역비 내에서 발주자가 원하는 품질의 목적물을 공사비 예산 내에 포함할 수 있는 설계를 위한 원가관리를 할 것이다. 감리자의 원가관리에 대한 입장은 다소 다를 수는 있어도 결국 이들 모두의 공통점은 발주자로부터 가능한 많은 돈을 받아내려 한다는 것과 자신들이 관여하고 있는 부분에 대해서만 비용을 관리한다는 것에 있다. 그리고 건설사업 목적물이 완성된 후 목적물에 대한 운영과 관리를 하는 사람들도 있는데, 이들에게 관심 있는 돈은 수리비나 유지관리비일 뿐이다.

그 외 다양한 이해 당사자들이 건설사업에 관여 되겠지만 건설사업에 관련된 주요 당사자는 위와 같다. 여기서 우리가 느낄 수 있는 것이 있다. 바로 프로젝트 전체에 대한 비용을 처음부터 끝까지 일관성 있게 관리할 수 있는 주체가 발주자 밖에 없다는 것이다. 그러나 불행하게도 대부분의 발주자는 건설을 잘 모른다. 누가 실행하든 해당 프로젝트 전체에 대해 발주자가 지출해야 하는 돈을 발주자가 갖고 있는 돈의 범위 내에서 지출할 수 있도록 관리하는 게 원가관리이다.

2.2 원가와 회계

그러면 "건설 프로젝트의 원가관리를 아무나 할 수 있겠는가?", "돈을 관리하는 데 경리(accountant)가 하면 되지 왜 원가관리를 따로 운운하는가?"라고 의문을 제기할 수도 있을 것이다. 그러나 회계에서의 비용과 원가관리 측면에서의 비용은 분명히 다르다.

회계에서의 비용이란, 전표를 근거로 이미 지출하였거나 지출 예정인 금액을 의미한다

표 5-1 원가관리와 회계와의 차이

구 분	회계 상 비용	원과관리 상 비용
정의	지급했거나 지급할 수 있는 총액	약속된 총액
특성	공식적	현실적
판단 근거	바우처(Voucher)	실제 상태(Actual status)

(넓은 의미의 재무 또는 회계상의 비용은 기회비용과 같이 전표로 표현할 수 없는 비용을 포함하기도 하지만 여기서는 일반적인 비용을 의미함). 예를 들면 현장에 철근 100톤이 반입되어 철근 입고 전표에 따라 100톤에 해당하는 금액을 철근 공급자에게 지불하였다면 회계상 100톤의 철근이 비용으로 이미 계상된다. 하지만 원가관리 측면에서는 100톤 중 실제 소모량만이 현재의 비용이다. 또한, 경리는 미래에 발생되는 비용에 대한 예측을 할 수 없다. 따라서, 궁극적으로 숫자는 같을 수 있겠지만 미래 비용을 예측하고 예산과 대비하고 또한 예산 초과 방지를 위한 노력을 지속하는 프로젝트 진행 과정상에서 원가를 관리하는 측면에서의 비용의 의미는 회계상의 비용과 분명히 다른 것이다.

실제로 회계란, 우리가 일반적으로 알고 있는 재무회계(financial accounting)와 관리회계(managerial accounting)로 나뉜다. 관리회계는 20세기 후반 이후, 급속히 변화한 기업 경영 환경으로 인해 기존 회계 방식이 현실적 합리성을 상실하였을 뿐 아니라, 실제 원가가 왜곡되는 현상을 무시한 채 실무자의 편의성에 맞추어 업무가 처리되므로 기업의 실질적인 원가절감이나 생산성 향상에 크게 이바지하지 못하며 신속성과 적시성을 결여하고 있다는 문제점을 안고 있다. 이에 기업들이 빠르게 변화하는 외부 환경 속에서 지속적인 발전과 생존을 이룩하기 위해 경영 상태를 정확하게 파악하고, 변화를 빠르게 예측해내며, 소비자의 요구에 부응할 수 있는 보다 합리적이고 적절한 판단기준을 원함에 따라, 이러한 비용 투입의 모순을 실제적으로 극복할 수 있는 활동기준원가계산(activity based cost, ABC)을 관리회계에 적용하였다. 그러나 타 산업에서도 마찬가지이겠지만 건설사업에서의 관리회계는 부분적으로 전문성이 필요하므로 경리 혼자서는 할 수 없다.

이와 같은 문제가 비용 산정에서만 있는 것이 아니다. 일례로 건설회사의 매출액 산정 방법을 살펴보자. 건설회사의 매출은 공사 기성금을 의미하는데 실제 기성 신청 금액 또는 확인 금액으로 산출하면 간단하다. 그러나 기성 신청 또는 확인 금액은 이미 수주 또는 수 개월 전 기준이므로 기준 시점에서의 정확한 금액이 될 수 없다. 기준 시점에서는 이미

공사를 완료하였지만 청구(기성 신청)를 못하였거나 확인이 되지 않은 상당한 금액이 존재하기 때문이다. 원가관리자는 이 금액은 쉽게 산정할 수 있지만 회계사는 산정할 수 없다. 건설회사가 이 금액을 공인회계사에게 매출액으로 제시하더라도 공인회계사는 모르기 때문에 그리고 건설회사가 분식회계를 목적으로 이 금액을 과대 계상할 수도 있기 때문에 이를 인정을 해주지 않는다(이는 공인회계사를 무시해서 하는 말은 결코 아니다. 그들도 시간을 갖고 들여다보면 충분히 계산할 수 있거나 이해할 수도 있다. 다만 단기간의 회계 실사 기간에 이 금액을 자세히 들여다 볼 여유도 없을 뿐더러 제3자가 인정할 수 있는 구체적인 근거 위주로 계산하기 때문에 인정 못하는 것임을 필자도 잘 알고 있다. 공인회계사들의 오해가 없길 바란다). 이런 문제로 인해 공인회계사가 건설사의 매출액을 산정할 때 전표상 실 투입 비용을 건설회사 내부에서 승인된 실행예산의 원가율로 나누어 산정하는 웃지 못할 사태가 현실에서 일어나고 있다.

이와 같이 회계상의 비용관리와 원가관리는 엄연한 차이가 있으며, 원가관리는 전문성을 가진 원가관리자가 할 필요가 있다.

2.3 원가관리의 중요성

앞서 언급한 것과 같이 원가관리는 예산에 따라 소요 비용을 최소화하기 위한 체계적인 절차를 수립하고 적용하는 일련의 과정이다. 이를 위하여 프로젝트 전 단계에 걸쳐 계획수립(planning), 모니터링(monitoring), 분석(analysis) 및 예측(anticipation)을 지속적으로 반복하여 실제 투입 원가(사업비 또는 비용)가 예산을 초과하지 않도록 해야 한다.

그러면 원가관리의 중요성을 보다 쉽게 이해하기 위해 건설사업이 과거와 어떻게 다른지 알아보고, 현대의 건설 프로젝트의 특징을 짚어 보기로 하자.

우선 건설 프로젝트에서 추구하는 요소가 과거와 현재와는 차이가 있다.

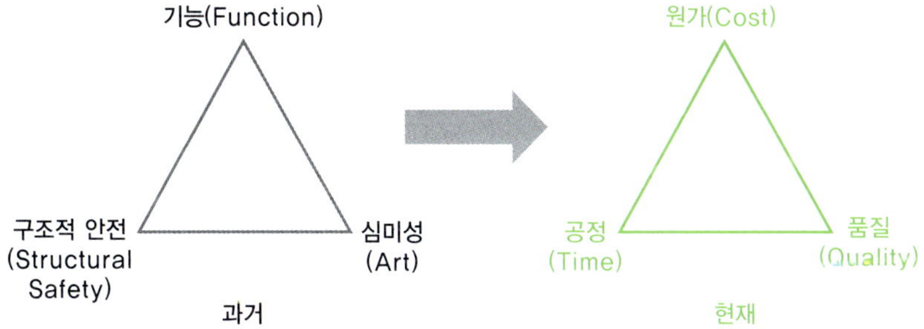

그림 5-1 건설프로젝트에서의 패러다임 변화

위 그림에서 표현한 바와 같이 과거에는 건설 프로젝트 목적물에 대해 중요시 하던 세 가지 요소가 기능과 구조 그리고 아름다움이었다면, 지금은 시간과 품질 그리고 비용이라 할 수 있다. 우연히도 시간과 품질은 돈과 직접적인 연관이 있기 때문에 지금의 건설 프로젝트의 가장 중요한 요소는 돈이라 할 수 있다.

고대 피라미드나 중세에 바티칸의 베드로 사원 건설시 비용이 중요한 요소였을까? 황제나 왕을 위한 궁전을 지을 때 공사비를 절약하기 위해 얼마나 애를 썼을까? 지금도 그 때와 같이 건설 프로젝트가 진행되는가? 모두가 인지하고 있듯이 지금의 건설 프로젝트는 경제논리에서 진행될 수밖에 없고 이를 위해서 비용은 절대적으로 중요한 요소이다.

또한 지금의 건설 프로젝트의 특징을 살펴보면 원가관리가 왜 어렵고 중요한가를 어림잡을 수 있다. 멀리 볼 것 없이 간단하게 우리나라의 예를 들어 보겠다. 첫째로 요즘의 건설 프로젝트는 대형화, 복잡화 및 전문화라고 표현될 수 있다. 수십 년 전 우리나라 경제 규모가 작을 때의 건설 프로젝트는 단순하고 규모가 작았다. 그러나 지금은 100층이 넘는 초고층 프로젝트나 원자력발전소뿐만 아니라 단일 프로젝트에서도 주거, 사무, 오락, 문화, 집회 등 다양한 용도의 시설물들이 혼합된 복합 프로젝트가 많다. 또한 초고층 건축물이나 건설경험이 없는 다양한 시설물과 같이 전문성있는 건설기술을 요구하는 프로젝트도 많다.

둘째는 고객의 눈높이나 기대 수준이 너무나 높다는 것이다. 고객 유치를 위해 대책 없이 모델하우스를 화려하게 꾸미면 큰 일 난다. 한국의 아줌마 부대는 모델하우스에 카메라나 캠코더를 들이대는 것에 주저하지 않고 조금이라도 이상하면 법정으로 달려갈 것이다. 그렇다고 화려하지 않게 꾸미면 고객이 오겠는가? 최소의 비용으로 고객의 눈높이를 맞추는게 여간 어렵지 않은 것이다.

또한 건설사업의 수요가 과거와 같이 돈있는 건축주나 공공기관뿐만이 아닌 모든 이에게로 다양해지고 이에 따른 건설사업의 리스크 요인이 확대됨에 따라 건설 프로젝트의 원가관리의 중요성은 갈수록 커가고 있다. 그리고 이와 같이 빠르게 현대화 아니 미래화 되어가는 건설 프로젝트에서의 원가관리는 고도의 경험과 상당한 노력을 요구한다.

3 국내 건설공사의 원가관리

3.1 기존 건설공사 원가관리

건설사업에서 원가관리가 이렇게 중요하다는데 국내에서는 지금까지 원가관리를 하지 않았을까? 건설사업관리 전문회사에서 원가관리자로서 원가관리자(QS) 또는 원가관리(cost management) 업무를 하고 있다고 하면 흔히 시공사의 견적팀이나 적산회사의 업무와 뭐가 다르냐고 질문한다. 즉, 시공사나 적산사의 견적이나 입찰 업무가 곧 원가관리가 아니냐는 것이다. 틀린 말은 아니다. 다만 견적이나 입찰업무는 다양한 원가관리 업무

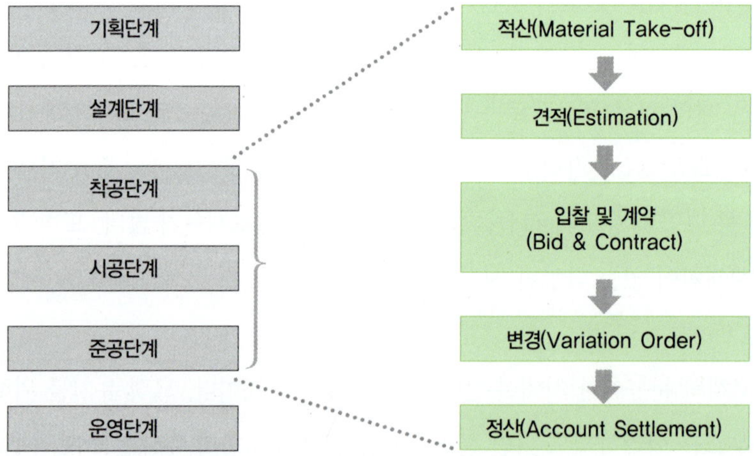

그림 5-2 기존의 국내 원가관리 적용 범위

중 일부분의 업무이다. 따라서 부분적이긴 하지만 건설사업에서 원가관리를 해 왔었다는 것을 의미한다. 문제는 부분적인 원가관리를 하면서 중요한 시기의 원가관리가 간과되었다는 것이다.

그림 5-2에서와 같이 기존의 원가관리는 전체 프로젝트 단계 중 공사단계에 국한되어 주로 수행되어 왔다. 설계가 끝나고 제공된 설계도면을 근거로 공사비를 산출하여 산출된 공사비 내역서를 기준으로 공사단계의 원가관리 업무가 진행되어 왔다. 즉, 기획단계나 설계단계에서 특정한 원가관리 행위가 이루어지지 않았다는 것이다. 기획단계나 설계단계의 원가관리의 중요성은 다음의 비용과 기회곡선을 보면 쉽게 알 수 있다.

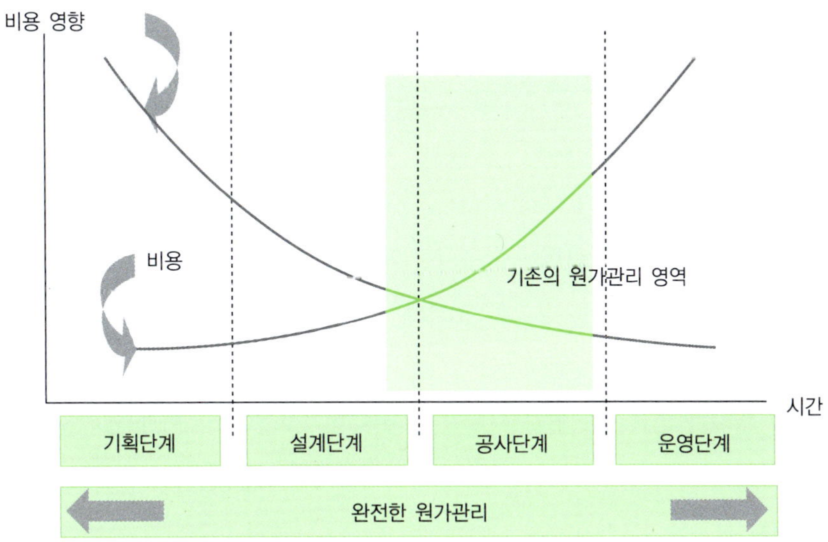

그림 5-3 비용과 기회 곡선(출처: 신 Cost Management, 세종대 김한수 교수)

그림 5-3에서 보다시피 기획 및 설계단계에서는 실제 지출되는 비용은 적지만 결정되는 사안의 비용에 대한 영향은 상대적으로 크다. 즉 설계단계가 끝나면 지출비용은 급속히 증대되지만 비용을 좌지우지할 결정을 내리기는 이미 늦었다는 것이다. 이와 같이 기획 및 설계단계의 원가관리가 상대적으로 무시됨에 발생되는 부작용이 의외로 크다 할 수 있다.

3.2 국내 원가관리의 문제점

설계단계의 원가관리는 일차적으로 설계사에게 책임이 있다 할 수 있다. 건축 공사를 예로 들면 설계사는 발주자(건축주)의 예산과 요구사항(owner's requirement)을 사전에 인지하고 예산에 맞추어 설계를 수행해야 한다. 그러나 모두 그런 것은 아니지만 상당수의 설계사는 설계 과정에서 돈에 대한 신경을 많이 쓰지 않는다. 게다가 일반적으로 설계 과정에서 품질이나 기능면에서 발주자의 요구사항이 늘어나기 마련이다. 이처럼 발주자의 요구사항을 모두 설계에 반영하고 게다가 훌륭한 건축물을 설계하고 싶은 설계사의 욕심까지 더해져서 예산과는 무관한 결과물이 나오는 예가 허다하다.

표 5-2 국책 SOC(Social Overhead Capital) 사업의 사업비 증가율[1)]

구분	사업비 증가 사업 수	사업비 증가율 평균	사업비 증가율 (금액 가중 평균)
기획 대비 준공	57% (21개 중 12)	26%	41%
낙찰 대비 준공	75% (44개 중 33)	7%	4%

위 표는 건설산업선진화위원회에서 조사한 2005년부터 2007년간 준공된 44개의 국책 SOC 사업의 사업비 증가율을 정리한 표이다. 우리나라의 경우 기획단계의 사업비 대비 최종 준공단계의 사업비를 비교해 보았을 때, 57%의 사업(21개 중 12개 사업)이 사업비가 증가하였으며 그 증가율은 평균 41%로서, 미국의 2002년 미국 내 인프라스트럭쳐 사업의 평균 사업비 증가율이 1%라는 점과 비교해 볼 때 국내 SOC 사업의 사업비 증가율이 과다하다는 사실을 알 수 있다.

이러한 사업비 증가의 사유는 초기 사업비 산정 당시 과소하게 책정한 것도 원인일 수 있지만, 기획, 설계 및 시공단계의 체계적인 원가관리 미흡으로 설계과정에서 사업비가 증가한 것이 주된 원인으로 볼 수 있다. 특히 기획 및 설계단계에서의 사업비 증가가 시공단계에서의 사업비 증가에 비하여 크게 나타나는데, 이는 설계단계에서는 예산 범위를 초과하지 않도록 지속적인 설계 조정 및 원가관리를 해야 함에도 불구하고 이러한 노력이 부족한 것이 원인이다.

이러한 현상은 비단 이와 같은 국책 사업에서뿐만 아니라 민간 건설사업에서도 흔히 나

1) 건설산업선진화위원회, 공공사업효율화 분과 보고서, 2009.

타난다. 실제 건설사업관리자 또는 원가관리자가 투입되어 기 진행된 설계를 검토하다 보면 이미 그 설계는 당초 예산을 초과하는 경우가 허다하고 그제야 공사비 절감을 위한 다양한 대책을 강구하느라고 엄청난 노력을 투입해야 했던 사례가 많다. 이런 경우는 차라리 행복한 프로젝트이다. 설계가 완료되고 공사 입찰이 끝난 뒤 이런 문제가 발생되어 프로젝트가 진행이 되지 않거나 상당 기간 지연이 불가피한 경우도 있다.

원가관리에 대한 시행착오는 앞서 언급한 바와 같이 때에 따라서는 프로젝트에 치명적일 수 있다. 일반적으로 발생할 수 있는 원가관리 부재는 다음과 같은 결과를 낳을 수 있다.

- 프로젝트 포기
- 추가 재원 확보를 위한 혼란
- 재설계
- 시간과 돈의 낭비(추가적인 돈과 시간 필요)
- 클레임(claim)
- 기회 손실

요즘 대형 프로젝트의 경우 턴키 발주가 늘어감에 따라 설계단계의 원가관리가 과거보다는 나아져 가고 있다고 볼 수 있다. 그러나 부정적으로 생각하면 이 또한 발주자가 원가관리 책임을 도급자에게 떠맡기기 위한 형태로 볼 수도 있다. 턴키 프로젝트 입찰자는 예산 한도에 맞추기 위해 다양한 발주자의 요구사항을 충분히 반영하지 못하면서도 수주는 해야 하기 때문에 또 다른 부작용을 낳고 있기 때문이다.

원가관리 미흡이라는 문제점 이외에 다양한 이유는 있겠지만 실제 우리나라의 건설 생산성은 선진국에 비해 상대적으로 낮은 편이다. 건설산업의 생산성을 높이기 위해 영국이나 싱가포르에서는 이미 오래 전부터 건설 혁신 프로그램을 정부 주도하에 진행하고 있고, 미국에서도 과거 클린턴 대통령의 주관으로 이와 유사한 캠페인이 착수되었다. 이와 같은 혁신 운동의 핵심에는 비용 절감이라는 명제가 있다는 것은 상식적으로 알 수 있다.

영국의 경우, 설계사와 시공사 외에 별도로 원가관리 전문기업이 매우 전문화되어 있으며 각 원가관리 전문기업은 개략견적시 대부분 자체 cost model을 보유하여 사용하고 있다. 또한 영국 왕립 건축가 협회(Royal Institute of British Architects, RIBA)에서는 건축물의 기획에서 시공 및 유지관리를 단계별로 구분하여 각 단계별 구행되어야 할 원가관

표 5-3 영국의 단계별 공사비 산정방법[2]

구분	단계	공사비 산정방법
B	Feasibility	Early order of costs 면적당 공사비 산정($ 00/㎡)
C	Outline Proposal	Preliminary Indication of Construction Costs – Shape, Structure, Cladding…에 따른 Cost Plan, 요소별 견적 – 프로젝트 예산을 산정시 사용되는 견적
D	Scheme Design	type, material 등에 따른 Cost Plan (C stage 보다 더욱 구체적인 견적)
E	Detail Design	입찰준비단계/입찰(Tender) – 입찰을 위한 Cost Plan

리 업무를 규정하고 있다.

지금까지 우리나라에서는 원가관리의 중요성에 대해 상당히 소극적으로 대처해 왔다. 영국의 건설 시스템의 영향을 받은 동남아에서는 오래 전부터 원가관리자(QS)의 역할이 강조되어 왔고, 중국에서조차 원가관리자(QS)는 전문분야로 자리 잡고 있다. 따라서 이제 우리에게도 원가관리의 선진화는 선택이 아닌 필수이다.

4 원가관리 업무

원가관리가 중요하다는 데 대한 인식은 갈수록 저변이 확대될 것이다. 그런데 원가관리가 중요하다고는 하는데 도대체 무엇을 어떻게 해야 하는가? 지금까지 알고 있던 적산이나 견적 업무를 조금 더 발전시키면 되는 것인가? 틀린 말은 아니지만 실제 원가관리 업무는 생각보다 광범위하고 고려해야 할 항목도 많다.

그림 5-4는 건설 프로젝트 단계별 원가관리 업무내용을 요약한 것이다. 다양한 업무 중 타당성 검토(feasibility study), 예산수립(budget) 등과 같이 익숙한 용어가 있는가 하면 실행원가계획(cost plan)과 같이 용어 자체가 생소한 항목도 있다.

본 장에서는 일반적으로 국내에서 익숙하지 않은 용어 및 국내에서 간과되어 온 설계

2) 한미글로벌, Turner & Townsend Korea, 터너앤타운젠드 사업비 및 공사비 관리 연구 보고서, 2010.

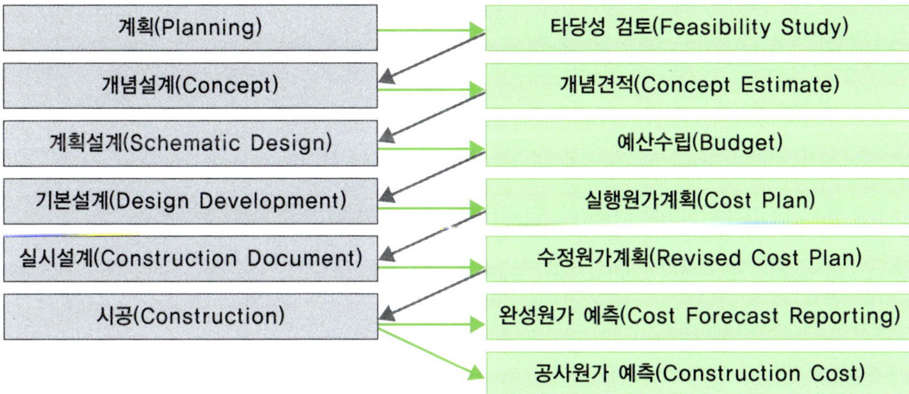

그림 5-4 건설 프로젝트 단계별 원가관리 업무[3]

단계 위주로 원가관리 업무를 정리해 보고, 다양한 이론서에 나오는 내용보다는 실무자 입장에서 가능한 한 실무에 근접한 설명을 하고자 한다.

4.1 기획단계의 원가관리

기획단계에서 가장 먼저 수행해야 할 업무는 예산수립이다. 예산이란 것은 사업의 타당성 조사(feasibility study)를 위한 기초 자료인데 건축공사비의 경우 일반적으로 주어진 건축 규모를 기준으로 단위 면적당 실적 공사비를 적용하는 예가 많다.

원가관리자 입장에서 고려되어야 할 비용의 항목은 프로젝트마다 다르지만 공사비뿐만 아니라 다음과 같이 프로젝트에 관련된 제반 비용을 모두 고려해야 한다.

- 대지 비용(land cost)
- 본공사 비용(main contract)
- 직 발주분 등의 공사 비용(other minor contracts)
- 설계비, 감리비 등(design and other consultants' fees)
- 인 · 허가 비용(authorities fees and charges)
- 제세공과금(tax, duty, levy and charges)
- 집기 및 비품 비용(furniture, fittings & equipment, FF&E)

3) 김종훈, "건설 Cost 혁신의 핵심과 방법론" 강의, 2010.

- 변호사 비용 등의 법률 비용(legal costs)
- 재원 조달 비용, 이자 등의 재무 비용(finance costs)
- 임차 비용(tenant costs)
- 민원 처리 비용(local residents' claims)
- 발주자의 관리비(client's own administrative costs)
- 광고비 등의 홍보 비용(marketing Costs)
- 물가 상승(escalation)
- 기타(others)

또한, 프로젝트에 따라 또는 발주자에 따라 원가관리자가 관여해야 할 비용항목이 다르므로 원가관리자는 프로젝트 수행 초기에 관여가 필요한 비용항목을 발주자와 협의하여 확정해야 한다.

4.2 원가계획(Cost Planning)

개념설계(concept design)단계에서는 다양한 대안이 발생한다. 제시된 다양한 대안에 대해 공사비 차이를 검토해야 하고, 다양한 대안 중에서 최적안이 확정되면 확정된 안에 대한 예상 공사비를 추정하여야 한다. 이론적으로 원가계획은 기획단계의 예산 수립도 포함되지만 국내의 경우 기획단계의 공사에 대한 정보 부족으로 인하여 원가계획 업무가 본격적으로 시작되는 것은 설계가 착수되는 시점이라 할 수 있다.

원가계획은 영국의 원가관리사(QS)가 공사비 예측을 위한 지식, 경험 및 자료의 축적을 통해 발전시킨 설계단계의 원가관리 기법이다. 즉 설계 진행 과정에서 모든 정보를 설계사와 원가관리자가 공유함으로써 설계와 비용 항목을 단계적으로 결정하고 궁극적으로 설계 목적물의 추정 공사비가 예산을 초과하지 않도록 하는 일련의 통합절차이다. 또한 원가계획의 목적은 발주자에 의해 책정된 예산내의 비용 지출 준수, 건축물의 요소별 목표공사비(target cost) 설정을 통한 균형적인 비용 지출달성, 발주자 및 설계자에게 지속적인 공사비 정보 제공을 통한 시기적절한 설계의사결정(design decision-making) 지원에 있다.

원가계획(cost plan)은 단계별로 산출 방법이나 용도가 조금씩 다르다. 또한 단계별로 한번으로 끝내는 것이 아니고 설계 과정에서 다양하게 제시되는 대안에 따라 작성과 수정

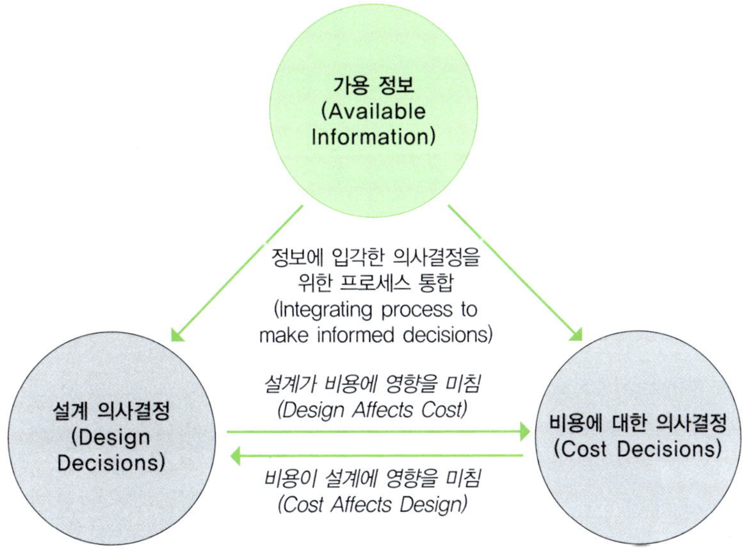

그림 5-5 Cost Planning의 기본 메커니즘

을 반복하게 된다. 이 원가계획의 정보는 발주자뿐만 아니라 설계사에게도 항상 제공되어야 하며 제반 의사결정(decision making)의 기본이 된다. 이 과정에서 원가계획은 제공된 설계 정보를 기초로 작성되므로 자연스럽게 발주자, 설계사 및 원가관리자간 정보가 공유된다.

원가한계(cost limit)는 예산(budget)과 동일한 의미일 수 있다. 일반적으로 설계 계획서(client brief)를 기본 정보로 하여 실적공사비 데이터 및 원가관리자(QS)의 경험과 판단으로 대공종별 비용 목표(cost target) 형태로 수립되는데 해당 사업의 위치, 대지의 조건, 시장동향, 요구되는 품질수준 등에 대한 고려가 필요하다. 이 단계에서는 사업 정보의 구체성, 원가관리자(QS)의 경험 및 판단이 가장 중요한 요소이다.

개략 원가계획(outline cost plan)은 원가한계 설정 이후 설계가 진행됨에 따라 가용한 프로젝트 정보를 활용하여 대안별 개략 원가계획을 작성하게 된다. 이 단계에서는 내공종이 아닌 요소별 비용 분개가 이루어진다. 원가한계 내에서 다양한 설계 대안을 돈의 관점에서 분배하여 발주자 및 설계자로 하여금 설계 계획서(client brief 또는 owner's requirement)를 선택, 압축 및 구체화 시킬 수 있는 의사 결정의 기반을 제공한다.

프로젝트 원가계획(project cost plan)은 일반적으로 기본설계 이후 확정되는데 해당 프

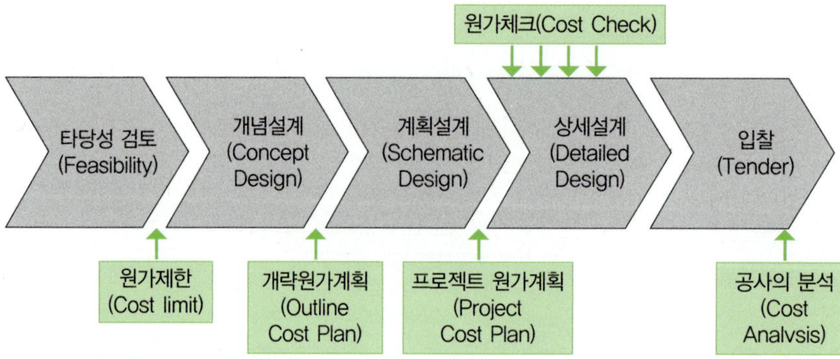

그림 5-6 Cost Planning의 주요 요소

로젝트의 사업비 계획서이다. 프로젝트 원가계획은 설계자가 염두에 두고 상세 설계를 진행해야 할 요소별 목표 공사비를 제시하게 되는데 실시설계(design development)단계 이후 비용 통제(cost control)의 기준이 된다.

실시설계(design development)단계부터는 정기적 또는 수시로 예상비용 확인(cost check)을 수행하는데 이 단계에서 결정되는 각종 사양이나 상세가 원가계획과 어떤 차이가 있는지 지속적으로 비교하게 된다.

공사비 분석(cost analysis)은 원가계획의 마지막 단계이며 해당프로젝트에서 선정된 최종낙찰자의 도급금액을 기준으로 SFCA(Standard Form of Cost Analysis for Building Projects) 체계에 따라 공사비 분석을 실시하고 이를 실적데이터로 축적하여 차기 유사 프로젝트에서 활용한다. 또한 공사가 진행됨에 따라 설계변경 등의 사유로 도급금액의 변동이 발생하는 경우에는 정기적으로 공사비 분석을 진행하여 공사비 자료를 업데이트하는 과정도 필요하다.

DESIGN COST PLAN Summary of Element Costs			000 Project Schematic Design
GROSS FLOOR AREA; PY = 11,816.21 Classified Gross Floor Area = 11,816.21		Total Structure Area PY =	13,839.54
ELEMENT DESCRIPTION	Element Costs (KRW x 1,000)	Cost Per PY Gross Floor Area (KRW)	Percentage
1A Excavation and retention works	1,893,025	160,206	8.66%
1 CIVIL WORKS	1,893,025	160,206	8.66%
2A Substructure	1,370,990	116,026	6.27%
2B Columns	668,714	56,593	3.06%
2C2 Upper Floors	3,903,310	330,335	17.86%
2D Staircases	128,835	10,903	0.59%
2E Roof	374,482	31,692	1.71%
2F External Walls and Windows and Doors	1,993,893	168,742	9.13%
2G Internal Walls & Partitions	396,828	33,583	1.82%
2H Internal Doors	106,049	8,975	0.49%
2 SUPERSTRUCTURE	8,943,099	756,850	40.93%
3A Wall Finishes	155,479	13,158	0.71%
3B Floor Finishes	526,740	44,578	2.41%
3C Ceiling Finishes	271,700	22,994	1.24%
3 INTERNAL FINISHES	953,927	80,730	4.37%
4A Fitments and Special Equipment	259,283	21,943	1.19%
4 FITTINGS	259,283	21,943	1.19%
5A Sanitary Appliances Incl. 5F			
5B Services Equipment Included			
5C Disposal Installations Incl. 5F			

그림 5-7 Cost Plan의 사례

4.3 공사비 구성 요소(Cost Element)

국내 프로젝트를 대상으로 국내 원가관리자가 원가계획을 수행할 때 처음부터 난관에 봉착하게 되는데 그 이유는 원가관리자(QS)들이 사용하는 영국식 공사비 구성 요소(cost element)가 국내의 공사비 분류 체계와 큰 차이가 있기 때문이다.

일반적으로 원가관리자들이 사용하는 공사비 구성 요소는 RICS(Royal Institution of Chartered Surveyors, 영국 왕립 평가사 협회)의 BCIS(Building Cost Information Service) SFCA(Standard Form of Cost Analysis for Building Projects)를 기준으로 하는데 다음과 같은 요소로 구성되어 있다.

1.	SUBSTRUCTURE
2.	SUPERSTRUCTURE
3A.	Frame
3B.	Upper floors
3C.	Roof
3D.	Stairs
3E.	External walls
3F.	Windows and external doors
3G.	Internal walls and partitions
3H.	Internal door
3.	INTERNAL FINISHES
5A.	Wall finishes
5B.	Floor finishes
5C.	Ceiling finishes
4.	FITTINGS
5.	SERVICES
5A.	Sanitary appliances
5B.	Services equipment
5C.	Disposal installations
5D.	Water installations
5E.	Heat source
5F.	Space heating and air treatment
5G.	Ventilating system
5H.	Electrical installations
5I.	Gas installations
5J.	Lift and conveyor installation
5K.	Protective installations
5L.	Communications installations
5M.	Special installations
5N.	Builder's work in connection
5O.	Builder's profit & attendance
6.	EXTERNAL WORKS
6A.	Site works
6B.	Drainage
6C.	External services
6D.	Minor building works
7.	PRELIMINARIES

상기 각각의 구성 요소의 의미도 첨부자료와 같이 우리의 일반적인 생각과는 다소 다르다. 영국의 원가관리자(QS)들은 상기 분류에 따라 수십 년간 축적된 자료를 데이터화 하여 원가관리 업무에 사용한다. 그러나 우리에게는 구성 요소의 항목이나 그 의미가 우리 내역 체계와 다르므로 참조 자료의 숫자를 검증할 방법이 없고, 그에 따른 결과물에 대한 신뢰를 확보할 수 없다.

따라서 국내에서 제대로 된 원가계획을 수행 하려면 영국의 분류체계에 익숙해지거나 아니면 우리 실정에 맞게 공사비 구성요소를 변형할 필요가 있다. 필자 또한 원가계획 수행시 부득이하게 국내 내역 분류 체계에 따라 변형하여 사용한 적이 있다.

COST SUMMARY

Total Floor Area 60,658.9 Merter Sqaure (Unit : KRW 1,000)

Description		Amount	Cost per m2	Remarks
Direct Cost	Preliminaries	2,258,750	37	
	Demolition		-	To be measured separately
	Earth Work	4,389,218	72	
	Structural Work	15,573,596	257	
	Internal Finishes	11,044,226	182	
	External Façade & Roof	8,246,788	136	
	Plumbing & Mechanical work	14,679,478	242	HVAC inclusive
	Electrical & Lift	12,192,459	201	
	Landscaping & Utilities	739,278	12	
	Contingency	3,456,190	57	5% of Direct Cost
Sub Total		72,579,983	1,197	
Indirect Cost	Site Management Cost	3,266,099	54	4.5% of Direct Cost
	Insurances and Charges	1,088,700	18	1.5% of Direct Cost
	Safety Management Cost	1,233,860	20	1.7% of Direct Cost

그림 5-8 변형된 Cost Plan Sheet 사례

A.	Preliminaries
D.	Group Works
E.	In situ concrete/Large precast concrete
F.	Masonry
G.	Structural/Carcassing metal/Timber
H.	Cladding/Covering
J.	Waterproofing
K.	Linings/Sheathing/Dry partitioning
L.	Widows/Doors/Stairs
M.	Surface finishes
N.	Furniture/Equipment
P.	Building fabric sundries
Q.	Paving/Planing/Fencing/Site furniture
R.	Disposal Systems
S.	Piped supply systems
T.	Mechanical heating/Cooling etc. systems
V.	Electrical systems
W.	Security systems

또한, 영국식 내역서(bill of quantities, BOQ)의 경우에는 상기 분류 방법 이외에 아래와 같이 18개 대공종으로 분류된 영국 왕립 건축가 협회의 공종 분류 체계가 사용되기도 하는데 이는 미국 건설시방협회(Construction Specification Institute, CSI)의 분류 체계와 상당히 유사하다.

미국의 공사비 분류 체계는 발주자에 따라 상이한 분류 체계를 사용하고는 있지만 일반적으로 미국시방서협회의 분류체계를 사용한다. 미국시방서협회는 건축 공종을 아래와 같이 16개의 대공종으로 분류하여 고유번호를 지정하고 있으며 이는 시방서 체계뿐만 아니라 공정 및 원가 분류체계로도 사용되고 있다.

Division 1.	GENERAL REQUIREMENTS
Division 2.	SITE WORK
Division 3.	CONCRETE
Division 4.	MASONRY
Division 5.	METALS
Division 6.	WOOD & PLASTIC
Division 7.	THERMAL & MOISTURE PROTECTION
Division 8.	DOORS & WINDOWS
Division 9.	FINISHES
Division 10.	SPECIALTIES
Division 11.	EQUIPMENT
Division 12.	FURNISHINGS
Division 13.	SPECIAL CONSTRUCTION
Division 14.	CONVEYING SYSTEMS
Division 15.	MECHANICAL
Division 16.	ELECTRICAL

위와 같은 미국시방서협회의 분류 체계를 일반적으로 주 양식(master format)이라 부르는데, 미국에서도 영국에서와 마찬가지로 프로젝트 초기단계부터 공사비 등을 효과적으로 관리하기 위한 다른 공종분류 방식이 있다. 미국의 정부 기관인 GSA(General Service Administration)과 미국 건축가 협회(American Institute of Architects, AIA)가 개발한 공종 분류체계로 이를 UNIFORMAT이라 한다. 현재 미국 재료시험협회(American Society for Testing and Materials, ASTM)가 UNIFORMAT을 발전시켜 보완한 Standard Clssification for Building Elements and related Sitework - UNIFORMAT II가 일반적으로 사용되고 있는데 이는 레벨 1(major group elements), 레벨 2(group elements), 레벨 3(individual elements) 및 레벨 4(sub-elements)로 나뉘며, 레벨 2를 기준으로 크게 다음과 같이 분류된다.

A10 Foundation
A20 Basement Construction
B10 Superstructure
B20 Exterior Enclosure
B30 Roofing
C10 Interior Construction
C30 Interior Finishes
D10 Conveying
D15 Mechanical
D50 Electrical
E10 Equipment
E20 Furnishings
F10 Special Construction
F20 Selective Building Demolition
G10 Site Preparation
G20 Site Improvement
G30 Site Mechanical Utilities
G40 Site Electrical Utilities
G90 Other Ste Construction

UNIFORMAT 분류 체계는 주로 기획 및 설계단계에서 공사비를 관리하는 목적으로 사용하는데 기업 또는 발주자에 따라 이를 변형하여 사용하기도 한다.

4.4 미국에서의 설계단계 원가관리

원가계획 기법은 영국의 원가관리자(QS)들이 개발한 영국식 기법이며 유럽, 호주, 아프리카, 동남아, 중국, 홍콩 등에서 광범위하게 통용되고 있다. 반면 미국에서의 설계단계 원가관리는 이와는 조금 다르다 할 수 있다. 그러나 단계별로 예상 공사비를 확인하여 예산과 대비해 본다는 측면에서 개념적으로는 같은 맥락이라 볼 수 있다.

영국에서는 원가관리자를 QS(quantity surveyor)라 부르는 반면 미국에서는 흔히 Cost Engineer라 부른다. Cost Engineer는 설계의 각 단계별로 공사비를 산출하는데 원가계획과 마찬가지로 단계별로 산출하는 방식이 다르다.

미국에서는 일반적으로 프로젝트의 진행에 따라 5회에 걸쳐 견적을 수행하고 있으나 이는 발주자의 요구조건, 용역의 범위 또는 기업에 따라 견적을 수행하는 시기 및 방법이 상이할 수 있다. 또한 견적의 목적, 견적단계, 견적의 정확도, 필요견적 자료 및 작성기간에 따라서도 달라질 수 있다. 표 5-4의 설계 단계별 공사비 산출 방법 등은 미국의 한 CM사 자료를 참조한 것으로 자료의 출처에 따라 내용이 상이할 수 있음을 밝혀 둔다.

설계가 진행되면서 견적의 정확도는 증가하게 되며, 일반적으로 다음과 같은 정확도를 제시하고 있다.

표 5-4 미국의 Estimation Procedure 사례

Classification	Phase	Basis	Accuracy
Class 5 : Conceptual Estimate	Feasibility Study	Budget Costs	±30%
Class 4 : Factored Estimate	Concept Design	Factored Costs	±20%
Class 3 : Preliminary Estimate	Schematic Design	Comparative Estimate & Key Quantities Estimated	±15%
Class 2 : Control Estimate	Design Development	Preliminary Quantity and Pricing Data(Preliminary MTO)	±10 to 5%
Class 1 : Definite Estimate	Construction Document	Detailed Quantity and Pricing Data(WBS, MTO)	±5%

4.4.1 제 1단계: 기획단계의 공사비 산출

기획단계의 견적은 타당성 검토(feasibility study)단계와 개념설계(conceptual design)에 착수되기 전 단계에서 수행되는데 이는 프로젝트의 경제적인 타당성과 수행 가능성의 타진을 위한 목적으로 단순히 프로젝트의 규모에 따른 개략적인 금액을 발주자에게 제시하게 된다. 이 업무는 보통 1일 이내에 작성되며, 관련자료가 충분할 경우에는 더 단축이 가능하다.

이 단계에서는 공사비뿐만 아니라 설계비, 엔지니어링 비용, CM 용역비 등 프로젝트를 수행하는데 필요한 제반비용을 추정해야 하는데 공사비 추정시 지역적 여건, 목적물의 요

구 수준, 프로젝트의 특수 조건, 물가 변동 등을 함께 고려해야 한다.

또한, 프로젝트의 리스크(risk)와 불확실성(uncertainty)에 따라 적절한 예비비(contingency)를 반영해야 하며, 예비비는 항목별로 세분하지 않지만 별도의 항목으로 반영한다. 예비비에 대한 일정한 기준은 없으나 프로젝트의 특성에 따라 적절하게 반영하여 ±30% 정도의 견적의 정확도를 유지할 수 있도록 하여야 한다.

4.4.2 제 2단계: 개념견적

개념견적은 일반적으로 경제적 타당성의 보다 정밀한 분석과 가장 경제적이고 목적에 맞는 안을 결정하기 위하여 수행된다. 또한, 프로젝트의 기획, 관리전략 및 예산수급방안(cash flow)의 수립을 위한 기초자료로 이용되며, 프로젝트 수행을 위한 지표견적(indicative estimate)의 목적으로 수행된다.

개념견적은 평면의 구성, 형태 및 모양, 건축물의 경우 외장 등에 대한 평가가 이루어지는 개념설계단계에서 수행되며 정확도는 일반적으로 ±20%를 목표로 한다.

이 단계에서 검토해야 할 사항은 아래와 같으며 산출 기간은 일반적으로 자료 접수 후 1~6주 정도로 본다.

- 발주자가 제시한 상세 요구사항
- 건설 위치(국가, 지역)
- 프로젝트의 범위
- 예상 프로젝트 착수시점 및 완료시점
- 초기 프로젝트의 전반적인 계획
- 초기 프로젝트의 기본 도면
- 기타 프로젝트의 특별 요구조건

개념견적은 일반적인 단위 면적당 예상 공사비를 결정한 후 프로젝트 상황을 반영한 원가요소(cost factor)를 고려하여 산출하는 방법과 공종별 개략적인 직접공사비를 추정한 후 적합한 배율을 곱하여 산출하는 방법이 있다. 일례로 플랜트 공사의 경우 대형 장비 금액을 산출한 후 설치비, 건축 및 토목공사비, 설계 및 CM 용역비 등을 위한 일정 비율의 원가요소를 추가한다. 지반조건이 특이할 경우 또는 오염토양이 있을 경우 부지조성비는 별도 계산하여 반영하고 철거작업이 필요한 경우 이를 반영한다.

본 단계의 예비비는 발생가능성은 높으나 정확한 비용을 산정하기 어려운 경우를 대비한 금액이다. 예비비는 현 단계까지 정해진 프로젝트 범위를 기준으로 위험성과 불확실성을 반영하여 작성하되 기획단계에서와 마찬가지로 항목별로 세분하지 않고 별도의 항목으로 추가하며, 프로젝트의 특성에 따라 다르지만 견적의 정확도가 ±20% 정도를 유지할 수 있도록 하여야 한다. 또한 이 단계에서는 해당 프로젝트에 관련된 특수한 현장조건이 있을 경우 추가로 예비비를 반영하여 추정 공사비의 정확도를 높일 수 있도록 하여야 한다.

4.4.3 제 3단계: 예비견적

예비견적은 일반적으로 계획설계가 진행되는 동안에 예산을 확정하기 위하여 수행된다. 또한 발주자가 프로젝트 수행에 필요한 전체 예산을 확인하거나 자금 조달방안 수립 및 예산 승인을 목적으로 수행되기도 하며, 정확도는 일반적으로 ±15%를 목표로 한다.

이 단계에서 검토해야 할 사항은 아래와 같으며 견적 기간은 공종의 분류 정도와 설계의 진행단계에 따라 크게 달라질 수 있다.

- 발주자의 상세 요구사항
- 지질 및 지형도
- 프로젝트 시방서(제공된 경우)
- 상세한 프로젝트의 범위
- 초기 공정표
- 배치도
- 빌딩의 초기 평면계획(floor plan)
- 빌딩의 초기 입면계획
- 빌딩의 초기 단면계획
- 빌딩의 초기 구조 및 토공 계획
- 기계 및 전기설비 도면(라인 정도 표기)
- 현지조사자료
- 초기 프로젝트 수행계획
- 주요 자재 비용(주요 자재의 전화 견적조사 수준)

• 엔지니어링 및 시공관리 조직도(제공된 경우)

• 기타 프로젝트의 특별 요구조건

이 단계에서의 견적을 효과적으로 수행하기 위해서는 최소한의 계획이 필요하다. 원가관리자는 공종별 설계 내용을 확실히 이해하고 견적을 수행할 수 있도록 하여야 하며, 견적의 착수 및 완료시기를 분명히 하여야 한다. 본 단계의 견적을 위하여 견적용 WBS를 적용할 경우는 견적 착수 전에 적용 가능한 WBS를 면밀히 검토하여야 한다.

미국의 경우 프로젝트의 업무범위, 발주자의 특성 등을 반영한 예비견적용 컴퓨터 프로그램을 이용하기도 하는데 공사수행경험을 컴퓨터 프로그램화하여 유사 프로젝트가 생겼을 경우 견적기간을 단축하여 발주자 만족을 추구하고 경쟁력을 배가하고 있다. 이러한 노력은 CM을 하려고 하는 국내기업에 있어서도 필수적이라 하겠다.

이 단계에서는 콘크리트, 토공, 주요 마감재, 외장 등 주요 내역 항목에 대한 수량 추정이 수반된다. 이 경우 통계 데이터를 이용하는 방법과 개략적으로 직접 산출하는 방법이 일반적인데 예를 들면 일반 파이프라인의 경우는 주요 기계의 단위 수량당 또는 노즐 개수당 평균길이를 산정하는 통계적인 방법을 이용하여 산출하고, 주요 전기 자재는 초기 평면도 등을 이용하여 직접 산출하기도 한다. 그 외의 조명시설, 동력 등은 통계적인 방법을 적용 산출한다(예를 들어, 단위 면적당 조명기구의 수). 또한 이 단계에서는 유사 프로젝트의 실적치와의 비교 분석이 필요하다.

이 단계에서의 예비비는 발생이 예상되나 아직 확정할 수 없는 비용을 반영하기 위하여 설정되는데, 현재까지 제공된 정보와 위험의 수준 및 견적 노력에 따라 달라진다고 할 수 있다. 즉 이 단계의 예비비는 견적기간 동안 업무범위가 불확실할수록, 제공되는 정보의 양이 적을수록 높아지게 되며, 따라서 견적의 상세도가 낮을수록, 계약조건과 프로젝트 수행의 위험이 높을수록 높게 책정된다.

또한, 본 단계에서의 예비비 책정은 정확한 위험분석이 이루어졌다는 것을 증명할 수 있을 정도로 상세한 근거가 포함되어야 한다. 따라서, 본 단계의 견적 완료와 함께 견적의 정확도 확보와 예비비의 수준을 결정하기 위한 상세한 위험분석이 이루어져야 한다. 프로젝트 비용에 대한 위험분석은 프로그램을 이용하기도 하고, 해당 프로젝트의 변수를 반영하여 위험모델(risk model)을 작성하여 적용하기도 한다. 위험분석의 결과는 기준 견적금액과 위험발생의 가능성의 증가에 다른 금액변동이 명확히 나타날 수 있도록 표 또는 그래프로 표기한다.

4.4.4 제 4단계: 관리 예산 견적

본 단계의 견적은 프로젝트의 원가관리와 자원배분 목적을 달성할 수 있도록 상세한 수준의 예산을 수립하기 위한 것이며 모든 작업에 대하여 상세한 물량 및 금액이 산출된다. 일반적으로 기본설계 완료 후 또는 실시설계 착수 바로 전에 작성하는데 정확도는 ±10% 정도를 목표로 수행된다.

이 단계의 공사비 산출 기간은 설계의 완성도 및 복잡성에 따라 영향을 받는데 일반적으로 건축물의 규모 및 업무범위에 따라 4~12주 정도 걸리는 것으로 나타나고 있다.

미국의 경우 본 단계의 견적은 일반적으로 회사별 표준 코드시스템을 적용하고 있다. 그러나 프로젝트에 따라 종종 추가적인 WBS가 요구되는 경우가 있고, 본 단계에서 WBS를 확정하지 않고 견적에 착수할 경우 재작업이 발생할 수 있으므로 견적 착수 전에 WBS를 확정해야만 한다.

이 단계에서는 제공된 도면을 근거로 수량을 산출하고 단가를 적용하여 금액을 산출하는 방법은 우리나라와 큰 차이가 없고 적산 및 견적 프로그램을 주로 사용한다. 다만, 이 단계에서 부분적으로 상세내용이나 사양이 완전히 확정되지 않을 수 있으므로 도면에 표기가 없더라도 이러한 상황을 고려하여 견적에 반영한다.

이 단계에서도 상기 예비 견적단계에서와 같이 예비비 책정과 위험 분석이 필요하다.

4.4.5 제 5단계: 상세 견적

본 단계의 견적은 가장 상세한 수준의 견적이며, 프로젝트 예상금액을 확인하고 보다 정확한 시공물량과 비용을 산출하기 위한 목적으로 수행된다. 일반적으로 상세설계가 60~70% 진행된 단계 또는 시공착수 직전에 수행하게 되며, 설계 진행 중에 패키지별로 수행되기도 하는데 정확도는 일반적으로 ±5%를 목표로 한다.

본 단계에서의 견적 방법은 기본적으로 상기 관리 예산 견적과 차이는 없다. 다만 모든 정보가 제공되므로 가장 상세한 적산과 견적이 이루어진다.

4.5 내역서(Bill of Quantities, BOQ)

설계가 완료되면 상세 견적을 통한 내역서(bill of quantities, BOQ)를 작성하게 된다. 내역서는 국가별로 상세 원가 분류체계(detailed cost breakdown), 구성 리스트(item list) 등 다양한 용어로 표현된다. 우리나라에서 공사비 산출서 패키지는 내역서, 일위대가, 수량산출서, 관련 견적서 등으로 구성되는데 내역서의 산출 시기 및 용도에 따라 설계내역서, 도급내역서, 실행내역서 등으로 구분된다.

우리나라에서 설계내역서는 일반적으로 설계사가 적산 전문기업에 의뢰해서 작성한다. 제반 단가는 조달청 또는 정부기관의 고시 단가, 표준 품셈에 의한 일위대가 및 전문기업의 견적을 기준으로 직접비를 산출하고 제반 간접비 비율은 일반적으로 조달청의 공사원가 제비율 작성기준을 적용한다. 설계내역서상의 금액은 시중 실행 금액보다 높으므로 설계내역서상의 금액을 적정 공사비로 볼 수는 없다. 설계, 시공 일괄 입찰(턴키 입찰)을 제외한 국내 공공 건축공사의 경우 실제 낙찰되어 계약하는 금액은 설계내역서상의 금액보다 상당히 낮은데 설계내역 금액 대비 실제 낙찰 금액의 비율을 흔히 낙찰률이라 한다.

도급내역서는 일반적으로 입찰 내역서에서 협상을 통하여 다소 조정하여 계약서에 첨부되는 내역서이다. 단가 계약(unit price contract)이 많은 영국이나 동남아의 도급내역서는 자재비나 노무비의 구분이 없이 항목별 단가 및 금액으로 표시되고, 이 항목별 단가 및 금액은 제반 관리비 및 이익이 포함되는데 반하여 우리나라 및 미국 FED 프로젝트의 경우는 자재비 및 노무비가 분개되고 간접비, 제반 관리비 및 이익이 별도로 표기된다.

실행내역서는 실제 투입되는 공사비에 가장 근접한 공사비 내역서로 흔히 시공사 또는 미국의 책임형 CM을 수행하는 CM사 자체적으로 작성한다.

발주자를 대신하여 프로젝트 전체에 대한 원가관리를 수행하는 입장에서는 도급내역서가 관리 대상이 되지만 책임형 CM 또는 공사 도급기업의 입장에서는 실행내역서가 원가관리의 기준이 되는 내역서라 할 수 있다.

특히, 도급내역서는 일반적으로 계약시 계약서에 준하는 서류가 되는데 단가, 항목, 금액, 수량 등 도급내역서상의 모든 내용이 물가연동, 설계변경 또는 클레임의 기준이 되므로 철저한 검토 및 관리가 필요하다.

4.6 가치공학(Value Engineering, VE)

VE는 흔히 공사비 절감을 위한 것으로 인식하고 있으나 실제는 비용(cost) 대비 기능(function)을 대비하여 가치(value)를 향상시키는 기법이다. 즉 비용이 늘어나더라도 기능상 효과가 상대적으로 더 크게 향상되면 가치가 증대된다는 것이다.

$$V(Value) = F(Function) / LCC(Life\ Cycle\ Cost)$$

비용 또한 단순한 공사비를 의미하는 것이 아니라 전생애주기비용(life cycle cost, LCC)을 의미하며, 기능(function)을 정량적으로 표시하기 위한 작업 등은 상당한 수준의 분석과 깊은 지식을 필요로 한다.

VE에서 원가관리자가 수행주체는 아니다. 일반적으로 VE는 설계자, 엔지니어, 원가관리자, 사용자, 운영관리자 등 다양한 구성원으로 구성된 팀에 의해서 수행되는데 설계단계에서 효과가 가장 크지만 시공단계 등 프로젝트 전 단계에 걸쳐 수행된다.

VE에 대해서는 별도의 장에서 다루므로 본 장에서는 상세한 설명을 생략한다.

4.7 발주 업무

발주 업무는 입찰 준비부터 사전 자격 심사(pre qualification, PQ), 입찰, 입찰 평가, 협상 및 계약까지 진행되는 제반 업무를 의미하는데 QS 또는 원가관리자의 중요한 업무 중의 하나이다. 계약은 향후 제반 클레임의 기준이 되므로 계약조건 및 계약 서류에 대해 사전에 충분한 검토가 필수적이다. 이 때문에 영국의 원가관리자(QS)들은 계약 관련 법률 지식을 기본적으로 보유하고 있으며 클레임 전문가가 원가관라자(QS)인 경우가 많다. 중국에서도 지역별로 차이가 있지만 건설공사의 제반 입찰 행위를 원가관리자(QS)를 통해서 하도록 제도화 하고 있다.

입찰 및 계약에 대해서는 별도의 장에서 다루므로 본 장에서는 상세한 설명을 생략한다.

4.8 공사단계의 원가관리

공사단계에서 원가관리자의 가장 중요한 의무는 프로젝트 완료시의 예상 비용을 예측하여 당초 예산과 대비하는 것이다. 현재까지의 실투입 비용뿐만 아니라 예상되는 변경 금액, 예상되는 민원 또는 분쟁 해결 비용 등 눈에 보이지 않는 비용까지 예측하여 프로젝트 완료시의 예상 비용을 항상 업데이트하여야 하고, 발주자 등 프로젝트 관계자가 항상 이 정보를 알 수 있도록 하여야 한다. 이를 바탕으로 예산 초과가 예상되면 절감 방안을 수립해야 하고, 돈이 남을 것 같으면 프로젝트 수준을 향상시키거나 잔여 예산 소요 계획에 대하여 발주자가 적시에 판단 및 결정을 할 수 있도록 지원해야 한다.

이를 위하여 원가관리자(QS)들은 예상 결과 보고서(indicated outcome report, IOR)라는 형식의 보고서를 지속적으로 유지한다. 이 보고서의 양식은 시공사의 현장 공무들에게는 어느 정도 익숙할 만큼 의외로 간단하지만 각각의 항목(item)에 대한 숫자를 지속적으로 유지 및 관리하기 위해서는 많은 노력이 필요하다.

PROJRCT :

CONSTRUCTION - INDICATED OUTCOME REPORT - as of

Date :

No.	ITEM	PROJECT BUDGET Original / Estimate		CONTRACT AMOUNT		BUDGET VARIENCE [C] = [A1] - [B2]	VARIATIONS to DATE			ADDITIONAL COMMITMENT	PROJECTED FINAL AMOUNT
							Approved	Pending	Anticipated		
		(A1)	(A2)	(B1)	(B2)	(C)	[D]	[E]	[F]	[G] = [D]+[E]+[F]	[H] = [B1]+[G]
		USD	KRW	KRW	USD	USD	KRW	KRW	KRW	KRW	KRW
1.0	**Buildings**										
1.1	Factory Building - Manufacturing / Processing										
1.2	Amenities / Office Building										
1.3	Security Building (1)										
1.4	Security Building (2)										
1.5	Energy Centre										
1.6	Warehouse										
1.7	Hazardous Store										
2.0	**Siteworks and External Services**										
2.1	Covered Ways										
2.2	Carparking (on grade)										
2.3	Roads - internal (related to Carparking)										

그림 5-9 IOR의 사례

위의 사례는 발주자 입장에서 원가관리자가 작성한 원가 결과 보고서의 사례이며 주요 구성 요소는 다음과 같다.

- 프로젝트 예산(project nudget)
- 계약금액(contract amount)
- 계약시 잔여 예산(budget variance)
- 변경 금액(variations to date)
  - 기 확정된 변경 금액(approved variation)

– 미결된 변경 금액분(pending variation)

– 향후 예상되는 변경 금액(anticipated variation)

• 변경 금액계(additional commitment)

• 완료시 총 예상 금액(projected final amount)

이 정보를 유지하기 위해서 기본적으로 원가관리자는 다음과 같은 업무를 지속적으로 수행하게 되며 이를 통하여 추가 비용이나 공사 지연 발생 소지 예측 또는 조기 파악 및 필요한 조치를 강구해야 한다.

• 공정 현황 확인(계획 대비 선행 또는 지연 여부 및 사유 파악)

• 작업 물량 확인(계획 대비 과다, 과소 여부)

• 사용 자재 수량 확인(계획 대비 과다, 과소 여부)

• 투입 인원수 확인(계획 대비 과다, 과소 여부)

• 품질관리(QC/QA) 보고서 검토(재작업 필요 확인)

• 설계변경 여부 확인(공사 담당자와 협의)

• 롱리드 아이템(long lead items)의 제작 및 반입 현황 확인

• 자재 발주 현황(purchasing report) 확인

• 작업 현황 업데이트

• 공정담당자에게 공정계획 수정 요청

• 비용 또는 시간 측면에서의 예상 손실 보고

• 관련 자료 관리 및 문서 갱신

이와 같이 원가관리자는 프로젝트 진행 전반에 대해서 진행 사항을 확인하는데, 특히 중요한 관리 포인트가 공정이다. 공정 지연은 간접비용의 증가뿐만 아니라 도급자 또는 하도급자의 클레임으로 연결되기 쉽기 때문이다. 클레임은 공기 문제 이외에 다양한 사유로 발생하게 되는데, 예를 들어 단순한 설계변경이 클레임의 사유가 되기도 한다.

현장에서 발주자 또는 감독자가 도급자에게 구두로 어떤 변경 지시를 하였을 때 도급자 입장에서는 다음과 같은 공문을 발주자에서 송부한다.

• 현장 지시 확인(confirmation of site instruction)

• 변경 통지(notice to variation)

• 공사 지연 소지 통지(notice to delay)

• 클레임 소지 통지(notice to loss and expense claim)

원가관리자는 이들 문서에 대한 타당성을 검증하여야 하며, 이들 문서에 대한 회신의 책임이 있다. 회신이 제때 제대로 이루어 지지 않아 추후 클레임으로 추가 비용을 지불해야 하는 경우도 발생한다. 이는 보통 계약 조항에 접수된 문서에 대한 반박이 일정 기간 내에 이루어지지 않을 경우 접수된 문서를 인정하는 것으로 본다는 조항이 있기 때문이다. 이와 같은 이유 때문에 프로젝트 현장에서는 발주자 입장에서나 도급자 입장에서나 공히 모든 공문서의 발신 및 수신을 원가관리자(QS)가 검토하게 된다.

현장에서 공사를 진행하다 보면 설계변경이 불가피하게 발생한다. 설계변경은 발주자의 사유에 의한 변경과 도급자의 요청에 의한 변경이 있는데 변경 사항이 발생하면 원가관리자는 기본적으로 다음과 같은 설계변경 관리 업무를 수행해야 한다.

• 발주자의 사유에 의해 발생하는 설계변경이 비용에 미치는 영향을 검토, 이에 대한 조언 및 대안 검토
• 시공자가 변경 사항에 대한 지시서 발급을 요구할 경우, 지시서 발급 여부 또는 비용 영향을 통보
• 시공자 요구에 의한 설계변경의 타당성 검토(공사 및 설계 담당자와 협의)
• 설계변경 비용 협상 및 합의
• 설계변경 기록 유지(공사비 예산에 영향을 줄 수 있는 모든 잠재적 변경 사항 및 추가 비용을 기록 및 추적)

클레임은 피하고 예방하는 것이 최선이지만 피할 수 없으면 영향을 최소화하여야 한다. 이를 위하여 필요한 원가관리자의 클레임관리 주요 업무는 다음과 같다.

• 시공자의 손해배상청구(loss & expense claims)를 야기할 수 있는 잠재적 문제를 검토하여 조언, 예방, 사전 조치 강구 및 영향 극소화
• 클레임 및 반대소송(counter claim)의 연구, 분석 및 제시
• 타당한 클레임에 대한 평가, 협상 및 합의
• 클레임 상쇄 가능 금액 검색, 평가, 협상 및 확인
• 공문의 작성, 발송, 추적 및 회신
• 정당하지 못한 클레임에 대한 발주자 보호

다사다난한 공사가 완료되면 원가관리자는 최종 정산 업무를 끝으로 공사단계의 원가

관리 업무를 완료하게 된다.

5 결

이와 같은 다양한 원가관리 업무가 실제로는 쉽게 이루어지지 않는다. 특히 설계단계의 원가관리는 방법을 알고 있더라도 실제 적용이 어렵다. 왜 국내에서는 건설사업의 원가관리가 활성화되지 않을까? 다양한 원인이 있겠지만 필자는 다음과 같은 원인들을 제기해 보겠다.

첫째로 우리나라 건설 시스템에 따른 제약이다. 설계와 시공이 분리되는 일반적인 프로젝트에서 프로젝트 전 단계에 대한 원가관리 주체를 확보하기가 어렵다. 여기에 대형 시공사가 설계를 할 수 없는 제도적 제약으로 인하여 그나마 원가관리 능력을 가지고 있다 할 수 있는 대형 건설기업의 원가관리는 시공단계에 국한될 수밖에 없다. 게다가 공공 도급공사의 입찰 방식인 적격 점수에 따라 당락이 결정되는 뽑기식 입찰은 공사 능력이 있는 기업임에도 불구하고 소위 '뻘'에 빠져 탈락하는 불합리성이 있고, 이러한 불합리한 제도가 시공사의 비용 절감 의지를 약화시켜 건설 경쟁력 및 생산성 향상을 방해해 왔다. 그러나, 최근 대형 건설 프로젝트에 설계단계를 포함한 CM을 적용하고 있는 사례가 증가하고 있고, 최저가 낙찰제도가 확대되어가고 있는 것은 고무적이라 할 수 있다.

둘째는 전문가의 부재이다. 국내에는 원가관리를 체계적으로 가르치는 교육 기관이나 과정도 없고, 실무를 통하여 원가관리 능력을 터득할 기회조차 많지 않다. 영국에는 대학에 원가관리자(QS) 관련 학과가 있을 뿐만 아니라 원가관리자(QS)가 전문 영역으로 자리를 굳힌지 오래다. 특히 엄격한 자격 심사를 거쳐 인정하는 Chartered Quantity Surveyor는 상당히 명예로운 자격으로 알려져 있다. 또한 영국에는 많은 원가관리자(QS) 기업이 독자적인 사업영역을 구축하고 있고, 영국의 PM사 및 미국의 CM사는 내부적으로 원가관리가 중요한 영역의 하나로 자리잡고 있다. 우리나라에서도 오래 전부터 적산사 제도의 도입이 논의되어 왔으나 아직 구체화되지 않고 있고 적산사라는 말의 개념이 원가관리 전문가와는 다소 차이가 있다.

셋째는 축적된 자료의 부족이다. 영국에는 원가관리자(QS)들이 언제나 참조할 수 있는 다양한 자료를 수십년에 걸쳐 축적해 왔고, 이러한 자료를 담은 다양한 출판물이 있다. 영국의 SPON'S, 호주의 Construction Cost Handbook, 미국의 RS Means, Building Estimator's Reference Book 등의 책자는 원가관리에 참조될 수 있는 다양한 실적 자료(historical cost data) 및 통계 자료를 담고 있다.

따라서 국내 건설산업에서의 원가관리 활성화뿐만 아니라 건설산업의 경쟁력 확보를 위해서라도 우선 제도의 유연성이 필요하다. 현 국내 건설 면허 체계로는 미국식 책임형 CM 같은 계약 방식의 적용이 어렵고, 평가 방법에 객관성을 갖추기 어려운 턴키 입찰방식도 분명히 한계가 있다. 시공사에게 상대적으로 더 많은 부담을 제공하여 이러한 위험부담을 공사비에 포함시킴에 따라 건설 비용을 상승시킬 소지가 있는 확정금액(lump-sum) 계약뿐만 아니라 시공사에게 물량에 대한 위험 부담을 덜게하여 전체적인 비용절감을 추구할 수 있는 단가 도급 계약 또한 활성화 할 필요가 있다. 특히 단가 도급 계약은 발주자나 도급자 입장에서 공히 원가관리자의 역할이 크기 때문에 국내 원가관리 발전과 상당한 연관이 있다 할 수 있다.

또한 원가관리 전문가 양성이 무엇보다도 절실하다 할 수 있다. 앞으로 국내 건설산업에서 원가관리의 중요성이 점차로 증대되고 이에 따라 전문가의 역할이 기대되는 시기가 도래했을 때를 대비하여 체계적인 교육 및 훈련을 위한 다양한 프로그램이 개발되어야 할 것이다. 전문가가 육성되고 육성된 전문가가 원가관리라는 전문 분야에서 제 역할을 하게 되면 자연히 원가정보도 축적될 것이다.

앞서 언급한 바와 같이 장기적으로 보면 국내 건설산업에서 원가관리의 중요성이 갈수록 증대될 것이다. 제도적인 규제가 점차로 완화되면서 유연성이 확보되면 건설사업에서의 입찰이나 계약 방식이 보다 선진화될 것이고 이에 따라 원가관리자의 역할이 커질 것이다. 그럼에도 불구하고 아직까지는 건설사업에서의 원가관리에 대한 인식이 부족한 게 사실이다. 본 장의 내용이 건설사업의 발주자에게 뿐만 아니라 건설산업에 종사하고 있는 많은 이들에게 지금부터라도 원가관리에 대한 인식을 달리하고 조금이라도 더 이해하는 것에 도움이 되기를 기대한다.

첨부 영국 공사비 구성 요소의 정의

요소(Element)	내용(Description)	Exclusions(제외사항)
기초구조물 (Substructure)	– 토공사 – 파일 골조(최하층 바닥 슬라브까지) – 잡석깔기 – 배수공사 – 버림콘크리트 – 최하층 바닥 방습 및 방수 – 피트 및 공동구 – 건물 출입 계단 – 최하층 바닥 내의 계단 및 Ramp – 구조용 바닥 미장 및 Topping(최하층)	– 부지 정리 – 최하층 바닥 마감 – 비구조용 바닥 미장 및 Topping(최하층) – 외벽 지하부분 – 최하층을 제외한 지하 골조
기둥 (Columns)	– 최하층 이상 기둥 – 보호 도장	– 비내력 구조물 – 지붕 및 차양 등을 위한 기둥 건물 – 외부 계단용 기둥 – 최종 마감
상층 바닥 (Upper Floors)	– 보 및 슬라브(PC 포함) – 와플(Waffle) 슬라브 – 철재 및 목재 바닥 구조물 – Computer Floor – 구조용 바닥 미장 및 Topping – 매입형 단열재 – 발코니 구조물 – 동일층 내의 계단 및 Ramp – 보호 도장	– 최하층 슬라브 – 층간 계단 및 Ramp – 발코니 난간 – 최종마감 – 벽체
계단 (Staircase)	– 층간 계단 및 Ramp – 계단참 – 계단 및 Ramp 보강 구조물 – 사다리 – 원형 계단 – 제반 마감 – 난간 및 Handrail	– 동일층 내의 계단 및 Ramp – 건물 출입 계단 – 승강 시설
지붕 (Roof)	– 출입구 구조물 – 지붕 박공 및 지붕 공간 내의 벽체 – 지붕 난간 – 지붕 단열재 – 천창 – 차양 – 처마 및 띠벽 – 우수 드레인 – 보호 도장	– 발코니 및 노출 바닥용 우수 드레인 – 비내력 구조물 – 외부 계단용 – 별도 지붕
외벽 (External Walls)	– 외벽 골조(기둥 및 보 포함) – 최하층 이상의 지하층 외벽	– 외벽의 내부 마감 – 지붕에 포함된 벽

	- 커튼월 - 발코니 벽 및 난간 - 차양벽 - 기계실 공조 스크린 - 외벽 단열 - 외부 마감	- 문 - 굴뚝 - 슬라브 일체형 보
창 (Windows)	- 외벽상 빛과 환기를 위한 개구부 - 방충망 - 루버 - 커튼 및 블라인드(Track 및 덮게 포함) - 창 부속철물 및 장식재 - 하인방(창턱)	- 상인방(Lintel) - 플래싱(Flashing) - 천창 - 커튼월 - 차양벽 - 창 청소 장비
외부 문 (External Doors)	- 출입문(차량 출입문 포함) - 문틀, 유리, 문도리, 부속철물 포함 - Fly door 및 Roller Shutter - Gate - 문지방 및 장식 포함	- 커튼월에 부속된 문틀 - 상인방(Lintel) - 플래싱(Flashing)
내벽 (Internal Walls)	- 내부 칸막이 벽체 - 비내력 기둥 - 인방 - 바닥/천정과 일체형이 아닌 보 - 벽체 및 유리 복합 벽 - 덕트와 연결되지 않은 그릴 - 방화벽 및 연기 차단막	- 조명이 차단되지 않는 차폐물 (칸막이) - 벽체 마감 - 지붕이나 Substructure 관련 벽체 - 천정에 닿지 않는 벽체 - 난로, 연도 및 굴뚝 - 슬라브와 일체형인 보
조명이 차단되지 않는 차폐물 (Internal Screens & Borrowed Lights)	- 사무실 임대자 칸막이 - 유리벽 - 내부 Shop fronts - 접이식 및 이동식 칸막이 - 천정에 매달린 구조물 - Chain Wire - 덕트와 연결되지 않은 그릴 - 화장실 칸막이 - 계단과 관련 없는 난간 - 마감 및 장식	- 문 - Counter - Hatch
내부 문 (Internal Doors)	- 내벽을 관통하는 통로 - 문틀, Lining, 유리, 문도리, 철물 포함 - Door Grille 및 Chain Wire - 화장실 문 - Roller Shutter - Duct Access Panel - Service Cupboard Door - 상부 채광창이나 덮게 포함 - 장식 포함	- 이동식(철거식)에 부속된 문틀 - Wire Mesh 및 유리벽 - 상인방 - 문 측면창 및 창틀

벽체 마감 (Wall Finishes)	– 내외벽 및 기둥의 내부 마감 – 방음벽 마감 – 노출 조적 비용 – 물튀김막이 판 – 콘크리트 면처리 – 징두리판벽	– 조명이 차단되지 않는 차폐물 마감 – 걸레받이 – Cornice, 몰딩 – 외벽 및 외부 기둥의 외면과 접한 마감 – 외부 칸막이 마감 – 보호 도장
바닥 마감 (Floor Finishes) * 연면적에 포함된 부위의 모든 마감 포함	– 바닥 마감재(준비작업 포함) – 발코니 바각 마감 – 걸레받이 – 바닥미장 – 재료 분리대 – 매트(Mats) – 덕트 및 피트 뚜껑(Cover) – 영구 마감으로서의 카펫 – 동일 층 내의 단차 지는부분 Step 마감	– 구조용 바닥 미장 및 Topping – 계단참 및 계단 마감 – 목재 마루틀 – 외부 문지방 마감 – 문턱
천정 마감 (Ceiling Finishes)	– 차폐된 실내의 모든 하부 마감 – 준비작업 포함 – 콘크리트 면처리 – 천창 – 천정맨홀 – 위로 열게된 문(옥상 출입구 등) – Cornice, 몰딩	– 처마 밑 마감 – 계단 및 계단참 하부 마감 – 매달리지 않은 천정 장선 – 돌출 구조물의 하부 – 보호 도장 – 공기 조화용 Grille
집기 및 비품 (Fittings)	– 현장 조립 설치되는 집기 및 비품 – 벤치, 벽장, 선반, Rack, 의자, Counter – 칠판, 게시판, 간판, 옷걸이, 거울 – 벽 해치, 연단 및 스테이지	– Loose Furniture & Furnishing – 커튼 및 블라인드 – 조명이 차단되지 않는 차폐물
특수 장비 (Special Equipment)	– 창호 청소, 체육, 영안 및 촬영 시설 – AV 보조 시설 – 실험, 세탁, 부엌 및 위생 설비 – 수리 및 작업 시설 – 열탕, 전열기, 증류기 – 등화관제시설 – 냉장시설 및 냉수기 – 쓰레기 처리 시설 – 소각시설 – 위생 처리 시설 – 장비 관련 보조 시설	– 주문자 제작 방식의 냉장실, 소각 장비 등 – 계약에 미포함된 Loose Equipment – 소방 장비 – 위생 도기 – Air con과 관련된 냉동 시설

CHAPTER 6

공정관리 (Process Management)

1 개 요

건설사업에서의 공정관리는 기획단계, 설계 및 구매단계, 시공단계, 그리고 시운전단계에 이르는 프로젝트 전 과정 동안 제한된 사업예산 및 자원을 가지고 요구되는 품질의 프로젝트를 기간 내에 완성해야 하는 주요 관리항목이다.

그러나 국내의 공정관리는 원가나 품질에 비해 상대적으로 소홀히 다루어져 공정업무범위나 업무처리절차가 일부 프로젝트(원자력발전소, 신공항 등) 외에는 정착하지 못하고 있으며, 많은 현장이 아직도 공정 전담자의 상주없이 소극적이고, 형식적으로 운영되어 온 측면이 많았다. 또한 공정관리를 전담할 공정관리자 양성교육도 실제 프로젝트의 공정계획을 수립하고, 일정관리에 필요한 작업분류체계(WBS) 개발이나, 주공정에 대한 사이클(cycle) 공정 개발을 통한 전체 공사기간분석 및 관리체계구축보다는 PERT(program evaluation & review technique)와 CPM(critical path method)이론을 근간으로 한 공정관리 소프트웨어의 운영교육으로 대체되는 경향이 있었다.

본 장에서는 네트워크 분석 시스템(network analysis system)의 기본적인 이론이나 공정 소프트웨어의 사용법보다는 실제 프로젝트를 접하는 공정관리자의 입장에서 필요한 지식, 업무처리절차 및 공정업무범위 등을 국내 현장에서 실제 적용한 사례를 중심으로 정리하였다. 공정관리 이론보다는 실무를 중심으로 기술한 본 장이 현장의 공정관리 실무자뿐 아니라, 모든 엔지니어들에게 공정관리업무에 대한 이해와 능력을 고양하는데 일조하기를 바란다.

2 공정관리 일반

2.1 공정관리 개념

2.1.1 공정관리 정의

공정관리란 프로젝트를 구성하고 있는 요소작업들을 주어진 공기 내에 완성하기 위하여 공사에 관련된 정보를 분석한 후, 시공방법을 결정하고 세부일정계획을 수립하며, 이에 따른 자재, 장비, 인원 등의 최적의 자원투입계획을 수립하는 것을 의미한다. 즉 공사가 수행되어 감에 따라 공기지연이나 조기완공 등 일정계획 변경에 대한 공기의 영향을 사전에 분석하고 만회대책을 강구함으로써, 결과적으로 생산성 증대 및 품질향상, 그리고 공기지연 요소를 감소시키는 총체적인 건설과정을 말한다.

2.1.2 공정관리 목적

공사의 기본자원을 가장 효율적으로 계획, 운영하여 정해진 공기 내에 최소의 비용으로 가장 안전하게 최상의 품질을 완성할 수 있도록 기획에서 설계, 구매, 시공 및 시운전단계까지 세부적인 공정계획을 수립하고, 프로젝트 수행시 빈번하게 발생하는 간섭사항에 대해 정확하고 과학적인 일정분석 자료를 제공하여 그 대안을 사전에 강구토록 함으로써, 재작업과 공사지연을 최소화하고 프로젝트 관리에 대한 신뢰성 제공을 그 목적으로 한다.

2.1.3 공정관리 절차

건설사업 전 사업단계에서 공정관리 및 공정과 관련된 원가관리 업무를 세부적으로는 기획단계, 설계단계, 발주단계, 시공단계, 운영단계로 분류하고, 시공 및 감리의 공정관리 범위는 발주단계 및 시공단계에서 설정한다.

표 6-1 각 단계별 핵심 업무

단 계	주요 업무
기 획 단 계	총괄 공정표(master schedule), 중점관리 공정표(milestone schedule) 작성
설 계 단 계	설계일정 검토, 공사비 예산 책정
발 주 단 계	구매, 발주 계획서 작성
시 공 단 계	관리기준공정표 작성, 진도관리 및 부진공정 만회대책
운 영 단 계	종결보고서

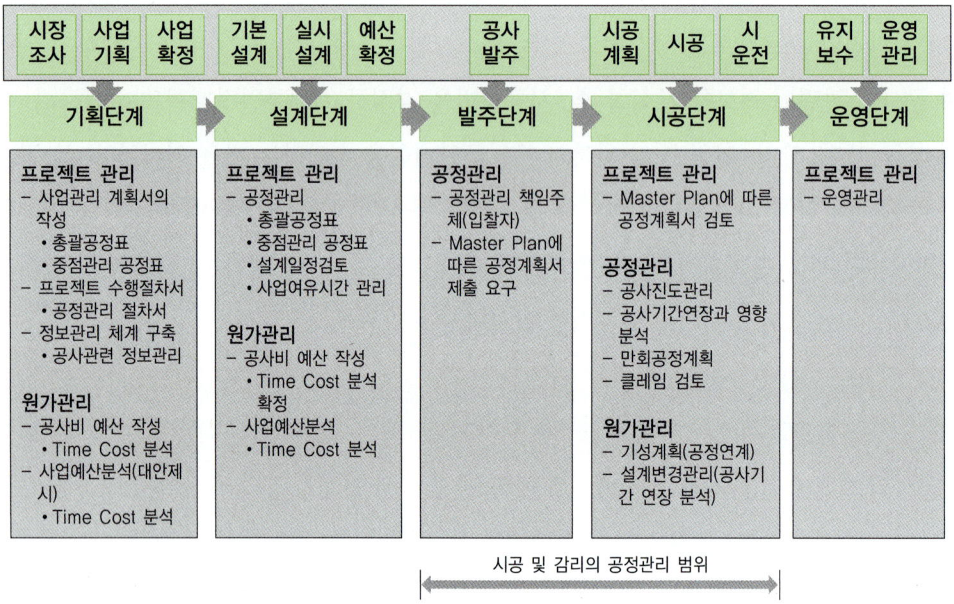

그림 6-1 각 단계별 핵심 업무

프로젝트 수행단계에서 공정관리는 크게 계획수립기능과 통제 및 개선기능으로 구성되며, 세부적으로는 기본계획 수립단계(project planning), 세부공정계획 작성단계(scheduling), 수행 및 통제단계(monitoring & Controlling) 및 조치단계(corrective action)의 순서로 수행한다. 이러한 과정은 프로젝트가 진행되는 기간 중 반복된다.

(1) 기본계획 수립단계(Project Planning)

기본계획 수립단계는 공사 전체비용을 파악하여 전반적인 공사계획을 수립하는 단계로서, 각종 공사 관련정보(공사기간, 기술적인 제약조건, 노동력 동원 가능성, 자재조달, 장비투입상의 문제점 등)를 분석하고, 과거 공사정보를 참고하여 요소작업 분할, 공사물량 산출, 공기추정 및 개략적인 예산을 수립하는 단계이다.

(2) 세부일정계획 수립단계(Scheduling)

세부일정계획 수립단계는 수립된 공사계획을 수행하기 위해 세분화된 일정계획을 수립하는 단계로서, 절대적인 작업순서(hard logic)와 최적 작업순서(soft logic)를 고려하여 작업 상호간 순서를 결정하고, 작업가동률에 의한 단위작업의 소요기간과 인력, 장비, 그리고 자재조달계획 등 공사일정과 관련된 모든 요소들과 연계된 일정계획을 수립한다. 프로젝트의 준공일과 예산에 맞도록 지속적으로 조정하여 보다 현실적인 공정계획을 수립하는 단계이다.

(3) 수행 및 통제단계(Monitoring & Controlling)

수행 및 통제단계는 공사를 수행하면서 주기적으로 작업진도를 파악하고 분석하는 단계로서, 진도분석을 위해 수행 작업물량과 자재조달현황, 인원 및 장비투입현황 등 공사실적자료를 취합하여 작업진도를 측정하고, 공사 실적과 계획을 비교, 분석하여 전체 공사일정에 대한 현황정보를 제공하는 단계이다.

(4) 조치단계(Corrective Action)

조치단계는 진도분석을 통하여 일정계획의 재조정 등 필요한 만회대책을 강구하는 단계로서, 지연작업에 대해 작업방법을 개선하거나 일정을 변경하여 프로젝트가 계약 공기 내에 완료될 수 있도록 조치하고, 향후 원활한 공사 진행을 위해 실적정보의 피드백(feedback)을 실시하는 단계이다.

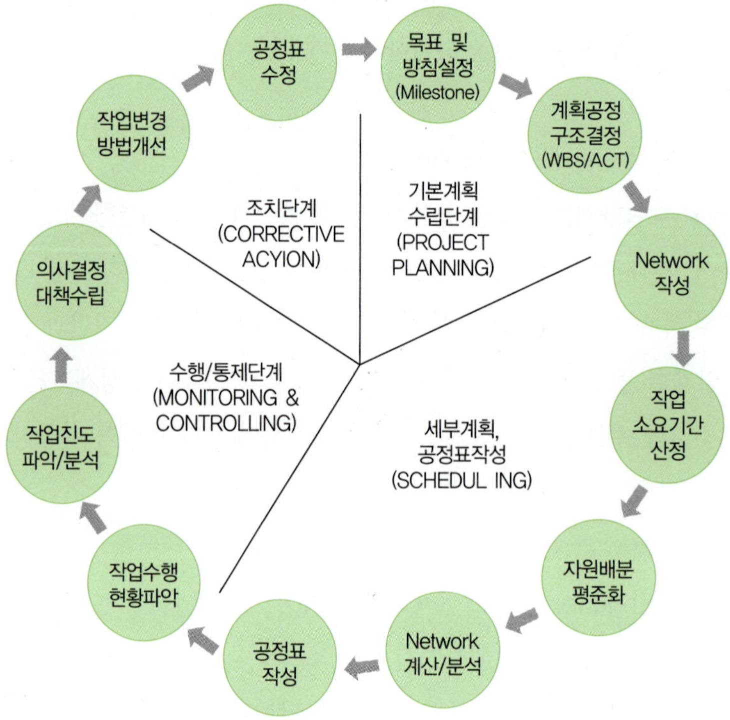

그림 6-2 프로젝트 수행단계에서의 공정관리

2.2 공정관리 기법

2.2.1 공정관리 기법의 발전 현황

공정관리에 관한 기술의 발상은 근대 경영학의 기원인 19세기 후반 테일러, 길브레스, 간트 등이 활약했던 시대까지 거슬러 올라가게 된다. 간트(F.L.Gantt)가 바 차트(bar chart)를 고안했던 당시는 생산공장에서의 작업연구, 시간연구가 성행하였던 때로 공정관리의 영역은 생산라인의 시간관리 그 자체였다고 할 수 있다.

그 후 공정관리는 별다른 기술적 발전없이 작업의 정의, 파악은 '작업 목록(task list)', 작업의 시간적 전개는 '바 차트(bar chart)'가 기본이 되어 공정관리가 수행되어 왔다. 1950년대 후반부터 미국정부의 항공우주산업으로 폴라리스 미사일 개발, 제미니 계획, 아폴로 계획 그리고 에너지 계획과 같은 일련의 대규모 국가사업이 계속적으로 계획이 실시됨에 따라 프로젝트관리에 관한 개념 또는 운영이론이 발달하고 동시에 공정관리 기술

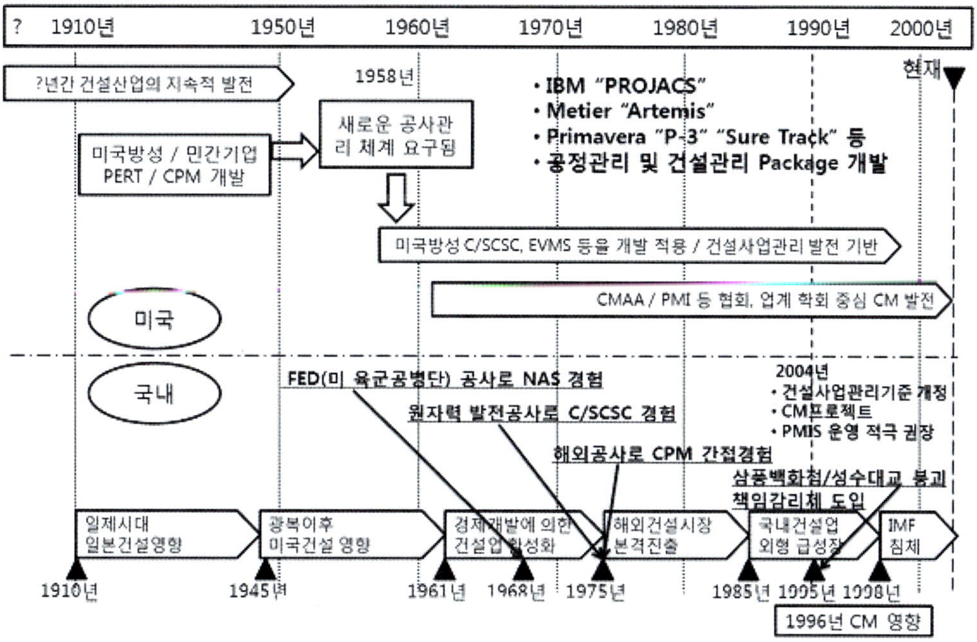

그림 6-3 공정관리 기술의 발전 현황

에도 참신한 기술발전을 보게 되었다.

프로젝트관리의 개념이 정립되고 퍼트(PERT), 임계 경로법(CPM) 등 네트워크(network) 기법과 관리단위 작업법(work package)의 개발에 의하여 프로젝트관리에서 트레이드오프(trade offs)에 있는 비용(cost) 및 품질(quality)과의 상호 관계가 증대함으로써 공정관리 기법은 그 영역을 확대해 나가고 있다. 한편, 성과관리의 기본기법으로 '원가관리와의 일원화' 가 주목되고 있으며, 더구나 일정 전개와 밀접한 관계가 있는 대상작업의 파악, 관리는 WBS 기법에 의한 작업 프레이밍(work framing) 방법의 발전도 있어서 이들도 공정표 작성에는 불가결한 영역이 되고 있다.

2.2.2 간트 차트(Gantt Chart)

일반적인 공성관리 기법으로 횡축에 시간을, 종축에 단위작업을 나타내고 단위작업계획을 시간 척도(time span)상에 막대로 표시하는 기법으로, 작성이 간단하고 시각적으로 명료하여 모든 사람이 이해하기 쉽고, 공사 진도를 집계하고 기록하는데 용이하며, 자원사용의 상황을 감시하고 관리하기가 편리하다는 장점이 있으나, 작업 상호간 직접적인 연관관계 표시가 불명확하고 총 사업기간 산정이 불가능하며, 일정 변경에 따른 신축적인 대응이 부족하고 문제점 분석이 불명확하다는 단점이 있다.

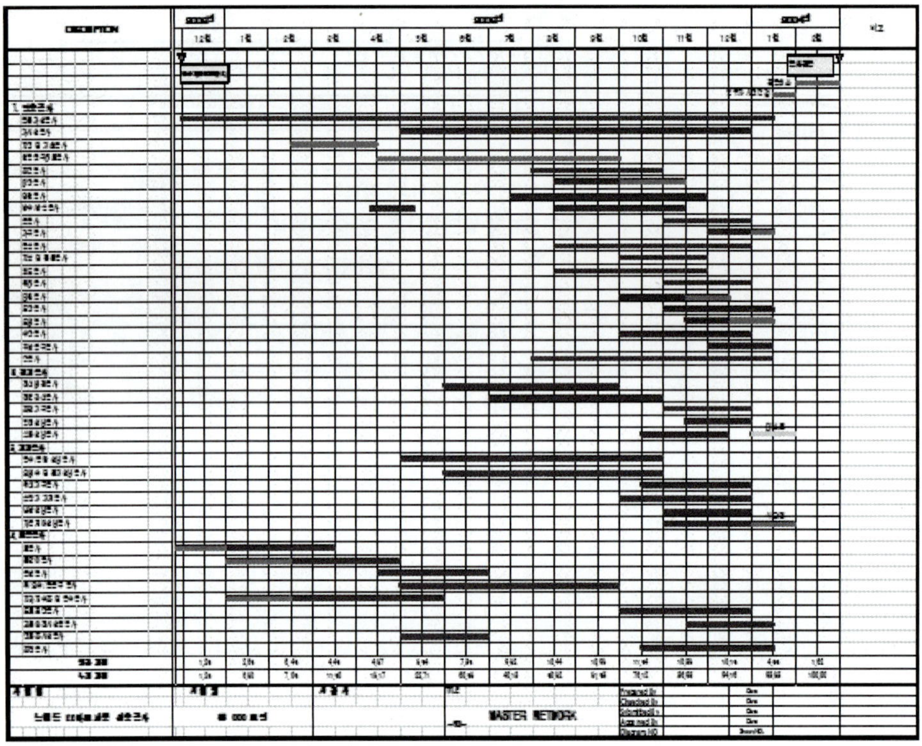

그림 6-4 간트 차트

2.2.3 마일스톤(Milestone) 기법

간트 기법보다 다소 진보된 형태로 마일스톤(milestone)이란 바 차트에 표시된 각 작업 중 중요한 시점을 말하는 것으로서 일종의 중요한 단계(event)를 말한다. 이 기법의 특징은 작업완성기일(milestone completion date)의 달성 여부에 중점을 두며, 작업 상호간의 선후관계를 고려하여 공정표를 만들며 PERT/CPM 기법의 직전 단계라고 말할 수 있다.

2.2.4 PERT/CPM

(1) PERT/CPM 기법의 도입배경

1) PERT(Program Evaluation & Review Technique)

PERT 기법의 최초 연구 및 적용은 미 해군에서 시작되었으며, 1956년에 폴라리스(Polaris) 잠수함 건조계획을 계기로 대규모적인 신규 군사발전계획을 담당할 특별사업국을 신설하였다. 여기에서 대륙간 탄도미사일 개발사업을 위해 새로운 관리기법의 필요성을 깨닫게 되어 1958년 9월에 제 1회 발사한 폴라리스 미사일(Polaris Missile)에 적용한 새로운 기법이 실용적 가치를 인정받아 1958년 10월 폴라리스 잠수함계획은 당초보다 2년 단축하는데 성공하였으며, 이로써 PERT 기법의 가치를 널리 인정받게 되어 1962년 봄부터 미국 정부의 중요한 신규 사업은 전부 PERT 기법을 사용하게 된 것이다. 그 이후부터 민간 기업에서도 민간 프로젝트를 진행하는데 PERT 기법을 사용하게 되었다.

2) CPM(Critical Path Method)

세계최대의 화학회사인 미국의 듀폰(Dupont)사는 1956년부터 신규설비가 증가하고 설비규모가 너무 커짐에 따라 투자의 효율적 통제를 주목적으로 할 새로운 관리기법의 연구개발에 착수하게 된다. 이 과정에서 발전된 기법이 바로 CPM이다. 1957년 12월 1,000만불의 신규 화학공장건설이 추진될 때 사내 기술자 6명을 선발하여 4시간의 CPM 교육을 시킨 후 이 기법을 적용하여 보았다. 물론 성과를 비교, 평가하기 위하여 종래의 기법도 같이 병행하였고, CPM 기법이 예상했던 것 이상의 큰 성과가 있는 기법이라는 것이 실증되었다. 즉 납기상 문제가 되는 품목에 차이가 나타났는데, 종전방법으로는 156개 품목이, CPM 기법은 7개 품목만이 납기상의 문제가 되었고, CPM 적용 최초 1년간의 비용 절감이 100만불에 달하였다. 이와 같은 듀폰 사의 성과에 자극을 받아 미국 내 건설업계 및 화학 공업계는 CPM 기법을 집중적으로 사용하게 되었다.

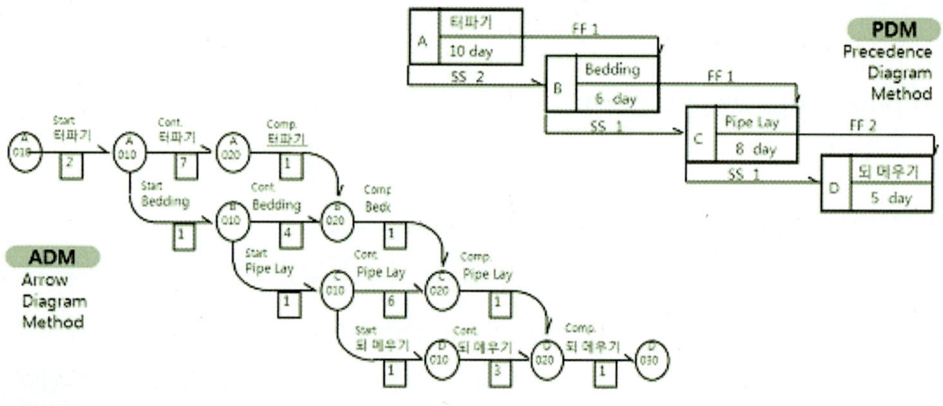

그림 6-5 CPM(Critical Path Method)

3) PERT/CPM 기법의 특징

1957년과 1958년에 걸쳐 개발된 이러한 공정관리 기법들은 그 사용목적이나 개발 모델 면에서 차이는 있었지만, 네트워크의 기본원리는 대체로 같았다. 즉, 퍼트 기법에서는 연구 개발 업무가 전혀 새로운 것이 대부분이므로 확률적인 추정치를 기초로 하여 이벤트(event) 중심의 확률적 시스템을 전개함으로써 최단기간에 목표를 달성하고자 의도한 반면, CPM 기법은 공장건설 등에 관한 과거의 실적자료나 경험 등을 기초로 하여 작업(activity) 중심의 확정적 시스템으로 전개하여 목표기일의 단축과 비용의 최소화를 시도한 것이다. 그렇지만 PERT 기법의 확률적 모델이나 CPM 기법의 확정적인 모델은 어느 것이나 양쪽 기법 모두에게 적용시킬 수 있는 것이다. 뿐만 아니라 비용을 고려한 PERT/COST 기법이 개발됨으로써 근래에는 양자를 총괄하여 PERT/CPM 기법이라 한다.

4) PERT/CPM 기법 도입에 따른 이점

- 필요한 정도에 따라 얼마든지 프로젝트를 세분화하여 표시 가능
- 장래 예측이 가능
- 전향적(forward looking) 관리 방식
- 전체 공사를 시공하는데 필요한 공기를 상당히 정확하게 추정 가능
- 공사기간 내 촉진시공이 필요한 작업에 대한 집중관리 가능

• 완공을 앞당겨야 할 경우 공기단축을 위한 지침을 세우는 것이 가능
• 시공 작업일정과 자재의 현장투입일정에 대한 기준 제공
• 대체 공법에 대한 일정분석을 신속하게 평가 가능

5) ADM & PDM

• ADM(Arrow Diagram Method) 방식

'I-J' 방식이라고도 하며, 각 단위작업(activity)의 시작은 'I', 완료는 'J'로 표시하고, 시간 척도(time scale)에 의한 공정표를 작성할 경우 기간은 길이로 표시한다. 각 작업은 선행 및 후행의 관계를 표시해야 하며, 반드시 다른 단위작업의 시작점이나 종료점에서 시작 또는 종료되어야 한다.

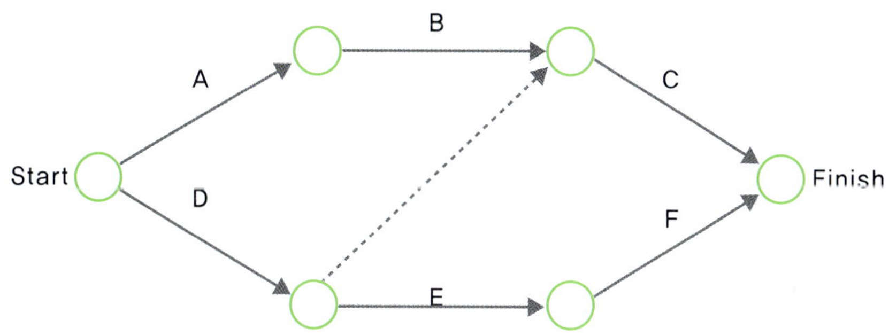

그림 6-6 ADM(Arrow Diagram Method)

• PDM(Precedence Diagram Method) 방식

PDM 방식은 더미(dummy)의 생략으로 단위작업(activity)의 수가 감소되며, 선 · 후행 공정연결이 간단하기는 하지만 시간 척도(time scale)화 하기는 곤란하다. 각 작업은 상자(box) 형태로 나타내며, 선 · 후행 공정연결이 다양하며, 시간 지연(lag)을 사용하여 작업의 착수일자 조정이 가능하다.

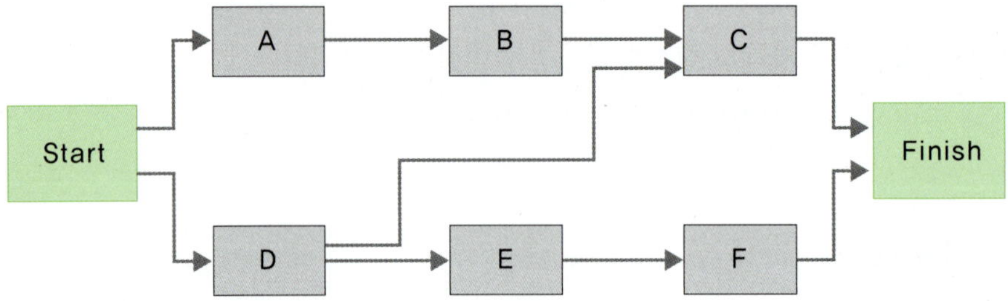

그림 6-7 PDM(Precedence Diagram Method)

• ADM 방식과 PDM 방식의 비교

표 6-2 ADM 방식과 PDM 방식의 비교

구 분	ADM 방식	PDM 방식
1. 작업 식별	선, 후행 이벤트 번호	작업 자체 코드
2. 연관관계 표시	Act. No.가 상호관계 내포	별도 상호관계 표시
3. 연관관계 표시방법	FS(Finish to Start)	FS(Finish to Start) SS(Start to Start) FF(Finish to Finish) SF(Start to Finish)
4. 더미 작업	필요함	불필요
5. 네트워크 변경처리	복잡함	상대적으로 간단함
6. 작업지연시간(Lag Time)	없음	있음
7. 기 타	상호연관관계 표시의 제약 때문에 정확한 일정관리(scheduling)가 어렵고, 작업 수가 많아지는 단점이 있음.	상호연관관계가 다양함으로 정확한 일정관리(scheduling)가 가능하며, 네트워크 변경시 수정이 용이함.

2.2.5 LOB(Line of Balance)

LOB 기법은 작업조의 생산성을 유지시키면서 그 생산성을 기울기로 하는 직선으로 각 반복 작업의 진행을 표시하여 전체공사를 도식화하는 기법이다. LOB 도표의 세로축은 공사의 위치(층)를 나타내고, 가로축은 공사기간을 나타낸다. 작업의 진행은 직선으로 나타내며 그 기울기는 단위작업의 생산성이 된다. 도표상에서 반복 작업의 완료시점을 통하여 전체 공사기간을 쉽게 추정할 수 있다.

일반적으로 수평공간의 분할(zoning)보다는 수직공간의 분할을 특징으로 하는 건축시

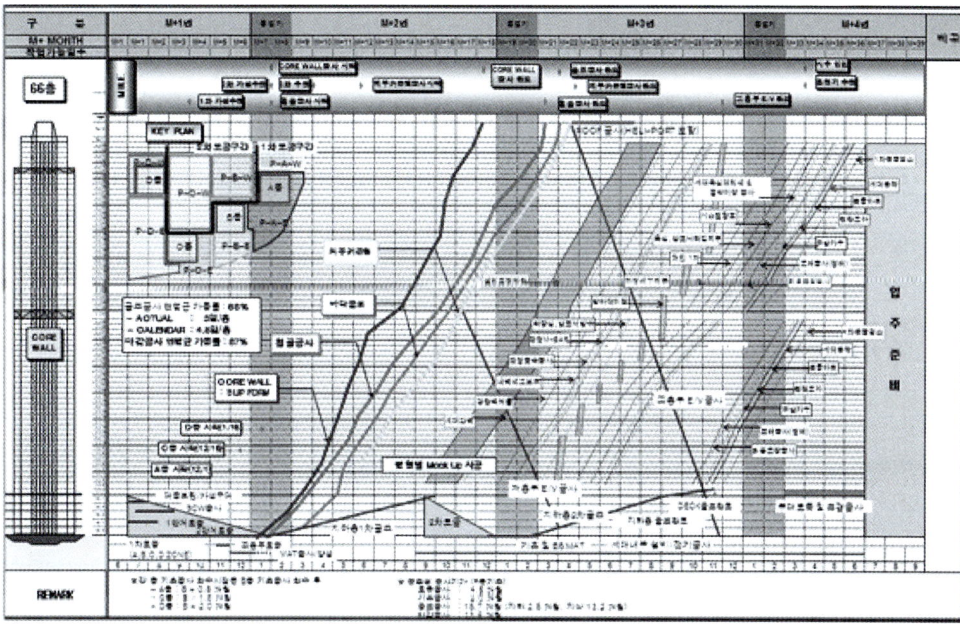

그림 6-8 LOB 공정표

설뭍에서 유용하며, 최근의 초고층빌딩 프로젝트의 경우 수직 분할을 시각적으로 표시할 수 있어서 전체일정을 이해하는데 쉽고, 공종별 작업 기울기를 통하여 상호 작업간섭을 검토하여 착수시점을 추정할 수 있다. 또한 여러 공종이 동시에 진행되는 마감작업에서는 작업의 생산성과 작업조(work crew), 그리고 공간 분할을 고려하여 공기단축의 도구로도 활용된다.

2.2.6 TACT 기법

(1) 개요

TACT 기법은 일본 대성건설의 TASCOM(시공관리 방법) 중 현장관리가 중심이 되는 공정계획 및 관리방법을 체계화한 것으로 전체 공정을 입체적으로 표현하는 방법과 각 세부공사를 집계한 후 작업량과 투입인원을 고려하여 작업그룹의 공사속도(사이클 공정)와 진행순서 및 검사항목을 결정하여 순차적으로 진행, 관리하는 방법이다.

(2) 작성순서

- 협력기업의 의견을 최대한 반영하여 협력기업이 주체가 되어 TACT 공정표를 작성
- 전체공사의 작업순서를 명확히 하여 공사 흐름 및 이정표(milestone)를 확정
- 세부공사의 작업량과 투입인원을 고려하여 공사속도 조절(사이클 공정)
- 각 세부공사의 진행순서 및 검사항목 결정하고 전체 공사를 순차적으로 진행, 관리

(3) 중점관리사항

중점관리사항은 다음과 같다. 첫째로, 공정표의 수립과정에 있어서 협력기업이 자발적으로 참여하고 공정표를 작성하도록 유도한다. 이 때 특히 현장의 의견을 중시하는 것이 필요하다. 둘째로, 철저히 설계를 검토하고 공사계획(가설계획, 시공계획 등)을 수립하는 것이 요구된다. 마지막으로 선행공사의 경우 후속공사에 피해가 없도록 완벽히 공사를 완료하는 것이 필요하므로 이를 철저히 감독해야 한다.

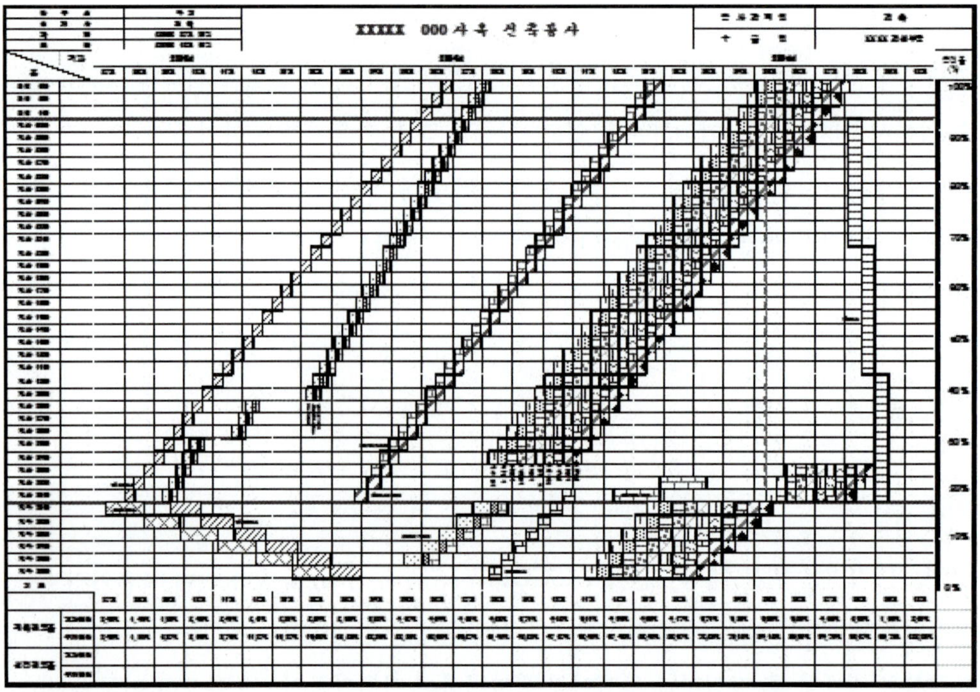

그림 6-9 TACT 공정표

2.3 공정관리체계

2.3.1 총괄공정표(Master Schedule, level I)

총괄공정표는 설계, 구매, 시공 및 시운전 등을 포함한 사업전체공정표로서 건설사업의 주요공정, 기자재공급 및 세부업무추진 등의 계획을 수립하기 위한 기본적 골격을 제공하고, 최상위 관리자에게 건설사업의 공정현황을 가장 간단하고 집약된 형태로 제공한다. 총괄공정표는 공정표 체계 중 1단계(level I)에 해당하는 공정표이며 설계, 구매, 시공, 시운전을 포함한 사업 전단계의 사업계획 및 주요일정(key milestone)을 제시한다. 총괄공정표의 주요 내용은 다음과 같다.

- 사업추진 주요 일정(key milestone dates)
- 업무분류체계(work breakdown structure)
- 분야별 주요공정 및 공기(착공 및 완공)
- 공정간 연계성(작업간 인계 시점)
- 주요 공정(critical path)

2.3.2 단계별 종합공정표(Summary Schedule, level II)

(1) 설계종합공정표(Engineering Summary Schedule)

설계종합공정표는 총괄공정표를 기준하여 프로젝트 설계분야의 주요업무를 설계진행단계별로 종합한 공정표로서, 설계분야를 설계업무별, 건물(building)별, 설비(facility)별 또는 계통별로 분류하여 단위 작업의 수행계획 및 상관관계를 나타낸다. 설계종합공정표는 공정표체계 중 2단계에 해당되고, 설계관리공정표 중 가장 상위 level로서 설계 · 구매관리기준공정표 작성기준을 제시한다.

(2) 구매종합공정표(Procurement Summary Schedule)

구매종합공정표는 총괄공정표 및 자재투입계획을 기준하여 프로젝트 구매 분야를 구매단위별로 종합한 공정표로서, 구매단위별로 구매업무 수행단계 및 납기일정을 표시한다. 구매종합공정표는 공정표체계 중 2단계(level II)에 해당되고, 구매관련 공정표 중 가장 상위 단계로서 설계 · 구매 관리기준공정표 작성기준을 제시한다.

(3) 시공종합공정표(Construction Summary Schedule)

시공종합공정표는 총괄공정표를 기준하여 프로젝트 시공분야의 주요업무를 시공작업 단계별로 종합한 공정표로서, 시공분야를 시설별 또는 설비별로 분류하며, 단위 작업의 수행계획 및 상관관계를 표시한다. 시공종합공정표는 공정표체계 중 2단계에 해당되고, 시공관련 공정표 중 가장 상위 단계로서 시공 관리기준공정표 작성기준을 제시한다.

(4) 시운전종합공정표(Start-up Summary Schedule)

시운전종합공정표는 총괄공정표를 기준하여 프로젝트 시운전분야의 주요업무를 시운전작업 단계별로 종합한 공정표로써, 시운전분야를 시설별, 기능별, 계통별로 분류하며, 단위 작업의 수행계획 및 상관관계를 표시한다. 시운전종합공정표는 공정표체계 중 2단계에 해당되고, 시운전관련 공정표 중 가장 상위 단계로서 시운전 관리기준공정표 작성기준을 제시한다.

2.3.3 관리기준공정표(Integrated Project Schedule, level III)

(1) 개요

프로젝트의 설계, 발주(구매, 계약), 시공 및 시운전업무를 관리 가능한 단위작업으로 세분화하여 관련부서 혹은 관련사의 업무수행계획을 나타낸 3단계(level III)의 공정표로서, 단위 작업간 연계관계와 목표일정을 제공하고, 공정계획에 따른 업무실적을 분석하여 정확한 공정현황 파악과 대책을 수립하는 기본이 된다.

(2) 작성기준

작성 기준은 다음의 유의사항을 고려하여 작성한다.

- 총괄공정표를 사용하여 목표일정 및 기본 가정사항을 검토하고 관리기준공정표 작성 시 반영
- 중요한 관리 포인트로 주요 단위공종에 대한 사이클 공정 반영

• 작업순서, 소요기간 및 공종별 연계관계를 PERT/CPM 기법을 사용하여 공정표에 표현
• 주공정과 여유 공정 산출이 가능하고, 중점관리대상을 구분하기 쉽게 작성
• 해당 프로젝트 WBS에 의한 번호분류체계 적용, 표준화하여 호환성을 높임

(3) 관리기준공정표의 기능

작성 기준에 의한 관리기준공정표는 크게 4가지 기능을 가진다. 첫째, 프로젝트 공정관리의 기준이 되는 기본도구가 된다. 둘째, 각종 업무일정의 현황파악 및 예측기능을 한다. 셋째, 설계, 구매, 시공, 시운전 공정간 상호연계, 인터페이스(interface) 영향분석에 중요한 역할을 한다. 넷째, 시공일정과 연계된 주요 기자재 현장투입일정을 제시해 준다.

2.3.4 세부 시행공정표(Detail Schedule, level IV)

세부 시행공정표는 관리기준공정표를 기준으로 전월, 금월, 차월로 구분되는 3개월 단위공정으로 발췌하고 이를 다시 전주, 금주, 차주로 구분되는 3주간 단위공정으로 구체화하여 관리한다. 필요에 따라 각 작업을 일(daily) 단위로 상세하게 관리하기도 한다.

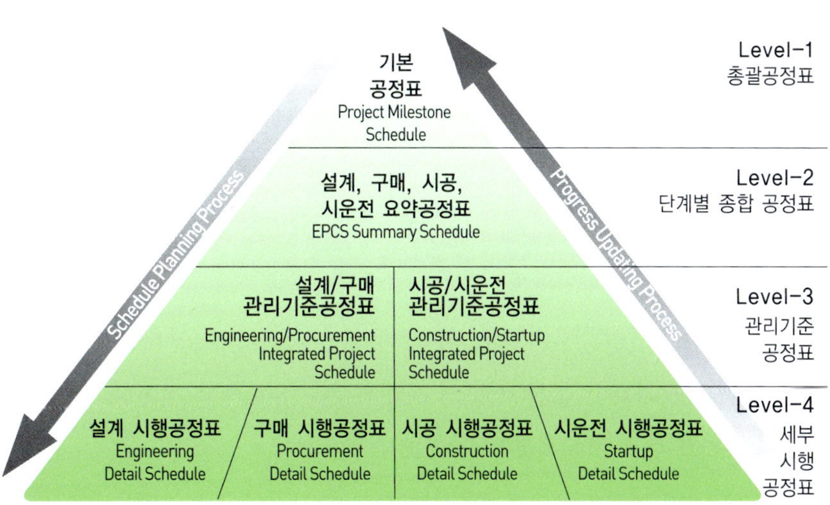

그림 6-10 공정관리체계

2.4 성과분석

2.4.1 공정 · 공사비 통합관리체계 개요

(1) 배경

건설사업 성과측정(performance measurement)의 대표적인 기준은 공사비, 공정, 품질 등으로서 특히 공사비와 공정은 통합관리를 통하여 건설사업의 효율성을 증가시킬 수 있으므로, 미국을 포함한 선진국에서는 공사비와 공정에 대한 계획과 실적을 객관적인 기준에 의해 비교, 관리하는 EVMS(earned value management system) 기법을 적극 활용하여 프로젝트의 위험요인을 사전에 발굴하여 제거하는 과학적이고 투명한 사업관리체계를 구축하고 있다.

그동안 국내 건설산업에서는 공사비와 공정은 개별적으로 관리되어 왔고 객관적인 성과측정의 기준이 없었기 때문에, 투입 공사비와 공사기간에 대한 예측 및 문제점을 사전에 파악하여 적절하게 조치할 수 있는 체계가 미흡하였다. 더욱이 공정관리에 대한 부분은 관리항목만 있을 뿐, 전문인력이나 작업범위(work scope), 그리고 업무절차 등에 대한 기준이 모호해 형식적으로 관리되어 온 측면이 많았다.

(2) 통합관리체계의 목표

통합관리체계를 도입하는 목표는 다음과 같다.

첫째, 통합관리체계를 통하여 공정과 공사비에 대한 계획대비 실적을 객관적인 기준에 의해 주기적으로 비교 · 분석하여 관리할 수 있다는 것을 이용, 건설공사가 완성될 때까지 소요될 비용과 기간에 대한 사전 예측을 통하여 '불합리한 공사비 증액이나 공기지연을 최소화' 하는 것이다.

둘째, 설계단계부터 건설공사에 소요되는 비용과 공기가 상호 연계된 계획수립 및 관리를 유도하여, 설계 성과품은 물론 시공의 품질향상을 유도하는 것이다. 즉 '건설공사의 철저한 계획, 관리를 통해 건실시공을 유도' 하는 것이다.

셋째, 공정 · 공사비 통합관리체계를 도입함으로써 선진외국에 비해 상대적으로 취약한 공정, 공사비관리 분야의 기술력을 제고하고, '건설산업의 정보화나 지식화의 기반을 제공' 하는 것이다.

2.4.2 EVMS(Earned Value Management System)

(1) EVMS의 정의

1967년 이후 미국 국방성(Department of Defense, DOD)에 의해 비용증가위험이 높은 주요 사업에 적용되어 온 C/SCSC(cost/schedule control systems criteria)에 기반을 두고 있으며, C/SCSC의 다양한 관리기준을 민간사업에 맞도록 단순화한 개념이 EVMS이다.

(2) EVMS의 구성 요소

표 6-3 EVMS의 구성 요소

구 분		구성 요소
계획 요소	WBS	• 작업분류체계(Work Breakdown Structure)
	CA	• 공정 & 비용의 통합관리 기본 단위(Control Account)
	PMB	• 공정 & 비용의 통합관리 기준(Project Management Baseline)
	BAC	• 예산(Budget At Completion) • 프로젝트 계획 수립단계에서의 총 투입예산
측정 요소	PV	• 계획예산(Plan Value, BCWS) • 공정계획에 의해 특정 시점까지 완료해야 할 작업에 배분된 계획공사비
	EV	• 할당예산(Earned Value, BCWP) • 특정 시점까지 실제 완료한 작업에 배분된 예산
	AC	• 실투입 비용(Actual Cost, ACWP) • 특정 시점까지 실제 완료된 작업에 투입된 실투입비용
분석 요소	SV	• 공정편차(Schedule Variance) • 특정 시점에서 공정 지연 정도를 비용형태로 나타낸 지수 • SV = EV – PV
	SPI	• 공정수행지수(Schedule Performed Index) • 1보다 크면 공기단축, 1보다 적으면 공기지연 • SPI = EV/PV
	CV	• 공사비편차(Cost Variance) • 특정 시점에서 공사비의 초과집행 또는 절감 여부를 비용형태로 나타낸 지수 • CV = EV – AC
	CPI	• 공사비지출지수(Cost Performed Index) • 1보다 크면 공사비 절감, 1보다 적으면 공사비 과투입 • CPI = EV/AC
예측 요소	ETC	• 예상 잔여 공사비(Estimate To Complction) • ETC = EAC – AC
	EAC	• 예상 총 공사비(Estimate At ompletion) • 특정 시점에서 프로젝트 착수일로부터 추정 준공일까지 실투입에 대한 추정치 총액 • EAC = AC + (BAC – EV) : 원가변이율 비적용 • EAC = AC + (BAC – EV)/CPI : 원가변이율 적용
	VAC	• 예상 손익(Variance At Completion) • VAC = BAC – EAC

(3) 성과분석 지수 상관관계

그림 6-11과 같이 EVMS는 프로젝트 진행과정에서 계획 대비 실적을 평가하게 되며, 이는 크게 두 가지 차이와 지수로 표현된다. 즉, 실적진도와 투입비용을 비교한 비용차이(CV), 계획진도와 실적진도를 비교한 일정차이(SV)이다. 이 두 가지 차이를 비율로 표시함으로써, 비용지수와 일정지수를 구하게 된다. 이러한 차이와 지수는 금회 또는 누계값으로 표현이 가능하며, 비용과 일정의 현황을 효율적으로 판단할 수 있는 자료를 제공한다.

예로서, 분석일자 현재 계획진도(BCWS)가 100원, 실적진도(BCWP)가 90, 투입 비용(ACWP)이 105원인 경우를 가정하면, 비용차이는 −15(실적진도−투입비용=90−105), 일정차이는 −10(실적진도−계획진도=90−100), 비용지수는 0.86(실적진도/투입비용=90/105), 일정지수는 0.9(실적진도/계획진도=90/100)가 된다.

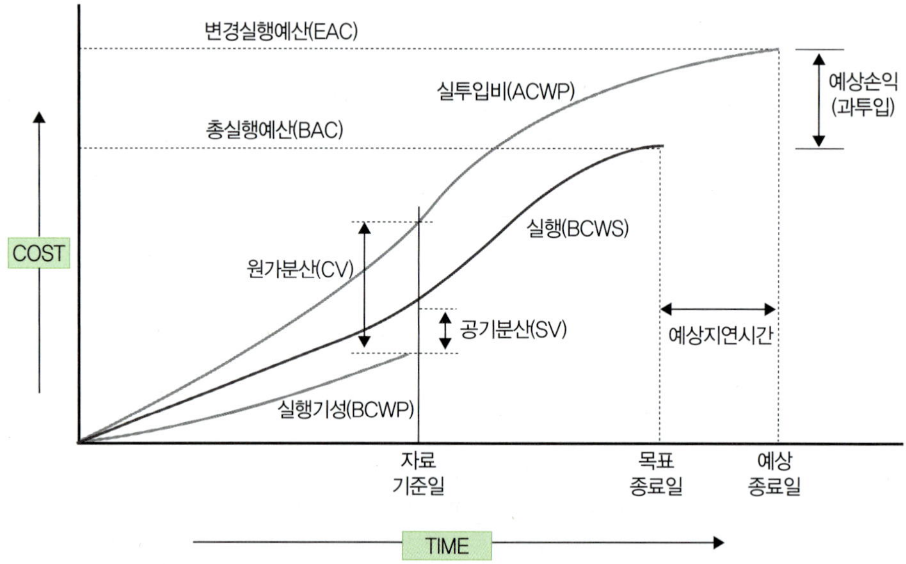

그림 6-11 성과분석 지수의 상관관계

2.4.3 성과분석(EVMS)의 효율적 적용을 위한 과제

EVMS를 실질적으로 운영하고, 그 효과를 극대화하기 위해서는 다음과 같은 과제를 선결해야 한다.

첫째, 전문인력, 시스템, 관련제도와 같은 인프라의 정비가 필요하다. 현재 건설프로젝트의 경우, 공정관리 전문인력 양성과정 및 공정관리 요원의 인증제도, 법적 정비 등이 미비하여 현장에 상주하는 공정관리 요원도 극히 일부 프로젝트에 한정되어 운영되고 있는 실정이며, 공정 · 공사비 연계관리는 아직도 중요하게 인지되지 않고 있다.

둘째, 내역서 물량중심의 진도율 산정시스템 및 기성지급방식이 장기적으로 공사의 특성과 여건에 맞는 방식으로의 개발이 필요하고, 이를 EVMS와 연계함으로써 기성업무의 효율성을 제고할 수 있도록 진도율 산정기준 개발 및 기성지급방식 등의 개선을 통한 제도, 관행을 개선할 필요가 있다.

셋째, 설계변경 등 변경사항을 적시에 반영하여 EVMS를 위한 정확한 성과측정 및 경영분석이 가능하도록 예비비제도 도입 등을 통한 예산제도의 탄력성 확보가 필요하다.

3 공정계획

3.1 공정계획 개요

3.1.1 공정계획의 필요성

대규모 프로젝트가 일반화되면서 공사계획의 합리화와 과학적인 의사결정 및 예상되는 문제점의 사전관리의 필요성이 중요하게 대두되기 시작했고 이 과정에서 공정계획이 중요한 요소로 등장했다. 특히 합리적인 공정계획은 목표관리의 방향제시와 원활한 의사소통, 자원의 효율적인 배분 및 활용, 일정관리(scheduling)와 연계된 자원, 원가, 자재관리, 신공법 개발 및 생산성 향상 등을 가능하게 해준다는 측면에서 더욱 중요하게 여겨지고 있다.

3.1.2 공정계획 수립절차

(1) 작업순서(Logic) 개요

1) 절대적인 작업순서(Hard Logic)

절대적인 작업순서란 선행작업과 후행작업의 순서가 바뀔 수 없는 관계, 즉 작업진행과정이 필연적인 작업순서를 말한다. 예컨대 일반적인 건축공사에서는 굴토공사, 기초공, 지하구조물공사 등과 같은 작업순서가 이에 해당되다. 다만, 이는 역타(top-down)공법 등 공사기술의 발달로 그 순서가 바뀔 수도 있으나 그렇지 않은 경우, 지킬 수밖에 없는 당연한 작업순서이다. 이와 같은 강제적인 요인(mandatory dependency)을 절대적인 작업순서(hard logic)라 하고 작업순서의 결정에서 최우선 순위를 준다.

2) 최적 작업순서(Soft Logic)

최적 작업순서란 절대적인 작업순서는 아니지만 여러 여건상 최선의 작업순서라고 간주되는 공정을 의미한다. 예컨대 "최적의 공사기간 또는 공사비를 유도하는 작업순서"라든지, "품질 및 안전을 위한 필연적인 작업순서"가 최적 작업순서가 된다. 구체적으로 인접구간의 굴착과 성토 공정이 절대적인 작업순서는 아니지만 동시수행 또는 선후관계를 가질 경우 건설장비 작업기간이 함께 만족되는 작업 연결관계를 가질 수 있다. 이러한 연결관계는 공기준수내지 단축을 위한 최적 작업순서(soft logic)를 계획하는 것이 목표라고 할 수 있다.

3) 현장조건에 부합하는 작업순서

일반적인 경우 최적의 작업순서가 되는 공사방법이라 할지라도 현장조건이 특수한 경우 다른 형태의 공정이 최선이 될 수 있다. 이를 현장조건에 부합하는 작업순서라고 한다. 즉, 작업순서는 현장조건에 따라 변경될 수 있으며 이를 검토, 관리하는 것이 건설관리자의 임무이다.

4) 사업여건(Constraints)을 감안한 작업순서

사업주의 사업계획에 따라 작업순서를 결정하는 요인이 다를 수 있다. 이러한 요소들을 반영한 작업순서가 바로 사업여건을 감안한 작업순서이다. 예를 들면 도로공사에서 특정 구간의 조기개통이나 건축공사에서 부분 조기사용(beneficial occupancy) 등과 같이 일반적인 작업순서 결정절차를 뛰어넘는 별도의 작업순서를 요구하게 된다.

(2) 작업간의 연결관계(Relationship)

작업간의 연결관계는 크게 아래의 4가지로 나뉜다. 아래에서 제시하는 관계들은 PDM(Product Data Management) 기법의 경우를 기준으로 작성된 것이다.

- FS(Finish to Start): 작업 완료 후 착수
- SS(Start to Start): 동시 착수
- FF(Finish to Finish): 동시 완료
- SF(Start to Finish): 작업 착수 후 종료

(3) 작업기간의 산정(Activity Duration Estimating)

작업기간을 산정하기 위해서는 여러 가지 요소들을 고려하여 반영해야 한다. 대표적인 고려요소는 아래와 같다.

- 작업방법의 난이도
- 작업장 접근조건(accessibility) 및 작업동선
- 기자재 공급조건
- 지역의 기후조건
- 기타 타 작업관의 간섭관계

상기 요소들을 고려하고 아래와 같은 자료, 정보 및 전문가를 활용하여 최적의 작업기간을 산정한다.

- 유사한 현장조건을 적용한 표준작업시간 산정자료 활용
- 기 시행된 건설공사의 시공기록 또는 자료 검토
- 품셈, RS Means 등의 전문적인 시공기록 데이터베이스(database)
- 유사 공사 수행경력이 많은 전문가의 판단

작업기간의 산정과 관련하여 PERT 이론을 활용한 3점 추정 기간 산정 기법이 유용하게 활용될 수 있다. 구체적인 산정방법은 아래에 제시된 식을 활용하여 수행한다.

- Te =(To + 4Tm + Tp) / 6
- To: 최단기간의 완료가능한 낙관시간(optimistic time)
- Tp: 최장기간의 완료가능한 비관시간(pessimistic time)
- Tm: 보편적인 완료가능 적정시간(most likely time)
- Te: 최적예상시간(estimated time)

3.1.3 작업가동률 산정

작업가동률이란 프로젝트를 수행하면서 일반적인 달력에 의한 날짜와 실제 공사할 수 있는 날짜의 비율을 지수로 나타낸 것이다. 건설프로젝트는 외부 기후의 영향을 많이 받는 특징을 가진다. 따라서 정확한 공기산정이 어렵다는 단점이 있다. 이를 보완하기 위해 공기 산정시 정확한 일정분석을 위해 작업가동률이란 개념을 사용한다. 일반적으로 프로젝트에 사용하는 달력은 순작업일과 비작업일로 구분되는데, 비작업일은 공휴일과 기후의 악천후로 인한 공사불능일을 말한다.

작업가동률 산정에 가장 많은 영향을 주는 것은 기후에 의한 공사불능일인데 이에 대한 국내 기준은 아직 명문화된 것은 없다. 다만 표 6-4와 같이 해당 지역의 과거 10년 기후 데이터의 평균치를 활용하여, 기후 조건을 가정하여 사용하고 있다.

주 5일 근무가 일상화된 현재에도 대부분의 건설현장에서는 주 6일 근무가 불가피하고, 장마철이나 혹한기에는 휴일보다는 기후에 의한 작업불능을 우선하는 경향이 있으며, 실제 국내 건설현장에서의 공휴일은 신정, 구정, 노동절, 추석 등 일부에 한정되어 있어서 현장 여건에 따라 조정이 불가피한 실정이다.

해외 현장의 프로젝트인 경우 해당 국가의 공휴일이나 다국적 인력에 대한 별도의 공휴일을 감안한 프로젝트 달력 적용이 필요한 경우도 발생될 수 있다. 참고로 미 육군공병단 극동사령부(Corps Of Engineers/Far EastT District, COE/FED)공사는 국내의 지역별 날씨에 의한 작업불능일을 공사시방서(specification)에 설정하여 관리한다.(예, 서울의 경우 67일/년)

표 6-4 대관령 지역 작업 가동률

구분	월	기준일수	작업불능유형 및 일수 (1995~2004년 Data 적용)						중복일수			순작업가동률					
			(a) 평균풍속 5m/s 이상	(b) 일평균 -10℃ 이하	(b') 일평균 -10~-5℃	(c) 강수량 10mm 이상	(d) 강설 10mm 이상	(e) 일최고기온32℃ 이상 50%적용	①	②	③	① <실외> : 실외에서 양중에 의존하거나 습식인 작업		② <반실내> :실내작업이지만 우수,외기유입이 있는 경우		③ <마감작업> : 실내작업중 온도에 민감한 작업	
			①	①	①	①	①	①	●			토목/철골/골조/방수/조경/부대토목/외장/외벽창호/타워크레인/외부도장		실내 Con'c타설/조적/미장/방수(액방)/타일		실내 흡음뿜칠/내화피복/ 방수(쉬트,도막)/에폭시/타일/도배/비닐타일/쉬트	
				②		②	②			●							
				③	③						●	작업불능일	평균가동율	작업불능일	평균가동율	작업불능일	평균가동율
	1월	31	0.60	0.90	6.20	0.40	3.20	0.00	1.6	0.3	0.0	9.7	68.7%	4.5	85.5%	7.1	77.1%
	2월	28	0.60	0.00	1.50	0.50	1.10	0.00	0.4	0.1	0.0	3.3	88.2%	1.6	94.3%	1.5	94.6%
	3월	31	0.60	0.00	0.00	1.20	0.40	0.00	0.2	0.1	0.0	2.0	93.5%	1.6	94.8%	0.0	100.0%
월평균	4월	30	0.30	0.00	0.00	2.60	0.00	0.00	0.0	0.0	0.0	2.9	90.3%	2.6	91.3%	0.0	100.0%
	5월	31	0.20	0.00	0.00	2.40	0.00	0.00	0.0	0.0	0.0	2.6	91.6%	2.4	92.3%	0.0	100.0%
작업	6월	30	0.00	0.00	0.00	3.90	0.00	1.20	0.0	0.0	0.0	5.1	83.0%	3.9	87.0%	0.0	100.0%
	7월	31	0.70	0.00	0.00	7.50	0.00	3.05	0.4	0.0	0.0	10.9	65.0%	7.5	75.8%	0.0	100.0%
불능일	8월	31	0.20	0.00	0.00	7.90	0.00	4.05	0.2	0.0	0.0	12.0	61.5%	7.9	74.5%	0.0	100.0%
	9월	30	0.10	0.00	0.00	3.10	0.00	0.20	0.0	0.0	0.0	3.4	88.7%	3.1	89.7%	0.0	100.0%
	10월	31	0.00	0.00	0.00	2.30	0.00	0.00	0.0	0.0	0.0	2.3	92.6%	2.3	92.6%	0.0	100.0%
	11월	30	0.10	0.00	0.00	1.10	0.50	0.00	0.0	0.0	0.0	1.7	94.3%	1.6	94.7%	0.0	100.0%
	12월	31	0.30	0.00	2.90	0.20	1.20	0.00	0.1	0.0	0.0	4.5	85.5%	1.4	95.5%	2.9	90.6%
합 계		365	3.70	0.90	10.60	33.10	6.40	8.50	2.9	0.5	0.0	60.3	83.5%	40.4	88.9%	11.5	96.8%

3.1.4 작업분류체계(Work Breakdown Structure, WBS)

(1) WBS(Work Breakdown Structure)의 정의

WBS란 프로젝트의 목표를 달성하고 필요한 인도물을 산출하기 위하여 프로젝트팀이 실행할 작업을 인도물 중심으로 분할한 계층구조체계이다. 작업분류체계는 프로젝트의 총 범위를 구성하고 정의하는 역할을 한다.

> "The Work Breakdown Structure is a deliverable-oriented hierarchical decomposition of the work to be executed by the team, to accomplish the project objectives and create the required deliverables. the WBS organizes and defines the total scope of the project."(PMBOK, 2004)

이는 미국 국무성의 C/SCSC(cost & schedule control system criteria) 기준이며, 공정, 공사비를 연계해서 프로젝트를 관리 가능한 조각으로 분류하는 것을 의미한다.

(2) 기구조직(Organization)

조직에 대한 구성기준은 해당 건설사업의 과업 범위 내에 있는 모든 작업과 소요자원을 명확히 정의하여 WBS를 구축하며, 정의된 작업에 대해 관리책임이 있는 수행조직을 정의한다.

관리단위의 작업에 대해 사업관리 및 예산의 승인에 대한 책임을 할당하기 위해서는 사업의 범위를 정의하는 작업분류체계와 조직분류체계(organization breakdown structure, OBS)와의 연계가 필요하다. WBS와 OBS의 통합(integration)을 위한 매트릭스 배치에 의해 양축의 교점이 정보의 수집 및 분석단위로 설정되며, 이 교점을 비용회계(cost accounting) 또는 관리단위작업으로 지칭한다. 관리단위작업은 전체사업의 실적측정을 위한 관리단위이며 이로부터 얻어지는 비용정보에 기초하여 제반 관리 자료가 산출된다.

(3) 작업분류체계

일정, 비용의 통합관리를 위해 선행되어야 하는 과업은 해당 건설사업이 필요로 하는 시설계획과 사업관리를 위한 관리단위(control account)를 정의하고, 각 관리단위에 포함되는 작업들은 어떤 조건과 내용을 갖고 있는지 도출하는 과정이 필요하다.

이를 위해서는 작업분류체계(WBS)의 작성이 필수적이며, 이의 작성기준은 일정 · 비용 통합관리시스템의 적용을 전제로 한다.

작업분류체계(WBS)란 PERT/CPM 이론에 기초하여 고안된 것으로 "건설공사의 범위를 체계적으로 조직, 정의하기 위하여 각 구성요소를 시설물(products) 또는 업무량(level of effort)으로 분류, 표기한 가계계보(family tree)"이다.

작업분류체계는 계층구조(hierarchical structure)로 되어 있으며, 내역항목(work items), 단계(levels), 관리단위작업(work package) 등이 주요 구성요소이다. 단계의 의미는 계층구조(hierarchy)의 각 단계(level)를 의미하며, 내역항목은 각 단계별로 분류된 관리대상 또는 시공대상이다. 관리단위작업은 작업분류체계상의 최하위에 위치하며, 비용항목과의 연결에 의한 사업예산의 관리기준 항목 즉, 일정 · 비용 통합관리를 위한 관리단위로 활용되어진다.

이러한 작업분류체계의 주요구성은 아래를 만족시킬 수 있도록 작성되는 것이 바람직하다.

• 사업추진계획 수립을 위한 시설별 기준
• 사업관리(project control)를 위한 예산편성 기준
• 사업관리조직과 연계한 기술분야별 분류기준
• 공사진도 파악을 위한 작업단위별 기준
• 소요 자원의 파악을 위한 공사설계서 분류기준

이 작업분류체계는 일정 · 비용 통합관리시스템(EVMS) 구축에 필수적인 요소로서, 일정관리를 위한 작업의 정의 및 소요자원 도출에 대한 기본구도를 제공한다고 해도 과언이 아니다. 또한 이 작업분류체계의 적합성 여부가 일정 · 비용의 진척도관리 전산시스템의 성패여부를 결정짓는 요소임은 아무리 강조해도 지나치지 않는다.

작업분류체계의 기본적인 형식은 앞에서 설명한 바와 같이 내역항목과 단계, 그리고 관리단위작업으로 구성되어 있다. 그러나 작업분류체계의 분류방식은 프로젝트마다 달라질 수 있으며, 이의 작성을 쉽게 할 수 있는 획일적인 규칙은 없다.

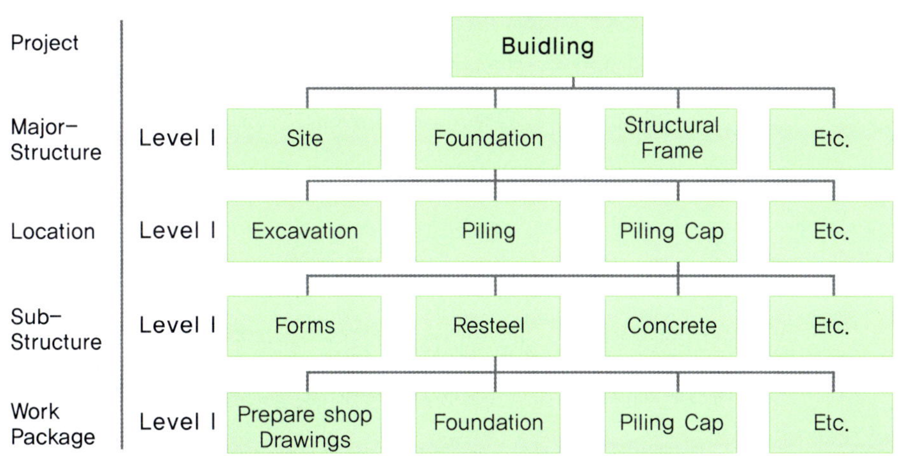

그림 6-12 작업분류체계(WBS)의 모식도

작업분류체계의 구성은 전술한 바와 같이 사업 추진계획과 밀접한 관계가 있고, 이러한 계획은 프로젝트마다 달라질 수 있으며 사업관리자의 관리목적에 의해 결정지어지는 것이다. 특히 일정 · 비용 통합관리시스템에 적용가능한 작업분류체계의 작성은 사업여건

에 대한 면밀한 검토와 사업 참여자들의 업무분담에 의해 작성되어져야 한다.

예를 들면 작업단위(activity)레벨인 위치별 분류는 진도율 관리를 위한 비용항목과 연계되는 까닭에 계약상대자의 공사추진계획이 중요한 분류기준 요소가 될 수 있고, 따라서 작성 전에 시공계약자의 의견을 수용할 필요가 있다. 이와 같이 작업분류체계(WBS)의 작성은 건설사업관리자 뿐만 아닌 관련자 모두의 의지와 경험, 그리고 지식이 총 동원되는 일정, 비용통합관리계획 수립의 첫 단계가 된다.

일반적인 공사의 표준적인 작성기준은 다음을 참조할 수 있다.

- 제 1단계 : 해당건설공사명 또는 사업명을 사용한다. 향후 시설의 확장이나 2단계 공사 등의 소요에 대응할 수 있는 명칭을 부여한다.
- 제 2단계 : 시설 또는 공사계약단위, 지형적인 구간분할, 공사추진과정 등이 분류기준이 된다.
- 제 3단계 : 해당 건설사업의 공사관리 기구조직에 기준한 분류(OBS)를 적용할 수 있다. 공사수행 기구조직별 공사진도, 예산 등의 관리를 위한 단계이며, 토목, 건축, 건축설비, 건축전기, 계장 등으로 분류될 수 있다.
- 제 4단계 : 개략공정계획(summary schedule) 및 진도관리를 작업단위 또는 공종별로 분류한다. 미국 건설시방서협회(Construction Specifications Institute, CSI)의 분류체계(master format) 등 기존의 표준분류자료를 기준으로 하는 것이 바람직하다.
- 제 5단계 : 실무적인 공정계획 및 예산관리를 위한 관리단위를 설정한다. 일정계획 및 관리를 위한 작업단위가 되므로 제 4단계의 시공과정을 시공단계별로 분류 또는 분할하는 것을 원칙으로 한다. 시공과정에서 예상되는 작업순서 변경에 대처할 수 있도록 지형, 위치 등을 참조하여 분류하여야 하며 타 공종과의 간섭관계를 적극 수용한다.

이상의 기준에 따라 작성한 작업분류체계의 표기는 그림 6-13과 같이 작성한다.

일정 · 비용 통합관리를 위한 작업분류체계는 각 단계의 작업항목별로 사업범위를 명시하게 되며, 또한 하위단계의 분류항목들을 취합하는 기능이 있다. 따라서 일정 · 비용 통합관리 계획수립에 효율적인 작업분류체계를 설계하기 위해서는 적정수준의 분류단계, 즉 단계의 수를 결정할 필요가 있다. 이러한 단계의 수는 진도관리보고서의 내용을 관리

제 1 단계		제 2 단계		제 3 단계		제 4 단계		제 5 단계	
기호	분류명	기호	분류명	기호	분류명	기호	분류명	기호	분류명
01	00 시설공사	A	00동 시설공사	1	토목공사	02201	토공사	01011	토사 굴착
								01111	풍화암 굴착
						02352	기초공사	01110	지반개량공
								01300	매트콘크리트
						03205	배수공	00325	주차장 A
								00128	구내도로
				2	건축공사	03011	콘크리트골조	23987	지하구조
								83423	지상구조
						07111	방수공	64899	내부방수

그림 6-13 복합공종 시설공사의 내역분류체계

목적에 따라 다양하게 구성할 수 있게 한다.

단순공종(토목공사)이라 하더라도 일정, 비용의 관리계획에 따라 6~7단계까지 분류될 수도 있으며, 그와 같은 예를 그림 6-14에서 볼 수 있다.

제 1 단계		제 2 단계		제 3 단계		제 4 단계		제 5 단계		제 6 단계		제 7 단계	
기호	분류명	기호	분류명	기호	분류명	기호	분류명	기호	분류명	기호	분류명	기호	분류명
01	00 토목시설 공사	A	정거장 공사	01	출입구 공사	01	출입구 1	021	토공사	23	토류공	011	H파일
												875	띠장
												856	버팀보
										41	굴착공	458	토사굴착
												471	암반굴착
								032	구조물	33	구체공	238	버림콘크
												348	철근
												035	거푸집
										53	방수공	497	쉬트설치
												416	보호조적
						02	출입구 2	021	토공사	23	토류공	011	H파일
												346	어쓰앙카
												320	차수공

그림 6-14 단순공종 시설공사의 내역분류체계

(4) 기구조직 및 작업분류체계의 통합

사업관리활동은 업무수행에 대한 책임과 비용의 집계 · 관리 등으로 요약, 표현될 수 있다. 업무수행에 대한 책임과 비용의 관리사항들은 해당 사업을 관리하게 될 사업 참여자 및 각 참여자별 기구조직의 업무분장에 의해 정의된다. 따라서 사업관리를 위한 기구조직의 분류체계가 도출되어야 하고 이 분류체계는 일정 · 비용의 관리업무를 정의하는 작업분류체계와 연계될 수 있도록 적절한 통합관리계획이 수립되어져야 한다. 조직분류체계(OBS)의 작성은 다음의 기준으로 수립되어질 수 있다.

- 조직분류체계는 공사초기부터 완료시까지 사업에 참여하는 참여자의 과업범위와 수행전략, 발주방식, 작업수행, 공정 등에 따라 단계별로 구성하여 업무분담 및 책임한계를 명확히 하고, 조직 상호간의 협조체계와 간섭관계 조정 등을 고려하여 작성
- 조직분류체계는 작업수행을 위한 기능중심의 분류체계를 가지는 것이 바람직하며, 해당 작업에 대한 책임을 적합한 조직단계상에 할당하기 위해 작업분류체계와 조직분류체계의 통합을 고려하여 작성

조직분류체계와 작업분류체계의 통합은 매트릭스형태로 통합되는 것이 바람직하며 사업규모가 크지 않거나 공종의 복합도가 높지 않을 경우 기능위주조직형태(functional organization)라도 무방할 것으로 판단된다. 일반적으로 조직분류체계와 작업분류체계의 결합점을 하나의 단위작업으로 지정하고 이를 관리단위로 설정하게 되나 단위작업의 하위에서 따로 관리단위를 설정하는 경우도 있다. 관리단위의 설정은 다음의 기준을 적용, 계획되어질 수 있다.

- 작업분류체계와 조직분류체계의 통합 후 분류체계의 적정단계에서 관리계정을 설정
  - 공간기준 설정: 적정 시설분류기준에 따라 설정
  - 기간기준 설정: 작업수행기간에 따라 설정(최대 2~3주)
  - 공종별 분류: 기술분야별 작업규모에 따라 설정
  - 계약기준 설정: 계약단위별 설정
- 작업분류체계에 의하여 분할된 사업내역의 최소단위는 프로젝트상의 관리단위가 되며, 일정 · 비용 통합관리시스템의 현황보고 및 실적 관리기준이므로 단일조직에 의해 관리되도록 함.

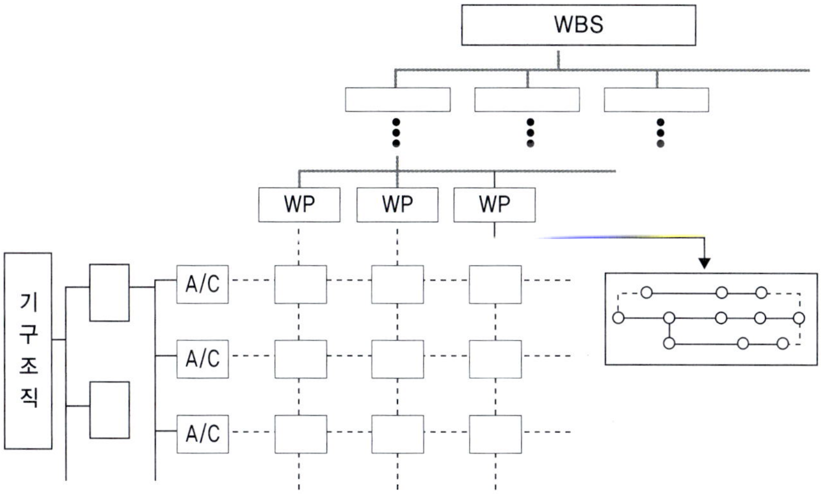

그림 6-15 조직 및 작업의 통합형태 모식도

(5) 작업분류체계 사전(WBS Dictionary) 및 적용분야

작업분류체계 사전(WBS dictionary)이란 작업분류체계(WBS)를 지원하는 지침서로서 작업 패키지 및 통제단위, WBS 구성요소에 대한 관리단위코드, 작업기술서, 담당조직, 이정표 목록, 계약정보, 품질요구사항, 기술참조서 등을 망라하고 있다.

한편 WBS의 적용분야는 다음과 같다.

- 프로젝트 번호체계(project identification numbering)
- 공정관리 번호체계(activity numbering)
- 원가관리(code of account)
- 성과측정(performance measurement)

3.2 공정계획수립 실무

3.2.1 프로젝트 자료수집 및 분석

(1) 프로젝트 개요

프로젝트 개요는 크게 프로젝트 개설, 기간, 공사성격으로 이루어진다. 우선 프로젝트 개설에는 공사명, 발주처, 현장 위치 등이 포함되어야 하며, 프로젝트 기간에는 공사착공일, 준공일 및 주요 이정표 일정 등이 포함된다. 마지막으로 공사성격에는 시설물 종류, 공사규모, 적용공법, 지역적 특성 등이 적시되어야 한다.

(2) 설계도서 외

설계도서와 관련한 자료는 우선 설계도면, 시방서, 공사내역, 물량산출서, 계약서 등이 가장 기본이 된다. 따라서 기본적이 이 자료의 수집과 정리가 중요하다. 여기에 부가하여 전체 프로젝트에 대한 이해와 엔지니어링 및 자재반입관련 정보도 추가로 수집하여 정리하여야 한다.

이렇게 자료가 어느 정도 수집되고 정리된 후에는 시설별, 면적별, 층별, 기간대별 주요 공사 투입물량을 파악하고 기성관련 공정률 산정 등 공정보고서 종류 및 제출시기를 파악하는 분석작업이 필요하다.

설계도서의 수집 및 분석 외에도 지형, 지질, 기후조건, 도로사정 등에 관한 자료의 수집 역시 중요하며 이에 부가하여 과거 유사 공사에 대한 실적자료를 조사, 축적하는 것도 공사수행에 있어 중요하다.

3.2.2 시공계획 수립

(1) 관리구간의 분할

1) 지형적, 공간적 조건에 의한 분할(Zoning Plan)

대부분의 건설공사에서 적용하는 분할 방법이다. 지반고의 차이, 도로 등 기존시설과의 관계, 지형에 따른 이동거리, 지반조건 등이 주요 기준으로 작용하게 된다. 신도시건설 등 대단위 건설공사에서 넓은 부지 내에 분산 배치되는 유사 공종의 시설공사관리를 목적으로 작업동선 또는 자원의 작업능력을 감안 적정규모의 관리구간으로 구획하여 구간별로 동시에 공사를 수행해 나가는 것이 한 예이다. 고속도로, 철도 등의 종단 선형공사 역시 지형을 기준하여 관리구간을 구획하기도 한다. 이러한 지형적 · 공간적 관리구간 구획을 Zoning Plan이라 한다. 흔히 Zoning Plan이라 하면 수평적 의미의 Area Zoning만 고려하고 있으나, 근래의 초고층 건축물의 경우는 수직적 의미의 층별 Zoning도 중요한 요소 중 하나이다. 50~60층 구조물의 경우 단순한 층별 Zoning이 아닌, 5~10개 층을 하나의 Zone으로 구분하여 계획을 수립하는 것이 상당히 효율적일 경우가 많다.

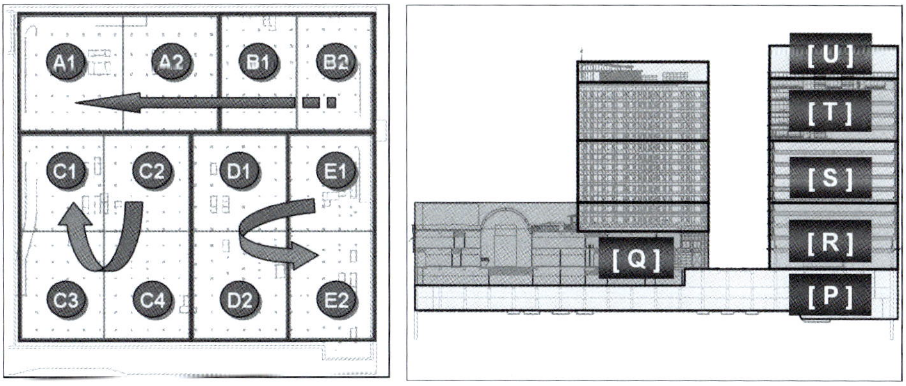

그림 6-16 수평 및 수직 지형적 · 공간적 관리구간 구획(Zoning Plan)

2) 시공기간에 의한 구분

건실공사는 전 구간이 동시에 작공했다 하더라도 시설별로 또는 구간별로 먼저 완공해야 할 필요가 있다. 시설물의 사용개시 시기를 달리하는 경우이며 사업계획, 예산 등의 제약조건에 따라 결정된다. 도로, 철도 등의 단계별 개통구간을 기준하여 관리구간을 설정할 수 있고, 대규모 공동주택이나 복합단지공사에서 입주시기별로 관리구간을 설정하는 것이 그 예이다. 그러나 이와 같이 착수시기 및 진행속도를 달리할 경우 건설장비나 투입자재의 규격이 상이하여 상호간 전용이 쉽지 않을 때가 있다.

3) 시설의 기능, 규격에 의한 분할

시공계획은 건설대상의 규격에 따라 자재, 장비, 인력의 규격 및 수량에 따라 달리하는 경우가 많다. 특히 건설장비는 현장조건에 맞는 규격과 용량을 선정하는 것이 원칙이며 소요규격을 초과하는 건설기계는 건설비용의 증가를 초래한다. 그러므로 공사범위 내에서 지역적으로는 중복된다 하더라도 유사기능과 규격을 가진 시설들끼리 한개의 공구로 관리할 필요가 있다.

4) 기술 분야별 관리구간 설정

복합공정의 건설공사는 기술 분야별 조직에 의해 관리되는 것이 일반적이며, 이럴 경우 분야간 간섭사항 조정이 어려운 점이 있어 앞에서 거론한 다른 관리기준과 중복하여 설정하는 것이 바람직하다.

(2) 주요공사의 시공방법 계획

건설공사에서 중요한 공종과 중요하지 않은 공종을 구분한다는 것은 적합지 않다. 다만 공사내역 중 공사물량이 많거나 공사기간이 긴 공종이라든지 많은 관련공종과 연계되는 공종들을 공정관리상 주요(major) 공종이라는 개념으로 별도 관리할 필요는 있다.

이러한 주요공사에 대한 시공방법의 선정기준은 공사기간을 만족하고, 시공기술이 검증된 공법, 소요 기자재의 가용성(availability)이 양호한 공법, 반복시공이 가능하게 작업과정이 주기(cycle)를 갖는 시공방법 등이 있다.

시공방법이 선정되면 이에 따라 투입자원의 수량 및 조달계획을 세워야 한다. 투입자원의 수량과 조달계획은 시공기간을 조절하는 요소가 된다. 필요한 자원을 적기에 적정량을 원활하게 조달(procurement)하는 것은 공정관리상 주요항목이 된다. 조달의 절차는 건설기자재의 구매단위(package)를 검토하고, 기자재의 구매(발주)시방서, 용역의 일반 및 특별시방서를 작성하며, 마지막으로 조달용품 또는 공사의 수량 및 일정계획을 수립한다.

3.2.3 프로젝트 달력(Project Calendar) 선정

프로젝트에 적용하는 달력(project calendar)은 프로젝트의 공사성격이나, 국내외 지리적, 지형적인 여건, 그 지역의 기후조건, 그리고 건설인력의 분포 등에 의해 복수의 달력(calendar)을 사용해야 하는데 개략적으로 다음의 경우로 활용한다.

- 외부 기후에 영향을 받지 않고 공휴일도 적용하지 않는 일반 업무
- 외부 기후에 직접적으로 영향을 받고 공휴일을 적용하는 외부공사
- 외부 기후의 일부분만 영향을 받고 공휴일을 적용하는 실내공사 등

표 6-5 프로젝트 달력(Project Calendar)

Cal. ID	달력 개요	작업불능일 (평균가동률)	적용공종 단위작업(activity) 종류
Cal-1	• 365일/년 순작업일 • 공휴일 적용 안함.	0일 (100%)	• 기자재 구매일정 • 콘크리트 양생 • 설계 및 인 · 허가 일정
Cal-2 (외부)	• 평균풍속 5.0 m/s 이상 • 일 평균기온 -5°C 이하 • 일 강수량 10 mm 이상 • 일 강설량 10 mm 이상 • 공휴일 일부적용	91일 (75.1%)	• 투목, 조경공사 • R/C공사, T/C • 외장공사, 외부도장 • 조적, 방수, 타일 등
Cal-3 (마감)	• 일 평균기온 -5°C 이하 • 일 강설량 10 mm 이상 • 공휴일 일부적용	38일 (89.5%)	• 내부마감공사 • 설비, 전기공사 • 지하구조물, 토공

3.2.4 작업분류체계(WBS) 작성

작업분류체계의 작성은 프로젝트를 구성하고 있는 모든 요소 작업들을 빠짐없이 추출하여 상위단계에서 하위단계로 세분해 나가면서 이루어진다. 그 작성의 방법은 다음과 같다.

- 공사에 필요한 작업 범위에 대하여 최하위단계까지 명확하게 정의
- 최종 단위작업과 전체공사와의 관계를 명확히 하고, 누락되거나 중복되지 않도록 구분
- 진척사항을 하위단계에서 상위단계로 집계 · 요약될 수 있는 체계를 유지하면서 설계단계의 설비별, 계통별 분류와 시공단계의 시설분류가 서로 상충되거나 중복되지 않도록 구획
- 공정-공사비 연계관리가 가능하도록 단위작업을 조정

작업분류체계는 현장 여건이나 공사 성격에 따라 그 분류기준이 다양할 수 있으며 일반적으로 다음과 같은 분류 기준들을 따른다.

- 차수별, 공구별 분류
- 직영, 하도 등의 관리분야 별 분류
- 시설물별, 공종별 분류
- 지역별(area zoning) 분류

그림 6-17 작업분류체계(WBS) & 단위작업(Activity) 번호체계

- 시설설비(system)별 구분
- 예산 항목별 분류

3.2.5 주요 단위공종 사이클(Cycle) 공정 분석

프로젝트의 적정공기 산정을 위해 주요 단위공사에 대한 세부적인 사이클 공정을 검토 및 분석하여 공정계획 수립의 기본 자료로 활용한다. 현재 구조물 골조공사에 대한 사이클 공정계획(cycle schedule)이 가장 활발하게 적용되고 있어서 2-Days Cycle로 부터 3-Days Cycle, 4-Days Cycle, 그리고 6-Days Cycle 등 공사종류나 공법, 그리고 현장여건 등에 의해 다양하게 나타난다.

골조공사 사이클 공정에 대한 국내 건설업계의 관심은 해외 프로젝트를 수행하면서 점진적으로 높아지기 시작하였다. 특히, 구조형식의 변경이나 건설자재, 공법, 건설장비의 발전, 그리고 철저한 사전시공계획과 시공기술의 향상 등으로 국내에서도 골조공사 사이클 공정을 적용한 프로젝트들이 상당수 나타나고 있으며 이와 관련된 실적들이 발표되고 있다.

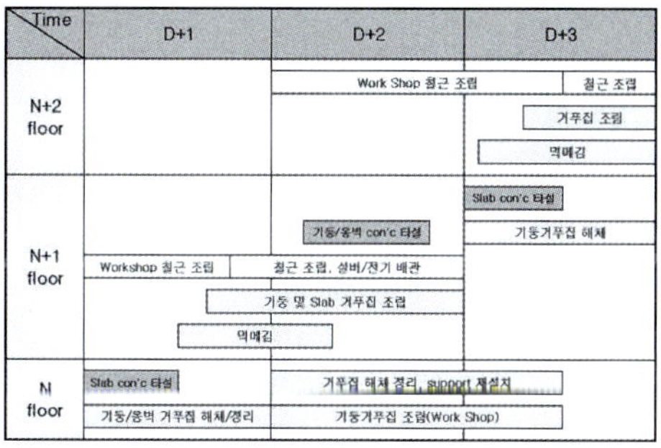

Time	D+1	D+2	D+3	D+4
N+1 floor			ACS 형틀 인양/ 설치	옹벽 con'c 타설
	Workshop 철근 조립	철근 조립, 설비/전기 배관	Workshop 철근 조립	Workshop 철근 조립
N floor	옹벽 con'c 타설	ACS 형틀 해체		
Note	- 옹벽콘크리트타설	- ACS 형틀 해체 - 철근 조립/전기배관	- ACS 형틀 인양/설치	- 옹벽콘크리트타설
N-3 floor				계단 con'c 타설
N-4 floor	계단 con'c 타설	계단 형틀 설치	계단 철근 조립	
Note	- 계단콘크리트타설	- 계단형틀설치	- 계단 철근 조립	- 계단콘크리트타설

그림 6-18 2-Day & 3-Day 사이클 공정

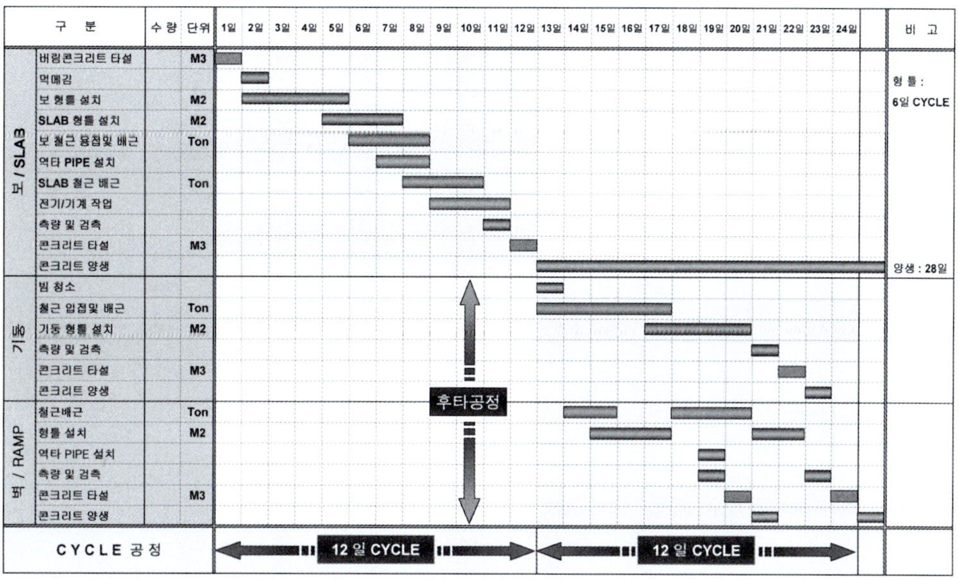

그림 6-19 오피스텔 지하 구조물 사이클 공정

표 6-6 국내 · 외 프로젝트 골조공사 사이클 공정 적용 실적

구분	항목	8 Day	6 Day	4 Day	3 Day	2 Day
일반	적용현장	일반 벽식 아파트	여의도 트럼프월드1, 2	삼성동 I-PARK	타워팰리스 1, 2, 3	미국 트럼프타워
	구조형식	RC 벽식구조	RC라멘조 (Wide Beam)	RC라멘조 (Flat Plate)	SRC(RC Core /SRC Column)	RC라멘조 (Flat Plate)
	공법	동시 타설	동시 타설	코어선행공법	코어선행공법	코어선행공법
	평면형상	복잡	중간	단순	단순	단순
거푸집	외벽 거푸집	Gang Form (T/C 양중)	Gang Form+ ACS	ACS Form	해당 없음	ACS Form
	Core거푸집	Euro Form	AL. Form/ 합판 Form	ACS Form	ACS Form	ACS Form
	Slab거푸집	합판	AL. Form/합판	Table Form	Deck Plate	Table Form
철근	철근 조립	현장조립	현장조립	선조립	선조립	선조립
	철근 규격 (최대 지름)	SD40 (D19)	SD40 (D32)	SD40 (D41)	SD40 (D32)	SD50급 (D51이상)
콘크리트	콘크리트강도 (kg/cm^2)	수직재 210~240 수평재 210~240	수직재 400~420 수평재 240~270	수직재 400~500 수평재 360	수직재 400~800 수평재 240~270	수직재 500~800 수평재 400~500
	콘크리트 Slump	15cm 내외	20cm 내외	20cm 내외	20cm 내외	10cm 내외
	Wall거푸집 탈형 콘크리트 기준강도	80kg/cm^2 (Gang Form)	80kg/cm^2 (Gang Form)	100kg/cm^2 (ACS Form)	100kg/cm^2 (ACS Form)	100kg/cm^2 (ACS Form)

3.2.6 공정계획(Network Schedule) 작성

(1) 개요

공정계획의 작성은 우선 프로젝트 전체의 이정표와 총괄공정표를 기본으로 한다. 이에 대한 이해를 바탕으로 WBS에 의한 분류체계와 단위공정 사이클 분석을 통해 계획을 정교화 시키고, 최종적으로 PERT/CPM 기법을 사용하여 관리기준공정표를 작성한다.

각 단위작업의 내용은 아래와 같다.

- 시공 단위작업(construction activity)
- 장기간이나 시급을 요하는 기자재의 구매, 조달 업무
- 외부 조립을 요하는 특수 장비나 장비
- 인 · 허가 및 승인사항

- 기기 도입에 따른 교육관련 사항
- 시험가동, 시험, 검수 관련 사항
- 기타 공사 수행시 간섭되는 업무

(2) 단위작업 설정 방법

단위작업 설정시 우선 단위작업은 일정계획수립의 기본요소이므로, 기능이 단일화 되도록 해야 한다. 또한 각 작업들이 가능한 단절되지 않도록 한다. 그리고 공사기간과 관련하여 공사기간을 측정 가능하도록 경험치나 산출근거를 토대로 산정해야 하며, 이 과정에서 천재지변은 고려하지 않는다. 다만 날씨 등 기후조건은 작업공종의 성격에 따라 분류관리하는 것이 좋다.

(3) 구매 · 조달계획

구매 · 조달계획에 모든 기자재를 포함할 필요는 없다. 다만 시장변화에 따라 수급에 어려움이 있거나, 해외 기자재 등 후속 시공일정에 상당한 영향을 끼칠 수 있는 항목에 대해서는 수립하는 것이 현실적이다. 특히 일부 프로젝트에서는 기자재 기성을 인정해 주는 곳이 있으므로 구매일정과 시공일정의 연계 분석은 중요한 관리항목이 될 수 있다. 다음은 해외 기자재 구매단계의 예시다.

- 준비 및 승인신청(preparation & submittal)
- 검토 및 승인(review & approval)
- 구매 오더(purchase order)
- 제작 및 조립(manufacture & fabrication)
- 운반(shipping or air freight)
- 세관(customs clearance)
- 현장반입(in land transportation)

(4) 네트워크(Network) 작성시 유의사항

네트워크 작성시 대표적인 유의사항은 아래와 같다.

- 사용자가 쉽게 이해할 수 있어야 함.

• 주공정이 강조될 수 있어야 함.
• 공사의 진도파악 등 관리에 용이하여야 함.
• 하나의 단위작업은 반드시 하나의 공종에 종속되어야 함.
• 자원조달에 무리가 없는 계획이어야 함.

3.2.7 일정분석(Time Analysis)

(1) 일정분석 개요

네트워크(network) 일정계산은 전진계산(forward calculation)에 의하여 ES(early start), EF(early finish) 일정을 계산하고, 후진계산(backward calculation)에 의하여 LS(late start), LF(late finish) 일정을 계산한다.

주공정(critical path, CP)은 여유공기(total float, TF)가 0인 작업을 말한다. 즉 최초작업부터 최종작업까지 도달하기 위해 거쳐야 하는 모든 공정 중에서 시간적으로 가장 긴 공정을 말하며, 주공정상 어떤 작업이 지연이 되면 전체 일정에 지장을 초래한다. 대부분의 작업에서 전체 작업의 10~20% 정도가 주공정이 된다고 하며, 크고 복잡한 프로젝트일수록 주공정상 활동수의 비율이 적어지는 경향이 있다. 진도관리를 계속 진행해 나가면 상황의 변화에 따라 주공정이 바뀌어질 수 있으므로 계속해서 갱신해 나가야 한다.

(2) 일정계산 후 점검항목

일정계산 후 다음의 절차에 의거하여 일정계산의 타당성을 검토한다.

• 계산된 공기와 계약 공기의 비교, 검토
• 주공정(CP)의 적합성, 즉 예상 주공정선과의 일치 여부 검토
• 여유공기(TF)를 검토하여 과다한 경우에 조정
• 단위작업간 작업순서(logic) 연결의 정확성을 검토
• 단위작업당 예상 공사일수와 계산된 결과를 비교하여 차이점이 발생할 때 조치

(3) 공기조정

상술한 일정계산의 점검과정에서 계산된 공기가 계약공기와 비교하여 합당하지 않을

경우에 공기조정이 필요하다. 이에는 '일정계산 부분 수정 보완법'과 '작업순서의 재검토법' 방법이 있다.

우선 일정계산 부분수정 보완법은 주공정 및 부공정의 공기 및 작업순서를 검토하고 단위작업 하나하나에 대한 일정계산 결과를 분석한다. 이 과정에서 일정상 이상이 있는 단위작업은 모든 선행작업을 추적하여 수정한다. 이 방법을 사용하기 위해서는 공정담당자의 풍부한 경험과 정확한 분석 및 판단능력이 필수적이다.

작업순서의 재검토법은 우선 복수(병렬) 작업조 및 장비투입을 검토하고 직렬작업을 병렬작업으로 시공순서를 변경하여 분석하는 등의 방법을 통해 작업순서를 검토하는 것이다. 이 외에도 여유시간과 인 · 허가 및 검사기간을 검토하거나 투입자원량(인력, 자재, 장비)의 적정성을 검토하는 등의 공기조정 방법이 있다.

3.2.8 자원관리

(1) 자원관리의 목적

공사를 수행하는데 제반 자원을 충분히 투입할수록 공사는 신속하게 진행되지만 공사의 비용과 장비, 인원 등의 효율을 생각해 볼 때 제자원의 투입량은 공사를 주어진 공기 내에 수행할 수 있는 최소의 자원이라고 할 수 있다. 따라서 일정분석(time analysis)시 수립된 일정계획이 실행 가능한 것인가를 검토하고 비용의 증가를 최소로 억제하는 선에서 적절한 자원의 분배가 필요하다. 결국 자원의 소요량과 투입 가능한 자원량을 상호 조정하고 자원의 유휴시간(idle time)을 제거함으로써 자원의 효율화를 기하고 아울러 비용의 증가를 최소화 하는 것이 자원관리의 목적이라 하겠다.

(2) 자원의 정의

일반적으로 자원으로 정의할 수 있는 항목은 인력(labor 또는 manpower)과, 장비 혹은 설비(equipment 또는 machine), 자재(material) 그리고 자금(money) 등이 있다. 각각의 단위작업(activity)을 수행하는데 소요되는 자원(resource)은 단위작업과 종속관계를 갖고 있어서 단위작업의 일정분석에 의해 같이 움직인다. 그래서 각 단위작업에 다음 항목을 입력한다.

- 자원 코드(resource code)
- 자원투입 물량(quantity)
- 자원투입 기간(자원 소요기간)
- 단위작업 시작일로부터 투입시점까지의 리드 타임(lead time)

(3) 자원관리 프로세스

일정분석 후 기간별로 자원의 소요량을 산출하는 기능을 자원집계(resource aggregation)라 하며, 자원집계 방법은 이른 일정에 의한 집계와 늦은 일정에 의한 집계 두 가지 방법이 있다. 단위작업에 소요되는 투입자원을 여유시간(float) 내에서 균등 분배시켜 전체 자원투입 규모를 목표에 맞게 평준화시키는 기능을 자원분배(resource allocation)라 하는데 그 방법으로는 다음과 같다.

우선 공기를 고정하는 경우가 있다. 전체 공기를 고정하는 경우 주공정(CP)상의 작업들은 공기의 여유를 전혀 갖지 않으므로 일정을 재조정할 수 없고, 여유 공정에서만 일정을 조정할 수 있다. 자원의 단위기간별 소요량이 투입가능량(resource availability)을 초과하거나, 투입수준의 불균형이 심할 때 자원배당의 우선순위를 주어 강제로 할당한다.

4 진척관리

4.1 공정진도관리

4.1.1 건설공사 진도관리 개념

예정공정표와 실제공정표를 대비하여 공사의 진행을 관리하는 것을 진도관리라 한다. 진도관리의 실제는 공기의 중간에 적당한 시기마다 실시진도를 예정하고, 예정진도와 비교하여 예정보다 실시가 지연되면 시공속도를 높이는 제반조치를 강구하는 것이다. 진도관리는 공사진행을 예측하여 일정계획과 자원투입계획을 조정하는 것에 사용되고, 공사재무계획을 위한 재료로도 사용된다.

건설공사의 특성상 변화하는 사업여건에 대해 신속한 대응이 필요하며, 시공자의 공사 수행상 문제점에 대한 계획 변경도 검토되어져야 한다.

4.1.2 진도율 산정 기본요소

진도율 산정의 기본요소는 크게 적용일정, 가중치, 표준진도율 곡선, 단위작업 완료율, 진도율의 5가지가 있다.

- 적용일정이란 관리기준공정표상의 단위작업별 일정
- 가중치(weight value)란 해당 항목의 비중을 전체비중(100%)에 대한 단위작업별 백분율로 표시한 것
- 표준진도율 곡선이란 사업계획단계에서 시간의 경과에 따른 사업진척상황을 가정하여 나타낸 예상진도율 곡선(일반적으로 S Curve 도표를 의미)
- 단위작업 완료율(percent complete)은 총물량 대비 실적물량 등으로 단위작업의 진척정도를 의미
- 진도율은 '단위작업 완료율(percent complete) 가중치' 로 표현

4.1.3 진도관리 방법

- 완료물량 측정(units completed)

  쉽게 측정이 가능하고 각 단위작업에 필요한 노력이 거의 반복적인 작업에 적합하다.
- 진행단계별 측정(incremental milestone)

  순차적으로 진행되는 하부작업군으로 구성되어 있는 작업에 적합하다.
- 시작, 완료 구분에 의한 측정(start, finish)

  하부 작업군 구분이 어렵거나 단위작업 기간별 노력을 측정하기 어려운 작업에 적합하다.
- 추정에 의한 측정(supervisor opinion)

  특정의 측정방법 적용이 어렵지만 상대적으로 주요하지 않은 작업에 적당하다.
- 공사비 비율에 의한 측정(cost ratio)

  기간이 긴 또는 프로젝트가 진행되면서 지속적으로 진행되는 일식으로 예산이 잡히는 작업에 적합하다.

• 가중치에 의한 추정(weighted or equivalent units)

서로 작업진도 측정단위가 다른 몇 개의 하부작업으로 구성된 기간이 긴 작업에 적합하다.

이상의 방법에 의한 실행기성의 측정은 아래와 같이 이루어진다.

실행기성(earned value) = 진도율(percent complete) × 실행예산(budgeted value)

4.2 공정회의 운영 및 공정보고

4.2.1 공정회의 종류 및 운영절차

(1) 주간공정회의

지난 1주간의 공사실적과 향후 3주간의 공사수행 계획(three week daily schedule)에 대한 현황을 분석하고 점검하는 회의로서, 참석 대상으로는 발주자의 공정부장 및 시공부서장 등, 그리고 시공사에서는 시공부서 책임자, 공정부장 & 기술부장 및 기타 관련자 등이 참석한다.

주간공정회의는 요일을 선정하여 매주 개최하는 것을 원칙으로 하고, 회의주재 및 보고는 현장 여건에 따라 조정하며, 제기된 문제점에 대한 조치 목록을 작성하여 관리한다. 회의의 주요 의제로는 다음과 같은 것들이 있다.

- 지난 1주간 실적과 향후 3주간의 일정계획에 대한 현황분석 및 점검
- 주간 주요공사 실적물량 분석 및 향후 추진계획
- 주간 주요자원 투입현황(인원, 자재, 장비 등) 및 향후 투입계획
- 주요 현안에 대한 해결방안 토의 및 추적 관리

(2) 월간공정회의

6개월 단위공정표를 기준하여 월간계획 및 실적을 검토하는 회의로서 매월 실시하며 회의결과에 의거 필요시 공정계획을 수정, 보완한다. 참석대상으로는 발주자의 현장책임자, 공정부장, 관련부서장 등과 시공사의 현장소장, 시공부서책임자, 공정부장 및 기타 관

련자 등이 참석한다.

월간공정회의는 공정관리조직이 주관하며 매월 개최하는 것을 원칙으로 하며, 회의는 현장책임자가 주재하며, 공정부서장이 보고한다. 회의 결과에 의거 필요시 공정계획을 수정, 보완하여 제출하고 제기된 문제점에 대한 조치 목록을 작성하여 관리한다. 월간회의의 주요 의제로는 다음과 같은 것들이 있다.

- 지난달 공사실적 분석과 향후 3개월간의 공사일정 점검
- 주요 공사(critical path) 진척현황 분석 및 향후 추진계획 협의
- 부진공정에 대한 대책수립 및 진행사항 점검
- 월간 품질 및 안전관련 현황점검 및 향후 계획
- 주요 현안에 대한 해결방안 토의 및 추적 관리

(3) 공정촉진회의

분기별 사업실적을 평가하고 향후 공정추진계획을 수립하기 위한 회의로서 부진사업에 대한 촉진대책 수립과 더불어 주요 이정표를 점검하여 공기 준수를 위한 제반 조치사항을 결정하고 시행하기 위한 프로젝트 최상위 책임자급 회의로서, 참석대상으로는 발주자의 사업책임자, PM, 현장책임자, 공정부장, 관련부서장 등이고, 시공사에서는 담당임원, 현장소장, 관련부서책임자, 공정부장 등이 참석한다. 회의는 공정관리조직이 주관하며 분기별로 개최하는 것을 원칙으로 하고, 사업책임자가 주재하며, 현장책임자 혹은 공정부서장이 보고한다. 회의시 제기된 문제점에 대한 조치 목록을 작성하여 추적 관리한다. 주요 의제로는 다음과 같은 것들이 있다.

- 사업비 집행내역 및 향후계획
- 주요 이정표 일정준수 점검 및 향후 대책 논의
- 발주계약 추진현황
- 주요자재 수급현황
- 사업별 주요현안, 공정촉진대책 및 건의사항
- 해당분기 전반에 걸친 공정평가

(4) 기타 공정관련회의

- 계약자가 제출하는 공정표 및 공정관리 절차서를 문서행위 없이 사전 검토회의를 거침으로써, 단시간 내에 작성하여 제출하기 위한 '공정검토조정회의'
- 계약 패키지간 혹은 공구간 시공간섭이 발생하여 지속적으로 인터페이스 관리가 필요한 경우, 회의를 소집하여 간섭사항을 조정함으로써 공사추진을 원활하게 하기 위한 '시공간섭사항 조정회의'
- 감독부서 주관으로 시공공정회의를 개최하여 공사별 계획 대비 실적을 분석하고 필요시 만회대책을 수립하고 목표일정 준수에 차질이 없도록 하기 위한 '시공공정회의'

4.2.2 공정보고 종류 및 절차

(1) 일일공정보고

시공자는 당일 현장에서 수행된 모든 작업 활동에 대한 일일작업보고서를 작성하여 익일 오전까지 보고하며, 주요내용은 다음과 같다.

- 일일 작업내용 및 명일 작업계획
- 일일 투입인원(단위공사별, 작업지역별, 직종별), 투입장비 목록
- 공사수행지역
- 변경공사 사항이나 추가공사 사항
- 기타사항(돌발사항, 특수조건 및 환경 · 민원 등)

(2) 주간공정보고

계약자는 매주 현장에서 수행된 모든 작업 활동에 대해 월요일부터 일요일까지(1주 단위)의 작업사항에 대해 주간공정보고서를 작성하여 차주 월요일 오전까지 보고하며, 주요내용은 다음과 같다.

- 전주에 대한 실적과 향후 3주간의 공정계획
- 공사실적 및 차주계획
- 주요장비 사용실적 및 차주계획

- 인원투입 실적 및 차주계획
- 주요 문제점

(3) 월간공정보고

계약자는 매월 1일부터 말일까지 수행된 공사실적 · 진도와 차월계획을 포함한 모든 작업 활동에 대해 월간공정보고서를 작성하여 익월 5일까지 보고하며, 주요내용은 다음과 같다.

- 전월에 대한 실적과 향후 6개월간의 공정계획
- 공사실적 및 차월계획
- 주요장비 사용실적 및 차월계획
- 인원투입 실적 및 차월계획
- 월간 품질 및 안전현황 분석
- 주요 공정 분석 및 지연공정 만회대책 수립

4.3 공정분석

4.3.1 공기단축 방안

(1) 공정 만회대책 수립 기준

공정 만회대책의 수립 기준은 크게 아래에서 제시되는 4가지가 존재한다.

- 프로젝트 월간공정 달성율 80% 미만시
- 프로젝트 누계공정 달성율 90% 미만시
- 계약자공정표 시설별 누계공정 달성율 80% 미만시
- 지연일수가 잔여공기의 20% 이상 초과시

(2) 공기단축 방안

계약자는 공정운영 중 공정진도가 상기 항목의 기준에 도달하도록 지연된 경우에는 부진사유와 만회대책 및 만회공정표를 작성해야 한다. 한편, 공기를 단축(만회)하는데 기여할 대상공종(작업)을 선정하는 방법은 주공정에서 단축해야 효과가 예상되며, 다음과 같은 순서로 이루어진다.

첫째, 작업방법 변경에 따른 생산성 검토를 수행한다. 구체적으로 작업량 대비 단위시간당 장비능력 및 투입인력 검토, 현장조건 대비 인원, 장비의 효율 검토, 장비 및 인력의 동선, 자재 수급방법 등 작업방법 검토를 수행한다.

둘째, 자원투입의 증대는 인력, 장비 등 가용 자원 증대를 검토하여 이루어진다.

셋째, 패스트트랙(fast track)은 정상적으로는 순차적으로 수행해야 하는 단계이지만 공기를 단축하기 위해 활동을 병행으로 진행하는 일정단축기법이다. 예컨대 설계도면이 완성되기 전에 기초공사를 하는 사례가 있을 수 있다. 이를 위해서는 각 작업장의 동시수행 가능성을 검토하고, 작업장별로 동시에 수행가능 한 공정의 순서를 조정하는 것을 강구하며, 현장조건 대비 작업장에 대한 증가 영향을 검토한다.

넷째, 돌관작업(crashing)을 검토한다. 이는 원가와 일정사이의 절충을 분석하여 최소한의 원가상승으로 최대한의 기간단축 효과를 내는 방법이다. 구체적으로 작업조건 대비 시공계획의 효율성(작업가능시간 등)을 검토하며, 법규, 민원 등을 고려한 심야작업, 소음, 분진 등 안전 환경 대책을 강구하는 것이 있을 수 있다.

4.3.2 최소비용/최적공기 계획법(Minimum Cost eXpediting, MCX)

(1) 목적 및 방법

이 방법의 목적은 각 단위작업의 공기 대 비용의 관계를 조사하여 최소의 비용으로 공기를 단축하는 것이다. 구체적인 절차는 다음과 같다. 우선 주공정상의 단위작업 중 비용경사(cost slope)가 가장 작은 단위작업부터 단축해 가며 이로 인해 변경되는 주공정경로를 따라 단축할 단위작업을 결정한다. 이 방법을 통한 공기단축시 주의할 것은 변경된 주공정을 확인할 때 돌관공사 계획공기 이하로는 공기를 단축할 수 없다는 점이다.

(2) 직접비(Direct Cost) 분석

노무비, 자재비, 장비비 및 운송비 등이 포함되며, 특히 노무비의 경우 공기단축과 더불어 증가한다. 야간작업에 의한 공기단축시에 최소비용, 최적공기 계획법에서는 직접 노무비만을 대상으로 하여 정상계획과 야간작업에 의한 돌관계획으로 구분한다. 돌관작업은 교대작업(shift operations)과 잔업(overtime works)으로 구분되는데, 돌관작업 계획시 비용증가의 요인으로는 작업능률의 저하, 야간작업 수당(incentive cost)의 증가 및 전용자재 및 재작업비 증가 등을 들 수 있다. 공기단축 순서로는

- 주공정상의 단위작업의 소요기간을 단축하되, Semi-CP의 여유공기 내에서 단축
- 비용구배가 적은 단위작업부터 순차적으로 단축
- 다수의 주공정 단위작업들을 가능한 조합방법을 통해 복수화로 편성하고, 각각의 비용구배 합산이 적은 것부터 단축

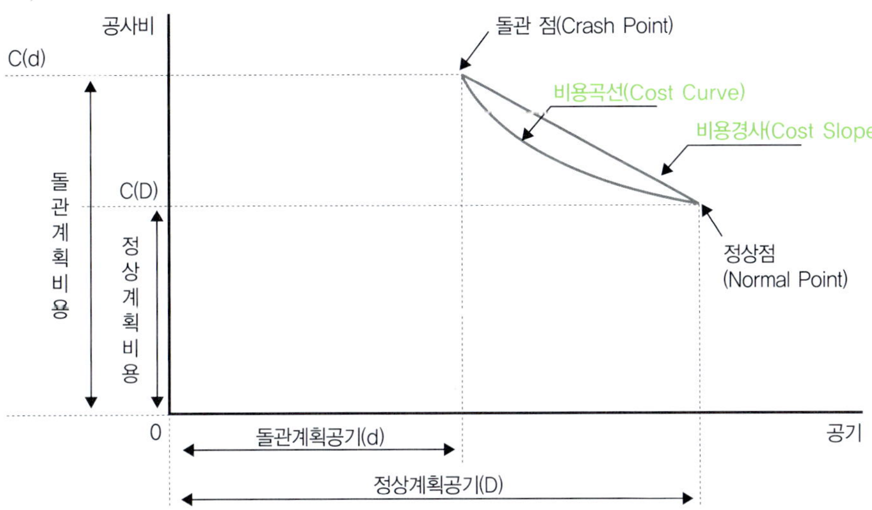

$$(\text{비용구배 (CS)} = \frac{\text{돌관계획비용(Cd)} - \text{정상계획비용(CD)}}{\text{정상계획공기(D)} - \text{돌관계획공기(d)}}$$

그림 6-20 비용구배

(3) 간접비(Indirect Cost) 및 기회손실비용(Opportunity Cost) 분석

일반적으로 공기가 지연되면 이와 비례하여 간접비는 증가되는데, 간접비는 고정적 간접비(세금, 공과금, 산재보험료 등)와 유동적 간접비로 분류되고, 정상공기를 기점으로 하여 공기가 단축됨으로써 얻는 이익으로 자체보상금, 시장이익, 이익금리 등 기회손실비용이 있다.

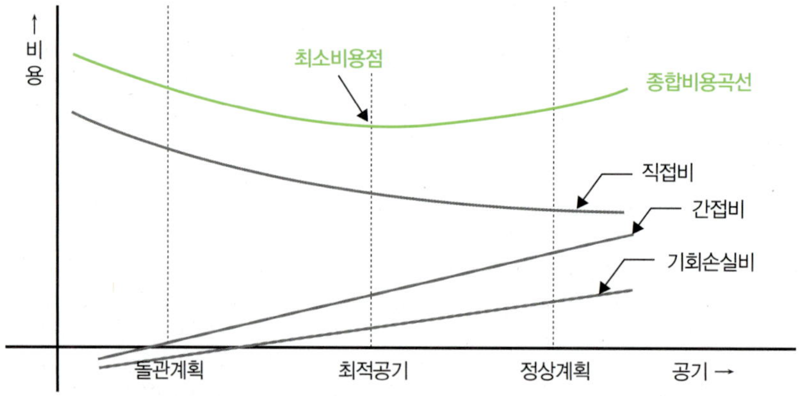

그림 6-21 최소비용, 최적공기 곡선

(4) 종합비용(Total Cost) 분석

그림 6-21에서 보이는 것처럼 공기가 늘어나면 간접비와 기회손실비는 증가하게 된다. 이는 공기가 늘어남에 따라 현장 유지비, 장비임대료 등의 비용이 증가하며, 금리 및 대출금 등의 미활용에 따른 기회비용 역시 증가하기 때문이다. 그러나 직접적으로 공사에 투입되는 자재물량은 감소하므로 직접비는 감소하게 된다. 반대로 공기가 줄어드는 돌관공사의 현장에서는 짧은 시간에 많은 물량이 투입되어야 하는 등의 정반대의 현상이 일어나므로 위와는 정반대의 결과가 나온다. 따라서 직접비와 간접비 및 기회손실비를 고려할 때 종합비용곡선은 위처럼 그려지고 최소비용점은 돌관계획과 정상계획 사이의 어느 지점에서 결정된다.

4.3.3 건설공사 공기연장

(1) 공기지연의 의의

공기지연이란 예기치 못한 여러 환경 및 요인으로 인해 전체 프로젝트의 일부 기간이 당초 계획에 비해 증가하거나 혹은 실행되지 않은 기간을 의미한다. 공기지연은 건설공사에서 피할 수 없는 상황으로 인식되기도 하지만, 이로 인해 발주자와 시공사 모두에게 손실을 야기할 수 있으므로 정확한 지연일수 산정을 통해 합리적인 해결이 요구된다. 미국이나 영국에서는 당초 계획된 각 작업으로부터 지연요인을 찾고, 분석하여 공기지연에 대한 책임소재를 가리는데 CMP(contract management procedure) 기법을 사용하고 있다.

(2) 공기지연의 유형

공기지연의 유형은 크게 '책임소재에 따른 분류'와 '발생시점에 따른 분류'로 대별된다. 우선 책임소재에 따라 분류를 하면 아래와 같다.

- 시공사가 공기연장의 권한을 부여받을 수 있는 지연인 '수용가능 공기지연(excusable delay)'
- 시공사가 공기연장의 권한을 부여받을 수 없는 지연인 '수용불가능 공기지연(non-excusable delay)'
- 시공사가 공기연장의 권한과 함께 손실에 대한 보상도 받을 수 있는 지연인 '보상가능 공기지연(compensable delay)'
- 공사가 공기연장의 권한은 있으나 손실에 대한 보상도 받을 수 없는 지연인 '보상불가능 공기지연(non-compensable delay)'

발생시점에 따라 분류를 하면 아래와 같다.

- 단독으로 발생한 사건으로 인해 해당 단위작업이 전체 완공일자에 영향을 끼칠 때를 의미하는 '독립적인 공기지연(independent delay)'
- 둘 이상 발생한 사건으로 인해 해당 단위작업이 전체 완공일자에 영향을 끼칠 때를 의미하는 '동시발생 공기지연(concurrent delay)'
- 둘 이상의 지연사건이 동시에 발생하여 전체 공기가 지연된 경우인 '연속적 동시발생 공기지연(simultaneous concurrent delay)'
- 둘 이상의 지연이 각기 다른 시점에 발생하여 복합적으로 공기가 지연된 경우인 '비연속적 동시발생 공기지연(non-simultaneous concurrent delay)'

(3) 공기지연 분석

1) 분석 방법

- 계획공정표에 의한 분석방법(As-Planned Method)

당초 예정공정표에 모든 지연 사건들을 정해진 기간 내에 반영하여 한꺼번에 분석하는 방법으로, 지연일수를 측정하는 시점에서 발생된 사건이 전체 공사에 얼마만큼의 영향을 주었는지를 평가하여 산정한다. 다만 최초에 계획한 이론적인 공정표를 작성하므로 실제 작업수행에 의한 영향은 반영하지 못한다는 것이 한계이다.

• 완료공정표에 의한 분석방법(As-Built Method)

당초 계획된 공정과 실제 현장에서 수행된 공정을 비교하여 분석하는 방법으로 가장 널리 인정되는 방법이다. 시공사가 작성한 승인된 계획공정표를 기반으로 실제의 프로젝트 기록을 이용하여 완료공정표를 작성한다. 지연 사건들과 연계된 새로운 일정에 의한 완료공정표를 수립하여 계획공정표와 비교하여 지연일수를 평가한다. 여기서 영향을 받은 작업의 여유일수 만큼 당사자의 귀책이 된다.

• 시간경과에 따른 분석방법(Modified As-Built Method)

당해 시점의 갱신된 기준 공정표를 기준으로 각각의 지연사건의 영향을 받은 작업들이 프로젝트 준공에 영향을 끼치는 요인을 분석하고, 측정하는 방법으로, 현재 가장 많이 채택되고 있는 방법이다. 이 과정에서 부분공정표(sub-network)를 활용하기도 한다. 프로젝트 수행 중에 설계변경이나 공기지연 요인이 발생했을 때 관리, 협상, 해결하는데 효과적이다.

2) 공기지연 분석 순서

공기지연의 분석은 아래의 절차를 밟아 이루어진다.

• 계약서, 도면, 시방서, 공정표, 작업일지, 기타 관련문서 등의 자료를 토대로 지연사건들을 확정, 각 사건들의 책임소재를 밝힘
• 확정된 각 지연사건의 프로젝트 일정에 대한 영향분석을 바탕으로 책임에 따른 지연일수를 산정
• 책임에 따른 지연일수에 근거하여 상호 보상액, 공기연장 승인일수를 산출

3) 공기지연산정 업무 흐름(Flow)

공기지연산정 업무 흐름은 다음과 같다. 우선 설계변경, 공기지연의 사유 및 공기상 영향을 시간대별로 문서화하는 '공기지연사유 문서화' 가 필요하다. 다음으로 문서화된 자

료의 증거를 수집하는 '공기지연의 증빙' 이 요구된다. 이후 공기지연이 발생한 시점의 갱신된 '기준공정표' 를 작성하며 공기지연을 발생한 원인작업에 대한 단위작업을 생성하는 '지연 activity 생성' 단계를 거친다. 또 해당작업의 부분공정표를 작성하여 상기 기준공정표에 선후관계로 연계시키는 '부분망(subnetwork) 작성' 이 필요하며 이와 함께 지연사유를 포함한 기준공정표의 일정을 분석하는 '일정재계산' 을 한다. 상기의 절차를 거쳐 공기지연 단위업무의 책임소재 및 공기지연일을 산정하는 책임소재 및 지연일수 분석이 가능하며 최종적으로 공기지연의 유형에 따른 '지연일수 할당 및 공기 조정' 작업을 한다.

5 결

공정은 공사비, 품질과 함께 프로젝트의 주요 관리분야로 알려져 왔으나, 실 프로젝트에서는 공정업무의 중요성과는 달리 실질적인 공사의 일정관리보다는 대부분 현장에서 공정 전담자도 없이 소극적이고 형식적으로 운영되어 온 측면이 많았다. 또한 공정관리에 대한 일반교육은 실제 건설 공정관리자(scheduler)의 양성보다는 공정관리기법에 대한 이론교육 위주로 진행되다 보니, 일정분석을 위해 실 프로젝트를 분석하고 이해하기보다는 공정관리 전산 소프트웨어 사용방법 등에 치우친 경향이 있었다.

따라서 기존의 공정관리기법은 일부 필요한 부분만 소개하는 정도로만 언급했고, 실무공정관리에 필요한 부분을 집중적으로 표현하기 위하여 실제 프로젝트에서 운영된 공정관리절차서나 공정계획(공정표 포함), 일반 기업이나 공기업에서 사용 중인 실무공정관리지침, 그리고 공정관리 교육자료 등을 발췌하여 정리하였다. 즉, 공정계획수립에 필요한 자료의 수집이나 분석방법, 계획수립업무에 대한 프로세스와 세부 수행업무에 대한 설명 등의 내용을 수록하였고, 공정회의절차, 공정보고체계 그리고 진노관리방법, 공기단축방안 등을 통한 공사 진척관리에 대한 내용을 소개하였다. 이를 통해 공정관리업무를 수행하는 공정전담자나 현장 엔지니어에게 도움이 되길 바란다.

Construction Management A to Z

CHAPTER 7

품질관리 (Quality Management)

1 개 요

오늘날의 제품은 날로 다양화, 복잡화, 고도화, 세계화되고 있다. 이러한 변화에 의거 비 가격요소인 품질이 주요 경쟁수단으로 등장하고, 기업의 성패를 결정하는 중요한 요인이 되고 있다. 또한 품질은 기업의 전략적 과제일 뿐만 아니라 한 국가의 경쟁력 제고를 위한 필수요건으로도 자리 잡고 있다.

건설산업은 60년대 사회간접자본 형성과정과 70년대 이후 해외진출과정을 통하여 국가 기간시설 확보, 주거시설 공급 등 국민복지 향상에 큰 기여를 하였으며, 또한 경제발전에도 일익을 담당하여 국가경제에 막대한 비중을 차지하는 산업으로 발전하였다. 그러나 건설산업의 양적확대에 비해 그 질적 수준은 상대적으로 등한시 되어 왔다. 그 결과 삼풍백화점과 성수대교 붕괴 등 대형참사로 인하여 많은 인명과 재산상의 피해가 발생하였으며 지금도 언론상에 건설현장의 붕괴사고에 대한 뉴스를 심심찮게 접하고 있는 것이 현실이다. 이에 따라 정부와 건설업계에서는 품질관리에 대한 중요성을 재인식하여 일정규모 이상의 공사에 대해서는 품질관리계획을 제출하도록 건설기술관리법을 개정하여 의무화하고 있다.[1)]

건설사업에서는 각 단계별로 수행되는 업무뿐만 아니라, 각종 관리기술 및 요소기술 역시 전체 프로젝트의 품질에 영향을 미친다. 각 사업 단계별로 기획, 타당성 조사, 설계, 발주, 시공 등이 프로젝트의 품질확보에 중요한 영향을 미치며, 공사단계에서 이를 실현하기 위한 공정관리, 원가관리, 안전관리, 시공관리 등의 관리기술과 각 공종별 요소기술 및 관련 자재, 장비의 확보 등 모든 업무가 상호 연관되어 프로젝트의 완성품질에 영향을 미친다. 따라서 오늘날 건설산업에서의 품질관리는 단순한 검사 및 시험활동 위주에서 벗어나 품질방침 및 품질목표의 수립, 품질기획, 품질관리, 품질보증과 품질개선 등의 활동을 모두 포괄하는 품질경영[2)]의 의미를 가진다고 볼 수 있다.

건설사업에는 계약, 원가, 공정, 인원, 품질, 안전, 민원, 리스크 등 여러 가지 관리항목

1) 건설기술관리법 제24조 (2010.4.12. 법률 제10250호).

2) 품질경영(Quality Management, QM): 품질에 관하여 조직을 지휘하고 관리하기 위해 조정되는 활동.

들이 있다. 그러나 이러한 항목 중에 공사가 완료된 후에도 지속적으로 사용자로부터 평가를 받고 건축물의 수명에 영향을 미치는 것이 바로 품질이다. 품질 이외의 항목은 건설공사 기간에 한정하여 관리가 되고 종결이 되지만 건축물의 품질은 사용자가 실제적으로 직접 느끼게 되는 항목이며 그 건물이 수명을 다하는 날까지 내내 함께 하게 된다. 따라서 성공적인 프로젝트의 수행을 위하여 품질에 대한 관리의 중요성은 아무리 강조해도 지나치지 않을 것이다.

일반적으로 우리나라 건설업계에서는 품질관리는 품질담당자가 알아서 하는 것이고 관련 서류만 잘 정리해 두면 되는 것으로 생각하는 경향이 지배적이다. 그러나 실질적인 품질관리를 위해서는 프로젝트 전 과정과 전체 공종에 걸쳐 품질이 확보되어야 하며 최고 책임자(현장의 경우, 해당 프로젝트에 대해 궁극적인 관리책임이 있는 사람: 발주자, 단장 등)의 의지는 물론이거니와 프로젝트 참여자 모두의 협조가 필요하다. 즉, 프로젝트 참여자 모두가 본인이 담당하고 있는 업무에 대해 스스로 품질을 확보한다는 자기 관리(self - management)의 개념을 가져야 할 필요가 있다.

품질관리는 초기에는 주로 결함으로 인한 손실이나 기업 이미지의 손상을 방지하기 위한 수단으로써 제품의 불량검사를 위한 검사 중심의 관리개념이었으나 이후 공정 중심의 관리, 개발 중심의 품질관리단계를 거쳐 기업 내 모든 부서의 참여와 유기적인 노력이 결합된 종합적 품질관리(total quality control, TQC) 개념으로 발전하였다. 이러한 품질관리운동이 일본에 도입되면서 회사 내의 경영자, 관리자, 작업자 등 모든 계층이 참가하는 전사적 품질관리(company-wide quality control, CWQC)로 발전되었으며, 이는 무결점(zero defects, ZD) 운동과 품질분임조(quality control circle)같은 실천적 관리모델로 발전되었다.

1990년대에 접어들면서 품질관리는 고객만족을 우선으로 하는 품질경영 체제로 발전되었으며 품질경영은 최고경영자의 품질방침아래 고객을 만족시키는 모든 부문의 전사적 활동으로써 품질방침, 품질계획, 협의의 품질관리, 품질보증 및 품질개선을 포함하는 넓은 의미의 전략적 품질관리를 지칭하게 되었다. 결국 현대의 품질관리는 전사적, 종합적으로 전개되는 품질경영(total quality management, TQM) 체제로 변환되고 있다. 따라서 TQM은 QM과 TQC를 바탕에 두고, 기업문화의 혁신을 통한 구성원의 의식과 태도 등에 중점을 두고 있다.

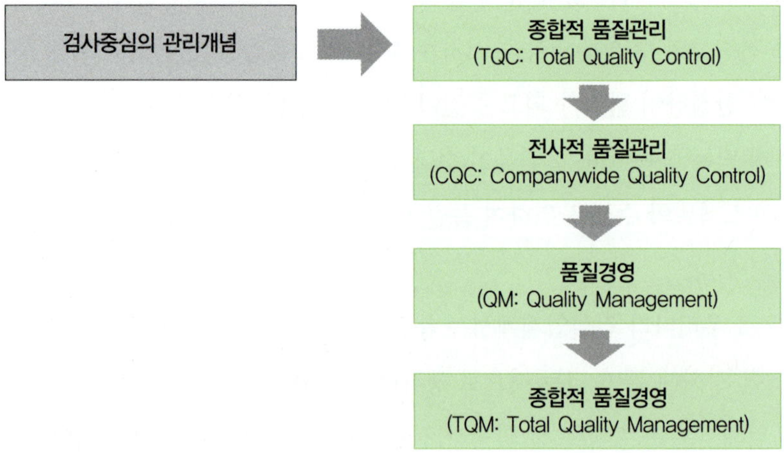

그림 7-1 품질관리 개념의 변화

미국의 PMBOK(Project Management Body of Knowledge)에 의하면 품질관리를 다음과 같이 정의하고 있다.

> "Project Quality Management includes the process required to ensure that the project will satisfy the needs for which it was undertaken."

즉, 프로젝트 단위의 품질경영이란 수행된 프로젝트가 필요한 사항들을 만족시킨다는 것을 보증하기 위해 요구되는 절차를 의미한다. 품질경영은 크게 품질계획(quality planning), 품질보증(quality assurance), 품질관리(quality control)로 분류되며, 프로젝트의 모든 단계 및 분야에 영향을 미친다. 따라서 기획, 타당성 조사, 설계, 발주, 시공 등 각 단계별로 품질에 영향을 미치는 다양한 요소를 관리하고 개선하는 프로젝트의 전(全) 단계에 대한 전사적 품질관리가 요구된다.

표 7-1 PMBOK Project Quality Management

PROJECT QUALITY MANAGEMENT

8.1 Quality Planning

1 Inputs
1. quality policy
2. scope statement
3. product description
4. standards and regulations
5. other process outputs

2 Tools and Techniques
1. benefit/cost analysis
2. benchmarking
3. flow-charting
4. design of experiments
5. cost of quality

3 Outputs
1. quality management plan
2. operational definitions
3. checklists
4. inputs to other processes

8.2 Quality Assurance

1 Inputs
1. quality management plan
2. results of quality control measurements
3. operational definitions

2 Tools and Techniques
1. quality planning tools and techniques
2. quality audits

3 Outputs
1. quality improvement

8.3 Quality Control

1 Inputs
1. work results
2. quality management plan
3. operational definitions
4. checklists

2 Tools and Techniques
1. inspection
2. control charts
3. pareto diagams
4. statistical sampling
5. flow-charting
6. trend analysis

3 Outputs
1. quality improvement
2. acceptance decisions
3. rework
4. completed checklists
5. process adjustments

2 건설공사의 품질관리

2.1 건설산업의 특징

건설은 제조산업과 같이 장비가 설치되어 있고, 적절한 업무환경이 갖추어져 있는 실내에서 제품을 생산하는 것이 아니다. 건설의 특성은 매번 새로운 환경, 자재, 사람, 공법을 가지고 외부에서 현장생산을 해야 한다. 즉, 열악한 환경에서 제품을 만들어내야 하는 어려운 작업이다. 또한 여러 개의 작업이 동일한 장소에서 동시 다발적으로 진행된다는 특징이 있다. 하나의 건축물을 만들기 위해 현장에서 적용되는 공종은 그게 도목, 건축, 기계설비, 전기설비, 인테리어 및 조경공사로 나눌 수 있다. 또한 이를 세부작업군별로 나누면 그야말로 수십 종류의 작업이 하나의 건물을 만들기 위해 한정된 공간에서 동시에 진행되어야 하는 복잡성을 가지고 있다.

따라서 이러한 환경 속에서 일정 수준 이상의 품질을 갖춘 건축물을 만들기 위해서는 일반 제조공장에서 물건을 만들어내는 경우보다 훨씬 더 세밀하고 철저한 관리가 필요하다.

표 7-2 건설산업의 특징(제조업과의 차이점)

구분	건설산업	제조업
생산형태	• 수주생산 • 단품생산(1회성)	• 대량생산 • 반복생산
생산여건	• 현장생산(외부) • 현지생산(수시변경)	• 설비가 완비된 공장 • 고정
기능인력	• 고정되어 있지 않음	• 고정인력
제품종류	• 다양한 공사유형	• 어느 정도 일정
표준화	• 고객의 요구수준 다양	• 용이함

건설프로젝트의 초기단계의 품질관리는 사업을 총괄하는 책임자에 의한 기획 및 타당성 조사 등에 대한 정확한 의사결정으로 대신할 수 있다. 기획, 타당성 조사는 원가관리, 일정관리 등의 품질과 밀접한 관계가 있으며, 특히 초기 사업비 계획(cost planning)의 실패는 프로젝트 전체의 품질에 영향을 미친다. 설계단계에서는 사업비 계획과 병행하여 자재 및 장비의 사양과 각 공종간 인터페이스 등을 감안한 현장여건과 각종 요소기술이 잘 반영된 최적의 설계안을 정해진 기간 내에 만들어낼 수 있도록 관리하는 것이 중요하다. 이와 함께 시공단계에서의 시공성(constructability)이 충분히 고려된 설계안을 도출하는 것이 설계 품질관리의 핵심이다.

발주단계에서는 발주자의 요구사항(owner's requirements), 계약조건, 계약범위 등을 기술한 입찰안내서, 현장설명서, 공사계약서 등이 충실하게 작성되어 발주자의 의도를 정확하게 반영함으로써 요구조건에 합당한 시공사를 선정하도록 하는 것이 중요한 품질요소이다.

시공단계에서는 정해진 예산과 기간 내에 설계단계에서 정해진 품질의 건축물이 만들어질 수 있도록 올바른 시공계획을 수립하고, 공종별로 필요한 시험과 검사를 거쳐 잘못된 사항을 시정하며 예방 중심의 관리활동을 통해 품질의 저하를 방지하기 위한 활동을 수행한다. 이와 함께 협력기업의 작업능력 및 자세가 공사의 품질에 실질적인 영향을 미치므로 능력 있는 기업을 선정하고 관리하는 것이 시공단계 품질관리 과정의 핵심이 된다.

실질적인 건물에 대한 품질 평가는 건물 사용자와 유지관리자가 하게 되므로, 유지관리단계의 품질관리의 핵심은 모든 프로젝트 참여자가 설계 및 시공단계에서 유지관리에 대한 효율성을 고려한 품질을 확보하는 것이다.

2.2 건설업의 품질관리 목적과 효과

건설공사에 있어 품질관리의 궁극적인 목적은 발주자의 요구에 합치되는 구조물을 경제적으로 생산하는데 있다. 이를 위하여 적정한 품질기준을 정하고, 이러한 품질기준이 달성되도록 통제하는 활동이 품질관리이며, 그 목적과 효과는 표 7-3과 같다.

표 7-3 품질관리의 목적과 효과

목 적	효 과
시공능률의 향상	• 시공상 불필요한 노력이나 시간 낭비 제거 • 차기 공정에 대한 원활한 작업의 연결 • 올바른 자재의 사용 가능 • 장비 및 설비의 가동률 향상 및 수명 연장
품질 및 신뢰성의 향상	• 품질의 변동이나 불량률 감소 • 시장에서의 신뢰도 상승 및 수주 증대 • 필요한 검사만 실시함으로써 • 신뢰성 높은 분석결과 획득 가능
설계의 합리화	• 설계 및 시방서의 불합리한 점 배제 가능 • 불량요인을 정확하게 배제
작업의 표준화	• 작업표준의 설정 가능 • 작업표준의 준수 및 개선 가능

2.3 건설산업에서 건설사업관리자의 역할

건설사업관리자는 설계관리, 계약관리 및 시공관리 전반에 걸쳐 품질에 관련된 내용의 확인 및 조정을 하여야 하며 품질은 독립된 공정이 아닌 모든 건설단계의 업무에 의해 영향을 받으므로 제대로 된 품질관리를 하기 위해서는 현장경험과 이론에 밝아야 한다. 참고로 원자력 발전소 건설 공사나 해외의 중요한 공사에서는 품질관리를 위해 품질보증(QA)팀에서 프로젝트와 관련된 모든 부서가 품질에 미치는 업무를 규정대로 하고 있는지 감사를 실시한다.

건설사업관리는 혼자서 하는 것이 아니라 분야별 관련 전문가가 모여 하나의 팀으로 전체를 담당별로 검토하면서 전체 프로젝트를 이끌어 나가며 건설사업관리를 총괄하는 단장은 전체 내용 중 주요 포인트를 점검하고 관리하여 전체가 원활히 진행되도록 하여야 한다.

각 단계별로 건설사업관리자가 해야 할 품질관련 업무 사례는 표 7-4와 같으며 이외에도 현장에서 일어나는 거의 모든 업무가 품질에 연관이 되어 있다.

표 7-4 품질관련 업무

단계	품질관련 업무
기획단계	• 프로젝트 예산의 적정성 • 프로젝트 공기의 적정성
설계단계	• 구조계산서 및 구조 도면 확인 • 상세도 및 시공성 • 설계 장비 및 자재의 적절성 • 각종 시스템의 적절성
발주단계	• 입찰자의 시공능력, 재무상태, 신용도 확인 • 입찰 및 평가방법 확인 • 저가입찰여부 확인
시공단계	• 시공계획 검토 • 재재 및 장비 승인 및 검수 • 시공 상세도 검토 • 시공 검사 및 시험 • 설계 도서 Revision관리 및 최신본 사용여부 확인
준공단계	• 준공 검사 • 인수인계 목록 확인 • 예비자재(spare part) 인수인계 • 유지관리 매뉴얼(manual) 인수인계 • 유지관리자 교육

CS(construction supervision)는 시공이 도면과 시방서대로 되는지 확인하는 단순한 감리기능이나 CM은 설계도서가 경제적이고 우수한 공법으로 설계되었는지를 검토하여 보완시키는 종합적인 건설관리업무이다.

건설사업관리자가 발주자와 계약 내용에 따라 CM 업무와 CS 업무를 동시에 수행하는 경우와 CM 업무만을 수행하는 경우로 나눌 수 있다. CM 업무와 CS 업무를 동시에 수행할 경우에는 도면과 시방서를 검토하여 개선안이나 VE(value engineering) 등을 관련법규에 문제가 없을 시 CS 기능을 활용하여 발주자에게 보고 후 진행할 수 있으나, CM기능만 있을 경우 검토내용이 법규에 적합하더라도 감리자의 확인을 받은 후 집행해야 하므로 업무 수행이 지연될 수 있다.

3 단계별 품질관리

건설프로젝트에서의 품질관리는 건설사업관리의 중요한 업무 중의 하나이다. 여기서는 프로젝트 수행단계를 일반적인 건설사업관리의 용역형태인 설계 전 단계, 설계단계, 발주(구매)단계, 시공단계, 시공 후 단계로 나누어 각 단계별로 품질관리를 위해 필요한 사항을 건설사업관리자 입장에서 기술한다.

3.1 설계 전 단계

3.1.1 계약검토

설계 전 단계는 경우에 따라 사업기획과 사업타당성 분석 등의 프로젝트 시행을 위한 기본적인 업무를 포함하기도 하나 일반적으로 프로젝트 수행을 위한 계획을 세우고, 준비를 하는 단계라 볼 수 있다. 따라서 계획을 설정하기 위한 기본단계로 계약검토(contract review) 업무를 우선 실시하여야 한다. 계약검토는 계약서상에 명시된 업무범위(work scope)를 바탕으로 고객의 요구사항(customer requirements)을 정확하게 이해하고, 건설사업관리자가 제공해야 할 용역의 범위를 확정하는 절차이다. 계약검토시 품질확보를 위해서는 계약서상의 업무범위는 물론, 수주나 현장관리를 담당하고 있는 부서와의 협의를 통하여 프로젝트 수주단계에서 고객과 합의된 사항의 유무를 확인하여야 하며, 불명확한 부분은 고객과의 협의를 통해 내용을 분명히 이해하고 업무에 임하여야 한다.

업무범위에 따라 품질관리의 추진방향과 계획이 달라질 수밖에 없다. 업무범위가 불명확할 경우 정확한 품질관리 방향 및 계획이 설정될 수 없고, 그로 인하여 업무의 품질이 저하될 수 있다는 사실을 명심하여야 한다.

3.1.2 품질방침 및 목표설정

업무범위가 확정되면 이를 달성하기 위한 품질방침(quality policy)과 목표(target)를 설정한다. 품질방침과 목표는 프로젝트를 추진하는 책임자의 의지와 추진방향을 제시하는 것이다. 프로젝트 추진에 대한 방향성을 제시하는 품질방침과 목표는 프로젝트 참여자들이 이해하기 쉽고 명확하여야 하며, 무엇을 달성하고자 하는지, 그 수준은 어떻게 되는지를 구체적으로 표현하여야 한다. 형용사적인 표현이나 단순한 생각만을 기술해서는 이해하기도 어렵고, 그 수준을 달성하기도 어렵게 된다. 또한 품질방침과 목표는 모두 현실적이어야 하며, 방침은 방향을 제시하는 것으로 충분하다고 할 수 있으나 목표는 달성여부의 평가가 가능하도록 설정해야 한다.

품질목표는 회사의 품질방침과 현장 특성을 고려하여 현장에서 강조하여야 할 중점관리사항을 정리한 것으로, 품질목표 달성시 현장의 품질향상에 기여할 수 있는 항목을 선정하여 집중관리를 하여야 한다. 한 예로 '현장 용접 결함 5% 이내 달성' 이라든지 '현장 재검사율 10% 감소' 와 같은 구체적인 목표를 선정하는 것이 좋다.

3.1.3 프로젝트 수행계획서 작성

품질방침과 목표가 설정되고 나면 업무범위에 따른 프로젝트 수행계획서(project implementation plan, PIP)를 작성한다. 프로젝트 수행계획서는 업무범위 전반에 대해 목표를 달성하기 위한 구체적인 계획을 기술한 것으로 계약상의 모든 업무범위를 포함하여야 하며, 실제로 적용이 가능한 내용으로 작성되어야 한다. 일반적인 계약의 경우 프로젝트 수행계획서는 업무 착수 후 2주 이내 또는 15일 이내 작성하여 제출토록 되어 있다. 그러나 촉박한 일정에 따라 수행계획서를 작성하다보면 시간이 부족하여 유사 프로젝트의 계획서를 그대로 사용하거나 내용이 일부 누락되고 구체성이 결여되는 등 계획으로서의 타당성이 부족한 상태로 제출되는 경우가 있다. 이러한 오류를 방지하기 위하여 사전에 고객과의 협의를 통해 단계적으로 작성하여 승인을 받는 것이 바람직하며, 승인 후에도 필요에 따라 지속적인 개정이 가능하도록 조치할 필요가 있다. 또한 실제적으로 적용해야 할 시점이 되었을 때 내용이 맞지 않거나 계획의 변경이 필요할 경우에는 즉시 내용을 수정하여 항상 적용 가능한 상태로 유지하여야 한다.

3.1.4 품질관리계획의 수립

업무수행계획서와 별도로 일정 규모 이상의 프로젝트는 법적으로 시공자가 품질관리계획(quality plan) 또는 품질시험계획을 수립하여 발주자에게 제출하도록 되어 있으며

CM은 이를 검토하여 품질확보가 가능한 올바른 계획이 설정되도록 하여야 한다. 건설기술관리법 24조 및 동법 시행규칙 제79조에 의거 품질관리계획을 작성해야 하는 공사는 아래와 같다.

- 전면 책임감리대상 건설공사로서 총 공사비가 500억원 이상인 건설공사
- 다중 이용건축물의 공사로서 연면적이 3만m^2 이상인 건축물의 건설공사
- 당해 건설공사의 계약에 품질관리계획의 수립이 명시되어 있는 건설공사
- 그 외 총공사비가 5억원 이상인 토목공사, 연면적이 660m^2 이상인 건축물의 건축공사, 총공사비가 2억원 이상인 전문공사

건설기술관리법에서 품질관리계획의 구성 내용은 현재 KS Q 9001을 기준으로 설정되어 있으며, 상세는 표 7-5와 같다.[3)]

표 7-5 품질관리계획의 구성 내용

구성 내용	
• 건설공사 정보	• 하도급 관리
• 현장 품질방침 및 품질목표	• 공사 관리
• 책임 및 권한	• 중점 품질 관리
• 문서관리	• 식별 및 추적
• 기록관리	• 기자재 및 공사 목적물의 보존 관리
• 자원관리	• 검사장비, 측정장비 및 시험장비의 관리
• 설계관리	• 검사 및 시험, 모니터링
• 건설공사 수행 준비	• 불일치 공사의 관리
• 계약변경	• 데이터의 분석
• 교육훈련	• 시정조치 및 예방조치
• 의사소통	• 자체 품질점검
• 기자재 구매 관리	• 건설공사 운영성과의 검토
• 지급자재의 관리	• 공사 준공 및 인계

공공공사의 경우 품질관리계획 이행 여부에 대한 '품질관리 적정성 확인'(첨부 7-2 참조)을 관할 관청에서 연 1회 이상 실시하고 있으며, 그 기간은 해당 프로젝트의 준공 2개월 전까지이다.[4)] 서울시의 경우를 예로 들면 서울시 및 산하기관이 발주 · 인가 · 허가 승인한 '품질관리계획 수립' 대상공사에 대하여 '품질관리 적정성 확인'을 연 1회 이상 실

3) 건설기술관리법 시행령 제80조 (2011.4.4. 대통령령 제22829호).
4) 건설기술관리법 시행규칙 제42조 (2011.4.7. 국토해양부령 제349호).

시하고 있으며, "공사기간이 1년 미만이라도 당해 연도와 다음 연도에 공사를 시행할 경우 2회가 적용된다."고 규정하고 있다.

3.1.5 품질시험계획의 수립

전술한 바와 같이 건설기술관리법 24조, 동법 시행령 제79조에 따라, 일정규모 이상의 공사에 대해서는 시공자가 품질시험계획을 수립하여 발주자에게 작성, 제출하도록 되어 있으며, 건설사업관리자는 이를 검토하여 적정성 여부를 판단하여야 한다. 건설기술관리법 시행규칙 제36조에 의거, 품질시험계획에 포함될 내용은 표 7-6과 같다.

표 7-6 품질시험계획서 내용

구성 항목	항목별 상세내용
개요	공사명, 시공자, 현장대리인
시험계획 횟수	공종, 시험종목, 시험계획물량 시험빈도 계획시험횟수 기타
시험시설	장비명, 규격, 단위, 수량, 시험실배치평면도, 기타
시험인력배치 계획	성명, 등급, 품질관리업무수행기간, 기술자자격 및 학력, 경력사항, 기타

3.1.6 문서관리체계 설정

공사현장에서의 문서관리는 공사 품질의 보증 및 대내외 감사 등을 대비한 중요한 업무이다. 이를 위하여 발주자 혹은 관련 기업과 수신, 발신한 일체의 서류, 공사사진, 설계변경 서류, 검측 관련 서류 및 각종 승인서류, 도면, 현장절차서 등의 사용 및 관리를 위한 문서관리 체계를 설정하여야 한다. 특히, 프로젝트 초기에 발생하는 서류부터 본 체계에 따라 관리 및 보관이 가능하도록 초기 설정이 필요하다. 또한 공사 완료 후 확인이 어려운 매립부 등은 사진기록을 철저히 남겨 품질 확인에 이상이 없도록 관리하여야 한다.

공사 규모 및 요구되는 품질 수준에 따라 관리 수준의 차이가 있으므로 필요시 아래와 같은 업무수행기준을 작성한 후 시행한다.

- 보관해야 할 기록의 목록
- 문서의 번호부여체계(numbering system)
- 도면, 도서의 승인절차 및 배포, 관리방법(document control procedure)
- 문서의 보관, 이관 방법에 대한 절차(hand-over procedure)

3.1.7 의사소통체계 설정

대규모의 건설프로젝트를 성공적으로 수행하기 위해서는 각 사업단계별(기획, 설계, 발주, 시공, 사후관리)로 발생하는 각종 정보를 체계적으로 종합화하여 효과적으로 확보하고, 각 사업주체간 긴밀한 정보공유체제를 유지할 필요가 있다.

PMIS는 기본적으로 프로젝트에 관련된 각종 정보를 신속, 정확하게 파악하고 이를 체계적으로 분석, 보고함으로써 사업관리업무를 수행하기 위한 유용한 도구로 사용할 수 있으며, 예견되는 프로젝트 관리상의 비효율을 제거하고, 최적의 관리체계를 유지하여 최소의 비용과 자원으로 요구품질의 목적물을 달성할 수 있도록 하는 관리기능을 제공한다. 또한, 시스템 내에서 관련 정보를 하나의 체계로 관리함으로써 건설프로젝트를 신속하고 효율적으로 운용할 수 있도록 해주고, 자연스럽게 페이퍼리스(paperless)와 전산화를 이룰 수 있게 된다.

실제로 PMIS의 사용으로 공사 참여주체(발주처, 감리자 및 협력기업 등)간 신속한 업무처리가 가능하고, 필요한 공사정보를 체계적으로 축적, 관리하여 현장을 중심으로 한 온라인 공사 추진이 가능하게 되었다. 따라서 설계 전 단계에서 사업정보관리시스템의 설정을 위한 기본사항을 검토하여 시스템 설정계획을 수립하도록 하고, 정기적인 보고채널이나 협의체 등을 구성하여 별도의 회의 등을 소집하지 않더라도 수시로 관련 정보를 공유하거나 협의를 할 수 있도록 해야 한다.

3.2 설계단계

건축물의 품질은 생산단계 중 어느 한 단계에서 결정되는 것이 아니라 건축생산 프로세스의 전(全) 단계에 걸쳐서 축적된 품질이라고 할 수 있다. 특히, 설계단계의 품질관리는 건축물의 품질을 결정하는 중요한 단계이다. 고객의 요구사항을 충족시키기 위해서는 고객의 요구를 문서화하는 설계작업과 문서화된 요구사항을 실현하는 시공과정이 있게 된다. 고객의 요구사항과 설계시방을 일치시키는 작업을 하는 단계 즉, 설계단계에서 확보해야 하는 품질을 설계품질이라 하고, 설계시방에 따라 실제 건축물을 축조하는 단계에서 달성해야 할 품질수준을 시공품질이라 한다. 설계품질의 확보는 시공품질과 직결됨을 인식하고, 설계품질의 관리에 더 많은 노력을 기울여야 한다. 이러한 내용을 그림으로 표시하면 그림 7-2와 같다.

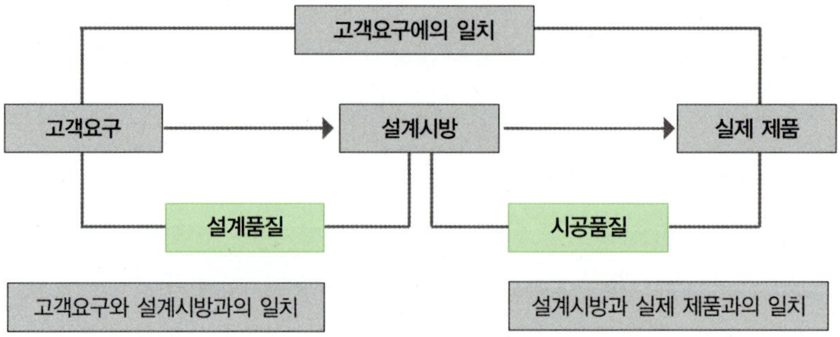

그림 7-2 설계품질과 시공품질

본 절에서는 설계단계를 기본 설계단계와 실시 설계단계로 나누어 해당 설계도서의 완성도와 설계수준의 관리방안에 대하여 기술한다.

3.2.1 기본 설계단계

기본 설계단계는 프로젝트의 개략적인 품질수준을 설정하는 단계로 설계 전(前) 단계에서 설정된 품질목표와 품질수준을 설계도서로 나타내는 작업이다. 본 단계에는 프로젝트를 총괄할 수 있는 권한을 가진 적절한 기구 또는 조직을 갖추고, 품질관리 사항에 대한 조정을 통하여 일관된 의사결정과 관련 이해집단의 의견 조정이 이루어지도록 해야 한다. 이는 발주자의 요구사항을 분석하고, 사업성 분석, 프로젝트 파이낸싱(project financing), 현금 유동성 및 사업 수익성 등을 분석하는 단계로 사업비 계획(cost planning)과 병행하여 프로젝트의 품질수준을 결정하게 된다. 즉, 원가배분, 부분별 견적 등 사업비 계획을 실시하여 품질목표를 조정하고, 실시설계나 시공 중 과도한 설계변경을 방지해야 한다.

3.2.2 실시 설계단계

실시 설계단계는 기본설계에 따라 공정별 상세도를 검토, 작성하고 공종간 인터페이스 및 각 요소 기술을 반영한 도면을 작성하는 단계이다. 본 단계에서의 설계도서 검토는 시공단계의 품질에 큰 영향을 미치므로 설계단계의 품질관리 절차를 수립하여 관리하여야 한다.

실시 설계단계에서 주요 검토항목은 아래와 같다.

- 도면 오류 및 법규 검토
- 현장 조건에 부합 여부
- 시공의 실제 가능 여부(construction practicability)
- 타 사업 또는 타 공정과의 상호 부합 여부
- 설계도면, 시방서, 구조계산서, 산출내역서 등의 내용에 대한 상호 일치 여부
- 설계서에 누락, 오류 등 불명확한 부분의 존재 여부
- 발주청에서 제공한 공종별 목적물의 물량내역서와 시공자가 제출한 산출내역서 수량과의 일치 여부
- 연관 공정 및 공종별 인터페이스 검토
- 마감 상세도 검토 각 공종별 적용 내용상 문제점 검토, 확인
- 설계 각 분야별 인터페이스 통합관리를 실시하고 시공 전문가가 참여하여 시공성을 검토하여 시공성 향상

3.2.3 설계감리단계

(1) 설계감리 대상

건설기술관리법 시행령 제72조의 규정에 의하여 설계감리를 하여야 하는 용역은 아래와 같다. 다만, 제84조 제1항부터 제6항까지의 규정에 따른 기관 또는 「지방공기업법」에 따른 지방공사가 시행하는 설계로서 해당 기관 또는 공사의 소속 직원이 용역감독 업무를 수행하는 설계와 「국가를 당사자로 하는 계약에 관한 법률 시행령」 제87조 제1항 및 「지방자치단체를 당사자로 하는 계약에 관한 법률 시행령」 제100조 제1항에 따른 일괄입찰의 실시설계 적격자가 시행하는 실시설계는 제외한다. 제1항의 규정에 의한 일괄입찰의 실시설계 적격자가 시행하는 실시설계는 제외한다.

- 시설물의 안전관리에 관한 특별법에 의한 1종 시설물의 건설공사의 기본설계(발주청이 설계감리가 필요하다고 인정하는 경우에 한한다) 및 실시설계
- 신공법 또는 특수공법에 의하여 시공되거나 주요 구조물이 포함되는 건설공사로서 발주청이 설계감리가 필요하다고 인정하는 공사의 기본설계 및 실시설계

- 신공법 또는 특수공법에 따라 시공되는 구조물이 포함되는 건설공사로서 발주청이 설계감리가 필요하다고 인정하는 공사의 기본설계 및 실시설계
- 그 밖에 발주청이 설계감리가 필요하다고 인정하는 건설공사의 기본설계 및 실시설계

(2) 설계감리의 주요 내용

관련 법에 의한 설계감리의 주요 내용은 표 7-7과 같다.[5]

표 7-7 설계감리의 주요 내용

검토 항목	항목별 주요 검토 내용
설계안의 내용	① 설계공정의 관리 ② 설계의 경제성 검토 ③ 설계안의 적정성 검토 ④ 설계도면 및 공사시방서 작성의 적정성 검토
시공의 용이성	① 구조물의 설치형태 및 건설공법 선정의 적정성 검토 ② 사용재료 선정의 적정성 검토 ③ 설계내용의 시공가능성에 대한 사전 검토 ④ 구조계산의 적정성 검토 ⑤ 측량 및 지반조사의 적정성 검토
기타	① 건설공사의 관련법령/건설공사설계기준 및 건설공사시공기준 적합성 검토 ② 공사기간 및 공사비의 적정성 검토 ③ 설계감리에 대한 결과보고서의 작성

3.3 발주단계

발주단계에서의 품질관리업무는 프로젝트 수행을 위해 필요한 자원을 확보하는 것으로 시공기업 선정을 위한 평가기준의 설정, 기자재 수급계획 설정, 중점 품질관리 대상의 선정 관리방안 설정 등으로 분류할 수 있다.

3.3.1 기업 선정

입찰참가자격, 선정된 기업의 평가방법, 평가기준 등 기업 선정기준은 발주자와의 협의하에 사전에 결정하여야 한다. 입찰안내서는 발주자의 요구사항을 반영한 내용을 분야별로 세밀히 작성하여야 한다. 입찰안내서의 구성은 발주방법에 따라 차이가 있으나 설계 · 시공 일괄입찰의 경우 공사입찰 유의서, 공사계약조건, 설계지침, 시공지침, 공사관리지

5) 건설기술관리법 시행령 제73조 (2011.4.4. 대통령령 제22829호).

침, 설계도서 작성지침, 평가기준, 기타 참고자료 등으로 이루어지며 건물의 실별, 부위별 요구성능, 장비의 성능, 규격 및 대수, 하자보증기간, 부속자재(spare part) 제공내역, 공사보험 종류, 해당 프로젝트 특성상 중요사항을 정확히 명기해야 한다.

현장설명서에는 현장 및 주변에서 발생할 수 있는 예측 가능한 모든 상황을 명기하고 '본 현장설명서는 계약 후 계약서의 일부가 된다.' 는 사항을 명시해야 하며, 특히 주변 건물, 대지 등 사전 조사관련 사항 및 민원에 관련되는 사항은 세밀히 설명하고 기록하여야 한다. 기록된 사항에 대하여는 기업 참석자의 서명을 받고, 질의응답 내용은 모든 입찰 참여자에게 통보해야 한다.

3.3.2 기자재 수급계획

발주단계에서는 설계도서와 시방서에 따른 사용 자재의 품질을 확보하는 것이 중요하다. 이를 위해 체계적인 기자재 수급을 위한 기자재 수급계획을 작성하여야 한다. 기자재 수급계획은 승인이 필요한 자재의 항목, 승인방법 및 절차, 롱리드 아이템(long lead items) 관리계획을 포함하여야 하며, 각각의 자재에 대한 발주시기, 중간검사 및 반입검사 방법, 현장 내의 자재관리 방안 등을 설정하고, 발주자 지급자재(owner furnished items)가 있을 경우 해당 자재에 대해서도 사전 관리방안을 설정한다.

3.3.3 중점품질관리대상의 선정

프로젝트의 품질확보를 위해서는 관련되는 모든 사항을 사전에 수립된 계획과 절차에 의거하여 철저히 관리해야 하지만 프로젝트의 특성에 따라서 중점적으로 관리해야 할 필요가 있는 항목들이 존재한다. 이러한 항목들은 중점품질관리대상으로 선정하여 다른 항목들과는 차별화된 관리를 해야 한다. 이를 위해 중점관리가 필요한 대상을 선정하고, 요구되는 품질수준을 명시하여 이를 달성하기 위한 관리방안을 설정한다. 관리방안의 형태는 별도로 정해져 있지 않으나 관리대상 항목, 항목별 요구되는 수준, 수준을 달성하기 위한 관리방안, 결과를 확인하기 위한 검사방법, 시점 등을 설정하여 시공단계에서 적용할 수 있도록 한다.

3.4 시공단계

시공단계에서의 품질관리는 도면, 시방서 및 사전에 설정된 계획에 따라 관련 사항을 준비, 확인하고, 검사 및 시험을 하는 과정을 반복함으로써 요구되는 품질수준을 유지하는 것이다.

3.4.1 시공단계 품질관리 중점사항

시공단계의 품질관리 사항 중 초기단계의 주요 검토업무는 아래와 같다.

첫째, 협력기업의 선정이다. 이와 관련된 중요한 품질관리 검토사항은 우수기업을 대상으로 입찰대상기업을 선정하고, 시방서, 계약서 등 계약서 내용과 품질 중점관리 사항을 기록하는 것이다.

둘째, 킥오프미팅(kick-off meeting)이다. 이 단계에서는 시공사의 시공계획에 대해서 검토하고, 품질, 안전대책 검토 및 미진사항을 협의하여 해결하는 것이다.

셋째, 착공 전(前) 승인단계이다. 이와 관련한 검토사항은 인원 및 자재 투입계획의 승인, 자재의 재질 및 성능 검토 후 자재의 승인, 시공계획서 및 시공상세도 승인, 검사, 시험계획서 작성 및 검사 시점 협의 등이 있다.

시공단계의 단위 항목에 대한 품질관리 사례로 콘크리트 타설작업의 품질관리에 대한 검토사항을 살펴보면 아래와 같다.

첫째, 시공 전(前) 단계에서는 선(先) 공종의 완료상태를 점검하고 후속(後續) 공종의 준비상태를 검토해야 하며, 공구, 도구의 준비상태 및 검교정 여부를 점검해야 한다.

둘째, 시공 중에는 사용자재의 적정여부를 점검하고, 사용량 및 배합비 등을 점검하며, 비파괴시험 등 필요한 시험을 실시한다.

셋째, 시공 후 단계에서는 양생방법 및 양생기간의 준수 여부를 검토하며, 시공 후 파손방지를 위한 보양이 필요하다. 또한, 공장방문 검사에서는 장비, 작업장, 생산부하, 야적장 등 공장의 품질수준, 시설 및 부하를 점검하고, 주요 공종의 경우 제작과정에 입회하여 검사 및 시험을 실시하고, 제작완료 후 최종 성능검사를 실시해야 한다. 현장 인수검사는 시방서, 도면과 비교하여 치수, 외관, 수량 등 육안검사 위주로 실시하는 것이 중요하며, 주요 자재 등은 외부 공인기관에 의뢰시험 실시를 하는 것이 바람직하다.

시공단계의 중점 품질관리 사항은 첨부 7-3과 같다.

3.4.2 시공사 및 하도급 기업 킥오프미팅(Kick-Off Meeting)

현장의 품질관리 향상을 위해서 시공사 및 협력기업의 품질의식이 매우 중요하다. 물론 우수한 회사도 일부 있으나 많은 시공사나 협력기업은 기술력과 품질의식이 부족한 실정이며, 철저한 관리가 이루어지지 않을 경우 일의 능률만 생각하고 품질은 등한시하는 경우가 많다.

따라서 공사 시작 전(前)부터 시공사나 협력기업의 품질의식을 향상시키기 위해서는 킥오프미팅이 필수적이다. CM단도 킥오프미팅 전에 관련 시방규정 및 설계도서를 숙지하고, 시공사와 협력기업이 이행할 사항을 정확히 요구해야 하며, 발주자와 CM사가 설정한 품질방침 및 목표를 전달하고, 이의 달성방안을 관계자 협의해야 한다. 킥오프미팅시 포함되어야 할 사항은 아래와 같다.

- 현장 개요
- 공사 조직 현장조직표
- 공사 세부공정표
- 주요 공정의 시공절차 및 방법
- 주요 설비 보유현황 및 주요 장비 동원계획
- 주요 자재 및 인력투입계획
- 검사 및 시험 빈도, 일정 등 품질관리대책
- 안전대책 및 환경대책

3.4.3 자재 및 장비선정

자재 및 장비의 공급원을 직접 방문해서 검사하거나 서류상으로 검사를 한 후 자재 및 장비공급원을 승인하여야 한다. 이후 자재 및 장비의 도면, 시방서, 제작도면 또는 샘플을 제출받아 승인을 하고, 승인제품이 반입되는지 추적관리를 하여야 한다.

3.4.4 시공계획

토목, 건축, 전기설비, 기계설비 등 공종별 요소 기술을 확보하고 공법을 결정하는 것은 전체 품질에 큰 영향을 미친다. 예를 들면 가장 일반적인 가설공사 시공계획이 잘못될 경우 작업 자체가 불가능한 경우가 발생할 수 있고, 설사 작업이 가능하다고 하더라도 안전성과 시공성이 저하되어 품질 및 공정에 큰 영향을 미칠 수 있다. 더구나 요소기술에 대한 시공계획이 잘못될 경우에는 품질관리에 더 큰 영향을 미친다. 따라서 사전에 공종별 요소기술에 대한 시공계획을 작성하여야 하며, 본 계획에 포함되어야 할 주요 사항은 아래와 같다.

- 프로젝트 개요
- 인원 투입계획, 자재, 장비 투입계획
- 가설공사계획, 토공사계획
- 공정관리계획, 품질관리계획, 안전관리계획, 환경관리계획
- 골조공사계획, 외장, 마감공사계획, 인테리어공사계획
- 기계설비공사계획, 전기설비공사계획

3.4.5 시공상세도(Shop Drawing) 검토 및 승인

시공상세도는 중요한 부위, 시공이 어려운 부위, 타 공종과 연계된 부위 등에 대하여 현장을 실측한 후 종합적으로 작성하여야 한다. 시공상세도의 작성항목 사례는 다음과 같다.

- 비계, 동바리, 거푸집 및 가교, 가도 등의 설치상세도 및 구조계산서
- 구조물의 모따기 상세도
- 옹벽, 측구 등 구조물의 연장 끝부분 처리도
- 배수관, 암거, 교량용 날개벽 등의 설치위치 및 연장도
- 철근 배근도에는 정, 부철근 등의 유효간격 및 철근 피복두께(측, 저면) 유지용 스페이서(spacer) 및 체어 바(chair bar)의 위치, 설치방법 및 가공을 위한 상세도면
- 스페이서 또는 체어 바 등은 철근 및 콘크리트 타설시의 하중에도 각종 철근간격이 충분히 유지될 수 있도록 그 위치를 설정
- 스페이서 또는 체어 바 등의 철근 가공 및 설치상세도에는 주철근 등 각종 철근간의 순간격, 거푸집과 철근간의 순간격 등을 고려하여 그 수치를 표시
- 시공이음, 신 · 수축 이음부의 위치, 간격, 설치방법 및 사용재료 등 상세도면과 시공법
- 철근 겹이음 길이 및 위치(철근의 이음부는 구조상 약점이 되는 곳이므로 최대 인장응력이 작용하는 곳에서는 이음 금지)
- 콘크리트 타설 시공순서 및 시공법

- 기타 규격, 치수, 연장 등이 불명확하여 시공에 어려움이 예상되는 부위의 각종 상세 도면
- 천공패턴, 천공배열도 및 기폭배열도, 발파용 매트나 덮개표준도

건축공사의 경우 시공상세도의 주요 검토항목은 다음과 같다.

첫째, 골조공사의 경우에는 거푸집 멍에, 장선, 폼타이의 간격, 철근 이음 및 결속, 동바리 종류 및 간격, 골조 단(段)차이 부위 상세, 타 공종과 간섭 또는 관통부위 등을 검토하여야 한다.

둘째, 철골 제작 도면의 경우 개선처리, 목두께, 용접길이, 볼트구멍 간격, 볼트 크기, 부재 크기, 스터드 볼트(stud bolt) 크기 및 간격, 절 높이 나누기 등을 검토하여야 한다.

셋째, 마감공사의 시공 상세도는 마감재 종류별 시공 상세도, 이질재 접합부 상세도, 형태가 복잡한 부위 실측 상세도, 줄눈 나누기도 등을 검토하여야 하며 구조상 확상 줄눈(expansion joint) 부위의 마감처리는 특히 유의하여 검토하여야 한다.

넷째, 각 공종이 모두 연관되는 천장 시공상세도는 각 공종의 천장 시공상세도를 한 CAD 도면에 작성하여 총괄 책임자가 조정하여야 한다. 그리고 최종적으로 공장제 작품에 대한 제작도면을 제출받아 검토해야 한다. 또한, 시공상세도의 검토시 설계도면 및 시방서 또는 관계 규정에 일치하는지 여부, 현장기술자, 기능공이 명확하게 이해할 수 있는지 여부, 실제 시공 가능한지 여부, 안전성의 확보 여부, 계산의 정확성, 제도의 품질 및 선명성, 도면작성 표준에 일치 여부, 도면으로 표시 곤란한 내용은 시공시 유의사항으로 작성되었는지의 여부 등을 검토하여야 한다.

3.4.6 검사 및 시험

(1) ITP(Inspection & Test Plan)

검사 및 시험을 할 경우 사전에 관련 계약서 및 시방서에 의거하여 검사 및 시험 빈도를 작성하고, 공사관계자가 시험 빈도를 알 수 있는 양식으로 발주자 및 건설사업관리자의 승인을 받아야 한다. 또한 공사 진행 순서를 나열한 후 검사 및 시험 시점을 지정하여 감독자의 검사를 받아야 한다. 현장에서 적용된 ITP의 사례는 표 7-8과 같다.

표 7-8 ITP(Inspection & Test Plan) 사례

Item No.	공종별 검사/시험항목	인수적용	검사	시험	검사/시험빈도	관련 근거 (시방서/절 합격기준	합격기준	적용양식	Grade
1	골재								
1.1	1) 잔골재 시험			✓	골재원마다, 1000㎥마다	KSF 2502 KSF 2515	FM2.4~3.1	A-011	
	2) 굵은골재 시험			✓			FM5.6~5.8	A-012	
	3) 염화물 함량			✓	회사별 일 3회			A-013	
1.2	레미콘								
	1) 스럼프테스트			✓	150㎥마다	KSF 2402	±2.5cm	C-021	
	2) 공기량 시험			✓		KSF 2421	±1.5cm	C-022	
	3) 염화물 함량			✓		KSF 2515	$0.3kg/cm^3$ 이하	C-023	
1.3	경화된 콘크리트								
	1) 압축강도			✓	150㎥마다	KSF 2405	기준강도	C-024	

(2) 공정검사표(Process Control Sheet, PCS)

공정검사표(PCS)는 시공계획서 작성시 공정 및 시험 순서를 기술하고 발주자와 건설사업관리자가 검사 및 시험을 하는 시점을 약속하는 서류이다. 이를 통해서 공사가 지정된 단계에 도달하면 시공자는 건설사업관리자 및 발주자에게 통보하여 품질검사의 누락없이 시공될 수 있도록 하여야 한다.

표 7-9 공정검사표(Process Control Sheet, PCS)

공종명: 철근콘크리트공사		개정	시공자			CM단			감독관			
위치: 1층 D ZONE		0										
번호	공정단계서술	참조문서번호	시공담당자			CM단			감독관			비고
			일자	확인	지시	일자	확인	지시	일자	확인	지시	
	먹놓기			H			H			W		
	기초철근배근			H			H			W		
	기초형틀설치			W			W			W		
	기초CON'C타설			H			H			H		
	1층 PC기둥설치			W			W			W		
	1층 PC기둥그라우팅			H			H			W		
	양생			W			W			W		

범례 - W: 입회점, H: 필수입회점

※ 첨부: 위치도, 체크리스트, 시공계획서 등 필요사항.

(3) 공종별 중점품질관리 항목

1) 토공사

표 7-10 토공사 공정별 중점품질관리 항목

공종	관리 항목
엄지말뚝 및 흙막이판	천공 수직도, 띠장 및 버팀대의 설치 간격 및 규격, 밀착상태
지하 연속벽	천공 수직도, 굴착면 붕괴방지 조치 및 단면 유지 상태, 굴착 깊이
어스앵커	앵커간격, 각도, 길이, 인발강도, 그라우팅 흐름 시험(flow test) 및 강도시험

2) 지정 및 기초공사

표 7-11 지정 및 기초공사 공정별 중점품질관리 항목

공종	관리 항목
직접 기초	평판재하시험
콘크리트말뚝	말뚝 균열여부 확인, 리바운드 체크, 정재하시험, 수직도, 연약지반의 부마찰력에 의한 파일 들뜸
강재말뚝	수직도, 정재하시험 또는 동재하시험, 이음부 용접검사

3) 철근콘크리트 공사

표 7-12 철근콘크리트 공사 공정별 중점품질관리 항목

공종	관리 항목
철근	철근 인장력 시험, 철근 종류 표시 확인(철근 단부 규격 표시 색상 확인)
콘크리트	레미콘 공장 점검, 레미콘 배합표 점검 및 함수율 보정여부 확인, 콘크리트 시험(스럼프, 공기량, 염화물, 압축강도), 수조 온도 유지 여부, 콘크리트 시공계획서(타설 및 양생), 균열관리대장 작성
시공	타설시 온도, 콘크리트의 다짐, 양생, 거푸집 및 동바리 해체의 적정성 피복두께, 콘크리트 표면마감, 철근조립 간격, 철근 이음, 철근 결속 상태

4) 프리캐스트 콘크리트공사

표 7-13 프리캐스트 콘크리트 공사 공정별 중점품질관리 항목

공종	관리 항목
부재	부재 제작 공장 점검, 공장 제작 및 양생상태 점검, 부재의 운반계획, 보관상태
시공	양중계획, 수직도 및 이음부 겹침 길이, 결합 부위 충진 및 양생 방법

5) 철골공사

표 7-14 철골공사 공정별 중점품질관리 항목

공종	관리 항목
재료	철강재 종류 및 규격, 용접봉 종류, 볼트 규격 및 길이
내화피복	재료, 두께, 밀도, 부착력, 총 자재 사용량 확인
시공계획	철골나누기, 장비 사용계획, 조립계획, 수직도관리계획 등 시공계획
시공	수직도, 위치 확인, 볼트체결 상태, 용접상태

6) 벽돌 및 블록공사

표 7-15 벽돌 및 블록공사 공정별 중점품질관리 항목

공종	관리 항목
일반사항	콘크리트 벽돌은 제품 30,000매당 1회 품질시험
쌓기	줄눈 폭 및 모르터의 충전상태, 배선을 위한 홈파기시 보강, 1일 시공 높이(1.2m), 준수, 조적 상단부 모르터 충전 상태, 콘크리트 및 벽돌의 규격의 적정성, 정착철물의 연결상태
인방보	좌우가 벽에 20cm 이상 물림

7) 마감공사

표 7-16 마감공사 공정별 중점품질관리 항목

공종	관리 항목
석공사	석재 품질 확인, 석재 나누기도, 석재 시공 방법
타일공사	타일 나누기, 타일 자재 규격, 줄눈 두께, 코너비드의 종류
방수공사	방수자재 적정성, 모체 건조상태, 도막두께, 접착상태, 확장 줄눈 처리방법
지붕 및 홈통공사	이음부 처리상태, 경사도, 거터(Gutter) 및 선홈통 처리
커튼월공사	목업(mock-up) 도면 작성, 목업 시험결과에 따른 시공도면 보완, 목업 시험과 동일한 방법대로 시공 여부, 외부에 노출되는 부위 미관
미장공사	몰탈 강도, 재시공 시간 간격, 표면 상태 및 평활도
창호공사	수직도, 조립상태, Sealing, 하드웨어 적정성, Mock-up Test
도장공사	용도에 따른 도장 종류, 도막두께, 부착력, 면처리 및 표면 상태

3.4.7 부적합 사항 처리방안

(1) 부적합 사항 처리절차 마련

부적합 사항 처리절차는 NCR(non-conformance report)이라는 양식으로 작성, 관리하

는 것이 일반적이며 관련 절차에 따라 보수방법을 작성하여 승인을 받고, 보수결과를 확인하는 과정을 거치게 된다.

(2) 부적합 사항 통계 작성

부적합 사항이 발생하면 원인별, 부위별, 기업별 통계를 작성하고 재발방지 대책을 마련하여 현장교육 등의 자료로 활용해야 한다. 아래 통계자료는 대형 프로젝트 수행시 골조공사에서 지적된 내용을 건물별, 원인별로 분석한 자료이다. 본 자료에 의하면 철근피복, 청소, 동바리, 이음부 처리순으로 부적합 사항이 지적되었다. 즉, 이러한 데이터를 활용하여 향후 골조공사시 중점관리항목을 파악할 수 있으며, 동일한 부적합 사항이 발생하지 않도록 사전적인 관리가 가능하다는 이점(利點)이 있다.

표 7-17 S 자동차공장 신축 프로젝트 부적합 사항 분석 사례(동별, 원인별)

동별	총건수	재검	지 적 사 항								계
			청소	철근 간격	피복 두께	철근 이음	동바리	이음부 처리	안전 발판	기 타	
조립동	259	53	27		34	3	8	8	4	40	
도장동	120	20	20	3	16	3	5	9	1	6	
범퍼동	133	18	17		13		2	1		19	
차체동	156	30	27	1	15	2	8	2	2	27	
프레스동	163	16	13	2	14	4	6	2	4	16	
Unit동	288	52	21		31	3	10	5	2	31	
기숙사동	40	2	2		1		1	1	1	1	
연수원	161	28	9		17	2	4	11		18	
부대건물	61	6	1		6	1		1		6	
부대토목	77	6	4		8	1		3	1		
계	1624	263	156	6	184	26	49	43	19	195	

(3) 부적합 사항 분석 및 시정지시서 발부(Corrective Action Request, CAR)

지속적으로 같은 잘못이 반복되고 있거나 현장의 품질관리 시스템상에 문제가 있다고 판단될 경우 CAR을 발행하여 보완을 요구하여야 한다.

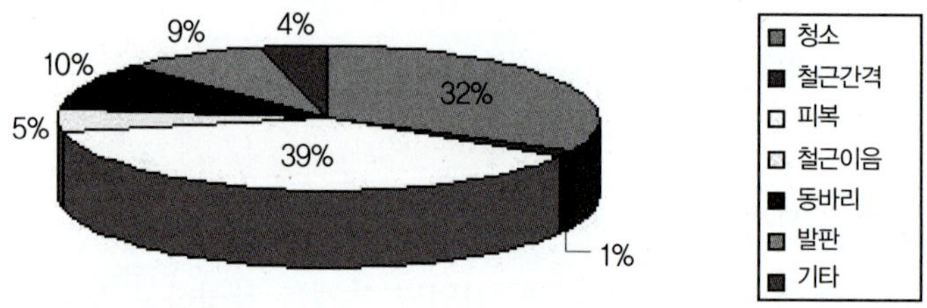

그림 7-3 부적합 사항 원인 분석 사례

그림 7-3에서 보면 철근피복 불량이 39%로 가장 많고, 청소가 32%로 두 항목이 전체의 2/3 이상을 차지하고 있다. 따라서 현장 정황상 철근피복이나 청소가 잘못되는 이유가 시스템상의 문제로 판단될 수 있으며, 이러한 경우 CAR을 발행하여 보완을 요구하여야 한다.

(4) 개선안 마련

품질관리의 전형적인 개선안은 P-D-C-A Cycle이다. 이는 계획(plan), 실행(do), 평가(check), 개선(action)의 활성화를 의미하는데 철저한 시공계획과 현장점검을 통해 문제점을 파악, 분석하고, VE(value engineering) 및 기술개선을 통하여 지속적으로 품질을 향상시켜야 한다.

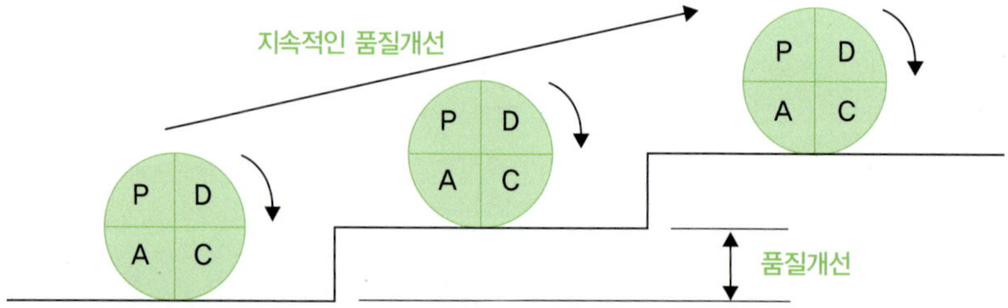

그림 7-4 지속적인 품질개선 개념

3.4.8 공사실명제

(1) 공사실명제의 취지

공사실명제는 부실시공을 막고 시공관리자의 책임의식을 높이기 위하여 건설기술관리법 제 35조에 따른 훈령으로 규정된 내용으로 건설공사 준공시 공사명 · 기간 · 발주자 · 시공 · 설계 · 감리 · 감독 · 기술준공검사자의 이름이 기재된 공사준공 표지판을 당해 시설물에 부착하도록 의무화하고 있다. 제도의 실효성에 대해서는 여러 의견이 있을 수 있으나 법적 요구사항을 만족시키기 위하여 이에 대한 관리가 필요하다.

(2) 공사실명제 기록대장

건설교통부는 또한 십장(什長), 기능공, 장비임대업자 등 각종 공사에 참여한 사람들의 이름을 기재한 시공관리대장을 의무적으로 발주기관에 신고하도록 하고 있으며 공사 진행에 따라 아래와 같이 콘크리트 타설 참여자(기능공 포함) 실명부 및 공사참여자(기능공 포함) 실명부를 작성, 관리하여야 한다.

표 7-18 공사참여자 실명부 양식

작업일	작업위치 및 공종	소 속	직 위	성 명	주민등록번호	공사내용	서 명

3.5 준공 및 인수인계 단계

준공 및 인수인계 단계에서는 시설 운영자의 역할이 매우 중요하다. 따라서 CM은 공사 중 주요 기구 및 장비의 결정시 시설 운영자와의 사전 협의를 통해 운영자의 의견이 충분히 반영될 수 있도록 조치해야 하며, 이는 인수인계시 발생할 수 있는 문제점을 최소화하는 방안이기도 하다. 또한 최소 준공 2개월 전부터 시운전을 함께 하면서 장비운전교육 등을 실시하는 것이 바람직하다.

시운전시에는 시설 운영자에 대한 교육과 함께 지적된 사항을 보완하여 최종적인 품질이 확인이 될 경우 시설 운영자의 서명을 받고 인수인계를 해야 한다. 이때 예비자재(spare part)도 계약 숫자에 맞게 인수인계 한 후 서명을 받아야 한다.

O&M(operation & maintenance) 매뉴얼은 장비의 운전 및 유지관리에 필수적인 사항으로 장비 발주단계에서부터 O&M 매뉴얼을 기업에 요청해서 공사 중에 확보를 해야 한다. O&M 매뉴얼에는 장비 운전 및 보수 관련 사항뿐 아니라 부품 조달기업의 연락처까

지 기록해야 한다.

부속자재(spare part)는 건물 유지관리에 매우 중요한 항목이며, 직접적인 비용이 발생하므로 계약서에 명시를 하는 것이 바람직하다. 특히 기성제품의 구입이나 별도 제작이 어려운 경우는 충분한 양의 부속자재를 확보하여 추가적인 비용의 발생을 방지하여야 한다. 또한 부속자재는 각 자재별 보관 방법을 O&M 매뉴얼에 세밀히 기록하여 자재별 특성에 따라 보관할 수 있도록 하여야 한다.

4 결

품질에 대한 소비자들의 인식과 요구는 시대가 변하면서 급속히 높아지고 다양화되고 있다. 건설산업에도 개방화 및 국제화의 가속화로 외국의 선진기술과 관리기법이 하루가 다르게 적용되고 있으며 과거와 같이 싸게, 빨리만 지어놓으면 되던 것은 이미 잊혀진 이야기가 되어 버렸다. 고객의 요구사항을 미리 확인하고 고객만족을 위해 품질의 단계를 높이고 고객의 생각을 읽어 미리 반영함으로써 고객감동을 이끌어내는 등 품질환경이 변하고 있다.

이러한 급변하는 환경 속에서 건설산업이 발전하기 위해서는 구호뿐인 품질관리의 틀을 벗어나 장기적으로 품질을 경쟁우위의 요소로 하는 고객지향적인 사고로 전환하여야 하며 생산성 제고를 통한 저원가 유지, 꾸준한 공법개선을 통한 시공품질의 향상, 소비자의 다양한 욕구에 부응하는 차별적인 서비스의 제공 등으로 방향을 전환하여야 한다.

품질경영은 기업의 경쟁력 확보를 위한 전략적 선택이며 품질에 대한 사고방법의 확대보급과 총체적인 품질향상으로 경쟁에서 우위를 확보하고 고객만족과 종업원의 가치계발을 통해 끊임없는 혁신과 개선을 이루는 건설문화의 창달로 국가 산업경쟁력 제고에 이바지하여야 할 것이다.

참조 7-1 업무단계별 품질관리 포인트

건축공사의 주요 업무단계별 품질관리 포인트를 정리하였다. 본 사항은 건축공사의 품질관리시 반드시 검토해야 하는 기본적인 사항이며, 프로젝트의 특성에 따라 변경, 활용이 가능하다.

구분	품질관리 포인트	비고
조직 운영 계획 검토	• 현장 조직 구성 및 업무 능력에 따른 분장 계획 • 전문 Consultant 활용 계획 • 유사 Project 경험 인력 확보 계획 • 설계, 시공, 하도자, 기능공간의 팀웍 및 직종간 팀웍 • Project Management팀 구성 검토	
설계 검토	• 시공을 고려한 설계(특히 코아 평면) • 설계의 완성도 및 관련 법규 검토 • Shop Drawing을 작성 및 검토	
하도급 업체 선정 검토	• 업체의 자재, 인원, 장비 동원 능력 • 업체 경영진의 Mind • 소장 및 기능공 기술력 능력	
가설 계획 검토	• 양중장비 계획(기종, 위치, 최대하중, 양중 Cycle, Telescoping 해체방법) • 가설 구대 계획(구조, 면적) • 가설 전원 및 용수 계획 • 측량 계획 및 측량 기준점 설치 계획	
조달 계획	• 자재 발주 일정 특히 Long-lead Item에 대한 관리 • 생산 일정 • 반입 일정	
물류 관리 계획 검토	• 물동량 분석 • 동선 및 야적장 관리 및 양중 관리 • 자재 반출입 및 야적장 관리 • 인원 출입 및 교육 관리 • 폐기물, 쓰레기 관리	
공정 Cycle 유지 계획 검토	• Cycle공정 순서 및 일정 확정 • 각 공종별 자재 양중 및 야적 위치 • 각 업체 별 Cycle 공정 유지를 위한 적정인원 확보 • Cycle 공정 미 준수 공정에 대한 돌관 계획	
토공사 계획 검토	• 흙막이 계획 • 굴토 및 발파 계획 및 계측기 설치 계획 • 부력 방지 계획	
거푸집 공사	• 코아 거푸집 공법 및 자재의 원산지 • 코아 계단실 콘크리트 타설 시기 및 방법	

계획 검토	• 층당 Cycle 및 콘크리트 강도 • 수직도 관리 계획	
철근 공사 계획 검토	• 철근 가공장(현장 또는 공장) 확보방안 • 철근 선조립 적용 검토 • 철근 이음 방법(코아 + Unit 스라브, 코아+ 코아내부 스라브, 코아+Unit Beam, 코아 개구부 상부)	
콘크리트 공사	• 콘크리트 생산 업체 능력, 거리, 소요시간 및 배합설계 • 타설 장비(콘크리트 펌프, CPB, Distributor) • 콘크리트 다짐 장비 • Mass Concrete관리(배합, 타설, 양생, 수화열관리) • 한중 콘크리트, 서중 콘크리트 관리 • 각종 Joint 관리 및 레이턴스 등 이음부 처리 • 레미콘 차량 동선 • 고강도 콘크리트 기둥과 중강도 스라브 콘크리트의 타설방법	
철골 공사	• 철골 설치공법 및 철골 설치 Cycle • Column Shortening 대처방법 • 철골 수직도 관리방법 • 철골 접합 검사(TS Bolt, 용접) 방법 • 철골 내화 피복 부착력 두께 유지방법	
커튼월 공사	• Anchor 종류 및 매립 방법 • 커튼월 설치 공법 및 상세도 • Stack Joint 높이계산 및 층간 변위 • Back Pan 상세도 및 층간 방화 구획	
연돌 효과 방지대책 검토	• 공기 유입, 유출 및 흐름 억제 방법	
칸막이 공사 검토	• 세대간 및 세대 내 칸막이 종류 • 세대간 소음 • 층간 변위에 대한 대응 • 코아 내부 칸막이	
바닥 시스템	• 차음, 단열, 진동 및 축열 시스템 • 발코니 확장을 고려	
천정 속 설비 공간 검토	• 공조 배관 및 우오수 배관 공간 • 전기 배선 공간 • 인테리어 우물 천장에 의한 영향	
지수 계획	• 지수층 설치 시점 및 설치 간격 • 유형별 지수 계획 • 부위별 지수 계획	
Joint 계획	• Expantion Joint 계획 • 철근콘크리트 Delay Joint 계획	
기타	• 타 현장 Bench Marking • 사내 · 외 교육 실시	

참조 7-2 품질관리 적정성 확인 Checklist 사례

본 자료는 공공공사에서 품질관리계획의 이행 여부를 확인하는 '품질관리 적정성 확인 Checklist'로 관할관청에서 연 1회 이상 확인작업을 실시하고 있다.

점검항목 및 점검사항	세부 확인사항	비고
Ⅰ. 일반사항 1. 시공자의 기본임무		
• 품질관리계획 품질 시험계획에 대한 수립의 적절성, 적용성 및 필요시 개정 관리 여부	• 건설공사에 적용되는 프로세스와 프로세스간의 상호작용에 대한 기술이 공사규모, 활동, 복잡성, 현장인원의 업무수행 능력을 고려한 최적의 형태인지 여부 • 품질관리계획이 공사진행에 따라 주기적으로 모니터링 되고 필요에 따라 개정, 관리하고 있는지 ※ 년 2회(2월, 7월) 제 · 개정 평가 및 반영 • 개정된 품질관리계획이 감리자의 검토를 거쳐 발주청(또는 인허가 행정관청)에게 제출, 승인받고 있는지(건기법시행령 제43조)	
Ⅱ. 품질관리계획 요건 1. 건설공사 정보		
• 발주자 요구사항의 결정 및 충족 여부	• 건설공사와 관련된 일반현황과 계약내용에 대한 요약정보가 제시, 관리되고 있는지	
2. 현장 품질방침 및 품질목표		
• 현장 품질방침의 수립여부	• 건설공사의 목적과 발주자의 기대 및 요구에 적절한 품질방침이 수립되었는지 • 수립된 품질방침에는 품질관리계획과 공사에 관련된 요구사항의 준수 의지와 품질관리계획 효과성의 개선 의지가 포함되어 있는지	
• 현장 품질목표 설정, 추진계획의 수립 및 실행 여부	• 품질목표는 정량적 또는 정성적인 측정이 가능하고 품질방침과 일관성이 있게 설정되어 있는지 • 품질목표 달성을 위한 구체적인 실천방안이 수립 실행되고 추진실적이 관리되고 있는지	
• 품질관리계획 실행과 관련하여 전직원의 참여를 위한 동기부여 여부	• 품질방침 및 품질목표가 주기적인 교육, 사무실 게시 등을 통해 현장 내에서 의사소통이 되고 있는지 • 현장 전직원이 품질방침 및 품질목표를 이해하고 있는지	
3. 책임과 권한		
• 조직편성 및 적정인력 배치 여부	• 시공, 품질, 공정, 안전 등을 고려한 최적의 형태로 조직이 편성, 운영되고 있는지 ※ 현장조직도 참조 • 계약 및 법적 요구인원을 포함하여 원활한 공사수행을 위한 적정인력이 배치되어 있는지	

<table>
<tr><td>• 각 조직 인원의 업무분장 실시 여부</td><td>• 현장 내의 개개인에 대하여 책임 및 권한(업무분장)이 명확히 부여, 운영되고 있는지
※ 책임과 권한(예시)
– 현장소장: 품질관리계획서 제 · 개정 승인
– 품질담당: 품질관리계획서 제 · 개정 검토
– 관리담당: 현장문서 및 자료 등록, 관리
– 해당담당: 품질관리계획서의 해당업무 작성 및 공사 관련자료 파악, 수집
• 분장된 업무내용을 개개인이 인식하도록 의사소통이 되고 있는지
• 현장 내 인원의 변경시 업무분장이 변경(개정)관리되고 있는지</td><td></td></tr>
<tr><td colspan="3">4. 문서관리</td></tr>
<tr><td>• 품질관리계획을 운영하는 방식의 적절성</td><td>• 품질관리계획에 따른 시험 및 검사계획서, 작업지침서 등의 문서는 권한을 가진 자에 의해 검토, 승인되고 있는지
• 현장 품질문서가 등록되고 관련업무 담당에게 배포, 활용되고 있는지
※ 자료관리대장, 품질문서관리대장 참조, 인쇄본 또는 전자매체 등 어떠한 형태로도 가능
• 효력이 상실된 구 문서를 폐기 또는 식별 관리하고 있는지
※ 구문서는 참고용으로 마킹 또는 폐기</td><td></td></tr>
<tr><td>• 고객문서와 자료의 비치 및 관리 상태</td><td>• 발주자/감리자 문서와 자료가 최신본으로 비치, 관리되고 있는지
– 문서: 계약문서, 설계도서, 지시서 등
– 자료: 법령, 한국산업규격, 기술시방 등</td><td></td></tr>
<tr><td colspan="3">5. 기록관리</td></tr>
<tr><td>• 품질기록의 보관 및 보호 상태</td><td>• 기록이 유형별로 식별되어 검색이 용이하게 되어 있는지
• 기록 열람시에 기밀유지가 보장되고 있는지
• 기록의 보유기간이 적절하게 설정되고 보관장소 및 관리책임자를 지정하여 양호한 상태로 관리되고 있는지
※ 품질기록관리 기준표
• 현장에서 관리할 기록의 목록이 비치, 관리되고 있는지
※ 자료관리대장, 품질문서관리대장 참조(자료에는 관리번호, 최종확인자, 확인일자 식별표시)
• 공사 관련자(발주자, 감리자, 설계자, 하도급자 등)에게 제공하여야 할 기록의 종류 및 시기가 적정하게 정해져 있는지</td><td></td></tr>
<tr><td colspan="3">6. 자원관리</td></tr>
<tr><td>• 품질관리(검사, 시험 등) 업무수행자의 적격인력 배치 여부</td><td>• 건기법령 및 공사설계도서가 정한 품질관리자가 배치기준에 맞게 배치되어 있는지
※ 품질관리자 배치기준은 건기법시행규칙 [별표11]에서 정한 기준 이상이어야 함.
• 건기법령 및 설계도서에 따라 배치된 시험 및 검사요원이 시험 · 검사를 수행하기 위한 충분한 기량을 갖추고 있는지
• 품질관리자가 시험 · 검사를 포함한 전반적인 품질관리를 주관할 수 있도록 공사 · 공무부문과 독립(예 : 겸임금지, 조치요구권 부여 등)되어 있는지</td><td></td></tr>
<tr><td>• 품질관리에 필요한 자원(시설, 장비, 인력 등)의 적정 확보 및 유지 여부</td><td>• 학력, 교육훈련, 숙련도, 경험, 관련법령 등을 근거로 업무영역별 배치인원에 대한 필요 능력이 결정되고 이에 적격한 인원이 배치되어 있는지
• 공사수행을 위한 적절한 기반구조(필요 공간, 장비, 지원서비스 등)와 작업환경이 확보, 유지 관리되고 있는지</td><td></td></tr>
</table>

	• 건기법령 및 설계도서에서 정한 시험실의 규모, 시험 · 검사장비가 확보되어 운영하고 있는지 ※ 기반구조관리상태점검표(반기별 1회 이상 점검)	
7. 설계관리(설계책임이 있는 경우 적용)		
• 설계계획의 수립 여부 및 적절성	• 설계계획이 적절히 수립, 관리되고 있는지 • 설계변경시 참여하는 현장 내 인원간의 기술적인 정보공유가 적절히 이루어지고 있는지 ※ 설계계획서	
• 설계입력 기준의 적절성과 설계출력물의 관리 여부	• 설계입력기준이 적절히 결정, 문서화(서면화)되어 있는지 • 설계출력물에는 건설공사 수행을 위한 각종 정보가 제시, 관리되고 있는지	
• 설계검토, 설계검증 및 설계타당성 확인의 실시여부 및 방법의 적절성	• 적절한 설계단계에서 설계에 대한 체계적인 검토가 실시되고 방법이 적절하게 되어 있는지 ※ 설계도서관리대장, 설계도서검토서 – 설계요구사항을 충족시키기 위한 설계 결과의 평가 – 문제점 파악 및 필요한 조치의 제시 • 설계검증, 설계타당성 확인이 실시되고 방법이 적절하게 되어 있는지	
8. 건설공사 수행 준비		
• 설계도서, 법규 및 KS 규격 등의 시공 전 검토여부	• 설계도서, 법규, KS 규격 등을 포함한 건설공사 수행과 관련된 요구사항이 검토되고 기록이 유지되고 있는지 – 필요시 검토결과에 따른 조치(협의, 방침 결정, 설계변경, 계약변경 등)가 실행되고 있는지 • 검토결과에 따라 건설공사 수행과 직접적으로 관련된 제반 준비사항에 대하여 관리계획이 수립되고 실행되는지 – 준비사항: 인허가, 표지판, 기준점 보호, 확인측량, 가설시설물, 현지여건 조사 등	
9. 계약변경		
• 계약변경(설계변경 포함) 관리의 적절성	• 설계변경을 포함한 계약변경의 요청 및 처리가 관리되고 있는지 • 계약변경이 발생한 경우 관련문서가 수정되고 관련 인원이 변경된 요구사항을 인식하고 있는지 ※ 설계변경내용을 면밀히 검토하고 공사참여자에게 변경내용을 교육	
10. 교육훈련		
• 품질에 영향을 미치는 업무를 수행하는 모든 종사자의 교육훈련 실시 여부	• 모든 공사참여자(하도급자, 기능공 포함)에 대해 교육훈련의 필요성을 파악, 관리하고 있는지 • 법적 정기교육(품질, 안전)을 포함한 교육훈련계획이 수립, 관리되어 있는지 ※ 반기별(6월, 12월)로 교육실시 여부확인(현장소장에 보고체제 유지) • 교육훈련계획에 따라 교육훈련이 실시되고 교육훈련결과(교육내용 포함)가 기록유지, 보고하고 있는지 ※ 교육훈련운영기준표, 00년도 교육훈련계획서, 교육결과보고서 작성, 관리	
11. 의사소통		
• 품질관리계획의 이행과 건설공사 운영을 위한 내 · 외부 의사소	• 품질관리계획의 이행과 건설공사 운영에 관련된 모든 사항에 대하여 내 · 외부 의사소통이 적절한 방법으로 실행되고 있는지 • 필요한 경우 의사소통은 내부 및 외부 관계자로부터의 의견접수, 검토,	

통의 적절성 여부	전달, 문서화 및 회신이 포함되어 있는지 ※ 의사소통관리기준	
• 민원, 발주자(감리자) 불만에 대한 처리 여부	• 민원과 발주자(감리자) 불만 사항이 관련자와 의사소통 되고 있는지 • 민원과 발주자(감리자) 불만은 적절히 처리되고 있는지	
12. 기자재 구매관리		
• 기자재 수급계획의 수립, 검증, 식별, 보관, 재고관리 및 주기적인 점검실시 여부	• 기자재수급계획이 수립, 관리되는지 • 기자재 구매발주시 명확한 구매정보(시방)가 발주서로 제공되고 있는지 – 공장검사가 필요한 제작품의 경우 검증계획 및 출하방법이 발주서에 명시되어 있는지 • 구매한 기자재가 검사 및 시험 또는 검증되고 식별, 재고관리, 주기적인 점검 등의 유지관리가 되고 있는지 – 검사 및 시험, 검증결과 불일치한 경우 적정하게 처리되고 있는지 • 기자재 구매의 관리방식 및 정도는 구매한 기자재의 후속되는 공종이나 공사목적물에 미치는 영향이 고려되는지 ※ 기자재수급계획서, 기자재청구서	
13. 지급자재의 관리(지급자재가 있는 경우 적용)		
• 지급자재 수급계획의 수립, 식별, 검증, 보관(분실, 손상 관리 포함), 재고관리의 적정 수행 여부	• 지급자재가 파악되고 수급계획이 수립, 관리되고 있는지 • 지급자재가 검사 및 시험, 또는 검증되고 식별, 재고관리, 주기적인 점검 등의 유지관리가 되고 있는지 – 검사 및 시험, 검증결과 불일치한 경우 적정하게 처리되고 있는지 – 지급자재의 보관시 손상, 분실 또는 사용에 부적절한 것으로 판명된 경우 보고를 포함한 처리가 적정한지 • 지급자재의 입체 또는 대체 사용이 필요한 경우 적절히 처리되고 있는지 • 잉여지급자재가 적절히 처리되고 있는지 ※ 지급자재수급계획서, 지급자재수급요청서	
14. 하도급 관리		
• 하도급에 대한 선정 및 평가 여부	• 하도급계획이 수립, 관리되어 있는지 – 하도급업체 선정 및 평가기준이 적절히 설정되고 평가결과에 따라 하도급업체가 선정되고 있는지 ※ 시공협력업체 공사수행평가표	
• 하도급에 대한 계약 및 이행상태 관리 여부	• 하도급 계약요구사항이 명확히 결정되고 계약체결시 전달되고 있는지 – 필요한 기록의 종류와 제출시기 및 방법이 적절하게 정해져 있는지 – 제공되는 교육훈련, 절차, 기자재, 정보 등 하도업체에 대한 지원범위가 결정되고 실행하고 있는지 • 하도급된 공종에 대한 검사 및 시험, 검증과 모니터링이 실시되고 있는지	
15. 공사 관리		
• 품질에 영향을 미치는 공종의 파악, 관리계획의 수립 및 이행 여부	• 공종과 공정이 파악, 관리되고 공종별로 특성에 맞는 시공계획이 수립, 관리되고 있는지 – 필요시 작업지침서가 수립, 관리되는지 • 공정관리와 공사 진도관리를 위한 계획이 수립, 관리되고 있는지 – 필요시 부진공정 만회대책, 수정공정계획이 적절하게 수립하고 있는지 ※ 공종별 작업지침서, 개인별업무분장표, 공종별 시공계획서, 주 · 월간 공정회의, 공정부진만회대책 수립	

• 안전관리 및 환경관리 여부	• 안전관리계획, 환경관리계획이 수립, 관리되고 있는지 • 안전점검, 환경점검이 적절히 실행되고 기록이 유지되어 있는지 – 점검결과에 따라 필요한 경우 적절한 조치가 이루어지고 있는지 ※ 안전 및 환경관리점검표, 안전일지, 교육훈련일지
• 시공상세도, 준공도의 관리 여부	• 시공상세도, 준공도의 작성기준이 설정되고 권한을 가진 자에 의해 작성, 검토, 승인되고 있는지 • 승인된 시공상세도, 준공도는 검색이 용이하도록 보관 관리하고 있는지
16. 중점품질관리	
• 중점품질관리 대상의 관리 여부	• 중점품질관리 대상이 공사 특성에 맞게 지정, 관리되고 있는지 ※ 교육훈련실시 : 최초 공정투입시 수립된 작업지침서에 대한 교육을 3시간 이상 실시(교육훈련일지 기록)하고 월 1회 정기 의식고취 교육실시 ※ 중점품질관리 대상(예시): 교량구조물공, 터널공, 대절토 · 대성토 구간, 용접 등 • 사용장비에 대한 명확한 기준이 설정되고 권한을 가진 자에 의해 장비사용을 승인하고 있는지 • 작업자의 자격기준이 작업특성에 맞게 설정되고 자격인정이 관리되고 있는지 • 특정방법과 절차가 수립, 사용되고 공정변수에 대한 모니터링(감시)이 이루어지고 있는지 ※ 중점품질관리 방안, 작업자 자격부여 평가서
17. 식별 및 추적	
• 식별 및 추적관리 대상 파악 및 이행 여부	• 식별 및 추적관리 대상과 방법이 현장특성에 맞게 정하고 있는지 – 식별 및 추적방법에 따른 표시가 관리되고 있는지 ※ 기자재 유형별 관리방안, 구조물별 콘크리트타설현황 ※ 식별표시: 카드, 표지판, 라벨, 마킹 및 스텐실, 명판, 펀칭, 페인팅, 구획설정 등
• 검사 및 시험상태(검사대기, 검사중, 부적합) 식별 여부	• 검사 및 시험에 관하여 자재, 공정의 적합 또는 부적합을 나타내는 적정한 검사단계별(검사대기, 검사중, 부적합) 식별이 이루어지고 있는지 • 식별표시 및 제거의 권한을 가진 자가 지정되어 있는지
18. 기자재 및 공사 목적물의 보존관리	
• 기자재, 기 시공부위 및 완성된 시설물의 보존상태	• 시공에 사용될 자재의 운반, 사용 등에 있어 자재의 특성별로 취급되고 적절한 환경에서 보관하고 있는지 • 장기보관시 열화나 손상이 되는 자재는 적정한 주기로 점검, 관리하고 있는지 • 기 시공부위의 품질상태를 유지하기 위한 보호방안이 수립, 관리되고 있는지 ※ 자재관리대장, 보관자재점검표
19. 검사장비, 측정장비 및 시험장비의 관리	
• 검사장비, 측정장비 및 시험장비 확보, 교정검사 실시 및 교정상태의 식별 여부	• 검사, 측정, 시험에 필요한 장비가 확보, 운영하고 있는지 • 대여받아 사용하거나, 하도급사 또는 개인이 사용하는 장비를 포함하여 정해진 주기로 교정검사를 받고 있는지 • 장비에 교정검사필증을 부착하였는지 • 보유한 장비는 식별 관리되고 취급과 유지보전을 위한 적절한 보관환경에서 관리되고 있는지 ※ 계측기 보유현황표, 점검기록표

20. 검사 및 시험, 모니터링		
• 검사 및 시험계획에 대한 항목, 합격판정기준, 빈도 등의 적절성	• 검사 및 시험대상의 항목, 합격판정기준, 빈도, 사용장비 및 기법, 책임자, 발주자/감리자의 입회 시기, 장소, 방법이 특성에 맞게 설정, 운영하고 있는지 ※ 인수 검사 및 시험계획서 작성시 준수사항: 자재명, 등급/규격, 검사/시험항목, 합격판정기준, 검사/시험빈도, 검사/시험방법, 관련문서/자료, 시험수행주체, 입회점/정지점 지정	
• 자재 및 공정 검사의 적기 실시 여부와 검사 및 시험결과에 대한 기록의 적절성	• 검사 및 시험이 적기에 누락됨이 없이 실시되고 있는지 • 검사 및 시험결과에는 측정값이 기록되고 검사기준에 따른 합격, 불합격 여부를 명확히 하고 있는지 • 합격판정 전에 자재의 사용 또는 후속공정이 진행되지 않도록 하고 있는지 ※ 검측절차(감리업무수행지침서) 현장시공 완료–시공사 담당기술자 점검–검측요청서 제출(check list, 시공점검표, 시험성과 및 공사참여자 첨부)–감리원 현장검측–검측결과통보(합격시 다음단계 공종착수, 검측결과 불합격시 재시공, 보완 후 시공사 담당기술자 점검부터 재시작)	
21. 불일치 공사의 관리		
• 불일치 공사(자재 포함), 하자발생에 대한 발주자(감리자)와의 처리방법 협의 및 이행의 적정성	• 불일치한 자재 · 공정, 하자가 식별, 관리되고 불일치한 내용이 부적합보고서 등으로 문서화(서면화) 하고 있는지 • 불일치 공사, 하자에 대해 발주자(감리자)와 협의를 통해 적절한 조치방안을 마련, 이행하고 있는지 • 부적합한 자재 또는 공정이 적절하게 처리되고 있는지(재검사 여부, 현상사용시 권한 가진 자의 승인여부 포함) ※ 불일치공사보고서, 불일치공사관리대장, 보류태그/스티커	
22. 데이터의 분석		
• 개선을 위한 프로세스의 적절성 여부	• 데이터 분석프로세스는 품질관리계획의 적절성 및 효과성을 실증하고 개선 사항을 도출할 수 있을 정도로 적절한지 – 분석대상이 적절하게 결정되고 있는지 – 데이터 분석결과에 따라 예방조치가 실시되는지	
• 발주자(감리자) 불만에 대한 분석의 실시 여부	• 발주자와 감리자의 만족 또는 불만족을 포함한 건설공사 수행의 만족도가 분석 관리하고 있는지	
• 품질개선을 위한 데이터의 수집, 분석 및 적용에 대한 이행 여부	• 주요자재의 품질경향을 분석, 관리하고 있는지 – 분석결과 관리범위를 벗어난 경우 적절한 조치가 이루어지고 있는지 ※ 레미콘 압축강도관리, 다짐도 관리 등 • 불일치 공사의 발생빈도 및 특성이 분석, 관리되고 있는지 • 내, 외부 점검결과가 분석, 관리되고 있는지 ※ 데이터분석 보고서	
23. 시정조치 및 예방조치		
• 품질관리계획 운영과 관련하여 취해진 시정조치 및 예방조치의 적절성	• 실제 또는 잠재적인 부적합 사항은 당면한 문제의 크기와 영향을 고려하여 처리방안이 결정되고 있는지 • 실제 또는 잠재적인 부적합 사항의 근본원인을 파악, 관리하고 있는지 • 근본원인을 고려한 재발방지 또는 발생방지 대책을 수립, 관리하고 있는지 – 취한 조치가 재검토되고 있는지 ※ 시정(예방)조치요구서, 시정(예방)조치관리대장	

24. 자체 품질점검

• 품질관리계획의 적합성, 효과성, 이행성 등에 대한 자체 품질점검의 실시 및 해당되는 경우, 필요한 조치의 실행 여부	• 자체 품질점검계획을 수립, 관리하고 있는지 • 자체 품질점검이 계획된 주기로 실시하고 점검결과보고서가 작성, 관리되고 있는지 • 점검결과 부적합한 사항이 있는 경우 시정 및 시정조치 되고 있는지 – 취한 후속조치의 검증 및 검증결과가 보고되고 있는지 ※ 점검계획서, 부적합보고서, 관찰일지, 점검결과	

25. 건설공사 운영성과의 검토

• 품질관리계획의 운영 전반에 대한 정기적인 성과검토의 실시 여부	• 건설공사 운영성과의 검토가 계획된 주기로 실시되고 검토보고서가 작성, 관리되고 있는지 – 검토대상: 품질목표의 관리상태, 내 · 외부 점검결과, 불일치 발생빈도 및 특성, 민원, 발주자 불만사항, 시정조치, 예방조치 상태, 주변환경의 변화,문제점, 애로사항, 개선제안 등 • 검토결과에 따라 필요시 후속조치가 이루어지고 있는지 ※ 목표달성계획서, 건설공사 운영성과 검토보고서	

26. 공사준공 및 인계

• 공사준공 및 인계관리의 적절성 여부	• 공사준공을 위한 제반사항을 준비하고 있는지 ※ 준비사항: 시운전, 준공검사, 불일치공사의 처리, 준공도면 검토, 준공표지 설치 등 • 완성된 시설물의 인계계획을 수립, 관리하고 있는지 ※ 일반사항, 운영지침서, 시운전결과보고서, 예비준공검사결과, 특기사항 등 • 감리자/발주자, 본사에 인계할 현장문서의 대상목록을 파악, 관리하고 있는지 ※ 준공도면, 공사사진첩, 지급자재 수불부, 송장/거래명세서, 시험 및 검사기록, 기타 발주자 요구사항	

참조 7-3 단계별 현장의 품질관리 주요 업무 목록

현장업무는 발주자와 계약에 따라 업무범위가 달라지나 관공사는 건설기술관리법 등 관련 법률에 의해 책임감리 형태로 진행되기 때문에 업무범위가 매우 넓다. 따라서 민간공사의 경우도 관공사를 기준으로 발주자와 계약조건에 따라 업무범위를 조정하면 효율적인 업무수행이 가능하다. 아래 표는 단계별 현장의 주요 업무에 대한 목록이다.

• 착공단계

착공단계에서는 품질보증계획서, 착공(착수)신고서, 공정관리계획서, 안전관리계획서 등 향후 공사 내용을 알 수 있는 서류를 준비해야 하며, 구체적인 항목은 계약에 따라 프로젝트별로 다르지만 요약을 하면 다음과 같다.

주체	구분	항목	세부내용	제출시점
발주처	행정	감리용역 배치(변경)신고 및 완료신고	30일 내 건설감리협회통보(계약내용 및 배치내용)	계약시
감리자	행정	감리용역 착수(교체)신고	수행계획서, 내역서, 지정신고서, 경력확인서, 투입기간, 담당업무	착수 7일 이내
	행정	품질보증계획서 제출		착수 7일 이내
	행정	CM/감리업무계획서 제출		착수시
	행정	업무수행계획 수립	보조감리원 개인별 업무분담	착수시
	품질	설계서 관리	관리번호부여	착수시
	품질	기술서적 비치(법규, 시방, KS)		착수시
	품질	설계서 검토	설계검토의견서 작성(시공사에게도 검토의견 받음)	착수시
	행정	지원업무처리기록표 작성 및 관리	감리실 비치	착수시
	행정	민원처리부 작성 및 관리	검리실 비치, 중요사항 발주처 보고	착수시
	행정	필요문서 작성 비치		착수시
	행정	현장이탈	업무 혹은 부득이한 사유 1일 이상 현장 이탈시	수시
	행정	비상주	현장점검 확인 평가, 기술지도	매월
시공사	행정	착공신고서	적정성 검토하여 7일 내 보고	착수시
	품질	품질보증계획서	착공계에 포함(별도승인사항)	착수시
	품질	품질시험계획서(품질보증계획서 작성 해당 안되는 현장)	착공계에 포함	착수시
	품질	중점품질관리계획서	공정별 중점품질관리방안 수립, 시행결과 수시확인	착수시
	공정	공정관리계획서		공사착공일 30일 안에
	안전	안전관리계획서	착공계에 포함	착수시
	안전	유해위험방지계획서	산업안전관리공단 제출 승인	착공 전
	환경	환경관리계획서	환경관리책임자 지정, 계획서 수립	착수시
	환경	특정공사 신고		특정공사 착수 전

	환경	협의내용 관리책임자 지정	환경영향평가법 23조 2항	착공시
	시공	시공계획서	검토후 7일내 승인	공사착공일 30일 이내 제출
	시공	확인측량실시	검토의견서 공동서명	착공시
	시공	측량 기준점	기준점 보호 및 이동시 감리원 승인	착공시
	시공	규준시설 설치		해당공종 시공 전
	시공	공사표지판설치 계획서	제작방법, 크기, 장소	착공시
시공사	시공	가설시설물설치계획표	면적, 위치 등 표시	착공시
	시공	주요 구조물 및 중점관리대상 공종현황		착공시
	시공	암반선 확인	암판정위원회 구성	암반선 노출시
	시공	특수공법 검토	비상주감리, 외부전문가 활용	시공중
	자재	주요기자재공급원 승인서	2개사이상	자재반입 10일 전까지
	자재	주요자재수급계획서		착공시
	자재	주요자재검사수불부	공종별	자재반입 및 반출시
	자재	지급자재 검수조서		지급자재 검수시
	자재	지급자재 수급요청서, 대체사용신청서		시공중
	품질	I.T.P작성(검측업무지침 포함)	감리자 검토, 확인	착공시

• 시공단계

시공단계에서는 공사 품질 및 안전관리 등 공사와 직접적으로 관련된 공사 서류가 대부분 감리일지, 월간보고서, 레미콘공장 점검표, 검측요청서, 예정공정표, 각종 안전대책 등으로 구성되어 있으며 구체적인 항목은 아래와 같다.

주체	구분	항목	세부내용	제출시점
	행정	보조감리원일지		매일
	행정	책임감리원 일지	보조감리원 일지 요약 포함	매일
	행정	월간감리보고서	CD-ROM으로 작성 발주청 제출	매월 7일 전
	행정	분기감리보고서	CD-ROM으로 작성 발주청, 감사원 제출	매분기별(접수 후 7일 이내)
	행정	공정보고	감리보고서에 수록	매월
	행정	민원처리부		발생시
	행정	공사기성부분검사조서		
감리자	행정	건설공사 지원업무 수행기록부		비상주지원시
	행정	단속점검일지		단속원방문시
	행정	안전관리비 사용실적 확인		매월
	행정	감리원 비상연락망 보고		부임즉시
	행정	감독원지시사항 처리부		발생시
	공정	기성부분검사	14일 이내 완료하고 발주처에 통보	접수시
	품질	레미콘공장 점검표		분기 1회
	품질	크랙관리대장		수시
	품질	검교정관리대장, 의뢰시험대장		수시

감리자	품질	우수시공 및 실패시공사례		준공보고서에 포함
	품질	기자재 검수부		발생시
	품질	중간검사보고서	기초, 매 5층마다 및 옥상층	해당층 골조시공시
	품질	내화도료 체크리스트		내화도료시공시
	품질	반입자재검사부		자재반입시
	품질	매몰부분검사기록		작업중
	품질	기술검토의견서		수시
	품질	품질 및 안전관리 현장정기교육	견실시공 의식 고취	매월
시공사	행정	공사일지제출	금일 및 명일 작업	매일
	행정	공사착수회의 (Kick-Off Meeting)		시공 전
	시공	주요단계별 시공현황		공사중
	안전	풍수해예방대책		우기철
	안전	해빙기안전대책		해빙기
	안전	공사사고보고서		사고발생시
	기성	공사기성부분검사원 및 내역서		계약에 의거
	기성	암반선확인 및 암판정		암노출시
	시공	하도급 통보	감리자 적정성 검토	해당공종 시공 전
	시공	하도급 전자통보(KISCON)	건설공사대장 기재사항 및 변경 시 KISCON을 통해 등록 및 발주자 확인	신규, 변경계약시
	시공	불법하도급신고표지판	불법하도급시 발주청에 서면보고	착공시
	행정	보험료, 건설근로자 퇴직공제 부금 비납부내역과 관련증빙자료	원가계산에 의한 예정가격 작성(근로자 전산등록자에 한해 퇴직공제부금 증지 구입가능)	공사중
	시공	시공계획서		시공전
	시공	시공상세도	7일 내 검토 승인	시공전
	시공	시험발파계획서		발파전
	시공	시공과 관련된 필요서류 및 도표	천후표, 온도표, 수위표 조위표	착공시
	시공	주요기자재 공급원검토 승인 신청서		시공전
	시공	자장물 및 구조물철거		수시
	시공	시공사 제안에 의한 설계변경		수시
	품질	주요기자재의 검수관리		수시
	품질	품질시험검사실적보고서		매월
	품질	품질시험 검사성과 총괄표	기성검사, 예비준공검사	기성 및 준공요청시
	품질	각종시험성적표		발생시
	품질	구조물별 콘크리트 타설현황		타설시
	품질	품질시험검사현황		검사시
	품질	주요구조물 단계별 시공현황		단계별 시공후
	품질	콘크리트구조물 균열관리 현황		발생시
	품질	검측요청서		발생시
	품질	공사참여자 실명부		공종별, 부위별
	공정	사진촬영, 비디오촬영	착공전~준공까지 촬영일자 나오게 공정별 촬영	시공중
	공정	MASTER 공정표 관리	Mile Stone, 진도점검 및 비교	수시
	공정	주간상세공정표		작업착수 2일 전
	공정	월간상세공정표		작업착수 1주 전

	공정	부진공정만회대책	월간 20%, 누계 10%이상 지연시	지연시
	공정	수정공정계획	시공사 요청, 감리원 판단	7일 내 검토
	안전	안전업무 일지		매일
	안전	안전관리 추진실적 보고서	안전관리활동, 안전관리비 사용실적	매월
	안전	정기, 정밀안전점검	령 46조 4	시행시
	안전	안전관리결과보고서(실적보고)		매분기별
	안전	근로자 건강진단		년 1회
시공사	안전	사고처리보고서	상세한경위, 검토의견서 첨부	사고발생시
	환경	협의내용 관리대장	협의내용 관리책임자 지정	제출, 비치
	환경	사후환경영향조사결과보고서 (일일점검은 주간단위로 감리확인)	4부 1월31일까지 관할 지방환경청장에게 통보	매분기별
	원가	현장실정보고(설계변경)	단순 7일, 복잡 14일	발생시
	원가	물공량 확정보고서 및 물가지수		물가변동에 의한
		조정율 계산서		설계변경시
	원가	경미한 설계변경		발생시

• 준공단계

준공단계에서는 최종 감리보고서, 준공도서 작성, 시설물 인수인계서, 유지관리지침서, 준공서류 작성 등 공사를 마무리하는 서류를 준비해야 하며, 구체적인 업무내용은 아래와 같다.

주체	구분	항목	세부내용	제출시점
감리자	행정	최종감리보고서 작성	대표자 명의(CD-ROM으로 작성)	종료 후 14일 이내
	행정	준공감리조서 작성		준공시
	품질	하자보수에 대한 의견 제시		하자발생시
시공사	원가	최종계약금액조정	감리본사 비상주감리원 검토	준공일 45일 전
	준공	준공기한 연기 신청서		준공연기시
	준공	예비준공검사(관공사)	검사결과 제출	준공 2개월 전
	준공	준공검사원		접수시
	준공	준공도면작성	감리자 검토, 확인	준공일 45일 전
	준공	시운전계획서	20일 전까지 확정 발주처 통보	시운전 30일 전
	준공	준공표지판	보기 쉬운 곳	준공시
	준공	시설물인수인계계획서	접수 후 7일 내 검토	예비준공검사완료
	준공	시설물인수인계서		준공검사완료 후
	준공	유지관리지침서		준공 후 14일 이내
	준공	Spare Part 인수인계	계약에 따른 수량 확인	인수인계시
	준공	현장문서 인수인계	CD-ROM으로 작성 발주청, 감리자 보관	준공 후 14일 이내

참조 7-4 건설관련 벌점 규정

건설관련 벌점은 정부기관에서 부여하며 벌점은 부실 내용에 따라 다르다. 벌점규정을 숙지하면 현장에서 중점 관리해야 할 항목들을 알 수 있으며, 이에 대한 집중 관리도 가능하다. 벌점 내용과 정도에 따라 벌점이 다르기 때문에 세밀한 내역은 건설기술관리법 시행규칙 〈별표 10〉을 참조하기 바라며, 주요 항목을 예시하면 아래와 같다.

〈표-1〉 시공사 관련 벌점 항목

순번	주요 벌점 항목	비고
1	토공사의 부실	
2	콘크리트면의 균열발생 및 콘크리트 재료분리의 발생	
3	철근의 배근/조립 및 강구조의 조립/용접/시공상태의 불량	
4	배수상태의 불량, 방수불량으로 인한 누수발생	
5	건설공사 후 발생한 폐자재의 처리상태 불량	
6	시공단계별로 감리원의 검토/확인을 받지 아니한 시공	
7	시공상세도면 작성의 소홀	
8	공정관리의 소홀로 인한 공정부진	
9	공사수행과 관련한 각종 민원의 발생	
10	가설시설물(동바리/비계 또는 거푸집 등) 설치상태의 불량	
11	품질보증계획의 수립 및 실시의 미흡	
12	시험실의 규모/시험장비 또는 시험요원 확보의 미흡	
13	건설용 자재 및 기계/기구 관리상태의 불량	

〈표-2〉 감리전문회사 및 감리원에 대한 벌점 항목

순번	주요 벌점 항목	비고
1	설계도서 및 각종 기준의 내용대로 시공되었는지에 관한 단계별 확인의 소홀	
2	시공상세도면에 대한 검토의 소홀	
3	기성 및 예비준공검사의 소홀	
4	시공자의 건설안전관리에 대한 확인의 소홀	
5	설계변경사항 검토/확인의 소홀	
6	시공계획 및 공정표 검토의 소홀	
7	품질보증계획(품질시험계획)의 수립과 시험성과에 관한 검토/확인의 불철저	
8	사용자재 적합성의 검토/확인의 소홀	
9	시공자 제출서류의 검토소홀 및 처리지연	
10	기록유지 및 보고의 소홀	
11	감리업무의 소홀	
12	입찰참가자격 사전심사시 제출된 감리원의 임의변경 또는 관리소홀	
13	공사수행과 관련한 각종 민원발생대책의 소홀	
14	발주기관의 지시사항 이행확인의 소홀	

Construction Management A to Z

CHAPTER 8

안전관리 (Safety Management)

1 개 요

1.1 안전관리 정의

안전관리란 기업의 생산성 향상과 재해로 인한 손실을 최소화하기 위한 관리기법의 하나로 재해 원인규명, 재해예방을 위한 교육 및 기술에 관한 일련의 체계적인 관리활동을 말한다. 즉, 건설공사에 있어서 각종 사고의 원인이 되는 불안전한 상태와 조건, 행동을 사전에 발견하고 이를 시정, 제거함으로써 사고를 미연에 방지하고 사고로 인한 인명과 재산의 피해를 최소화하기 위한 활동을 지칭한다. 그러나 이러한 목적을 달성하기 위해서는 시공단계의 집중적인 안전관리는 물론 설계단계에서의 안전을 고려한 공법 채택을 위한 사전 조정, 조달단계에서의 입찰자의 안전관리 능력을 고려한 기업선정 등 프로젝트 전(全) 단계에서 지속적이고 체계적인 관리가 요구된다.

안전관리의 본래의 목적은 인간애와 인간존중의 도덕성에서 유래되었으며, 건전한 기업경영을 위한 기본요건이라 하겠다. 본 장에서는 업무단계별 안전관리 활동과 실제 현장에서 적용 가능한 주요 작업별 안전관리 방안을 제시함으로써 건설사업관리자의 안전관리 능력을 제고하고자 한다.

1.2 안전관리의 필요성

미국의 건설사업관리협회(Construction Management Association of America, CMAA)는 건설사업의 주요 관리분야를 프로젝트관리(project management), 공정관리(schedule management), 원가관리(cost management), 품질관리(quality management), 안전관리(safety management), 계약관리(contract administration)로 분류하고 있다. 이 중 안전관리는 인간의 존엄성 확보측면에서 가장 선 순위에 위치한 관리기능이며 설계 전(前), 설계, 시공 및 시공 후(後) 단계 등 프로젝트 전(全) 단계에서 수행해야 하는 건설사업관리자의 중요한 관리 분야이다.

또한 자연환경과 주변 환경의 영향을 크게 받고, 기계화 작업보다는 노동력에 의한 작업이 주를 이루고 있으며, 수많은 직종이 제한된 공간에서 함께 작업을 하는 건설산업의 특성상 타 산업에 비해 안전 측면에서 더욱 더 취약하다 할 수 있다.

안전관리 관련법은 국가적으로도 가장 우선시 되고 있으며, 선진국으로 갈수록 그 중요성이 강조되어 안전사고로 인한 배상금이 천문학적으로 증가하고 있다. 더욱이 안전관리의 실패는 재해자의 가정과 소속한 조직의 파괴로 이어질 수 있으며, 배상금의 부담 및 이미지의 추락으로 인해 기업의 존속이 위협받는 경우까지 발생하고 있다. 따라서 우리나라도 건설기술관리법, 시설물의 안전관리에 관한 특별법을 통하여 안전사고의 근본적 예방을 위해 노력하고 있다. 건설산업이 3D 산업의 가장 대표적 업종으로 낙인이 찍혀 있는 것도 안전관리의 취약과 무관하지 않으며, 이는 곧 건설산업이 인류의 가장 기본적인 산업임에도 불구하고 가장 기피하는 산업으로 되어가고 있는 원인이기도 하다. 따라서 건설산업의 발전과 건설사업관리의 성공적인 수행을 위해서 안전관리의 중요성은 아무리 강조해도 지나치지 않을 것이다.

1.3 회사 경영과 안전관리

성공적인 안전관리의 정착을 위해서는 '안전제일은 경영의 문제다' 라는 기초에 입각하여 전사적인 활동을 경주해야 한다. 안전활동은 종업원이 경영자원의 가장 소중한 경영자원이라는 상대가치에 따라 투자해야 하고, 그 어떤 요소보다 종업원을 우선순위로 두어야 한다. 이렇게 할 때 안전활동이 노사관계의 형성에 기여할 수 있고, 재해로 인한 손실의 제거 및 경영상의 이익을 극대화 할 수 있다.

1.4 현장의 안전수준[1)]

산업안전의 제고를 위하여 국가 차원에서 생산현장의 안전수준을 나타내는 다양한 지표가 제시되고 있다. 그림 8-1은 2000년대 초반부터 최근까지 발생한 산업재해 지표 중 재해율, 사고성 사망만인율[2)]을 하나의 그림에 나타낸 것이다. 우리나라의 경우 산재발생 빈도를 나타내는 재해율은 2004년 이후부터 완만하게 감소하였으나 2008년 이후 정체되고 있고, 사고성 사망만인율은 2004년 이후 급격히 감소하였으며, 2010년에는 1% 이하로 떨어졌다.

1) e-나라지표 (http://www.index.go.kr).

2) 사망자 수의 1만 배를 전체 근로자 수로 나눈 값으로 전 산업에 종사하는 근로자 중 산재로 사망한 근로자가 어느 정도 되는지 파악할 때 사용하는 지표.

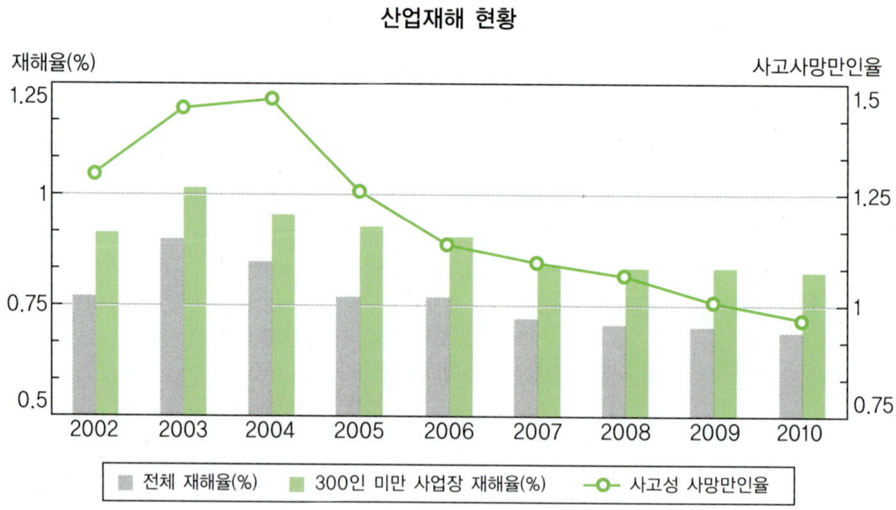

그림 8-1 우리나라의 최근 산업재해 발생 추이

표 8-1 재해 지표

구분	2001	2002	2003	2004	2005	2006	2007	2008	2009	2010
전체 재해율	0.77	0.77	0.90	0.85	0.85	0.77	0.72	0.71	0.70	0.69
전년대비 재해율 증감률	5.5	0.0	16.9	−5.6	9.4	0.0	−6.5	−1.4	−1.4	−1.4
300인 미만 사업장 재해율	0.97	0.92	1.02	0.96	0.93	0.91	0.85	0.84	0.84	0.83
전년대비 300인 미만 사업장 재해율 증감률	5.4	−5.2	10.9	−5.9	−3.1	−2.2	−6.6	−1.2	0.0	−1.2
사고성 사망만인율	1.47	1.3	1.45	1.47	1.26	1.14	1.10	1.07	1.01	0.97
전년대비 사고 사망만인율	−1.3	−11.6	11.5	1.4	−14.3	−9.5	−3.5	−2.7	−5.6	−4.0
사망자수	2,748	2,605	2,923	2,825	2,493	2,453	2,406	2,422	2,181	2,200
전년대비 사망자수 증감률	8.7	−5.2	12.2	−3.4	−11.8	−1.6	−1.9	0.7	−9.9	0.9
업무상 질병자수	5,653	5,417	9,130	9,183	7,495	10,235	11,472	9,734	8,721	7,803
전년대비 질병자수 증감률	39.5	−4.2	68.5	0.6	−18.4	36.6	12.1	−15.1	−10.4	−10.5

재해율 등 전반적인 재해 관련 지표는 2004년까지 대체적으로 증가하는 추세를 보이는데, 이는 외환위기 이후 경기회복세로 인한 제조업 가동률 및 건설수주액 증가, 안전보건규제 완화 사업장 내 안전보건관리 조직의 약화, 고용환경 변화에 따른 비정규직 증가, 외국인, 고령근로자 등 산재취약계층의 증가 등에 기인한다. 그러나 2001년부터 실시한 50인 미만 제조사업장에 대한 재정, 기술지원사업과 2004년부터 실시한 사망재해 예방대

책 등의 효과가 나타나 2004년 이후 감소추세로 반전한 것을 볼 수 있다.

표 8-2 주요 국가의 산재율

(2008년 기준)

구분	일본	영국	한국	독일	미국
재해율	0.25	0.52	0.71	2.87	3.46
사망만인율	0.23	0.07	1.07	0.2	0.38

생산현장의 안전수준을 나타내는 산업안전통계는 국가마다 정부의 책무로 철저하게 관리하고 있어 국가간 비교가 가능하다. 2008년 우리나라의 재해율과 사망만인율을 보면 각각 0.71과 1.07로로 일본, 영국 다음으로 지표가 낮다. 우리나라의 산재율이 과거에 우리나라가 목표로 했던 선진국인 미국이나 독일에 비해 낮은 것과 재해지표들이 감소하는 추세를 보았을 때 우리나라의 안전에 대한 관리가 좋아졌다고 볼 수 있다. 하지만 여전히 건설강국인 일본과 영국에 비해 각 지표들이 높은 점을 보았을 때, 이들 나라를 대상으로 벤치마킹을 하여 보다 나은 안전관리가 이루어지도록 지속적인 노력이 필요하다.

2 각 단계별 안전관리

2.1 건축물의 생애주기와 안전의 대상[3)]

건축물의 생산방식은 다수의 이해 관계자 참여와 계약 관계를 특징으로 한다. 건축물의 안전은 이러한 시설물의 생애주기 전(全) 단계에 걸쳐 지속적으로 안전관리가 이루어질 때 달성될 수 있다. 건축물의 생애주기 단계별 안전의 대상, 역할의 주체는 표 8-3과 같다.

3) 홍성태, 안홍섭, 박홍신, 한미글로벌 공저 "삼풍사고 10년 교훈과 과제" 보문당, 2006.

표 8-3 건축물의 생애주기와 안전대상

<table>
<tr><th colspan="3" rowspan="2">구분</th><th colspan="4">Life Cycle</th><th rowspan="2">법규</th><th rowspan="2"></th></tr>
<tr><th>설계</th><th>시공</th><th>사용</th><th>해체</th></tr>
<tr><td rowspan="5">건설안전대상</td><td rowspan="2">물적</td><td>구조물</td><td>구조설계</td><td>품질관리</td><td></td><td></td><td rowspan="2">건기법
시특법
건축법</td><td rowspan="4">지도·감독</td></tr>
<tr><td>시설물</td><td></td><td></td><td>유지관리</td><td></td></tr>
<tr><td rowspan="3">인적</td><td>사용자</td><td></td><td></td><td>유지관리</td><td></td><td rowspan="2">건기법
소음·진동
규제법
산안법</td></tr>
<tr><td>공중인</td><td></td><td>안전관리</td><td></td><td></td></tr>
<tr><td>근로자</td><td></td><td>안전관리</td><td></td><td></td><td></td><td></td></tr>
<tr><td colspan="3">주체자</td><td>설계자</td><td>시공자</td><td>운영자</td><td>시공자</td><td></td><td></td></tr>
</table>

2.2 기획단계의 안전관리

건설공사의 안전관리에 대한 궁극적인 책임은 발주자에게 있다. 건설사업관리자는 발주자의 대리인으로서 프로젝트를 통합관리하는 역할을 수행하게 된다. 기획단계의 안전관리의 주요 임무는 안전정책을 수립하는 것이다. 총체적인 안전관리의 전개를 위한 시작이라고 할 수 있는 안전정책은 프로젝트에 임하는 조직의 안전관리에 대한 자세를 확립하고, 안전관리체제와 활동들이 기업의 사업수행에 어떻게 공헌할 것인가라는 관점에서 조직의 목적과 목표를 정하는 것이다. 이는 기업의 이미지는 물론 기업의 내 · 외부에 큰 영향을 미치는 주요 활동이다.

정책내용은 경영층의 의지표현과 안전계획목표를 확립하기 위하여 제시하는 것으로 기업의 안전목표, 관리와 감독, 인원채용과 훈련, 안전평가와 측정 및 장비와 작업 방법 등이 포함된다.

기획단계에서는 프로젝트의 목적, 계획, 현장위치, 건설개념, 개략적인 예산분석이 이루어진다. 이 단계에서 제한된 정보를 토대로 한 기본적인 위험평가가 선행되어야 한다. 즉, 프로젝트의 특성에 따른 위험요소의 인식(hazard identification), 위험의 발생빈도, 발생결과의 심각성을 분석하는 위험요소의 평가(risk assessment), 위험요소의 제어 또는 통제를 위한 위험제어(risk control), 통제의 상실에 따른 회복을 위한 사전회복(incident control) 계획이 수립되어야 한다.

제한된 정보 하에서 이러한 업무의 수행을 위해서는 기존의 경험과 안전관련 자료를 참조한다. 즉, 자사가 보유한 안전관련 데이터, 유사 프로젝트의 안전보고서, 사고 통계, 허가 또는 감독기관의 지침 등을 활용하게 된다.

2.3 설계단계의 안전관리

건축 구조물은 수 십년, 수 백년에 걸친 사용수명을 갖고 있기 때문에 건물이 위치하는 부지에 대한 지진, 풍수해, 화재 등의 재해이력과 지질, 지반조건 등의 자연조건, 사회환경조건의 사전 조사가 필요하다.

건설안전을 설계에 반영하기 위해서는 설계단계에서 주요 안전문제를 파악하고, 이에 대한 평가와 체계적인 대응방안을 수립해야 한다. 또한 건축법, 소방법 외에도 안전계획론, 안전평가 방법을 참조하고, 전문분야별 안전이 확보될 수 있도록 직종간의 통합적인 노력과 사전적인 조치가 필요하다.

2.3.1 주요 안전문제 파악 및 관리

효율적인 안전관리를 위해서 설계팀은 안전목표와 발주자의 정책을 인지하고 공사시 발생할 수 있는 위험요소를 체계적으로 평가하여야 하며, 그 진행과정은 아래와 같다.

- 안전활동을 파악하고 작업 진행과정 분석
- 사고의 원인이 될 수 있는 위험요소의 파악
- 안전한 재료반영을 통한 위험요소 제거
- 설계에 의해 제거될 수 있는 위험요소의 경우 특별한 예방책 제공
- 예방을 위한 대책 강구

이러한 위험요소의 파악을 위해서는 설계의도, 상세한 설계도와 문서, 프로젝트 참여자간의 간섭사항 및 추락, 건립작업, 자재의 적재와 보관, 현장의 출입수단, 위험장소 및 물질 등에 대한 상세한 안전관리 방안이 검토되어야 한다.

한 예로 철골건립의 경우 매 설계단계마다 아래의 사항을 반드시 검토하여 안전성이 확보되도록 하여야 한다.

- 모든 건립단계에서의 안전성
- 안전성에 영향을 미치는 건립순서
- 모든 건설단계에서의 구조하중 검토

- 구성요소들과 연관된 안전 사항

또한 안전사고 예방을 고려한 설계를 하기 위하여 초기 작업계획시 위험요인을 분석하여 반영하여야 하며, 예상되는 위험을 최소화하기 위한 검토를 해야 한다. 이를 위한 위험요소 고려 사항은 아래와 같다.

- 다른 활동에의 근접성
- 다른 건물, 설비에의 근접성
- 기존의 지상 · 지하 구조물 및 각종 유틸리티에의 근접성
- 현장 진입상의 금지사항
- 지반 지지력 부족

설계단계에서의 안전성 확보를 위해서 각 설계단계마다 아래 사항을 검토하여 확실한 설계가 되도록 조치하여야 한다.

- 영구 구조물의 자립상태와 이를 위한 기준 확인
- 건설 공사기간 동안 전도, 붕괴를 막기 위해 사용된 모든 방법들의 영구 구조물에 미치는 영향 검토
- 건설 공사기간 동안 발생할 수 있는 모든 작업하중의 확인

또한 구조물의 상호 연결부위의 안전 확보를 위하여 아래 사항이 설계에 반영될 수 있도록 하여야 한다.

- 부적당한 연결을 예방하기 위해 가능한 연결설계 최소화
- 안전한 작업과 조사를 위한 충분한 주변공간 확보
- 가능한 표준화 추진
- 가능한 많은 부품들을 지상에서 조립할 수 있도록 설계추진
- 기 건립된 부분이 구조물의 안전한 건립에 도움이 되도록 연결 작업 고려
- 사다리, 임시 플랫폼, 안전난간 등 안전한 작업공간의 확보를 위한 시설을 부착할 수 있도록 설계 추진

2.4 입찰단계 안전관리

2.4.1 입찰자의 안전관리 능력 평가

조달단계에서는 각 사의 안전관리 능력, 실적, 전사적 지원체제, 교육체계 등을 집중적으로 검토하여 안전하게 공사를 할 수 있는지를 검토한다.

공공 공사의 경우 사전자격심사는 일반적으로 국가계약법 시행규칙 제23조에 의거 일정공사에 일괄적으로 적용되고 있어 사전자격심사단계에서 시공사의 안전관리 능력을 평가하는 것은 무리가 있다. 그러나 민간공사 또는 안전에 대한 중요성이 높은 프로젝트의 경우 사전자격심사단계에서 시공사의 안전관리 능력을 별도로 평가, 반영할 경우 보다 근본적인 안전의 확보가 가능하다고 판단된다. 일반적으로 사전자격심사단계의 안전관리능력 평가는 시공사가 안전하게 프로젝트를 수행할 수 있는가를 사전에 평가하는 것으로 주로 아래 사항을 평가한다.

- 시공사 최고경영자 및 임직원의 안전에 대한 자세
- 시공사의 과거 안전관리 실적(안전사고 사례 등)
- 시공사의 안전관련 조직과 규칙
- 안전관련 교육 및 회의(유형, 빈도, 참석자 등)
- 안전관련 절차서(굴착, 고소작업, 철골작업, 철거, 위험물질의 취급과 사용 등)
- 안전관리 활동(포스터, 게시판 및 비디오 등)

2.4.2 안전관리계획서의 작성 및 검토

건설기술관리법 제26조의2 제3항은 안전관리계획을 수립하여야 하는 건설공사를 규정하고 있으며, 건설사업관리자는 본 규정에 적용을 받는 아래 공사에 대해서 안전관리계획의 작성을 위한 정보제공, 안전관리계획의 심사 및 이행여부를 확인하여야 한다[4].

- 「시설물의 안전관리에 관한 특별법」 제2조 제2호 및 제3호의 규정에 의한 1종 시설물 및 2종 시설물의 건설공사
- 지하 10미터 이상을 굴착하는 건설공사
- 폭발물을 사용하는 건설공사로서 20미터 안에 시설물이 있거나 100미터 안에 양육

4) 건설기술관리법 시행령 제93조 (2011.4.4. 대통령령 제22829호).

하는 가축이 있어서 당해 건설공사로 인한 영향을 받을 것이 예상되는 건설공사

- 10층 이상 16층 미만인 건축물의 건설공사 또는 10층 이상인 건축물의 리모델링 또는 해체공사
- 제1호 내지 제4호 외의 건설공사로서 발주자가 특히 안전관리가 필요하다고 인정하는 건설공사

2.5 착공 전 안전관리

2.5.1 안전관리 예치금[5)]

연면적이 5,000㎡ 이상으로써 지방자치단체의 조례로 정하는 건축물의 착공신고를 하는 건축주는 장기간 건축물의 공사현장이 방치되는 것에 대비하여 미리 미관개선 및 안전관리에 필요한 비용(보증서 포함, 예치금)을 예치해야 한다. 예치금의 산정 · 예치방법 및 반환 등에 관하여 필요한 사항은 당해 지방자치단체의 조례로 정하도록 되어 있다.

허가권자는 공사현장이 방치되어 도시미관을 저해하고 안전을 위해한다고 판단하는 경우에는 건축허가를 받은 자(건축주)에게 건축물의 공사현장에 대한 미관 및 안전관리를 위한 개선을 명할 수 있는데, 개선명령을 받은 자가 개선을 하지 아니하는 때에는 예치금을 행정대집행에 필요한 비용에 사용하게 된다. 만약 행정대집행에 필요한 비용이 예치금보다 많을 때에는 그 차액을 추가로 징수할 수 있다고 규정되어 있다.

2.5.2 유해 · 위험 예방조치

아래의 대상 사업장은 안전관리 공단에 계획서를 제출하여 승인절차를 밟는다[6)].

(1) 대상사업장의 종류

- 지상 높이가 31m 이상인 건축물 또는 공작물, 연면적 3만 제곱미터 이상인 건축물 또는 연면적 5,000m^2 이상의 문화 및 집회시설, 판매시설, 운수시설, 종교시설, 의료시설 중 종합병원, 숙박시설 중 관광숙박시설, 지하도상가 또는 냉동 · 냉장창고시설

---

5) 건축법 제13조 (2012.4.14. 법률 제10599호).

6) 산업안전보건법 시행규칙 제120조 (2011.3.16. 고용노동부령 제22호).

의 건설 · 개조 · 해체

- 연면적 5,000m^2 이상의 냉동 · 냉장창고시설의 설비공사 및 단열공사
- 최대지간 길이가 50m 이상인 교량건설 등 공사
- 터널건설 등의 공사
- 다목적댐, 발전용댐 및 저수용량 2천만 톤 이상의 용수전용 댐, 지방상수도 전용댐 건설 등의 공사
- 깊이가 10m 이상인 굴착공사

(2) 유해 · 위험 방지계획서 내용

- 공사개요
- 안전보건 관리계획
- 추락방지계획
- 낙하 · 비래 예방계획
- 붕괴방지계획
- 차량, 건설기계 및 양중기에 관한 안전작업계획
- 감전재해 예방계획
- 유해 · 위험 기계, 기구 등에 관한 재해예방계획
- 보건 위생시설 및 작업환경 개선계획
- 화재폭발에 의한 재해방지계획

2.6 시공단계에서의 안전관리

시공단계는 설계도 및 시방에 의거 건축물을 완성시키는 단계로, 구조재료 부재, 설비, 공간 구성 등이 소정의 안전성능을 구비하고 있는지 여부를 확인하고 준공시는 유지관리 및 안전계획상 필요한 준공도를 작성하여 건축주에 인도하여야 한다.

2.6.1 킥오프미팅(Kick Off Meeting)

킥오프미팅은 시공자 선정 후, 공사 착공 전 실시하는 회의를 의미한다. 이 회의를 통해서 회사의 방침 및 현장의 방침을 선정하여 대외적으로 발표한다. 다음으로 공사 전반에

대한 개략을 파악하여 위치도, 단면도, 측면도 등 구조물의 전체 개요를 설명한다.

이 회의에서 담당 안전관리 조직은 임무에 관한 사항, 시설물의 시공 안전 및 협력기업 안전관리계획 등을 설명토록 한다. 현장 안전점검계획은 자체안전점검, 정기안전점검으로 나누어지며, 해당 안전관리 조직은 해빙기, 장마철, 태풍기, 동절기 등의 취약시기별 및 각 공종별로 안전점검계획을 수립한다. 또한 공사장 주변 안전관리, 통행, 주변의 교통 소통대책 등 주민불편 최소화 대책을 수립하고, 공사 진척도에 따른 안전관리비 사용계획, 항목별, 연도별 사용계획과 비상사태 신고절차, 응급조치 및 복구에 관한 계획을 수립한다. 그리고 공사 단계별로 신규작업자 교육, 일일 안전교육, 특별 안전교육 등 안전교육을 실시한다.

2.6.2 안전 활동계획

(1) 현장 안전점검

정기 점검, 수시 점검, 본사 점검을 실시하고 각 점검시에는 안전관리 체크리스트(checklist)를 활용하여 객관적인 지표로 활용한다. 체크리스트에 의해 점수가 낮은 항목은 시정지시서를 발부하고 시정을 확인한 후 종결토록 한다. 특히 시급히 시정되어야 하는 부분은 우선적으로 조치토록 한다.

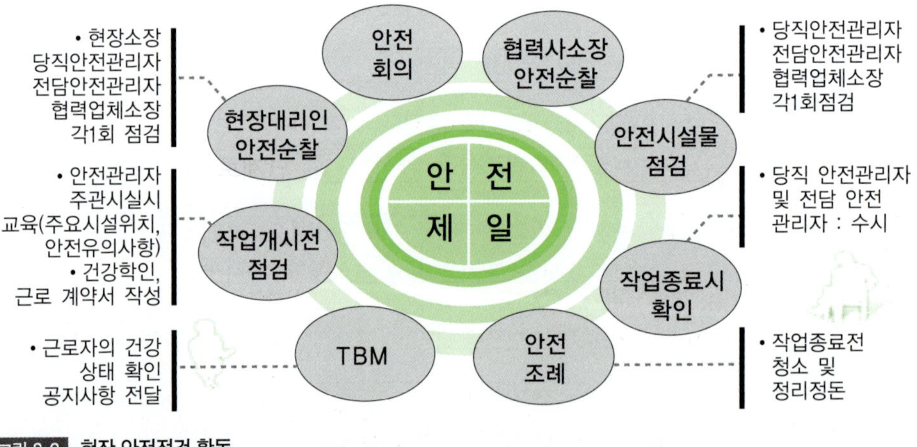

그림 8-2 현장 안전점검 활동

(2) 개인보호구의 착용의무화

현장 내 모든 작업원은 예외 없이 안전모, 안전벨트, 안전화를 착용하고, 특히 고소작업을 하는 작업자는 생명줄에 안전 고리를 걸어 작업에 임하도록 한다. 특히 지하구조물에서 작업하는 사람은 비상시 구조를 위해 일일 작업대장을 관리한다.

(3) 산업재해 발생보고

사업주는 사망자 또는 4일 이상의 요양을 요하는 부상을 입거나 질병에 걸린 자가 발생한 때에는 산업재해 조사표를 작성하여 관할 지방노동관서의 장에게 제출하여야 한다. 이때 조사표에 포함되어야 할 사항은 발생개요 및 피해상황, 조치 및 전망, 기타 중요한 사항 등이다.

(4) 안전의 날 행사

인전의 날 행사를 실시하여 안전에 대한 주의를 환기하도록 한다. 이 날에는 안전 모범사례를 발표하고, 안전 우수 작업원, 회사를 선정하여 시상하며, 안전과 관련된 체험교육을 실시하고, 무재해 시간 달성을 위한 행동수칙을 공표하여 안전의식을 고취하도록 노력한다.

그림 8-3 안전의 날 행사

(5) 안전교육 및 홍보 방송 실시

신규 채용자 및 안전 미준수자를 대상으로 안전교육을 집중적으로 실시하며, 안전 3진 아웃제를 실시하여 안전에 대한 경각심을 불러일으킨다. 이와 함께 안전 제안제도 실시하고 이에 대한 적정한 포상을 통하여 자발적인 안전규칙 준수를 의도한다.

그림 8-4 요일별 안전교육 일정

(6) 안전 시설물 및 안전표시판 설치

안전 시설물 및 안전표시판을 설치하여, 작업시에 안전사고를 줄일 수 있도록 유도한다. 구체적으로 추락 · 낙하 방지망을 설치하며, 안전 비계의 적정한 설치 여부를 반드시 확인한다. 이와 함께 개구부 주위에 안전난간대를 설치하도록 유도하며, 고소작업자에게 생명줄을 의무적으로 설치하게 하며 안전고리 결속도 반드시 체크하도록 한다.

그림 8-5 현장 안전 시설물 확인

(7) 청소, 정리, 정돈, 청결, 습관

안전을 위해서는 별 것 아닌 것 같이 사소하게 여겨질 수도 있는 작업 중, 작업 후 정리 정돈의 습관화가 매우 중요하다. 이와 함께 적절한 안전통로의 확보로 보행안선 및 자재 야적장소를 확보하도록 유도한다. 이러한 작업을 생활화함으로써 잠재적 재해를 방지할 수 있다. 무엇보다, 작업장이 청결하면 품질 및 안전은 자동적으로 향상된다는 인식을 갖도록 전파하려는 노력이 매우 중요하다.

(8) 안전제안제도

안전과 관련된 제안제도를 적극적으로 실시하여 작업자의 자발적 안전관리 참여를 유도한다. 작업자의 자발참여는 노출되거나, 잠재된 불안전한 환경을 개선하는데 매우 큰 기여를 할 수가 있다. 이와 관련해서 구성원 전원이 참여할 수 있도록 이 제도를 적극적으로 권장하고 실시한다. 무엇보다, 제안에 대한 포상 및 인센티브(incentive)를 적절하게 부여하여 이 제도가 활성화될 수 있도록 노력하여야 한다.

(9) 포스터, 표어 등의 홍보

포스터, 표어를 사내에서 현상모집하고 그 응모작품 중 선정하여 게시하면 효과적이다.

무재해 게시판을 현장 사무소 전면에 설치하고 재해 발생현장의 피해 상황 등에 대하여 사진설명을 추가하여 관심을 유발하게 한다. 현장의 출입구에 입간판을 설치하고 안전기게양을 하도록 한다. 또한 포스터나 표어를 장기간 게시하지 말고 주기적으로 새로운 것으로 교환하고 부착하도록 한다.

(10) 공사 전 미팅(Preconstruction Meeting)

협력기업이 결정되면, 시공사(general consturction, GC), CM사, 협력기업, 설계사 등 관련 기술자가 참여, 시공계획서를 검토한다. 공정과 함께 안전조직, 작업순서, 작업방법, 장비, 가설재 사용 등을 중점 검토하여 잠재 위험을 도출하고 현재의 관리방식을 개선한다. 협력기업 선정시 시공사가 킥오프미팅시에 협의했던 내용을 다시 검토하고 부족한 점을 보완하여 실천계획을 만든다.

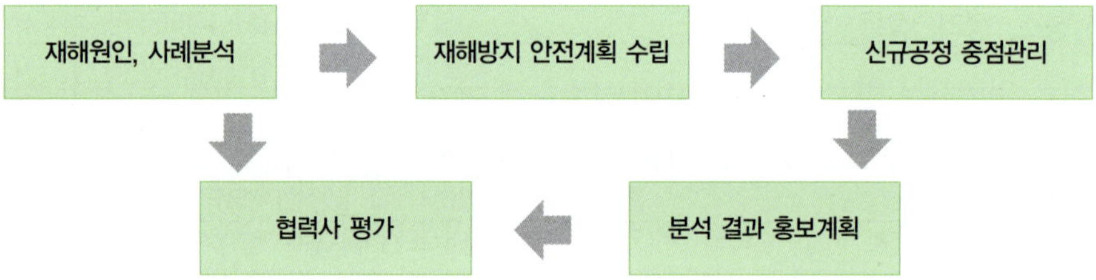

그림 8-6 시공 후 안전관리

2.7 시공 후 안전관리

재해 유형별로 원인 및 사례분석을 실시하여 유사 동종의 재해방지를 위한 안전계획을 재수립하고 동시에 협력사의 안전실적을 평가한다. 또한 신규공정에 대해 유사한 사례가 발생하지 않도록 중점관리를 하고 분석결과는 사내 및 타 현장에 전파한다.

3 결

CM은 시간, 비용, 범위, 품질, 안전 등 프로젝트의 전 분야에 전문적인 관리기법을 적용하여 프로젝트의 유효성을 향상시키고 발주자의 권익을 최대한 보장하는 노력을 하게 된다. 그러나 CM의 업무 중 안전관리의 중요성에 대하여 강조하는 경우는 매우 드물다.

이는 안전관리의 중요성을 간과했다기보다는 인간의 생명과 연관되는 안전관리의 철저한 이행은 CM은 물론 프로젝트 참여자 모두가 반드시 지켜야 할 기본적인 사항으로 인식하기 때문이라고 판단된다.

프로젝트의 기획단계부터 유지관리단계까지 프로젝트의 전(全) 단계의 통합적인 관리 업무를 수행하는 CM의 경우 일반적으로 시공단계에서 행해지는 안전관리 활동인 시공사의 안전관리계획에 대한 검토 및 관리, 안전교육, 회의 개최 및 운영, 안전위원회 설치 및 운영, 안전 보고서류의 작성 및 승인 방안, 외부기관 안전감사 대처 방안 수립뿐만 아니라 설계 전 단계의 안전에 대한 발주자의 의지 확보, 안전관련 조직 구성 및 운영방인 수립, 설계단계의 시공 발주시 안전관리 요구조건 작성, 안전확보 프로그램계획, 비상관리계획의 작성, 대외기관 요구사항에 대한 처리방안 수립, 조달단계의 입찰자 안전관리계획 검토, 입찰자 안전관리 능력 평가 등 프로젝트 전 단계에 걸친 지속적인 안전관리 활동을 수행해야 한다.

국내 건설 시장은 CM 도입으로 발주자의 이익이 증대되고 있으며, 프로젝트의 효율성도 향상되고 있다. 이로 인하여 근래 CM 시장은 급격히 성장하고 있다. CM은 국가 건설산업의 경쟁력과 효율성을 향상시킬 수 있는 혁신적인 제도라고 할 수 있으며, 그에 대한 기대감도 날로 고양되고 있다. 이러한 CM을 더욱 발전시키고, 국민의 신뢰를 얻을 수 있는 방안이 바로 안전관리의 정착이라고 판단되며, 안전관리는 건설사업관리자 모두의 최우선 과제가 되어야 한다고 믿는다.

CHAPTER 9

계약관리 (Contract Management)

1 개 요

건설사업에 있어 계약관리와 그 조정 업무는 근본적으로 사업적인 일반 상식을 적용하여 모든 계약 당사자들이 계약서상에 언급된 조항들을 투명하게 지켜 나가도록 하는 행위를 의미한다. 즉, 발주자에게는 정확한 계약 목적물의 완성을, 계약 상대자에게는 계약의 이행에 따른 정당한 대가의 수수를 목적으로 하는 것이 계약관리의 목적이다.

최근 건설시장 개방과 함께 계약관리의 중요성은 점차 증가하고 있다. 하지만 국제적 기준에 부합하지 않는 계약 및 조달 규정, 발주자 위주의 계약 관행, 계약관리의 전문성 부족 등은 국내 건설산업의 계약관리는 가장 취약한 분야로 판단된다. 건설계약에 있어 모든 계약 당사자들의 철저하고 시의 적절한 문서화 작업은 필수적이다. 이러한 문서화 작업은 계약을 이행하는 과정에서 서로간의 이견을 신속하고 공정하게 해결함은 물론 클레임(claim) 발생 가능성을 줄여 줄 수 있다.

일반적으로 계약관리와 관련된 업무를 계약 이후, 즉 공사의 수행단계의 범위로 한정하기 쉽다. 그러나 실제 현업에서의 계약관리 업무는 조달계획의 수립, 입찰서류의 준비, 입찰 및 낙찰, 계약체결, 설계변경, 계약의 해석, 하자보수단계에 이르기까지 프로젝트 전 과정에서 발생한다.

계약관리는 프로젝트의 성패를 좌우하는 중요한 업무이다. 그러나 대부분의 발주자들이 계약관련 조직이나 전문가를 별도로 두지 않고 있어 계약에 대한 자문이나 도움을 받기가 어렵다. 또한 계약조건에 기술되는 건설계약 용어들이 난해하고, 건설산업이 주문생산 방식을 취하고 있어 목적물을 정의하고 있는 설계변경, 공기연장, 보증 및 보험 등은 실제 클레임이 발생하고 난 뒤에야 그 중요성을 인식하는 경우가 많아 사전적인 관리에 어려움이 있다.

본 장에서는 계약관리의 전반적인 개념과 국내 공공공사의 조달시스템 및 그 변천과정을 알아본다. 그리고 조달계획 수립, 입찰과 평가, 계약행정 등의 일반적인 절차와 건설 클레임과 사례를 소개함으로써 계약관리에 대한 이해를 높이고자 한다.

2 계약관리의 개념 및 정의

2.1 계약의 정의

계약(契約)의 사전적 의미는 "약정(約定), 약속, 사법상(私法上)의 일정한 법률적 효과의 발생을 목적으로 하는, 두 사람 이상의 의사의 합의에 따라 성립하는 법률 행위"를 말하며, 광의의 계약은 단독행위[1] 및 합동행위[2]와 대립되는 개념으로써 법률효과가 대립적 · 교환적으로 나타난다. 계약은 내용에 따라 물권계약 · 채권계약 · 신분계약 등으로 구분되며, 그 중에서 채권계약을 협의의 계약이라고 한다. 계약은 일반적으로 협의의 계약을 말하며, 이 점에서 광의의 계약을 합의라고 표현하기도 한다.

계약은 다양한 기준에 따라 전형계약(典型契約) · 비전형계약(非典型契約), 쌍무계약(雙務契約) · 편무계약(片務契約), 유상계약(有償契約) · 무상계약(無償契約), 낙성계약(諾成契約) · 요물계약(要物契約), 요식계약(要式契約) · 불요식계약(不要式契約), 계속적계약 · 일시적계약, 본계약(本契約) · 예약(豫約) 등으로 나눌 수 있다. 누구든지 자유롭게 계약을 형성할 수 있는 계약자유의 원칙은 계약체결의 자유, 상대편 선택의 자유, 내용결정의 자유, 방식의 자유 등을 그 내용으로 한다. 그러나 오늘날 계약자유의 원칙은 공공복리의 이념 아래 많은 제한을 받고 있다.

계약은 청약과 승낙에 의하여 성립하는 것이 보통이지만, 교차청약(민법 제533조)이나 의사실현의 사실(민법 제532조)에 의하여 성립하기도 하며, 사실적 계약관계가 주장되기도 한다. 경쟁에 의한 계약체결의 경우 경매는 경쟁자가 서로 제시한 내용을 알 수 있는 경우이며, 입찰은 경쟁자가 서로 제시한 내용을 알 수 없는 경우를 말한다. 그리고 계약은 당사자 이외의 제3자를 위하여도 할 수 있다(민법 제539조, 제542조).

계약의 성립과정에서는 계약체결상의 과실책임(민법 제535조)이 문제되고, 계약의 효력으로서는 동시이행의 항변권(536조)과 위험부담(537조, 538조)이 문제된다. 계약은 채

1) 일방행위(一方行爲)라고도 한다. 단독행위는 타인에게 그의 의사와 관계없이 불이익을 줄 염려가 있으므로 법률에 특별한 규정이 있는 경우에 한하여 인정되며, 그 명확성을 위하여 요식행위(要式行爲)로 되어 있는 경우가 많다.

2) 평행적(平行的) · 구심적(求心的)으로 방향을 같이하는 두 개 이상의 의사표시가 합치하여 성립하는 법률행위. 계약과 같이 대립적 · 교환적이 아닌 점에서 다르다.

무불이행을 원인으로 하는 해제(解除) 또는 해지(解止)에 의하여 소멸한다.

2.2 건설계약의 정의

건설계약은 도급계약에 해당하며, 민법 제664조에 의하면 "도급(都給)은 당사자의 일방(수급인)이 어떤 일을 완성할 것을 약정하고, 상대방(도급인)이 그 일의 결과에 대하여 보수를 지급할 것을 약정함으로써 성립하는 계약"이라고 규정하고 있다.

계약의 영문 표기에는 'Agreement'와 'Contract'가 있는데 전자는 광의의 계약, 후자는 협의의 계약이라고도 한다. PMBOK 3rd Edition(PMI, 2004)에서는 다음과 같이 정의하고 있다.

> "A Contract is a mutually binding agreement that obligates the seller to provide the specified product and obligates the buyer to pay for it."

즉, 계약이란 특정한 제품을 제공한 판매자에게 구매자가 그 대가를 지불할 것을 구속하는 쌍방의 합의라는 것이다.

우리나라는 WTO의 가입으로 인한 정부조달시장의 개방에 대비하여 계약 법령체계를 96. 12. 31일 개정하였으며 개정된 법령체계는 그림 9-1과 같다.

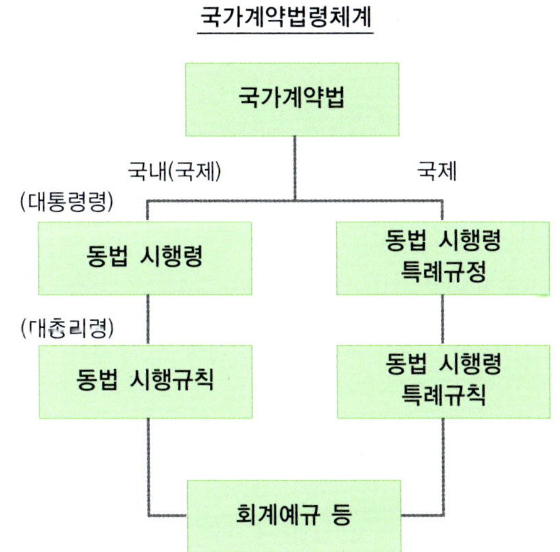

- 국가계약법 : 국가를 상대자로 하는 계약에 관한 법률
- 특례규정 : 특정조달을 위한 국가를 상대자로 하는 계약에 관한 법률 시행령 특례규정
- 특례규칙 : 특정조달을 위한 국가를 상대자로 하는 계약에 관한 법률 시행령 특례규칙

그림 9-1 국가계약법령 체계

2.3 계약의 성립

계약을 성립하기 위해서는 청약(offer)과 승낙(acceptance) 및 약인(consideration)의 3가지 요소가 갖추어져야 한다. 계약의 성립은 계약 당사자 사이에 청약과 승낙으로 이루어지나 그 계약에는 계약 당사자간의 상호교환(bargained-for exchange) 즉, 약인이 존재해야 하며, 국제계약에 있어서도 원칙적으로 같은 원리가 적용된다.

청약은 발주자의 승낙시 계약을 체결하겠다는 의도를 나타내는 구두약속 또는 문서로 발주자에게는 승낙할 수 있는 명확한 권한이 부여된다. 따라서 청약은 다음과 같은 조건이 전제되어야 한다.

- 입찰자의 계약 의도를 확실히 나타내야 함.
- 청액은 명확하고 확실해야 함.
- 발주자에게 청약을 승낙할 수 있는 권한(power of acceptance)을 반드시 주어야 함.

승낙은 입찰서를 접수한 발주자가 입찰자가 제출한 입찰서의 조건과 내용에 동의한다는 자발적인 행위로써 다음의 조건이 전제되어야 한다.

- 승낙이 유효하기 위해서는 입찰자의 유효한 청약이 있어야 함.
- 청약은 발주자에 의해서만 승낙되어 져야 함.
- 발주자는 반드시 입찰자에게 승낙을 통보해야 함.
- 입찰자의 청약에 다른 조건을 추가해서는 안 됨.

약인은 전통적인 영 · 미 계약법 이론의 기본개념으로 대가의 상호교환이라 할 수 있다. 즉, 계약의 강제집행이 가능하기 위해서는 계약 내용상 다음과 같은 내용이 기재되어야 한다.

- 무언인가의 상호간 거래(去來)되어야 함(거래적 요소).
- 그 무엇이 충분히 법적 가치가 있어야 함(가치적 요소).

즉, 계약이 효력을 갖기 위해서는 충분히 법적 가치가 있는 무언인가의 상호간 거래가 전제되어야 한다는 것으로, 이것을 약인이라 한다.

이상에서 살펴본 바와 같이 계약에는 반드시 청약과 승낙 및 약인이 존재해야 유효하며 또한 법적 구속력을 갖게 된다.

2.4 계약(조달)관리의 프로세스

계약관리는 조달계획의 수립, 입찰서류의 준비, 입찰 및 낙찰, 계약체결, 설계변경, 계약의 해석 등의 업무로 프로젝트 전 과정에서 발생한다. 즉, 외부로부터 필요한 자재, 제품, 서비스 등을 구매하기 위한 각종 계약행위와 이를 관리하는데 필요한 관리업무 및 변경을 통제하기 위한 제반 절차가 포함된다.

2.4.1 계약(조달)계획의 수립

조달 품목, 수량, 시기와 방법을 결정하는 단계로 시장조건, 제약 및 요구사항 등에 대한 면밀한 검토와 함께 계약을 통해 리스크를 완화하거나 계약 상대자에게 그 리스크를 전가하기 위하여 계약 유형 및 조건을 검토한다.

2.4.2 입찰 준비

조달계획 단계에서 수립된 계약방법, 시기, 금액 등을 기준으로 세부적인 설계도서, 시방서와 함께 제공될 입찰유의서, 계약일반조건, 계약특수조건 등 입찰관련 서류를 작성한다. 이러한 문서들은 입찰자로부터 입찰서, 견적서 또는 제안서를 받기 위해서 제공되며, 정부 계약의 경우 문서의 내용 및 구조가 규정되어 있다. 이러한 문서로는 입찰초청서(invitation for bid), 제안요청서(request for proposal), 견적요청서(request for quotation), 입찰고지서(tender notice) 등이 있다.

2.4.3 입찰 및 계약

설계와 시공을 분리하여 발주하는 일반적인 공공공사의 입찰 및 계약과정은 그림 9-2와 같이 「입찰방법의 결정 → 입찰공고 → 입찰참가자격 사전심사(PQ) → 예정가격의 작성 → 입찰 → 낙찰자 결정 → 계약체결 → 계약이행 → 이행완료 및 대가지급」과 같은 절차를 거친다.

정부계약의 일반적 절차

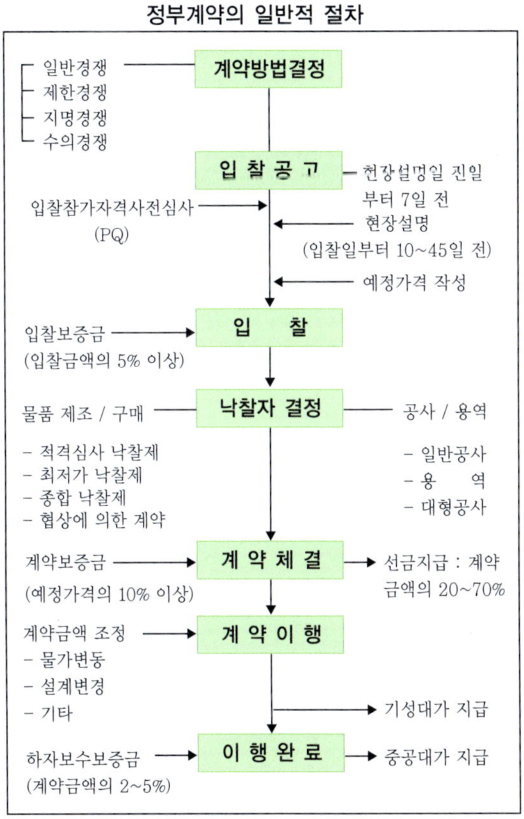

그림 9-2 정부계약의 일반적 절차

2.4.4 계약행정

계약체결 후 계약 당사자는 유효한 계약으로 유지되기 위해서 계약 당사자들은 상호간에 계약상의 의무를 준수해야 한다. 계약행정에 있어 수급자는 적절한 시기에 행하는 작업지시, 계약조건에 따른 일정, 작업량 및 기술적 성과를 감시하는 성과보고, 품질관리 및 통제, 계약변경 관리 등의 사항을 주기적으로 검사하여 도급자의 계약이행을 감시한다. 그리고 계약이행이 확인되면 계약조건에 따른 대가를 지불하게 된다.

이러한 일련의 계약행정은 계약의 전(全) 기간에 걸쳐서 체계적인 문서관리시스템에 의해 관리 되어야 한다. 만약 이러한 기록관리가 부실한 경우 향후 계약과 관련된 클레임 발생시 아주 불리한 입장에 처하게 된다는 것을 명심해야 한다.

3 국내 공공공사 입찰, 계약제도

3.1 조달시스템의 기본원칙과 중요성

공공공사의 발주 및 입찰, 계약행위는 공공부문이 공권력의 주체로서 행정권을 행사하는 것이 아니라 계약의 일방 당사자로서 행하는 경제행위이다. 따라서 민법상의 일반원칙인 계약자유의 원칙, 신의성실의 원칙, 사정변경의 원칙, 권력남용 금지의 원칙 등이 적용된다. 그렇기 때문에 공공공사의 발주 및 입찰, 계약제도에서도 계약 당사자간의 불평등관계를 해소하고, 대등한 관계를 정립하는 것이 중요한 과제이다.

특히, 최근의 수주물량 부족과 저가수주에 따른 시공사의 수지악화, 계약적 권리를 찾으려는 의식의 변화 등으로 공공공사에 있어 발주자를 상대로 한 클레임이 지속적으로 증가하는 추세이다. 이는 건설시장 개방에 따라 공공공사 계약관리 관행을 국제적 수준으로 올릴 수 있는 좋은 기회라고 할 수 있다. 이러한 시장변화에 부응하여 거래상 지위 남용행위에 대한 공정거래위원회의 심결 사례는 시사하는 바가 크다고 할 수 있다.

거래상 지위 남용행위에 대한 공정거래위원회 심결 사례(의결 제2002-015호)

〈주문내용〉

○○시설관리공단은 ○○시설공사를 위탁함에 있어 거래 상대방으로 하여금 계약상 정해진 하자담보기간을 초과하여 하자보수 또는 변상토록 하는 등 자기의 거래상의 지위를 부당하게 이용하여 거래 상대방에게 불이익이 되도록 거래조건을 변경하는 행위를 하여서는 아니 된다.

공공공사의 입찰, 계약제도는 입찰자간 충분한 가격경쟁과 기술경쟁을 유도하여 좋은 상품과 서비스를 조달해야 한다는 효율성(efficiency)의 원칙을 근간으로 삼아야 한다. 효율성의 원칙은 '저비용 고품질'을 기본적인 내용으로 하고 있으나, 현재 국가계약법에 규정된 적격심사의 경우 저가입찰에 따른 부실시공 방지라는 명목으로 일정 낙찰률 미만으로 낙찰되지 않도록 아예 낙찰 하한선까지 만들어 놓고 있어 고비용 구조를 고착시키는 결과를 초래하고 있다.

효율성의 원칙과 더불어 공공시설물은 국민의 생명, 재산, 안전은 물론 자연환경에도 미치는 영향이 크기 때문에 공사품질의 확보는 물론 환경보호의 중요성도 점차 증대하고 있다. 특히 부실공사로 인한 대형 참사를 여러 차례 겪었기 때문에 효율성을 희생하더라도 품질확보나 부실공사를 방지해야 한다는 인식이 팽배해 있다.

입찰, 계약 제도를 통해 품질을 확보하는 방법은 다음과 같다. 우선 입찰과정에서 시공능력 없는 기업이 낙찰자로 선정될 수 있는 여지를 없애고, 충분한 시공경험과 재무상태를 갖춘 기업을 낙찰자로 선정해야 한다. 이를 위해서는 입찰제도의 변별력을 높여야 하며, 계약제도 또한 제 때에 적정한 품질을 확보할 수 있는 시스템으로 정비되어야 한다.

공공부문의 경우 형평성(equity) 또한 중요한 가치이다. 어느 국가를 막론하고 지역기업이나 중소기업 등의 사회적 소수에 속한 집단을 우대하는 정책을 마련하기 마련인데 이는 민간부분과 공공부문의 조달과정에서 가장 많은 차이를 보이고 있다. 또한, WTO에서 건설시장에 대한 외국의 양허 요청에서도 알 수 있듯이 우리나라 특유의 건설생산체계를 형성하는 법률과 제도의 철폐 또는 해체를 요구하는 빌미를 제공하고 있다고 할 수 있다. 이제 개방화 시대를 맞이하여 입찰제도 측면에서도 선진화된 국제표준(global standard)으로 바꾸어 나가야 할 것이다.

공사 발주 및 입찰, 계약제도의 영향을 받는 공공건설시장의 발주규모는 표 9-1과 같이 연간 약 200조원 수준으로 전체 재정규모의 약 30%, GDP의 10% 이상을 차지하고 있는 것으로 추정된다. 이는 중앙집중 조달제도가 건설산업에 지대한 영향을 미치고 있다는 증명하고 있다.

표 9-1 조달사업 현황(조달청, 2010년)

(단위 : 억원)

사업 / 연도	내자	외자	공사계약	시설용역	계	전년대비 (%)
2007	132,295	6,947	144,053	내자포함	283,295	117.3
2008	150,556	10,347	136,360	내자포함	297,263	104.9
2009	188,353	13,664	238,994	내자포함	441,011	148.4
2010	173,495	6,097	200,937	3,176	383,705	87.0

다음은 조달시스템이 공공 부문에서 영향을 미치는 요소들이다.

첫째, 공공부문의 조달시스템은 정부예산의 효율성과 기업의 수익성에 절대적인 영향을 미치고 있다. 예컨대, 최저가 입찰제를 전면적으로 실시하느냐, 부분적으로 실시하느냐, 아니면 적격심사 공사의 낙찰하한율을 얼마로 설정하느냐에 따라 정부예산 집행의 효율성과 기업의 수익성은 달라질 수밖에 없다.

둘째, PQ 심사기준에서 시공경험 평가기준을 강화하면 공공공사의 입찰 참가자수와 구성에 직접적인 영향을 미치기 때문에 시공실적이 적은 중견 및 중소 건설기업들의 입찰 참가 기회는 점점 줄어들게 된다. 최저가 낙찰제의 경우에도 PQ통과점수를 얼마로 하느냐에 따라 입찰 참가자수가 늘어날 수도 줄어들 수도 있다.

셋째, 공사 발주 및 입찰, 계약제도는 건설산업의 경쟁력과 직결된다. 예컨대 입찰제도를 기술경쟁 중심으로 운용하게 되면 당연히 입찰자들은 낙찰확률을 높이기 위해 기술경쟁에 주력할 것이다. 반대로 가격경쟁력을 높이기 위해 전면 최저가 낙찰제를 실시한다면, 공사원가를 절감하기 위한 노력을 하지 않을 수 없을 것이다.

3.2 법적 근거

공공공사의 발주 및 입찰, 계약행위와 관련된 기본 법률은 기획재정부 소관의 「국가를 당사자로 하는 계약에 관한 법률」(이하 국가계약법)이다. 이 법에 근거하여 각종 회계예규와 조달청과 같은 발주기관은 나름대로 실제 입찰집행에 필요한 기술적인 사항을 세부 기준으로 정비해 놓고 있다. 행정안전부에서도 국가계약법과 지방재정법에 근거하여 지방자치단체의 적격심사기준 등을 정하고 있다. 정부투자기관들 또한 대부분 국가계약법을 준용하고 있기는 하지만 부분적으로 발주청의 특성을 반영하여 독창적인 입찰제도를 운용하기도 한다.

표 9-2 공공기관 입찰, 계약제도 관련 주요 근거법령

법령, 시행령, 시행규칙	기획재정부 회계예규	발주기관별 세부집행계획
• 국가를 당사자로 하는 계약에 관한 법률, 시행령, 시행규칙 • 특정조달을 위한 국가를 당사자로 하는 계약에 관한 법률, 시행령, 특례규정, 특례규칙 • 조달사업에 관한 법률, 시행령, 시행규칙 • 예산회계법, 시행령 • 지방재정법, 시행령 • 건설산업기본법, 시행령, 시행규칙 • 건설기술관리법, 시행령, 시행규칙 • 전기공사업법, 시행령, 시행규칙 • 정보통신공사업법, 시행령, 시행규칙	• 입찰참가자격 사전심사 요령 • 공사계약 일반조건 • 공사계약 특수조건 • 적격심사기준 • 공사입찰유의서 • 원가계산에 의한 예정가격 작성 준칙 • 내역입찰 집행요령 • 공동도급계약 운용요령 • 공사의 수의계약 운용요령 • 제한경쟁계약 운용요령 • 실비산정기준 • 지수조정률 산출요령 • 동일구조물공사 및 단일공사 집행요령 • 선금지급요령 • 대형공사 설계비 보상요령 • 종합계약 집행요령 • 공사계약이행보증제도 이행요령	[조달청] • 입찰참가자격 사전 심사세부기준 • 시설공사 적격심사기준 • 공사계약 특수조건 • 공사입찰특별유의서 • 시설공사 전자입찰 특별유의서 [행정안전부 예규] • 지방자치단체 적격심사기준 • 지방자치단체 시설공사 적격심사기준 • 입찰집행에 관한 예정가격 작성요령 • 지방자치단체 공동계약 집행요령 • 지방자치단체 선금집행요령

3.3 국내 공공공사 계약제도의 유형

3.3.1 계약목적물에 의한 분류

(1) 공사계약

건설산업기본법에 의한 건설공사, 전기공사업법에 의한 전기공사, 정보통신공사업법에 의한 정보통신공사, 그 밖에 소방법에 의한 소방공사 등이 있으며, 건설공사는 다시 종합건설공사(토목, 건축, 토목건축, 산업 · 환경 설계, 조경공사) 및 전문건설공사(의장, 미장,

설비공사 등 29개)로 나누어진다.

(2) 물품제조, 구매계약

물품조달시 제조로 볼 것인가 또는 구매로 볼 것인가의 구분이 모호할 경우가 많은데, 이를 정확히 구분할 명문의 규정은 없고, 다만 제조는 별도의 주문에 의하여 제작절차를 거치는 것이고, 구매는 이미 제조된 완성품을 단순히 그대로 매입하는 것이라고 구분해 볼 수 있다.

(3) 용역계약

대표적인 것이 건설기술관리법에 의한 설계, 감리용역 및 건설사업관리(CM)용역이며, 그밖에 학술연구용역, 청소용역, 시설관리용역 등이 있다. 포괄적인 의미에서 엔지니어링 진흥법에 의한 엔지니어링 활동이 여기에 포함된다.

3.3.2 계약체결형태에 의한 분류

(1) 확정계약, 개산계약

개산계약은 총액 또는 단가 등 계약금액에 대한 구체적인 사전 합의 없이 공사 및 용역의 수행이 지시된 경우의 계약유형이며 국가계약법 제23조에 "개발시제품의 제조계약, 시험, 조사, 연구용역계약, 정부투자기관 또는 출연기관과의 법령의 규정에 의한 위탁 또는 대행계약 등에 있어서 미리 예정가격을 정할 수 없을 때 개산가격을 정하여 계약을 체결할 수 있다."고 규정되어 있다. 이와 반대로 계약시 총액 또는 단가 등의 계약금액이 결정되어 있는 확정계약은 국가계약법에서 계약의 원칙으로 정하고 있다.

(2) 총액계약, 단가계약

총액계약은 전체공사 또는 용역에 대하여 하나의 단위금액(lump sum)으로 이루어지며 개별항목에 대한 금액은 계약사항이 아니다. 계약사항이 변경될 경우에는 계약금액의 증액이나 감액으로 조정된다. 총액계약에 있어서 시공자는 공사의 수행 중 발생할지도 모를 여하한 장애에 관계없이 주어진 금액으로 공사를 완성해야 한다. 이 경우 기성대가의 지급은 수행 공사량의 일정비율 또는 월별 일정금액으로 지급한다. 이에 반하여 단가계약은 개별공사 또는 용역의 항목별 단위금액(unit price)으로 이루어지며 수행된 공사 또는 용역의 항목별로 대가가 지급된다. 공공공사의 경우 공사 및 용역의 항목과 항목별 단위금액은 산출내역서에 명시된다. 여기에서 산출내역서는 영문으로 'Schedule of Rates (value, price)' 라 하며 경우에 따라서는 'Price Breakdown' 이라고도 한다. 이는 일정기간 동안 계속적으로 제조, 구매할 필요가 있는 경우에 적용된다.

[내역입찰]

추정가격이 50억원 이상인 공사의 입찰시 배부된 물량내역서에 단가를 기재한 입찰금액 산출내역서를 입찰서에 첨부하는 입찰제도

(국가계약법 시행령 제14조 6항)

[단가계약의 3대 특징]

첫째, 산출내역서가 반드시 첨부되어야 하며,

둘째, 검측을 통해 실제 수행물량을 확정하며,

셋째, 매월 공정률에 따라 기성대가를 지급한다.

(3) 장기계속계약, 계속비계약

국내에서는 「회계년도 독립의 원칙」에 따라 회계년도 단위(1년 단위)로 매년 예산을 편성, 집행하고 있다. 다만, 다년도 사업은 예외적으로 계속비제도나 국고채무부담행위[3]를 활용할 수 있다. 원칙적으로 2년 이상에 걸친 다년도 사업은 총 부기금액은 확정하나 매 회계년도마다 예산을 배정받아 집행하는 장기계속계약 방식을 채택하고 있으며, 대형 국책사업이나 장기 대형사업의 경우 대부분 적용되고 있다. 계속비제도는 완성에 수년을 요하는 공사나 제조 및 연구개발 사업에 대하여 경비의 총액과 연간 사업비를 미리 국회 의결을 거쳐 확정한 후, 그 범위 안에서 수년간에 걸쳐 지출할 수 있도록 한 제도이다.

(4) 공동계약, 단독계약

공동계약은 단독계약과는 달리 "공사, 제조, 기타의 도급계약에 있어 2인 이상의 수급

3) 국고채무부담행위는 다음 연도의 세출이 되는 채무부담계약을 국회에서 동의하는 것이므로 계속적인 사업 집행의 계속비와 동일한 효과가 있는 것이나, 일정한 연할액(年割額)이 없는 점에서 계속비와는 다르고, 보다 탄력적 · 유동적인 운용을 할 수 있는 것이므로 외상공사, 외상구매 또는 긴급 수해복구공사와 같은 공공사업 등에 활용된다.

인이 해당 계약을 공동으로 수행하기 위하여 잠정적으로 결성한 실체인 공동수급체와 체결하는 계약"을 말한다. 공동(도급)계약에는 공동수급체의 각 구성원이 자금을 갹출하고, 인원, 기재 등을 공여하여 공동계산으로 계약을 이행하는 공동이행방식과 공동수급체의 각 구성원이 계약의 목적물을 분할하여 각자 그 분담부분에 대하여서만 책임으로 이행하고 손익을 계산하되 공통경비만을 갹출하여 계약을 이행하는 분담이행방식이 있다.

[주계약자형 공동도급]

공동수급체구성원 중 주계약자를 선정하고, 주계약자가 전체건설공사의 수행에 관하여 종합적인 계획, 관리 및 조정을 하는 공동도급계약을 말한다. 다만, 일반건설업자와 전문건설업자가 공동으로 도급받은 경우에는 일반건설업자가 주계약자가 된다. 도급받은 공동수급체의 구성원 중 주계약자는 자신이 분담한 부분에 대하여 계약이행책임을 지는 외에 다른 구성원의 계약이행책임에 대하여도 연대책임을 지고, 주계약자 이외의 구성원은 자신이 분담한 부분에 대하여만 계약이행 책임을 진다(건설공사 공동도급운영규정, 국토해양부 고시 제2009-723호).

공동이행방식은 특히 미국에서 발달한 유형으로써 각 구성원의 연대성이 가장 농후하다 하여 이를 완전공동도급이라고도 하며, 특히 건축공사에 적합하다. 따라서 이 방법에 의할 경우에는 공동수급협정서에 각 구성원의 출자비율과 이익배분 및 손실부담에 관한 사항이 구체적으로 명시되어야 한다.

이에 반하여 분담이행방식은 공동수급협정서에 각 구성원의 분담내용과 공통경비의 분담에 관한 사항이 명시될 뿐이고, 공동이행방식의 경우와 같이 출자비율과 손익배분에 관한 사항 등은 포함되지 않는다.

현행 국가계약법에는 지역, 중소기업 보호를 위하여 공동도급을 장려하는 차원을 넘어서 사실상 의무화 하고 있다.

(5) 기타의 계약

종합계약은 동일 장소에서 다른 관서와 연결되는 공사 등에 대하여 관련기관과 공동으로 하는 계약을 말하며, 수입 자재 사용 등 일부 비목별 금액을 결정할 수 없는 경우에는 사후원가 검토 조건부 계약 방식을 채택하기도 한다. 한편 임차, 운송, 보관 기타 그 성질상 중단할 수 없는 계약인 경우에 적용하는 회계년도 개시 전의 계약 등도 있다.

3.3.3 계약체결방법에 의한 분류

(1) 경쟁입찰계약

국가계약법에서는 경쟁의 유무에 따라 계약유형이 분리되고 있으며, 제7조에서는 원칙적으로 일반경쟁입찰을 규정하고 있으나 계약의 목적과 성질에 비추어 필요하다고 인정될 때에는 제한경쟁이나 지명경쟁 또는 수의계약에 의할 수 있는 것으로 규정하고 있다.

일반경쟁입찰은 입찰에 있어 일정한 자격을 가진 불특정 다수인의 입찰희망자를 경쟁에 참가토록 하는 방법으로 입찰방식의 기본원칙이며, 계약을 체결하고자 하는 각 중앙관서의 장 또는 계약담당 공무원은 특별한 사유가 없는 한 일반경쟁에 붙여야 한다. 일반경쟁입찰의 다수의 부적격자의 참여로 인한 과당 경쟁 및 부실공사를 방지하기 위해 계약의 목적, 성질 등에 비추어 필요한 경우 경쟁참가자의 자격을 일정한 기준에 의하여 제한하는 입찰을 제한경쟁입찰이라고 한다. 기술적 난이도가 높은 200억 이상의 10개 공종에 대해서는 시공능력, 실적 및 기술보유상황 등 일정한 기준에 따라 입찰참가 자격을 제한하기도 한다.

(2) 지명경쟁입찰

지명경쟁입찰은 특정 다수인을 지명하여 지명된 자들로 경쟁을 시킴으로써 계약 상대자를 결정하는 방식으로 외국에서는 널리 활용되고 있지만, 국내 공공공사 입찰에서는 거의 활용되지 않고 있다. 다만 민간공사 입찰은 대부분 지명경쟁입찰을 통해 이루어지고 있다.

(3) 수의계약

특정인을 선정하여 계약을 체결하는 수의계약은 부정, 비리의 소지가 많아 엄격하게 제한하고 있고, 최근에는 수의계약 대상 범위를 물품, 용역은 500만원 미만, 시설공사는 1,000만원 미만으로 축소하여 제한을 대폭 강화하였다.

(4) 기타

- 희망수량경쟁입찰계약
- 2단계경쟁입찰계약

• 기술, 가격 분리입찰계약

• 협상에 의한 계약

표 9-3 공공기관 계약제도의 유형

계약목적물별	계약체결형태별	계약체결방법별
• 공사계약 – 건설공사 – 전기공사 – 정보통신공사 • 물품제조, 구매계약 • 용역계약	• 확정계약, 개산계약 • 총액계약, 단가계약 • 장기계속계약, 계속비계약, 단년도계약 • 기타 – 종합계약 – 사후원가검토조건부계약 – 회계년도개시 전의 계약	• 경쟁입찰계약 – 일반경쟁입찰계약 – 제한경쟁입찰계약 – 지명경쟁입찰계약 • 수의계약 • 기타 – 희망수량경쟁입찰계약 – 2단계경쟁입찰계약 – 분리입찰계약 – 협상에 의한 계약

※ 자료: 장훈기(1995), 「정부계약제도」, 범신사.

3.4 입찰참가자격 사전심사(Pre-Qualification, PQ) 제도

3.4.1 PQ제도의 도입배경

입찰참가자격 사전심사란 용어 그대로 입찰에 참여하고자 하는 기업에 대해 입찰에 참가할 수 있는 자격이 있는지의 여부를 입찰 전에 미리 판단할 수 있도록 심사하는 것을 말한다. 즉 발주자가 요구하는 완성물에 대하여 건설업자가 설계도서, 시방서 및 계약조건 등의 내용대로 완성하여 제공할 수 있는지를 판별하기 위하여 건설업자의 시공경험, 기술능력 및 경영상태, 신인도 등을 입찰 전에 미리 심사하는 것이라 할 수 있다.

3.4.2 PQ심사 대상 공종

이 제도는 1993년 기술적 난이도가 높은 100억 이상 14개 공종에 대하여 적용되었으나, 그 이후 성수대교 붕괴, 삼풍백화점 붕괴사고 등이 잇달아 발생하게 되자 1995년 7월 국가계약법 제정시 22개 공종으로 확대하였으며, 현재는 국가계약법 시행령 제42조 제4항에 따라 추정가격 100억원 이상인 공사입찰(최저가 공사 입찰), 시행령 제6장 대형공사 및 제8장 기술제한입찰, 추정가격 200억원 이상 고난이도 10개 공종의 공사에서 적용되고 있다.

표 9-4 PQ 대상 고난이도 공종(조달청 입찰참가자격 사전심사기준)

해당공종	비 고
1. 다음 각 목의 어느 하나에 해당하는 교량건설공사 가. 기둥 사이의 거리가 50미터 이상이거나 길이 500미터 이상인 교량건설공사 나. 교량건설공사와 교량 외의 건설공사가 복합된 공사의 경우에는 교량건설공사(기둥 사이의 거리가 50미터 이상이거나 길이 500미터 이상인 것에 한한다)부분의 추정가격이 200억 원 이상인 교량건설공사 2. 터널건설공사. 다만, 터널건설공사와 터널 외의 건설공사가 복합된 공사의 경우에는 터널건설공사부분의 추정가격이 200억 원 이상인 것에 한한다. 3. 항만공사 4. 지하철공사 5. 공항건설공사 6. 쓰레기소각로건설공사 7. 폐수처리장건설공사 8. 하수종말처리장건설공사 9. 관람집회시설공사 10. 전시시설	가. 기둥 사이의 거리가 50미터 이상이거나 길이 500미터 이상인 공사 나. 복합된 공사의 경우 교량건설공사 부분의 추정가격이 200억원 이상인 공사 다. 복합된 공사의 경우 터널건설공사 부분의 추정가격이 200억원 이상인 공사

(1) 심사기준

PQ심사기준은 일정기준 내지 일정점수 이상을 취득하면 통과하는 방식으로 운용된다. PQ제도는 충분한 시공능력을 보유한 기업을 선별하기 위한 목적으로 운영되고 있으나, 조달청의 PQ심사 통과기업수는 연간 평균 50개사를 넘어서고 신청기업 대비 통과기업 비율도 약 95%를 상회하고 있어 그 변별력의 한계를 드러내고 있다. 실제로 매년 PQ제도 개선이라는 명목으로 제도개선이 이루어지고 있으나 개선의 효과는 미비하다.

1) 사전심사

경영상태부문과 기술적 공사이행능력부문으로 구분하여 심사하며, 경영상태부문의 적격요건을 충족한 자를 대상으로 기술적 공사이행능력부문을 심사한다.

2) 경영상태부문

신용정보의 이용 및 보호에 관한 법률 제4조제4항 제1호 또는 제4호의 업무를 영위하는 신용정보업자가 평가한 회사채(또는 기업어음) 또는 기업신용평가등급(이하 "신용평가등급"이라 한다)으로 심사하며 적격요건은 다음과 같다.

- 추정가격이 1,500억원 이상인 공사

- 회사채에 대한 신용평가등급의 경우 BBB− 이상
- 기업어음에 대한 신용평가등급의 경우 A3− 이상
- 기업신용평가등급의 경우 회사채에 대한 신용평가등급 BBB−에 준하는 등급 이상

• 추정가격이 1,500억원 미만 500억원 이상인 공사
  - 회사채에 대한 신용평가등급의 경우 BB+ 이상
  - 기업어음에 대한 신용평가등급의 경우 B+ 이상
  - 기업신용평가등급의 경우 회사채에 대한 신용평가등급 BB+에 준하는 등급 이상

• 추정가격이 500억원 미만인 공사
  - 회사채에 대한 신용평가등급의 경우 BB− 이상
  - 기업어음에 대한 신용평가등급의 경우 B0 이상
  - 기업신용평가등급의 경우 회사채에 대한 신용평가등급 BB−에 준하는 등급 이상

3) 기술적 공사이행능력부문

시공경험분야, 기술능력분야, 시공평가결과분야 및 신인도분야를 종합적으로 심사하며, 적격요건은 평점 90점 이상으로 한다.

표 9-5 기술적 공사이행능력부문 분야별 심사항목 및 배점기준

심 사 분 야		심 사 항 목	
분야별	배점 한도	항 목 별	배점 한도
계	100		100
1. 시공경험	40	가. 최근 10년간 당해 공사와 동일한 종류의 공사실적	30
		나. 최근 10년간 당해 공사와 유사한 종류의 공사실적 (시공 중인 동종공사실적 포함)	22
		다. 입찰공고시 해당업종 명시	10
2. 기술능력	45	가. 당해 공사의 시공에 필요한 기술자 보유현황 (해당공종 경험기술자 우대)	28
		나. 신기술 개발 · 활용실적	6
		다. 기타 당해 공사 시공에 특히 필요한 사항	3
		라. 최근년도 건설부문 매출액에 대한 건설부문기술개발 투자비율	8
3. 시공평가 결과	10		10

4. 지역기업 참여도	5	공사참여 지분율 40% 이상 만점	5
5. 신인도	±5	가. 시공기업으로서의 성실성 1) 최근 1년 동안 건설산업기본법에 정한 벌금이상의 행정형벌, 영업정지, 영업 · 면허 · 등록취소 처분 또는 과징금 부과를 받은 자	−2
		나. 하도급관련사항 2) 최근 국토해양부 장관이 협력업자와의 협력관계를 평가한 결과 그 실적이 우수한 자 3) 최근 1년 동안 불공정하도급거래로 과징금부과를 받은 자 4) 최근 1년 이내에 공정거래위원장으로부터 하도급 상습위반자로 통보 받은 자	+ 3 − 3 − 5
		다. 건설재해 및 제재처분사항 5) 최근 3년간 고용노동부장관이 산정한 환산재해율이 건설기업의 평균환산재해율의 가중평균 이하인 자 6) 최근 1년 동안 산업안전 보건법령에 의한 산업안전보건관리비 사용의무를 위반한 자 7) 최근 1년 동안 산업안전보건법에 따른 산업재해 발생 보고의무 위반건수가 배분된 자 8) 최근 1년 동안 환경관련법령에 의한 벌금 이상의 행정형벌, 영업정지 · 과징금 이상의 처벌을 받은 자	+ 2 − 1 −2 − 1
		라. 녹색건설 관련 인증실적	+ 2
		마. 국토해양부장관이 평가 통보한 부실벌점(최근 2년간 건설기업별 누계 평균 부실벌점)	− 5

※ 1. 조달청 입찰참가자격사전심사기준
2. 고난이도 공종이 포함된 공사로써 국가기관, 광역자치단체 수요 최저가 낙찰제 대상공사 중 지역기업 참여배점제 적용공사
3. 시공경험 "가"항목과 "나"항목은 택일 적용

4 계약문서

4.1 계약문서의 중요성

건설공사계약은 입 · 낙찰 등을 거쳐 발주자와 낙찰자간에 체결되며, 그 법적 성격은 도급계약에 속한다. 도급계약은 일정한 일의 완성에 대하여 보수를 지급할 것을 합의함으로써 성립하는 계약이다.

이러한 도급계약의 성립과 관련하여 각종 정형적 계약의 근거법이라고 할 수 있는 현행

민법은 채권편에서 도급계약을 불요식계약(不要式契約)[4]으로 규정하고 있다. 따라서 계약을 체결할 때 서면의 작성과 같은 특별한 방식을 반드시 필요로 하는 것은 아니다. 그러나 민간공사에 있어서 체결되는 도급계약은 당사자의 의사에 따라 요식계약이나 불요식계약 어느 방식으로도 가능하겠지만, 공공공사의 계약은 요식계약으로 보아야 할 것이다. 이러한 요식성을 요구하는 이유는 건설공사계약의 특수성에서 비롯되는 것으로 보인다. 공사계약의 불분명한 내용으로 인해 분쟁이 발생할 수 있는 여지를 최소화하고, 계약성립에 있어 당사자의 의사를 보다 명확히 하고자 하는 입법취지가 반영되어 있는 것이다.

따라서 계약 당사자는 공사계약일반조건이나 특수조건, 설계서, 입찰유의서 등의 작성과 보관이 요구된다. 단순한 계약문서의 작성과 보관 외에 계약 당사자간 별도의 합의사항에 대해서도 반드시 문서화시켜 일정한 기간이 경과한 후 상호 입장차이나 상반된 주장이 제기될 때 사실여부를 확인할 수 있는 근거를 확보하여야 한다.

또한 계약체결 당시에는 이러한 계약문서의 작성이 대부분 이루어지고 있지만, 공사가 진행되면서 발주자로부터 각종 지시나 통지사항, 합의사항 등에 대해서 문서화하는 것을 발주자가 꺼리거나 시간적 여유가 없는 등의 이유로 소홀히 하는 경우가 적지 않다. 이런 경우 나중에 분쟁사안이 되더라도 증거불충분으로 인하여 건설기업의 주장이 반영되지 못할 수도 있다. 따라서 공사계약의 이행과정에 있어서도 계약체결 당시의 각종 계약서상에서 요구하는 각종 절차의 준수와 서면작성 및 보관에 보다 많은 관심과 주의가 필요하다.

4.2 계약문서의 종류

국내 공공공사의 「국가계약법」 제11조에 계약서의 작성 및 계약의 성립, 「건설산업기본법」 제22조 건설공사에 관한 도급계약의 원칙 등에서 계약 당사자로 하여금 계약금액, 이행기간, 기타 필요한 사항을 사전에 명백히 기재한 계약서를 작성하여 서명, 날인하도록 규정하고 있다.

계약문서는 계약형태, 관습, 발주자에 따라 종류가 매우 다양하게 존재할 수 있다. 이렇게 다양한 계약문서들은 상호보완적으로 해석되어야 한다. 실례로 특정 내용을 지나치게

4) 법률상 일정한 형식을 갖추어야 하는 요식계약과는 달리 계약의 일정 형식을 갖추지 않은 구두에 의한 합의까지도 인정하는 계약을 말한다.

확대한다거나 특정 부분만 인용하여 그 해석에 오류가 발생하는 사례가 많기 때문에, 계약문서로써 효력을 가지기 위해서는 해당 문서가 법률적 효력이 발생하는 계약문서에 포함되는지 여부에 대한 명확한 규정이 필요하다.

「국가계약법시행령」 제48조의 규정에 따라 기획재정부 회계예규 '공사계약일반조건' 제3조에 규정되어 있는 계약문서와 외국의 계약문서의 종류는 표 9-6과 같다.

표 9-6 각 국가별 계약문서의 종류

한국	영국	FIDIC[5]	미국 AIA
계약서	Tender	General Agreement	Agreement
설계서(설계도면, 공사시방서, 현장 설명서, 공사내역서)	Acceptance of Tender	Letter of Acceptance	Condition of Contract
공사입찰유의서	General Condition	Tender	Drawings
공사계약일반조건	Specification	Condition of Contract	Specifications
공사계약특수조건	Bill of Quantities	Specifications	Addenda
산출내역서[6]	Drawings	Drawings	Accept of Alternates
계약 당사자간에 행한 통지		Bill of Quantities	Modifications

4.3 계약문서의 우선순위

계약문서의 우선순위를 정하는 것은 계약문서간의 모순이나 불일치가 발생하거나 그 의미가 모호한 경우에 대비하기 위한 것이다. 만약 계약문서간 우선순위(priority)에 대한 규정이 없는 경우라면 통상적으로 특수조건이 일반조건보다 우선하고, 시간적으로 나중에 작성된 것이 이전에 작성된 것보다 우선해서 적용된다.

국내 공공공사의 경우 도면과 시방서 또는 일반조건과 특수조건 등은 작성자가 다르므로 계약문서간에 내용이 상치되는 경우가 비일비재하다. 국내의 경우에도 일반조건은 기획재정부가 특수조건 Ⅰ은 조달청, 특수조건 Ⅱ는 개별 발주기관에서 작성하고 있다.

기획재정부 회계 '공사계약일반조건' 에 의하면 일반조건과 특수조건 사이에 우선순위를 두지 않고 있으며, 두 조건을 상호 독립적, 보완적 관계에 있다고 보는 '상호보완설' 에 가까운 입장을 취하고 있다. 그러나 이 견해는 일반조건과 특수조건이 서로 상충할 때, 즉

5) 국제컨설팅엔지니어협회(The Federation Internationale des Ingeniers Conseils).

6) 산출내역서는 계약금액의 조정 및 기성부분에 대한 대가 지급시에 적용될 기준으로써 계약문서의 효력을 가진다. 단, 추정가격이 1억원 미만인 경우에는 계약문서에 포함되지 않는다.

상호보완으로 문제점이 해결되지 아니할 때에는 어느 내용을 따라야 하는 지에 대한 정확한 결론을 내리지 않고 있다.

반면, FIDIC의 '공사계약조건' 제5조에 의하면 계약문서는 상호보완적 효력을 가지나 서로 상이할 경우에는 아래의 우선순위를 따르도록 하고 있다.

- 계약서(contract agreement)
- 낙찰통지서(letter of acceptance)
- 입찰서(tender)
- 특수조건(condition of contract part Ⅱ)
- 일반조건(condition of contract part Ⅰ)
- 시방서(specifications)
- 도면(drawings)
- 산출내역서(bill of quantities)

[공사계약 일반조건]

제19조의2 (설계서의 불분명 · 누락 · 오류 및 설계서간의 상호모순 등에 의한 설계변경)

① – 생 략 –

② 계약담당공무원은 제1항의 규정에 의한 통지를 받은 즉시 공사가 적절히 이행될 수 있도록 다음 각 호의 1의 방법으로 설계변경 등 필요한 조치를 하여야 한다.

1. 설계서의 내용이 불분명한 경우(설계서만으로는 시공방법, 투입자재 등을 확정할 수 없는 경우)에는 설계자의 의견 및 발주기관이 작성한 단가산출서 또는 수량산출서 등의 검토를 통하여 당초 설계서에 의한 시공방법, 투입자재 등을 확인한 후 확인된 사항대로 시공하여야 하는 경우에는 설계서를 보완하되 제20조의 규정에 의한 계약금액조정은 필요 없으며, 확인된 사항과 다르게 시공하여야 하는 경우에는 설계서를 보완하고 제20조의 규정에 의하여 계약금액을 조정하여야 함.

2. 설계서에 누락 · 오류가 있는 경우에는 그 사실을 조사 확인하고 계약목적물의 기능 및 안전을 확보할 수 있도록 설계서를 보완

3. 설계도면과 공사시방서는 서로 일치하나 물량내역서와 상이한 경우에는 설계도면 및 공사시방서에 물량내역서를 일치

4. 설계도면과 공사시방서가 상이한 경우로써 물량내역서가 설계도면과 상이하거나 공사시방서와 상이한 경우에는 설계도면과 공사시방서 중 최선의 공사시공을 위하여 우선되어야 할 내용으로 설계도면 또는 공사시방서를 확정한 후 그 확정된 내용에 따라 물량내역서를 일치

4.4 Contra Proferentem

Contra Proferentem 원칙(rule of contra proferentem)은 계약문서상의 내용이 불명확한 경우에 그 계약문서를 작성한 자에게 불리하게 해석한다는 원칙을 말한다. 영문으로는 'Against Drafter Rule' 이라고도 한다.

이 원칙은 1947년 미국판례에 그 이론적 근거가 있으며, 국내의 「약관규제법」 제5조에서도 "약관의 뜻이 명백하지 아니한 경우에는 고객에게 유리하게 해석되어야 한다."라고 규정되어 있다. 이 원칙은 공공공사의 경우 계약문서가 통상 발주자에 의해 작성, 준비된다는 점을 고려할 때 '시공자 우선원칙' 또는 '발주자불이익원칙' 이라고 하여도 무방하다.

하지만, 계약문서의 내용이 명백한 착오가 있거나, 중대한 불일치 또는 내용 상호간의 상당한 차이가 명백한 경우에는 입찰서 제출 전에 이를 확인하여야 한다. 그렇지 않을 경우에는 Contra Proferentem 원칙이 적용되지 않는다. 대법원의 판례도 당사자가 표시한 문언에 의해 객관적인 의미가 명확하게 드러나지 않는 경우에는 상대방에게 일방적으로 유리하게 해석, 적용하는 것이 아니라 그 법률행위가 이루어진 동기 및 배경, 당사자가 그 법률행위를 통해 달성하려고 하는 목적과 진정한 의사, 거래의 관행 등을 종합적으로 참작하여 합리적으로 해석하도록 판시하고 있다.

5 클레임

5.1 클레임(Claim)의 정의

일반적으로 클레임은 분쟁(dispute)의 이전단계를 말하며, 클레임 그 자체가 분쟁을 의미하는 것은 아니다. 클레임은 문서상의 요구나 주장(written demand or assertion)을 말한다. 그러므로 발주자에 의한 단순한 시정지시나 계약자의 자료제공 요청 등은 클레임이라고 할 수 없다.

미국 「표준계약조건 23A」의 클레임에 관한 규정을 보면

> "...... 'Claim' means a written demand or assertion by one of the parties seeking as a matter of right, the payment of money, adjustment or interpretation of contract terms, or other relief, arising under or relating to this Contract. ..."
>
> (클레임이라 함은 권리의 문제로써 당해 계약에 의하여 또는 당해 계약과 관련하여 발생하는 금전지급, 계약조건의 조정이나 해석 또는 구제를 추구하는 계약 당사자 일방에 의한 문서상의 요구 또는 주장을 말한다.)

그러므로 클레임은 단순한 금전지급 청구행위로 해석하는 것은 클레임의 한 단면만을 나타내는 것이며, 계약사항의 변경이나 해석 또는 기타의 구제 행위를 위한 요구나 주장 모두를 나타내는 광범위한 의미로 해석된다.

또한 클레임 요인을 사전에 제거하거나, 분쟁발생시 승리할 수 있는 방법은 계약도서의 상세한 이해를 토대로 한 공사 중 주요사항의 문서화(documentation)에 있다고 하겠다. 또한, 클레임의 사유가 파악되면 상대방에게 즉시 통지하여야 한다. 이 통지를 클레임에서는 클레임을 제기한다고 하며 그 첫 단계의 작업이 바로 문서화이다.

계약 당사자가 클레임을 제기하였다고 하더라도 쌍방간의 협상에 의하여 타결되었을 때는 분쟁이라고 하지 않는다. 다시 말하면 클레임은 협상의 자료로써 상대방에게 제시하는 것이지 처음부터 분쟁을 상정하는 것은 아니기 때문이다.

5.2 클레임의 절차

모든 분쟁에 있어 최선의 해결책은 협상에 의한 타결이라는 데에는 이론이 없다. 이에 따라 선진국에서는 민간기업뿐만 아니라 정부 차원에서도 전문 협상가(negotiator, specialist in negotiation)의 양성에 상당한 노력을 기울이고 있다. 협상에 의한 타결의 특징과 실익은 여타의 방법과는 달리 분쟁 당사자간의 직접적인 협상에 의해서 해결되므로 시간과 비용을 절감할 수 있음은 물론 상호관계에도 손상을 끼치지 않는다는 것이다.

그러나 협상에 의한 타결이 이루어지지 않을 경우 어쩔 수 없이 제3자의 조력이나 결정에 의지할 수 밖에 없을 것이며, 클레임의 후속단계는 바로 제3자에 의한 클레임의 처리단계를 말한다.

일반적인 클레임의 처리단계를 도표로 나타내면 그림 9-3과 같다.

클레임의 처리단계

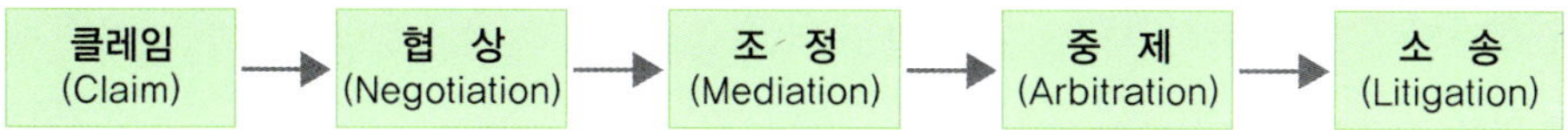

그림 9-3 클레임의 처리단계

5.2.1 조정(調停)

협상이 당사자간 합의에 의해 타결을 도출하는 수단이라면 조정은 제3자에 의하여 타결이 도출된다는 점에서 차이가 난다. 제3자의 개입이라는 점에서 보면 조정과 중재(仲裁)가 유사하나, 양자간에는 아래와 같은 차이가 있다.

- 중재는 중재인을 분쟁 당사자가 직접 선정하거나, 그렇지 않은 경우에는 혐오중재인에 대한 중재 기피권이 있다. 그러나 조정은 분쟁 당사자에게 조정인의 선정이나 기피권이 없다.
- 조정인(mediator)은 사안에 대한 결정권이 없으며, 단지 분쟁 당사자의 화해를 유도할 뿐이나, 중재인(arbitrator)은 결정권이 있을 뿐만 아니라 그 결정은 최종적이며 구속력이 있다.

이를 중재결정의 종국성과 강제성(finality and enforceability)이라 한다.

5.2.2 Mini-Trial

보통 Mini-Trial은 약식재판으로 이해하고 있으나 진정한 의미의 재판이라기보다는 협상에 가까운 해결방식이다. 분쟁 당사자들은 자기들의 입장을 정리하여 협상과 타결에 권한이 있는 상대방의 고위층에게 제시한다. Mini-Trial이 계약분쟁에서 효율성이 인정되고 있는 이유는 고위 당사자들의 협정이므로 사건에 대한 자신들의 유리한 점과 불리한 점을 깊이 파악하고 있기 때문이다. 미국의 경우 정부기관, 특히 육군과 해군에서 법규의 해석문제가 분쟁의 대상이 아닌 경우에는 이 제도를 채택하고 있다.

전통적인 Mini-Trial에서는 양 당사자들의 합의에 의하여 선정된 중립적인 조언자가 심리절차를 조정하고 심문사항과 쟁점을 정리한다. 조언자는 분쟁 당사자를 기속하는 견해를 피력할 수 없고, 중재인이나 재판관 같은 역할도 금지된다. 다만, 청문이 끝날 때까지 협상에 의한 해결이 불가능할 경우에 한하여 당사자들은 조언자에게 자신들을 기속하지 않는 범위 내에서 조언을 요청할 수 있고, 이 조언에 근거하여 당사자들은 협상을 재개하여 타결점을 찾는다.

- Mini-Trial과 중재의 차이
  - 조언자가 제시하는 견해의 효과에 차이점이 있다. 전자에서는 법원이나 중재위원회로 회부될 경우 어떤 판정이 나올 수 있다는 식으로 순수한 중립적 조언에 제한되지만, 후자에서 중재인은 분쟁 당사자를 기속하는 견해를 피력한다.
  - 중재는 분쟁 당사자들을 대질하는 형식으로 상호입장을 피력시키는 경우는 거의 없으나, Mini-Trial의 초점은 당사자들을 친밀하게 개입시키는데 있다. 이 제도는 법이 비교적 잘 정비되어 있거나 관련 판례가 명료하여 분쟁사안이 법규나 판례에 의한 법적 판정의 예측이 용이할 때 효율적이다. 그러므로 종전에 해석된 적이 없는 새로운 계약조항에 대한 분쟁사안이라면 Mini-Trial로는 해결되기 어렵다는 한계가 있다.

5.2.3 중재(Arbitration)

중재나 조정, 소송 모두가 분쟁 당사자간 스스로 타결점을 찾지 못할 때 제3의 기관이 타결을 유도하거나 판정한다는 점에서 유사성이 있다. 협상과 조정이 실패하였을 때, 그 후속단계로 중재와 소송이 있으며, 이 중 어느 절차를 선택하느냐는 분쟁과 관련된 계약조항에 따라 다르며 그와 같은 계약조항이 없을 때에는 분쟁 당사자가 합의하여 결정한다.

비교대상을 법원의 판결로 할 때 즉, 중재제도의 이점을 소송에 비교할 때 중재에 의한 처리제도의 이점은 다음과 같다.

- 신속성 : 중재는 재판에 비하여 단기간에 처리될 수 있다는 장점이 있으며, 대한상사중재원과 세계적인 중재기구의 평균적인 소요 기간을 비교하면 아래와 같다.

〈평균중재 소요기간〉

(1) UN중재원(UNCITAL): 12개월 (2) 국제상업회의소(ICC): 12개월

(3) 유럽-아랍상업회의소: 9개월 (4) 미국중재원(AAA): 6개월

(5) 런던중재원(LCA): 6개월　　　　　　　　　　(6) 일본상사중재원: 2~12개월
(7) 대한상사중재원: 신속절차 – 2개월, 국내중재– 6개월, 국제중재 – 8개월

• 경제성: 대한상사중재원의 중재요금은 분쟁에 대상이 되는 금액에 따라 0.25%에서 최대 3%까지이며, 관리요금은 100달러이다.
• 신속성: 여기서 신속성이라 함은 분쟁 당사자의 합의에 의하여 절차를 간소화 할 수 있으며, 시간을 단축할 수 있다는 뜻이다.
• 우호적인 해결기회 부여: 중재 중 분쟁 당사자는 언제든지 화해에 도달할 수 있는 기회가 부여된다.
• 전문성: 중재인은 분쟁사항에 전문가로 구성되기 때문에 그들의 전문성을 활용할 수 있다.
• 합의에 의한 중재 장소 및 언어의 선택

[공사계약 일반조건]

제51조(분쟁의 해결)
① 계약의 수행 중 계약 당사자간에 발생하는 분쟁은 협의에 의하여 해결한다.
② 제1항의 규정에 의한 협의가 이루어지지 아니할 때에는 법원의 판결 또는 [중재법]에 의한 중재에 의하여 해결한다. 다만, [국가를 당사자로 하는 계약에 관한 법률](이하 "국가계약법"이라 한다) 제4조의 규정에 의한 국제입찰의 경우에는 국가계약법 제28조 내지 제31조에 규정한 절차에 의할 수 있다.
③ 계약 상대자는 제1항 및 제2항의 규정에 의한 분쟁처리절차수행기간 중 공사의 수행을 중지하여서는 아니된다.

5.2.4 대체분규해결방안(Alternative Dispute Resolutions, ADR)

대체분규해결방안은 분쟁의 발생시 시간과 비용을 절약하기 위하여 사법기관의 재판 등의 전통적인 분쟁처리보다는 분쟁 당사자간의 협상이나 제3자에 의한 조정 또는 중재를 적극 활용하는 것을 의미한다.

• ADR의 주요단계
  – Step 1 : Direct Negotiating (Non Binding)

- Step 2: Mediation (Non Binding)
- Step 3: Mini-Trial (Non Binding)
- Step 4: Adjudication (Binding)
- Option A: Arbitration
- Option B: Litigation

• ADR의 특징 비교

표 9-7 ADR의 특징 비교

구 분	분쟁해결기간	해결비용	구 속 력
협 상 (negotiation)	• 협상자의 목적, 태도, 기타요인들에 의존 • 매우 신속히 해결 가능	• 최소 • 타협해결에 소요된 비용	• 채택 또는 거부 • 협정으로 이끌 수 있음.
조 정 (mediation)	• 협상과 동일 • 조정일정에 따라 약간 한계가 있음. • 대체적으로 신속함.	• 조정자의 급료 정도	• 채택 또는 거부 • 협정으로 이끌 수 있음. • 협정으로 유도하는 도덕적 압력
중 재 (arbitration)	• 소송보다 빠름. • 규칙들의 제한이 있음. • 중재인의 일정과 가용성이 문제임. • 준비에 몇 개월 걸릴 수 있음.	• 서류정리요금 • 둘째 날 이후부터 중재인 급료 • 필요시 대리인의 비용 • 계약에 따라 구속이나 불구속이 될 수 있음.	
소 송 (litigation)	• 5년 이상 걸릴 수 있음. • 준비자체에 몇 년 걸림.	• 대리인의 비용과 시간비용을 포함하여 비싼 비용	• 구속력이 있음.

5.3 클레임 사례분석

5.3.1 계약문서의 작성 및 보관

건설공사계약은 다른 분야의 도급계약과 달리 규모가 크고 복잡한 설계를 바탕으로 행해지는 토목, 건설공사 계약이 많다. 따라서 민법에서 규정하고 있는 도급계약의 기본형과는 다른 특성을 지니고 있다. 즉, 일반적 도급계약은 단순한 일에 대하여 보수를 지급받는 관계이나, 건설공사의 도급계약은 최종물의 완성까지 상당한 기간이 소요되며, 공사규모나 완성물의 경제적 또는 사회적 가치가 매우 커서 계약의 이행과정에서 계약 내 외적 요소들에 의한 영향이 매우 큰 복잡한 관계이다.

[계약의 성립요건(중재판정 제95111-0041호)]

"……건의서를 작성하였다고 하더라도 그 작성경위 및 기재내용과 건의서 작성 당시에는 구체적 설계도면 및 설계변경금액이 확정되지 아니하였으며, 예산회계법에 의하면 ……담당공무원이 계약의 목적, 계약금액, 이행기간, 계약보증금, 지체상금 등 필요한 사항을 명백히 기재한 계약서에 계약 당사자가 기명 날인함으로써 계약이 확정된다는 내용을 법률로서 정하고 있는바 건의서는 이와 같은 요건을 갖추지 못합이 뚜렷하고 ……건의서의 기재내용을 청약으로 보는 경우에도 국가의 회계관련 행위는 예산회계법 등 법령의 규정에 따라야 하는 것이므로 그러한 절차와 형식을 갖추지 않은 국가기관과의 합의는 국가에 효력을 미치는 계약의 성립으로 볼 수 없다 할 것(대법원 65다2170판결, 67다1552판결)이므로 이와 같은 사정을 종합하면 ……건의서는 ……청약으로 볼 수 없다고 함이 상당하므로 도급계약의 변경계약이 이미 성립되었다고 하는 주장은 이유 없으며……"

상기의 중재판정에는 공사계약이 불분명한 내용으로 인해 분쟁이 발생할 수 있는 여지를 최소화하고, 계약성립에 있어 당사자의 의사를 보다 명확히 하고자 하는 입법취지가 반영되어 있다.

계약문서의 작성은 계약체결 당시에는 대부분 잘 이루어진다. 그러나 공사가 진행되면서 발주자로부터 각종 지시나 통지사항, 합의사항 등에 대해서 문서화하는 것을 발주자가 꺼리거나 시간적 여유가 없는 등의 이유로 소홀히 하는 경우가 적지 아니하다. 이런 경우에는 나중에 분쟁사안이 되더라도 증거불충분으로 인하여 수급자의 주장이 반영되지 못할 수도 있다. 따라서 공사계약의 이행과정에 있어서도 계약체결 당시의 각종 계약서상에서 요구하는 각종 절차의 준수와 서면작성 및 보관에 보다 많은 관심과 주의가 필요하다.

5.3.2 계약의 공정성원칙

계약문서의 작성이 강조되는 것은 계약 당사자간에 계약의 성립이나 내용을 둘러싼 이견이 있거나 상반되는 주장을 할 경우, 계약 당사자의 진정한 의사를 확인할 수 있고 그를 통해서 해당 계약으로 인한 클레임이나 분쟁을 조기에 명확하게 종식시킬 수 있다는 점이 있기 때문이다.

따라서 당사자의 의사표시가 계약문서에 어떻게 표현되어 있는가는 매우 중요한 문제이며, 나중에 보완자료나 소명자료 없이 계약문서에 명시되어 있는 내용과 상반되는 주장을 하는 것은 계약 상대방이나 분쟁의 해결권한을 가진 제3자에게 받아들여질 수 없다.

이러한 계약 당사자의 의사나 주장이 명확하게 표현되고 계약문서에 반영되어야 하는 것 못지않게 공사계약에 있어서 중요한 것은 계약 당사자의 진정한 의사가 계약 상대방의 계약상 우월적 지위의 남용 등으로 인하여 왜곡되어나 제한되지 않아야 한다는 점이다. 특히 공공공사에 있어서 국가나 지방자치단체, 혹은 공공기관이 발주자로서의 계약상 우월적 지위를 남용하여 계약 상대자에 속하는 건설기업에게 일방적 내용을 담은 특약을 요구하는 일 등이 적지 않다.

> [신의성실의 원칙에 따른 계약의 공정성(중재판정 제96111-0026호)]
>
> "……공사계약 특수조건 제13조 가의 단서 "제반 조건에 명시되지 않은 사항은 발주부서의 해석 및 결정에 따른다."는 규정은 계약서상의 일종의 이른바 예문에 불과하고 또한 신의성실의 원칙에 반하여 공정을 잃은 것이므로 그 효력이 없으며……"

관련 법령에서도 계약의 공정성에 대해서 명확하게 언급하고 있다. 건설산업기본법의 경우 "건설공사에 관한 도급계약의 당사자는 대등한 입장에서 합의에 따라 공정하게 계약을 체결하고, 신의에 따라 성실하게 계약을 이행하여야 한다."고 규정하고 있다(건설산업기본법 제22조 제1항). 국가계약법도 "계약은 상호 대등한 입장에서 당사자의 합의에 따라 체결되어야 하며, 당사자는 계약의 내용을 신의성실의 원칙에 따라 이를 이행하여야 한다."고 명시하고 있다(국가계약법 제5조 제1항). 국가계약법 시행령에서도 모법인 국가계약법의 규정을 구체화하여 "각 중앙관서의 장 또는 그 위임 · 위탁을 받은 공무원(이하 '계약담당공무원' 이라 한다)은 계약을 체결함에 있어서 법, 이 영 및 관계법령에 규정된 계약 상대자의 계약상 이익을 부당하게 제한하는 특약 또는 조건을 정하여서는 아니된다."고 규정하고 있다(국가계약법 시행령 제4조).

이처럼 공사계약과 관련한 여러 법령에서 계약의 공정성에 대하여 언급하고 있지만, 실제 계약체결과정에서 제대로 지켜지지 않는 경우가 적지 않다. 따라서 계약 당사자 상호간에 대등한 입장에서 계약이 공정하게 이루어질 것을 여러 차례 강조하고 있는 중재판정사례에서의 공정성의 강조 또는 공정성훼손에 대한 우려가 결코 기우가 아님을 알 수 있다.

5.3.3 계약 당사자

일반적으로 계약 당사자는 계약문서에 도급인 또는 수급인으로서 서명날인한 자를 말한다. 만일 계약문서상의 명의자와 실제 계약체결을 담당한 자가 다른 경우라면 계약 당사자가 누구인가에 따라 계약의 성립 및 이행과 관련하여 발생하는 모든 권리와 의무의 최종 귀속주체가 달라질 수 있기 때문에 진정한 계약 당사자를 확정할 필요가 있다. 민간공사의 경우는 발주사와 시공사간에 공사도급계약이 체결되기 때문에 문제의 여지가 별로 없으나, 공공공사의 경우 실제 발주기관과 계약체결기관이 다르다면 분쟁해결을 위한 조정이나 중재 또는 소송절차를 밟을 때 당사자적격이 문제가 될 수 있다. 주로 건설기업과 국가기관인 조달청의 분임계약관이 당사자로 되어 시설공사도급계약을 체결된 경우가 전형적인 예라고 할 수 있는데, 이에 대하여 중재판정부는 공공공사의 경우 국가를 진정한 계약 당사자로 보고 있다.

> [지방자치단체가 발주한 경우 계약 당사자(중재판정 제01111-0100호)]
>
> "……실제 건축될 건물이 ○○시 소유가 될 건물인 경우를 보더라도, 해당 공사계약이 '조달사업에 관한 법률' 제2조, 제5조, 제8조 및 동법 시행령 제15조 등의 규정에 의거하여 체결된 것이라면 수요기관인 ○○시가 조달청장에게 계약의 체결을 요청하여 신청인들과 대한민국의 기관인 조달청장 사이에 계약이 체결되었음을 알 수 있다. 지체상금에 관한 문제도 역시 도급계약서와 공사계약일반조건 제25조의 규정에 따라 계약 당사자인 조달청장이 부과하고 조달청장에게 귀속되는 것인 바, 만일 지체상금의 부과가 잘못되어 그 반환을 구하려면 계약 당사자로서 지체상금을 부과하여 취득한 대한민국만을 상대로 할 것이지 계약 당사자도 아니고 지체상금도 부과한 일이 없는 ○○시를 상대로 할 수는 없는 것이라고 판정한 사례도 있다."

5.3.4 설계변경

설계변경은 공사계약의 이행과정에서 빈번하게 일어나는 계약내용의 변경사유라고 할 수 있다. 공사계약일반조건 등에서는 설계변경 사유를 다음과 같이 열거하여 규정하고 있다.

- 제19조(설계변경 등) 제1항
  - 설계서의 내용이 불분명하거나 누락 · 오류 또는 상호 모순되는 점이 있을 경우
  - 지질, 용수 등 공사현장의 상태가 설계서와 다를 경우

– 새로운 기술 · 공법사용으로 공사비의 절감 및 시공기간의 단축 등의 효과가 현저할 경우

– 기타 발주기관이 설계서를 변경할 필요가 있다고 인정할 경우 등

• 제19조의2(설계서의 불분명 · 누락 · 오류 및 설계서간의 상호 모순 등에 의한 설계변경)
• 제19조의3(현장상태와 설계서의 상이로 인한 설계변경)
• 제19조의4(신기술 및 신공법에 의한 설계변경)
• 제19조의5(발주기관의 필요에 의한 설계변경)
• 제19조의6(소요자재의 수급방법 변경)
• 제22조(물가변동으로 인한 계약금액의 조정)
• 제23조(기타 계약내용의 변경으로 인한 계약금액의 조정)

위의 조항들은 일견 설계변경이 필요한 경우를 비교적 상세하게 규정하고 있다고 생각되지만, 각각의 요건들을 자세히 들여다보면 구체적인 사안에 적용하기 위해서 또 다시 해석이 필요함을 알 수 있다.

[자료의 유지의 필요성(중재판정 제95111-0043호)]

"……신청인은 설계미비로 현장조건이 불일치함을 발견하고 이를 감리자에게 즉각 통지하여 주었으며 공사도중에도 설계미비점을 발견하여 서면 통지하였으므로 추가공사비 전액을 지급 받아야 한다고 주장하나, 신청인의 주장을 뒷받침할 증거가 없으므로 이를 믿을 수 없으며……"

설계 변경은 공사계약의 이행과정에서 건설클레임 혹은 분쟁원인으로 가장 빈번하게 등장하는 주요 문제이다. 따라서 설계변경시에는 그 절차를 준수하고 관련 자료를 확보하여 준공 후까지 보관할 필요가 있다. 설계변경이 빈번하게 발생하는 이유는 지장물, 암반조건 등에 대한 충분한 조사 및 분석을 위하여 시간 및 비용을 확보하기가 쉽지 않으며, 환경문제로 인한 민원의 제기나 정책이나 관련 법제도의 변경 등으로 설계변경이 요구되는 경우가 많기 때문이다.

사전에 이러한 사유의 충분한 검토결과를 바탕으로 설계가 이루어지면 가장 바람직하겠지만, 현실적인 어려움이 따르는 만큼 사후적 대비를 위하여 설계변경 사유에 대한 자

료나 계약담당공무원과의 각종 의사교환내용 등을 확보하여 추후의 설계변경 정당성이나 계약금액의 조정 청구시에 적극 활용하도록 해야 한다.

> [확정금액공사계약과 불가항력의 발생시기의 관계(중재판정 제01111-0024호)]
>
> "……확정금액공사로서 원칙적으로 설계변경과 공사비변경이 인정되지 아니하는 것이기는 하나, 계약 당사자의 통제범위를 벗어나 계약 당사자 누구의 책임에도 속하지 아니하는 불가항력의 경우에는 그렇지 아니한 바……불가항력적 사유란 계약 당사자의 통제범위를 벗어나고 당사자 누구의 책임에도 속하지 아니하는 사유를 말하는 것으로써 그 존재의 계약 전후와는 무관하다 할 것이다……"

중재판정에서는 정부의 책임 있는 사유 또는 불가항력 사유 중의 하나로 열거되고 있는 '공사관련법령의 범위'와 관련하여 명시적 기준이 아니더라도 실제 공사에 유력한 기준이 될 수 있는 관련 부처의 유권해석을 포함시키는 점은 실제 공사에 있어서 유용하게 활용될 수 있는 부분이므로 주의 깊게 살펴볼 필요가 있다.

> [공사관련법령의 범위(중재판정 제99111-0020호)]
>
> "……재경부유권해석(ex: 회계125-268('89.1.31), 회계41301-506('99.4.10))도 하나의 기준이 될 수 있으며 확정금액공사로서 원칙적으로 설계변경과 공사비변경이 인정되지 아니하는 것이기는 하나, 계약 당사자의 통제범위를 벗어나 계약 당사자 누구의 책임에도 속하지 아니하는 불가항력의 경우에는 그렇지 아니한 바……불가항력적 사유란 계약 당사자의 통제범위를 벗어나고 당사자 누구의 책임에도 속하지 아니하는 사유를 말하는 것으로써 그 존재의 계약 전후와는 무관하다 할 것이다."

일괄입찰, 실시설계·시공입찰 및 대안입찰을 실시하여 체결된 공사계약은 원칙적으로 설계변경으로 대형공사의 계약내용을 변경하는 경우에도, 정부에 책임 있는 사유 또는 천재지변 등 불가항력의 사유로 인한 경우를 제외하고는 그 계약금액을 증액할 수 없다는 점을 분명하게 인식해야 한다. 수주에 급급한 나머지 충분한 검토 없이 입찰에 응한 후 시공 중에 청구가 허용되지 않는 추가공사비가 소요되는 일이 없도록 주의해야 한다. 중재판정부는 "입찰에 임하는 자는 스스로의 책임과 부담으로 소요된 공사비용을 산정하여 적정한 수익을 창출할 수 있다는 판단 하에 비로소 입찰에 임하여야 한다."라고 분명히 밝히고 있다는 사실을 명심해야 한다.

> [물가변동으로 인한 계약금액 조정신청시기(중재판정 제01111-0017호)]
>
> "……물가변동으로 인한 계약금액조정은 공사준공대가 지급신청 전까지 조정신청을 해야 가능한 것인바(회계45107-1627. 95.9.1. 참조)……"

이와 관련해서 다음의 사항을 주의해야 한다. 계약금액의 조정이 물가변동으로 인한 경우, 조정신청의 시기에 대해서는 공사계약일반조건에서 명시적으로 규정하고 있지 않다. 따라서 계약금액의 조정시기를 놓쳐 조정신청이 불가능해지는 경우가 종종 있다. 이에 대해 각별한 주의가 필요하다.

5.3.5 계약주체의 권한과 책임

공사계약의 성립 및 이행에는 많은 이해관계자들이 참여하게 되지만, 발주자와 감리자, 그리고 시공자가 그 핵심이라고 할 수 있다. 이들의 권한과 책임에 대해서는 관계법령에서 어느 정도 명시적인 규정을 두고 있다. 그러나 중요한 것은 이들 계약의 주체가 일정기간 동안 계약 본래의 목적을 달성하기 위하여 함께 노력하고 협력해야 하는 일종의 공동체 성격을 갖고 있다는 점이다.

따라서 발주자의 지시나 감리자의 감독 그리고 시공자의 의무이행 및 요구의 정당성이나 타당성은 결국 이러한 측면이 고려되는 가운데 판단하게 될 것이다. 아래의 중재판정에서도 이러한 입장에서 발주자의 지시나 시공사의 계약이행이 계약 본래의 목적이나 취지에 반한다는 이유로 계약의 효력을 부정한 사례이다.

> [적절한 절차를 거친 지시(중재판정 제99111-0020호)]
>
> "……설계구조상 문제는 없다 하더라도 대형 중차량의 통행가능성뿐만 아니라 기타 사유에 의해서도 변형이 일어날 수 있는 경우 및 실제로 시공과정에서 변형이 발생한 바도 있다면 외부전문가에 의뢰하여 행한 안전점검 결과에 근거하여 전달된 ……안전점검 시정지시는 과도한 것이 아니라 합당하다고 할 수 있으며……"

공공공사의 경우 발주자인 국가나 지방자치단체는 계약담당공무원에게 대부분의 권한을 위임하고 있기 때문에 구체적인 공사에서는 이들이 발주자의 역할을 담당한다. 중재판정사례를 보면 이들이 공사와 관련하여 시공자에게 지시를 하는 경우 객관적 근거, 상대방에 대한 부당한 불이익의 초래여부, 상당성 등과 같은 요소들이 계약의 본래 목적에 반하는지 여부를 판단하는 기준이 되고 있다.

> [설계자의 책임(중재판정 제96111-0067호)]
>
> "……구조물이나 공작물의 설계를 하는 자는 설계의 착수에 앞서 ……구조와 기능을 정확하게 파악하고……하중계산을 정확하게 하여 최대 하중에 대한 구조 계산을 해야 하고, 기둥이나 받침대의 안전도를 고려하여 파손 또는 붕괴되지 않도록 설계에 반영해야 할 주의의무가 있음은 물론이고 감리과정에서도 시공의 정착성과 안전성을 점검해야 할 의무가 있다."

5.3.6 계약의 해제 · 해지

계약해제는 유효하게 성립하고 있는 계약의 효력을 처음부터 있지 않았던 것과 같은 상태에 복귀시키는 법률행위를 말하며 소급효가 있다. 이처럼 일방적 의사표시에 의하여 계약을 해소시키는 권리를 '해제권'이라 한다. 계약의 해지는 주로 계속적 성격을 가지는 계약에 있어서 그 효력을 장래에 향하여 소멸하게 하는 일방적 행위를 말한다.

이처럼 계약의 해제와 해지는 그 법적 효력에 있어 차이가 있다. 그러나 공사계약의 경우 대부분 준공까지 일정한 기간이 소요될 뿐만 아니라 계약의 해제에 따른 원상회복을 사회 · 경제적 측면을 고려하여 인정하지 않는 등의 계약상 특성으로 인하여 두 가지 경우가 모두 적용될 수 있기 때문에 공공이나 민간계약에서는 병렬적으로 표현하고 있다.

> [계약해제효과의 범위(중재판정 제95111-0029호(1996.3.13)]
>
> "……건축도급계약에 있어서 미완성부분이 있는 상태에서 계약을 해제할 경우에도 공사가 상당한 정도 진척되어 그 원상회복이 중대한 사회적 · 경제적 손실을 초래하고 완성된 부분이 도급인(발주자)에게 이익이 되는 경우에는 미완성부분에 대하여만 도급계약이 실효된다고 보아야 한다. 이 경우 수급인(시공자)은 해제한 때의 상태 그대로 완성물을 도급인에게 인도하고 도급인은 그 공사의 완성도 등을 참작하여 인도 받은 완성물에 상당한 보수를 지급하여야 할 의무가……"

계약의 해제 · 해지에 대하여 아래의 중재판정에서 보다시피 도급인은 총공사비를 기준으로 공사를 중단한 당시의 기성고 비율에 의하여 산정된 금액을 수급인에게 지급하여야 한다는 입장을 고수하고 있다. 따라서 미완성건물의 경우 도급인이 지급하여야 할 금액은 수급인이 실제로 지출한 비용을 기준으로 하거나, 또는 인도 당시의 노임과 자재시세 등으로 산출한 기성금액을 지급해야 하는 것이 아니라는 점에 주목할 필요가 있다.

[미완성건물에 대한 보수산정기준(중재판정 제91내34호/제92내4호(1993.10.5)]

"……도급인이 지급하여야 할 미완성건물에 대한 보수는 총공사비를 기준으로 하여 그 금액에서 계약당사의 도급내역서에 의하여 수급인이 공사를 중단한 당시의 기성고 비율에 의한 금액이 되는 것이고, 수급인이 실제로 지출한 비용을 기준으로 하거나 또는 인도 당시의 노임과 자재시세 등으로 산출한 기성금액을 지급하여야 되는 것은 아니며 ……"

이때 기성대가는 계약단가에 의하여 산정 · 지급한다. 계약단가가 없을 경우에는 일정한 기준에 따라 산정된 단가에 의한다. 따라서 건설기업은 공사계약의 해제 · 해지로 인한 보수청구범위와 관련하여 다음의 두 가지 사항을 주의해야 한다. ① 중재판정에서 수차례 밝히고 있는 바와 같이 미완성부분에 대해서만 공사계약이 실효된다는 점과, ② 보수액의 산정기준은 실제 지출비용 등이 아닌 공사를 중단한 당시의 기성고 비율에 의한다는 점을 분명히 해야 한다. 이를 통해 보수액 산정시 불이익을 입지 않도록 주의해야 한다.

5.3.7 준공

계약 상대자인 수급자는 공사를 완성한 후 준공검사에 합격한 때에는 소정절차에 따라 대가지급을 청구할 수 있다. 준공은 공사의 완성을 공식적으로 확인 받는 것이며 공사대금의 지급을 위한 전제가 되기 때문에 준공시점은 공사계약에 있어서 중요한 의미를 갖는다. 공사의 완성여부에 대해서는 계약서상에 명확한 기준이 있을 경우 해당 규정에 의하여 판단하게 되며, 규정이 없을 경우에는 계약서의 전체규정과 용인된 관행, 관련 법령 등을 종합하여 판단해야 한다. 아래의 중재판정도 이러한 기준을 적용하여 준공에 대한 정의를 내리고 있다.

> [공사의 완료시점(중재판정 제96111-0059호)]
>
> "……공사도급계약서에 의하면……공사기간 내에 공사를 완료치 못하였을 경우 지체상금을 지불한다고 하였을 뿐, 어느 시점에 공사가 완료되었다고 볼 것인가에 대하여는 아무런 규정이 없는 바……이 계약에 규정이 없는 사항에 대하여는 법령과 건설업계의 일반관례에 따른다는 약정이 있고……준공시점과 가사용시점을 구분하고 있으며 공사잔금 20%의 지급시기를 입주지정 개시일 경과 3일 이내로 규정하고 있는 등의 계약서 규정내용과, 건축업계의 관행상 아파트의 경우 준공검사를 받기 이전에 주택건설촉진법의 규정에 의하여 가사용승인을 받아 입주하고 있는 관행에 비추어 볼 때, 가사용승인을 얻어 입주가 가능한 상태로 공사를 완료한 시점이 공사를 완료한 시점으로 볼 것이고, ……부실시공 부분의 재시공이나 입주에 큰 지장이 없는 미시공 부분에 대한 보완시공은 하자보수공사로 처리된다고 볼 것이며……"

계약담당공무원은 계약 상대자인 수급자가 공사를 완성한 후 준공대가의 청구한 경우에는 그 청구를 받은 날로부터 14일 이내에 그 대가를 지급해야 한다. 이 경우 계약 당사자와의 합의에 의하여 14일을 초과하지 아니하는 범위 안에서 대가의 지급기간을 연장할 수 있는 특약을 정할 수 있다. 계약담당공무원은 청구를 받은 후 그 청구내용을 전부 또는 일부가 부당함을 발견한 때에는 그 사유를 명시하여 계약 상대자에게 당해 청구서를 반송할 수 있다. 반송한 날로부터 재청구를 받은 날까지의 기간은 지급기간에 산입하지 않는다.

5.3.8 지체상금

지체상금이란 이행지체의 효과로써 인정되는 지연배상금을 의미한다. 이행지체는 채무가 이행기에 있고 그 이행이 가능함에도 불구하고 채무자가 그의 귀책사유로 채무의 내용에 의거 이행을 하지 않는 것을 말한다. 채무자가 채무의 내용에 의거 이행을 하지 아니한 때에는 채권자는 손해배상을 청구할 수 있기 때문에(민법 제390조) 채권자는 이행지체의 효과로써 지체로 말미암아 생긴 손해의 배상을 청구할 수 있다.

[지체상금과 손해와의 관계(중재판정 제01111-0094호)]

"……지체상금은 공사계약 등의 공기지연 등이 발생하는 경우 그로 인한 손해의 측정, 산정의 어려움이 있기 때문에 이러한 경우에 대비하여 도급인의 손해에 대한 입증곤란을 덜고 손해배상에 관한 법률관계를 간명하게 처리할 목적에서 지체상금 약정을 하여 두는 경우가 통례인 것이므로 손해가 실제로 발생하였는가, 그 손해의 범위는 어떻게 되는가 하는 것과는 직접 관계가 없다 할 것이다……"

지체상금의 산정기준이 되는 계약금액과 관련하여 차수별공사의 경우 공사계약금 전액으로 기준을 삼을 것인지 아니면 기성검사 부분을 제외한 잔여공사 부분에 대한 금액을 기준으로 삼을 것인지 논란이 많다.

국가계약법상 장기계속공사에 있어서 매 연차별 계약은 계약의 실행을 위한 예산을 매 해당년도의 국회에서 별도의 의결을 받아야 하며, 매 연차별 계약에 대하여 각기 별도의 계약체결행위를 거친다는 점에서 각기 독립된 계약으로 간주된다. 따라서 장기계속계약을 예산상의 사유 등으로 수차에 나누어 공사계약을 체결하는 경우 그 이행지체 여부는 각 차수별 · 계약별 이행기한을 기준으로 판단하여야 하고, 전체 공사의 최종이행기한을 기준으로 하는 것은 아니라고 해야 한다.

이러한 주장에 대해 계약 상대자는 계속비 예산으로 집행하는 공사의 경우 지체상금은 총 공사의 이행이 지연되는 경우에만 부과하고 개별 공종별 지체상금을 부과하지 않는 점 등을 고려해야 한다고 주장한다. 위 사항을 고려한다면 해당 공사의 공정은 구체적 완성을 기대하고 있지 않는 차수별 계약인 점에 비추어 전체 총 공정의 지체가 없는 한 지체상금 부과는 부당하며, 장기계속계약에 의한 차수계약이라 할지라도 총 공사의 이행이 지체되지 아니하는 한 손해의 발생은 없다고 주장한다. 따라서 지체상금을 부과할 수 없다고 반론을 제기한 바 있다.

그러나 중재판정은 장기계속계약에 의한 차수별 계약의 경우 전체 총 공정의 지체가 없다고 해도 당해 차수별 계약에 대하여 지체상금을 부과할 수 있다고 분명한 입장을 수차례 밝힌 바 있다.

[장기계속계약에 있어서 지체상금(중재판정 제01111-0093호/ 제01111-0094호)]

"……장기계속공사계약에 있어 지체상금의 부과는 각 연차 계약별로 적용하는 것이며, 지체상금 산정시 기성부분 공제대상인 "성질상 분할할 수 있는 공사에 대한 완성부분"이라 함은 계약이행물량 중 지연되고 있는 부분과 관계없이 인수하여 관리(사용)하고 있는 부분을 말하는 것이다……"

이러한 해석은 비록 최종 준공기한 내에 공사가 완료되었다 하더라도 각 차수별 공사의 지연이 발생하는 경우에 수요기관 입장에서는 손실을 입게 될 수 있으며, 최종 준공기한 만을 기준으로 지체상금을 부과하게 된다면 시공사가 어떻게든 최종준공일만 지키면 된다는 생각에 각 차수별 공정을 소홀히 하게 되는 부정적인 결과를 초래할 가능성도 있다는 점을 반영한 것으로 보인다.

지체상금을 계산하기 위한 지체일수의 산정방식은 다음과 같다. 먼저 준공기한 이후에 이행을 확인하기 위한 검사에서 계약 상대자의 계약이행내용의 전부 또는 일부가 계약에 위반되거나 부당하여 필요한 시정조치를 한 경우, 시정조치를 한 날부터 최종 준공검사에 합격한 날까지의 기간을 지체일수에 산입한다. 준공기한을 경과하여 준공신고서를 제출한 경우에도 준공기한 익일부터 준공검사(시정조치를 한 때에는 최종 준공검사)에 합격한 날까지의 기간을 지체일수에 산입한다.

[법정공휴일의 포함여부(중재판정 제01111-0094호)]

"……지체일수를 산정함에 있어서 법정공휴일도 면책사유가 되는 일자에 포함시킬 것인지 여부에 대해서는 일정한 기간을 정하여 계약하는 공사기간의 경우 법정공휴일의 유무를 불문하고 기간으로 공사기간이 정하여 지는 것이므로 법정공휴일은 수급인이 책임질 수 없는 사유라고 볼 수 없다……"

지체상금은 손해배상의 예정이라는 법적 성격을 가지기 때문에 준공기간의 경과에 의하여 당연히 인정되며 별도의 손해액 입증을 필요로 하지 않는다. 지체상금의 계산법도 계약문서에서 명시하고 있는 경우가 대부분이다.

6 결

한국의 경우 전통적인 갑을관계에 의한 업무수행으로 계약관리의 중요성이 간과되고 있다. 특히, 국제적 기준에 부합하지 않는 계약 및 조달 규정, 발주자 위주의 계약 관행, 계약관리의 전문성 부족 등은 국내 건설산업의 고질적인 문제로 지적되고 있다.

최근 건설시장 개방과 함께 계약관리의 중요성은 점차 증가하고 있다. 따라서 모든 계약 당사자들의 철저하고 시의 적절한 문서화와 계약관리는 필수적인 업무라 하겠다. 특히 발주자의 대리인 역할을 수행하는 건설사업관리자의 경우 공사 중 또는 준공 후 발생할 수 있는 각종 클레임에 대비한 철저한 문서관리 및 계약관리업무를 통해 상호간의 의견을 신속하고 공정하게 해결함은 물론 클레임 발생 가능성을 줄여 나가는 것은 공기단축, 원가절감은 물론 발주자 만족을 위한 중요한 수단이라고 하겠다.

계약관리는 프로젝트의 성패를 좌우하는 중요한 업무이다. 그러나 계약조건에 기술되는 건설계약 용어들이 난해하고, 건설산업이 주문생산 방식을 취하고 있어 목적물을 정의하고 있는 설계도면, 시방서 등에 대한 충분한 이해가 없이 수행되고 있다. 더욱이 건설클레임의 대부분을 차지하고 있는 설계변경, 공기연장, 보증 및 보험 등은 실제 클레임이 발생하고 난 뒤에야 그 중요성을 인식하는 경우가 많아 사전적인 관리에 어려움이 있다. 또한 강력한 변호사법에 의한 활동의 제약, 건설과 법률분야에 지식을 보유한 전문가의 부재로 계약관리의 중요성이 간과되고 있는 실정이다.

하지만 건설사업관리자의 경우 기획단계부터 유지보수단계까지 프로젝트의 전(全) 단계에 참여하여 발주자를 위하여 프로젝트 특성에 맞는 계약체결 형태와 계약체결 방법을 추천하고, 사전자격심사, 입찰도서, 입찰자선정방식 등을 작성하며, 실제로 이러한 업무수행에 관여하게 된다. 더욱이 발주기관의 전문성이 부족한 경우 현장설명, 입찰자와의 협상, 계약서의 작성 등의 업무까지 수행하게 된다. 만약 건설사업관리자가 주관한 이러한 업무의 결과로 분쟁이 발생했을 경우 CM사의 시간적, 금전적 손실은 물론 회사의 명성에도 지대한 영향이 있는 크나 큰 사건으로 발전할 수 있음을 명심해야 한다.

따라서 CM 전문기업의 경우 계약관리에 대한 전문성을 보유하지 않고는 CM을 수행하기 어렵다는 인식을 가지고 계약관리 전문가를 양성하고, 계약관리에 대한 임직원 교육에 만전을 기해야 할 것이다.

CHAPTER 10

정보문서관리 (Information & Document Management)

1 개 요

오늘날 정보화 시대를 맞아 그룹웨어, 네트워크, 인트라넷 등을 통한 업무환경의 전산화가 구현되고, 경영시스템이 고도화되는 현실에 비추어 볼 때 기업의 문서관리도 새로운 변화를 모색해야 한다. 전자문서의 사용으로 문서의 작성과 편집이 간편해지면서 과거에 비해 생산되는 정보와 문서의 양이 기하급수적으로 늘어나고 있고, 급변하는 정보화 시대에 지식자산인 정보와 문서를 제대로 관리하지 못하는 기업은 미래를 보장받을 수 없기 때문이다.

기업을 둘러싼 환경이 기술의 발전으로 인해 많은 변화를 겪고 있지만 업무활동의 핵심적인 매체는 언제나 문서가 차지한다. 문서란 문자나 기호 등으로 인간의 의사 또는 사물의 상태, 관계 또는 현상 등을 지면을 이용해 표시한 기록을 말한다. 그러나 광의(廣義)로 보면, 지면에 한하지 않고 계속해서 보존할 수 있는 물체, 즉 목판 · 석재 등도 문서의 대상이 되며, 문자뿐만 아니라 그림이나 암호, 지도, 사진, 디스크, 필름, 도면, 슬라이드, 전자문서, 음성을 녹음한 테이프 등도 이에 포함된다.

문서는 의사소통수단의 기본매체로 자리하고 있으며, '모든 사무는 문서에서 시작해서 문서로 끝난다.' 라고 말할 정도로 업무활동에서 문서가 차지하는 비중은 크다. 특히 여러 조직이 한데 어울려 복잡한 공정이 한꺼번에 진행되는 건설현장의 경우, 이러한 문서의 작성과 처리, 통제 및 활용을 위한 관리체계가 제대로 설정되어 운영되어야 정확한 의사전달과 자료의 보존, 활용이라는 문서의 본래 기능이 최대한 발휘될 수 있으며 관련 조직간에 의사소통이 원활하게 이루어지고 프로젝트도 제대로 진행될 수 있다.

이 장에서는 문서와 전자문서의 기본적인 사항과 관리 방법, PMIS와 EDMS (electronic document management system), 그리고 프로젝트 단계별 문서관리 업무에 대해 알아보기로 한다.

2 문서관리의 이해

'문서'란 모든 매체상에 기록된 정보를 말하며, 정보는 전달 가능한 형태로 된 지식을 의미한다. 그리고 '관리'란 사무를 관할 · 처리한다는 의미이므로 문서관리에서 말하는 '관리'는 업무의 조직화를 의미한다. 따라서 문서관리란 문서의 작성, 처리, 유통, 정리, 보관, 이관, 보존, 대여, 열람, 폐기 등의 일련의 과정을 통해서 경영의사를 효과적이고 효율적으로 달성할 수 있도록 능률적으로 운영해 가는 경영활동을 말한다.

업무를 원활히 수행하려면 공식적인 의사소통수단으로 문서가 필요하며 이러한 문서를 어떻게 작성하고 처리 · 통제하며 어떤 방법으로 보관 · 보존할 것인가는 매우 중요한 과제이다. 처리가 완결된 문서를 정리하고 보관하는 것은 직무 수행상 차후에 참조하고 활용하기 위해서이다. 그러므로 체계적인 분류를 통해서 안전한 방법으로 보관해야 하며, 필요한 문서가 빠짐없이 보관될 수 있도록 관리되어야 한다.

그러나 이러한 문서들을 관리하는 체계가 없이 모든 문서를 한없이 보관하고 있다면 문서가 차지하는 공간은 계속해서 늘어날 것이며, 필요한 문서를 신속 · 정확하게 찾아내는 데 어려움이 따를 것이다. 따라서 이러한 내용들을 정리하여 부서간, 조직간 혼선을 피하게 함으로써 업무의 효율성을 높일 수 있는 문서관리를 하여야 하며 문서의 기능을 최대한 살릴 수 있는 시스템을 갖추는 것이 중요하다.

문서관리를 위해서는 문서작성방법, 서식 등의 기준제정, 문서의 수 · 발신 등의 처리제도, 문서보관과 활용을 위한 분류체계 및 파일링시스템(filing system), 문서의 이관 및 폐기 절차 등을 설정하는 과정이 필요하다.

2.1 문서의 기능

문서는 원활한 경영활동을 보조하고 촉진하며 의사의 전달 · 보존, 자료제공, 협조의 기능을 한다.

- 의사전달의 기능

  조직체의 의사를 외부 또는 내부의 상하좌우로 연결해 주는 기능을 수행한다.

- 기록보존의 기능

  사람은 누구나 기억능력의 한계를 가지고 있으므로 사무활동의 결과를 문서로 남겨야 할 필요성이 있다. 이러한 문서는 증거자료로써의 기능을 수행한다.

- 자료제공의 기능

  문서처리가 완료되어 보관 · 보존된 문서는 필요할 때 언제든 다시 활용되어 경영활동을 촉진시키는 기능을 수행한다.

- 협조의 기능

  각 책임 부서간에 문서를 전달하고 자료를 제공하며 회람과 결재를 하는 과정에서 조직의 운영상황 파악이 가능해지므로 해당 부서간에 협조의 기능을 수행하게 한다.

전달하고자 하는 내용이 간단한 경우에는 구두나 전화, 혹은 게시판 등의 수단을 이용하는 것이 효과적이다. 정식으로 처리한다는 이유로 또는 증거자료로 남길 필요가 없는 사항을 문서화하여 비능률을 초래하지 않도록 해야 한다. 반면에 반드시 문서를 작성해야 할 사항을 귀찮다거나 바쁘다는 이유로 소홀히 한 경우, 중대한 내용이 문서로 남지 않음으로써 후에 업무수행에 지장을 초래할 수도 있으므로 문서작성에 신중을 기해야 한다.

2.2 문서 작성시 유의사항

문장은 읽기 쉽고 누구라도 이해하기 쉽도록 작성해야 한다. 다시 말해서, 작성된 문서의 내용이 읽는 이에 따라 또는 해석여하에 따라 그 의미가 달라지지 않도록 하여야 한다.

그러기 위해서는 어려운 표현을 피하고, 이해하기 쉬운 글자와 용어를 사용해야 하며, 의미를 충분히 살리면서도 간결한 문장을 작성해야 한다. 보기 좋고 이해하기 쉬운 문서를 작성하기 위해서는 다음과 같은 점을 유의해야 한다.

(1) 작성기준

- 긍정문으로 작성한다.
- 문장은 짧고 간결하게 작성한다.
- 필요한 것을 빠뜨리지 않도록 한다.
- 정확한 표현과 문장을 사용한다.
- 객관적인 표현을 사용한다.

- 적절한 경어를 사용한다.
- 과격한 용어와 중복된 어구를 피한다.
- 간단한 표제를 붙인다.
- 한자는 상용한자의 범위 내에서 사용한다.
- 문장부호를 정확히 사용한다.
- 문제점과 결론을 먼저 쓴다.
- 6하 원칙을 사용하여 내용을 명확하게 작성한다.
- 행을 적당히 나눈다.
- 외형을 보기 좋게 꾸민다.
- 실질적인 내용을 담는다.

(2) 용어의 표현

- 문서는 쉽고, 간명하게 한글로 작성하고 한글 맞춤법에 따라 가로로 쓴다. 뜻의 전달이 곤란하거나 용어에 대한 설명이 필요한 경우에는 괄호를 사용하여 한자 또는 외국어를 넣는다.
- 문서에 쓰는 숫자는 특별한 사유가 있는 경우를 제외하고는 아라비아 숫자로 쓴다.
- 날짜는 숫자로 표기하되, 년 · 월 · 일의 글자는 생략하고 그 자리에 점(.)을 찍어 표시한다.

  예 2000년 10월 10일 → 2000. 10. 10.
- 문서에 사용되는 시간표시는 24시간제에 따라 숫자로 표기하며 시 · 분의 글자는 생략하고 그 사이에 쌍점(:)을 찍어 구분한다.

  예 오후 3시 20분 → 15:20
- 문서상에 금액을 표기할 때에는 숫자와 함께 한글로 기재한다.

  예 금 19,570원(금일만구천오백칠십원)
- 특별한 양식이 주어지지 않은 계획서 및 보고서 등의 문서에는 표지를 부착하고, 본문에는 문서의 제목, 개정번호 및 일자, 문서번호 등을 알 수 있도록 본문 상단의 양식을 사용하여 작성한다.

(3) 문서의 수정 및 삭제

• 문서의 일부분을 삭제할 때에는 두 줄 (=)을 긋고, 첨가할 때에는 삽입표시 (V)를 기입하며, 수정할 때에는 삭제한 위에 기입한 후 수정자가 수정한 부분에 날인한다.

(4) 문서의 페이지 표시

• 문서가 두 장 이상으로 이루어진 경우, 문서의 하부 중앙에 전체 페이지 수와 페이지의 일련번호를 기입한다. 첨부문서의 페이지 표시는 본 문서와 별도로 번호를 부여하며, 내용이 다른 첨부물에는 각 첨부물별로 면의 표시를 따로 하여 일련번호를 기입한다.

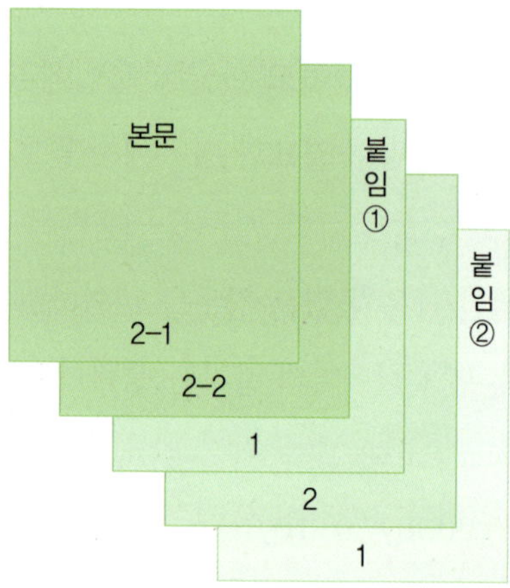

그림 10-1 문서의 쪽 표시

(5) 문서의 끝 표시

• 공문 및 문서 작성 시 끝 부분에는 "끝."이라 명기하여 문서가 마무리되었음을 표기한다.

예 – 업무에 참고 하시기 바랍니다. 끝.

• 첨부 사항이 있는 경우는 붙임이라는 용어를 사용하여 내용을 일련번호로 기재하고 마지막 붙임의 뒤에 "끝"이라 명기한다.

예 – 업무에 참고 하시기 바랍니다.

붙임: 1. ○○○계획서

2. ○○○ 보고서 끝.

(6) 문서의 종결문 표시방법

• 발신명의의 표시는 본문이 끝난 다음의 여백에 회사상호, 현장명, 사업관리단장의 이름을 명기한 후 서명 또는 날인한다.

예 ○○○○ (주) ○○○○ 현장

사업관리단장 ○○○ (서명 또는 인)

2.3 문서처리의 원칙

문서를 작성할 때에는 전달하고자 하는 의사를 정확히 표현할 수 있도록 주의를 기울이고, 문서를 유통시킬 때는 문서가 한 장소에서 오래 지체되어 지장을 초래함이 없이 신속하고 원활하게 흐를 수 있도록 해야 하며 문서를 보관할 때는 언제 어느 때든지 필요한 서류를 즉시 찾아낼 수 있도록 적절한 분류법을 선택하여 보관하고, 보존기간이 끝나고 이용가치가 없어진 문서는 폐기할 수 있어야 한다.

(1) 즉일처리의 원칙

문서는 그 내용이나 성질에 따라 처리기간과 방법이 다르다. 그러나 효율적인 업무수행을 위해서는 바로 처리하는 것이 좋다. 모든 문서는 처리기간을 명확히 하고 기간준수를 위해 노력해야 한다.

(2) 책임처리의 원칙

문서는 여러 단계를 거쳐 처리된다. 그러므로 업무분장에 정해진 대로 각자가 자신의 직무범위 내에서 책임을 갖고 관계규정에 따라 신속하고 정확하게 처리해야 한다. 문서처리 담당자는 문서처리에 있어서 어느 직급의 결재권자까지 결재를 받을 것인가 또는 내용에 따라 타 부서와의 관련성 등을 고려하여 필요한 조치를 해야 한다.

(3) 적법성의 원칙

문서는 법령의 규정에 따라 일정한 형식적 · 절차적 요건을 갖추어야 하고 권한 있는 자에 의해 작성 · 처리되어야 한다. 따라서 중요한 요건을 빠뜨림으로써 문서의 신뢰성을 저해시키거나 법령위반 등의 문제로 문서의 효력에 영향을 미치는 일이 발생되지 않도록 해야 한다.

2.4 문서관리의 고려사항

2.4.1 표준화(標準化)

표준화는 업무처리에 있어서 다양한 수단과 방법 중에 주어진 사무환경에 가장 적합하고 신속, 정확하게 처리할 수 있는 표준적이고 통일적인 문서관리환경을 만드는 것이다. 서식이나 사무용지 등의 규격과 표준을 기해 문서사무의 기본이 되는 사무의 준비나 구조를 표준화하며, 문서의 접수, 배부, 기안, 전결 등의 문서처리절차를 표준화하도록 하고 문서의 분류, 정리, 보관, 검색, 보존, 폐기 등의 보존관리를 체계화해야 한다.

- 서식관리의 표준화: 프로젝트에 사용할 서식의 크기, 서식의 내용, 서식 설계 및 사용 방법의 표준화
- 운영관리의 표준화: 문서의 접수 · 배부 · 기안 및 결재방법 등 문서운영의 전반적인 과정의 표준화
- 보존관리의 표준화: 문서의 분류 · 정리 · 보관 · 이용 · 검색 · 이관 · 보존 및 폐기 등 문서의 보존관리에 관한 표준화

문서사무의 표준화는 보다 세부적이고 구체적인 부문에까지 확대되는 추세를 보이고 있으며 간단한 문안 또는 문장의 세세한 구절에 이르기까지 표준화를 시도하는 기관들이 늘고 있다.

2.4.2 간소화(簡素化)

간소화란 문서사무를 처리하는 과정에서 중복되는 것이나 불필요한 것을 없애고 꼭 필요한 절차나 방법만을 채택하여 시행함으로써 문서처리 시간을 단축하는 것을 말한다.

2.4.3 용이성(容易性)

문서관리는 누구나 쉽게 할 수 있도록 관리되고 추진되어야 하며, 해당 조직의 업무환경에 부합되도록 하여야 한다. 또한, 문서를 취급하는 주체가 사람이므로 인간공학적인 측면에서 사무자동화 시스템을 도입하여 업무를 간편히 처리할 수 있도록 설계하며 반복적이고 계속되는 업무는 유사 관련 자료를 참고하여 사무의 절차와 방법을 간소화시키고 같은 성과인 경우에는 언제나 쉬운 방법을 우선시킨다.

2.4.4 경제성(經濟性)

문서관리는 경영활동을 촉진시키는 보조 역할을 하는 취지이므로 최소의 비용으로 최대의 사무능률을 올릴 수 있도록 경제적이어야 한다.

2.4.5 신속성(迅速性)

신속성은 문서처리를 빠르게 하는 것으로, 문서의 경유처를 최대한 줄여 문서의 유통경로와 처리과정을 단축할 수 있도록 절차를 설정하며 문서의 처리기간을 사전에 정하여 주어진 시간 내에 문서가 처리될 수 있도록 규정하는 것이다. 문서의 신속한 처리방안은 업무수행을 통해 지속적으로 개선, 보완한다.

2.4.6 정확성(正確性)

정확성은 문서를 착오 없이 올바르게 처리하는 과정으로 문서 활용시 옮겨 적거나 다시 기재하는 것을 줄이고, 되도록 복사해서 사용하고 사람이 처리하기에 분량이나 규모가 큰 경우에는 자동화된 사무기기를 이용하며 배부, 인계인수, 결재 등의 근거를 남겨둔다.

3 전자문서의 이해

3.1 전자문서의 정의

전자문서의 정의는 국제표준과 법률에서 찾아볼 수 있다. 건설 산업에서 다수의 적용사례가 있는 ISO 9001(품질경영시스템)과 ISO 14001(환경경영시스템)을 준수하는 ISO 15489(기록관리 표준)에서 문서와 기록의 개념은 다음과 같다.

표 10-1 ISO 15489의 용어정의

구분	정의
문서(document)	하나의 단위로 취급할 수 있는 기록정보나 객체
기록(records)	기관이나 개인이 법적 의무의 수행이나 업무의 처리행위 속에서 증거와 정보로써 생산하고 접수하며 유지하는 정보

법률의 경우 전자정부법, 전자서명법, 전자거래기본법 등 다수의 법률이 전자문서에 대해 정의하고 있다. 그 개념을 정리해보면 아래의 표와 같다.

표 10-2 법률에서의 용어정의

법률	용어	정의
전자정부법 행정절차법 사무관리규정	전자문서	컴퓨터 등 정보처리능력을 가진 장치에 의하여 전자적인 형태로 작성되어 송수신 또는 저장된 정보
전자거래기본법 전자서명법	전자문서	정보처리시스템에 의하여 전자적인 형태로 작성되어 송수신 또는 저장된 정보
정보통신망 이용촉진 및 정보보호 등에 관한 법률	전자문서	컴퓨터 등 정보처리능력을 가진 장치에 의하여 전자적인 형태로 작성되어 송수신 또는 저장된 문서형식의 자료로써 표준화된 것
공공기록물 관리에 관한 법률	전자기록물	컴퓨터 등의 정보처리장치에 의하여 생산 · 관리되는 기록정보 자료
전자정부법	전자화문서	종이문서와 그 밖에 전자적 형태로 작성되지 아니한 문서를 정보시스템이 처리할 수 있는 형태로 변환한 문서

위의 내용을 종합하면 전자문서란 업무활동 과정에서 조직이나 개인이 정보처리시스템을 이용하여 전자포맷으로 생성 · 유통 · 관리하는 모든 문서라고 정의할 수 있다. 이것을 건설사업관리의 특징과 연관하여 표현하자면 전자문서란 건설사업관리 각 현장에서 업무수행을 위해 컴퓨터시스템을 이용하여 전자포맷으로 생성 · 유통 · 관리하는 모든 문서이며, 건설사업관리단의 업무 활동에 대한 증거 및 새로운 프로젝트의 참고자료로써 가치를 지닌다고 할 수 있다.

3.2 전자문서의 구조

문서는 내용, 구조, 문맥정보로 구성된다. 내용정보는 보존의 대상으로 정보와 업무기록을 담고 있으며, 구조정보는 문서의 구조에 대한 모든 정보이다. 맥락정보는 문서의 생산과 관리에 대한 이력을 담고 있다. 전자문서가 활용되기 위해서는 실제 내용정보 뿐만 아니라 이 내용이 어떤 맥락에서 기록된 것인지를 밝혀줄 수 있는 데이터의 데이터 즉, 메타데이터[1]를 포함하는 것이 중요하다. 전자문서의 내용, 구조, 문맥정보에 해당하는 요소를 나열하면 아래와 같다.

- 내용정보

  업무활동의 증거로서 남기는 기록, 다음 업무에 참조할 수 있는 정보 및 지식

- 구조정보

  문서의 구성 정보

- 문맥정보

  색인 정보, 사용 내역, 인코딩 방식, 전체적 업무과정, 업무의 일시 · 시점, 업무 참여자

3.3 전자문서의 특성

전자문서는 종이문서와는 다른 저장, 보존, 활용의 형태를 가지며 생산, 보존, 활용 등 모든 단계에서 특정한 소프트웨어나 하드웨어에 의존한다. 또한 위조, 변조에 약하며 위조되거나 변조되었을 때의 식별이 어렵고, 종이문서와는 달리 원본의 개념이 없다. 대신 위조, 변조가 일어나지 않은 기록물을 보장하는 특성인 진본성의 개념이 존재한다. 이러한 사실을 바탕으로 한 전자문서의 특성은 다음과 같다.

- 진본성

  문서가 의도된 그대로 존재하며, 부적절한 방법에 의해 위조 · 변조되지 않았다는 사실이 검증되는 것이다. 위조 · 변조에 취약한 전자문서에서는 가장 중요한 특성이다.

- 신뢰성

  문서의 내용이 업무활동이나 발생한 일을 정확하게 표현하였다는 것을 믿을 수 있

1) 메타데이터(metadata): 데이터의 맥락정보를 표현하고 데이터의 검색을 용이하게 하기 위한 데이터이다. 작성자에 관한 정보, 권리 조건, 이용 조건, 이용 내력 등이 기록되어 있다.

고, 이후의 업무활동 과정에서 근거로 활용, 의존할 수 있어야 한다.

- 무결성

  문서가 부적절한 변경으로부터 보호되었음을 의미한다. 문서가 변경될 경우 변경에 대한 이력이 남아있어야 하며 이를 바탕으로 무단변경에 대한 추적이 가능하게 해야 한다.

- 보존성

  전자문서는 영구보존 될 수 있어야 한다. 종이문서와는 달리 소프트웨어, 하드웨어 등 기술의 발달과 함께 변화할 수 있는 매체에 저장되므로 보존성에 주의를 기울여야 한다.

- 가용성

  문서의 위치를 찾을 수 있고, 검색할 수 있고, 제시할 수 있고, 해석할 수 있어야 하며, 이용하고자 하는 목적에 따라 어느 형태로든지 변환되어 사용할 수 있어야 한다. 그러나 문서 내용정보의 변환을 뜻하는 것은 아니다.

- 증거성

  무결성으로 인해 진본임이 입증된 전자문서는 법적 증거로써 효력을 발휘할 수 있다.

3.4 전자문서의 종류

전자문서의 종류는 크게 Text-Base, Multi-Dimensional, Multi-Media 문서로 나뉜다.

- Text-Base 문서

  메모장(.txt)과 같이 글자로만 이루어진 문서이다.

- Multi-Dimensional 문서

  대부분의 문서가 해당된다. 사용자의 목적이나 사용방법에 따라 글자, 표, 그림 등 여러 가지 형태를 조합하여 완성된 문서이다.

- Multi-Media 문서

  동영상이나 이미지, 소리 등의 문서이다. Multi-Media 문서의 종류는 아래의 표와 같다.

표 10-3 Multi-Media 문서의 종류

구분	포맷	비고
소리	WAV	가장 기본이 되는 소리 파일
	MP3	높은 압축률을 가지는 소리 파일
	MIDI,	외부 미디 기기와의 연결
	Rol, Ims	Dos 프로그램에서 사용되어진 반주 위주의 디지털 음향
	St3, Stm	스크림 트래커로 제작되는 다중트랙 효과음향
	Ra, Au, Snd	인터넷, 통신상에서 이용되는 실시간 음향(리얼 오디오)
이미지	PSD	모든 정보를 저장할 수 있지만, 포토샵에서만 사용
	PDX	페인트 브러시의 파일 포맷
	PDF	인쇄화면보기로 사용할 수 있으며 Acrobat의 프로그램이 필요
	TIFF(TIF)	애플리케이션과 컴퓨터 플랫폼간에 파일을 교환할 때 사용
	GIF	다른 기종간의 원활한 그래픽 정보 교환을 위한 포맷
	TGA	비디오 보드를 위하여 고안된 파일 형식
	BMP	비트맵 이미지를 저장하는 포맷
	PICT	매킨토시 기종의 표준 그래픽 파일 포맷
	EPS	인쇄할 때 사용하는 파일 포맷
	JPEG	데이터 파일 사이즈를 줄여서 읽어들이는 데이터 인코딩 방식
	PNG	인터레이스 기능을 지원하며 압축률을 높이기 위한 포맷
동영상	ASF	마이크로소프트사에서 제안한 스트리밍 파일 포맷
	WMV	화질과 압축률이 뛰어나고 다른 포맷에 비해 빠른 편
	RM	압축률은 높지만 화질은 떨어지며 인터넷 방송용으로 사용
	AVI	가장 많이 사용되는 방식으로 오디오와 비디오 데이터가 저장
	MOV	애플사에서 개발한 방식으로 Quick Time 플레이어로 재생
	MPEG-1	VHS테이프의 동영상과 음향을 디지털 매체에 저장
	MPEG-2	우리나라의 디지털 TV 방송에서 채택, TV방송의 효율적 압축

4 정보 · 문서관리시스템

정보통신기술이 발달하고 e-비즈니스(e-business)가 기업 및 기관의 효율적인 경영 도구가 됨에 따라 산업계에서는 이를 적극적으로 수용하여 관리 및 생산, 조직 운영 등 많은 분야에서 효과를 보고 있다. 건설 분야는 다른 산업 분야와 달리 현장(프로젝트) 중심적이고, 주문 생산적이며, 기간이 한정적이고, 특정 장소에서 비 반복적으로 생산이 일어나는 특징을 가지고 있어 e-비즈니스를 적용하기 힘들었다.

하지만 대규모의 건설프로젝트를 성공적으로 수행하기 위해서는 각 사업단계별(기획, 설계, 발주, 시공, 사후관리)로 발생하는 각종 정보를 체계적으로 종합화하여 효과적으로 확보하고 각 사업주체간 긴밀한 정보공유체제를 유지할 필요가 있다. 또한 세계적인 정보화 및 경영 효율화의 요구에 따라 이미 해외 선진건설업계에서는 건설사업관리시스템(project management information system, PMIS)을 구축하여 상당한 수준의 성과를 올리고 있다.

이에 따라 우리나라에서도 1998년부터 건설교통부에서 건설 CALS(continuous acquisition & life-cycle support) 시스템을 구축하여 다른 정부기관과 민간기업에 PMIS 구축을 적극 장려하고 있다. 또한 조달청에서는 2006년 3월부터 CM 발주와 관련하여 마련된 '건설사업관리자 사업수행능력 세부평가기준'에서 기술개발 및 투자실적 평가항목의 PMIS 보유기업에 대한 가점(1.5)을 공시하여 건설정보화 활성화에 대한 기대가 확대되고 있다.

그러나 PMIS만으로는 업무과정에서 발생하는 다양한 정보와 문서를 체계적으로 관리할 수 없다. PMIS는 진행 중인 현장의 정보 관리를 위한 시스템으로 건설 프로젝트의 생애주기에 따라 구축되고 소멸된다. 문서의 생애주기는 건설의 생애주기에 종속되지 않으며 프로젝트가 종료된 이후에도 프로젝트에서 발생한 문서는 업무의 증거와 참고자료로써 활용될 수 있는 가치를 지닌다. 그러므로 프로젝트의 정보와 문서를 프로젝트의 종료 후에도 보존, 활용하기 위해서는 좀 더 포괄적인 의미의 문서관리시스템이 필요하다. 대부분의 조직에서는 프로젝트의 정보관리를 위한 PMIS 외에도 전자문서관리를 위한 EDMS, 지식의 관리를 위한 KMS(knowledge management system), 자원의 관리를 위한 ERP(enterprise resource planning) 등 다양한 정보 · 문서관리시스템을 구축, 활용하고 있다. 또한 최근에는 이처럼 분산된 정보 · 문서관리시스템을 하나로 통합한 통합정보관리시스템의 구축에 대한 연구도 이루어지고 있으며 실용화 단계에 접어들고 있다.

이 장에서는 건설사업관리의 문서관리와 가장 직접적인 연관이 있는 PMIS와 EDMS에 대해 설명한다.

4.1 사업정보관리시스템(PMIS)[2)]

PMIS란 과학적인 공정관리기법을 바탕으로 계획을 수립하고 실적을 분석하여 건설하고자 하는 시설물의 성공적인 완성과 효율적인 운영을 위하여 건설프로젝트의 기획단계에서부터 유지관리단계까지의 발주자, 사업관리자, 건설사업자, 설계 감리자 사이의 정보흐름을 원활하게 관리해서 합리적인 의사결정을 할 수 있도록 프로젝트 전반에 대한 과학적이고 체계적인 관리 절차시스템을 구축하는 솔루션이다.

PMIS는 기본적으로 프로젝트에 관련된 각종 정보를 신속, 정확하게 파악하고 이를 체계적으로 분석, 보고함으로써 체계적인 사업관리업무를 수행하기 위한 도구로 사용할 수 있으며 예견되는 프로젝트 관리상의 비효율을 제거하고 최적의 관리체계를 유지하여 최소의 비용과 자원으로 요구품질의 목적물을 달성할 수 있도록 하는 관리기능을 제공한다. 이러한 정보가 수발신되는 시스템 내에서 관련 정보를 하나의 체계로 문서관리 차원에서 관리함으로써 공사 수행자료 및 기록을 체계적으로 관리하여 건설프로젝트를 신속하고 효율적으로 운용할 수 있도록 해주고 자연스럽게 페이퍼리스(paperless)와 전산화를 이룰 수 있게 된다. 또한 PMIS의 사용으로 공사참여주체(발주처, 감리자 및 협력기업 등)간 신속한 업무처리가 가능하고 필요한 공사정보를 체계적으로 축적 및 관리하여 현장을 중심으로 한 온라인 공사 추진이 가능하게 된다.

4.1.1 PMIS 구축 방법

PMIS의 구축은 목적 및 사용 방법에 따라 구축 방법이 달라질 수 있다. 일반적으로 기업에서 구축하는 경우는 기존의 경영 및 관리 절차를 최대한 반영하고 기업이 보유하고 있는 타 정보시스템과의 통합에 비중을 두어 개발을 하게 된다. 보통 경영정보시스템이나 지식관리시스템과 통합이 되어 기업 전반의 경영 효율성 최대화를 목표로 구축이 된다. 특정 대형 프로젝트를 위하여 구축하는 경우에는 일반적으로 기업에서 사용하는 PMIS와 달리 전체 시스템이 특정 공사를 위하여 특성화 되어 사용이 된다. 또한 전문 IT기업이 일반적으로 활용될 수 있도록 개발하여 솔루션 상품으로 만든 PMIS 솔루션을 사거나 ASP(application service provider) 형식으로 임대하여 사용할 수 있다.

자체개발은 구축하고자 하는 기업이 자신들의 필요에 따라 시스템을 개발하는 것으로

2) 각종 보고서류를 전산 입력하여 정보의 교환 및 관리가 가능토록 하는 전산프로그램.

시스템 구축은 IT 전문기업에 맡기지만 시스템 운영 및 시스템에 대한 물리적, 법적 소유는 기업에서 주관하게 된다. ASP는 원거리 데이터센터에 하드웨어, 솔루션 등 정보기술(IT) 장비를 상주시키고 네트워크를 통해 기업에서 필요한 각종 응용 소프트웨어를 제공하고 전문인력이 고객을 대신하여 이를 구축 운영해 주는 어플리케이션 임대서비스 사업모델이다. 즉, 고객기업의 입장에서는 월 임대료를 지불하고 자신의 기업에서 사용하고자 하는 정보시스템을 이용할 수 있고, ASP 제공자의 입장에서는 정보시스템의 구축, 관리, 유지보수, 고객지원 등의 서비스를 고객에게 제공하는 것이다. 자체개발 방식과 ASP 방식을 비교하면 표 10-4와 같다.

표 10-4 자체개발 방식과 ASP 방식 비교

구분	자체개발	ASP
구축	• 외부 전문기업이 시스템 구축 • 과도한 초기 투자비용 • 담당직원 초기 교육 필요	• 데이터 센터(data center) 내에 시스템 구축 • 데이터 백업(data backup)과 보안 서비스 제공 • 초기 투자비용 없음
기능	• 커스터마이징 가능	• 범용적인 기능만 사용 가능
운영	• 전담인력 필요 • 시스템 업그레이드시 추가비용 지불 • 정보서비스의 낙후 가능성	• 서비스 수준 협약서(Service Level Agreement)에 의거한 제품 품질 보증 • 헬프데스크(help desk) 운용 • ASP 사업자의 시스템 운영
고객	• 주기적인 교육 필요 • 전문 운영인력 필요	• 사업의 핵심역량에 집중 • 인력 활용 극대화

따라서 설계 전 단계에서 사업정보관리시스템(문서관리)의 설정을 위한 기본사항을 검토하여 시스템 설정계획을 고려하도록 한다.

4.1.2 PMIS 설정시 문서관리를 위해 고려해야 할 사항

PMIS 설정시 문서관리를 위해 고려해야 할 사항은 다음과 같으며 참조 10-3에 기술하는 프로젝트 PMIS 설정 항목 및 범위의 예를 참조하도록 한다.

(1) 기술정보 표준화 공유체계 구축

• 페이퍼리스(paperless) 설계 환경

- 1-ITEM, 1-CODE, 1-SPEC 실현
- 단순정보, 단순보관 관리에서 기술정보의 축적 및 재활용
- 관련기업 연결을 통한 [하청기업포함] 정보의 공유화
- 문서관리업무의 축소에 따른 엔지니어의 창조적 업무 배가
- 설계 및 개발의 중복 업무 제거
- 통합환경 기반조성(건설업계 난일 코드 체계 구축)
- 업무, 기술자료 분류 체계 표준화(자료, 업무 코드 체계 일원화)
- 품명, 규격, 표기기준, 업무구조 체계 표준화

(2) 업무 처리 역할 정형화

- 작업승인 및 등록 절차
- 기술자료 관리 절차
- 업무 정보 운영 체계 등

(3) 활용 및 유지관리

- 통합 설계 정보 시스템
- 통합 작업 정보 시스템(해외 부품정보 연결)

각 단계별 PMIS 설정항목의 예를 참조 10-3에 명시하였으며 이에 따른 세부 구축내용은 발주처 및 사업 참여자와의 협의를 통하여 확정토록 한다.

프로젝트에서 PMIS를 적용하여 운용할 시 여기서 언급하는 PMIS의 각 항목은 모두 문서관리를 해야 하는 항목에 해당하므로 문서를 전산으로 처리한다는 개념 하에 항목 구성을 하여야 한다.

(4) PMIS의 요구기능(기본 기능)

- 사용자 인증 및 통제(사용자 등급별 권한 설정 기능)
- 도면 및 문서의 추적관리(수신, 발신 확인) 및 개정(revision) 관리 기능
- 참여 조직 상호간 커뮤니케이션(전자결재, 도면 및 문서 마크업(markup), 게시판 등) 공정, 원가관련 각종 현황 정보의 집계

(5) PMIS의 구성체계

- 오프라인으로 처리되는 공사관리관련 업무를 온라인으로 처리할 수 있도록 공정관리, 설계관리, 사업비관리, 품질관리, 안전 · 환경관리, 구매관리, 문서관리, 사업현황관리 등 8~10개의 관리항목을 하위 모듈로 하여 구성
- RFID(radio frequency identification) 기술: 인력, 주요 자재를 카드, 태그(tag)를 이용해 관리하는 시스템으로 실시간 출력 및 자재의 물량 관리가 가능하며 GPS(global positioning system)를 이용한 위치 파악 등으로 주자재를 추적관리 하는 기술
- 웹 카메라(web camera): 웹 카메라를 활용한 현장 실시간 관리 및 안전활동 지원

표 10-5 PMIS 하위 모듈

관리항목	세부내용
사업현황관리	공사개요, 조감도, 마일스톤, 마스터 스케줄, 기성현황, 공정현황, 조직도, 비상연락망, 방문자 현황
공정관리	S/W 데이터 입출력, 관리기준시점의 공정현황(진도율) 조회, 공정현황사진관리, 지연공정관리 및 만회대책관리
공사비관리	공사내역 데이터 입출력, 계약공사비 현황관리(계약변경관리 포함), 기성현황관리
품질관리	품질교육관리, 품질점검관리, 시험 및 검사관리, 부적합보고서(NCR) 관리, 시정조치요청서(CAR) 관리, 품질관련 절차서 관리
설계관리	도면 및 시방서 등록, 개정(revision) 관리, 도면검토, 준공도면 처리 및 관리
구매관리	소요자재총괄현황 등록관리, 공정계획과 연계된 자재
조달관리	시공관리작업일보관리, 하도급현황관리, 기상정보관리
안전 · 환경관리	안전교육 및 점검관리, 안전관리비 집행현황관리, 재해관리, 안전조직관리, 환경교육 및 점검관리
문서관리	전자결재, 문서 수발신 관리(문서추적관리), 회의록 관리, 온라인 미팅
시스템관리	사용자 등록 및 권한설정, PMIS 사용자 매뉴얼, 게시판

4.1.3 PMIS와 건설 CALS/CITIS

건설산업에서의 생산과정은 개별 공사 현장 및 기업 단위의 정보화보다 더 큰 전체 산업적인 맥락의 정보화 수준을 요구한다. 이러한 요구에 부응하여 통합정보시스템을 구축하는 전략적 개념이 건설 CALS이며 정부는 2005년까지 건설 CALS 체계 구축을 추진하였고, 건설 CALS 체계 내에서 PMIS 솔루션과 직접적인 관련이 있는 부분은 2003년부터 공공건설산업에 적용된 건설 CITIS[3]이다.

3) CITIS(Contractor Integrated Technical Information Service): 계약자가 건설사업 발주자에게 계약에 명시된 자료를 인터넷을 통해 교환, 공유할 수 있도록 공사 수행기간동안의 건설사업관리를 지원하는 건설계약자 통합기술정보서비스 체계.

CITIS는 주계약자가 정부와의 계약에 의거, 사업수행에 필요하다고 상호 협의한 기술정보 및 비즈니스 정보를 공급자는 전자적으로 제공하며, 발주자는 전자적으로 접근 가능하도록 기능을 제공하는 시스템으로서 전자적 수단으로 성과물의 납품이 가능하도록 정보를 개발하고 유지하는 서비스(미 국방부 MIL-STD-974)의 개념을 말한다.

4.1.4 PMIS의 운영 효과

(1) 발주처 – 실시간 진행파악 조회

- 건설 프로젝트 공사의 요약된 진행현황을 언제 어디서나 실시간으로 신속하게 파악하여 감리자나 시공자에게 필요한 제안이나 지시사항을 전달할 수 있다.
- 공사 중에 시공자와 감리자가 협업하여 공사의 신속한 추진을 도모하게 할 뿐 아니라 건설공사 전 단계에서 발생하는 각종 계약문서를 체계적으로 축적 및 관리하여 준공 후에는 사후 유지보수 등에 PMIS의 데이터를 활용할 수 있다.

(2) 감리 – 신속, 정확한 분서관리

시공자가 보고하는 건설공사 전 단계에서 발생하는 각종 문서, 도면, 기술자료 등의 공사정보를 실시간으로 검토하여 지시하고 감독할 수 있으며 관련 기록을 체계적으로 축적, 통합시켜 신속하고 정확하게 감리업무 수행이 가능하다.

(3) 시공사(본사) – 실시간 현황파악

현장의 진행사항을 실시간으로 조회, 파악하고 각종 도면, 문서, 결재 상황들을 온라인으로 쉽게 검색, 조회, 공유할 수 있어 현장지원업무를 보다 편리하고 신속하게 할 수 있다.

(4) 공사(현장) – 업무분담 및 자동취합보고

본사 중심의 공사정보관리시스템(경우에 따라 다름)에 현장의 프로젝트 진행 정보를 보고하고 있으나 현장의 문건 중 약 80%에 달하는 방대한 공사정보(공사관련 도면, 사진자료, 품질 · 안전자료, 협력기업과의 공사협의 자료 등)는 현장소장의 전결로 하드 카피

(hard copy)로 처리되고 있어 분실이나 훼손의 우려가 많으며 준공 후에는 대부분 창고에 보관되어 활용이 불가능한 경우가 많다. 따라서 PMIS를 사용하게 되면 방대한 공사정보를 체계적으로 축적, 관리할 수 있게 되어 유지 보관 및 활용이 가능하게 된다. 다만 하드카피로 발생될 수밖에 없는 자료는 PMIS 문서보관을 위한 전산화 작업이 필요하므로 효율성과 효과성의 측면에서 이에 대한 고려를 하여야 한다.

(5) 설계사 – 원활한 의사소통

설계단계에서 도면상에 검토의견을 첨부하여 온라인상에서 신속히 의견을 교환함으로써 관련 조직간의 의사소통을 원활히 하여 도면의 검토업무의 효율성을 높일 수 있다.

4.1.5 PMIS의 기능

사업현황	사업비관리	공정관리	공사관리	자원관리
사업개요 공사현황 조직관리 현장영상 기상정보 통합검색 코드관리	공사비현황 예산현황 집행실적 도급기성현황 외주기성현황 공사내역 코드관리	종합공정 설계일정 구매일정관리 공정사진관리 공정회의관리 조치시항관리 코드관리	작업일보 검측 공사업무 공사보고 작업지시 회의록 단위공사 코드관리	자재수급계획 자재현황 외주현황 노무현황 장비현황 코드관리 기타

품질관리	안전환경관리	문서자료관리	엔지니어링	시스템관리
품질계획 품질점검활동 품질시험 품질교육 코드관리	안전환경계획 안전점검 안전교육 폐기물현황 무재해 운동 코드관리	시공문서관리 도면관리 사진관리 공유자료관리 Filing System 코드관리	시운전일반 시운전공정 시공완결 시운전시험 시운전일정관리 코드관리	사용자, 조직 권한관리 메뉴관리 SMS, 메신저 커뮤니티관리 일정관리 전자결재

그림 10-2 PMIS의 기능 구성

4.2 전자문서관리시스템(Electronic Documents Management System, EDMS)

전자문서관리시스템(EDMS)은 업무의 효율을 높이기 위해 생산에서부터 폐기까지 전자문서의 전체 생애주기를 통합 관리하는 시스템이다.

EDMS의 주요역할이 이전까지는 종이문서로 저장된 정보 및 기록을 전자화된 형태로 변환하여 저장, 관리하는 것이었다면, 정보기술의 발달과 더불어 최근에는 문서의 작성 및 각종 업무처리가 전자적으로 이루어진다는 전제 하에 문서관리의 기본 기능뿐만 아니라 조직 내의 프로젝트관리시스템, 경영정보시스템, 지식경영시스템과 연계된 통합정보시스템으로의 역할이 주목받고 있다.

진행 중인 프로젝트에서 발생하는 전자문서는 사업 규모에 따라 관리 형태가 다르긴 하지만 최근에는 대부분 PMIS를 통해 전자문서를 관리하며 프로젝트 종료 후 발주처와 본사로 문서를 이관한다. 이관된 문서는 업무활동의 증거 및 성과로써 해당 사의 EDMS에서 관리하게 된다.

4.2.1 EDMS의 필요성

전자문서는 개인 PC에서 작성되고 저장되며 이메일이나 출력물의 형태로 전달된다. 이로 인해 문서를 작성한 개인이 아니면 PC에 저장된 문서를 찾기 어렵고, 인사이동 혹은 퇴사로 인한 문서 작성자의 부재시 기존의 문서를 활용할 수 없게 되는 문제점이 생긴다. 또한 보고를 위한 문서출력의 증가로 대량의 종이문서가 공간을 차지하게 되고, 그에 대한 관리비용이 늘어나게 된다. 이와 같은 문서관리업무의 비효율성을 해결하기 위해 EDMS를 활용할 경우 기대할 수 있는 효과는 다음과 같다.

(1) 문서의 활용

전자문서를 EDMS에 저장하여 관리하게 되면 체계적인 정보의 축적이 가능하고, 사유화 되던 업무관련 정보가 전사적 공유를 통해 활용되며, 문서작성자의 부재시에도 검색을 통해 원하는 문서를 찾아볼 수 있게 된다. 이를 통해 업무생산성의 향상도 기대할 수 있다.

(2) 관리비용 절감

전자문서를 배포하기 위해 종이문서로 출력하는 비용이 절감되며, 출력된 종이문서를 보관하던 공간의 관리비용이 절감된다.

(3) 가상 오피스 환경 구축

공동의 서버에 전자문서를 저장함으로써 개인이 PC가 아닌 다른 장소에서도 문서를 열람, 활용할 수 있다. 시간과 공간의 제약이 없는 유비쿼터스 업무환경의 구현이 가능하며 최근 각광받고 있는 클라우드 컴퓨팅과 접목하여 태블릿 PC, 스마트폰을 이용한 업무가 가능해진다.

4.2.2 EDMS의 문서관리 과정

문서는 시스템상에서 아래와 같은 관리과정을 거친다. 종이문서의 경우 이 과정이 순서대로 진행되나 전자문서의 경우 순서에 관계없이 동시다발적으로 발생하기도 한다.

(1) 생산 및 획득

종이문서와 달리 전자문서는 물리적 실체가 존재하지 않으며 저장된 매체가 일시적이기 때문에 불안정성을 가지고 있다. 포맷에 상관없이 조직 및 개인이 생산, 접수한 문서는 EDMS에 등록되어야 하며 등록과 동시에 접근권한 및 보유기간의 설정이 이루어져야 한다.

(2) 등록

문서는 EDMS에 등록됨과 동시에 문서번호와 같은 고유식별자를 부여받는다. 문서의 등록시에는 문서의 생산맥락을 파악할 수 있도록 고유식별자와 등록일시, 표제, 생산자가 반드시 함께 등록되어야 한다.

(3) 분류

문서는 출처와 기능, 업무활동을 바탕으로 한 분류체계에 따라 축적되어야 하며, 체계적으로 축적된 문서는 지식으로써 활용할 수 있는 가치를 지닌다.

(4) 저장

전자문서는 하드웨어와 소프트웨어에 의존하지 않으면 내용을 열람할 수 없다. 전자문서의 장기적 보존과 향후 활용성의 보장을 위해서는 전자문서의 특성인 이용성, 신뢰성, 진본성, 보존성을 살릴 수 있는 매체에 저장해야 하며, 변환이나 마이그레이션[4]을 위한 사전 정책이 수립되어 있어야 한다. 또한 예상치 못한 손실을 방지하기 위해 백업과 복원 기능을 구비하여야 한다.

(5) 보존

전자문서는 기술의 변화와 저장매체의 불안정성을 항상 염두에 두고 있어야 한다. 기술의 변화에 대비하지 못할 경우 문서의 활용은 불가능하다. 복사, 재포맷, 변환, 마이그레이션 등의 방법을 통해 하드웨어와 소프트웨어가 변화해도 전자문서의 가독성이 유지될 수 있도록 계획 및 지침을 마련해야 한다.

(6) 접근 및 이용

활용을 위해 EDMS에 저장된 문서는 탐색 및 검색을 통해 이용된다. EDMS는 이용자들에게 편리하고 효율적인 접근기회를 보장함과 동시에 접근을 통제하여 기록물을 보호해야 한다. 이를 위해 편리한 검색기법의 도입과 함께 문서의 접근에 대한 지침과 보안대책을 마련해야 한다.

(7) 감사추적

허가받지 않은 이용자의 접근 및 기록물의 손실 방지를 위해서는 문서의 이동 및 사용에 관한 정보를 생산, 획득 유지해야 한다. 문서의 이관, 매체변환, 폐기 등의 처리가 이루어질 경우에도 관련 기록을 필수적으로 생성하고 유지 · 관리해야 한다.

(8) 보존기간 책정

문서의 이관, 보존, 폐기를 결정하기위한 근거를 제공하는 활동이다. 보존기간은 사전

---

4) 마이그레이션(migration): 접근성의 유지를 위해 데이터를 구형의 하드웨어, 소프트웨어로부터 현재의 저장매체로 옮기는 것을 말한다. 물리적 매체의 노후화 문제를 해결할 수 있게 된다.

의 업무분석을 통해 정해진 업무지침에 따라 문서의 생산 이전에 이미 정해져 있는 경우가 많다. 보존기간의 책정을 위해 고려해야 할 사항으로는 법적, 행정적 요건, 문서의 활용가치 등이 있다.

(9) 처리

문서의 처리는 이관, 보존, 폐기로 나눌 수 있다.이관의 경우 매체의 호환성을 고려해야 하며, 문서의 메타데이터가 함께 이관되어야 한다. 보존의 경우는 차후 가독성과 활용성을 보장할 수 있는 매체에 저장되어야 한다. 폐기의 경우는 문서가 포함하고 있는 모든 정보의 내용이 파기되어야 하며 물리적으로 재구성될 수 없도록 해야 한다. 이 모든 처리과정을 위한 지침이 구비되어야 하며, 처리활동에 관련된 기록은 문서화하여 관리해야 한다.

4.2.3 EDMS의 구축시 고려사항

건설사업관리의 업무에서 성공적인 EDMS를 구축을 위해 고려해야 할 사항은 다음과 같다.

(1) 분류체계

분류는 문서를 출처, 또는 기능에 따라 조직화하여 문서의 통합성을 생성함과 동시에 문서의 논리적 구조를 수립하는 과정이다. 체계적인 문서의 분류는 문서의 검색기능을 활성화하며, 같은 분류체계에 속한 문서간의 맥락정보를 제공하여 문서에 대한 이해능력을 증진시킨다. 또한 분류체계는 문서의 보존기한 및 처리를 결정할 때에 있어서도 중요하다. 분류체계에 따라 보유기간, 접근권한, 폐기, 보존 등에 대한 사항을 지정하기도 한다.

건설프로젝트에서 생산되는 문서는 사업별, 유형별, 주제별 분류가 있고, 특히 건설 프로세스에 따른 주제별 분류는 문서의 검색 및 이용을 위해서 매우 중요하다.

1) 사업별 분류

수행 중인 사업에 대한 분류이다. 건설 프로젝트는 계약시, 혹은 계약 이전의 계획 · 제안단계에서 사업에 대한 고유 식별번호가 부여되며, 식별번호의 부여와 함께 사업규모, 발주처, 시설물 종류, 서비스 종류 등에 따라 사업을 분류할 수 있다.

2) 업무별 분류

건설사업의 문서는 도면, 시방서, 계산서, 보고서, 일지 등 모든 사업에서 같은 유형의 문서가 생성된다. 이는 사업의 종류와 건설사업에서의 업무활동이 유사하기 때문이다. 그러므로 문서의 업무별 분류는 업무활동에 기반을 둔 분류이며, 문서의 보존기간 및 처리 여부의 결정에도 영향을 미친다.

3) 주제별 분류

건설문서의 효과적인 축적 및 향후 지식자산으로써의 활용을 위해서는 문서의 주제에 따른 분류가 필수적이다. 주제별 분류는 조직의 업무영역에 따라 다양하게 존재하지만, 미래지향적인 통합정보관리를 위해서는 분류체계의 표준화 또한 중요하다. 국토해양부에서는 건설정보분류체계 적용기준[5)]을 공고하고 있으며 이에 따르면 건설문서는 시설물, 공간, 부위, 공종, 자원의 분류체계를 선택적으로 혹은 조합하여 적용할 수 있다.

(2) 호환성

EDMS는 조직에서 생산되는 모든 문서를 수집하여 관리하고 제공하는 기능을 가진다. EDMS 구축시에 시스템간의 호환성이 고려되지 않았을 경우, 종료된 프로젝트의 문서가 EDMS로 이관될 때 비용과 시간, 인력이 과다하게 소모되고, 그룹웨어의 다른 시스템과 EDMS간의 중복 업로드 문제 등으로 업무의 비효율성을 초래하게 되는 문제점이 발생한다. 이러한 불편이 지속될 경우 지식자산으로 활용될 수 있는 많은 양의 문서가 프로젝트의 종료와 함께 사라지고, 비용을 들여 구축한 EDMS가 이용에 불편을 느낀 사용자들의 외면을 받을 수도 있다.

이러한 문제점을 사전에 방지하기 위해 EDMS는 개별 프로젝트 현장에 구축된 PMIS는 물론 KMS, ERP, 전자결재시스템 등 그룹웨어의 다른 정보관리시스템과도 유기적인 관계를 구축해야 하며, 이를 위해 시스템간의 호환성이 반드시 고려되어야 한다.

---

5) 건설정보분류체계 적용기준(국토해양부 공고 제 2009-781호): 건설기술관리법시행령 제29조제3항 및 제55조제3항의 규정에 따라 건설공사지원통합정보체계의 활용을 촉진하고 건설정보의 공유 및 상호 교류를 촉진하기 위하여 건설공사의 제반 단계에서 발생되는 건설정보를 체계적으로 분류하는 기준이다.

(3) 활용성

EDMS는 전자문서를 효율적으로 관리하기 위해 구축된 시스템이지만 구축시 활용성이 고려되지 않으면 관리를 위한 관리, 보관만을 위한 도구로 전락할 수도 있다. EDMS의 활용성을 최대한으로 보장하기 위해서는 아래의 사항을 고려해야 한다.

1) 간편한 등록과정

EDMS가 문서를 획득하기 위해서는 조직 내의 구성원이 EDMS에 문서를 등록하는 과정을 반드시 거쳐야 한다. 이 때 등록과정이 복잡하거나 어려울 경우 구성원은 EDMS를 불편하고 어렵게 느끼며 EDMS에 문서를 등록하는 것을 기피하게 된다. 이런 상황을 방지하기 위해서 등록과정은 최대한 간편하게 구성해야 한다. 문서의 등록시 요구되는 메타데이터의 항목은 필수항목(고유식별자 등록일시, 표제, 생산자) 위주로 구성하며, 분류체계 또한 과도하게 복잡하지 않도록 설정해야 한다.

2) 찾기 쉬운 문서

이용자는 필요한 문서가 생겼을 때 분류체계의 탐색, 검색의 과정을 거쳐 원하는 문서를 찾게 된다. 분류체계가 제대로 설정되지 않았을 경우, 또는 문서 등록시 분류체계를 잘못 입력하였을 경우 이용자는 원하는 자료를 찾을 수 없게 된다. 검색시에는 유사어, 동의어에 대한 개념이 불확실하면 이용자는 검색을 여러 차례 시도해야 하고, 원하는 문서를 찾는데 드는 시간과 노력이 커져 불편함을 느끼게 된다. 이런 상황을 방지하기 위해 문서의 분류체계는 구성원이 쉽게 이해할 수 있게 구성되어야 하며, 검색시 유사어와 동의어, 검색어가 가진 계층적 구조의 개념 확립을 위한 시소러스[6]가 필요하다.

3) 사용자 친화적인 인터페이스

인터페이스는 사용자와 시스템이 만나는 접점으로, 사용자는 모니터에서 보이는 인터페이스를 통해 EDMS를 처음 접하게 된다.

EDMS가 사용하기 편한 인터페이스를 가지기 위해서는 다음의 사항을 고려해야 한다.

---

6) 시소러스(thesaurus): 주제나 기능을 나타내는 용어의 계층관계, 연관관계를 규정한 용어집으로 효율적인 검색과정을 지원한다.

첫째, 기존 그룹웨어 디자인과의 일관성을 유지하여 처음 시스템을 사용하는 사람도 쉽게 접근할 수 있어야 한다.

둘째, 특수적인 메뉴보다는 일반적인 메뉴, 복잡한 정보보다는 단순한 정보가 먼저 보이도록 설계하여 사용자가 처음부터 인터페이스를 복잡하게 느끼지 않도록 한다.

셋째, 인터페이스의 그래픽적 요소는 그 기능이 분명히 나타나도록 명료한 가시성이 있어야 하며, 이용사의 행동의 결과가 즉각 나타나도록 구성되어야 한다.

4.2.4 EDMS의 발전방향

오늘날 우리는 스마트폰, 태블릿 PC, PDA 등의 기기와 인터넷을 통해 문서를 작성할 수 있고, 서버에 문서를 저장할 수 있으며, 저장된 문서를 열람하고 편집할 수도 있다. 과거 종이에 문서를 작성하고 캐비닛에 보관하던 방법에서 개인 PC에서 전자문서를 생성하고 저장하는 방법을 거쳐 현재는 시간과 공간의 제약 없이 문서를 생산하고 관리할 수 있는 환경이 구축된 것이다.

이와 같은 유비쿼터스[7] 환경에서 EDMS는 모바일 기기로 생산한 문서를 분류에 따라 체계적으로 저장할 수 있는 공간을 제공하고, 저장된 문서를 탐색 · 검색하여 활용할 수 있는 도구로 사용될 수 있다. 이렇듯 EDMS의 활용 범위가 넓어지고 IT인프라가 구축되면서 Work Smart의 일환으로 문서관리에도 혁신의 바람이 불고 있는데 화두로 떠오르는 것이 문서중앙화와 통합정보관리시스템이다.

문서중앙화는 조직 내 모든 구성원이 생산하는 문서를 생산시점부터 회사에서 관리하는 것을 말한다. 문서의 작성은 개인이 소유한 PC에서 이루어지지만 문서의 저장은 개인의 PC가 아닌 중앙 서버 또는 통합문서저장소에서 이루어지는 것이다.

통합정보관리시스템은 기존 문서관리의 역할에만 머무르던 EDMS의 개념을 확장시킨 것으로 문서뿐만 아니라 조직에서 생산되고 수집되는 모든 지식과 정보들을 획득에서부터 폐기에 이르기까지 전 과정을 관리하는 시스템을 말한다. 이를 위해서는 KMS, ERP, PMIS와 EDMS간의 연계가 필수적이다.

위의 문서관리혁신은 이미 몇몇 대기업에서 진행되고 있으며, 이들 기업이 혁신에 성공

7) 유비쿼터스(ubiquitous): 언제 어디서나 존재한다는 라틴어에서 유래하였으며 1988년 미국 제록스사의 마크 와이저가 처음으로 사용한 용어이다. 사용자가 시간과 공간의 제약을 받지 않고 자유롭게 네트워크에 접속할 수 있는 환경을 말한다.

해 가시적인 성과를 보여줄 경우 관심을 가지고 있던 다른 기업들도 문서관리혁신 프로젝트를 시작할 것으로 보인다.

EDMS는 IT기술과 함께 발전해왔으며 기술은 현재도 끊임없이 변화하고 있다. EDMS와 문서관리의 발전방향도 그에 따라 시시각각 변할 것이 분명하므로 항상 관심을 가지고 미래를 예측해야 할 것이다.

5 프로젝트 단계별 문서관리

앞장에서는 문서와 전자문서의 기본적인 사항과 관리 방법, 정보 · 문서관리시스템에 관한 일반적인 사항에 대하여 기술하였다. 이 장에서는 사업관리 현장에서의 각 단계별 문서관리 방법과 절차에 대해 사업관리조직을 중심으로 구체적인 프로세스를 제시하도록 한다.

5.1 설계 전 단계의 문서관리

5.1.1 문서관리계획

문서관리의 목적은 문서내용의 정확성이 유지되고 관련되는 사항에 대한 참조가 가능하며 프로젝트관련 자료를 효과적으로 문서화할 수 있고 유지, 보관이 용이하도록 하는 것이다. 이를 위해 문서관리는 모든 문서, 도면 및 기술자료 등의 작성, 승인, 발행, 배포, 적용, 변경을 위한 절차를 건설공사에 참여할 인력(외국기술인력을 고려)을 고려하여 발주처와 협의 하에 품질보증계획으로 규정하고 관리한다. 또한 문서관리는 문서작성을 위한 전산 소프트웨어를 통일하고 PMIS 등을 사용한 전산 네트워크와 전자우편시스템을 통해 신속한 문서교환 체계를 구축하고 의사결정시간을 단축하며 전자문서 위주의 문서관리를 하여 종이문서의 절대량을 감소하도록 한다. 특히 업무에 사용되는 각종 서식은 발주처의 승인을 받아 지정된 양식을 사용한다.

표 10-6 문서관리의 범위

분 류	관련문서
품질보증계획상 검토, 확인이 요구되는 문서	계약서, 도면, 특기시방서, 매뉴얼, 규정, 절차서, 지침서, 기준, 법규, 코드, ITP(Inspection & Test Plan), 체크리스트 등
사업관리 용역과 관련하여 유지, 기록되어야 하는 문서	문서접수 및 발송대장, 각종 보고서, 자재검사부, 품질시험 관련서류, 기술검토사항, 부적합보고서(NCR), 시정조치요청서(CAR), 회의록 등
대내외적으로 작성, 시행되는 일반문서	공문서, 지시부, 업무연락, 팩스 문서, 전언통신문, 교육훈련사항 등

5.1.2 문서관리 파일(File) 번호체계 설정

문서관리를 위해서는 각 문서를 보관하는 파일에 일정한 번호체계를 부여하여 관리를 해야 할 필요가 있다. 그렇게 하지 않으면 문서의 분류가 힘들어지고 식별이 되지 않아 어느 정도 문서가 쌓인 후에는 필요한 문서를 찾을 수 없게 될 수도 있다. 따라서 건설사업관리자는 구분된 문서를 다음에 기술된 문서파일 번호체계를 참고하여 분류기준을 설정한다. 별도로 정해진 경우나 필요할 경우는 분류체계를 별도로 수립할 수 있다.

문서파일의 번호체계는 다음과 같은 형태로 설정될 수 있으며 필수 항목의 경우 파일번호 부여시 필히 코드를 부여하여야 한다.

PD	-	A	-	B	-	01	-	A	-	01
업무단계별 구분		대분류		중분류		소분류		분야별 구분		세분류
필요시 기입		필수 항목		필수 항목		필수 항목		필요시 기입		필요시 기입

그림 10-3 문서파일(file)의 번호체계

(1) 사업추진단계별 구분(필요시 기입)

사업추진단계는 해당 문서를 단계별로 구별해야 하는 경우 외는 기입하지 않을 수 있다. 프로젝트의 조건에 따라 단계 식별을 위해 각 파일마다 기입하기도 한다.

표 10-7 추진단계 구분 코드(예)

코드	사업추진단계
PD	실시설계 이전 단계(Pre Design Phase)
CD	실시설계단계(Construction Design Phase)
CP	시공단계(Construction Phase)
PC	준공 이후 단계(Post Construction Phase)

(2) 대분류: 문서분류기준표 참조(필수 기입)

문서분류의 기본이 되는 첫 단계로 업무의 형태에 따라 분류를 한다. 위에서 기술한 사업추진단계를 이 대분류에 포함하여 단위업무에 대한 단계별 문서관리를 하기도 한다.

표 10-8 대분류 코드(예)

업무분류	코드	업무분류	코드	업무분류	코드	업무분류	코드
공통	G	공정관리	F	안전관리	S	환경관리	E
설계관리	D	원가관리	B	자재관리	H	교육훈련	T
시공관리	C	품질관리	Q	클레임 및 설계변경	J	감사	A

(3) 중분류: 문서분류기준표 참조(필수 기입)

중분류는 업무분류에 따른 해당 세부업무를 기준으로 나눈다.

a – 업무수행계획서

b – 현장절차서, 매뉴얼

c – 문서관리

(4) 소분류: 문서분류기준표 참조(필수 기입)

소분류는 중분류에 따른 일련번호로 실제 해당 문서가 될 수 있으며 프로젝트가 진행됨에 따라 일련번호가 계속 늘어나게 된다.

(5) 분야별 구분(필요시 기입, 생략가능)

(6) 세분류 : 일련번호(필요시 기입, 생략 가능)

표 10-9 분야별 분류 코드(예)

공통	건축	구조 설비	설비	소방	전기	통신 IBS	토목	조경	인테리어	별도 발주	기타
G	A	S	M	F	E	T	C	L	I	O	R

5.1.3 문서번호 부여

문서관리담당자는 문서발생시 다음 사항이 구분되는 문서번호를 부여하여야 하고 문서관리대장에 기입하여 관리한다. 아래의 예는 발주처의 요구사항이나 프로젝트의 계약조건, 환경에 따라 달라질 수 있으며 그 경우는 별도의 문서번호를 생성 · 관리하도록 한다.

- 문서발생 회사구분
- 문서발생 년도
- 프로젝트 구분
- 일련번호(네 자리 수)

예 HGP-05-ITC-0000

문서발송 및 접수대장에는 다음 사항과 같은 업무분류, 문서분류에 따르는 코드를 기입하여 관리가 용이하게 작성 · 관리되어야 한다.

표 10-10 문서분류 코드(예)

문서분류	코드	문서분류	코드	문서분류	코드	문서분류	코드
공문	LT	승인 요청서	AR	설계변경	CO	공정표 일정표	SC
계획서	PL	지시부	FI	시정 요청서	CAR	원가	CS
보고서	RE	지적 보고서	DI	안전시정 요청서	SCAR	기타	ETC

전자 피일명은 상기 문서번호 부여 체계에 따라 번호가 부여되도록 시스템을 설정하거나 기입하여야 한다.

5.1.4 문서관리 방법

(1) 문서의 접수

문서를 접수할 때에는 문서 자체의 품질상태를 확인하여 이상이 없는 문서만을 접수하고, 이상이 발견된 경우에는 해당 문서 송부조직에 재송부 또는 수정을 요구한다.

접수문서는 문서번호체계절차에 따라 지정된 문서번호를 부여한 후 접수하며 해당 문서에 청색의 접수스탬프를 찍고 접수일시 및 문서접수번호를 기재한 후 문서접수대장에 등록하고 관리단장의 결재를 받아 처리한다. 접수된 문서는 항상 복사본으로 관리되도록 하며, 관리단장을 포함한 당해 문서와 관련된 사업관리원에게 회람되어 확인 · 서명 후 지정된 문서 보관 장소에 보관되어야 한다.

전자문서로 접수된 문서는 해당 문서를 프린트하여 접수를 하거나 전자문서의 형태로 PMIS에 등록하고 접수번호를 부여한다. 전신, 전화, 모사전송 등을 통해 외부기관으로부터 받은 문서도 내용을 작성하여 접수인을 날인 후 접수처리 해야 한다. 이때 문서의 중요도를 판단하여 문서접수대장에 기재하지 않아도 좋은 사항은 생략할 수 있다.

표 10-11 문서접수대장

순번	업무 분류	문서 분류	문서 번호	접수 일자	제목	발신처	인수확인		관리 번호	전자 file 번호	비고
							인수자	확인			

(2) 문서의 발송

문서관리담당자는 문서 발송시 적색의 발송 스탬프를 찍고 결재권자의 결재여부, 다른 문서와의 중복 또는 상충여부, 정형화된 기재사항의 정확성 및 누락여부, 문서상에 언급된 첨부물(붙임)의 첨부여부 등 관리단의 제 · 규정에 합당한지 여부를 확인한 후 발송하여야 하며 문서번호체계에 따라 문서분류번호를 부여하고 문서발송대장에 기록 관리하여야 한다. 날인을 받은 대외공문 발송시는 관련사항(수 · 발신 주소, 성명, 우편번호 등)을 기재하여 우편, 인편 등으로 직접 발송한다.

표 10-12 문서발송대장

순번	업무 분류	문서 분류	문서 번호	발송 일자	제목	수신처	발송확인		관리 번호	전자 file 번호	비고
							발송자	확인			

(3) 문서의 보관

발송 또는 접수된 문서는 항상 문서보관상자에 보관 및 관리되어야 하며, 문서관리담당자는 문서 보관시 파일번호를 부여하고 문서분류기준표를 작성하여 지정된 문서보관상자(file box)에 문서파일로 보관한다. 문서파일번호는 1.2항에서 언급한 사항에 따라 구분을 하여 일련번호별로 작성하여야 한다. 이 때 업무 구분은 건설사업관리 전반의 업무 수행 결과물로의 문서 및 서류가 포함되도록 체계적으로 구분하여 작성하되, 발생된 문서는 문서 보관 목록표에 기입하여 관리하여야 한다.

문서는 문서파일에 보관하는 것을 원칙으로 하되 3공 바인더에도 보관이 가능하다. 이 때 3공 바인더는 문서보관상자에 준하는 식별관리를 한다. 문서파일은 문서보관상자에 넣어 관리하며, 가급적 일정 장소에 통합 · 관리하고 개인별 보관은 삼가는 것을 원칙으로 한다. 또한 사본은 가급적 발생하지 아니하도록 하며, 업무종료 후 즉시 보관 처리한다.

문서보관상자는 보관 식별이 용이하도록 문서파일번호, 문서파일명을 기입하고, 지정된 캐비닛 또는 장소에 보관하되 참조 10-2와 같이 문서보관상자에 캐비닛 번호, 단 번

그림 10-4 현장 문서보관 상태

호, 단별 보관 일련번호, 건설사업관리단명 등을 기재하거나 식별가능 하도록 라벨을 붙여 보관한다. 문서의 보관 및 관리를 PMIS 시스템을 이용하여 구축할 수 있으며, 이 때 문서의 '갑' 지 또는 표지는 하드 카피화 하여 해당 문서파일에 보관하여 문서발생 여부를 알 수 있도록 관리한다. 이 때 보관된 '갑' 지 또는 표지에 PMIS 시스템에 보관하고 있음을 알리는 식별을 하여야 한다.

발송 또는 접수된 문서는 전자문서(digital file)를 필요에 따라 발송 또는 요청하여 접수 후 보관할 수 있으며, CD로 발송 또는 보관할 경우는 CD 표지를 작성하여야 하고, 이 경우 문서발송 · 접수대장에 관리번호를 기재하여야 한다.

(4) 문서의 색인

문서관리대장을 비치하여 문서색인에 이용되도록 한다. 문서색인 또는 기타의 목적으로 문서목록을 전산화하여 건설사업정보체계와 통합관리에 사용할 수 있다.

(5) 문서의 개정 · 회수 및 폐기

문서의 개정은 별도 지정을 하지 않는 한 최초로 검토하고 승인한 조직에 의해 개정되어야 하며 문서를 수정한 경우 표지, 제 · 개정 이력표 및 본문의 개정번호 부분에 개정번호(예: Rev.1)를 기입하여야 한다. 단, 목적이 변경되지 않는 오 · 탈자는 개정 없이 수정할 수 있으며 개정된 내용은 아래 줄긋기 또는 개정된 내용을 쉽게 판별할 수 있도록 표기하여야 한다.

모든 문서는 보존년한에 따라 문서보관이 완료되는 시점에 적절히 이관 · 폐기될 수 있도록 한다. 문서의 이관, 폐기는 이관리스트, 폐기리스트를 작성하여 어떠한 문서가 이관, 폐기되었는지를 알 수 있도록 하며, 문서를 폐기한 경우 문서접수 발송대장에 문서를 '폐기' 하였음을 표기한 후 폐기한 사유, 회수 여부, 폐기자의 성명 및 날인 사항을 기입한다. 문서가 개정 또는 폐기된 경우 이전 모든 문서는 관리자의 허락 없이 임의로 소유하거나 복사 또는 외부로 유출시켜서는 안 되며 과업 중 발생한 폐기물은 관리자와 협의하여 파쇄처리 하여야 한다.

5.1.5 설계도서 관리

설계검토를 위해서는 해당 도면의 내용을 필히 확인해야 하나 도면은 통상 크기와 부피가 커서 수 · 발신에 어려움이 따르고 검토라는 과정을 거치면서 검토내용을 기재해야 하기 때문에 검토단계에서는 대부분 온라인(online)상에서 CAD파일로 내용을 주고받고 있다. 따라서 설계도서의 관리는 하드 카피뿐 아니라 전산파일에 대한 관리를 같이 해주어야 한다.

여기서는 건설사업의 설계업무 수행과 관련하여 발생되는 전산화된 CAD파일 또는 도면, 계산서, 내역서, 시방서, 보고서, 설계변경 문서 등 설계 자료에 대한 접수, 등록, 배부, 파일 등 해당 건설사업의 설계자료 관리업무에 대해 알아보도록 한다.

설계도서가 접수되면 각 담당자는 설계자로부터 접수된 설계 자료의 용도와 이상여부를 확인하여 문서관리담당자에게 접수내용을 전달한다. 설계 자료에 이상이 있을 시 각 담당자는 설계자와 협의하여 내용을 보완하거나 재작성하여 제출할 것을 요구하고, 특히 전자파일과 함께 제출하는 경우 전자파일 역시 수정하여 재 접수하도록 한다. 수정보완을 요구한 자료가 최종 접수된 경우에만 설계 자료의 접수가 완료된 것으로 하나 통상 도면의 내용을 모두 확인하기가 쉽지 않으므로 과정 중에 접수된 모든 도서를 공종에 따른 일자별로 구분하여 접수대장에 기록하고 최종적으로 확정되었을 경우에 해당 도서를 접수 확인한다. 설계도서의 접수는 하드 카피 도면의 경우 접수대장에 기록하고 표지에 접수일자가 들어있는 "접수인"을 날인하며, 해당 설계도면을 식별하기 위한 관리현황표를 날인하여 작성한다. 관리현황표에는 설계도면의 제목, 용도, 적용공종, 도면번호, 개정번호, 접수일자, 관리(접수)번호, 담당자가 나타나도록 한다. CD 등의 전자파일로 접수한 경우는 해당 CD에 제목을 붙여 접수대장에 기록 후 도면상에 표시한 내용과 동일한 내용을 CD 겉장에 기재하여 파일을 정리한다. 프로젝트에서 PMIS를 적용하여 사용 중이라면 온라인상으로 접수된 도면은 자동으로 접수처리 될 수 있다.

문서관리담당자는 설계 자료를 접수 처리하여 접수대장 또는 배포관리대장에 기입 후 담당자의 서명을 받아 배포하며, 각 담당자는 계약기간 종료시까지 설계 자료를 보관한다. 설계 자료의 보관 및 보유는 문서분류번호표에 의거, 부여한 문서분류 번호순으로 별도 마련된 보관 장소에 보관한다. 설계자로부터 접수된 전자파일, CD-ROM 등의 매체는 파손되지 않도록 보관하고 관리번호, 제목 등을 기록한다. 별도로 보관 중인 설계 자료는 문서관리담당자의 협조를 받아 열람할 수 있다.

각 담당자는 설계자에게 검토의견서 및 관련자료를 발송할 경우 사본을 준비하여, 설계자료 원본과 함께 보관하고, 검토의견서 및 관련자료를 문서발송대장에 기입 후 발송조치한다.

설계 자료의 보안관리는 시건 장치가 되어 있는 캐비닛 등의 공간에 보관하고 외부대출은 문서대출기록부에 소정의 사항을 기재하고 담당자의 서명 · 날인 후 대출신청을 하며 관리단장의 승인 후 외부 대출토록 한다. 개정 및 보유기간 경과 등으로 인한 설계 자료를 폐기하고자 하는 경우에는 문서관리담당자는 회수 · 폐기 관리대장에 기입 후 관리단장의 확인을 받아 폐기한다.

5.1.6 설계(도서)관리 PMIS

설계도서의 검토업무를 수행함에 있어 설계도서의 내용을 요즈음은 대부분 온라인상에서 CAD파일로 주고 받고 있다 프로젝트의 특성에 따라 설계업무 관련자들이 모두 한곳에 모여 업무를 수행하도록 통합설계실을 운영하는 경우에도 설계도서의 수 · 발신은 온라인상으로 처리되는 경우가 많고 따라서 설계도서의 관리는 하드 카피뿐 아니라 온라인과 전산파일에 대한 관리가 필요하며 이를 위해 PMIS가 유용하게 사용될 수 있다. 설계과정 동안 PMIS를 통해 도면상에 검토의견을 첨부하여 온라인상에서 신속히 의견을 교환함으로써 설계와 관련하여 설계사, 감리사, 시공사 및 협력기업간의 의사소통을 원활히 할 수 있고 도면의 검토 및 수정업무의 효율성을 극대화 할 수 있다.

설계문서관리를 위한 PMIS는 설계단계 이전에 설정이 되어야 하고 PMIS가 설정되지 못하였다면 1항에서 언급한 설계도서관리의 방식을 사용하는 수밖에 없다.

설계(문서)관리를 위한 PMIS Folder 구성의 예를 다음에 나타낸다.

표 10-13 설계관리를 위한 PMIS Folder 구성(예)

Level1	Level2	Level3	구축내용
설계관리	기획, 타당성조사	기획문서, 자료관리	기획조사자료 관리
		평가관리	평가자료 관리
		인 · 허가관리	인 · 허가문서 관리
	설계현황 (설계도서관리)	시방서관리	공사특수 시방서 관리
		설계도면관리	기본, 실시, 시공도면관리
		준공도면관리	준공도면 관리 (실시, 시공도면반영)
	착공, 준공관리	착수신고	자재현황 및 공급원 승인 현황
		준공문서	
		용역평가	
	공정관리	설계공정관리	설계단계(step)별 공정관리
	설계변경관리		설계변경에 따른 이력을 관리
	설계기성관리	설계계약현황	설계 계약관리
		설계기성관리	설계기성 지급관리
	자문 및 기술심의관리	자문현황 기술자료관리	기술자문현황관리 기술자료 관리
	설계문서	설계문서관리	설계변경통보서(DCN), 현장 설계변경요청서(FCR), 현장 설계변경통보서(FCN), 정보요청서(RFI) 관리

5.2 시공단계

5.2.1 현장시공문서 관리방안

계약상대자에 의해 제출되는 모든 시공자료 처리에 관하여는 계약상대자(시공사)에 의해 사업관리단으로 직접 제출되도록 한다. 계약상대자의 하청기업이 직접 제출물을 사업관리단에 제출하는 경우에도 계약상대자를 통하여 제출토록 회송한다. 사업관리단에 제출된 시공자료는 우선적으로 관리대장에 기록하고 필요한 경우 설계자 및 사업시행자에게 관련 내용을 발송한다.

건설사업관리자는 모든 법적인 관리문서를 비치하고 시공관련 접수, 발송문서는 문서접수 및 발송대장을 유지하여 등록 · 관리하며 문서에는 문서번호를 부여하고 목차 및 페이지를 기록하여 추적이 가능하도록 한다. 시공자료, 공사계약문서 등은 발주처로부터 인수하여 관리번호를 부여하고 관리대장을 작성하여 관리 추적이 가능하도록 한다. 또한 공사여건을 감안한 공사관련 법 · 규정, 표준시방서, KS규정집 및 필요한 기술서적을 비치하고 이는 별도의 관리대장을 작성, 유지하고 관리번호를 부여하여 관리한다.

문서관리담당자는 계약상대자로부터 접수된 시공자료에 대하여 형태와 형식, 자료의 품질을 점검하여 이상여부를 확인하고 자료에 이상이 있을 시 내용을 보완하거나 계약상대자에게 재작성하여 제출할 것을 요구하고, 수정보완 요구한 자료가 접수된 경우에만 시공자료의 접수가 완료된 것으로 한다. 서신문서는 문서접수대장에, 설계도서는 도면목록표에, 전자매체는 전자매체등록대장에 등록하며 시공자료 표지에 접수일자가 들어있는 '접수인' 을 날인하며, 관리 · 비관리판 고무인을 날인한다.

사업관리단장은 자료의 제출목적이 검토 · 승인용으로 제출된 경우에는 검토책임자가 검토할 수 있도록 문서관리담당자에게 배포를 지시한다. 문서관리담당자는 시공자료를 접수 처리하여 접수대장 또는 배포관리대장에 기입 후 담당자의 서명을 받아 배포하며, 각 담당자는 계약기간 종료시까지 해당 자료를 보관한다. 시공자료의 보관 및 보유는 문서분류번호표에 의거, 부여한 문서분류번호순으로 별도 마련된 보관장소에 파일로 보관한다. 시공사로부터 접수된 전자파일, CD-ROM 등의 매체는 파손되지 않도록 보관하고 관리번호, 제목 등을 기록한다. 별도로 보관 중인 시공자료는 문서관리담당자의 협조를 받아 열람할 수 있도록 한다.

각 담당자는 시공사에게 검토의견서 및 관련자료를 발송할 경우 사본을 준비하여, 검토자료 원본과 함께 보관하고, 검토의견서 및 관련자료를 문서발송대장에 기입 후 발송조치 한다.

시공자료의 보안관리는 시건 장치가 되어 있는 캐비닛 등의 공간에 보관하고 외부대출은 문서대출기록부에 소정의 사항을 기재하고 담당자의 서명 · 날인 후 대출신청을 하며 관리단장의 승인 후 외부 대출토록 한다. 개정 및 보유기간 경과 등으로 인한 시공자료를 폐기하고자 하는 경우에는 문서관리담당자는 회수 · 폐기 관리 대장에 기입 후 관리단장의 확인을 받아 폐기한다.

5.2.2 보고서 작성 및 기록관리

건설사업관리자가 주기적으로 보고해야 하는 사항과 보고시기를 사전에 발주처와 협의

하에 정하고 해당 시기에 보고서를 작성하여 보고하도록 한다. 보고서의 내용은 검측결과, 현장사진, 업무현황사항, 발주처 승인사항, 시공도면, 일지 등 각종 기록들을 검토하여 작성하고 관련 자료들을 함께 체계적으로 보관 · 관리하도록 한다.

모든 보고서는 시공과정에서 필요한 사항을 확인하거나 시공자가 제출하는 공사에 관련된 문서 및 자료의 검토, 공사시시, 보고서 작성, 준공 인수인계, 문서이관 등의 업무를 수행하는데 적용될 수 있도록 보고서 형태별, 작성일자별로 구분하여 유지, 보관하도록 한다.

시공자가 제출해야 하는 보고서는 다음과 같다.

(1) 기본 제출 문서 및 서류

건설사업관리자는 시공자가 제출하는 다음과 같은 문서 및 서류를 반드시 접수 또는 검토하며 접수된 서류에 하자가 있을 시는 시공자에게 보완토록 하고 필요시 의견을 첨부한다.

- 공정현황보고
- 공사일지
- 지급자재 수급요청서 및 대체 차용 신청서
- 주요 기자재 공급원 승인 요청서
- 품질시험 대장
- 품질시험 실적보고서
- 각종 시험성적표
- 설계변경 여건보고(실정보고)
- 준공기한 연기원
- 기성부분 및 준공검사원
- 하도급 통지 및 승인 요청서
- 현장실정 보고서
- 안전관리 추진실적 보고서(안전관리활동, 안전관리비 사용실적 등)
- 시공측량 결과 보고서
- 명일 작업 계획서
- 기타 공사 시공상 중요한 보고 또는 신청이 있을 때

• 민원사항, 자사 환경계획에 의한 환경관리기준 위배사항

(2) 주간보고 및 월간보고

건설사업관리자는 시공자가 제출한 자료를 근거로 주간보고서를 작성하여 매주 정해진 일자에 시행자에게 보고하고 매월 진행현황은 별도의 월간보고서로 작성하여 보고하도록 한다.

주간보고서와 월간보고서는 현장의 작업 진행상태를 파악할 수 있는 주요한 문서이며 아울러 사업관리자의 업무수행 결과를 나타내는 문서이므로 보고서에 포함되어야 하는 사항을 발주처와 사전 결정하여 누락되는 사항 없이 보고가 될 수 있도록 작성토록 하고 완료된 보고서는 문서관리체계에 따라 현장에서 보관 및 유지 후 종결 시점에 문서이관하도록 한다.

(3) 공정현황 및 사업비 현황보고

공정 진행사항을 종합적으로 취합 · 분석하여 보고함으로써 발주처로 하여금 공정진행현황을 이해하고 필요한 판단을 내릴 수 있도록 지원한다. 통상 주간, 월간업무와는 별개로 보고서가 작성되는 경우가 많으며 사업비의 경우 사업관리자의 업무범위가 아닌 경우는 해당 보고를 해야 할 필요는 없다.

(4) 특별보고

특별사항 발생, 발주처의 요구 등 그 외에 현장에서 필요에 의해 특별보고를 하도록 한다.

5.3 시공 후 단계

5.3.1 준공서류의 이관 및 문서 폐기

건설사업관리자는 계약종결 후 현장에서 작성된 준공서류를 고객과 본사로 이관하거나 폐기한다. 용역업무 종결시 가급적 현장 소속 인원 중 문서관리담당자를 지정하여 현장에서 작성된 각종 준공서류의 이관 및 폐기 업무가 규정된 방법과 절차에 의해 수행되도록 관리, 확인하고 다른 인원들은 담당업무와 관련한 문서 이관에 대해 담당자를 지원하도록

한다. 준공서류의 이관 및 문서폐기의 절차는 다음과 같다.

- 건설사업관리자는 계약 종결시점이 임박했을 경우, 고객 및 본사의 각 사업부 관련팀장, 문서관리실 등과의 협의를 통하여 이관이 필요한 서류의 종류를 확정
- 건설사업관리자는 문서관리담당자로 하여금 고객 및 본사와의 협의를 통하여 확정된 내용을 기준으로 준공서류의 이관 및 폐기 문서목록을 작성하여 정확성과 결함 여부를 검증, 확인
- 문서관리담당자는 준공서류의 이관 및 폐기에 대한 절차를 참조하여 해당 절차에서 정한 기준에 따라 이관 및 폐기업무를 수행

준공서류의 이관은 용역업무가 완료되기 일정기간 전부터 준비해야 한다. 현장에 근무하던 담당자가 다른 곳으로 발령을 받아 가고 나면 그 사람이 수행했던 업무와 관련한 내용은 확인이 어려워 제대로 된 문서이관이 안될 수도 있기 때문이다.

또한 PMIS를 적용한 현장의 경우 거의 모든 문서들이 전산화되어 있어 이관에 편리함이 있으나 발주처에서 제공한 시스템을 사용하는 경우, 발주처에서 해당 PMIS나 웹 사이트(web site)를 닫아버렸을 때 근거 서류를 확보하지 못하는 경우도 발생할 수 있음을 염두에 두고 사전 협의에 의거 일정을 확인하고 이에 따른 사전 조치를 취해야 한다.

따라서 현장책임자는 용역업무 종료 후 일정기간 내에 고객 및 본사에 대한 준공서류 이관절차가 종결될 수 있도록 사전에 준비를 하고 이관업무가 일정 기간 내에 종료될 수 있도록 해야 한다.

(1) 준공서류의 이관

1) 발주처 이관

고객에 대한 준공서류의 이관은 고객과 사전 합의된 방식에 의하여 시행하며 이관작업을 완료한 후, 이관문서목록, 이관 일시, 수령인 등이 기재된 준공서류이관 확인서를 발급받아 본사 문서이관시 본사에 제출하여야 한다.

2) 본사 이관

이관문서는 종이문서와 전자문서로 구분하며, 검사결과나 공문 등 서명 · 날인된 종이

문서는 증거로써의 활용가치를 판단하여 원본 그대로 이관하고 그 외의 종이문서는 활용가치와 관리비용 등을 고려해 스캐닝 등의 작업으로 전산화하도록 한다. 종료보고서나 건설지 등 활용빈도가 높은 문서는 종이문서와 전자문서를 함께 이관한다. 전자문서는 용량과 편의에 따라 이관을 위한 저장매체를 선택할 수 있으며, 선택 가능한 저장매체로는 USB, CD-ROM, DVD, 외장하드, 웹하드 등이 있다.

문서이관 후 종이문서는 문서의 양과 활용빈도를 고려하여 본사 문서관리실과 문서 창고에 보관하며, 활용을 위한 목록을 구비하고 외부 반출시 대출기록을 남겨 훼손과 분실을 방지한다. 전자문서는 본사의 EDMS에 등록되어 보관되며 인터넷을 통한 검색 및 활용이 가능하다.

(2) 문서 폐기

이관이 필요 없는 서류는 폐기문서 목록을 작성하고 현장 자체적으로 폐기하거나 폐기업체를 통해 폐기하도록 한다. 이때 폐기업체를 통하는 경우는 대상 서류가 확실하게 폐기되었는지의 여부를 확인하여야 한다. 폐기문서목록도 본사 문서이관시 이관문서 목록과 함께 본사에 제출하도록 한다.

5.3.2 문서의 이관 및 폐기 기준

현장에서 발생되는 각종 문서의 상세한 이관 및 폐기 기준의 예를 참조 10-4에서 보여주고 있으며 이 기준은 고객의 요구사항과 용역의 성격, 기타 계약조건에 따라 달라질 수 있다.

6 결

정보 IT 기술의 발전으로 구현된 전산화 환경에서 대량의 정보가 생산되고 유통되고 있지만 그럼에도 불구하고 종이를 매체로 문서가 생산되고 유통되는 과거의 방식은 유지되고 있다. 오히려 종이문서와 함께 지금은 전자문서도 생산하고 관리해야 하므로 정보 · 문서관리 업무는 과거보다 복잡해졌다고도 할 수 있다.

그러나 어떠한 매체로 생산되고 관리되든 간에 문서가 업무활동의 중요한 과정이자 결과물이라는 사실은 변하지 않는다. 문서는 조직의 원활한 의사소통을 가능하게 하고, 경영활동에 효율성을 증진케 하는 유익한 도구이다. 또한 업무가 종료되고 나서도 업무활동의 증서로써 가치를 지니며 참고자료로 활용된다. 이러한 문서의 역할을 고려할 때 문서의 체계적 분류를 통한 안전한 보관과 필요한 문서를 필요한 시기에 활용할 수 있도록 적정한 문서관리시스템을 갖추는 것은 매우 중요하다.

따라서 문서관리시스템은 업무의 효율을 최대한 증진시킬 수 있도록 구성되어야 하고, 최소한의 비용으로 최대의 능률을 가져올 수 있도록 경제성에 기본을 두어야 한다. 또한 사내 환경에 부합되도록 주어진 사무환경에 가장 적합한 관리환경과 보존, 관리체계를 만들어야 한다. 문서를 처리하는 과정에서 가장 타당하고 간편한 절차나 방법이 채택되어 문서관리의 시간단축을 기하고 정확한 처리가 될 수 있도록 지속적인 개선이 이루어져야 한다.

외국의 경우 "Documentation is everything."이라는 말로 문서관리의 중요성을 강조하고 있다. 문서관리는 대형화, 고도화, 첨단화되는 건설 환경에서 발생하는 각종 문제점을 해결할 수 있는 열쇠를 제공할 것이다.

참조 10-1 문서분류기준표(예시)

대분류		중분류		소분류		비고
Code	분류명	Code	분류명	Code	분류명	
A(적색)	공통업무	a	업무수행계획서	01	건설사업관리 종합 수행계획서	
				02	책임감리 업무 수행계획서	
				03	건설사업관리 업무수행계획서	
				04	건설사업관리 절차서	
				05	건설사업관리 업무 메뉴얼	
				06	건설사업관리 제안서	
				07	기간별 업무수행 계획서	
		b	업무지침 관련	01	건설사업관리 입찰안내서	
				02	설계시공 일괄 입찰안내서	
				03	발주자 업무지침서	별지 제17호서식
		C	문서관리	01	문서분류기준표 및 양식지	
				02	문서보관 목록표	
				03	문서발송대장	별지 제18호서식
				04	문서접수대장	별지 제18호서식
				05	발주자 발송철	
				06	발주자 접수철	
				07	사업자 발송철	
				08	사업자 접수철	
				09	본사 발송철	
				10	본사 접수철	
				11	본사 접수 참고철	
				12	대외 발송철	
				13	대외 접수철	
				14	전자매체 발송철	
				15	전자매체 접수철	

참조 10-2 문서보관상자 식별방법(예시)

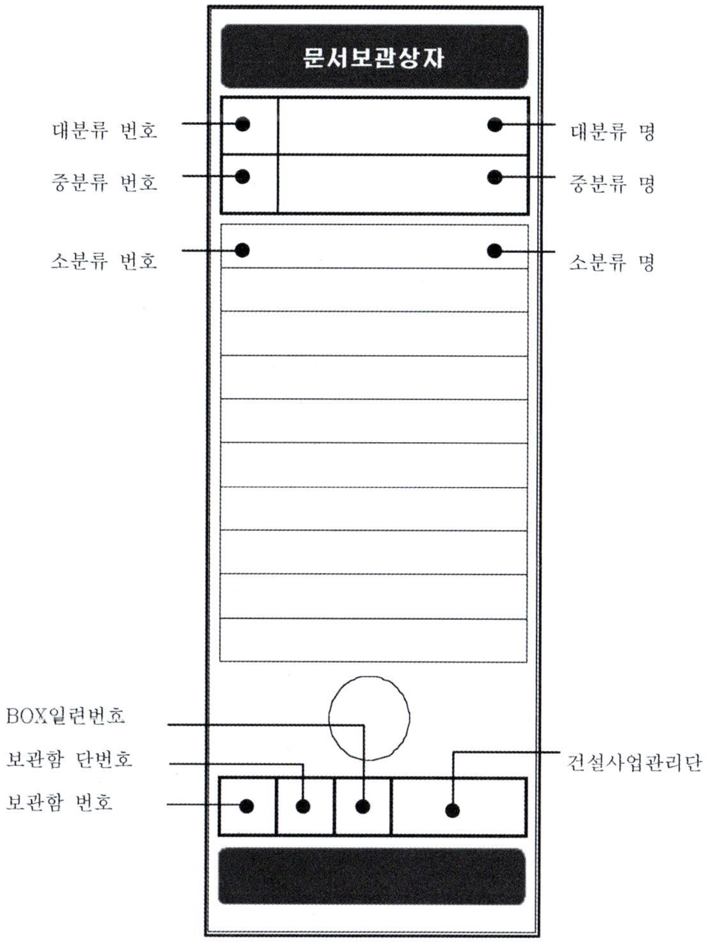

참조 10-3 프로젝트 PMIS 설정 항목 및 범위(예시)

Level 1	Level 2	Level 3	구축내용
사업관리	종합현황관리	사업개요 공정현황 기성현황 공사 추진현황	공사개요 중심의 사업개요 요약공정현황 조회 기성지급현황 조회 공사 주요 추진현황 조회
	사업비 (예산관리)관리	사업비 항목관리 예산편성(년간/분기별) 결재관리	예산 항목 코드 관리 사업 예산 편성 관리 예산 집행(실적) 관리
	계약관리	입찰관리 계약현황 계약내역	입찰/계약 방법, 제안관리 각 공사별 계약현황 계약내역(도급내역)관리
	민원/감사관리	민원처리 감사지적사항 처리	민원접수, 처리 통계관리 감사지적사항 처리, 통계관리
	자료관리	건설사업정보관리 공사지(준공지)관리	건설사업관련 외부정보 자료관리 준공 시설물 기술관련 자료관리
인 · 허가 관리	인 · 허가관리	인/허가 정보 관리 교통영향 평가	기획조사자료 관리 교통영향 평가 사항 관리
	제 영향평가	환경영향 평가 평가자료	환경영향 평가 사항 관리 평가자료
홍보민원 시스템	공사개요	사업개요 조감도 공사시뮬레이션 분야별공법소개	공사개요 중심의 사업개요 관리 완공시 모습에 대한 이미지 자료관리 주요 특수공법에 대한 시뮬레이션 주요 공법 소개
	공사추진현황	공사추진내용 월별공정사진 주요공정사진	현재 진행되는 공사추진내용 소개 현재까지의 공사진행 정도를 월별 사진으로 소개 주요공정에 대한 내용을 사진으로 소개
	공지사항	일반사항 민원	공사전반적인 내용 게시 민원사항에 대한 게시
시공관리	공사현황	공사개요 조감도 공정현황 현장조직/비상연락망	공사일반정보 공사관련 각종 조감도, 투시도, 설계도 월별 공정현황(집계) 현장 조직도, 공사장 주변 비상연락처
	착공/준공관리	착공신고 준공검사 기술자료	착공신고서 관리 준공검사 기록관리 기술자료 관리
	공정관리	공정현황 공정자료 부진공정/만회대책 공기연장 구매공정관리	주간/월간 공정현황 Master Schedule, 공종별 공정 부진사유, 만회대책수립 공기연장신청, 승인 구매 Step별 공정관리

	변경/기성관리		각종 변경사항 및 기성관리
	자재관리	총괄 BOM[2] 사급자재 관리 지급자재 관리 기자재 관리	총괄 BOM 관리 사급자재 등록 및 관리 지급자재 등록 및 관리 기자재 등록 및 관리
	품질관리	품질교육/점검 시험관리 부적합보고서 시정조치요구서 공사실명제	수시/월/분기별 교육, 점검 자재, 장비, 시공현황 시험 검측 부적합보고서 발행, 이행여부, 분석자료 시정조치요구서 발행, 이행여부, 분석자료
시공관리	안전관리	안전교육/점검 재해현황관리 안전관리비집행 안전조직관리	수시/월/분기별 교육, 점검 재해 등급별 현황관리 안전관리비 편성/집행 관리 현장 내 안전조직관리
	환경관리	환경교육/점검	수시/월/분기별교육, 점검
	감리보고 (SPRS[3]와 연계)	시공일보/월보 감독일보/월보 각종 감리보고서	시공사 작업일보/월보 현장감독 감독일보/월보 감리수행업무 지침서상의 양식관리, 최종 감리보고서 출력 지원
	협력업체관리	계약현황 기성관리	협력업체 계약관리 협력업체 기성관리
	자원관리	인력관리 장비관리	투입인력 현황 파악 및 집계기능 투입장비 현황 파악 및 집계기능
	시설물관리	시설물 기본정보입력 시설물 이력관리	준공자료를 중심으로 한 시설물정보 인수인계 된 시설물의 이력정보
인수인계 관리	인수인계관리	시설물 기본정보입력 인수인계정보	인수인계 된 자료를 중심으로 한 시설물정보 인수인계정보
	하자관리	하자보수 기본정보 하자보수 업체 하자보수 내역	시설물별 하자보수 사항 기본정보입력 하자보수 업체 정보 시설물별 하자보수 내역 정보입력
시스템 관리	온라인 Help Desk	FAQ/Q&A 상담 및 문의 게시판/자료실 장애/유지보수 신고	잦은 질문과 답, 문의/응답 사용자의 시스템 사용에 관한 문의 및 상담 운영자, 사용자를 위한 공지사항과 관련자료 장애발생 신고 및 조치, 유지보수 요청 및 처리와 고객만족여부 관리
	시스템관리	사용자관리 코드관리 권한관리 보안관리	사용자 등록/삭제/수정 관리 각종 코드(WBS,예산,자재,기타 등) 관리 사용자 권한 설정 및 권한별 메뉴구성 시스템 접근인증, 접속로그관리
전자문서 관리	전자결재		모든 문서에 전자결재기능 구현
	전자문서관리		공문 수, 발신에 대한 현황
	성과물관리		회의록, 기타 문서 등의 각종 성과물 관리

종합현황 보고 시스템	공사개요	사업개요 조감도 공사시뮬레이션 조직도	공사개요 중심의 사업개요 관리 완공시 모습에 대한 이미지 자료관리 주요, 특수 공법에 대한 시뮬레이션 사업주체의 실무조직 및 담당자관리
	공정현황	마스터 공정표 공정현황 부진사유/만회대책 공정사진	마스터 공정표 관리 계획대비 실시율 관리 부진 공정에 대한 사유 및 만회대책 수립 공정 사진 관리
	공사현황	공사추진현황 주요분야 공사현황 실시간 현장 모니터 업무연락	공사추진 현황보고 주요공정/시설물별로 공사현황 정보제공 CC-TV(2대)를 이용한 공사현장 모니터링 발주처와 사업주체간 업무연락(문서)관리
	브리핑	브리핑 내역 관리 실시간 브리핑 실행	기 실시 브리핑 자료관리 및 신규생성 보고자 대상 실시간 브리핑

참조 10-4 EDMS의 프로젝트 문서 분류체계(예시)

1) 사업별 분류

사업규모	발주처	시설물 종류	서비스 종류
연면적 100,000평 이하	정부 및 관련조직	자원공급시설	CM/CS(for fee)
연면적 100,000평 이상	사기업	주거 및 상업시설	CM at risk
기타	개인	공공건축시설	사업관리형 CM
	기타	보건 · 휴식 · 종교시설	Due Diligence
		경공업시설	Design Review
		기타	PM
			e-jip
			기타

2) 업무별 분류

대분류	중분류	소분류
계약	발주처 계약서류	
	시공사(하도급) 계약서류	
공문	발송공문	
	수신공문	
제안서, PIP	제안서	
	사업수행계획서(PIP)	
	KOM자료	
	COM자료	

설계	인허가도서	인허가서류
		인허가도면
		제영향평가
	설계도서	설계설명서
		설계도면
		시방서
		내역서
		계산서 및 기타
	준공서류	준공서류
		준공도면
		준공시방서
		준공내역서
		준공사진첩 및 기타
설계변경		
DR, VE	DR	
	VE	
기술검토		
보고서	CM, 감리일지	
	주간보고	
	월간보고	
	감리보고	
	출장보고	
	종료보고	
	기타보고서	
	건설사지	
	성공 · 실패사례 보고	
시공	하도급	
	시공계획서	
	각종 승인요청서	
	Mock-up, Sample 시공	
	기자재승인	
	Shop Dwf. 승인	
	시공검측	
	자재검수	
	계측	
	측량성과자료	
공정	공정계획	
	계획 대비 실적관리	

<table>
<tr><td rowspan="13">품질, 환경, 안전보건</td><td rowspan="7">품질</td><td>품질보증계획서</td></tr>
<tr><td>품질관리계획서</td></tr>
<tr><td>품질시험계획서</td></tr>
<tr><td>중점품질관리방안</td></tr>
<tr><td>부적합 조치결과 List</td></tr>
<tr><td>Punch 조치결과 List</td></tr>
<tr><td>하자관련</td></tr>
<tr><td rowspan="3">환경</td><td>환경관리계획</td></tr>
<tr><td>환경점검 실적 List</td></tr>
<tr><td>환경오염 및 민원관련</td></tr>
<tr><td rowspan="3">안전보건</td><td>유해 · 위험방지계획</td></tr>
<tr><td>안전점검실적List</td></tr>
<tr><td>안전사고관련</td></tr>
<tr><td rowspan="4">구매, 발주</td><td>설계사 선정</td><td></td></tr>
<tr><td>시공사 선정</td><td></td></tr>
<tr><td>전문기업 선정</td><td></td></tr>
<tr><td>감리기업 선정</td><td></td></tr>
<tr><td rowspan="3">매출, 수금</td><td>현장실행</td><td></td></tr>
<tr><td>기성</td><td></td></tr>
<tr><td>최종 정산</td><td></td></tr>
<tr><td rowspan="2">회의</td><td>회의록</td><td></td></tr>
<tr><td>회의첨부자료</td><td></td></tr>
<tr><td>품의서</td><td></td><td></td></tr>
<tr><td>기타</td><td></td><td></td></tr>
</table>

3) 주제별 분류

공정	공간	부위	공종
기획 및 설계이전단계	구조적 시설 구획	기본구조	공통
설계단계	기능적 구획	이차구조	토목
발주단계		구조물 마감부위	건축
시공단계		기계설비	기계설비
준공단계		전기 · 운송 · 제어설비	전기설비
		내부설비 및 장비	통신설비
		기구 및 집기비품	산업설비
		외부설비	

참조 10-5 현장문서 이관 및 폐기 기준[8)]

구 분	문서 내용	이관 형태	비 고
	• 인허가 관련 자료		
	건축물 사용검사 필증	원 본	
	E/V 사용전 검사 필증(한국전기 안전공사)	"	
	E/V 사용검사 필증(한국승강기안전관리원)	"	
	통신 준공필증	"	
	항공장애등 설치 허가서	"	
	소방준공 필증	"	
	경계 복원 측량 현황	"	
	기타 인허가 서류	발주처와 협의	
	시설물 인수 인계서	발주처와 협의	
발주처 제출	**• 공사 관련 보고서 및 자료**		
	감리 일지 사본	발주처와 협의	
	중간 감리보고서	사 본	
	감리 최종보고서(사용검사 감리조서)	사 본	
	최종 감리보고서	원 본	
	소방 감리보고서	"	
	준공도면,시방서,준공내역서	발주처와 협의	
	품질시험 검사 성과 총괄표	"	
	발생품(잉여자재) 정리부	"	
	주요자재 검사 및 수불부	"	
	준공 사진첩(필름포함)	"	
	• 기타 관련 자료		
	기술 검토 사항	발주처와 협의	
	회의록	"	
	감리원 교체 인수인계서	"	
	하자보수 및 유지관리 관련 문서	"	
	• 인허가 관련 자료		
	공사 관련 각종 인허가 서류	CD-ROM	원본은 발주처
	• 공사 관련 보고서 및 자료	감리 일지	CD-ROM
문서 보관실	감리 중간보고서	CD-ROM	
	감리 최종보고서(사용검사 감리조서)	CD-ROM	문서관리실 원본 이관
	지시부, DN, NCR 등의 자료	CD-ROM	

8) 한미파슨스 CMr 핸드북 현장문서 이관 및 폐기 기준.

	설계변경 자료, Shop DWG	CD-ROM	
	공법검토, 구조 검토 계산서	CD-ROM	
	준공도면, 시방서, 준공 내역서	CD-ROM	
	품질 시험, 환경관리 관련 자료	CD-ROM	
	검측 및 계측 업무 자료	CD-ROM	
	안전사고 관련 보고 기록	CD-ROM	
문서 보관실	준공 현장 전경사진/필름 준공 사진첩(공정 및 매몰부분 촬영 기록)	CD-ROM CD-ROM	최소화
	하도급 검토 자료	CD-ROM	
	• **기타 관련 자료**		
	영업에 활용이 가능한 자료	CD-ROM	
	주요 민원 관련 기록등 기타	CD-ROM	
	도서목록과 회사 구입 도서	책 자	
	전도금신청서, 시산표, 증빙 관련 서류		
	각종 Interoffice correspondence		
현장 폐기	정기적으로 제출된 각종 보고서의 현장 보관분		
	각종 카달로그		
	본사 배포 각종 제본 및 참고 자료		
	일반적인 공사관련 사진		
본사 폐기	감리 중간 보고서 본사 보관분		전자문서 접수 후

Construction Management A to Z

CHAPTER 11

개발사업관리 (Project Development & Management)

1 개 요

1.1 부동산 개발의 정의

부동산은 부동산 자체가 내재하고 있는 특성에 적합한 용도로 이용되어야 하며 시장에 부합하는 수요와 공급이 이루어져야 한다. 특히 부동산은 부증성, 부동성, 개별성, 이용의 다양성 등 타 재화와는 차별화되는 독특한 특성을 가지고 있으며, 이러한 특성은 부동산의 수급불균형을 초래하고 부동산 시장이 불안정한 상태로 구성되는 결과를 초래하기도 한다.

따라서 부동산 개발이란 부동산의 특성인 토지 이용의 다양성, 주변 환경의 영향, 건축물의 생산성 등에 따라 나타나는 다양한 용도 중 최적의 용도를 찾아내는 것을 의미한다. 한편 토지란 한 번 개발하면 다시 원 상태로 복원하기 어려운 불가역성의 성질을 가지고 있기 때문에, 토지와 건물의 가장 효율적인 결합에 대해 고민하여야 하며 이를 토지의 최유효 이용이라 한다. 다시 말하면 부동산이 가지고 있는 잠재력이 극대화되고 있지 않은 토지를 찾아서 가장 부가가치가 높은 부동산으로 만드는 일련의 과정이 부동산 개발이라고 할 수 있다.

1.2 부동산 개발사업의 정의

경제, 사회, 정치, 문화적인 여건들이 빠르게 변화하고 있으며, 그 과정에서 인간의 삶에 대한 필요성과 유용성이 요구되고 있다. 그러나 이러한 요구에 부응하여 사용할 수 있는 부동산은 그 범위가 한정되어 있기 때문에, 한정된 범위 내에서 부동산을 효율적으로 이용할 수 있는 방법을 모색하게 되고 부동산 개발이라는 활동을 구체화하게 되는 것이다.[1)]

그러나 이러한 협의적인 의미로 부동산 개발을 이해한다면 부동산 개발이란 공간의 확대 내지 공간 수요의 변화 정도로만 인식될 수 있기 때문에, 공간의 조성과 개발효과의 극대화 그리고 사업적 의미까지로 포함한 광범위한 개념으로 부동산 개발사업을 이해해야

1) 이용규, "부동산개발사업의 이해", 부연사, 2007.

할 필요가 있다.

따라서 부동산 개발사업의 목적은 부동산을 하나의 경제적 가치로 평가하고 부동산의 물리적 특성, 부동산 시장의 구조적 특성뿐만 아니라 수요자들의 요구수준을 가장 적절하게 반영하는 하나의 상품으로 완성하여 부동산으로서의 가치와 효용의 극대화를 이루게 하는 것이라고 이해해야 할 것이다.

1.3 부동산 개발사업의 구조

부동산 개발사업은 부동산의 확보, 사업자금의 조달, 사업의 기획 및 추진 이렇게 크게 세 가지 영역으로 구분된다. 기본적으로 개발 대상이 되는 부동산이 존재해야 하며, 이러한 개발을 가능하게 하기 위한 자금조달이 이루어져야 하며, 이러한 자금을 바탕으로 여러 사업 참여자들을 통해 효용을 극대화 시킬 수 있는 사업기획 및 개발이 이루어지는 것이다.[2)]

부동산 개발사업을 추진해 나가는 사람을 흔히 개발자 즉, 디벨로퍼(developer)라 하며, 옥스퍼드 사전에 의하면 "디벨로퍼는 토지를 대상으로 하여 그 잠재력을 실현시키기 위해 토지에 건물을 짓거나 혹은 새로운 이용을 위해 토지를 전환하는 것"으로 표현되고 있다. 따라서 디벨로퍼는 부동산을 확보할 수 있는 것을 전제로 사업자금을 조달할 수 있는 능력을 갖추어야 하며, 개발사업의 기획 및 추진 능력이 있어야 하는 것이다.

2 부동산 개발사업 관련 용어

2.1 용어의 정의

용적률과 건폐율 등 각종 건축 용어들은 부동산 개발사업의 사업성에 미치는 영향이 매우 크다 할 수 있다. 한편 모든 부동산은 지역 및 토지의 용도에 따라 다양한 규제를 받고 있다. 따라서 부동산 개발사업 추진에 대한 세부적인 내용에 대해 언급하기 전에 이러한 용어들에 대하여 어느 정도는 익숙해질 필요가 있다.

2) 이용규, "부동산개발사업의 이해", 부연사, 2007.

2.1.1 용적률(Floor Area Ratio)

대지면적에 대한 건축물 바닥면적의 합의 비율이다. 2층 이상의 건축물의 경우 각 층의 바닥면적의 합계와 대지면적과의 비율을 말한다. 용적률은 도시의 수직적인 밀도관리를 위한 것으로, 용도지역에 따라 일정한 비율로 제한함으로써 토지를 효율적으로 이용하고 쾌적한 도시환경으로 정비하여 균형있는 도시발전을 위한 규정이다.

용적률은 건축법에서 정한 최대한도 범위 내에서 해당 지방자치단체가 조례로 세부기준을 정하고 있으며, 이에 따라 건축물이 지어지고 있는 것이다. 예를 들어, 대지면적 990㎡(300평)에 용적률이 600% 이하인 10층 건물을 짓는다면 1~10층의 바닥면적을 합친 건물 연면적이 5,940㎡(1,800평) 이하면 된다. 지하층의 바닥면적은 법적 용적률 산정에는 포함되지 않는 것이 일반적이나 필요에 따라 '사업용적률' 이라는 개념을 사용하여 지하층을 용적률에 산입하는 경우도 있다.

2.1.2 건폐율(Building Coverage Ratio)

대지면적에 대한 건축면적의 비율로, 건축밀도를 나타내는 지표이다. 건축면적은 건축물의 수평 투영면적 중 가장 넓게 보이는 층의 면적을 의미하는 것으로서 건축물의 외벽의 중심선으로 둘러싸인 부분의 수평 투영면적을 의미한다. 건축물의 밀도를 규제하는 목적은 대지상에 최소한의 공지를 확보하게 함으로써 건축물의 과밀을 방지하여 일광, 채광, 통풍 등을 양호하게 함과 동시에 피난 등에 필요한 공간을 확보하기 위함이다.

표 11-1 용도지역별 건폐율과 용적률

<table>
<tr><th colspan="3" rowspan="2">용도지역</th><th colspan="2">건폐율</th><th colspan="2">용적율</th></tr>
<tr><th>법</th><th>시행령</th><th>법</th><th>시행령</th></tr>
<tr><td rowspan="16">도시
지역</td><td rowspan="6">도시
지역</td><td>제1종전용주거지역</td><td rowspan="6">70%
이하</td><td>50% 이하</td><td rowspan="6">500%
이하</td><td>100% 이하</td></tr>
<tr><td>제2종전용주거지역</td><td>50% 이하</td><td>150% 이하</td></tr>
<tr><td>제1종주거지역</td><td>60% 이하</td><td>200% 이하</td></tr>
<tr><td>제2종주거지역</td><td>60% 이하</td><td>250% 이하</td></tr>
<tr><td>제3종주거지역</td><td>50% 이하</td><td>300% 이하</td></tr>
<tr><td>준주거지역</td><td>70% 이하</td><td>500% 이하</td></tr>
<tr><td rowspan="4">상업
지역</td><td>중심상업지역</td><td rowspan="4">90%
이하</td><td>90% 이하</td><td rowspan="4">1500%
이하</td><td>1500% 이하</td></tr>
<tr><td>일반상업지역</td><td>80% 이하</td><td>1300% 이하</td></tr>
<tr><td>유통상업지역</td><td>80% 이하</td><td>1100% 이하</td></tr>
<tr><td>근린상업지역</td><td>70% 이하</td><td>900% 이하</td></tr>
<tr><td rowspan="3">공업
지역</td><td>전용공업지역</td><td rowspan="3">70%
이하</td><td rowspan="3">70% 이하</td><td rowspan="3">400%
이하</td><td>300% 이하</td></tr>
<tr><td>일반공업지역</td><td>350% 이하</td></tr>
<tr><td>준공업지역</td><td>400% 이하</td></tr>
<tr><td rowspan="3">녹지
지역</td><td>보전녹지지역</td><td rowspan="3">20%
이하</td><td rowspan="3">20% 이하</td><td rowspan="3">100%
이하</td><td>80% 이하</td></tr>
<tr><td>생산녹지지역</td><td>100% 이하</td></tr>
<tr><td>자연녹지지역</td><td>100% 이하</td></tr>
<tr><td rowspan="3">관리
지역</td><td rowspan="3"></td><td>보전관리지역</td><td rowspan="3">40%
이하</td><td rowspan="2">20% 이하</td><td rowspan="3">100%
이하</td><td rowspan="2">80% 이하</td></tr>
<tr><td>생산관리지역</td></tr>
<tr><td>계획관리지역</td><td>40% 이하</td><td>100% 이하</td></tr>
<tr><td colspan="3">농림지역</td><td colspan="2">20% 이하</td><td colspan="2">80% 이하</td></tr>
<tr><td colspan="3">자연환경보전지역</td><td colspan="2">20% 이하</td><td colspan="2">80% 이하</td></tr>
</table>

※ 지방자치단체별로 적용되는 건폐율과 용적률이 상이할 수 있으니 반드시 해당 지방자치단체의 조례를 확인해야 함.

2.1.3 단독주택

주택의 구조에 의한 분류로, 공동주택이 아닌 주택을 말한다. 단독주택과 더불어 다중주택, 다가구주택 및 공관을 포함한다. 단독주택은 단일 가구를 위해서 단독택지에 건축하는 형식이며, 건축과 정원 등의 사유욕구가 만족됨으로써 옥내외의 사생활이 가장 잘 보장되나 토지의 이용면에서는 효율이 가장 낮은 형식이다. 다중주택은 건축물의 연면적이 330㎡ 이하이고 층수가 3층 이하인 주거용 건축물로서 다수인이 장기간 거주할 수 있도록 각 주거구획별로 독립공간을 확보하되 화장실, 샤워실 등 주거생활의 일부는 공동으로 사용할 수 있도록 설치된다. 다가구주택은 주택 층수가 3층 이하이고 바닥면적의 합이 660㎡ 이하인 주택이다. 1990년대 정부가 도시 주택난을 완화하기 위하여 도입한 주택

형태로 각 구획마다 방, 부엌, 출입구, 화장실이 갖춰져 각각의 가구가 독립하여 생활할 수 있으나 각 구획을 분리하여 소유하거나 매매는 불가능한 주택이다.

2.1.4 공동주택

주택건설촉진법에서 규정하고 있는 용어로서, 대지 및 건물의 벽 · 복도 · 계단 기타 설비 등의 전부 또는 일부를 공동으로 사용하는 각 세대가 하나의 건축물 안에서 각각 독립된 주거생활을 영위할 수 있는 구조로 된 주택을 의미한다. 아파트를 비롯한 연립주택, 다세대주택 및 기숙사를 포함한다. 아파트는 주택으로 쓰이는 층수가 5층 이상인 주택을 말하며, 연립주택은 주택으로 쓰이는 1개 동의 연면적이 660㎡를 초과하고 층수가 4개 층 이하인 주택을 말한다. 다세대주택은 주택으로 쓰이는 1개 동의 연면적이 660㎡ 이하이고 층수가 4개 층 이하인 주택을 말한다.

2.2 면적의 개념

부동산의 시세나 분양가를 이야기 할 때에는 일반적으로 평당 가격을 기준으로 한다. 아파트, 오피스텔, 상가, 주상복합 등 부동산의 종류에 따라 평당 가격의 기준이 되는 면적이 다를 수 있기 때문에 이러한 기준을 혼동하여 사용하지 않도록 주의하여야 한다.

아파트의 경우에는 전용면적과 주거공용면적을 합한 공급면적을 기준으로 하여 평당 분양가 및 시세를 말하는 경우가 일반적이며, 아파트를 제외한 오피스텔 및 주상복합 아파트의 경우에는 공급면적에 기타 공용면적을 포함한 공급면적이나 공급면적에 지하 주차장 면적까지 포함시키는 계약면적을 기준으로 하는 것이 일반적이다.

사업승인을 받아 분양하는 아파트의 경우에는 '주택공급에 관한 규칙' 의 적용을 받기 때문에 분양평형의 표기 방법이 동일하나, 건축허가를 받는 주상복합이나 오피스텔 등의 경우는 표기방법에 대한 법적 규정이 없기 때문에 사업주체에 따라 표시 기준이 다를 수 있으므로 반드시 전용면적을 기준으로 환산하여 평당 가격을 비교해야 한다.

2.2.1 전용면적

아파트 등의 공동주택에서 방이나 거실, 주방, 화장실 등을 모두 포함한 넓이로, 공용면적을 제외한 나머지 바닥의 면적을 의미한다. 주택법 시행규칙 제2조 제2항에 의하면 전용면적은 단독주택의 경우에는 지하실, 본 건물과 분리된 창고 · 차고 및 화장실의 면적을 제외한 주거전용면적을 말하며, 공동주택의 경우에는 벽의 내부선을 기준으로 한 안목치수를 적용한 면적을 말한다. 즉, 1세대가 전용하는 면적을 말하며, 발코니는 서비스면적이므로 전용면적에는 포함되지 않는다. 예전의 벽의 중심선을 기준으로 전용면적을 산정한 것과는 달리, 최근에 공급된 아파트는 안목치수를 기준으로 전용면적을 산정함으로써 같은 전용면적을 기준으로 예전보다 너 넓어졌다고 볼 수 있다.[3]

2.2.2 주거공용면적

주택법 시행규칙 제2조 2항에 따라 복도 및 계단, 현관 등 공동주택의 지상층에 있는 공용면적을 의미한다.

2.2.3 공급면적

전용면적과 주거공용면적의 합계를 말하며, 108.9㎡(33평형) 아파트라 하면 공급면적이 108.9㎡(33평형) 이상이고 112.2㎡(34평) 미만인 아파트를 의미한다.

2.2.4 기타공용면적

주택법 시행규칙 제2조 2항에 따라 주거공용면적을 제외한 지하층 · 관리사무소 등 그 밖의 공용면적을 말한다.

3 개발사업 사업구도

3.1 개발사업 절차

부동산 개발사업의 절차는 크게 사업화이전단계, 사업화단계, 사업단계, 정산단계로 구분할 수 있다.

3) 박국규, "주택사업의 시행과 사업성 검토", 어드북스, 2009.

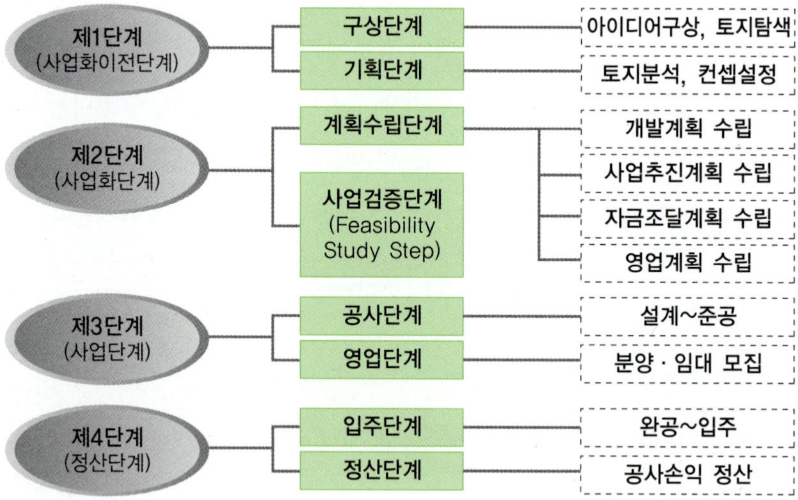

그림 11-1 개발사업 절차

3.1.1 구상단계

토지의 확보 여부와 관계없이 개발 아이디어를 구상하는 단계로서, 물론 부동산을 먼저 확보한 후 확보된 부지에 대한 이해와 분석을 통해 상품을 개발하는 경우가 부동산 개발사업의 대부분이지만, 미래지향적인 사고를 바탕으로 상품에 대한 명확한 기준과 아이디어를 가지고 그에 적합한 토지를 찾는 것이 진정한 부동산 개발이라 할 수 있다.

3.1.2 기획단계

아이디어를 개념화 하는 단계로서, 기획단계는 토지분석단계와 개발방향 설정단계로 분류되며 이때는 개발대상 부동산이 반드시 존재하여야 한다. 토지분석단계는 토지를 둘러 싼 내 · 외부 환경을 분석하는 과정으로 내부분석으로는 권리분석, 용도분석, 가치분석 등이 있으며 외부분석으로는 상권분석, 입지분석, 시장경쟁분석 등이 있다.

3.1.3 계획수립단계

설정된 컨셉을 기준으로 구체적인 개발의 방향과 계획을 수립하는 단계이며, 이를 마스터플랜단계라고도 한다. 개발계획의 수립단계, 사업추진계획의 수립단계, 자금조달계획의 수립단계, 마케팅계획의 수립단계로 세분화될 수 있다.

3.1.4 사업검증단계

사업타당성 검토단계라고도 하며 개발사업을 위해 투입된 자본에 대해서 충분한 어느 정도의 이익을 창출해 낼 수 있는지에 대해 검토하는 과정이다. 사업성 타당성 검토는 입지 측면, 법률 측면, 시장 측면, 투자가치 측면 등 다양한 측면에서 검토가 이루어져야 하며, 사업성 여부와 투자결정 여부를 확정하는 중요한 기준이므로 사업추진 여부를 결정짓는 최종단계라 할 수 있다.

3.1.5 공사단계

여기서 공사단계는 설계단계, 인 · 허가단계, 시공단계, 준공단계로 세분화 할 수 있다. 공사단계는 사업화단계에서 결정된 사항을 적용하여 결과물을 만드는 실제 사업단계이기 때문에, 어느 단계보다도 긴 시간이 필요하며 각 공사 분야에 대한 전문 지식이 모두 투입되는 시기이다. 설계와 시공, 감리 등 모든 기술적 배경하에 이루어지며, 전문가에 의한 철저한 관리가 필요하다.

3.1.6 영업단계

개발방식에 따라 분양, 임대, 운영 등의 영업이 이루어지는 단계이며, 분양사업의 경우 모델하우스를 설치하여 일반인들에게 분양하며, 임대사업의 경우 준공시점에 이르러 임차인을 모집하여 운영하는 단계이다. 분양사업의 경우에는 초기 자금조달에 대한 부담은 감소하지만 분양에 대한 리스크를 고려해야 하며, 운영사업의 경우에는 초기자금의 부담이 높아지는 리스크가 존재한다.

3.1.7 입주 및 정산단계

분양사업의 경우 수분양자가 완공된 건물에 입주하는 단계이며, 사업이 마무리되면 사업의 최종결과를 정산한다.

3.2 개발사업 사업참여자

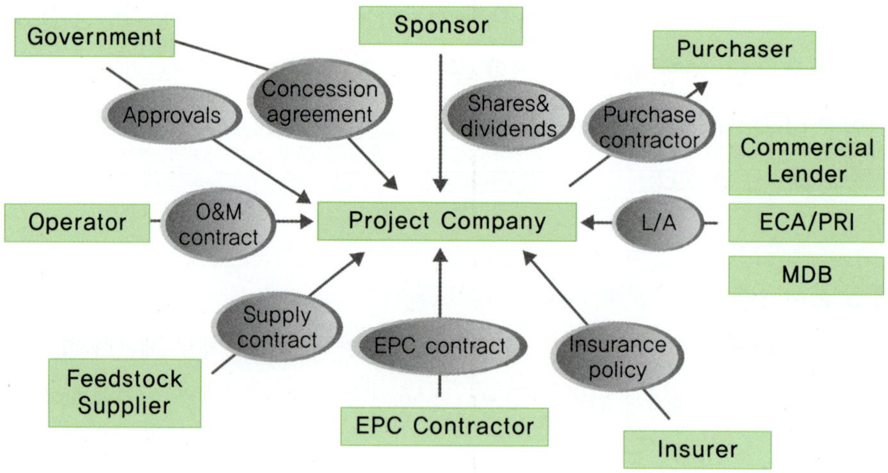

그림 11-2 개발사업 참여자

3.2.1 사업주(Sponsor, Developer)

사업주는 프로젝트를 기획, 개발하며 프로젝트 회사에 출자 또는 보증을 제공하는 등 프로젝트의 모든 진행단계에서 중심적 역할을 수행하는 참여자로, 특정기업이나 개인이 될 수 도 있고, 이해관계자나 정부간의 컨소시움의 형태를 보일 수도 있다.

3.2.2 프로젝트 회사(Project Company)

사업주는 직접 개발사업을 추진할 수도 있지만, 사업주가 주체가 되어 프로젝트의 개발 및 자금조달을 위해 별도의 법인을 설립하여 개발사업을 진행할 수도 있다. 프로젝트 회사는 사업주와 법적, 경제적으로 독립된 법인으로 프로젝트 전반에 걸친 권리와 의무의 주체가 된다. 이러한 특수목적법인(special purpose company, SPC)을 설립하여 조세감면 등의 혜택 등을 누릴 수 있다.

3.2.3 구매자(Purchaser)

분양사업의 경우 개발사업의 결과물을 분양받은 수분양자를 의미하며, 임대사업의 경우에는 임차인 등을 의미한다. 즉, 상품에 대한 구매 및 사용계약을 통하여 사업에 참여하는 이해당사자를 의미한다.

3.2.4 관리운영자(Operator)

운영사업의 경우 전문적인 관리와 운영을 위해 사업 초기단계부터 준비 및 실행하는 참여자를 의미한다.

3.2.5 정부(Government)

일반적인 개발사업의 경우에는 건축행위를 위한 인허가 주체가 된다. 경제 개발에 중요한 영향을 미치는 대규모 사업인 경우에는 정부의 참여를 통해 각종 인 · 허가, 조세감면, 보조금지급 등의 지원을 받을 수 있으며, BOT(build-operating-transfer) 방식으로 프로젝트가 시행되는 경우에는 양도협정(concession agreement)의 직접 당사자가 되기도 한다.

3.2.6 시공일괄계약자(EPC Contractor)

엔시니어링(engineering), 자재구메(procurement), 건설(construction) 전 과정에 걸쳐 책임을 지고 총괄적으로 수행하는 계약자를 의미한다. 발주자 입장에서는 단일계약을 통하여 추가비용에 대한 부담 없이 대형사업을 구체화하고 마무리 할 수 있는 방식이다.

3.2.7 공급업자(Feedstock Supplier)

프로젝트 회사 또는 시공사와 원자재, 연료 등을 장기로 제공하는 공급계약을 통하여 개발사업에 참여하는 이해당사자를 의미하며, 장기공급 계약이 체결된 프로젝트의 경우에는 프로젝트의 성패를 결정하는 중요한 요인이 될 수 있다.

3.2.8 보험회사(Insurer)

프로젝트 회사와의 보험계약을 통하여 프로젝트 각 단계에서 발생 가능한 위험을 보증하는 역할을 담당한다.

3.2.9 대주단(貸主團)

프로젝트 파이낸싱(project financing, PF)은 일반적으로 프로젝트에 비해 소요자금의 규모 및 위험수준이 높은 프로젝트를 대상으로 이루어진다. 프로젝트 파이낸싱이 이루어진 경우에는 대주단에 의해서 사업 전반에 대한 관리를 받게 되며, 일반적으로 시공사의 신용도에 근거한 책임준공이나 지급보증 등의 조건이 포함되게 된다. 대규모 프로젝트의 경우에는 하나의 금융기관이 전체 소요자금을 지원하기 어려운 상황이 발생할 수 있다. 이러한 경우에는 사업주 또는 프로젝트 회사와 주간사 은행은 여타 금융기관들로 대주단을 구성해 위험을 분담시킴으로써 대주단의 리스크를 분담할 수도 있다.

4 개발사업관리

4.1 개발사업관리(Project Management, PM)

개발사업관리란 토지주나 발주자를 대신하여 개발프로젝트의 기획, 설계단계에서부터 발주, 시공, 유지관리단계에 이르기까지 프로젝트를 종합 관리하는 것을 의미한다. 즉, 기획단계의 사업타당성 검토를 기반으로 한 프로젝트 최적개발 방향 제시부터 마케팅, 파이낸싱, 설계, 분양 그리고 시공까지 차별화된 서비스를 통합적으로 제공한다. 따라서 사업주가 책정한 예산 내에서 최대의 수익을 창출할 수 있도록 하고, 각 분야의 전문가가 프로젝트 전 단계에 걸쳐 종합 관리함으로써 사업비 절감, 공기단축 및 품질향상의 이익을 사업주에게 제공한다고 할 수 있다.

표 11-2 PM의 업무 범위

구 분	업 무 범 위
기획 및 조사 (planning & research)	• 사업주 요구사항 파악 • 사업타당성 검토 및 최적의 concept 설정 • 프로젝트 수행방안 제시 • 프로젝트 예산 및 사업일정 수립
계획 설계 (concept design)	• 건축 설계사 선정 • 관련 법규 검토 • 계획설계 작성

마케팅 기획 및 관리 (marketing)	• 최적 설계 대안 제시 • 마케팅사 선정 평가 및 용역 수행 관리 • 광고 홍보 및 분양 관리
타당성 검토 (feasibility study)	• 시장조사 및 관련 법규 검토 • 계획 설계 검토 및 방향 설정 • 사업 수지 분석
파이낸싱 지원 (project financing)	• 소요 자금 계획 작성 • 최적 지금 조달 자문 • PF 심사용 제안서 작성 • PF 약정 체결 지원

4.2 개발사업관리의 효과

개발사업에서의 PM은 개발가능성 및 사업성분석, 분양전략을 포함한 기획단계에서부터 인·허가, 사업승인, 시공 및 사후관리에 이르기까지, 각 프로젝트 관련자들간의 효율적인 조정 역할을 함으로써 효율적인 사업관리를 통해 발주자의 이익을 극대화 할 수 있다.

- 발주자의 이익 극대화 및 사업비 절감
- 발주조직의 경량화
- 프로젝트 관리의 효율성 및 일관성 유지
- 발주자의 대리인으로서 사업의 리스크를 효과적으로 관리

5 개발사업 추진사례

5.1 개발사업 추진방식

개발사업은 추진방식에 따라 분양형 개발사업과 운영형 개발사업으로 나눌 수 있다. 분양형 개발사업은 건물의 소유권을 실별로 나누어 파는 방식이며, 운영형 개발사업은 건물 준공 후 지속적인 운영을 통해 임대하는 방식을 의미한다. 다음 표 11-3은 각 사업 방식의 특징을 나타낸 것이다.

표 11-3 개발사업 추진방식

추진방식	분양형 개발사업	운영형 개발사업
대상시설 성격	아파트, 주거 등 일반 개인 등에 사전 판매하는 상품	펀드의 오피스 일괄매입, 호텔, 리조트 등 대규모 시설 운영사업 등
투자비 회수	분양 스케줄에 따라 부분 회수, 준공시점에 전액 회수	준공 후 일정기간 동안의 운영수익
사업리스크	분양 리스크	불규칙한 현금유입

5.2 분양형 개발사업 사례

분양형 개발사업은 건설기간 동안 PF(project financing) 내지는 CF(corporate financing)의 형태로 토지비 및 공사비, 사업비를 충당하고 분양대금으로 동 재원을 상환하는 구조를 가지고 있다. 따라서 운영 및 임대형 개발사업과 비교하여 투자자금의 회수기간이 상대적으로 짧아 투자자금 회수에는 용이하지만 분양 후에는 소유권이 제 3자에게 이전되어 최초 설정한 컨셉을 지속적으로 유지하기가 어렵다는 단점이 있다. 다음은 한미글로벌에서 직접 기획한 분양형 개발사업의 사례이다.

5.2.1 서울대역 마에스트로 개발사업

그림 11-3 서울대역 마에스트로 투시도

(1) 사업개요

서울대역 마에스트로 개발사업은 한미글로벌주식회사(前 한미파슨스주식회사)에서 직접 토지를 매입하여 도시형생활주택 84세대, 오피스텔 208실을 분양한 전형적인 분양형 개발사업 사례이다. 한미글로벌은 특수목적법인인 「한미파슨스마에스트로PFV1차프로젝트금융투자」를 설립한 후, 이 PFV(project financing vehicle)가 주체가 되어 사업을 추진하였다. 최근 증가하고 있는 1~2인 가구 수요를 반영하여 전용면적 20m^2 수준의 소형 도시형생활주택과 오피스텔로 이루어진 프로젝트로서, 투자자와 실사용자 모두의 요구를 만족시킬 수 있는 명품 주거시설을 만들어야 한다는 컨셉을 기본으로 상품을 개발하였다. 오랜 사전준비 기간을 통한 철저한 시장분석 및 수요분석, 최적의 설계안 도출, 지하철 2호선 서울대입구역에 접해있다는 우수한 입지 등을 바탕으로 분양에 성공하여 분양형 소형주택 개발사업의 기준을 제시한 프로젝트라 할 수 있다.

표 11-4 서울대역 마에스트로 사업 개요

사 업 명	서울대역 마에스트로
위 치	시울시 관악구 청룡동(舊 봉천동) 869-6, 7, 8, 9번지
용도지역	일반상업지역, 중심지미관지구, 1종 지구단위계획구역
용 도	오피스텔(208실), 도시형생활주택(84세대), 근린생활시설(5실)
대지면적	1,167.^{60}m^2(353.^{20}평) / 건폐율 51.5%
연 면 적	11,591.^{16}m^2(3,490.^{09}평) / 용적률 799.3%
규 모	지하 3층, 지상 20층 / 292세대(1층 : 근린생활시설, 2~14층 : 오피스텔, 15~20층 : 도시형생활주택)
주차대수	기계식 124대, 자주식 4대(총 128대)
도로현황	북측(남부순환로 40m), 남측(8m), 서측(일방통행 6m)
구 조	철근콘크리트 구조
Community 시설	휘트니스센터 : 35평 / 무인택배 : 40개 입주자전용창고

(2) 사업구도 수립단계

법인세법 51조의 2 제 1항에 근거한 프로젝트금융회사(PFV)는 자본금 50억 원 이상이며, 금융기관이 발기인으로서 5% 이상 출자하며, 자산관리업무를 출자법인들의 자산관리회사에 위탁하며, 자금관리업무를 신탁업을 영위하는 금융기관에 위탁하는 등의 요건을 충족하여 설립할 수 있다. 한미글로벌에서 PFV를 설립하여 사업을 추진한 것은 PFV

가 사업의 주체가 되어 사업을 추진하는 경우, 취득세 및 등록세의 50% 감면을 비롯한 각종 세제상의 혜택이 있기 때문이었다 할 수 있다.

서울대역 마에스트로 개발사업을 위한 자본금 100억 원의 PFV를 설립한 후 토지계약을 체결하였으며, 이후 토지 잔금 및 초기 사업비를 위한 자금으로 140억 원 규모의 PF(project financing)를 통해 자금을 조달하였다.

(3) 자금조달

분양사업을 위한 자금조달 방법은 앞에 언급한 바와 같이 PF 내지는 CF의 형태로 토지비 및 공사비, 사업비를 충당하고 분양대금으로 동 재원을 상환하는 구조를 따른다. 특히 PF는 개발 프로젝트에서 발생하는 미래 현금흐름을 상환재원으로 하여 자금을 조달하는 금융기법으로 차주사의 신용이나 담보력에 근거하여 취급되는 자금조달 방안이다. 서울대역 마에스트로의 경우에는 한미파슨스마에스트로 PFV 1차 프로젝트 금융투자라는 PFV 형태의 SPC를 설립한 후, 우리은행의 PF를 통하여 토지비와 초기 사업비를 위한 자금을 조달하였다.

(4) 시장조사

토지매입 후, 상품개발 초기단계에서 한국갤럽을 통해 철저한 수요조사가 이루어졌다. 본 상품은 일반 아파트와 비교하기에는 어려움이 있을 것으로 판단되어 주 경쟁상품을 오피스텔로 설정하였다. 따라서 서울 강남구와 서초구, 관악구 지역에 거주하는 오피스텔 거주자와 부동산 전문가, 오피스텔 관리소장, VIP를 대상으로 인터뷰를 실시하였다. 실사용자인 오피스텔 거주자 310명, 투자자자인 VIP고객 12명, 오피스텔 관리소장 5명을 대상으로 1:1 개별 면접이 이루어졌으며, 부동산중개업 5년 경력 이상의 부동산 전문가 2그룹을 대상으로 FGI(focus group interview)를 실시하였다.

1) 오피스텔 거주자 조사

오피스텔 거주자는 남성과 여성의 비율을 50:50으로 하여 20~40대 실거주자를 대상으로 하였으며 대부분 관악구, 강남구, 서초구의 39.6㎡(12평)~99㎡(30평) 규모의 오피스텔에 거주하고 있었다.

오피스텔 거주자는 주로 9시 이전에 출근하여 오후 7시에 퇴근하고 있으며, 주방보다는 욕실 사용빈도가 높은 것으로 나타났다. 한편 계약면적 기준으로 20평형의 1LDK (living+dining+kitchen) 타입을 가장 선호하고 있었으며, 빌트인 전자제품에 대한 선호도가 매우 높은 것으로 조사되었다. 특히 20대의 경우에는 욕실, 침실, 주방 공간 확장을 희망하는 비율이 타 연령층에 비해 높았으며, 연령층이 높아질수록 휘트니스센터 이용에 대한 관심이 높았으며, 20대 연령에서는 무선 인터넷 사용을 희망하는 비율이 높았다. 한편 수납특화형, 프라이버시 특화형, 욕실 특화형, 주방 특화형에 대한 관심이 보이는 것으로 나타났다.

한편 서울대역 마에스트로의 위치에 대해서는 대중교통 이용 편리성에 대해 매우 우수한 것으로 평가되었으며, 오피스텔 실 거주자의 27% 정도가 수분양 의향을 보였으며, 70% 이상이 임차를 고려하고 있었다. 특히 관악구 거주자의 경우 절반 이상이 매입 또는 임차 의향을 보였으며, 월세 임차인의 매입 · 임차 의향이 매우 높게 나타났다.

2) 부동산 전문가 조사

부동산 전문가를 대상으로 FGI(focus group interview)를 실시한 결과 최근 오피스텔은 소형화 · 주거용도화가 가속화되는 추세라는 것에 모두 동의하였다. 한편 이러한 오피스텔의 주요 매수자는 50대 이상 소자본 투자자들이 대부분이며, 관악구 지역은 20~30대 강남 출퇴근 직장인이 주 수요층이라는 사실을 확인할 수 있었으며, 오피스텔 매매 및 임차시 가장 중요한 고려사항은 교통 및 입지인 것으로 나타났다.

오피스텔은 주로 원룸형태가 대부분이며 가장 수요가 많은 형태이다. 한편 실거주자들은 내부 공간 및 편의 · 공동시설 대한 기대와 니즈는 높지 않으며 최소한의 생활만 충족할 수 있으면 된다는 인식이 많았다. 기본적인 가전은 필수 옵션이며, 욕실의 청결성과 충분한 수납공간에 대한 요구가 높아 수납특화형과 욕실특화형에 호응이 높을 것으로 파악되었다. 한편 외부 시설로는 편의점과 충분한 주차공간을 중요하게 고려하고 있다.

3) 오피스텔 관리소장 조사

봉천동의 2개의 오피스텔, 서초동의 2개 오피스텔, 역삼동의 1개 오피스텔 관리소장을 대상으로 인터뷰를 실시하였다. 지역별로 다소 차이는 있었으나 거주자 남녀 구성비는

50:50 정도이며, 20대가 가장 많고 30대, 40대 순으로 연령대가 분포되어 있다. 거주자의 경우 학생, 자영업, 직장인 등 다양한 직업군을 보이고 있기는 하나, 관악구 오피스텔 거주자의 경우 학생/고시생 및 자영업자 비율이 상대적으로 높게 나타났다.

5개 오피스텔 모두 가장 큰 장점으로 교통의 편리성을 언급하였으며, 강남권 오피스텔은 투자가치에, 관악구 오피스텔은 학교 인근이라는 장점을 언급하였다. 수요자의 오피스텔 선택과 관련하여 대중교통의 이용편리성을 가장 중요하게 고려하고 있으며, 이어서 출퇴근 거리, 인근 환경 순으로 나타났다.

5개 오피스텔 중 강남권 2개 오피스텔에 실내골프장, 휘트니스 센터 등 주민 공용시설이 설치되어 있으며, 현 설치 시설에 대해서는 모두 필요한 시설로 인식하고 있었다. 향후 희망시설에 대해서는 휘트니스 센터, 무인택배시스템에 대한 선호도가 가장 높게 나타났다. 빌트인 냉장고, 드럼세탁기, 붙박이장 등은 반드시 필요한 시설로 인식하고 있는 반면에 식기세척기, 침대, 책상 등은 불필요한 아이템으로 언급하였다. 관리소장 대부분은 애완동물 동거를 반대하는 입장이며, 4개 단지 관리소장은 공통적으로 소음으로 인한 민원 문제를 제기하였다.

4) VIP 조사

12명의 VIP 고객을 대상으로 인터뷰를 실시하였다. 대부분 금융상품, 주식 등에 주로 투자하는 것으로 나타났으며, 부동산, 펀드, 채권, 변액보험 등을 통해 재테크를 하고 있었다. 현재 아파트를 소유하고 있는 경우가 대부분이었으며, 오피스텔의 경우 평균 2.3실을 소유한 사례가 많았다.

오피스텔 구입시 가장 중요하게 고려하는 요인은 대중교통 편리성(50%)이었으며, 건설회사 브랜드, 직장 및 근무처와의 거리 등을 중요하게 고려하는 것으로 나타났다. 서울대역 마에스트로 입지에 대해서 인지율은 91.7%로 매우 높게 나타났으며, 대중교통 이용편리성에 대한 평가가 매우 높게 나타난 반면, 쾌적성과 교육환경에 대한 평가는 매우 낮게 나타났다.

계획 오피스텔에 대한 매입 · 임차 의향을 조사한 결과, 41.7%가 의향을 가지고 있었으며 182.5㎡(25평) 규모에 대한 수요가 높은 것으로 나타났다. 매입 희망가격으로는 평당 1,000만원 ~ 1,200만원이 적정하다고 인식하고 있었으며, 한미글로벌에 대한 기대와 관심이 매우 높은 것으로 조사되었다.

(5) 상품개발

분양사업을 위한 자금조달과 토지매입이 끝나면, 개발방향과 목적을 바탕으로 상품을 개발하여야 한다. 철저한 수요조사를 바탕으로 명확한 타겟과 방향을 제시하는 것으로, 프로젝트의 총괄적인 지침이 된다. 상품개발을 통해 확성된 컨셉은 단순히 건축물의 규모 및 분양대상을 한정짓는 것에 그치는 것이 아니라, 디자인, 색상, 외형 등 소프트부분에까지도 적용하는 것이 필요하다. 건물 자체는 물론 건물의 사용자들에게 제공되는 서비스까지 동일한 컨셉을 가지고 전체적인 상품을 통일성 있게 이미지화해야 한다.

서울대역 마에스트로는 최근 전세난과 더불어 1인 가구 증가에 따른 투자자와 실수요자를 동시에 만족시키는 소액 부동산 상품을 기본적인 컨셉으로 설정하였다. 서울대입구역이 강남지역에서 멀지 않은 2호선 역이라는 점과 서울대학교 학생들이 배후에 있다는 점을 고려하여 임대수요가 충분하다는 점에 초점을 맞추어 상품을 개발하였다.

또한 1인 가구 집중지역인 봉천동에 안정적 투자가 가능하다는 점을 강조하여 타 경쟁상품과의 차별화를 도모하였다. 성공적 분양을 위해서 프로젝트의 강점을 크게 수익형부동산, 서울대입구역, 한미글로벌의 시행 · 시공, 차별화된 상품으로 나누어 강조하였다.

최근 전세난과 소형주택상품의 부족으로 인한 중소형 주거상품의 가격 상승세가 지속되고 있다. 한편 최근 지속되고 있는 저금리 기조의 영향으로 수익형 부동산이 새로운 틈새 상품으로 부각되었다. 1~2인 가구 집중지역으로서 풍부한 임차 수요가 존재하는 봉천동 지역에 투자함으로써 마땅한 투자처가 없는 투자자들에게 안정적 수익 창출을 가능하게 해주는 부동산 상품을 제공할 수 있었다.

서울대역 마에스트로의 가장 큰 강점은 입지라고 할 수 있을 것이다. 사업지는 지하철 2호선 서울대입구역 120m 거리의 초역세권에 위치하고 있으며, 남부순환로와 지하철 2호선을 통해 강남으로 연결되는 교통의 중심지였다. 지하철 서울대입구역에서 서초역까지는 4 정거장, 강남역까지는 6 정거장에 불과하였다.

한편 봉천동 내에서 유동인구가 가장 많은 지역인 서울대입구역 주변 청룡동은 인구가 총 33,387명, 세대수는 17,547세대로 세대당 인구수는 1.9명에 불과한 지역이다. 특히 관악구 세대당 인구수는 2.19명으로, 서울시 세대당 인구수가 2.48명인 것과 비교하여 세대당 인구수가 상당히 낮은 것으로 파악되었다. 관악구는 1인 가구가 6만 6천세대로 서울지역에서 1인 가구 비율이 가장 높은 지역이다.

한편 기술적으로는 2-day cycle을 도입함으로써 공사기간 단축을 계획하였고, 최신 공법의 적용을 통한 원가절감으로 투자자 이익을 극대화할 수 있다. 철저한 품질관리는 준공 후 관리비용 절감을 가능하게 하였다.

한국갤럽을 통한 수요조사를 바탕으로 서울대역 마에스트로만의 특화상품을 계획하였다. 전 세대에 가능한 많은 공간을 수납공간으로 확보하여 붙박이장을 설치 · 제공했을 뿐만 아니라, 최소형 타입만은 제외한 모든 세대 욕실에 샤워부스를 설치하여 욕실을 고급화하였다.

또한 공용공간 특화에도 관심을 두어, 15층의 휘트니스센터 설치 및 지하의 입주민 전용창고 제공, 무인택배 설치, 옥상정원 설치 등 차별화된 주민공동시설을 제공하였다. 특히 저에너지 건물로서 옥상정원 및 태양광 에너지 도입을 통한 건물의 유지관리 비용 절감을 실현하였다.

마지막으로 입주자를 위한 각종 대행 서비스 및 투자자를 위한 자산관리 및 법무 · 세무 서비스 제공함으로써 결론적으로 투자수요와 임차수요를 동시에 만족시키는 전용 6평 규모의 소형주택의 상품을 기획하였다.

(6) 분양 및 마케팅

서울대역 마에스트로는 아파트와 상가, 오피스텔은 모두 분양형 상품으로서 명확한 타겟을 확정한 후, 수요 대상 고객을 분석 · 연구함으로써 다양한 분양전략을 수립하였다. 부동산의 분양전략이란 분양하고자 하는 부동산을 분양계획에 따라 실행하여 목적을 달성하도록 하는 것을 말한다. 따라서 부동산 분양전략에서는 경제적 · 사회적 · 정치적 · 행정적 등의 제요인으로 인하여 전체적인 부동산 경기에 영향을 미치고 있고 수요공급의 원칙에 따라 부동산 분양시장이 조절된다는 점을 고려해야 하는 것이다.[4)]

서울대역 마에스트로의 성공적인 분양을 위해 앞서 만들어진 상품을 바탕으로 명확한 타겟을 재설정하였다. 분양 및 마케팅 프로세스에서는 물론 본격적인 분양이 시작된 이후의 마케팅도 중요하지만 이보다 더욱 중요한 것은 실제 분양이 시작되기 이전에 이루어지

4) 이원준, "부동산컨설팅업 경영과 실무", 경록, 2002.

는 사전 마케팅이라 할 수 있다.

사전마케팅 단계에서는 1:1 맨투맨 마케팅과 보도자료를 통한 마케팅, 사전청약의 방법 등을 활용할 수 있다. 아직까지 잘 알려지지 않은 서울대역 마에스트로에 대한 관심을 서서히 집중시키는 작업이라 할 수 있다. 최근 많이 활용되고 있는 온라인 광고 및 인터넷 광고뿐만 아니라 QR코드를 사용하여 전단이나 신문광고의 QR코드를 스마트폰으로 인식하여 프로젝트 홈페이지나 사업개요를 확인할 수 있게 하였다.

홍보관의 grand-open과 동시에 시작되는 메인 마케팅 단계에서는 최대한 붐업을 시키는 것을 목적으로 한다. 실제 신문광고가 집중되는 시기이며, 본격적인 청약과 계약이 이루어지는 시기이다. 한편 사후 마케팅 단계에서는 성공 프로젝트라는 인식을 시키는 것이 중요하며 지속적인 계약자 관리가 이루어질 수 있는 시스템을 갖춰야 한다.

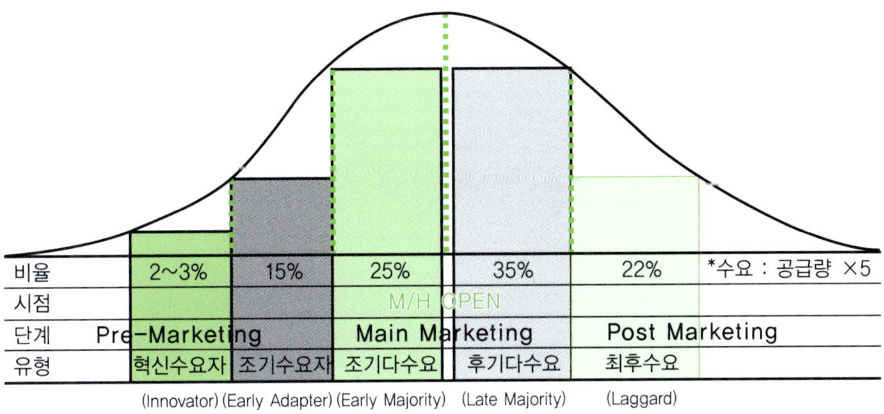

그림 11-4 마케팅 프로세스

6 결

모든 부동산 개발사업에는 너무나도 다양한 참여자들이 존재하고, 개발의 대상이 되는 부동산 또한 각각의 고유한 특성을 가지고 있다. 따라서 개발사업을 단순히 하나의 틀에 맞추어 설명하는 것은 불가능한 작업이라 할 수 있을 것이다. 하지만 가장 보편적인 개발사업의 사례를 통하여 개발사업의 참여자가 누구이며, 어떤 프로세스를 통해 진행되고 있는가에 대해 살펴본 것은 나름대로의 의미가 있을 것이다.

본 장에서는 가장 일반적인 부동산 개발사업의 형태인 분양형 개발사업과 그 사례를 위주로 살펴보았다. 하지만 부동산 시장은 수요자들의 니즈에 따라 항상 변화해 왔고, 개발방식 또한 지속적으로 확대되어 왔다. 현재도 부동산 개발과 관련된 거래, 금융, 평가, 컨설팅, 유지관리 등의 업무가 각 분야별로 더욱 더 역할이 확대되고 성장하고 있다. 이와 더불어 향후 부동산 개발이 단순히 분양 후 소유권이 이전되는 형태의 개발이 아닌, 철저한 운영·관리를 통해 지속적인 수익을 창출해 나갈 수 있는 하나의 금융상품으로 진화해 나갈 가능성에 대해서도 많은 관심을 가져야 할 것이다.

CHAPTER 12

친환경 건설사업 관리 (Sustainable Construction Management)

1 개 요

1.1 친환경 건설관리의 정의와 필요성

친환경 건설관리는 "건설 전(全) 단계에서 환경 영향을 최소화하는 절차, 방법(기법), 기술, 시설을 구현하기위해 관리하는 활동"으로 정의할 수 있다. 여기서 건설 전(全) 단계란 그림 12-1과 같이 시설물 또는 건축물의 계획, 설계, 시공, 운영 등을 의미한다. 친환경 건설관리는 최근 이슈가 되고 있는 그린 빌딩(green building), 신재생에너지 생산시설, 자원 재활용 시설, 하·폐수 처리장 같은 환경 시설물을 구현하고 관리하는 활동이라고 할 수 있다.

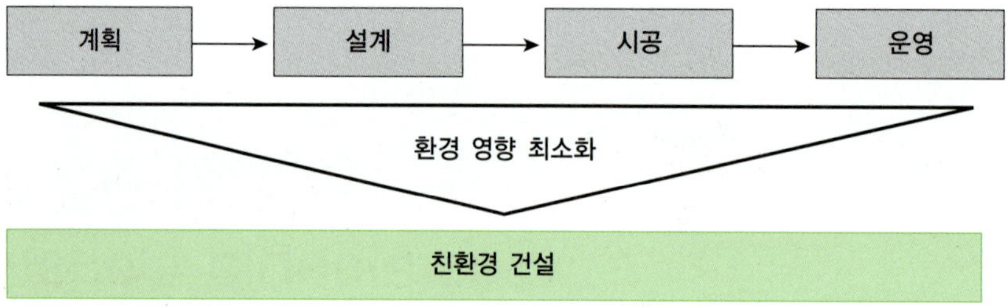

그림 12-1 친환경 건설관리의 개념

일반적으로 건설프로젝트에서 환경에 직접적인 영향을 주는 단계는 시공 및 운영단계라고 할 수 있다. 건설 시공단계에서 건설자재를 사용하기 위해서는 불가항력적인 환경영향이 발생한다. 목재를 공급하기 위해서 벌목이 이루어지고 골재를 확보하기 위하여 준설이 필요하다. 또한 철근, 시멘트 등 건설자재 생산과정에서는 폐수, 폐기물, 온실가스, 이산화탄소(CO_2) 등이 발생한다. 이와 함께 시공 과정에서는 생태계의 부분적인 훼손이 발생하고 공사장비의 운용으로 인한 온실가스도 배출된다. 운영단계에서는 화석연료 및 전력 사용으로 인한 온실가스 배출이 주요한 환경영향이라고 할 수 있다. 최근에는 기후변화를 인식하여 운영단계에서의 환경 영향을 최소화하는데 관심이 높아지고 있으며 녹색빌딩으로 대표되는 다양한 대안들이 제시되고 있다.

그런데 시공과 운영단계에서 발생하는 환경영향을 최소화하기 위해서는 계획과 설계단계가 중요하다. 그 이유는 계획과 설계에서의 의사결정이 시공과 운영단계에서의 환경영향을 결정하기 때문이다. 예를 들어 자연 채광을 활용하도록 설계된 건축물은 운영단계에서 에너지 사용을 최소화 시켜주기 때문에 환경적 측면에서 기후변화를 완화시키는데 기여할 수 있다. 이처럼 계획과 설계단계에서는 환경영향을 최소화하기 위한 최적의 입지, 구조, 설비, 규모, 절차 등을 결정하여야 한다. 이러한 의사결정을 지원하는 접근법, 방법, 툴, 절차 등이 친환경 건설관리의 핵심이라고 할 수 있다. 친환경 건설사업에서 CM이 필요한 이유이기도 하다.

1.2 친환경 건설의 전망

친환경 건설의 관심은 기후변화에 따라 발생 가능한 위험뿐만 아니라 인간이 살아갈 공간 및 활용자원의 한계에 대한 인식에서 출발하였다. 친환경 건설에 대한 논의가 확대되는 이유는 각 국가마다 점차 강화되는 환경 규제와 에너지로 활용되는 자원의 가격 인상으로 나타나는 인간의 삶에 영향을 주는 위험요소를 최소화하기 위해서이다. 여기에 전 세계적으로 환경이 중요한 공동체적 가치로 자리 잡으면서 친환경 건설에 대한 필요성이 더욱 증가되고 있다.

기후변화 대응 측면에서 친환경 건설은 필수적 요소이다. UN의 IPCC(Inter-governmental Panel on Climate Change)는 빌딩 부문에서 비용 대비 온실가스 감축 잠재량이 에너지 공급 및 교통 부문보다 크다고 보고하였다. 그림 12-2는 빌딩 부문에서 한계비용 100불 이하의 투자로 연간 5.3~6.7GtCO_2eq의 온실가스를 감축할 수 있음을 보여준다. 또한 빌딩부문은 온실가스 감축 잠재력이 상대적으로 에너지 공급과 산업 부문보다 크며, 온실가스 감축 한계 비용(greenhouse gases abatement marginal cost)이 낮아 우선적인 자원 투입이 이루어질 가능성이 높다. 따라서 빌딩부문은 친환경 건설에 대한 규제 및 제도적 지원이 집중될 수 있음을 예상해 볼 수 있다.

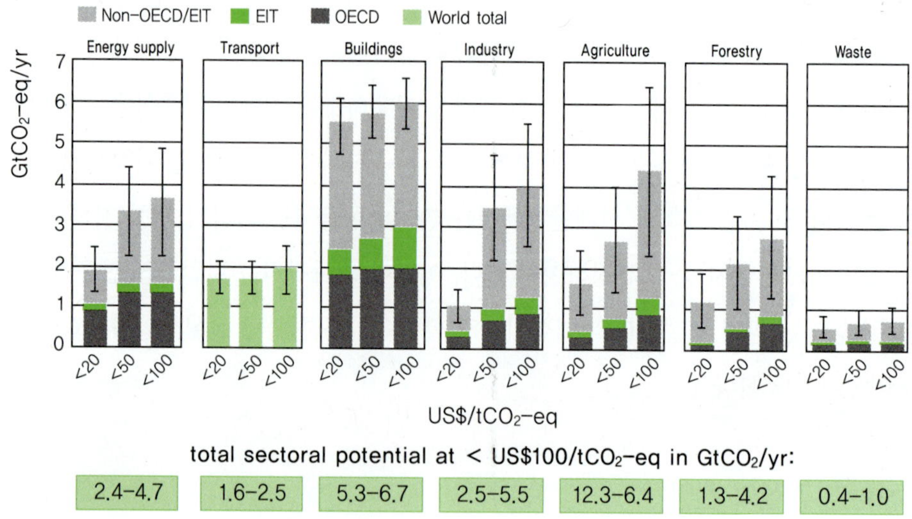

출처: Buildings Investing In Energy and Resource Efficiency, 2011.

그림 12-2 2030년 IPCC 온실가스 잠재 감축량 예측

향후 그린 빌딩으로 대표되는 친환경 건축시장은 확대될 것으로 예상되고 있다. UNEP(United Nations Environment Programme)는 기후변화에 대응하기 위하여 빌딩 부문에서 2050년까지 최대 15.2Gt에서 최소 2.6Gt의 온실가스를 감축해야 한다고 판단하고 있으며, The Peterson Institute for International Economics의 연구에 따르면 전 세계적으로 8.2Gt의 온실가스를 감축하기 위해서는 2005년부터 2050년까지 매년 1조 4백 2십억 불을 투자해야 할 것으로 예상하고 있다. 아시아의 개발도상국 지역에서는 1천 8백 8십억 불 투자로 2050년까지 23억 4천 3백만 톤의 온실가스를 감축할 수 있을 것으로 예상한다.

우리 정부도 기후변화 대응을 위하여 녹색성장 국가전략 및 5개년 계획에서 그린 빌딩 확대를 위해 세제 감면, 인증제도 개선, 에너지 효율 향상 등의 정책 수단의 도입을 제시하고 있다. 특히 2025년까지 제로에너지 주택건설을 목표로 2009년 10월에 신규 공동주택(20세대 이상)에 대하여 그린홈 건설을 의무화 건설기준[1]을 마련하여 R&D 및 시범사업을 추진하고 있다. R&D 부문에서 국토해양부는 그린홈 플러스[2] 모델하우스 건설을

1) 「친환경 주택 건설기준 및 성능」('09.10월 국토해양부 고시)

2) 국토해양부 저에너지 친환경 공동주택 개발 R&D 프로그램

표 12-1 온실가스 감축을 위한 투자 규모

Country/region	Additional investment, 2005–50 (US$ billion/year)	NPV 2005–50	CO_2 reduction (million tonnes 2050)	Ave. abatement cost, 2050–50 (US$/tonne)
OECD N. America	244	–46	1699	30
USA	209	–40	1555	28
OECD Europe	170	–26	915	30
OECD Pacific	67	–17	353	48
Japan	37	–9	168	52
Transition Economies	78	–12	548	24
Developing Asia	188	–26	2,343	14
China	114	–15	1,427	14
India	19	–2	221	12
Latin America	31	–5	148	39
Middle East	80	–17	663	32
Africa	29	–3	298	10
WORLD	1,042	–180	8,200	25

출처: Buildings Investing In Energy and Resource Efficiency, 2011.

통하여 실증 연구를 추진 중이다. 기존 Base Model을 기준으로 40%에서 100%의 에너지를 절감하는 그린홈을 제시할 계획이다.

또한 국토해양부는 기존주택의 그린홈화를 위하여 우선적으로 공공부문의 노후화된 영구임대주택을 그린홈 개선 시범사업으로 개보수 사업을 추진 중이다. LH공사에서 사업을 관리하고 있는 영구임대주택(14만호) 중 지역별 영구임대주택 보유율, 노후도 및 밀집도 등을 고려하여 7개의 시범단지를 선정하여 추진 중이다. 이와 아울러 지식경제부는 그린 빌딩의 확대를 위하여 그린홈 100만호 보급 사업을 추진 중이다. 이 사업은 2020년까지 신 · 재생에너지주택(green home) 100만호 보급을 목표로 태양광, 태양열, 지열, 소형 풍력, 연료전지 등의 신 · 재생에너지원을 주택에 설치할 경우 설치 기준단가의 일부를 정부가 보조 지원한다.

Base Model

- 기존 공동주택 표준모델로 모든 성능을 2008년 개정된 법규에 기준하여 만들어진 모델
- green home[plus] 모델의 성능을 비교하여 검증하기 위해 구축된 모델

gh+40

40% 에너지 절감

- 다기능 이중창호 및 외단열 적용을 통한 건물 냉난방 부하 저감
- 친환경 마감재 적용, 하이브리드 환기시스템 적용을 통한 환기부하 감소
- 태양열 급탕시스템 및 태양광발전시스템 등의 신재생에너지 적용

gh+60

60% 에너지 절감

- 벽체와 창호부분의 단열성능 강화
- 친열회수 환기시스템 도입을 통한 획기적 열손실 감소
- 바닥복사냉난방시스템 도입을 통한 에너지 절감 및 쾌적성 향상

gh+80

80% 에너지 절감

- 독일의 패시브하우스 수준의 난방에너지 소비
- 옥상부위 경량녹화유닛 적용을 통한 열섬현상 저감 및 냉난방 부하 저감
- 상변화물질(PCM) 적용을 통한 쾌적성 향상 및 에너지 절감
- 냉난방 열원으로 지열 및 우수열 활용

gh+100

100% 에너지 절감

- 진공단열재 등을 적용하여 벽체와 창호의 단열 및 기밀성능 향상
- 구조체를 통한 열교방지 설계 · 시공 및 열교차단시스템 적용
- 지열 및 우수열을 열원으로 사용하는 모세관(Capillary Tube) 복사냉난방 시스템 적용
- 벽면 및 지붕면의 건물일체형 태양광발전시스템(BIPV) 적용

출처: 국토해양부

그림 12-3 그린홈 플러스 기준

2 국내외 친환경 건설 제도와 사례

2.1 국외 현황

2.1.1 세계적인 친환경 건축물 인증제도인 LEED

(1) LEED의 개요

LEED(leadership in energy and environmental design)는 USGBC(U.S. Green Building Council)에 의해 개발되어 시행되고 있는 미국 친환경 건축물 인증 프로그램으로서 '그린 빌딩'이 되기 위한 명확한 기준을 제시하면서, 건물의 생명주기에 걸친 종합적인 관점에서 환경적 성과를 평가하는 방법론을 제시하고 있다. LEED는 건물 형태, 용도, 프로젝트 범위에 따라 신축공사(new construction), 임대건물(core & shell), 상업시설

(commercial interior), 교육시설(schools), 주택(homes), 단지개발(neighborhood development), 그리고 기존 건물(existing building)로 구분되며 각각 별도의 인증 기준이 있다.

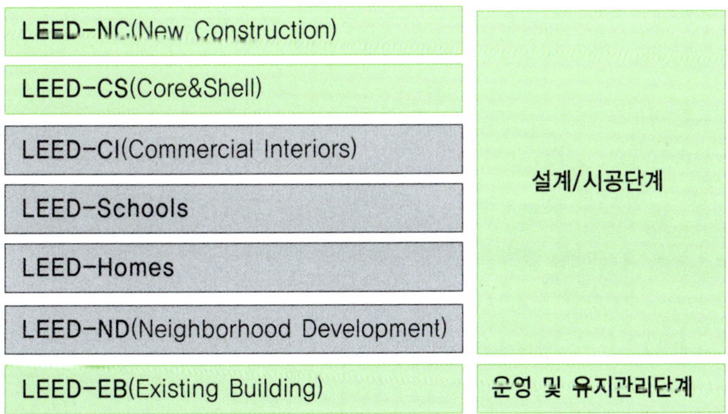

출처: USGBC

그림 12-4 LEED 평가 시스템

(2) LEED 평가 분야 및 인증 등급

LEED 평가 시스템 중 가장 대표적인 NC(new construction) 평가 시스템은 5개 환경 부문을 평가하며 총점은 110점이다.

표 12-2 LEED-NC 분야별 점수 배분

환경 평가 분야	점수	비율
Sustainable Sites(지속가능한 부지)	26	24%
Water Efficiency(효율적인 물 이용)	10	9%
Energy and Atmosphere(에너지 및 대기)	35	32%
Materials and Resources(자재 및 자원)	14	13%
Indoor Environmental Quality(실내환경의 질)	15	14%
Innovation in Design(혁신적인 설계)	6	5%
Regional Priority(지역적인 고려)	4	3%
Total Points	110	100%

인증 등급은 Platinum, Gold, Sliver, Certified 4개로 나누어져 있으며 최소 40점을 획득해야 Certified 등급 취득이 가능하다.

표 12-3 LEED 인증 등급

등 급	점 수
Certified	40 ~ 49
Silver	50 ~ 59
Gold	60 ~ 69
Platinum	80 ~ 110

출처: USGBC

그림 12-5 LEED 인증 마크

(3) LEED 인증의 기대효과

LEED 인증을 통하여 얻을 수 있는 기대효과는 다음과 같다.

- 효율적이며 종합적인 그린 빌딩 구현: 시공 및 운영 부문에서의 환경 기준 만족을 통하여 환경 전 부문에서는 균형 잡힌 그린 빌딩 구현 가능
- 에너지 및 수자원 부문에서 빌딩 운영 비용 절감: 인증 프로그램의 기준 만족을 통하여 빌딩의 에너지 및 수자원 사용의 효율성 향상 기대
- 운영 비용 절감으로 빌딩 가치 상승: 빌딩 운영 효율성 향상으로 임대 및 매매에서 경쟁력 확보
- 친환경 및 지속가능성 커뮤니케이션: 국제적으로 인정받는 인증을 통하여 효율적인 환경 및 지속가능성 성과 커뮤니케이션 가능

2.1.2 LEED 인증 사례

최근 친환경 건설에서 가장 두드러지는 경향은 그린 빌딩의 등장이라고 할 수 있다. 그린 빌딩에 대한 정의는 관점에 따라 다양하다. 일반적으로 그린 빌딩은 '시공과 운영에서

대기, 토양, 수계에 대한 물리, 화학적 영향을 최소화하는 구조물'이라고 정의할 수 있다. 그린 빌딩을 친환경 빌딩 또는 지속가능한 빌딩이라고 부르기도 한다. 에너지 및 온실가스 측면에서는 저탄소 빌딩, 에너지 제로 빌딩, 탄소 제로 빌딩으로 불리기도 한다. 일반적으로 그린 빌딩 구현을 위한 접근법은 다음과 같이 정리할 수 있다.

(1) 빌딩 에너지 수요 최소화

빌딩 에너지 수요 최소화는 빌딩의 불필요한 에너지 수요를 억제하는 방법을 통하여 달성할 수 있다. 미국 North Carolina의 Proximity Hotel은 단열 성능이 높은 창호, 발전형 엘리베이터(regenerative-drive elevators), 가변 스피드 벤트 후드(variable-speed vent hoods), 히트 펌프 냉장 시스템(energy-efficient ground-source heat-pump refrigeration systcm) 등의 도입으로 39%의 에너지를 절감하였다. 이 호텔은 LEED 인증에서 Platinum 등급을 획득하였다.

출처: USGBC

그림 12-6 Proximity Hotel 전경

(2) 수자원 사용 최소화

수자원 사용 최소화는 빌딩에서 상수도의 사용을 억제하는 것을 통하여 구현될 수 있다. 중수 재활용도 상수도 사용을 최소화하는 방법이라고 할 수 있다. 미국 Pennsylvania

에 위치한 Armstrong World Industries Corporate Headquarters는 물을 사용하지 않는 소변기(waterless urinals), 대소변 구분 화장실(dual-flush toilets), 센서 수도꼭지(water sensors for the faucets)를 도입하여 연간 최대 80만 톤의 수자원 사용을 절감하였다. 이 빌딩은 LEED 인증에서 Platinum을 획득하였다.

출처: USGBC

그림 12-7 Armstrong World Industries Corporate Headquarters 실내 전경

(3) 온실가스 배출 최소화

온실가스 배출을 야기하는 화석 연료 사용을 최소화하여 온실가스 배출의 최소화를 달성이 가능하다. 태양광 발전, 태양열 난방 및 급수, 소형 풍력, 지열들이 활용되고 있다. 미국 California주의 Toyota Motor Sales South Campus는 지붕에 태양광 발전 시스템을 구축하였다. 이를 통하여 년간 40만불의 에너지 비용을 절감할 수 있게 되었다. 초기 투자에 대하여 약 7년 내에 회수가 가능할 것으로 기대된다. 이 빌딩은 LEED 인증에서 Gold 등급을 획득하였다.

출처: USGBC

그림 12-8 Toyota Motor Sales South Campus 옥상 전경

2.2 국내 현황

2.2.1 친환경 건축물 인증제도

(1) 친환경건축물 인증의 개요

친환경 건축물 인증제도는 건축물의 자재생산, 설계, 건설, 유지관리, 폐기 등 전 과정을 대상으로 에너지 및 자원의 절약, 오염물질의 배출감소, 쾌적성, 주변환경과의 조화 등 환경에 영향을 미치는 요소에 대한 평가를 통해 건축물의 환경성능을 인증하는 제도이다.

표 12-4 친환경건축물 인증의 개요

구분	내용
목적	자원절약형이고 자연친화적인 건축물 건축유도
소관부처	환경부
근거규정	• 건축법 제65조 • 국토해양부고시 제2010-301호 • 환경부고시 제2010-52호
운영방식	자발적 인증제(공공기관 건축물은 의무)

적용대상	모든 신축 건축물
제출기관	인증 기관(대한주택공사, ㈜크레비즈큐엠, (사)한국교육환경연구원, 한국에너지기술연구원)
제출시기	• 본인증은 공사완료 후 3년 이내 신청(인증 전 사용승인 또는 사용검사 완료) • 예비인증서는 사용승인 또는 사용검사 전 신청(인증 전 허가 완료)
인증 유효기간	인증일로부터 5년

(2) 친환경건축물 인증 등급

2010년 5월 17일 국내 친환경건축물 인증 기준 개정이 고시되었으며, 2010년 7월부터 시행되고 있다. 인증대상은 공동주택, 복합건축물(주거), 업무시설, 판매시설, 학교시설, 숙박시설, 그리고 그 밖의 건축물이며, 인증 등급은 4개로 나누어져 있으며 최소 50점 이상을 취득해야 한다.

등급	최우수 (그린1등급)	최우수 (그린2등급)	최우수 (그린3등급)	최우수 (그린4등급)
점수	80점 이상	70~79점	60~69점	50~59점
인증 마크	친환경건축물 G1	친환경건축물 G2	친환경건축물 G3	친환경건축물 G4

그림 12-9 친환경건축물 인증 등급

2.2.2 국내 그린 빌딩(Green Building) 사례

국내에서 친환경 건설은 초보적 단계로 그린 빌딩의 구현을 위한 다양한 노력이 진행 중이다. 현재 건설사를 중심으로 기술 적용 타당성을 검토하고 있는 상황이다.

국내의 대표적인 그린 빌딩은 삼성물산이 제시한 '그린투모로우(green tomorrow)'이다. '그린투모로우'는 소규모 주택을 대상으로 환경 영향을 최소화하기 위한 다양한 기술들을 적용하였다. '그린투모로우'에 적용한 기술 및 설계 기법은 그림 12-10과 같이 정리할 수 있다.

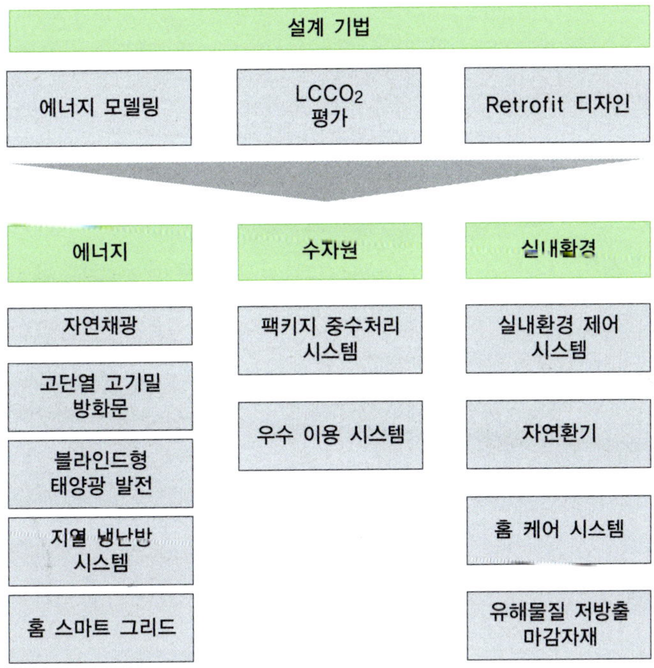

그림 12-10 '그린투머로우' 기술 및 기법[3)]

'그린투모로우'는 상용 건축물이 아닌 홍보용 모델 하우스이지만 그린 빌딩의 발전 방향을 제시해 준다는 점에서 의미를 가진다(참고 그림). 특히 에너지 모델링과 설계단계에서 건설 전 과정에서의 온실가스 배출량을 추정하는 $LCCO_2$ 기법을 적용하여 대안 평가에 객관성을 확보했다는 점에서 높은 평가를 받을 수 있다.

이와 아울러, 대림 산업은 '3L(리터) House'[4)]를 제시하고 있다. '3L House'는 에너지 절약을 위한 각 요소 기술을 적용하여 기존 주택 대비 냉·난방 에너지 80%가 절감된 수준인 연간 3L/㎡(등유환산)의 에너지를 사용하는 주택을 구현하는 것을 목표로 한다. 적용된 세부적인 기술은 다음과 같다.

- 슈퍼 외단열 기술
- 고성능 3중 창호
- 경량옥상녹화유닛시스템

3) http://www.greentomorrow.co.kr/
4) 대림산업이 제시한 그린빌딩 모델(http://www.daelim.co.kr/)

출처: 삼성물산 그린투머로우 웹사이트

그림 12-11 **그린투머로우 전경**

- 진공복층유리
- 열교차단기술
- 고기밀시공기술

'3L House' 기술은 '용인 3L House', '대전 건축환경연구센터 ECO House', '송도 그린홈 플러스'에 적용되었다. 또한 대림산업은 'Enter House'를 제시하고 있다. 이는 태양광발전시스템 및 태양열 집열판으로 에너지의 30%를 공급하는 것을 목표로 한다. 이 목표를 달성하기 위해서 태양광발전 시스템, 풍력 발전 시스템, 지열 시스템을 건물일체화(building integrated, BI)하여, 경제성과 적용성을 높인 신재생에너지 통합기술을 개발하고 있다. 'Enter House' 기술은 '오산 세마 e편한세상', '평택군시설공사', '정릉 2차 e편한세상', '송도 그린홈 플러스' 등에 적용되었다.

출처: 대림산업 웹사이트

그림 12-12 대림산업 용인 3L House 전경

3 친환경 건설사업관리의 업무 프로세스

친환경 건설관리는 계획, 설계, 시공, 운영단계에서 이루어진다. 건설 프로젝트별로 단계별 업무 및 접근 방법은 상이하므로 여기서는 일반적으로 활용되고 있는 의사결정 접근법과 최근에 적용되고 있는 친환경 건설 방안들을 소개하고, 특히, 최근 세계적으로 관심이 높아지고 있는 친환경 건축물 인증제도 중에서도 세계적으로도 가장 활성화되고 있는 미국의 USGBC(U.S. Green Building Council)의 LEED(leadership in energy and environmental design) 인증을 위한 업무를 건설 프로젝트의 단계별로 소개하고자 한다.

3.1 계획단계

친환경 건설 관리에서 의사결정은 대안간 평가를 통하여 이루어진다. 이런 평가를 위하여 대표적으로 환경 전생애주기비용(life cycle cost, LCC) 분석이 활용되고 있다. 이 접근법은 비용적인 측면에서 대안의 우선순위를 결정하는 방법이다. 환경영향이 비용으로 반영될 경우, 친환경 건설관리를 위한 효과적인 의사결정 방법으로 사용될 수 있다.

3.1.1 환경 LCC(Life Cycle Cost) 분석

환경 LCC 분석은 건설 프로젝트에 따른 중 · 장기 환경비용을 최소화하기 위하여 활용되고 있다. 환경 비용은 온실가스 배출 같은 환경 영향에 따른 직 · 간접적인 비용을 의미하며 에너지 비용, 규제 대응 비용 등이 환경 비용에 포함될 수 있다. 중 · 장기 환경 비용을 고려하지 않고 단기 건설 및 운영비용을 기초로 의사결정을 할 경우, 추가적으로 환경 비용을 지불해야만 한다. 건설 부문의 중 · 장기 환경비용은 증가할 것으로 예상됨에 따라 환경 LCC 분석의 활용이 확대되고 있는 추세이다.

환경 LCC 분석은 중 · 장기 환경 비용에 증가에 따른 리스크(risk)를 정량적으로 파악할 수 있도록 지원한다. 환경 LCC 분석에서는 시공 및 운영단계에서 예상되는 대안별 중 · 장기 환경 비용을 현재 가치로 산정하는 것이 가장 중요하다. 이를 통하여 계획단계에서 건설에 따른 대안의 환경 비용을 예측할 수 있으며 사전평가가 가능하다. 건설에서 주요한 환경 비용 요인은 에너지 가격 인상 및 배출권 거래제, 온실가스 에너지 목표관리제 같은 환경규제라고 할 수 있다.

3.1.2 계획단계의 LEED인증 업무

성공적인 LEED(leadership in energy and environmental design) 인증을 위해서는 초기단계에서부터 발주처, 설계사, 엔지니어링사, 시공사 등을 선정하여 조기 참여를 유도하는 것이 중요하다. LEED 업무 및 진행을 전반적으로 주관하여 이끌고 나갈 수 있는 LEED 컨설턴트 선정도 계획단계에서 이루어져야 한다.

계획단계에서는 프로젝트 참여자간에 LEED 인증 추진 목적에 대한 공감대를 형성하여, LEED 인증 기준을 명확히 이해하고 프로젝트 특성에 적정한 인증 목표 등급을 설정한다. 이후, 인증 목표 등급에 따라 취득하고자 하는 항목들을 설정하고 그에 따른 총 취득 점수를 산정하여 이를 달성하기 위한 전략을 제시한다. 또한, LEED 인증을 위한 건축주의 요구사항을 조사하고 초기 투자비용 및 예상효과를 분석하여 긍정적인 결과를 도출해야 한다. LEED 인증을 위해서는 프로그램 최소 요구사항(minimum program requirements) 만족 여부를 검토해야 하며, 만족시 GBCI(Green Building Certification

Institute)에 프로젝트 등록을 한다.

3.2 설계단계

설계단계에서는 계획단계보다 세부적인 대안들을 평가하고 우선순위를 결정하게 된다. 이 단계에서 활용하는 평가방법은 모델링/시뮬레이션과 환경영향평가가 있다. 평가에는 구체적인 제원, 성능, 구조 등이 반영된다. 환경 LCC 분석이 환경영향을 비용관점에서 대안들을 평가한다면, 시뮬레이션과 환경영향평가의 경우 물리적, 생물학적 영향의 측면에서 대안들을 평가한다.

3.2.1 에너지 시뮬레이션(Energy Simulation)

에너지 시뮬레이션(energy simulation)은 건설적 측면에서 대상 건축물 또는 구조물이 얼마나 환경에 영향을 미치는지를 사전에 예측하는 것이라고 할 수 있다. 시뮬레이션을 통하여 설계단계에서 최적의 대안을 선정할 수 있으며, 이와 같은 시뮬레이션을 위해서는 모델링 작업이 필수적이다. 완성된 모델링을 통해 획득한 시뮬레이션 결과를 통해 대안별 환경영향을 사전에 파악할 수 있으며, 대안들의 효과를 비교하여 평가할 수 있기 때문에 시뮬레이션은 매우 중요하다. 최근 시뮬레이션 접근법은 컴퓨터 연산능력의 향상과 정교한 프로그램의 개발로 결과에 대한 신뢰도가 향상되었으며, 이에 따라 사용성이 확대되고 있다. 특히 친환경 건축물 인증 제도인 LEED에서 에너지 시뮬레이션은 핵심적인 위치를 차지하고 있다. LEED에서 시뮬레이션을 통하여 신축 건축물의 예상 에너지 사용량을 측정하고, 이 측정값은 인증평가에 활용된다. 또한, 특정 인증 프로그램 이외에서도 시뮬레이션은 독립적으로 활용될 수 있다. 시뮬레이션을 통하여 환경영향을 추정하기 위해서는 설계 데이터가 정확하게 반영되어야 한다. 이를 위해서 고도의 설계, 시공, 시뮬레이션 프로그램에 대한 고도의 전문적 지식이 요구된다. 시뮬레이션을 지원하는 프로그램으로 eQUEST, EnergyPlus, DOE-2, ECOTECT, gbXML 등이 있으며, 최근에는 BIM(building information modeling)을 기반으로 한 에너지 시뮬레이션이 활용됨에 따라 보다 정확한 결과를 도출할 수 있다.

3.2.2 환경영향평가

환경영향평가는 기본적으로 건설에 따른 물리적 및 사회적 환경 변화를 평가하는 것이다. 건설에 따른 환경의 변화는 자연 상태와 건설 활동이 이루어질 경우의 상태 사이의 격차를 통하여 측정된다. 이렇게 측정된 격차를 기준으로 각 대안들의 효과를 평가하여 최적의 대안을 도출할 수 있다. 환경영향평가는 베이스라인으로 자연상태(건설활동이 없는 상태)를 설정한다는 점에서 시뮬레이션과 차이를 가지고 있다. 예를 들어, 대기영역에 대한 환경영향평가의 경우, 건설활동 이전 시점의 대기질 측정자료를 기반으로 베이스라인(baseline pollution levels)을 설정하고 건설이후 시점까지의 대기질 베이스라인의 변화를 예상한다. 이 예상 값과 건설활동에 따른 대기질에 대한 영향의 격차를 비교하여 환경영향평가를 수행한다. 건설 활동에 따른 환경 영향은 수치모델을 활용하여 정량화하며 ADMS, DMRB, CAR 등과 같은 모델이 활용되고 있다.

3.2.3 설계단계의 LEED업무 수행

LEED 인증 프로젝트와 같이 친환경 건축물로서의 성능을 최적화하기 위해서는 전 분야의 주요사항이 설계 초기단계부터 반영되어야 하며, 그에 따라 각 전문가들이 프로젝트 초기단계부터 참여하여 통합적인 설계가 이루어져야 한다. 당초 설정한 인증 목표 등급에 따른 항목들의 기준이 만족될 수 있도록 설계단계별로 LEED 컨설턴트는 설계안과 LEED 인증 기준이 상충되는 부분을 검토하고 이에 대한 최적의 대안을 제시한다. 또한, LEED로 인해 증가되는 공사비를 산출하여 발주처의 추가 예산 산정을 지원하고, 추후 이에 대한 시공사의 추가 공사비의 타당성 여부도 검토한다.

LEED 인증 제도는 미국의 친환경 건축물 인증 기준이므로 국내 환경과 상이한 부분이 존재함으로써, 이에 대해 고려해야 함은 물론이며, 이를 국내 상황에 적합하게 적용할 수 있는 방안을 도출하는 것이 LEED 컨설턴트로서의 역할이며 LEED 컨설턴트에게 요구되는 주요사항이다.

설계단계의 가장 중요한 LEED 인증 절차 중 하나는 에너지 시뮬레이션이다. 각 설계단계별 에너지 시뮬레이션을 실시하여 건물의 예상 에너지 성능을 확인할 수 있다. 목표된 에너지 절감률 미달성시에는 에너지 분석을 통해 적절한 에너지 절감 요소를 도출하여 방안을 마련하고 이를 설계에 반영하여, 변경된 설계도서를 기반으로 에너지 시뮬레이션 수정, 보완 작업을 실시한다.

성공적인 LEED 인증을 위해서는 설계단계시 설계팀과 LEED 컨설턴트의 협업이 매우 중요하다. 설계팀은 LEED 컨설턴트와의 긴밀한 협조하에 프로젝트 특성에 맞는 실현 가능한 설계 요소를 도출하도록 한다. 이러한 과정은 프로젝트팀의 설계회의를 통해 진행되며, 설계사가 LEED에 대한 지식이 많지 않은 경우, LEED 컨설턴트가 이들을 위한 LEED 교육을 제공하는 것도 중요한 업무의 하나이다.

설계단계의 전반적인 LEED 인증 업무 프로세스는 그림 12-13과 같다.

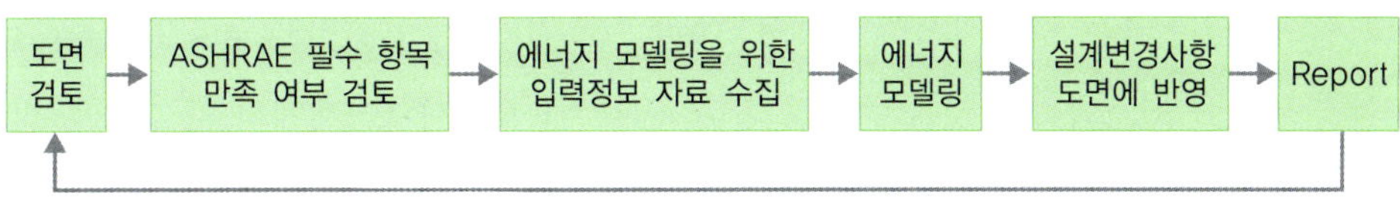

그림 12-13 설계단계의 LEED 인증 업무 프로세스

3.3 시공단계

3.3.1 커미셔닝(Commissioning)

커미셔닝(commissioning)은 건축물에 설치된 설비의 설계 및 시방서상의 성능을 검증하는 것이라고 할 수 있으며, 효율적인 건축 기계설비 시스템(열원 및 반송설비, 공기조화 및 환기설비, 위생설비, 자동제어설비, 기타 설비)의 성능 확보를 위한 중요한 요소이다. 계획 및 설계단계부터 공사완료에 이르기까지 전 과정에 걸쳐 건축주의 요구에 부합되도록 모든 시스템의 계획, 설계, 시공, 성능시험 등을 확인하고 입주 후 건축주의 요구를 충족할 수 있도록 운전성능 유지여부를 검증하고 문서화하는 과정이다. 현대 건축물은 에너지 사용 설비들의 조합이라고 정의할 수 있으며, 검증 과정에서 비효율 요인을 파악하고 설비들이 최적의 효율을 낼 수 있도록 개선 방안들을 제시할 수 있다.

커미셔닝은 LEED 같은 친환경 건축물 인증에 있어서 필수적인 요소로 냉난방 부하 절감, 열원 장비 효율 운전, 반송동력 절감, 설비 운용시간 관리를 통하여 건축물 에너지 사용을 최소화시켜준다. 미국에서는 미국냉난방공조기술자학회(American Society of Heating, Refrigerating and Air-Con. Engineers, ASHRAE)가 공조 설비 및 시스템을 대상으로 한 '커미셔닝 가이드라인' 을 개발하여 커미셔닝 활성화를 위한 노력을 하고 있으며, 캐나다와 영국 또한 커미셔닝의 확대를 위하여 가이드라인 개발과 표준화 작업을 진행하고 있다. 커미셔닝은 설계기초자료 수집, 설계도서 검토, 계획서 작성, 현장설치 검증, 기기 시운전 시험, TAB(test, adjusting & balancing, 시험, 조정, 평가), 성능확인 시험, 건물관리자 교육, 준공 후 커미셔닝으로 이루어진다.

3.3.2 환경경영시스템(ISO 14001)

건설에서 환경경영시스템은 시공 현장의 환경 영향을 최소화하기 위한 활동들의 체계라고 할 수 있다. 환경경영시스템은 PDCA(plan-do-check-act)절차를 통하여 지속적으로 환경 영향을 최소화하는 것을 목표로 한다. 이를 위하여 계획단계에서 환경정책, 전략을 수립하고 실행 이후에 평가를 통하여 개선 단계를 반복한다. 시스템은 목표 달성 수준을 향상시키기 위하여 각 환경 활동에 대한 역할과 책임을 규정할 것을 요구한다. 환경경영시스템의 범위에는 대기, 수계, 토양 부문이 포함되며 관리를 위하여 관리 및 평가 지표를 개발해야 한다. 환경경영시스템은 건축물의 시공단계뿐만 아니라 운영단계에서도 활용될 수 있다.

3.3.3 건설 시공 온실가스 관리 및 감축 (GHG Management and Reduction in Construction)

시공단계에서는 다양한 활동으로 인하여 온실가스 배출이 발생한다. 주로 현장 중장비 가동을 위한 연료 사용과 전력 사용에 의한 온실가스 배출이 많은 부분을 차지한다. 시공 부문은 배출량 정량화 등 관리에 있어서 빌딩 또는 생산 설비의 온실가스 관리보다 상대적으로 어려우며, 이는 시공에 다양한 협력 업체가 참여하기 때문이라고 할 수 있다. 체계적인 온실가스 배출을 관리하기 위해서는 협력 업체가 동일한 관리 체계를 갖추어야 한다. 이런 유동적인 건설 시공 현장에서의 관리상의 문제점을 해결하기 위하여 건설 규모에 따른 배출량 정량화 방법이 제시되고 있다. 이 방법은 건설 규모별 온실가스 배출량 DB를 제공하여 온실가스 데이터 수집 없이 시공에서의 온실가스 배출량을 정량화할 수 있다. 예를 들면 도로 포장 면적당 온실가스 배출량 데이터베이스의 값을 이용하여 포장 시공에 따른 온실가스 배출량을 정량화가 가능하다. 이 방법을 따를 경우, 시공에 따른 배출량의 정량화가 가능하지만 감축을 위한 관리에 있어서는 한계가 있다.

시공단계 온실가스 감축은 주로 운영 관리의 합리화를 통하여 가능하다. 중장비 가동의 최소화를 위해서 초과 투입 최소화, 장비의 대기 시간 최소화, 중복 작업 최소화, 야간 작업 최소화 측면에서 합리화가 필요하다. 운영 관리의 합리화를 위하여 배출원별 운영 계획 수립과 협력업체와 유기적인 커뮤니케이션이 필수적이다. CM(construction management)이 시공단계 온실가스 감축에서 핵심적인 역할을 수행할 수 있다.

3.3.4 시공단계의 LEED 인증 업무

LEED 인증을 진행하기 위해서 시공사는 건설 프로세스에 LEED 인증 사항을 접목시킨다. 공사팀은 LEED에서 요구하는 사항을 시공하고, 환경 및 품질안전팀은 지속적인 모니터링을 통해 요구 성능을 확보한다. 시공사는 현장에 LEED 업무를 중점적으로 담당할 담당자를 두어 LEED 인증에 관련된 모든 현장 체크 및 관리 사항을 숙지하고 주기적으로 점검하며 보완 수정하여 발주처 및 LEED 컨설턴트에게 보고한다. 그리고 공사 전반에 걸쳐 전직원 및 협력업체에 인증관리에 대한 협조를 요청하여 친환경 시공관리 프로세스를 정립하는 것이 중요하다. 시공사의 LEED 인증 업무에 대한 이해도를 증진시키기 위해 LEED 시공 워크샵을 통해 LEED 컨설턴트는 LEED 교육을 실시하며, 정기적인 시공회의를 통해 시공사가 작성해야 할 자료들을 검토하고 협의한다.

LEED에서는 커미셔닝을 필수적으로 요구하고 있다. 효율적인 에너지관리를 위해 건축주 의도대로 계획, 설계, 시공, 성능시험 등을 확인하고 유지관리 되도록 시스템화하는 것이 커미셔닝이다. LEED에서의 커미셔닝 범위는 HVAC(heating, ventilating, and air conditioning)시스템 및 관련 제어시스템, 조명제어, 급탕시스템, 신재생 에너지 시스템이 포함된다.

시공단계의 전반적인 LEED 인증 업무 프로세스는 그림 12-14와 같다.

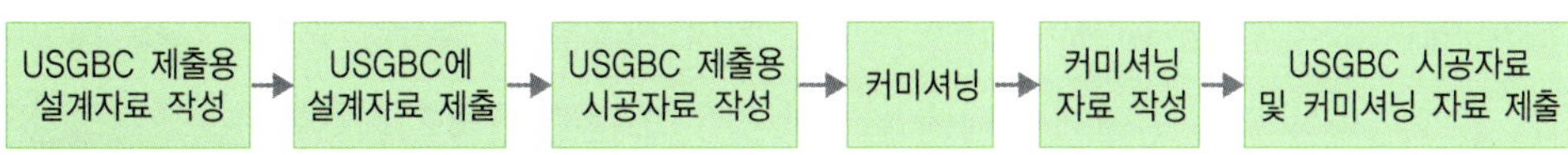

그림 12-14 시공단계의 LEED 인증 업무 프로세스

3.4 운영단계

운영단계에서는 에너지 효율 향상을 위한 개선 및 관리를 수행한다. 에너지 효율 향상은 지속적인 에너지 리모델링을 통하여 달성할 수 있다. 에너지 사용 관리는 빌딩에너지관리시스템(BEMS), 에너지경영시스템(EMS), 빌딩온실가스관리스템(building GHG inventory management system)의 지원을 받아 수행한다.

3.4.1 빌딩 에너지 리모델링(Building Energy Remodeling)

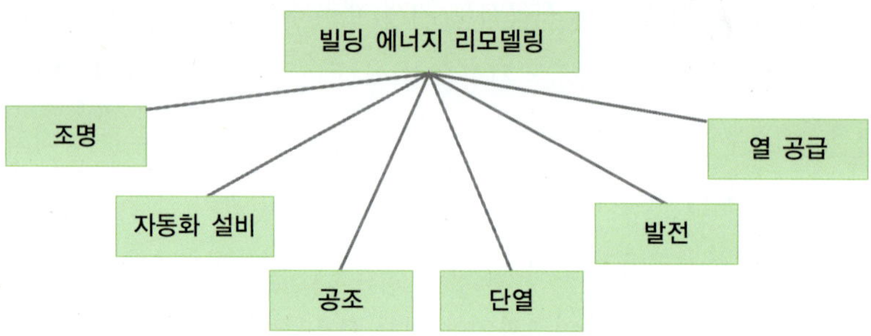

그림 12-15 빌딩 에너지 리모델링의 여러 가지 측면

리모델링은 단순히 경제적인 측면뿐만 아니라 환경적 측면에서도 고려되어야 한다. 특히 온실가스 배출 감축은 빌딩 리모델링에 있어서 중요한 고려사항이라고 할 수 있다. 리모델링은 일반적으로 기존 빌딩의 실내, 실외, 설비 등의 개선을 의미하는데 최근까지 리모델링은 실내 인테리어 교체, 공조 설비 교체, 외장 교체가 주를 이루었다. 반면 빌딩 에너지 리모델링은 빌딩 에너지 수요 및 공급 측면에서의 개선 활동을 의미한다. 이런 빌딩 에너지 리모델링에 다양한 측면에서의 접근이 가능하다. 주요한 방법은 보일러 같은 열 공급 설비의 고효율화, 태양광 발전이나 지열 발전 도입 같은 신재생에너지까지 도입, 에너지 수요 최소화 등이 있다.

빌딩 에너지 리모델링을 위해서는 구조적, 설비 시스템적 접근이 필수적이다. 태양광 발전 설비를 옥상 또는 벽면에 빌딩에 설치할 경우 또는 단열을 강화하는 경우, 건축물의 하중이 고려되어야 하며, 공조 설비 교체를 위해서는 기존 시스템에 대한 정확한 이해와 신규 시스템의 특징에 대한 판단이 필요하다. 따라서 빌딩 에너지 리모델링을 위해서는 고도의 기술적 전문성이 요구되는 분야라고 할 수 있다. 빌딩 에너지 리모델링을 통하여 에너지 비용 최소화를 통한 운영 경비 절감, 임대율 제고(提高), 자산 가치 향상이 기대되며 온실가스 배출 규제에 대응이 가능할 것으로 기대된다. 한미글로벌은 국내 대표 사례인 교보빌딩 재실상태 리모델링 프로젝트 수행하였다.

출처: 교보생명

그림 12-16 광화문 교보빌딩 리모델링 전후 전경

3.4.2 빌딩에너지관리시스템 (Building Energy Management System, BEMS)

BEMS는 '빌딩 운영에서 에너지 낭비를 최소화하는 체계' 라고 정의할 수 있다. BEMS를 기반으로 한 에너지에 대한 체계적인 관리를 통하여 에너지 비용을 최소화할 수 있다.

BEMS를 크게 모니터링(monitoring) 체계와 제어(control) 체계로 구분할 수 있다. 모니터링 체계는 에너지 사용량을 파악하고 분석하는데 필요한 하드웨어와 소프트웨어의 집합이라고 볼 수 있다. 하드웨어는 계량기, 계측기, 데이터 통신용 케이블, 컴퓨터로 구성되며 소프트웨어는 데이터의 기록, 분석, 보관을 위한 전산 프로그램으로 구성되어 있다. 모니터링 체계는 에너지 낭비 요인을 실시간으로 파악할 수 있도록 지원한다. 제어 체계는 빌딩의 에너지 수요와 공급을 조절하는 하드웨어와 소프트웨어로 구성된다. 모터 같은 구동 장치와 통신 장비들이 주요한 하드웨어이며, 설비에 구동 명령을 하는 프로그램들이 주요한 소프트웨어이다. 제어 체계는 내 · 외부 필요와 변화에 대하여 실시간으로 대응할 수 있도록 지원한다.

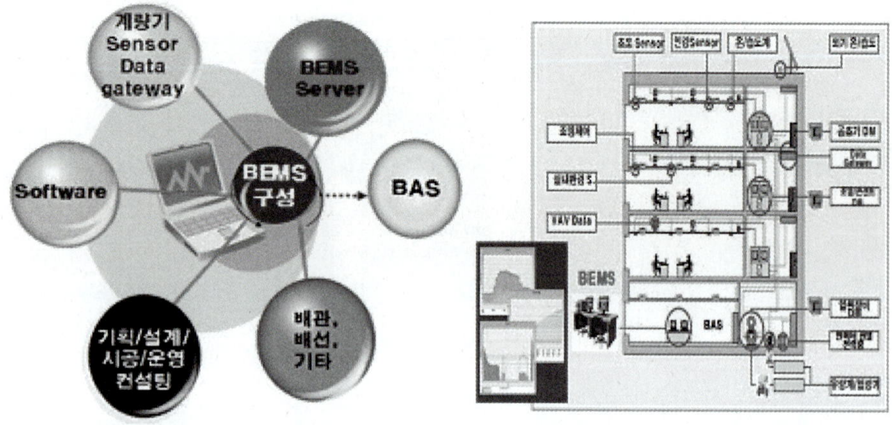

그림 12-17 BEMS 체계

BEMS 구축에서는 모니터링 포인트를 결정하는 것이 중요하다. 모니터링 포인트가 구축비용과 시스템의 효율성을 결정하기 때문이다. 이를 위해서는 에너지 설비와 건축 구조에 대한 이해가 필요하다. 이와 아울러 BEMS 구축에서 데이터 해석 및 분석을 위한 프로그램이 중요한 요소이며, 효율적인 데이터 해석 프로그램을 위해서는 빌딩 운영상에 발생하는 내 · 외부 변수에 대한 이해가 필요하다. 한미글로벌은 이를 위한 에너지 설비, 구조, IT 부문의 전문가와 지식을 보유하고 있으며 국내 대표적인 사례인 SK 케미칼 연구소의 BEMS 구축을 수행하였다.

출처: SK 케미칼

그림 12-18 SK 케미칼 연구소

3.4.3 에너지경영시스템(Energy Management System, EMS)

앞서 소개한 BEMS가 모니터링과 제어를 위한 하드웨어와 전산 프로그램의 체계라고 할 경우, 에너지경영시스템은 시스템을 운영하기 위한 관리 시스템이라고 할 수 있다. 에너지경영시스템은 환경경영시스템과 유사한 PDCA(plan-do-check-act)절차를 통하여 운영되는데 에너지에 대한 전 조직적, 통합적 관리를 가능하도록 지원한다. 에너지경영시스템 또한 환경경영시스템과 같이 목표수립이 중요하며 'Top-Down' 방식과 'Bottom-UP' 방식으로 목표가 수립될 수 있다. 시스템 운영의 효과를 높이기 위하여 관리 및 평가 지표 개발이 요구된다.

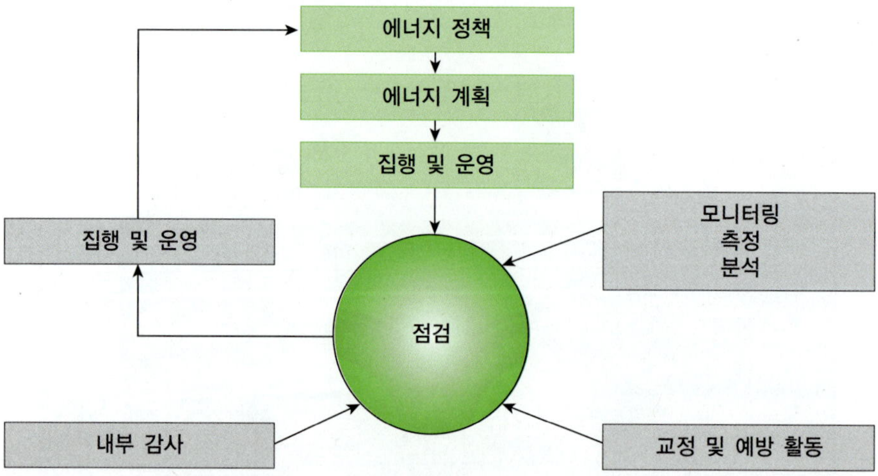

출처: ISO50001

그림 12-19 에너지경영시스템 모델

3.4.4 빌딩 온실가스 인벤토리 관리 시스템 (Building GHG Inventory Management System)

온실가스 인벤토리의 정의는 온실가스 배출원 목록과 배출원별 배출량이다. 빌딩 온실가스 인벤토리 관리 시스템은 온실가스 배출에 대한 모니터링을 하는 방법과 절차를 규정하는 체계라고 할 수 있다. 이 시스템을 통하여 체계적으로 빌딩의 온실가스 배출을 관리할 수 있다. 최근 온실가스 에너지 목표관리제에 일정 기준 이상의 빌딩(건축물)도 포함되어 온실가스 배출량을 보고해야 하는 의무가 부여되었으며, 이에 대응하기 위해서는 관리 시스템은 필수적이다.

온실가스는 태양 복사열이 대기권 밖으로 이탈하는 것을 막는 가스의 총칭이다. 이 온실가스가 대기 온도를 상승시켜 기후변화를 야기한다. 가장 잘 알려진 온실가스는 이산화탄소(CO_2)로 일반적으로 화석연료의 연소에 의해서 발생한다. 이산화탄소 이외에도 메탄, 아산화질소, PFCs(PefFluorinated Chemicals), HFCs(High Fructose Corn Syrup), SF6(Sulfur Hexafluoride)가 UN(United Nations)에 의해 온실가스로 규정되어 있다. 6대 온실가스 이외에도 다양한 온실가스가 존재하며 향후 관리 대상 온실가스의 범위가 확대될 것으로 예상된다. 온실가스 인벤토리 관리 시스템은 크게 온실가스 목록, 배출량 정량화 방법, 모니터링 방법, 온실가스 데이터에 대한 품질보증(quality assurance, QA)/품질관리(quality control, QC) 방법으로 구성되어 있다.

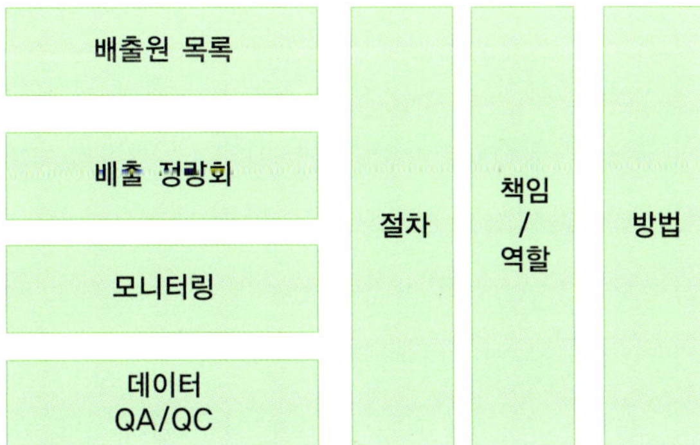

그림 12-20 빌딩 온실가스 인벤토리 관리 시스템

일반적으로 온실가스 목록은 직접배출(scope 1), 간접배출(scope 2), 기타간접배출(scope 3)로 구분되어 만들어진다. 직접배출(scope 1)에는 빌딩 내의 고정연소시설 같은 배출원들이 포함된다. 고정 연소 시설은 보일러, 히터 등 같은 설비들을 의미한다. 이외에도 직접배출(scope 1)에는 건축물 소속 차량 같은 이동 배출원, 화학적 공정 반응 같은 공정 배출원, 온실가스 누출을 일으키는 탈루 배출원이 포함된다. 간접배출(scope 2)에는 외부에서 생산된 전력이나 스팀에 의한 온실가스 배출이 포함된다. 건축물에서 사용한 전력 및 스팀을 생산하는데 배출하는 온실가스가 포함된다고 볼 수 있다. 기타간접배출(scope 3)에는 건축물 운영과 간접적으로 관련된 배출원들이 포함된다. 일반적으로 건축물 관리 및 운영에 필요한 협력업체의 배출원들이 여기에 해당한다.

온실가스 배출 정량화 방법은 측정 방법과 산정 방법으로 구분된다. 측정 방법은 계량기 같은 장비를 통해서 배출량을 정량화하는 방법이다. 보일러 같은 배출원에서 발생하는 온실가스의 양을 직접 측정하는 것으로 고가의 측정 장치가 필요하다. 산정 방법은 온실가스 배출량을 정량화하는데 일반적으로 적용하는 방법으로, 측정 방법보다 상대적으로 경제적인 방법이다. 산정 방법은 온실가스 발생을 야기하는 화석연료의 탄소 함량을 활용하여 배출량을 정량화하는 것이라고 할 수 있다. 단위 연료 사용에 따라 배출되는 온실가스의 양을 배출계수라고 하는데 이는 UN IPCC(United Nations Intergovernmental

Panel on Climate Chage), 국가 및 관련 협회 등에서 제공하고 있으며, 온실가스 관리 목적에 따라 적용할 수 있다.

모니터링 방법은 정량화 방법, 데이터의 신뢰성 수준에 따라 결정된다. 측정 방법에 따라 온실가스 배출을 정량화 할 경우 측정 장비의 설치 및 관리가 필요하다. 산정 방법을 따를 경우는 연료 사용량을 파악하기 위한 유량계나 전력계가 필요하다. 연료 사용량뿐만 아니라 연료의 구매량 또한 온실가스 배출량 모니터링 대상이 될 수 있다. 탈루 배출원의 경우, 온실가스 구매량 또는 온실가스 용량이 모니터링 대상이 된다.

온실가스 데이터 품질보증(QA)/품질관리(QC)는 빌딩 온실가스 인벤토리 관리 시스템에 있어서 중요한 요소로 배출량 정량화 방법, 배출원 목록, 모니터링 방법 등을 점검하는 절차 및 방법이라고 할 수 있다. 또한, 절차 및 방법의 운영에 필요한 역할과 책임에 대한 규정도 품질보증(QA)/품질관리(QC)에 포함된다.

3.4.5 기타 친환경 관리기술 개발 방향

(1) 빌딩 에너지-비용 시뮬레이션

빌딩 에너지-비용 시뮬레이션(building energy-cost simulation)은 에너지 사용량과 중장기 에너지 비용을 동시에 추정할 수 있는 도구이다. 기존의 에너지 시뮬레이션의 경우, 대안의 에너지 사용량을 추정을 지원하지만 비용 추정을 위해서 LCC 분석을 추가적으로 수행해야 하는 단점이 있다. 빌딩 에너지-비용 시뮬레이션을 통하여 에너지 시뮬레이션 결과와 LCC 분석 결과를 통합적으로 제공함으로써 신속하며 합리적인 의사결정을 지원할 수 있다.

(2) 확장 BEMS

기존의 BEMS는 개별 빌딩의 에너지 관리에 적용되고 있다. 확장 BEMS는 개별 빌딩이 아니라 지구 및 지역 수준의 에너지 관리 체계라고 할 수 있다. 이를 통하여 원거리의 빌딩들의 에너지 관리 시스템을 통합적으로 운영할 수 있다. 분산된 상업 시설, 생산 시설, 업무 시설의 에너지 관리를 위해서 확장 BEMS의 도입이 필수적이다.

4 결

친환경건설은 그린 빌딩을 구현하기 위한 건설 전 단계의 기법, 접근법, 방법론이라고 할 수 있다. 국내에서 친환경건설과 관련된 사업관리 업무는 아직 생소하다. 현재 CM사가 수행하고 있는 친환경관련 업무는 빌딩 에너지 컨설팅 및 LEED 인증과 같은 인증 프로그램 컨설팅 분야이다. 본 장에서는 이 두 가지 업무를 중심으로 친환경 건설사업 관리에 대한 설명을 하였다. 친환경건설은 아직 보편화되지 않았고 그 성과도 미미한 상황이지만 국내 건설산업의 흐름이 친환경을 중심으로 발전하고 있다는 사실은 분명하다.

향후 친환경건설은 정부제도 마련과 기술 발전으로 더욱 확대될 것으로 예상된다. 국토해양부, 지식경제부, 서울특별시를 중심으로 한 정부 및 지자체는 그린 빌딩의 확대를 위하여 법규 마련, R&D, 지원 방안들을 마련하고 있으며 건설사들은 친환경 기술을 부분적으로 주택 및 업무용 건축물에 적용하고 있다. 이와 아울러 에너지 비용 상승으로 중·상기적으로 그린 빌딩에 대한 수요가 확대될 것으로 예상된다.

친환경건설을 구현하기 위해서는 고도의 기술, 기법, 접근법들이 요구된다. 특히 에너지 분석 및 평가를 통한 건축 요소의 최적화와 신재생에너지 및 에너지 관리 설비의 시공 부문에서 기술 수요가 발생할 것이다. CM은 친환경건설을 구현하는데 필요한 지식 및 기술을 제공하는 역할을 할 것으로 기대한다.

Construction Management A to Z

CHAPTER 13

건설정보기술관리 (Construction IT Management)

1 개 요

건설사업관리에서의 건설 IT(information technology)는 건설사업관리 업무 수행에 있어 정보기술을 기반으로 발주자에게 가장 경제적으로 차별적인 서비스를 제공할 수 있도록 실무를 지원하고 궁극적으로는 새로운 사업을 창출하는 기회를 마련하는 것을 의미한다. 여기서 차별적인 서비스란 시각화된 프로젝트 수행계획 자료를 제공하는 시각화, 발주자가 신뢰할 수 있는 근거 자료를 제공하는 신뢰성, 그리고 실시간으로 신속한 정보를 제공하는 즉시성을 가진 발주자 중심의 서비스를 말한다.

건설사업관리에서 IT가 필요한 이유는 3가지로 정리할 수 있다. 첫째, 많은 기업들은 업무개선을 위해 업무프로세스를 개선하고자 노력하고 있다. IT는 업무프로세스를 개선할 수 있는 기회를 준다. 둘째, 외부 환경 변화에 따른 적극적인 대응이 필요하다. 급속하게 발전하는 IT에 따라 건설 외부 환경도 많이 변화하고 있다. 발주자의 요구 사항이 다양해지고 건설사업관리를 위해 사용하는 소프트웨어도 변하고 있다. 이런 변화에 따른 어려움을 극복하기 위해서는 IT를 접목한 건설사업관리 방식을 알아야 한다. 마지막으로 새로운 시장으로의 발전이다. 단순히 설계와 시공을 하던 시대는 지나갔다. 건설프로젝트 생애주기에서 새로운 사업 기회가 생기고 있고 그것을 가능하게 하는 것이 IT이다. 따라서 건설사업관리에서 IT의 적용은 반드시 해야 할 도전과제이다.

건설 IT 사업은 광범위하다. 각 기업에 적합한 건설 IT 프로젝트의 우선순위를 두어 선별적으로 수행하려고 한다면 다음과 같은 항목을 고려해야 한다. 첫째 시급성을 생각해야 한다. 정신없이 변화하는 시대 흐름에서 정말로 시급한 것이 무엇인지를 고민해야 한다. 둘째는 중요성이다. 흔히 선택과 집중이라는 표현을 많이 사용한다. 수많은 IT 중에서 건설사업관리에 적용하기 위한 가장 중요한 요소가 무엇인지를 파악하고 이에 대한 고려가 필요하다. 셋째 경제적 영향이다. 가끔 IT의 화려함 때문에 가장 기본적인 경제 원칙을 잊어버리곤 한다. 앞에 언급한 정의에서도 말했듯이 건설 IT 적용의 근본적인 목적은 경제성이다. 이점을 반드시 고려해야 한다. 마지막으로 건설 IT를 수행하는 개발노력을 확인하고 인식해야 한다. 여기서 개발노력은 비용, 시간, 인력을 의미한다.

본 장에서는 건설사업관리 관점에서 건설 IT에 대한 일반적인 정의를 정리하여 건설사업관리자에게 건설 IT에 대한 이해의 폭을 넓히고 해외 건설 IT 사례를 통해 건설사업관리에 대한 IT적용에 대한 현황을 알아본다. CM 업무프로세스에 지원이 가능한 IT에서는 단순한 이론적인 방안보다는 건설사업관리 실무적용이 가능한 건설 IT 분야를 찾아보고 그 적용가능성을 제시하였다. 이를 통해 건설사업관리도 변화하는 건설 환경에 대응 할 수 있는 힘을 키우고자 한다.

2 건설 IT의 이해

2.1 건설 IT에 대한 기본적인 설명

2.1.1 용어의 정의

광의의 개념으로 볼 때, 건설 IT는 "건설 활동을 통해 완성되는 건물, 도로, 지하철, 댐, 공항, 상하수도, 통신기지, 플랜트 등 사회기반시스템의 기획, 설계, 시공 그리고 유지보수에 관련한 전생애주기에 활용되는 자료의 생산과 가공, 그리고 정보의 창출과 활용을 위한 기술"로 정의할 수 있다.[1] 건설관리 측면에서의 건설 IT는 건설사업 참여자간의 의사소통, 협업체계, 사업관리 효율성을 높여 궁극적으로 서비스 품질을 향상시키는데 사용되는 정보기술을 의미하며, 더 나아가 새로운 차원의 가치를 창출하는 비즈니스 모델 개발에 활용되는 정보기술을 의미한다.

이러한 건설 IT 또는 건설정보화(informatization in construction)에 대한 정의를 정리하면 다음과 같다. 정보(information), 통합(integration), 업무기능(business function), 생애주기(life cycle), 지식(knowledge), 공유(sharing) 등의 요소를 반영하여 "광범위한 업무기능과 생애주기 동안 발생하는 정보를 공유하고 통합하는 기술로 건설 업무 및 프로세스를 체계화하는 동안 도형정보 및 비 도형정보를 통합 · 활용함으로써 지식축적을 통한 전략적 시스템을 구축하는 전 과정"이라는 의미를 지닌다.[2]

1) 김형관, 한승헌, 김문겸, 건설 IT의 현황과 발전방향, 대한토목학회논문집, 제54권 제7호, 2009.
2) 주미희, 정영수, 건설산업 환경변화에 따른 건설정보화 개념요소 고찰, 한국건축시공학회 2010년 춘계 학술발표대회 논문집, 제10권 1호, 2010.

인터넷, 멀티미디어 기술, 3D CAD, 유비쿼터스 기술과 같이 건설산업의 정보화를 주도해 온 다양한 IT 요소기술들은 프로젝트의 협업 강화, 정보의 효과적 표현과 공유, 시공 리스크의 최소화 등 건설사업관리에 영향을 미치면서[3] 각각의 발전과 쇠퇴의 과정을 거쳐 현재의 BIM(building information modeling) 확산에 이르렀으며, 동시에 건설정보화의 개념, 범위, 그리고 활용양상의 변화를 가져왔다.

2.1.2 건설 IT의 효과

IT의 활용은 자동차, 조선 등 국가 경쟁력을 좌우하는 대표적 산업에서부터 농업, 섬유, 물류 등 전 산업에 걸쳐 나타나고 있다. 건설 분야에서는 IT 접목을 통해 공기와 공사비를 줄이고 정확한 시공으로 건설 품질을 높이는 등 건설업 고도화를 이룰 수 있다. 아울러, 건설과 IT의 융합은 건물 및 교량 붕괴, 지하철 사고 등 대형 사고를 사전에 예방할 수 있어 국가안전을 높이는 상징적 효과도 기대할 수 있다. 건설 IT 적용에 따른 효과는 건설장비와 인프라의 효율적 활용 및 관리를 통한 부실공사 방지, 건설정책 및 도시계획에서의 의사결정 지원기능 강화, 건설폐기물 및 과적 차량 관리 등에 의한 환경오염 방지, 건설 관련 센서 부품과 U-City 구축 시장 활성화 등이 있다.[4]

또한, 건설기업 차원에서 IT를 적극적으로 도입하는 것은 타 기업에 대한 차별화를 통해 대외경쟁력을 확보하고 고객의 만족도의 향상을 도모할 수 있도록 한다. 나아가 기업 또는 사업의 운영에 있어 내실을 강화하고, 일하는 방식의 시스템화를 통해 효율성과 경제성을 제고함으로써 조직의 목표를 용이하게 달성할 수 있게 한다.

2.1.3 관련 용어

건설 IT와 관련하여 건설업계에서는 ERP, PMIS, U-City와 RFID, BIM 등이 꾸준하게 관심을 받아 왔으며, 특히 사업관리 영역에서 빈번하게 언급되는 주요 개념에는 다음과 같은 것이 있다.

- 건설통합정보시스템(computer integrated construction, CIC): 기획, 설계, 시공, 운영 등의 프로젝트 전 단계를 통합하고 프로젝트에 참여하는 모든 관련 조직을 연결하

3) 진상윤, IT기반의 건설관리 패러다임 변화, 대한건축학회지, 제49권 제4호, 2005.

4) 전황수, 박기식, 건설과 IT융합, 전자공학회지, 제35권 5호, 2008.

기 위한 과정으로써, 도형자료와 비 도형자료의 통합을 기반으로 한다.[5)]

- 건설 CALS(computer-aided acquisition and logistic support): 국내에서는 1997년에 시작된 공공기관이 주도하는 건설정보화 개념으로 관련 주체가 건설사업의 전체 과정 동안 발생되는 정보를 인터넷을 통해 교환 및 공유하기 위한 건설산업정보화 전략을 의미한다.
- ERP(enterprise resource planning): 재무, 회계, 인적자원, 공급망(supply chain), 고객정보와 같은 모든 기업자원을 통합하는 시스템을 말하며, 기능적 범위가 확대되는 추세에 있다.
- PMIS(project management information system): 프로젝트 관리 업무의 결과를 수집, 통합, 배포하기 위해 사용되는 도구 및 기법을 포함하는 것[6)]으로, 건설 PMIS의 개념은 건설사업의 생애주기, 지원업무, 정보처리유형, 사용주체 등에 따라 변동될 수 있다.[7)]
- KM(knowledge management): 조직 및 개인의 경쟁력을 높이기 위해 경험과 지식을 공유함으로써 건설업무의 핵심 지식을 창출하고 축적하는 과정이다.[8)]
- BIM(building information modeling): 프로젝트 생애주기 동안 나타나는 건축물의 물리적, 기능적 특성을 가상의 디지털방식으로 표현하고 공유하는 방식이다.[9)]
- nD-CAD: 4D-CAD보다 고차원적인 개념으로서, 4D-CAD의 스케줄링(scheduling)과 프로세스를 시각화하는 기술에서 확대되어 생애주기 동안의 각 단계에서 요구되는 다양한 관점의 설계정보를 통합하고자 하는 개념이다.[10)]

---

5) Sanvido, V. E. and Medeiros, D. J., Applying Computer-Integrated Manufacturing Concepts to Construction, Journal of Construction Engineering and Management, Vol. 116, No. 2, 1990, pp. 365-379(주미희, 정영수(2010)에서 재인용), Teicholz, P. and Fischer, M., Strategy for Computer Integrated Construction Technology, Journal of Construction Engineering and Management, Vol. 120, No. 1, 1994, pp.117-131(주미희, 정영수(2010)에서 재인용).

6) Project Management Institute(PMI), A Guide to the Project Management Body of Knowledge, PMI, 2004.

7) 유정호, 건설 PMIS 활용 현황과 전망, 건축, 제50권 제10호, 2006, pp.25-27.

8) 박재현, 백종건, 김재준, 건설기업의 지식경영 수준 평가모델개발에 관한 연구, 한국건설관리학회 논문집, 제3권 제4호, 2002(주미희, 정영수(2010)에서 재인용), 정영수, 강승희, 이규현, 건설 지식의 전략적 계획과 활용, 한국건설관리학회 논문집, 제6권 제 5호, 2005, pp.166-176(주미희, 정영수(2010)에서 재인용).

9) National Institute of Building Sciences(NIBS), National Building Information Modeling Standard, NIBS, 2007(주미희, 정영수(2010)에서 재인용).

10) Hu, W., He, X. and Kang, J. H., From 3D to 4D Visualization in Building Construction, Conference Proceedings of Computing in Civil Engineering, 2005(주미희, 정영수(2010)에서 재인용), Lee, G., Sacks, R., and Eastman, C. M., Specifying parametric building object behavior (BOB) for a building information modeling system, Automation in Construction, Vol. 15, Issue 6, 2006, pp.758-776(주미희, 정영수(2010)에서 재인용).

• PLM(product life cycle management): 3차원 공간 및 설계 정보를 기반으로 건설 프로젝트 생애주기에 걸쳐 참여주체들이 효과적으로 정보를 생성하고, 관리하며, 공유하고 직접 활용할 수 있도록 프로젝트 통합의사결정 지원 시스템을 개발하는 것이다.[11)]

한편, 건설 IT의 세부기술들은 다음과 같은 분류에 따라 구분될 수 있다.[12)]

• 건설자료 획득기술: 건설프로젝트와 구조물의 유지관리에 필요한 건설자료 획득기술은 주로 계측기(sensor) 같은 하드웨어에 관련된 분야로 레이저(laser), 전자태그(radio frequency identification tag, RFID), 디지털 카메라, 광섬유(fiber optics), GPS(global positioning system) 등이 해당된다.

• 건설자료 중간처리 · 전달기술: 주로 자료를 저장하고, 불러들이고, 가다듬고, 통합하고, 압축하는 기술로서 영상처리(image processing), 신호처리(signal processing), 무선 인터넷 기술, 데이터베이스(database) 혹은 데이터 웨어하우스(data warehouse) 기술 등이 포함된다.

• 건설정보 도출기술: 획득되고 중간 처리된 자료를 바탕으로 프로젝트 관리자(project manager)나 시설물관리자(asset manager)와 같은 의사결정권자가 편하게 사용할 수 있는 정보를 창출해 내는 기술을 의미하며, 인공지능(artificial intelligence), 시각화 기술(visualization), 데이터 마이닝(data mining), 시뮬레이션(simulation), 웹기반기술(web-based technology) 등을 예로 들 수 있다.

2.2 건설 IT의 변화와 발전과정

전 산업분야에서 IT의 활용이 필수 성공 요소로 여겨지는 추세 속에서 건설도 흐름을 같이 하고 있다. 건설사업관리 부분의 IT 활용은 IT의 발전, 건설기술 고도화 요구, 건설 환경의 변화, 사회 · 문화적 요구 등 건설산업 내 · 외부 요인들의 복합적인 작용을 거쳐 지속적으로 진화하고 있는 중이다.

건설 IT에 있어 내 · 외부적으로 커다란 변화 요인은 기술(technology), 글로벌 스탠더드(global standard), 자원(resource), 환경(environment), 요구사항들(requirements)의

---

11) 노상도, 건설 · 토목을 위한 정보통합/상호운용 지원 PLM의 설계 · 구축과 적용, 한국CADCAM 학회지, 제15권 2호, 2009.
12) 김형관, 한승헌, 김문겸, 건설IT의 현황과 발전방향, 대한토목학회논문집, 제54권 제7호, 2009.

변화로 정리할 수 있으며, 이러한 변화 추세 속에 IT의 기여가능성이 높아지면서, 요소기술들이 활발히 개발되고 있다.

• 건설 환경 변화 요인[13)]

– Technology: 건설과 분야별 기술의 융복합

– Global Standard: 글로벌 표준화

– Resource: 원자재 및 기능인력 부족

– Environment: 녹색건설 시장 · 상품 · 기술 발굴

– Requirements: 대형화 · 다양화 · 통합화

Haas(2010)는 하드웨어와 소프트웨어의 발전을 포함한 건설관리 기술 발전 과정을 그림 13-1[14)]과 같이 도식화하여, 컴퓨터의 등장(1950~1960년대) 이래, CAD 기반 시각화 기술(1970~1980년대), 센서 및 센서네트워크 기술(1990년대), 무선통신(1990년대), 인터넷과 월드와이드웹(1990년대), 의사결정 지원 시스템(2000년대), 실시간 정보기반 프로젝트 관리기술(2000년대), 센싱을 위한 바이오 · 나노 기술(2010년대) 등 주요 기술의 발전상을 정리하였으며, 하드웨어 기술과 소프트웨어 기술은 2020년까지 지속적으로 고도화될 것이라 예상하였다.

13) 김우영, 2020 건설상품과 기술예측, 한국건설산업연구원, 2010.

14) Haas, C., Current Status and Future Prospects of Construction Management Technologies, GSiCON 2010 상반기호, vol.02.

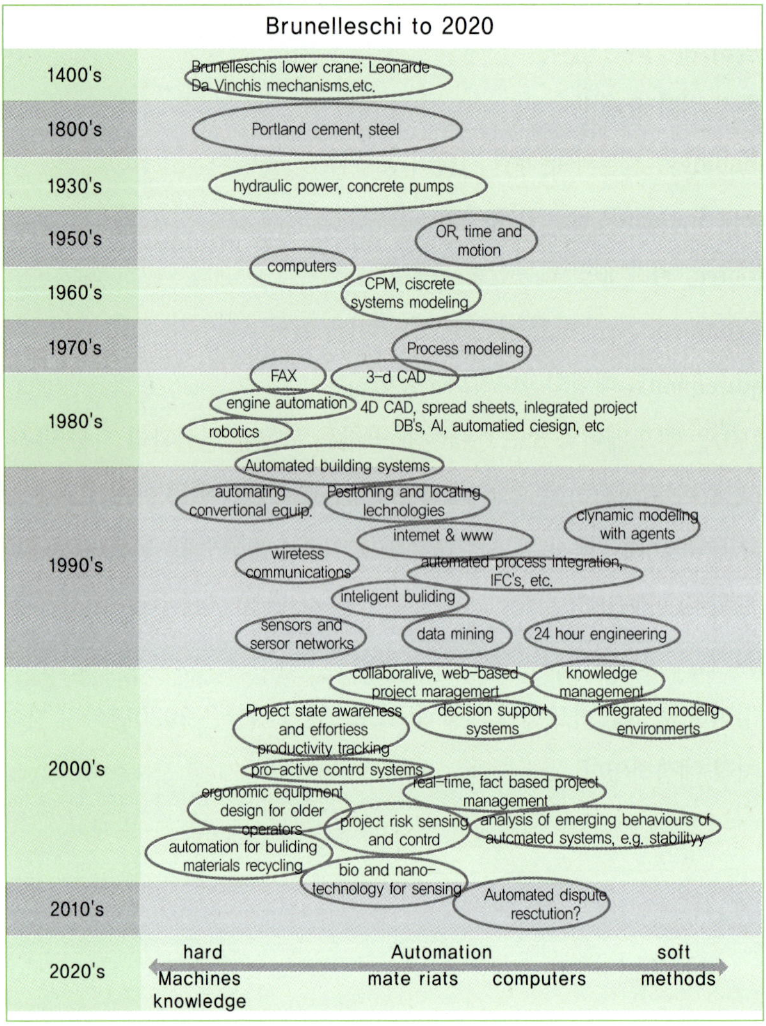

그림 13-1 건설관리 기술 발전과정(Construction Management Technology Progress)(Haas, 2010).

또한, 프로젝트 차원에서 IT 관련 기술은 다음과 같은 방향으로 변화해 왔다[15].

- Off-line 취합(~1995): 수작업 및 PC 기반의 업무 처리
  - 현장 문서 캐비닛 관리
  - Off-line 자료 접수
  - 전화, 팩스에 의한 업무 연락

15) 두올테크, 건설 프로젝트관리시스템 적용방안(PMIS+RFID+BIM), 발표자료, 2008.12.

- 수작업에 의한 관리
- ERP-Groupware(~2005): 원가, 기성 위주 업무
  - 본사 위주의 업무
  - 투입비용자료 취합(원가, 비용, 기성 등)
  - 전사적 기술자료(사진, 도면 등) 전산관리
  - 이메일 등에 의한 업무 연락
- 협업 시스템(~2010): 협업, 과학적 노무, 물류관리 기법 적용
  - 현장중심 PMIS 구축
  - 프로젝트 참여자간 협업 및 실시간 현장단위 업무처리 시스템
  - 프로젝트 단위 기술 자료 취합
- Ubiquitous(2010~)[16]: 시공에서 유지관리까지 자동화
  - 설계 · 시공 · 유지관리 자동 연계
  - 3차원 현장 통합 관리(물량, 비용, 공정)
  - 모든 현장 자원(인원, 자재, 장비) 자동 관리

지금까지 살펴본 건설 IT의 발전과정과 배경을 볼 때, 앞으로의 건설 IT는 프로젝트에 참여하는 주체들의 의사소통 제고, 프로젝트 관리 데이터의 저장 · 분석을 통한 관리 수준 향상, 프로젝트의 실시간 통제 지원에 의한 리스크 저감 등을 실현할 수 있는 방향으로 발전할 것으로 예상된다. 나아가 타 산업 기술과의 융 · 복합 작업을 통해 하나의 새로운 상품이 개발되고, 이들이 산업계에서 차지하는 영향력은 더욱 확대될 전망이다.

2.3 건설 IT 변화 트렌드

건설 IT의 변화과정을 고려할 때, 향후 건설관리 분야에서의 IT 활용은 다음의 다섯 가지 방향으로 전개될 것으로 예상된다.

- 기대 역할의 확장
- 지원 범위의 확장
- 활용 주체의 확장
- 활용 공간의 확장

16) Automation이 적합한 표현이지만 원문저자의 의도를 반영하여 표기함.

• 컨버전스(convergence)

2.3.1 역할의 확장에 대한 기대: 통합관리와 의사결정 지원 요구

건설관리에서 IT에 기대하는 기존의 역할은 ERP, 전자문서관리시스템(electronic document management system, EDMS), 원가 · 공정 · 품질 · 안전 등 부문별 관리시스템 중심의 업무처리 시스템(transaction system)을 통해 관리자들의 업무효율을 높여주는 것이었다.

그러나 특정 부분의 관리효율 향상만으로는 개별 프로젝트, 나아가 전사 차원의 성과가 크게 향상되기 어렵고 신속한 의사결정의 중요성이 커지면서 IT에 대한 새로운 역할들이 기대되고 있다. 즉 기존의 건설관리 서비스 영역간의 정보를 연계하고 통합적으로 관리하여 리스크의 조기 감지와 대응을 통해 신속한 의사결정을 지원할 수 있는 시스템 구축을 요구하고 있는 것이다. 이러한 흐름을 요약하면, 개별 업무처리의 IT 활용으로부터 점차 통합 관리, 의사결정 지원, 정보의 지식화라는 방향으로 역할이 확장되고 있다고 할 수 있다. 아래 표는 IT에 대한 확장된 역할의 트렌드 변화 및 관련 기술요소를 정리한 것이다.

표 13-1 트렌드 1: IT에 대한 기대하는 역할의 확장

	As-is	To-be
트렌드	운영시스템 (Transaction System)	운영시스템+의사결정지원시스템 (Transaction System + Decision Support System)
기술요소	• ERP • EDMS • 관리부분별 관리시스템 (원가, 공정, 품질, 안전 등)	• 센서 기술(RFID, USN) • 시각화 기술(4D, 가상건설, BIM) • 데이터 통합관리 및 의사결정 지원 기술 (i-PMIS(integrated PMIS), 데이터 웨어하우스)

이러한 트렌드 속에서 정보인식 · 통신기술(sensing · communication) 기술 및 i-PMIS(integrated PMIS), KM, 데이터 웨어하우스 등이 적용이 확대됨에 따라 관련 기술이 더욱 발전할 것으로 예상된다. 이러한 기술들은 궁극적으로 현장 · 본사의 실시간 현황 모니터링와 통합 공사관리를 지원함으로써 업무처리 리스크와 의사결정 리스크의 저감을 가져올 수 있으며, 그 세부기술에는 다음과 같은 것이 있다.

(1) 정보인식 · 통신기술(Sensing · Communication)

건설 프로젝트 관리를 위한 첫 번째 단계는 중점 관리 대상을 정의하는 것이며, 이 단계에서는 대상의 '측정'이 중요한 문제로 대두된다. 유용한 정보는 필요한 시기에 오류없이 정확하게 측정되어야 한다는 점에서[17], 이러한 측정을 지원할 수 있도록 정보인식 및 통신기술이 개발되고 있다. 현재 건설분야에서 가장 많이 사용되고 있는 정보인식 · 통신기술로는 아래의 RFID와 유비쿼터스 센서 네트워크 등이 있다.[18]

(2) RFID(Radio Frequency IDentification)

RFID는 전파를 이용하여 판독하는 기술로, 제조나 물류 등에 있어 종래의 바코드 대체 기술로서의 측면뿐만 아니라, 네트워크와 제휴함으로써 위치추적, 공급사슬관리, 보안 등 광범위한 분야에서의 이용이 전망되고 있다.

(3) 유비쿼터스 센서 네트워크(Ubiquitous Sensor Network, USN)

USN은 네트워크화된 물건을 이용하여 여러 가지 새로운 서비스가 제공되는 사회의 인프라스트럭처로서 센싱, 네트워킹, 컴퓨팅 등에 관계되는 기초 이론, 요소 기술, 시스템 기술, 어플리케이션 기술 등 다방면의 학술적 · 공학적 분야를 융합하여 성립되는 기술이다. 유비쿼터스 기술의 연구 개발에 따라 본격적인 보급기를 맞이하고 있으며, 건설 분야에서도 USN과 정보통신기술(ICT)을 응용하여 차세대 건설인 「스마트 건설(smart construction)」의 개발이 진행 중이다.

(4) 시각화 기술(4D CAD, VR, AR)

CAD(computer-aided design, 컴퓨터 이용 설계)의 이용을 시작으로 건설 분야에서도 시각화 기술이 이용되기 시작하였으며, 현재는 설계 · 시공 · 유지관리 각 단계의 정보를 연계하고, 보다 현실적인 이미지를 통해 관리오류를 줄이며, 관리의 편의성을 향상시킬 수 있는 방향으로 발전되고 있다. 최근에는 4D CAD, 가상현실(virtual reality, VR), 증강현실(augmented reality, AR) 기술 등이 이러한 시각화 기술의 발전을 주도하고 있다.

---

17) Haas, C., Current Status and Future Prospects of Construction Management Technologies, GSiCON, 2010 상반기호, vol.02.

18) Kurata, N., Smart Construction 總論, GSiCON, 2010 상반기호, vol.02.

(5) 4D-CAD

2차원 공정표와 3차원 도면을 연계한 개념으로, 4D-CAD 시스템 사용을 통해 공정오류의 조기판단, 시공성 및 작업효율의 파악, 공간생산성의 분석이 가능하다[19].

(6) 가상현실

컴퓨터의 힘을 빌려 사람들이 일상적으로 경험하기 어려운 환경을 실제와 가깝도록 제시하는 기술로서, 건설분야에서는 생산성 및 품질 향상, 공기단축, 원가절감 등의 실현을 목적으로 한다. 또한 가상건설(virtual construction, VC) 기법의 활용은 구조설계와 설비설계의 효과적 점검, 견적자동화, 건설프로세스 시뮬레이션, 통합의사결정지원 시스템 구축 등을 가능하게 한다[20].

(7) 증강 현실

실제 이미지와 가상 이미지를 결합한 기술로 실제 건설 현장의 공정진행 이미지와 부가적인 가상이미지를 결합하여 보여줌으로써, 공사 현황 진단, 향후 진행 작업 확인 등 관리자의 모니터링과 계획에 대한 이해력을 향상시켜 준다.

(8) 데이터 통합관리 및 의사결정 지원 기술

- i-PMIS(integrated Project Management Information System)
  i-PMIS 기술은 정보인식 및 통신기술을 통해 수집한 정보와 기존의 부문별 프로젝트 관리 정보 등을 통합한 프로젝트 관리 통합 정보시스템으로 정보의 수집과 통제(control)를 하나의 시스템상에서 수행할 수 있도록 지원한다.
- 건설 데이터 웨어하우스(Data Warehouse)
  건설 데이터 웨어하우스 개념은 다양한 원천으로 수집된 데이터를 주제별 · 기능별 · 조직별로 통합하여 적재하는 대용량 데이터베이스로서 데이터 분석 도구와 연계되어 의사결정 지원을 가능하도록 하는 기술이다[21].

---

19) Koo, B., and Fischer, M.(2000) "Feasibility Study of 4D CAD in Comercial Construction." Journal of Construction Engineering and Management.

20) 강인석, 지상복, 문진석, 가상건설기반 토목공사 시뮬레이션기법 구성 및 활용, 대한토목학회논문집, 제56권 제339호, 2008

21) 이현수 외, 건설 데이터 웨어하우스 기술 개발, 과학기술부, 2006

2.3.2 지원 범위의 확장: Value Chain의 확장

기존의 건설 분야 디지털 정보 활용은 설계와 시공단계가 주가 되어 왔으며, 단계별 정보가 단절되어 있어 정보관리시스템 활용에 의한 시너지 발생이 미비하였다. 하지만 최근에는 시설물에 대한 정보를 계획단계부터 자산관리단계까지 통합하여 관리함으로써 기획 · 설계 · 시공 · 유지관리 · 자산관리간의 관리 시너지 향상과 궁극적인 부가가치 향상을 유도하고 있다. 아래 표는 지원범위 확장 트렌드 변화 및 관련 기술요소를 정리한 것이다.

표 13-2 트렌드 2: 지원 범위의 확장

	As-is	To-be
트렌드	설계 · 시공단계 주요 지원	Value Chain의 전방위 확장 지원 (기획단계 → 설계단계 → 시공단계 유지관리단계 → 자산관리단계)
기술요소	• CAD • 관리부문별 관리시스템 (원가, 공정, 안전 등)	• BIM

• 가치사슬(value chain)상의 건설 정보 공유 기술

BIM은 초기 개념설계단계에서부터 유지관리단계에 이르기까지 건물(프로젝트)의 전체 수명주기 동안 다양한 분야의 모든 정보를 생산하고 관리하는 기술이라 할 수 있다. 따라서 BIM 기술을 적용할 경우 건축분야에서 생산되는 정보들을 보다 효율적으로 활용할 수 있는 등 여러 장점들이 구체화됨에 따라 국내뿐만 아니라 전 세계적으로도 BIM 적용분야 확장에 힘쓰고 있다[22].

2.3.3 활용 주체의 확장

최근의 건설정보는 단순히 현장이나 본사에서 발생하고 사용하는 데이터뿐만 아니라, 현재고객 및 미래고객에게 제공되는 데이터까지 포함하는 양상을 보이고 있다. 즉, 건설정보의 활용 주체가 건설프로젝트 참여자, 본사 관리자, 현재고객, 미래 고객으로 확대되고 있는 것이다. 이는 고객들이 건설 상품이나 프로젝트 상황에 대해 알고자 하는 욕구가 커지고 있는 것과, 고객 신뢰 향상 및 마케팅 차원에서 기업들 역시 적극적으로 정보 공유

22) 국토해양부(2010), "건축분야 BIM 건축가이드", 국토해양부 건축기획과.

를 추진하는 데 기인한다. 이러한 양상은 새로운 비즈니스 패턴으로 자리 잡을 것으로 예상된다.

표 13-3 트렌드 3: 활용 주체의 확장

	구분	As-was	As-is	To-be
트렌드	정보활용 주체	건설 프로젝트 참여주체	건설 프로젝트 참여주체 + 본사 관리자	건설 프로젝트 참여주체 + 본사 관리자 + 현재고객 + 미래고객
트렌드	목적	빠른 정보 전달	빠른 정보전달 + 정보 축적, 저장	빠른 정보전달 + 정보 축적, 저장 + 지식화 + 이익화 + 고객 커뮤니케이션 + 마케팅
트렌드	네트워크	Transport Network Business-Centric & Closed	Transport Network Business-Centric & Closed	Service Network Customer Friendly & Open
기술요소		• 이메일	• EDMS	• i-PMIS • 시각화 기술(BIM 등)

표 13-3은 활용 주체 확장 트렌드 변화 및 관련 기술요소를 정리한 것이다.

이러한 활용 주체의 확장에서 가장 중요한 요소는 활용 주체별로 별도로 동일 데이터를 재입력하지 않고 한번 입력한 프로젝트 데이터가 그대로 고객커뮤니케이션 및 마케팅 영역으로 확대되도록 하는 것이다. 따라서 데이터의 입력 · 저장 · 가공 · 공유기술이 고루 발달되어야 가능하며 관련 기술들이 지속적으로 개발 · 적용되고 있다.

2.3.4 활용 공간의 확장

스마트폰에 익숙한 직원들이 늘어남에 따라 모바일 업무환경을 구축하고 이를 통해 업무 프로세스를 효율화할 수 있는 기회가 증가하고 있으며, 기존 업무를 모바일로 대체하는 수준이 아니라 모바일의 특성을 활용해 프로세스를 개선함으로써 새로운 가치를 창출하고 있다.[23] 이러한 모바일 디바이스의 활용은 건설관리 업무 공간의 확장, 업무프로세스의 변화 등을 포함하여 다음과 같은 변화를 가져올 것으로 예상된다.

23) 강민형, 모바일 빅뱅이 촉발하는 기업경영의 변화, SERI, Issue Paper, 2010.10.

- 장소 구애 없이 실시간 현황 모니터링을 통한 신속한 업무처리 및 의사결정 시간 단축
- 현장 및 본사 업무 프로세스 간소화
- 건설 참여주체간의 신속 · 정확한 커뮤니케이션 유도
- 고객 요구의 신속한 파악 및 대응을 통한 고객만족도 향상

표 13-4는 활용 공간 확장 트렌드 변화 및 관련 기술요소를 정리한 것이다.

표 13-4 트렌드 4: 활용 공간의 확장

	As-is	To-be
트렌드	유 · 무선 통합을 통한 직원간 실시간 소통	모바일 의사결정지원시스템으로 실시간 정보공유
기술요소	PC(Personal Computer)	모바일 운영 시스템(Mobile Operation System): 스마트폰(Smart Phone), 태블릿 PC(Tablet PC) 등

2.3.5 컨버전스(Convergence)

컨버전스란 "여러 기술이나 성능이 하나로 융합되거나 합쳐지는 일"[24]로 기존의 건설기술과 다른 분야의 기술의 합해져 전에 없던 새로운 가치를 창출하는 것이다. 주로 IT와 건설기술과의 융합을 일컫는다. 최근 건설산업에도 이러한 컨버전스 기술의 도입이 활발하게 검토되고 있고, 관련 주요 기술요소들을 정리하면 표 13-5와 같다.

표 13-5 트렌드 5: 컨버전스(Convergence)

	As-is	To-be
트렌드	건설 IT	제 3의 서비스(건설+IT)
기술요소	(산업 부문별 분리된 서비스)	• U-City • Smart Green City • Smart Grid • Smart SOC • Smart Home • Smart Building 등

- 컨버전스를 통한 새로운 가치 창출의 기회[25]
- 건설기술과 녹색기술, 정보기술의 융합에 의한 신규 건설상품의 창출

24) 국립국어원 '신어' 자료집.
25) 김우영, 2020 건설상품과 기술예측, 발표자료, 2010.3.18.

- 독립적인 기술 분야 사이의 이해관계와 의사소통 장벽 극복을 통한 새로운 가치 창출
- 기술적인 관점보다 사회 · 경제 · 문화 관점 우선의 접근에 의한 지속가능한 신규 건설상품 도출
- 각 기술 분야를 융합할 수 있는 중재인(mediator)의 육성 필요

건설 분야에서 현재 이슈화되고 있는 컨버전스 기술은 U-City 및 스마트 그린시티, 스마트 그리드, 스마트 SOC, 스마트 홈, 스마트 빌딩 등이 있으며, 각 기술들의 현황을 살펴보면 다음과 같다.

- U-City

  U-City는 IT 인프라, 기술 및 서비스를 주거, 경제, 교통, 시설 등 도시의 다양한 구성요소에 적용한 미래형 첨단도시로 개념은 그림 13-2와 같다.[26] 현재 추진되고 있는 주요 예로는 아랍에미리트연합(UAE)에서 탄소 제로 도시로 기획되어 도시 전체가 하나의 시스템으로서 건설되는 마스다르 시티(Masdar City) 계획이 있다.[27]

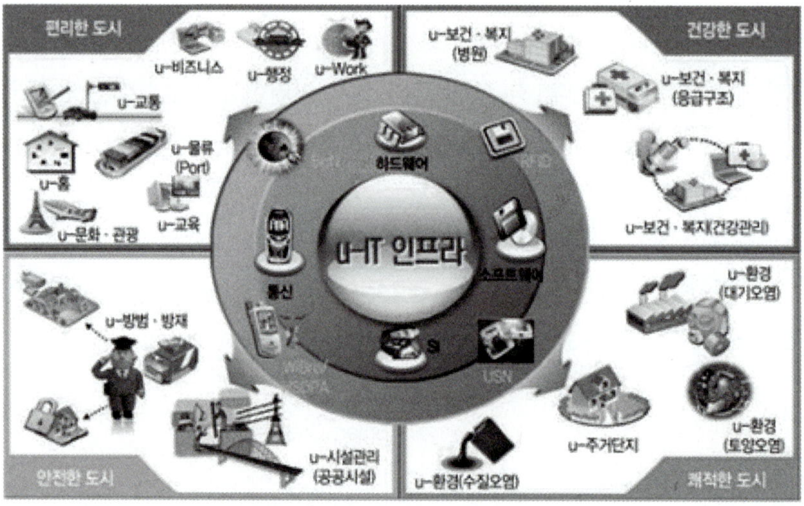

그림 13-2 U-City 개념도(정보통신부 2006).

- 스마트 기술

  건설 산업에서 스마트 기술의 의미는 IT 기술을 활용하여 공급과 수요를 체계적으로

26) 정보통신부, u-city 구축 활성화 기본계획, 2006, p.7

27) 김우영, 스마트 건설 산업의 동향과 전망, GSiCON, 2010 상반기호, vol.02

연계시켜 성과를 높이는 기술이란 의미의 '공학적인(engineering)' 내용을 함축하고 있는 단어로 이해할 수 있다[28]. 최근에는 거의 모든 건설 상품 이름 앞에 '스마트'라는 단어를 붙이는 것이 유행하고 있으며, 주요 건설 스마트 상품들은 다음 표와 같다.

표 13-6 트렌드 5: 컨버전스에 의한 스마트 상품

스마트 상품	내용
스마트 시티(Smart City)	• 미래학자들이 예측한 21세기의 새로운 도시 유형으로서 컴퓨터 기술의 발달로 도시 구성원들간 네트워크가 완벽하게 갖춰져 있고 교통망이 거미줄처럼 효율적으로 짜여진 것이 특징 • 텔레커뮤니케이션(Telecommunication)을 위한 기반 시설이 인간의 신경망처럼 도시 구석구석까지 연결되어 텔레워킹(Teleworking)이 일반화될 것으로 예측
스마트 그리드(Smart Grid)	• 발전 → 송·배전 → 판매'로 이어지는 단방향의 기존 전력망 비즈니스 구조에 정보통신 기술(ICT)을 접목, 공급자와 소비자간에 양방향으로 실시간 정보를 교환함으로써 에너지 효율을 최적화한 지능형 전력망 • 계량기와 전력 관리 서버 사이에 이동통신망을 이용하는 CDMA 무선 모뎀 단말기가 장착된 원격 검침기(AMR)를 설치해 운영하는 구조로써, 15분 단위로 전력 사용량을 전력 관리 서버에 전송함으로써 전력 자원을 효율적으로 배분하는 시스템
스마트 SOC(Smart Social Overhead Capital)	• 교통, 전력, 교육, 의료, 환경 등의 정보를 디지털화하고 이 결과를 상호 연결해 실시간으로 분석·예측하고 대응할 수 있는 인프라를 의미
그 외 스마트 이름 붙은 상품	• 스마트 홈, 스마트 빌딩, 스마트 오피스, 스마트 하이웨이, 스마트 상수도

3 해외 건설 IT 적용 사례

이번 절에서는 ENR의 건설 IT 관련 주요 뉴스를 중심으로 해외에서의 건설 IT 적용 사례를 살펴보고자 한다. 제시하고 있는 사례는 건설 참여 주체가 공동으로 작업할 수 있는 공간을 제공하는 포탈사이트(portal site), 모바일(mobile)기기를 활용한 현장데이터 관리시스템, 그리고 가상 모델하우스로 활용이 가능한 3D 시뮬레이션에 대한 내용으로 구성되어 있다.

28) 이상호, 건설 산업의 미래, 그린 스마트 산업 시대가 열린다, GSiCON, 2010.

3.1 모바일 어플리케이션 개발 현황

최근 미국에서는 프로젝트 관리에 클라우드컴퓨팅(cloud computing) 기술과 태블릿(tablet) PC를 활용하는 사례가 증가하고 있다[29]. 클라우드 컴퓨팅 기술이란 인터넷상의 서버를 통하여 데이터 저장, 네트워크, 콘텐츠 사용 등 IT 관련 서비스를 한번에 사용할 수 있는 컴퓨팅 환경으로 이 기술은 여타의 공동작업 도구와 달리 언제 어디서든 웹 액세스(web access)하여 로그인하는 것만으로 작업이 가능한 것이 특징이다. 태블릿 PC는 언제(when), 어디서(where), 어떻게(how)든 서로의 정보를 교환하고 확인할 수 있는 장점이 있어, 클라우드 컴퓨팅 기술과 결합함으로써 사용자 편의성을 높이는 작업공간을 제공할 수 있다. 이러한 기술들은 아직은 실험단계에 있지만 그 확산 속도를 볼 때 머지않아 일반화 될 것으로 예측된다.

(1) 공동 작업용 포탈사이트 운영(www.BuilditLive.com)

캘리포니아 새크라멘토의 전기 시공자 크리스 로스는 2010년부터 공동 작업용 포탈사이트를 창안하여 운영 중이다. 이 웹사이트는 건축사와 엔지니어들에게 적합하도록 개발한 무료 아이패드 앱(iPad app)인 모바일 플랜룸(Mobile Plan Room)에서도 접속이 가능한 것이 특징이다. 아이패드 터치스크린을 통해 읽기, 쓰기, 그리기, 확대·축소 등도 가능하다. 웹 액세스를 통해 로그인이 가능하고, 빌딩 분야로 구성된 폴더 조직을 가지고 있으며, 사용자 의지대로 수정도 지원하고 있다. 그림 13-3은 모바일 플랜룸(mobile plan room)의 주요 사용자 화면이고 그림 13-4, 5, 6은 시스템 구동화면이다.

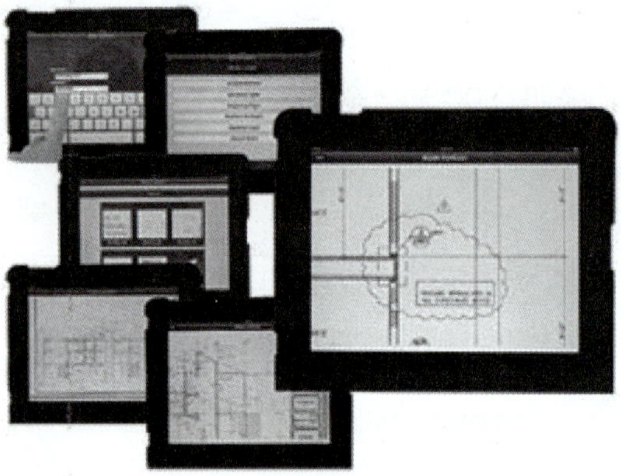

그림 13-3 Mobile Plan Room

29) Tom Sawyer, Clouds and iPads Have Inventors Rolling Out Tools, ENR, 2010.07.

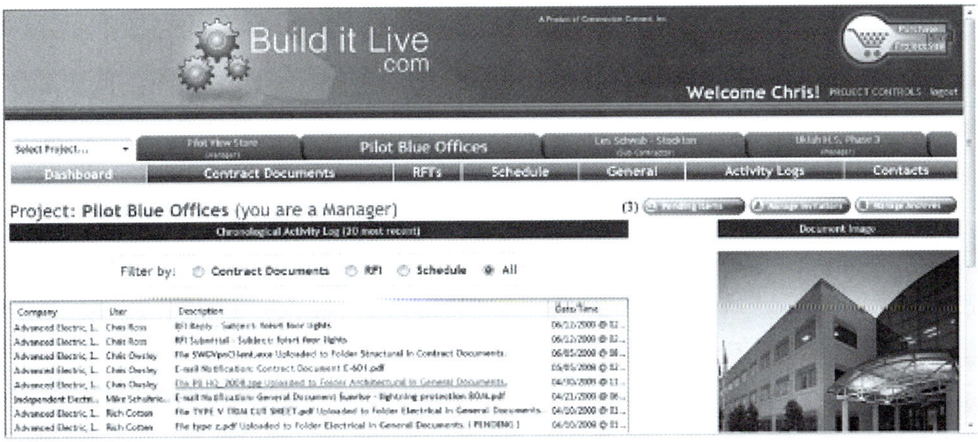

그림 13-4 Build it Live 구동화면 – 대시보드(dashboard)

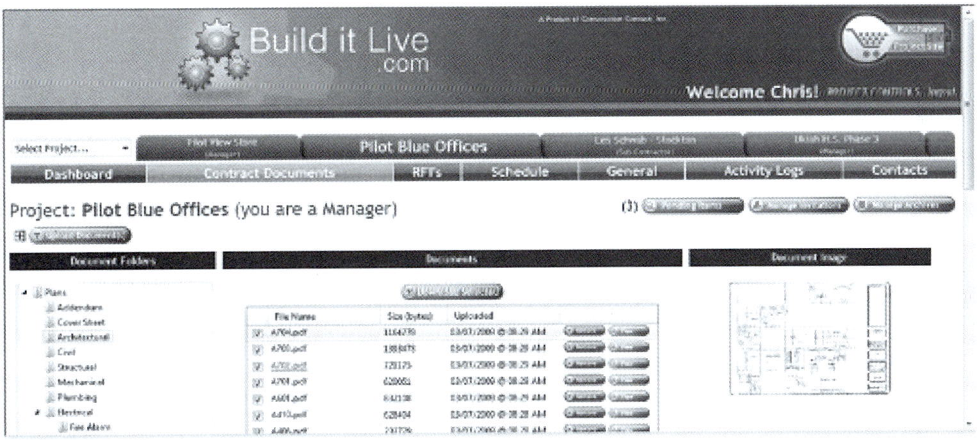

그림 13-5 Build it Live 구동화면 – 문서관리

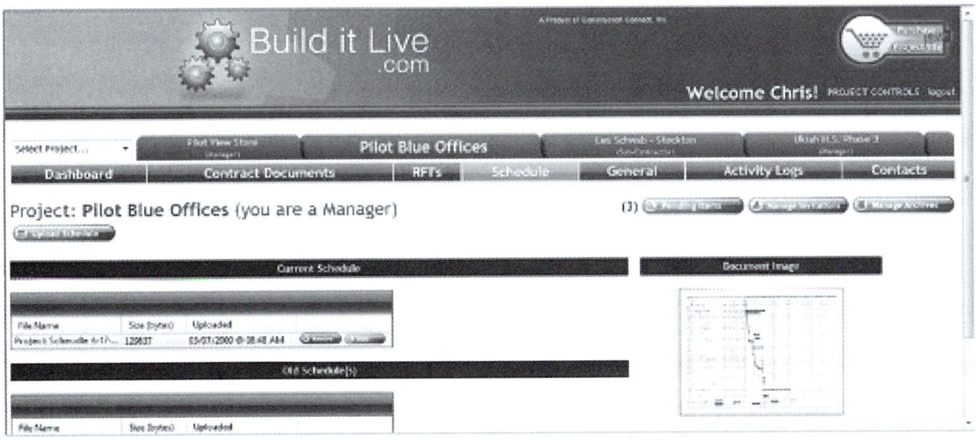

그림 13-6 Build it Live 구동화면 – 공정관리

(2) 모바일 기기를 활용한 건설현장데이터 관리: Zachary사의 123 펀치리스트 프로젝트

미국 텍사스의 Zachary사에서도 스마트 모바일 디바이스를 활용하여 건설현장관리를 수행하고 있다. Zachary의 123 펀치리스트라고 불리는 프로젝트는 서로 다른 소프트웨어와 무선통신 서비스, 모바일 기기를 연결하여 건설현장에서 발생한 데이터를 실시간으로 공유할 수 있도록 하나의 시스템으로 통합하였다. Zachary의 123 펀치리스트 프로젝트는 오늘날 여러 건설회사에서 사용하고 있는 데이터관리 도구들을 엮은 예시로써, 향후 건설업에서 클라우드 컴퓨팅 환경을 이용한 모바일기기와 소프트웨어를 통해 현장관리를 효과적으로 수행할 수 있도록 하는 서비스에 대한 잠재 수요를 보여 준다고 할 수 있다. 향후 스마트 모바일 디바이스를 건설에 적용해서 현장을 관리하고 정보를 통합하는 것은 막연한 미래가 아니고 반드시 다가올 미래이므로, 얼마나 빨리, 효율적으로, 정확히 준비하느냐가 변화하는 시대 흐름에서 기업이 성장하는 기반이 될 것으로 보인다[30].

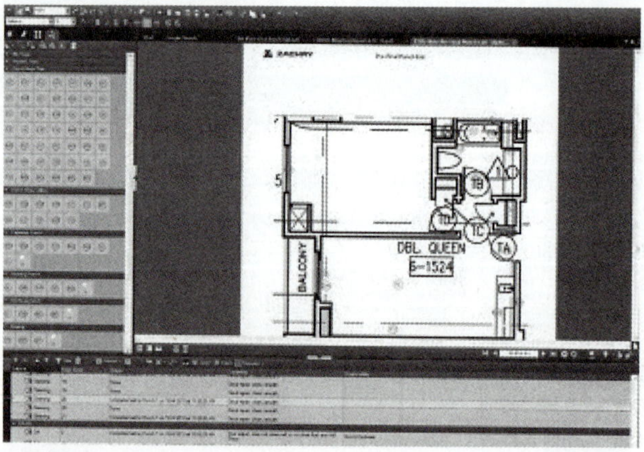

그림 13-7 Zachry사의 스마트패드용 도면 스프레드시트(123 펀치리스트)

3.2 풀 스케일(full-scale) 3D 시뮬레이션 기술 개발 현황

최근 설계단계에서 지어질 건물의 공간을 실제 스케일로 탐색해 볼 수 있는 기술이 개발되어 활용되고 있다. 이러한 기술을 활용하여 설계자는 구상하고 있는 공간을 실제 스케일로 탐색하며 수정할 요소를 찾을 수 있으며, 고객들은 건물 완공 전에 인수할 공간의 사전 체험이 가능하게 되어 설계에 대한 만족도를 높일 수 있다. 그림 13-8은 실제 미국 노스캐롤라이나(North Carolina) 주의 캠퍼스 재생 프로젝트의 계획설계(schematic design) 단계에서 이 기술을 활용한 예를 보여준다[31].

30) Tom Sarryer, Mobilizing Project Data, ENR, 2010.11.

31) Dabra Wood, Full-Scale 3D Simulator Gives Tours of Facilities in Design., Debra Wood, ENR, 2010.11.03.

그림 13-8 풀스케일 3D 시뮬레이션 기술 활용 모습

건설사업관리 업무프로세스의 건설 IT 적용은 크게 지원(support)기술과 기반(infra)기술로 구분할 수 있다. 지원기술은 실무에서 CM 업무프로세스를 수행하는데 있어 업무의 효율성을 높이기 위해 IT를 활용하는 것과 소규모 프로젝트에 있어 업무 수행을 위한 각종문서를 전산화하는 것을 말한다. 기반기술은 지원기술을 구현할 수 있도록 건설정보를 통합 관리할 수 있는 분류체계를 구축하고 분류체계에 따라 데이터를 수집할 수 있는 방법, 그리고 이를 통해 의사결정을 할 수 있도록 시스템으로 구현하는 것을 의미한다.

그런데 기존 CM 업무에 IT를 적용한다는 것은 쉽지 않다. 기본적으로 CM 업무는 그렇게 시각화(visualization)되어 있지 않다. 그렇기 때문에 건설 IT는 적용이 가능한 부분을 중심으로 적용여부를 판단해야 한다. 예를 들어 계약관리 같은 경우 시각화보다는 오히려 건물유형에 따라 중점 관리항목을 선정하고 이를 관리하기 위한 기술을 개발하는 것이 더 가능하다.

여기에서는 이런 상황을 고려해서 CM 업무프로세스에 건설 IT를 적용할 수 있는 분야를 기반기술에 해당하는 '통합건설정보 분류체계 수립', '프로젝트 정보의 고도화', '의사결정 지원체계 확립'의 3가지와 지원기술에 해당하는 'CM 업무프로세스 개선', '소규모 업무프로세스 개선'의 2가지로 구분하여 설명하고자 한다.

4 CM 업무프로세스에 지원이 가능한 IT

4.1 효율적인 정보관리를 위한 통합 건설정보 분류체계 수립

데이터베이스(database) 구축의 3요소라고 하면 데이터 자체, 데이터 저장 및 검색 도구, 그리고 데이터 분류체계라고 할 수 있다. 이 중에서 건설사업관리를 위한 건설 IT를 적용하려면 정보가 체계적인 관리가 될 수 있도록 데이터 분류체계를 결정하는 것이 매우 중요하다. 하지만 현재 건설기업의 데이터 분류체계는 지식관리시스템(knowledge management system, KMS), 전자문서관리시스템(enterprise document management system, EDMS), 인사관리시스템(human resource system, HRS), 경력관리시스템(career development plan, CDP)이 각각 별도의 분류체계를 가지고 있는 경우가 많다. 이런 이유로 검색 또는 활용에 있어 효율성이 떨어지고 같은 자료가 중복되는 경우가 발생한다.

이를 개선하기 위해서는 모든 정보는 분류기준이 MECE(mutually exclusive and collectively exhaustive)하도록 조정해야 한다. 그리고 필요한 경우 이들 분류체계는 특정 목적에 따라 유사 분류체계로 통합해야 한다. 건설 IT에 의해 수집되는 정보를 효율적

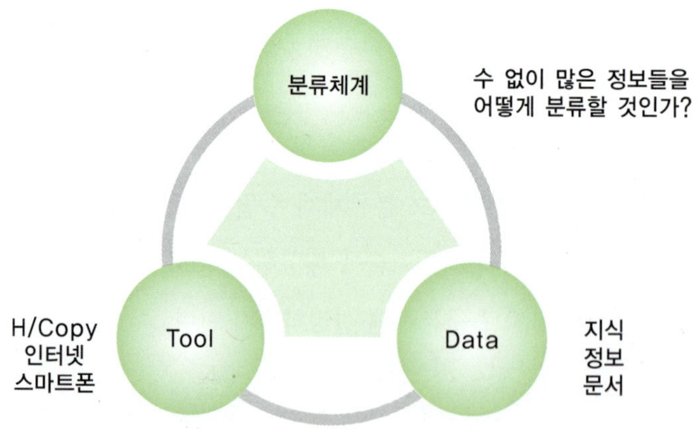

그림 13-9 데이터베이스 구축의 3요소

으로 관리하기 위해서는 반드시 선행되어야 한다. 그리고 신규 정보뿐만 아니라 기존에 보유하고 있는 지식도 재분류 되어야 한다.

표 13-7은 분류체계가 MECE하지 못한 사례를 나타낸다. KM의 경우는 같은 카테고리에서도 경영관리분야, 기술분야, 건설단계, 그리고 문서의 형태에 따라 서로 다른 분류항목을 가지고 있다. 이는 정보 분류체계를 구성할 때, 사용자의 관점에서 또는 생성되는 정보 관점에서 분류체계가 구축된 것이 아니고 개별 시스템의 활용목적에 따라 분류를 하다 보니 발생한 문제점이다. 예를 들어 어떤 정보가 건설현장에서 발생하였다고 생각해 보자. 이 정보는 분류체계 내에서 상황에 따라 여러 곳에 저장될 수도 있어 데이터의 중복이 발생할 수 있다. 이렇게 여러 곳에 저장된다는 것은 그 정보를 활용하기 위해서는 다양한 검색어가 필요하고 적합한 자료의 검색이 어렵다는 것을 의미한다. 즉 필요한 지식을 제때에 찾지 못하기 때문에 정보관리가 어렵다는 것이다.

표 13-7 정보 분류체계가 MECE하지 못한 사례

KM(경영 관리 분야)		KM(경영 관리 분야)		KIM(Phase)		QMS-A	KM (Doc.Type)	EDMS (현장)
대분류	중분류	대분류	중분류	대분류	중분류			
경영기획	전략기획 BSC GWP	프로젝트 관리기술	프로젝트 운영	설계 전 단계	일반사항	마케팅	계약서	계약
	지식경영 사회공헌		설계관리		발주처 요구사항	계약 관리	제안서	공문
IT	IT 기술동향		VE		법규검토/인허가	엔지니어링	검토보고서	공정
	IT 전략/기획		시공계획		시장조사	사업기획/운영	출장보고서	기술검토
	운영소프트웨어 관련		공정관리		사업계획, 상품개발	사업관리	절차서/지침서	매출/수금
인사	인사, 노무, 조직관리		원가관리		홍보/마케팅	범위관리	사례 및 벤치마킹	구매/발주
	교육훈련, 총보		품질간리		Financing 외	고객관리	산업동향	보고서
재무관리	회계/자금/세무		안전관리	설계단계	일반사항/설계관리	원가관리	Check-List	설계
	경영/주식/해외법인관리		환경관리		VE/LCC, 원가/공정	일정/공정관리	기타	설계변경
총무	자산관리, 임대차관리		FMS		품질/안전/환경	설계관리		시공
	행사기획, 근무지원		민원/클레임 관리		계약관리/시공관리	구매관리		제안서, PIP
국내영업	CM 마케팅		정보관리		FMS/유지관리 외	품질관리		품의서
	PM 마케팅	요소기술	건축	발주단계	일반사항/설계관리	안전관리		QES 통합
	마케팅 관리		토목		VE/LCC, 원가/공정	환경관리		회의
해외영업	CM 마케팅		기계		품질/안전/환경	시공관리		DR, VE
	PM 마케팅		전기		계약관리/시공관리	인허가 관리		기타
	마케팅 관리		구조		FMS/유지관리 외	리스크관리		
고객 산업 정보	공장/제조 IT/미디어		조경	시공단계	일반사항/설계관리	운영/유지관리		
	금융 에너지 물류	기술정보	신기술/신공법		VE/LCC, 원가/공정			
	호텔/레저 연구/교육		연구분야		품질/안전/환경			
	공연/전시, 병원/의료 외	건설동향	국내 건설 동향		계약관리/시공관리			
CS/QMS	감사업무/환경경영/		해외 건설 동향		FMS/유지관리 외			
	품질경영/지속가능경영		경쟁사 정보	준공단계	일반사항/설계관리			
	고객인터뷰		신사업 동향		VE/LCC, 원가/공정			
	고객만족 외부자료	출장보고	국내출장		품질/안전/환경			
	성공/실패사례 외		해외출장		계약관리/시공관리			
생활지식 (업무관련)	본사 및 공통	성공/ 실패사례	성공사례		FMS/유지관리 외			
	현장 관련		실패사례	범용정보				

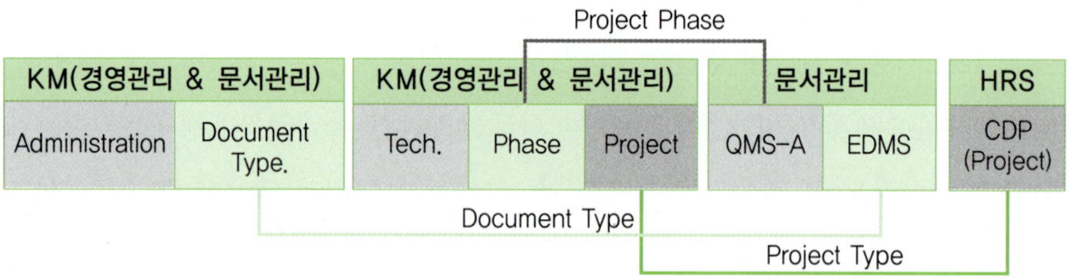

그림 13-10 유사 건설정보 분류체계 통합 예시

정보관리의 어려움을 해결하기 위한 통합 건설정보 분류체계를 수립은 3단계로 수행한다. 첫째, 기업 내에 존재하는 각각의 분류체계에 대해 재검토해야 한다. 우선 각 분류체계가 MECE하도록 조정한다. 그러기 위해서는 한국산업규격 분류체계, 건축법 시행령 상의 건축물의 용도 구분, 건설기술 관리법과 같은 다양한 분류체계와의 비교, 검토가 필요하다. 필요하다면 글로벌스탠더드라고 할 수 있는 ISO 12006-2, CMAA(Construction Management Association of America), PMI(Project Management Institute) 등의 업무분류체계도 고려하면 좋다. 둘째, 재검토 결과를 바탕으로 유사 분류체계간 통합을 실시한다. 예를 들어 지식관리의 문서형태별 분류와 문서관리의 EDMS는 문서형태(document type)로 합칠 수 있고 기술관련 지식관리의 단계별 분류는 역시 문서관리의 QMS-A의 분류체계와 통합할 수 있다. 그리고 기술관련 지식관리의 프로젝트별 분류는 인사관리시스템의 프로젝트별 분류와 통합할 수 있다. 이렇게 유사한 분류체계를 따르면 구분이 될 것이다.

통합된 건설정보 분류체계라고 무조건 하나로 통합할 필요는 없다. 목적과 활용이 분명하게 다른 분류체계를 무리해서 하나로 통합할 필요가 없다는 말이다. 이 단계에서는 무분별한 분류만 최적화하면 된다. 마지막으로 최적화된 분류체계에 맞도록 기존 정보 및 지식을 재분류하는 작업을 실시해야 한다. 또한 기존의 정보 이외에 새로운 형태의 정보가 발생했을 경우 분류체계에 저장하는 방안도 수립해야 한다. 그러기 위해서는 당연한 말이지만 문서의 제목, 파일명, 문서에 대한 설명 등을 표준화해야 할 것이다.

통합된 건설정보 분류체계가 수립되면 단기적으로는 체계적인 자료관리를 통해 열람과 활용이 용이하고 지식 경영활동이 활성화 될 것이다. 장기적으로 건설기업 내에 시스템간 데이터 호환 및 교류가 활성화되어 시너지 효과를 나타낼 것이다. 그리고 이를 통한 새로운 지식 서비스를 할 수 있다.

4.2 데이터베이스 구축을 통한 프로젝트 정보 수집

건설 DB(database)구축은 기존 프로젝트의 DB화와 진행 중인 프로젝트의 DB화로 구분할 수 있다. 기존 프로젝트의 DB화는 기존자료를 디지털(digital)화하는 것이다. 이미 구성된 건설정보 분류체계에 따라 적합한 형태로 디지털화해서 저장한다. 기존 프로젝트의 자료는 유사프로젝트 수행할 때 건설사업관리자가 의사 결정하는데 있어 활용할 수 있다. 진행 중인 프로젝트의 DB화는 데이터 수집과정을 스마트 디바이스(smart device)에 의한 입력과 PMIS(project management information system)에 의한 입력으로 구분할 수 있다. 스마트디바이스를 이용한 현장입력은 아직 현장에서 현실화 되려면 시기적인 문제가 있지만 가능할 것으로 생각된다. PMIS에 의한 정보 수집은 이미 많은 연구가 되었고 수행하고 있기 때문에 충분히 가능하다고 할 수 있다. 진행 중인 프로젝트의 DB화는 프로젝트 관리의 효율성을 높여줄 것이고 추후 프로젝트 수행에 있어 활용이 가능할 것이다.

좀 더 자세히 살펴보면 기존방식으로 축적된 자료의 디지털화는 우선 DB필드(field)를 구축해야 한다. 건설 DB의 수요자의 수요(needs)를 분석해서 그 결과에 따라 DB 필드를 결정한다. 이렇게 결정된 DB필드는 통합 건설정보 분류체계와 연계되어야 한다. 그 다음

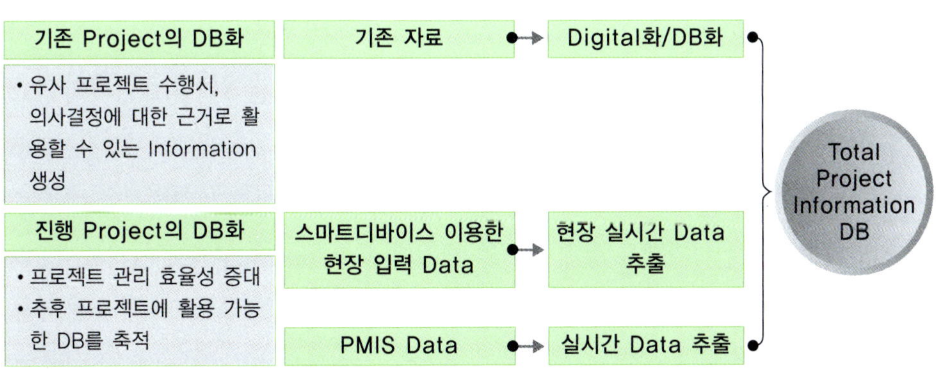

그림 13-11 건설 데이터베이스 구축 방법

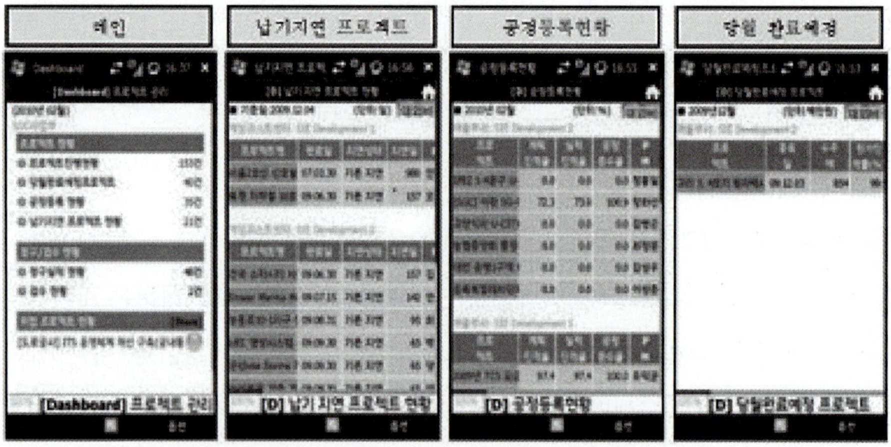

출처: 스마트폰 기반의 모바일 ERP 시스템 Framework 구축에 관한 연구, 박정훈외 2인

그림 13-12 **스마트폰기반의 프로젝트 관리 적용사례**

은 기존 프로젝트에 대한 DB를 구축하는 것이다. 프로젝트 종료 후 본사 또는 문서관리처에 이관된 자료와 기술자 개인이 가지고 있는 개별 자료 등과 같은 분산된 프로젝트 데이터를 추적한다. 수집된 자료는 이미 구축된 DB필드에 입력한다.

실시간 DB구축은 현장에서 발생하는 정보에 대한 입력방법을 스마트 디바이스를 이용하는 것이다. 현장에서 발생하는 정보는 공정정보, 원가정보, 안전정보, 설계정보, 자재정보, 문서정보 등에 해당하는 DB에 맞도록 정보입력 창 또는 양식을 만들어 입력하면 된다. 입력된 정보들은 스마트 디바이스를 통해 프로젝트 관리 현황을 조회할 수 있다.

현재 진행 중인 프로젝트의 정보를 수집하는 다른 방법으로는 PMIS 및 BIM 데이터로부터 자료를 추출해 내는 것이다. 그렇게 하기 위해서는 PMIS 및 BIM 관련 전문기업과의 협력관계를 형성해야 한다. 전문기업과의 협력관계를 형성해야 하는 이유는 기존 PMIS 정보의 경우 프로젝트마다 다르고 PMIS를 구축하는 전문기업별 데이터의 종류가 상이하고 입출력방식이 다르기 때문이다. 그리고 BIM 데이터, PMIS, 그리고 건설 DB간 데이터의 호환시스템을 구축하기 위해서도 필요하다. 따라서 이를 해결하기 위해서는 개별 PMIS 기업과의 협력관례를 통해서 기존 시스템에 추가(add-on)하는 방식으로 DB의 실시간 추출 시스템을 구축해야 한다.

구축된 자료와 데이터베이스는 건설 IT를 적용하기 위한 기업의 인프라가 될 것이고 프로젝트를 수행하는 주체의 의사결정에 도움을 줄 것이다. 이것은 CM 기업의 핵심적인 지적자산으로 활용이 가능할 것이다.

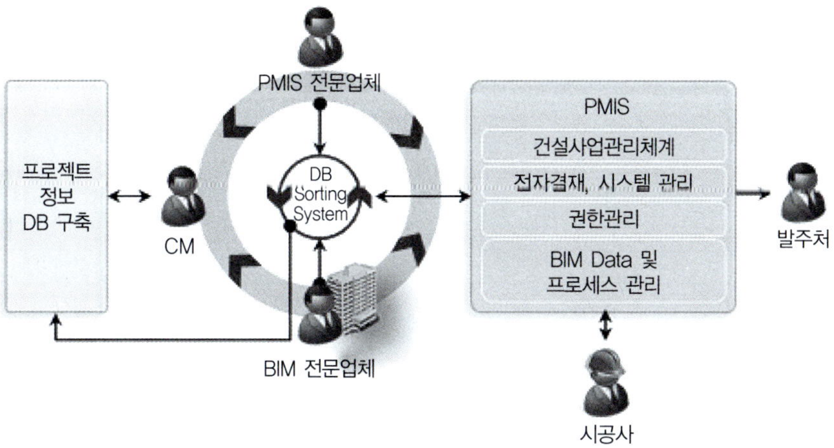

그림 13-13 PMIS 및 BIM 전문기업과의 협력관계 형성

4.3 객관적인 정보에 근거한 의사결정 지원체계(Decision Support System)

건설사업관리자가 프로젝트를 운영하는데 있어 실제로 발생하는 리스크(risk)를 빠르게 감지하고 신속하게 대응하기 위해서는 객관적인 정보에 따라야 한다. 이런 차원에서 기존 EIS(enterprise information system)는 정보관리를 가능하게는 하지만 신속함이 떨어진다고 할 수 있다. 건설정보 분류체계의 수립과 정보수집이 이상적으로 이어진다고 해도 지속적인 정보축적과 활용은 여전히 부족하고 이런 결과로 실제 업무를 사용하는 업무담당자의 효율이 떨어진다.

이를 개선하기 위해서는 프로젝트의 운영데이터와 본사의 경영데이터를 연계시키는 통합진단 및 예측 도구가 필요하다. 이런 도구는 다양한 데이터 소스(legacy system, historic data, paper record)에서 발생하는 데이터의 정제, 저장, 분석을 통해 객관적인 정보를 제공해야 한다. 의사결정시스템은 단순한 정보축적 뿐만 아니라 활용체계의 동시에 구축하여 실시간으로 정보를 제공해야 의사결정자의 판단시기를 최적화 할 수 있다.

CM 기업 최고의사결정자가 의사결정을 하기 위해서는 제공하는 정보가 미래를 예측하는 기능을 가지고 있어야 한다. 그러기 위해서는 데이터를 관리할 수 있는 기술이 필요하다. 데이터 웨어하우스(data warehouse)기술은 업무를 처리하는데 있어 데이터를 입력하고 출력하는 일반적인 DB 기능을 강화하여 데이터 마트(data mart), 데이터 마이닝(data mining) 등과 같은 새로운 분석방법과 결합하여 강력한 미래예측기능 및 의사결정지원 기능을 제공할 수 있다.

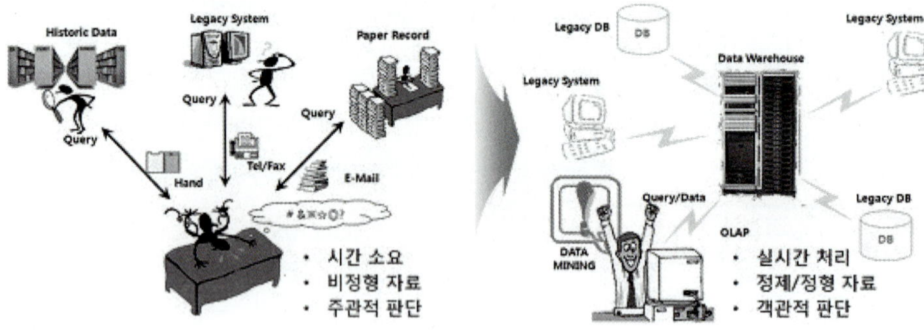

그림 13-14 데이터 웨어하우스 기반의 의사결정지원시스템 개념도

데이터 웨어하우스 기반으로 구축된 의사결정시스템은 다양한 수준(level)의 의사결정자(CEO, 본사관리자, 프로젝트 관리자)가 사용할 수 있도록 개발되어야 한다. 시스템 개발은 의사결정 지원 범위 및 구축 모듈 설정, 모듈별 성과지표 정의(주제영역 및 관리항목 정의), 지원도구를 적용한 물리적 시스템 개발, 운영 평가 및 보완의 절차에 따라 진행한다.

4.4 효율적인 CM 업무프로세스 개선 지원

건설 IT를 활용한 CM 업무프로세스 개선의 목적은 IT를 활용한 CM 업무의 편리성과 효율성을 증대시키는 것이다. 즉, CM이 수행하는 설계관리 및 현장정보수집, 분석, 발주자 보고 등 개별 단위 업무에 IT를 활용해서 전체적인 프로세스를 효율화하는 것이다.

CM 업무프로세스상에 많은 단위업무(activities)가 존재하지만 여기서는 적용이 가능한 부분을 선별하여 설명하겠다. 우선 기본설계단계에서의 역할은 발주자의 의사결정 관리와 공사비 분석 및 개략공사비 산정 부분에 있어 적용이 가능할 것이다.

CM은 발주자와 많은 업무적 관계를 가지고 있다. 그래서 CM은 발주자의 성향, 의도 및 요구사항을 파악하고 이를 충족시켜주어야 한다. 이때 발생하는 정보는 VOC(voice of

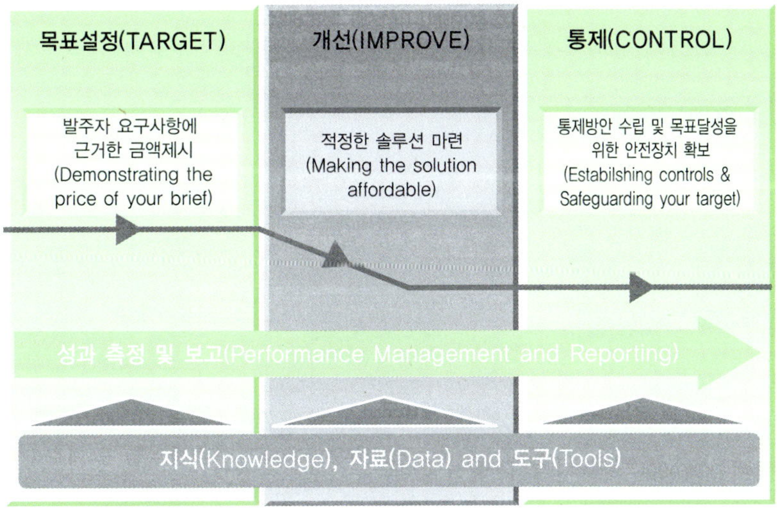

그림 13-15 Turner & Towasend의 특화된 사업비 관리절차(T &T, 2010)

client)로 관리되는데 이를 관리하는데 있어 스마트 디바이스를 활용할 수 있다. 스마트 디바이스 활용의 장점은 발주자의 요구사항을 자료로써 관리할 수 있다는 점이다. 프로젝트관리에 있어서는 프로젝트의 특성, 현황 및 문제점 등을 제반 설계도서와 함께 관리 할 수 있기 때문에 언제 어디서든지, 말이 아닌 시각적인 도구로써 의사소통을 할 수 있다는 장점을 가지고 있다.

공사비 분석 및 개략공사비 산정은 기본적으로 축적된 지식과 자료 그리고 툴에 의해 가능하다. 우선 프로젝트의 사업계획서에 의한 비용을 통해 목표 비용을 설정하고 이것을 관리하기 위한 방법을 제시한다. 시스템을 통해 공사비의 구성과 개략공사비를 산정하여 공정관리 및 조달관리를 실시함으로써 효율적인 공사관리가 가능하게 되는 것이다.

시공관리 및 감리업무단계에서는 발주자에 대한 정기 및 수시보고, 발주자에 현장현황 보고, 발주자의 자문요구 및 관리자의 의견제시, 시공상세도 제시, 그리고 발주자의 지시사항 및 공사수행상 문제점 파악 보고가 가능하다. 주로 발주자에 대한 현장정보를 보고하는 업무에 많이 활용될 것으로 예상된다. 휴대가 가능한 IT장치를 통해 현장에서 발생한 사항을 도면이 표시하고 사진과 함께 첨부해서 발주자가 언제 어디서든 확인할 수 있고 이에 따른 의사결정으로 실시한다면 업무의 흐름이 빨라지고 이것이 근거가 되어 향후 분쟁도 줄어들 것이다. 시공관리 및 감리업무단계에서는 이렇게 현장상황에 대한 정보를 신속하게 시각화하여 보여주고 이에 따른 신속한 의사결정을 유도하다는 것이 가장 중요한 요소라고 할 수 있다.

그림 13-16 시공관리 및 감리업무 단계 IT활용 예시

4.5 소규모 프로젝트 업무프로세스 개선

소규모 프로젝트의 경우는 다수 프로젝트가 진행되기 때문에 검토지연에 따른 운영부실과 서비스의 불만족이 가장 큰 문제점으로 나타나고 있다. 이런 경우의 건설 IT적용은 과도한 시스템의 구축이나 관리보다는 영업과 운영을 위한 최소한의 시스템 구축과 문서의 전자화가 더욱 필요하다.

영업단계의 경우는 영업과정의 모든 정보를 자료화하여 피드백기능을 강화하여 동일 또는 유사 프로젝트에 대한 검토기간을 단축시키고 이를 통해 업무효율성을 극대화할 수 있다. 영업단계의 업무효율성은 영업에만 국한되지 않는다. 결국 운영에 있어 발생 가능한 리스크를 사전에 해소할 수 있는 효과도 있다. 운영단계의 경우는 영업시 발생한 각종 자료를 활용하여 운영에 있어 발생 가능한 혼선을 예방할 수 있고 이를 통해 고객과의 신뢰를 지속적으로 유지하고, 프로젝트 진행과정을 투명하게 오픈하여 고객 만족을 최대한으로 할 수 있다.

표 13-8은 소규모 프로젝트 업무프로세스에 따른 업무내용과 의사결정요인 그리고 IT 기능을 활용할 수 있는 분야를 나타내고 있다.

표 13-8 소규모 프로젝트의 업무프로세스와 IT기능 활용분야

업무프로세스	업무내용	의사결정요소	IT기능 활용분야
1. 전화상담	고객 성향파악	정확한 사업 파악	고객리스트 관리
2. 방문협의	사업내용의 구체적 협의	사업추진의사 확인	프로젝트 체크리스트 활용
3. 기획	용도별 시설기획	고객성향에 따른 우선순위	파트너사 정리
	Concept 설계진행	적정 파트너사 활용	3D 스케치업(이해도 향상)
	사업타당성 검토	사업비용, 시장현황	개산견적, FS
4. 고객협의	차수별 설명안 논의	대안별 논의	기획단계 기능활용
5. 고객의사결정	사업추진 및 당사 용역계약에 대한 확인	대응결과(Response Report) 관리	고객리스트 관리
6. 계약단계	계약협의	대안별 원가(마감포함)	자재별 성능 및 원가DB
7. 착공 및 시공관리	내역, 일정, 기성관리 보고	원가 및 일정관리	일정 및 원가(기성, 설계 변경) 확인 시스템
8. 착공	인수인계	관리자료 인수인계	프로젝트 자산관리

소규모 프로젝트의 업무프로세스 개선을 요소별로 적용방안을 살펴보면, 첫째 사업검증시스템으로의 활용이다. 사업검증시스템은 고객 리스트관리 및 대응결과(response report) 관리와 사업추진 및 가능성에 대한 체크리스트 관리로 구성된다. 고객들의 정보를 사업방식, 사업비 조달방안, 추정사업비, 추정공사비, 사업추진시기, 희망용도, 현재 진행현황, 기타 특이사항으로 구분하여 관리한다. 둘째, 파트너 및 협력업체의 DB 구축이다. 사업 분야별 핵심역량을 가지고 있는 파트너사를 구축하여 효과적인 업무를 수행한다. 사업의 규모별, 용도별, 지역별 전문 파트너사를 구축하고 이를 활용하기 위한 검토에 대해 신속하고 리스크가 없이 진행할 수 있는 시스템이 필요하다. 셋째, 발주자의 의사결정 지원시스템이 필요하다. 유사사례 실적을 통해 건축주의 의사결정의 기준을 정립하고 사업성 평가를 통해 예산과 자금 도입방안 등에 대한 의사결정을 지원한다. 마지막으로 원가 및 일정관리 시스템을 활용한 사업관리이다. 소규모 프로젝트이기 때문에 프로젝트마다 PMIS를 구축할 수는 없다. 따라서 원가와 일정에 특화된 시스템을 구축이 필요하다. 정보량도 많지 않기 때문에 여러 현장을 관리할 수 있도록 사업개요, 일정관리, 원가관리, 그리고 공정사진을 관리할 수 있으면 된다.

5 결

건설 IT 적용의 궁극적인 목적은 고객만족에 있다. 건설 IT는 고객에게 기획단계에서부터 시각화된 자료를 통해 의사소통을 하고 의사결정을 할 수 있게 한다. 고객이 원하는 자료를 즉시 확보해서 활용할 수 있고 이런 투명한 공개 정보는 고객으로부터 신뢰를 얻을 수 있는 지름길이다.

그렇기 때문에 건설사업관리에서 건설 IT를 적용한다는 것은 고객에게 차별화된 서비스를 제공한다는 것이다. 차별화된 서비스는 CM의 기본업무를 IT로 수행하는 것이기 때문에 업역이나 업무내용이 변하는 것은 아니고 프로세스가 효율적으로 개선된다는 것을 분명히 해야 한다. 결국 CM 업무에 건설 IT를 적용한다는 것은 우리가 하고 있는 업무의 프로세스를 개선한다는 것을 의미한다. 그렇기 때문에 건설 IT의 적용은 CM조직의 내부 운영의 효율성을 높이고 개선하는 것과 수행하고 있는 프로세스의 성과를 높이는 관점을 동시에 고려해야 한다.

건설사업관리에 건설 IT를 적용함으로써 얻을 수 있는 기대효과는 첫째, 경기 침체와 치열한 경쟁 속에서 IT기반에 차별화된 서비스를 제공할 수 있는 계기가 되고 둘째, 디지털을 바탕으로 건설사업관리 기업의 근본적인 체계를 개선하고 효율적인 사업수행체계 구축을 가능하게 하며, 마지막으로 기존 사업에 대한 지원뿐만 아니라 새로운 사업 분야로의 진출을 가능하게 한다는 점이다.

따라서 건설 IT는 CM 기업이 부가적으로 수행해야 할 업무가 아니라 기존 업무를 수행하는데 있어 자연스럽게 활용해야 할 도구적인 방식이고 내부의 효율화와 고객의 만족을 위해 반드시 적용해야 할 과제라고 할 수 있다.

참고문헌

REFERENCE

1장

1. 김인호, "CM의 개념과 건설산업의 의의"
2. CMAA, 김한수, 한미파슨스 "미국 Construction Management A to Z", 보문당, 2010.
3. 서울시립대학교 산업기술연구소, 한미파슨스 "미국 건설산업의 CM 벤치마킹 연구" 2004.
4. 이복남, 정영수 "건설사업관리의 업무 기능과 역할 분담" 한국건설산업연구원, 1999.8.
5. AGC(The Associated General Contractors of America), "CM At-Risk State-by-State Map", http://www.agc.org/cs/industry_topics/project_delivery/cmatrisk
6. Colin Gray, "A Best Practice Guide to Construction Management", The Reading Production Engineering Group, 1996. 8.
7. "CUP Guidance No. 36 Contract Strategy Selection for Major Projects", HM Treasury
8. ENR(Engineering News Records), 2009. 06.
9. GC/Works/1 with Quantities Construction Management Trade Contract, GC/Works/1 without Quantities Construction Management Trade Contract.
10. Procurement group, "Government Construction Procurement Guidance", HM Treasury.
11. "Procurement Guidance No. 3 Appointment of Consultants and Contractors", HM Treasury.
12. The Housing Grants, Construction and Regeneration Act.

2장

1. 한국CM협회, "건설사업관리용역표준과업내용서"
2. 한미글로벌, "CMr Handbook", 2009.
3. CMAA, "Capstone : The History of CM Practice and Procedures", 2005.

4. CMAA, "Construction Management Standards of Practice : 2010 Edition", 2010.
5. Young Hoon Kwak and Frank T. Anbari, "Impact on Project Management of Allied Disciplines", PMI, 2008.
6. PMI, "A Guide to the Project Management Body of Knowledge Fourth edition", 2008.
7. PMI, "Q&A's for the PMBOK Guide Fourth Edition", 2009.

4장

1. 건설기술관리법, 법제처.
2. 국토해양부 설계VE업무매뉴얼, 2009.
3. 조달청, 설계관리 업무편람.
4. 김창덕, 나경철, "협력설계를 통한 건설 프로세스 개선방안", 건설관리학회논문집, 2001.
5. 한미파슨스, 상암동월드컵경기장 건설사업관리보고서(2).

5장

1. 건설산업선진화위원회, 공공사업효율화 분과 보고서, 2009.
2. 김종훈, "건설 Cost 혁신의 핵심과 방법론" 강의, 2010.
3. 한미파슨스, Turner & Townsend Korea, 터너앤타운젠드 사업비 및 공사비 관리 연구 보고서, 2010.
4. Roger Flanagan and Brian Tate, Cost Control in Building Design.

6장

1. 신공항건설공단, 공정관리절차서, 1998.
2. 삼성물산건설부문, 공정관리이론(내부교육서), 1998.
3. 이복남, 건설공사진도 및 기성고 산정방법 개선, 한국건설산업연구원, 1997.
4. 주성철, 공사비관리실무과정, 1994.
5. 한국건설기술연구원, 공정관리실무, 2000.
6. 한국수력원자력(주), 원자력 공정관리 실무, 2001.
7. 한국수력원자력(주), 울진원자력 5,6호기 공정관리절차서.

8. 한국수력원자력(주), 울진원자력 3,4호기 공정관리절차서.
9. 한진종합건설, 공정관리(내부교육서), 1994.
10. COE Specification, "Solicitation, Offer, and Award for Construction of Add/Alt 121st Hospital, Phase I, Yongsan, Korea".
11. F. William Horsley, CPM Network Scheduling, 1996.
12. PMBOK(A Guide to the Project Management Body of Knowledge) 4th Edition, PMI, 2008.

7장

1. 건설기술관리법, 법제처.

8장

1. 국토해양부, "건설공사 안전관리 매뉴얼", 2010.
2. 삼성건설, 안전관리 체크리스트.
3. 최기봉, "안전관리론 입문", 2002.
4. 홍성태, 안홍섭, 박홍신, 한미파슨스 공저 "삼풍사고 10년 교훈과 과제" 보문당, 2006.
5. e-나라지표.

9장

1. 건설교통부, "제2차 건설산업진흥기본계획", 2002.
2. 건설교통부 건설경제국, "건설경제 업무편람", 2006.
3. 두성규, "중재판정사례로 본 건설클레임의 분석과 향후 전망", 2003.
4. 대한상사중재원, "중재판정사례집 제11권", 2003.
5. 대한상사중재원, "판정사례집 건설중재", 2003.
6. 대한상사중재원, "상사분쟁과 중재절차 해설", 2001.
7. 박준기, "건설클레임론", 대한건설협회 일간건설사, 2000.
8. 박준기, "건설계약의 이해", 대한건설협회 일간건설사, 2000.
9. 백준홍, "건설계약관리와 클레임해결", 연세대학교 출판부, 1998.
10. 이상호 · 한미파슨스, "한국건설산업 대해부", 2003.

11. 일간건설사, "건설공사 판례 중재 사례집", 2004.
12. 장훈기, "정부계약제도", 1995.
13. 현학봉, "건설공사 계약관리와 클레임", 일간건설신문, 2003.
14. PMBOK(A Guide to the Project Management Body of Knowledge) 4th Edition, PMI, 2008.

10장

1. 국가기록원, 2001, 기록관리 국제표준 자료집 - ISO 15489.
2. 국가기록원, 2004, 전자기록물 영구보존기반 기술용역보고서.
3. 국토해양부 공고 제 2009 - 781호 건설정보분류체계 적용기준.
4. 김기훈, "국내 건설기업의 해외 신도시개발 시장 진출을 위한 PMIS 기능 구축방안", 2010.
5. 박창석, "PMIS의 효율적 구축모델을 위한 개선방향에 관한 연구", 2009.
6. 사무관리규정(2001.2.14 대통령령 제17129호).
7. 사무관리규정시행규칙(2001.2.14 행정자치부령 제125호).
8. 서혜란, 이은경, 이소연, "전자기록의 진본성 유지를 위한 전략", 한국정보관리학회, 2003.
9. 심재진, "문서혁신을 위한 기업콘텐츠관리(ECM) 시스템 도입 전략에 관한 연구", 2010.
10. 알펜시아 조성사업 문서관리절차.
11. 오인영, 박종현, 장경순, "건설사업관리시스템(PMIS) 도입에 관한 연구", 2008.
12, 정기영 외, "현대사무관리론", 민영사, 2000.
13. 정수현, "현대건설 현장관리시스템(H-pms) 및 문서관리시스템(H-dms) 구축 및 활용 현황 소개", 대한건축학회, 2008.
14. 최동준, "민간부문 전자기록물 관리 혁신을 통한 기업 경쟁력 강화 방안 연구", 2009.
15. 한미파슨스 현장문서관리절차.
16. 한미파슨스 CMr 핸드북.
17. IT Complex 프로젝트 PMIS.

11장

1. 이용규, "부동산개발사업의 이해", 부연사, 2007.
2. 박국규, "주택사업의 시행과 사업성 검토", 어드북스, 2009.
3. 이원준, "부동산컨설팅업 경영과 실무", 경록, 2002.

12장

1. 유엔환경계획(UNEP), "Towards a Green Economy: Pathways to Sustainable Development and Poverty Eradication", 2011.

13장

1. 강민형, 모바일 빅뱅이 촉발하는 기업경영의 변화, SERI, Issue Paper, 2010.10.
2. 강인석, 지상복, 문진석, 가상건설기반 토목공사 시뮬레이션기법 구성 및 활용, 대한토목학회논문집, 제56권 제339호, 2008.
3. 김우영, 2020 건설상품과 기술예측, 한국건설산업연구원, 2010.
4. 김우영, 스마트 건설 산업의 동향과 전망, GSiCON, 2010 상반기호, vol.02.
5. 김형관, 한승헌, 김문겸, 건설IT의 현황과 발전방향, 대한토목학회논문집, 제54권 제7호, 2009.
6. 노상도, 건설 · 토목을 위한 정보통합/상호운용 지원 PLM의 설계 · 구축과 적용, 한국 CADCAM 학회지, 제15권 2호, 2009.
7. 두올테크, 건설 프로젝트관리시스템 적용방안(PMIS+RFID+BIM), 발표자료, 2008.12.
8. 박재현, 백종선, 김새준, 건설기업의 지식경영 수준 평가모델개발에 관한 여구, 한국건설관리학회 논문집, 제3권 제4호, 2002.
9. 박정훈외 2인, 스마트폰 기반의 모바일 ERP 시스템 Framework 구축에 관한 연구.
10. 유정호, 건설 PMIS 활용 현황과 전망, 건축, 제50권 제10호, 2006.
11. 이상호, 건설 산업의 미래, 「그린 스마트 산업」시대가 열린다, GSiCON, 2010 상반기호, vol.02.
12. 이현수 외, 건설 데이터 웨어하우스 기술 개발, 과학기술부, 2006.
13. 주미희, 정영수, 건설산업 환경변화에 따른 건설정보화 개념요소 고찰, 한국건축시공학회 2010년 춘계 학술발표대회 논문집, 제10권 1호, 2010.
14. 진상윤, IT기반의 건설관리 패러다임 변화, 대한건축학회지, 제49권 제4호, 2005.
15. 전황수, 박기식, 건설과 IT융합, 전자공학회지, 제35권 5호, 2008.
16. 정보통신부, u-city 구축 활성화 기본계획, 2006.
17. 정영수, 강승희, 이규현, 건설 지식의 전략적 계획과 활용, 한국건설관리학회 논문집, 제6권 제 5호, 2005.
18. Debra Wood, Full-Scale 3D Simulator Gives Tours of Facilities in Design, Debra Wood, ENR, 2010.11.

19. Haas, C., Current Status and Future Prospects of Construction Management Technologies, GSiCON 2010 상반기호, vol.02.
20. Hu, W., He, X. and Kang, J. H., From 3D to 4D Visualization in Building Construction, Conference Proceedings of Computing in Civil Engineering, 2005.
21. Sanvido, V. E. and Medeiros, D. J., Applying Computer-Integrated Manufacturing Concepts to Construction, Journal of Construction Engineering and Management, Vol. 116, No. 2, 1990.
22. Kurata, N., Smart Construction 總論, GSiCON, 2010 상반기호, vol.02.
23. Lee, G., Sacks, R., and Eastman, C. M., Specifying parametric building object behavior (BOB) for a building information modeling system, Automation in Construction, Vol. 15, Issue 6, 2006.
24. National Institute of Building Sciences(NIBS), National Building Information Modeling Standard, NIBS, 2007.
25. Project Management Institute(PMI), A Guide to the Project Management Body of Knowledge, PMI, 2004.
26. Teicholz, P. and Fischer, M., Strategy for Computer Integrated Construction Technology, Journal of Construction Engineering and Management, Vol. 120, No. 1, 1994.
27. Tom Sawyer, Clouds and iPads Have Inventors Rolling Out Tools, ENR, 2010.07.
28. Tom Sawyer, Mobilizing Project Data, ENR, 2010.11.